极端天气事件与公共气象服务发展论坛文集

（2012）

主　编：端义宏　孙　健

内 容 简 介

本书汇集了第十四届中国科协年会分会场“极端天气事件与公共气象服务发展论坛”的报告和论文，涵盖了极端天气事件特征及形成机理研究、极端天气过程分析及预报着眼点、极端天气监测技术、气象信息服务、公众气象服务、专业气象服务等领域的一些研究方法和研究成果，展示了近年来各级气象部门天气预报业务和公共气象服务发展取得的成绩。可供从事天气气候、公共气象服务和气象防灾减灾业务、管理和研究人员参考。

图书在版编目(CIP)数据

极端天气事件与公共气象服务发展论坛文集. 2012/端义宏，孙健主编. —北京：气象出版社，2013.8

ISBN 978-7-5029-5735-3

Ⅰ. ①极… Ⅱ. ①端… Ⅲ. ①气候异常-中国-文集 ②气象服务-中国-文集 Ⅳ. ①P4-53

中国版本图书馆 CIP 数据核字(2013)第 134888 号

出版发行：气象出版社

地　　址：北京市海淀区中关村南大街 46 号　　**邮政编码**：100081

总 编 室：010-68407112　　**发 行 部**：010-68409198

网　　址：http://www.cmp.cma.gov.cn　　**E-mail**：qxcbs@cma.gov.cn

责任编辑：张锐锐　　**终　　审**：汪勤模

封面设计：易普锐　　**责任技编**：吴庭芳

责任校对：华　鲁

印　　刷：北京京华虎彩印刷有限公司

开　　本：787 mm×1092 mm　1/16　　**印　　张**：27.25

字　　数：700 千字

版　　次：2013 年 8 月第 1 版　　**印　　次**：2013 年 8 月第 1 次印刷

定　　价：98.00 元

编委会

主　编：端义宏　孙　健

副主编：翟盘茂　姚学祥

编　委：裴顺强　谌　芸　高兴龙

　　　　张伟明　李根娥　雷　婷

前　言

为深入落实科学发展观，调动和激发广大科技工作者的创新热情和创造活力，进一步激励广大科技工作者积极投身创新型国家建设，2012年9月8—10日，中国科学技术协会和河北省人民政府在河北省石家庄市共同举办了第十四届中国科协年会。“极端天气事件与公共气象服务发展论坛”是本届科协年会的一个分会场，也是中国科学技术协会首次组织以“极端天气事件与公共气象服务发展”为主题的分会场。中国气象学会理事长、中国科学院院士秦大河在致辞中说：“全球变暖不仅导致地球表面温度升高，还造成生物圈等圈层发生相应的变化，极端天气气候事件增多，讨论极端天气气候事件与公共气象服务的发展十分必要。因此，各级气象部门与各领域的科学家应积极共商极端天气气候事件与公共气象服务的相关问题。”

“极端天气事件与公共气象服务发展论坛”由中国气象学会承办，中国气象学会公共气象服务委员会和天气学委员会、中国农学会、中国地质学会、中国航空学会、河北省气象局、河北省气象学会共同协办。论坛集中了极端天气气候事件特征及形成机理研究、极端天气气候事件预测方法及评估技术、气象灾害防御与应急管理、气象信息服务、公众气象服务与专业气象服务等方面的最新研究方法和研究成果，充分展示了近年来极端天气气候事件研究与预报业务、公共气象服务发展取得的成绩，提出要把应对极端天气气候事件作为重点工作，把自然灾害预测预报、防灾减灾工作作为关系经济社会发展全局的一项重要工作，要从传统的天气预报转变到气象灾害预报、预警，加强综合减灾和灾害风险管理能力建设，不断提高气象防灾、减灾综合能力。

这次论坛共收到极端天气事件特征及形成机理研究、极端天气过程分析及预报着眼点、极端天气监测技术研究、气象信息服务、公众气象服务与专业气象服务等领域论文166篇，入选论文108篇，全文收录论文60篇，大会报告44个。为全面反映此次论坛的成果，我们组织编辑、出版了论坛文集。为方便读者查阅，文集分为天气篇和服务篇两部分。希望能为推进和完善现代气象预报服务体系提供一些思路和借鉴。

编　者

2012年12月于北京

目　　录

服务篇

天气篇

"0911"华北暴雪微物理降水形成机制的数值研究

杨文霞[1,2]

(1. 河北省人工影响天气办公室，石家庄 050021；2. 河北省气象与生态环境重点实验室，石家庄 050021)

摘　要：使用带有详细微物理过程的 ARPS 模式，对"0911"华北暴雪进行三重嵌套细网格模拟，利用模拟结果分析了造成本次暴雪天气过程的主要微物理降水机制，结果表明：云中 6 km 高度水汽凝结产生丰富的过冷水，使贝吉龙过程和雪的凝华增长过程异常活跃，这是造成本次暴雪过程的原因之一。数值试验结果表明，由于较高温度下雨水接触雪使其成霰的微物理过程导致冰相粒子尺度在 0～－5℃温度区快速增长。

关键词：大气科学；华北；暴雪；云微物理

引　言

在全球气候变暖的背景下，大气中能量分布也发生了变化，海洋和大气循环、大气中温度场分布出现了紊乱，使得天气气候发展规律被打乱，极端天气事件变得越来越频繁。2009 年 11 月，华北地区出现了有气象记录以来的特大暴雪天气，据统计，9—13 日河北省共有 82 站出现 10 mm 以上的降雪，其中石家庄地区有 8 站超过 50 mm，石家庄测站降雪最多为 93.3 mm。受降雪天气影响，石家庄大部分地区、邢台西部、邯郸西部累计积雪深度超过 30 cm，石家庄市区积雪最深达 55 cm。据河北省民政部门统计，此次暴雪共致 328.4 万人受灾，直接经济损失达 15.2743 亿元。

这次极端天气事件发生在 10 月下旬到 11 月上旬北半球环流指数明显偏高、全国大部分地区异常偏暖的背景下，暴雪伴随剧烈降温天气[1]；10 月 30 日到 11 月 2 日，西风环流指数变化曲线处于低值区域。500 hPa 天气图上西伯利亚地区为一高压脊，鄂霍次克海地区为低涡区并与南掉的极涡打通，鄂霍次克海低压横槽转竖，东亚大槽建立，冷空气沿槽后脊前偏北气流大举南下形成入秋以来最强冷空气入侵中国北方地区，京津地区提前一个月出现降雪天气[2]。侯瑞钦等[3]分析了本次暴雪的天气成因，张迎新等[4]使用 MM5 数值试验结果分析了中小尺度地形对本次降雪的影响，吴伟等[5]对本次暴雪过程进行了数值模拟研究，诊断分析结果表明，700 hPa 西南低空急流对水汽的输送使得华北地区成为高湿度区，为强降雪的发生提供了充足的水汽条件。由于低空辐合，高空辐散，导致上升运动加强以及低层正涡度中心的产生和维持，由此产生的垂直方向上水汽凝结是此次暴雪的形成机制。借助 CloudSat 卫星的星载云廓线雷达(CPR)资料对比分析模拟的雪水和冰水含量。但是对本次极端天气过程微物理降水形成机制的研究还不多见，回流天气是造成华北冬、春、秋季节较强降水的主要天气类

资助课题：河北省气象局科研项目(11ky23)，公益性行业(气象)科研专项(201206051)。

型[6~9]，也是人工增雨作业的主要对象之一[10]，研究本次暴雪的云微物理过程，对开发空中云水资源、提高极端天气预报准确率都有积极意义。

本文利用 ARPS 中尺度模式，对本次暴雪过程进行三重嵌套单向模拟，以 2009 年 11 月 11 日 00:00 UTC 河北中南部 6 h 累积强降水中心为例，分析本次暴雪过程的云微物理降水形成机制。

1 模拟方案及模拟效果检验

1.1 模拟方案设计

利用修改后的高分辨率非静力平衡 ARPS(Advanced Regional Prediction System)模式，用 NCEP 逐 6 h 全球最终分析资料(FNL)与 Micaps 系统下全球地面资料和探空资料进行资料同化，作为初始场和边界条件，进行三重嵌套细网格模拟，网格格距分别为 27、9 和 3 km，在 3 km 模拟时关闭积云对流参数化方案，仅采用 Lin-Tao 显式云微物理方案，输出水凝物场及云中各种粒子源项微物理过程产生量和它们的时间、空间累积量等，这对研究云系微观过程和降水机理有重要作用。

本研究采用三重单向嵌套数值模拟，主要参数如下：

第一层，中心(40°N，116.5°E)，格距：27 km×27 km×500 m，格点：77×77×43

第二层，中心(38°N，116°E)，格距：9 km×9 km×500 m，格点：177×157×43

第三层，中心(38°N，116°E)，格距：3 km×3 km×500 m，格点：157×177×43

其中第一层模拟区域包括整个天气系统主要发展移动区域，第二层模拟区域包括整个华北地区，第三层模拟区域集中在河北省中南部，这种选择有利于提高数值模拟效果。模拟时间为 2009 年 11 月 9 日 06:00 UTC 至 2009 年 11 月 11 日 06:00 UTC，每 6 h 输出一次模拟结果。

1.2 模拟效果检验

将模拟的风场与 NCEP/NCAR 全球最终分析资料(FNL)风场 U、V 分速度场强度进行对比检验(图略)。2009 年 11 月 9 日 06:00 UTC 河北中南部地面为负的 U 风速控制，中心达到 −7 m/s，模拟的风场移动比实况较慢；9 日 12:00 UTC −7 m/s 中心范围增大并移动到天津、冀东一带；9 日 18:00 UTC −6 m/s 风速等值线斜穿过河北中南部，模拟结果与实况非常一致；10 日 00:00 UTC 的模拟结果与实况非常一致，10 日 06:00 UTC—11 日 00:00 UTC 模拟的 U 风速较实况偏弱，V 风速的对比分析类似，综合分析表明，模式较好地模拟出河北中南部的风场。

将 2009 年 11 月 10 日 00:00 UTC 模拟的云顶高度和雷达回波对比(图 1)，可以看出，经过强降水中心的云顶高度在 8 km 以下，与雷达观测情况基本一致。

将模拟的 6 h 累积降水量与观测资料进行对比检验(图略)，呈现如下特点：模拟的降水落区较观测值移动快，模拟的降水强度偏弱，10 日 12:00 UTC 是 6 h 累积降水量最大的时次，强降水中心达到 16 mm，但是模拟的强降水中心强度仅为 8 mm，说明普通的模拟方法对极端天气过程的模拟效果较差，可调整模式初始水汽场和侧边界提高模拟准确率。图 2 为 2009 年

11 月 11 日 00:00 UTC 模拟的 6 h 累积降水量与观测资料对比检验，由图 2 可见，模式较好地模拟出了降水落区和强降水中心强度，选择本时次 8 mm 强降水中心(37°N，115°E)进行微物理降水形成机制研究。

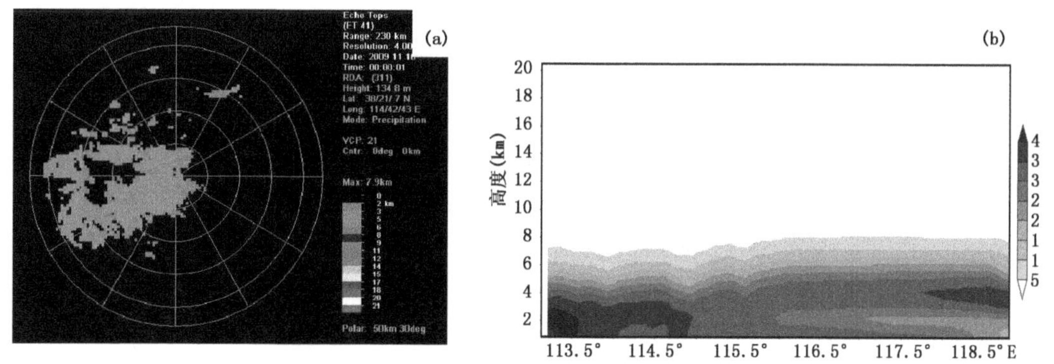

图 1　2009 年 11 月 10 日 00:00 UTC 模拟的云顶高度和雷达回波对比
(a. 雷达回波顶高，b. 经过强降水中心沿 39.8°N 的水汽场剖面(单位：10^{-5} g/g))

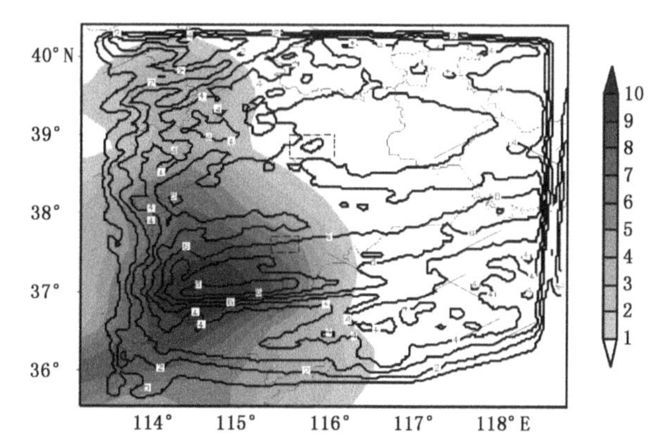

图 2　2009 年 11 月 11 日 00:00 UTC 模拟的 6 h 累积降水量和观测资料对比(单位：mm)
(等值线为模式结果，填色图为观测结果，虚线方框为湿地)

2　强降水中心微物理降水形成机制分析

2.1　水汽场和温度场垂直结构特征

沿 2009 年 11 月 11 日 00:00 UTC8 mm 强降水中心(37°N，115°E)做经向剖面，分析水汽场和温度场垂直结构(图 3)。由图 3 可见，水汽主要位于 8 km 高度以下，水汽含量自低层向高层逐渐减小，8 km 高度位于－35℃附近，0℃层位于地面至 1 km 高度，云中过冷水汽含量丰富。

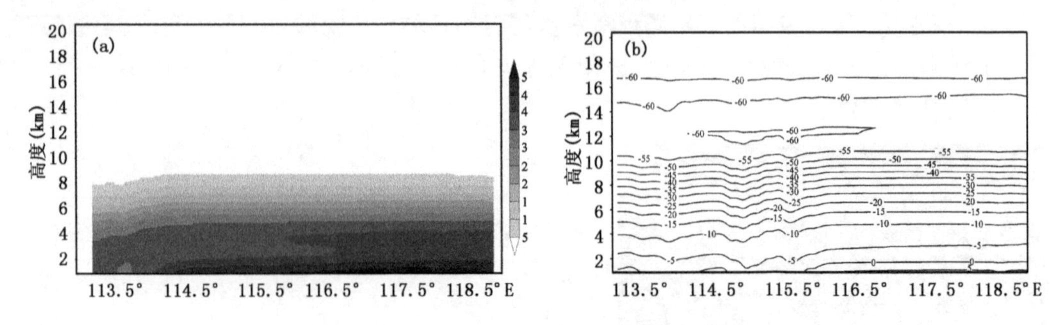

图3 2009年11月11日00:00 UTC经过强降水中心(沿37°N)的水汽场(a,单位:10^{-5} g/g)和温度场(b,单位:℃)垂直剖面

2.2 强降水中心微物理降水形成机制

2.2.1 冰晶形成机制

ARPS模式Lin-Tao冰相微物理方案中冰晶的微物理增长过程包括:云水均质核化(pihom),云冰凝华增长同时消耗云水(pidw)和云冰初生(pint)。如图4所示,云水均质核化峰值出现在8 km高度,温度位于-35℃~-40℃,云冰产生后消耗云水凝华增长,非均质核化(pint)峰值约位于6 km高度。

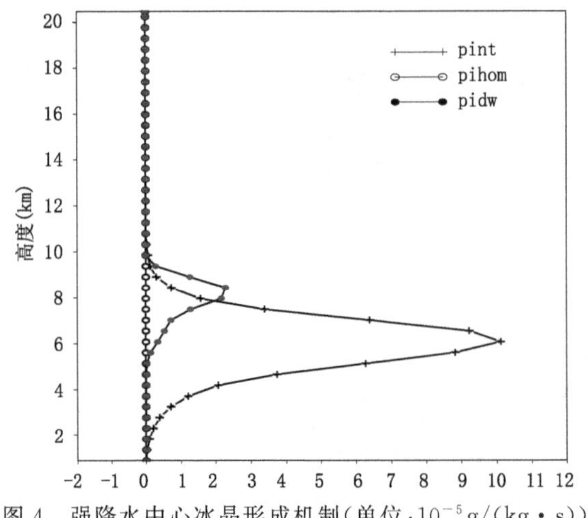

图4 强降水中心冰晶形成机制(单位:10^{-5}g/(kg·s))

2.2.2 雪形成机制

层状云中冰晶在下落过程中长大成雪,ARPS模式中雪的形成和增长主要有9个过程:冰晶向雪的自动转化(psaut),冰晶通过贝吉龙过程凝华增长成雪(psfi);云水通过贝吉龙过程凝华繁生形成雪(psfw);冰晶接触雨水转化为雪(piacr);雨水收集冰晶产生雪(praci);雪的凝华增长(psdep)、雪收集冰晶增长(psaci)、雪撞冻雨水增长(psacr)和雪撞冻云水增长(psacw)。图5为强降水中心点的雪形成机制,由图5可见,冰晶通过贝吉龙过程生长为雪和雪的凝华增长是雪形成的两个重要微物理机制,贝吉龙过程的峰值位于6 km高度,雪凝华增长峰值位于5 km高度附近,贝吉龙过程和雪的凝华增长异常活跃,峰值分别达到250×10^{-5}g/(kg·s)和430×10^{-5}g/(kg·s)。

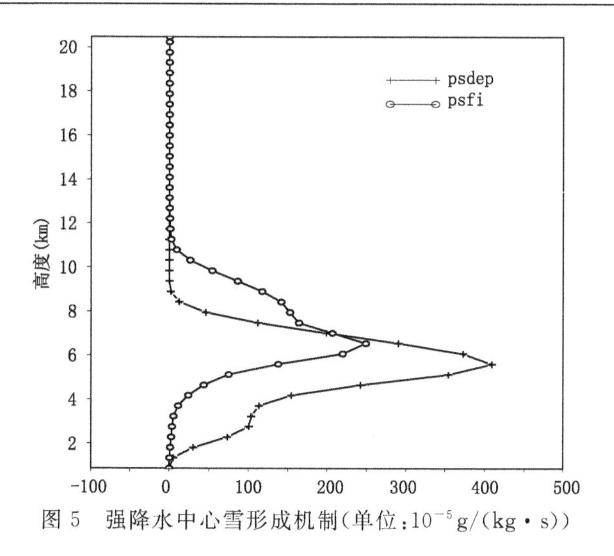

图 5 强降水中心雪形成机制(单位:10^{-5}g/(kg·s))

2.2.3 霰形成机制

雪继续生长会成为霰,ARPS 数值模式中考虑了 14 个霰的形成和增长微物理过程:冰晶接触雨水使其成霰(piacr),雨水冻结为霰(pgfr),雪自动转化为霰(pgaut),雨水收集云冰转化成霰(praci),霰收集云冰干增长(dgaci)和湿增长(wgaci),霰撞冻云滴增长(dgacw),霰撞冻雨水干增长(dgacr)和湿增长(wgacr),雪撞冻云水使其成霰(psacr),霰收集雪增长(pgacs),霰收集雪干增长(dgacs)和湿增长(wgacs),雨水接触雪使其成霰(pracs)。如图 6 所示,霰收集雪干增长、雨水接触雪使其成霰和霰撞冻云滴增长是最主要的 3 种霰产生机制,霰收集雪干增长峰值位于 4～4.5 km 高度,雨水接触雪使其成霰峰值位于 2 km 高度附近,温度位于－5℃附近,杨文霞等[11]用雷达高显资料观测到冰相粒子尺度在 0～－5℃温度区间快速增长,数值试验表明这是由较高温度下雨水接触雪使其成霰微物理过程所致。

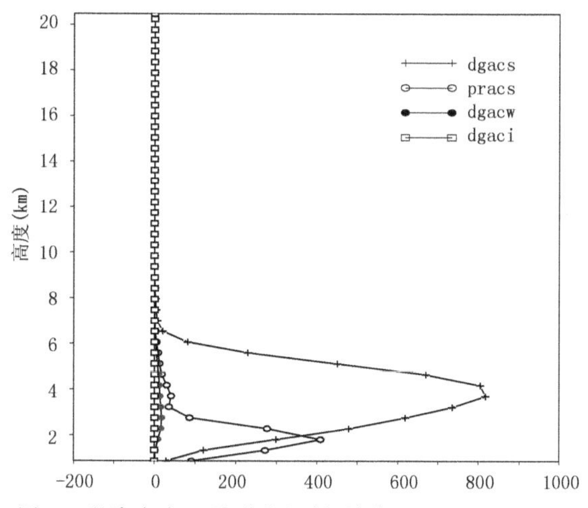

图 6 强降水中心霰形成机制(单位:10^{-5}g/(kg·s))

2.2.4 云水形成机制

冷云中冰相粒子的增长以消耗过冷云水和过冷水汽作为基础,ARPS 模式 Lin-Tao 冰相微物理方案中云水微物理增长主要包括两个微物理过程:水汽凝结(蒸发)(cnd,＞0 时为凝结，<0 时为蒸发)和冰晶融化(pimlt)。图 7 为强降水中心的云水形成机制。云水产生的峰值位于 6 km 高度左右，与贝吉龙过程的峰值出现高度一致。

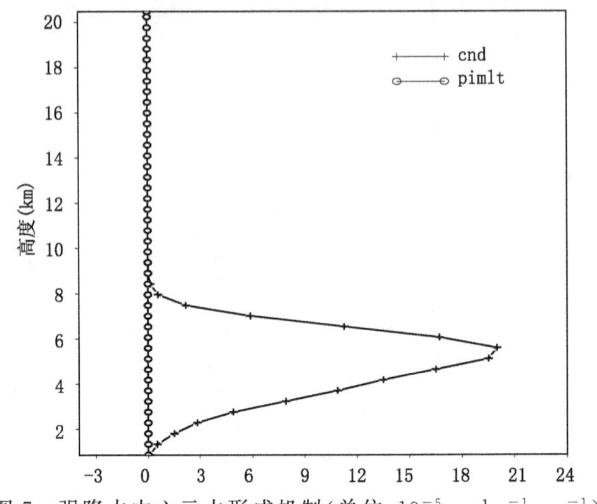

图 7　强降水中心云水形成机制(单位：10^{-5} g · kg^{-1} · s^{-1})

3　小　结

云冰初生(pint)和云水均质核化(pihom)是本次暴雪过程产生冰晶的主要微物理机制，云水均质核化过程(pihom)峰值发生在 8 km 高度，温度为－35℃～－40℃，云冰初生峰值约出现在 6 km 高度。

雪形成机制以冰晶通过贝吉龙过程生长为雪，雪晶通过凝华过程进一步增长为主，贝吉龙过程的峰值位于 6 km 高度，雪凝华增长峰值位于 5 km 高度附近。

霰收集雪干增长(dgacs)、雨水接触雪使其成霰(pracs)和霰撞冻云滴增长(dgacw)是最主要的 3 种霰产生机制，霰收集雪干增长(dgacs)峰值位于 4～4.5 km 高度，雨水接触雪使其成霰(pracs)峰值位于 2 km 高度附近，游来光等用雷达高显资料观测到冰相粒子尺度在 0～－5℃温度区快速增长，数值试验表明这是由较高温度下雨水接触雪使其成霰微物理过程所致。

云水形成以水汽凝结为主，云水产生的峰值位于 6 km 高度左右，与冰晶贝吉龙过程的峰值出现高度一致。云中 6 km 高度水汽凝结产生丰富的过冷水，使贝吉龙过程和雪的凝华增长过程异常活跃，这是产生本次暴雪过程的原因之一。

参考文献

[1]　刘耀文，张红英，史云飞等. 山西省秋季罕见大暴雪天气过程诊断. 干旱气象，2010，**28**(3)：332-337.

[2]　王文东. “芭玛”登陆海南京津出现降雪. 气象，2012，**36**(1)：119-123.

[3]　侯瑞钦，张迎新，范俊红等. 2009 年深秋河北省特大暴雪天气成因分析. 气象，2011，**37**(11)：1352-1359.

[4]　张迎新，姚学祥，侯瑞钦等. 2009 年秋季冀中南暴雪过程的地形作用分析. 气象，2011，**37**(7)：857-862.

[5]　吴伟，邓莲堂，王式功. “0911”华北暴雪的数值模拟及云微物理特征分析. 气象，2011，**37**(8)：991-998.

[6]　李青春，程丛兰，高华等. 北京一次冬季回流暴雪天气过程的数值分析. 气象，2011，**37**(11)：1380-1388.

[7]　周雪松，谈哲敏. 华北回流暴雪发展机理个例研究. 气象，2008，**37**(1)：18-26.

[8] 赵桂香.一次回流与倒槽共同作用产生的暴雪天气分析.气象,2007,**33**(11):41-48.
[9] 张守保,张迎新,杜青文等.华北平原回流天气综合形势特征分析.气象科技,2008,**36**(1):25-30.
[10] 吴志会,段英,石安英等.河北春季回流云系微物理特征个例分析//云降水物理和人工增雨技术研究.北京:气象出版社,1994:112-117.
[11] 杨文霞,马翠平.利用雷达回波参数分析雪的增长.气象,1996,**22**(2):44-47.

新型监测资料在山西局地大暴雨中的应用分析

杨　东[1]　吴林栋[2]　白玎玲[3]

(1. 山西省气象台,太原 030006; 2. 山西省观象台,太原 030006; 3. 山西省气象信息中心,太原 030006)

摘　要:利用常规探测资料和卫星、雷达、GPS/MET精细化监测资料,对2011年7月1—3日的山西区域暴雨局地大暴雨过程进行了综合分析。结果表明:暴雨发生在西风槽和南支槽东移、副热带高压撤退的背景下;低空切变线是其主要影响系统,深厚的湿层和强烈的上升运动是暴雨—大暴雨产生的重要条件;在雷达回波拼图上可以看到,沿副热带高压边缘、低空切变线尾部激发的中小尺度对流云块不断生成、发展、合并,其中中尺度对流复合体直接导致暴雨大暴雨;黑体亮温≤−43℃低值中心与强降水有着较好的一致性,且提前1～2 h出现,对强降水短时预报有着较好的指示意义,强降水出现在黑体亮温低值中心南侧或东南侧;GPS/MET监测网可以提前探测站点上空水汽的精细变化,大气可降水量峰值出现时间较强降水峰值出现时间有一定的提前量,这对暴雨过程预报有一定的参考价值。

关键词:气象学;黑体亮温;雷达回波;大气可降水量

引　言

山西省地处黄土高原,地形复杂,降水时空分布极不均匀,暴雨、大暴雨具有局地性强、突发性强的特点,给预报造成较大困难。国内许多专家从环流背景和影响系统、动力机制和热力机制等方面,结合物理量诊断分析方法揭示了强对流天气的成因,并给出其预报方法[1~5]。然而,暴雨、大暴雨具有中小尺度特征,新型监测资料和产品的广泛应用,为深刻认识中小尺度天气形成原因,寻求新的预报方法和思路,提供了可能。

1　降水实况概述

2011年7月1—3日,山西省中部和南部出现区域性暴雨,局部大暴雨。7月1日20时—2日20时,山西省中部22个县市、130个乡镇出现了暴雨,其中13个乡镇降水量超过100 mm,从暴雨中心左权石匣的逐6 min降水量来看(图1a),强降水主要发生在1日09:30—13:30。7月2日20时—3日20时,山西省南部17个县市、118个乡镇出现了暴雨,其中37个乡镇降水量超过100 mm,从暴雨中心高平杜寨水库的逐6 min降水量来看(图1b),强降水主要时段为2日21—23时。总体上看,强降水主要集中在2日白天到夜间。

资助课题:山西省气象局青年课题"现代监测资料及中尺度分析在天气预报中的应用"。

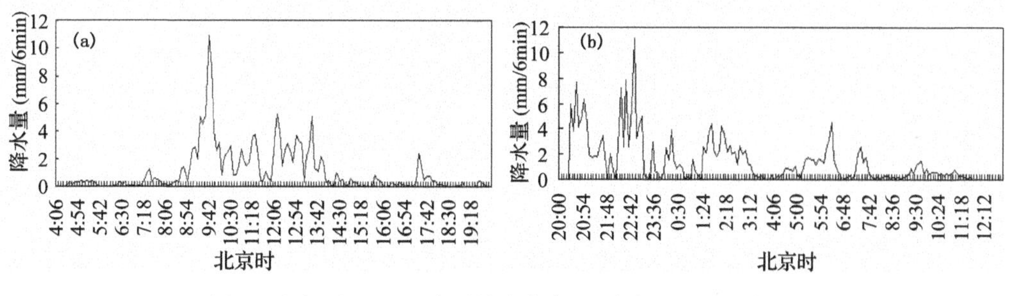

图 1 左权石匣(a)和高平杜寨水库(b)降水量随时间变化

2 环流背景及流型配置

2.1 环流背景分析

从 500 hPa 环流形势演变(图略)来看,此次暴雨大暴雨过程发生在副热带高压(副高)撤退的背景下,副高边缘暖湿气流的加强,冷暖空气的交汇,导致了山西中南部区域性暴雨的产生。具体来看,7 月 1—3 日副高有所南压,1 日 08 时 5840 gpm 等值线位于山西南部与河南的交界处,西风槽自蒙古东部东移;1 日 20 时 5840 gpm 等值线南撤至 36°N 附近,2 日 08 与 20 时,在 110°～120°E,5840 gpm 等值线维持在 32°～35°N,西风槽和南支槽继续东移,2 日 5840 gpm 等值线的维持及其边缘暖湿气流的加强,使山西省开始出现大范围降水天气。3 日 08 时 5840 gpm 等值线继续南撤,但脊点西伸北抬,南支槽东移出山西省,降水过程趋于结束。

2.2 流型配置与暴雨落区

从系统配置来看(图略),1 日 20 时,山西处于 500 hPa 槽线的尾部,700 hPa 切变线位于山西北部,850 hPa 切变线位于山西南部,700 hPa 西南急流轴和 850 hPa 偏南急流轴位置偏南;2 日 08 时,随着西风槽东移,切变线有所东移南压,同时 700 和 850 hPa 急流轴北抬,山西省位于急流轴的西侧,西南或偏南暖湿气流强盛,对应山西省上空温度露点差均≤4℃,整层水汽近于饱和,山西省出现大范围降水,中部有 22 站出现暴雨。2 日 20 时南支槽东移至河套地区,切变线继续南压,急流轴稳定维持,水汽得到不断补充,切变线附近出现风的辐合,2 日夜间山西南部出现暴雨天气。

3 物理量诊断分析

物理量诊断可以在一定程度上揭示暴雨过程的成因[6]。沿暴雨中心上空 112.5°E 作散度、涡度、水汽通量散度、垂直速度的径向剖面,并进行分析(图略)。

2 日 08 时,暴雨中心上空 400 hPa 以下为强的辐合,400 hPa 以上为强辐散,辐合中心位于 700 hPa 附近,中心强度达到 $-10\times10^{-6}\,s^{-1}$;从垂直速度场的垂直剖面来看,整层大气处于上升运动,上升运动中心位于 400 hPa 附近,中心最大值达到 -20×10^{-3}(hPa · m)/s;850～500 hPa 为水汽辐合区,辐合中心位于 700 hPa 附近;从涡度场的垂直剖面来看,500 hPa 以下为正涡度，以上为负涡度，且低层的辐合小于高层的辐散，产生强烈的“抽吸作用”。强烈的上升运动及深厚的湿层，为暴雨大暴雨天气的产生提供了十分有利的条件。

4　新型监测资料的运用

4.1　雷达回波拼图特征分析

雷达回波强度可以很好地反映出对流云团生成发展和合并的过程。从图 2 可以看出，2 日 01 时开始降水回波集中在山西省北中部，并沿 700 hPa 切变线东移发展(图 2a)；在降水回波中，有中小尺度对流云块生成、发展，山西省中部的暴雨区回波强度都在 35 dBZ 以上，2 日 07 时暴雨中心回波强度在 50～55 dBZ(图 2b)。2 日 15 时开始，随着副高的撤退和低空切变线的东移，山西上游的陕西省内再次出现强降水回波，之后，不断发展东移进入山西省西南部，并不断合并、加强，山西南部的暴雨区回波强度都超过了 35 dBZ(图 2c)。2 日 20 时强回波中心东移至长治地区附近，在其南侧回波强度在 50～55 dBZ(图 2d)，夜间，长治、晋城地区出现大范围强降水。

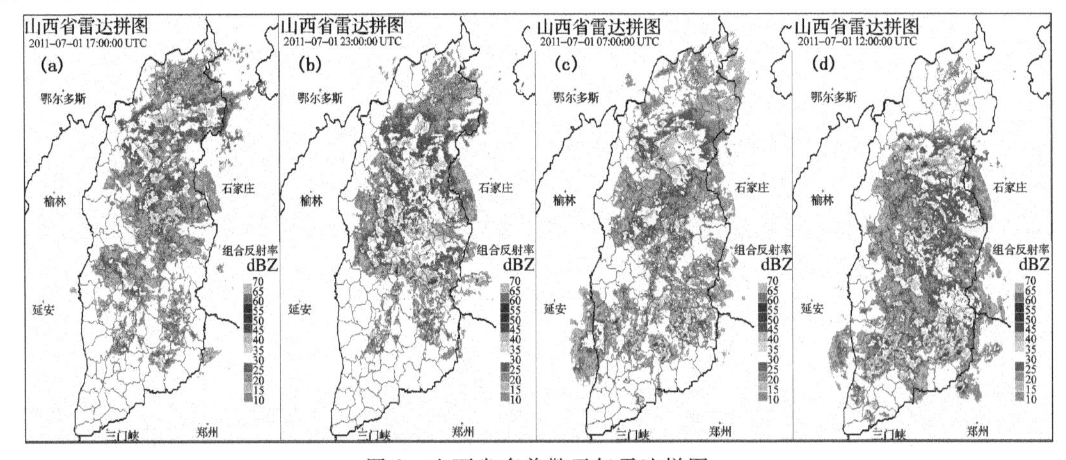

图 2　山西省多普勒天气雷达拼图

(a. 2 日 01 时，b. 2 日 07 时，c. 2 日 15 时，d. 2 日 20 时)

综上所述，此次暴雨大暴雨天气是由副高边缘和低空切变线附近激发的中小尺度对流云块造成的，它们沿引导气流先东北向后东南向移动，在移动过程中不断合并、加强，造成所经地区短时强降水。

4.2　卫星云图相当黑体亮温(TBB)演变特征

1—3 日的暴雨过程中，沿副高边缘、低空切变线尾部激发的中小尺度对流云团不断生成、发展、合并，中尺度对流系统(MCS)和中尺度对流复合体(MCC)直接导致了暴雨、大暴雨。具体来看，2 日 04 时(图 3a)山西省北中部有 TBB≤－33℃的对流云团生成并稳定存在，期间在吕梁北部、晋中和长治的交界处分布着 TBB≤－43℃的强对流中心，受其影响，4 h 内吕梁中部和长治北部产生较大的降水，离石、武乡 06—07 时 1 h 降水量分别达到 15.6 和 35.4 mm，沁县 05—06 时 1 h 降水量达到 19.6 mm。06 时(图 3b)和 08 时(图 3c)在太原的西部及吕梁北中部分别产生 TBB≤－53℃的 β 中尺度对流云团并东移发展(图 3d)，在其东移发展过程中，造成吕梁、晋中南部和长治北部地区的短时强降水，榆社07—12时连续5 h产生较强降水，5 h降水量达到113.5 mm，左权10—11时1 h降水量达到35.4 mm，10—13时3 h降水量达到80.9 mm。15时(图3e)，发展旺盛的中尺度对流复合体由陕西省东移进入山西省西南部，在5800和5840 gpm等值线之间沿850 hPa切变线向东北方向移动。19时(图3f)MCC东移至山西省东南部，在其东南向移动的过程中(图3g)，造成2日夜间山西南部大范围的强降水；2日15时—3日02时降水量超过50 mm的区域主要在TBB≤－53℃特征线的南侧及东南侧；3日02时(图3h)MCC减弱移出山西省。19—22时，在运城、晋城的交界处不断有中尺度对流云团生成、发展合并成为MCS，受其影响，19—20时绛县1 h降水量达到33.3 mm。通过以上分析不难看出，TBB低值中心的出现时间较短时强降水有1～2 h的提前，对短时强降水预报有一定的指示意义；短时强降水主要发生在TBB低值中心的南侧和东南侧。

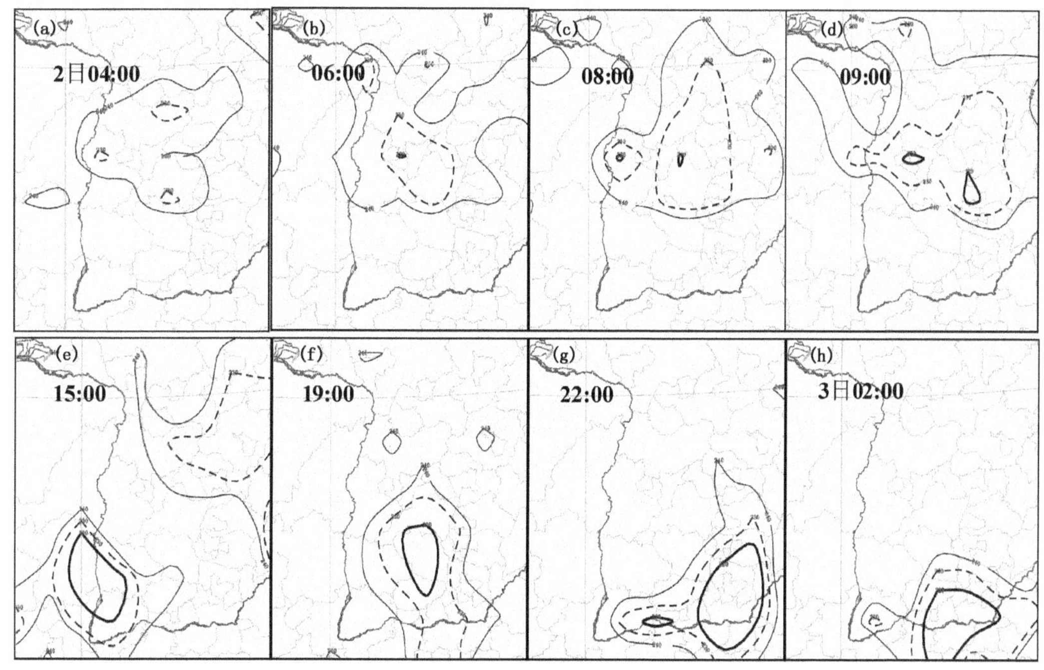

图3　7月2日04时—3日02时TBB演变特征

(细实线为TBB≤－33℃，虚线为TBB≤－43℃，粗实线为TBB≤－53℃)

4.3　GPS/MET大气可降水量分析

充沛的水汽条件是产生大暴雨天气的重要影响因素之一[7]，利用山西省62个地基GPS/MET监测点进行水汽探测，可以获得监测点上空准确、连续的大气可降水量(PWV，Precipitable Water Vapor)。有研究[8-10]指出，PWV的时间变化与暴雨产生时间的对应关系对暴雨临近预报有很好的指示意义。本文利用山西省地基GPS观测网2011年7月1日00时—3日20时逐时观测资料来进行分析。

以晋城站为例，1日02—22时，晋城站上空PWV基本呈稳定态势，22时起，PWV开始逐步上升，水汽开始积累，1日22时—2日22时PWV从28 mm上升至49.1 mm，24 h内增幅达到21.1 mm；2日23时PWV跃增至72.8 mm并呈现一个峰值(图4)，2日23时晋城开始产生连续降水，3日02时降水达到一个峰值，1 h降水量为35.8 mm。由此可见，降水前期源源不断的水汽输送和积累是暴雨大暴雨过程必要条件之一,GPS/MET 监测网可以提供探测站点上空水汽的连续变化,PWV 峰值点出现在降水峰值前 2 h 左右,对短时强降水预报有很好的指示意义。

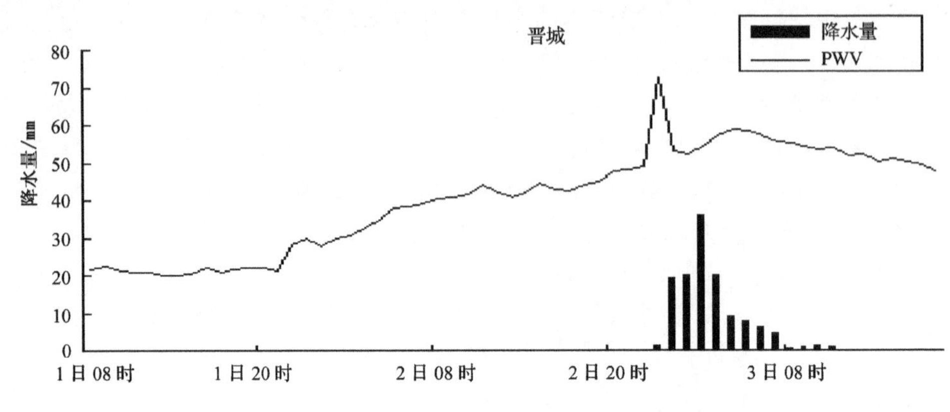

图 4 晋城站大气可降水量与逐小时降水量随时间演变

5 结 论

(1)此次暴雨天气发生在西风槽和南支槽东移、副高撤退的背景下;低空切变线是其主要影响系统;深厚的湿层和强烈的上升运动是暴雨大暴雨产生的重要条件。

(2)沿副高边缘、切变线尾部激发的中小尺度对流云团不断生成、发展、合并,MCS 和 MCC 直接造成暴雨、大暴雨。雷达回波拼图上可以很好地反映这一现象,它们沿引导气流先东北向后东南向移动,在移动过程中不断合并、加强,造成所经地区短时强降水。

(3)TBB≤－43℃低值中心与强降水有着较好的一致性,强降水出现在 TBB 低值中心南侧或东南侧,且提前 1～2 h 出现,对强降水的短时临近预报有较好的指示意义。

(4)GPS/MET 监测网可以提前探测站点上空水汽的连续变化,PWV 峰值出现时间较强降水峰值出现时间有一定的提前,这对暴雨过程预报有一定的参考价值。

参考文献

[1] 赵桂香,高晶,高建峰. 山西省夏季三类典型强降水的集合预报试验. 气象科学,2008,**28**(增刊):8-14.

[2] 赵桂香. 一次阻高背景下地形对晋南特大暴雨的特征分析. 高原气象,2009,**28**(4):897-905.

[3] 赵桂香,程麟生,李新生. Q 矢量和湿 Q 矢量在暴雨诊断中的应用比较. 气象,2006,**32**(6):25-30.

[4] 苗爱梅,武捷,赵海英等. 低空急流与山西大暴雨的统计关系及流型配置. 高原气象,2010,**29**(4):939-946.

[5] 苗爱梅,吴晓荃,薛碧清. 1996 年 8 月 3－5 日晋冀特大暴雨中尺度分析与预报. 气象,1997,**23**(7):24-29.

[6] 王晓明,谢静芳,王侠飞. 强对流天气的分析及短时预报. 北京:气象出版社,1992:162-167.

[7] 曾雪飞,钟志成. 一次连续性强降水过程形成的原因. 广东气象,2008,**30**(1):5-6.

[8] 谢娜,王咏青. 基于 GPS 可降水资料的一次连续性暴雨过程的分析. 高原山地气象研究,2009,**29**(3):55-59.

[9] 姚建群,丁金才,王坚捍等. 用 GPS 可降水量资料对一次大一暴雨过程的分析. 气象,2005,**31**(4):48-52.

[10] 万蓉,郑国光. 地基 GPS 在暴雨预报中的应用进展. 气象科学,2008,**28**(6):697-702.

基于皮尔逊Ⅲ型分布的暴雨强度公式的推求研究

向　亮[1]　郝立生[1]　马京津[2]　张　婧[1]

(1. 河北省气候中心,石家庄 050021; 2. 北京市气候中心,北京 100089)

摘　要:收集了石家庄气象站 1961—2010 年的全部雨量资料,根据《室外排水设计规范》(GB 50014—2006)规定要求,分别采用年多个样法和年最大值法选取雨样,并通过皮尔逊Ⅲ型分布曲线进行频率分析,最终得到 9 组降水强度－降水历时－重现期关系表。对频率分析后的数据采用双曲线函数法和最小二乘法求解各单一重现期的暴雨公式参数,并在此基础上进一步求解统一重现期的暴雨公式。推求所得总公式的绝对均方差为 0.028 mm/min,满足《室外排水设计规范》的精度要求。

关键词:石家庄;暴雨强度;重现期;皮尔逊Ⅲ型

引　言

不同历时、不同重现期的暴雨强度是城市市政工程设计的一个重要参数,它直接影响到排水管道的直径大小、管道的排列布局和排涝工程量的大小,暴雨强度估算过大,导致排水排涝工程规模过大,造成不必要的浪费;估算过小,工程达不到应有标准,易造成城市内涝,直接危害到城市经济建设和人们的生活以及人身安全,如不及早防治,势必造成巨大危害[1~3],近几年,特别是在汛期,我国一些大城市,相继发生城市内涝,造成了不同程度的人员伤亡和经济损失。暴雨强度公式能够反映一定频率的暴雨在规定时段最不利时程分配的平均强度,它对研究当地降水气候特征(时空分布)以及预防大面积洪涝的发生、发展都有一定的指导意义,它更是城镇雨水排水系统规划与设计的重要依据之一。根据《室外排水设计规范》(GB 50014—2006)规定[4],在进行城市排水管道设计时,雨水管道的设计量应通过当地的暴雨强度公式计算。城市排水工程的可靠性与采用的暴雨强度公式有直接的关系,而排水工程直接影响到城市防灾、减灾的功能和城市环境。因此,在进行设计时选择计算暴雨公式是非常重要的。

石家庄地处中纬度欧亚大陆东岸,属暖温带半湿润季风型气候,西部是太行山区,东部是海河平原,地形复杂,暴雨灾害性天气时有发生。近几年,由于石家庄经济和城市建设的发展,在汛期都发生过严重的城市内涝[5]。2010 年 8 月,石家庄市区发生严重的水浸街现象,部分地区积水深达数米,生产、交通一度停顿,并造成了重大的经济损失和人员伤亡;2011 年 7 月,石家庄市出现强降水过程,市区部分地点雨量超过 50 mm,市区部分路段出现内涝和堵车现象。石家庄现有的暴雨公式由同济大学于 20 世纪 90 年代采用解析法编制,所使用的资料年限为 1956—1979 年共 24 a 的资料,旧的暴雨公式编制时间早,使用资料的年限短,特别是近

资助课题:中国气象局气候变化专项(CCSF2010－1),河北省气象局科研开发项目(10ky16)。

些年来，石家庄市局地高强度降水也发生了明显变化，旧的暴雨公式对现在的城市建设、城市排水等已经不具参考性。相对于现在的雨量资料而言，由旧的暴雨公式计算出的 2～100a 重现期的各历时暴雨强度的均方根误差在 0.21～0.53 mm/min，已经远远超出了《室外排水设计规范》的规定范围，而石家庄市现代城市建设对城市的综合承灾能力提出了更高的要求。因此，有必要利用最新的实测资料适时修编石家庄城区城市暴雨公式，为科学、合理地制订石家庄市总体规划、排水专业规划和进行排水工程设计提供依据。

1　资料和方法

选取样本：选择石家庄气象站 1961—2010 年 50 a 的全部自记逐分钟降雨资料，并进行严格的质量控制，选取 9 个历时(分别为 5、10、15、20、30、45、60、90、120 min)，统计每年各历时降水的前 10 位最大雨量。然后将所有样本按各个历时作降序排列，从中选取资料年数的 4 倍(即每个历时选择前 200 个雨量数据)作为编制公式的基本统计资料[6]，计算暴雨强度 i 值：

$$i = \Delta h / \Delta t \tag{1}$$

式中：i 为暴雨强度(mm/min)，Δh 为降雨历时内的降雨量(mm)，Δt 为降雨历时(min)。

在暴雨强度频率计算中常用次频率计算式计算其经验频率[7]：

$$P = [m/(n+1) \times 100\%] \tag{2}$$

式中：m 为暴雨强度的排列序号，n 为所取资料的总项数。

考虑到石家庄处于降水偏少的地区，小重现期长历时的暴雨极少[8~10]，并且，近年来城市排水系统设计重现期通常都＞1 a[11]，因此，这里重现期选择 7 种，分别为 2、3、5、10、20、50、100 a。

采用我国应用比较广泛的暴雨强度频率曲线皮尔逊Ⅲ型拟合，该曲线在经过反复调整参数后与经验点数据拟合较好[12]，步骤如下：

(1)根据基本统计资料初步计算 $\bar{x}$(样本平均)、C_v(变差系数)、C_s(偏态系数)。

$$\bar{x} = \frac{1}{n}\sum_{i=1}^{n} x_i \tag{3}$$

$$s = \sqrt{\frac{1}{n}\sum_{i=1}^{n}(x_i - \bar{x})^2} \tag{4}$$

$$C_v = s/\bar{x} \tag{5}$$

$$C_s = \frac{1}{n}\sum_{i=1}^{n}(x_i - \bar{x})^3 / \left(\frac{1}{n}\sum_{i=1}^{n}(x_i - \bar{x})^2\right)^{3/2} \tag{6}$$

式中：x 为暴雨强度序列样本，s 为均方差。平均值可以说明序列总体水平的高低；变差系数反映序列的离散程度，变差系数越大，离散度越大，即序列的年际变化越大，反之亦然；偏态系数是反映序列在均值两侧对称或不对称的一个参数，当偏态系数为 0 时，表示序列的频率曲线左右对称，数值大的年份和数值小的年份出现的概率相当，当偏态系数＞0 时为正偏度，出现数值大的年份的概率多于数值小的年份，当偏态系数＜0 时为负偏度，序列小的年份出现的概率多于数值大的年份[13]。

(2)根据假定的 C_s 查《工程水文学》[14]附表系数计算相应的频率 P，以 P 为横坐标，相应的暴雨强度为纵坐标，即可得到频率曲线。

皮尔逊Ⅲ型分布的概率密度函数为

$$f(x)\ \frac{\beta^{\alpha}}{\Gamma(\alpha)}(x-\alpha_0)^{\alpha-1}\mathrm{e}^{-\beta(x-\alpha_0)} \tag{7}$$

式中：$\Gamma(\alpha)$是参数为 α 的伽玛函数；α 为分布的尺度；b 为分布形状数；α_0 为分布位置。

(3)根据拟合的情况，适当调整 C_v 和 C_s 的值，从中选择最佳的拟合曲线，该曲线的各参数认为是总体参数的估计值。

2 暴雨强度公式的推求

2.1 单一重现期暴雨强度公式的拟合

单一重现期暴雨强度公式固定了重现期这个参数，即统一重现期暴雨强度公式是各个重现期的分公式。根据《室外排水设计规范》单一重现期暴雨强度公式采用的拟合形式[15]是：

$$i=A/(t+b)^n \tag{8}$$

其中，i 为暴雨强度(mm/min)，t 为降水历时(min)，A 和 b 为模式参数、n 为暴雨衰减指数，其值随着气象条件和地区的不同而发生改变。单一重现期的暴雨强度公式中涉及的参数为 A、b、n，这里采用皮尔逊Ⅲ型拟合求得各历时点据。按照皮尔逊Ⅲ型曲线拟合(1)～(3)的步骤，如图 1 所示，为历时 5 min 暴雨强度频率曲线，其中 $\bar{x}=1.64$ mm/min，调整 C_v 和 C_s 的值，发现当 $C_v=0.28$、$C_s=2.02$，拟合度达到最高为 0.99，由此认为该参数为总体参数的估计值。

然后，对各历时的暴雨强度频率按照图 1 的形式分别进行拟合[16~17]，如表 1 所示，分别计算出各历时各重现期下的暴雨强度，得到了降水强度 i、降水历时 t、重现期 T 的关系表。

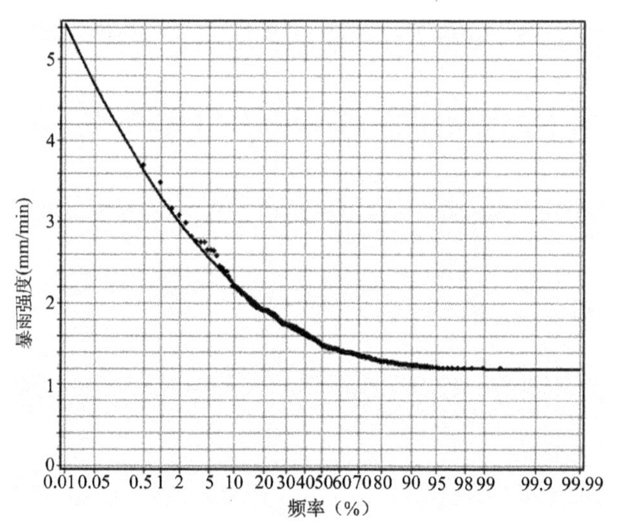

图 1 暴雨强度频率曲线(t/5 min)

通过拟合发现，各历时曲线基本为双曲线类函数关系[18]，假定暴雨历时曲线通过一组 m 个点据中的首尾两点 P_1 和 P_2 以及中间点 P_0，过曲线的点均满足暴雨公式的数学表达式，则由暴雨强度公式可得到暴雨衰减指数 n：

$$\left(\frac{i_1}{i_0}\right)^{\frac{1}{n}}(t_2 - t_1) - \left(\frac{i_1}{i_0}\right)^{\frac{1}{n}}(t_0 - t_1) = (t_2 - t_1) \tag{9}$$

然后根据最小二乘法原理[19]，计算出单一重现期暴雨公式待定参数 A 和 b。如表 2 所示，为各重现期的 A、n、b 的值。

表 1 降水强度 i、降水历时 t、重现期 T 的关系表

重现期 T(a)	降水历时 t(min)								
	5	10	15	20	30	45	60	90	120
2	1.5	1.14	0.95	0.82	0.64	0.48	0.38	0.28	0.22
3	1.68	1.3	1.1	0.96	0.76	0.58	0.46	0.34	0.27
5	1.92	1.51	1.28	1.13	0.90	0.7	0.56	0.42	0.34
10	2.24	1.79	1.53	1.35	1.1	0.87	0.71	0.54	0.43
20	2.56	2.06	1.78	1.58	1.3	1.04	0.86	0.66	0.53
50	2.98	2.43	2.11	1.87	1.56	1.27	1.05	0.82	0.66
100	3.3	2.7	2.36	2.1	1.75	1.44	1.2	0.95	0.77

表 2 石家庄站单一重现期公式参数

重现期 T(a)	A	n	b
2	18.54	0.91	11.08
3	22.60	0.91	12.91
5	21.80	0.85	12.54
10	24.43	0.82	13.54
20	25.42	0.79	13.79
50	27.12	0.76	13.96
100	25.83	0.72	13.10

2.2 统一重现期暴雨强度公式的拟合

为使暴雨强度公式应用更方便且具有综合性，需要在分公式的基础上进一步推求石家庄站暴雨强度总公式，即包含频率变数的暴雨强度公式。加入了重现期 T 后，参考室外排水设计规范选取的拟合公式形式是：

$$i = (A_1 + B\lg T)/(t + b)^n \tag{10}$$

式中，A_1、B、b、n 是统一重现期暴雨公式中需要确定的地区参数。首先计算 7 种历时下的 11 个重现期的平均暴雨强度值，然后采用与确定单一重现期暴雨强度公式参数相同的方法求得 b、n。由此可以计算得到：

$$b = 12.81$$

$$n = 0.79$$

然后再计算 A_1 和 B 的值，联立式(8)和(10)，得到 $A = A_1 + B\lg T$。若对表 2 中的 A 直接

拟合,误差较大,这里将上面得到的 b 和 n 值再代入下式中:

$$\lg A = \frac{\sum \lg i + n\sum \lg(t+b)}{m} \tag{11}$$

对 A 进行重新修正,得到 $\lg T \sim A$ 的关系(表 3):

表 3 参数 lgT 和 A 的关系

$\lg T$	0.301	0.477	0.699	1.000	1.301	1.699	2.000
A	12.29	14.28	17.45	21.44	24.92	29.75	33.62

得到拟合结果:

$$A_1 = 12.56$$

$$B = 8.55$$

于是可得石家庄站统一重现期的暴雨强度公式为:

$$i = (12.56 + 8.55\lg T)/(t + 12.81)^{0.79} \tag{12}$$

将 9 种历时的 7 个重现期的值代入式(12),即可得到石家庄站各历时下各种重现期的理论暴雨强度值[20](表 4)。

表 4 石家庄站各历时下各种重现期的理论暴雨强度值

重现期 T(a)	降水历时 t(min)								
	5	10	15	20	30	45	60	90	120
2	1.56	1.28	1.09	0.96	0.78	0.61	0.51	0.39	0.32
3	1.71	1.41	1.20	1.05	0.86	0.67	0.56	0.43	0.35
5	1.91	1.57	1.34	1.18	0.95	0.75	0.63	0.48	0.39
10	2.17	1.78	1.53	1.34	1.09	0.86	0.71	0.54	0.44
20	2.43	2.00	1.71	1.50	1.22	0.96	0.80	0.61	0.50
50	2.78	2.29	1.96	1.72	1.39	1.10	0.92	0.70	0.57
100	3.05	2.51	2.15	1.88	1.53	1.21	1.00	0.76	0.62

3 暴雨强度公式的误差分析

为分析石家庄市暴雨强度公式的精度,选用绝对均方差来衡量实际值与计算值的误差。其计算公式[21]为:

$$\varepsilon = \sqrt{\frac{1}{m}\sum_{i=1}^{m}(i_a - i_b)^2} \tag{13}$$

式中,i_a 为 $i-t-T$ 表中的暴雨强度值(mm/min),i_b 为所推求的公式计算出的暴雨强度值(mm/min),m 为 9 种降水历时。结合表 1 和表 4 即得到各重现期绝对均方差值(表 5)。

表5 各重现期绝对均方差值(mm/min)

重期期 T(a)	2	3	5	10	20	50	100
单一重现期暴雨公式	0.01	0.02	0.01	0.02	0.01	0.03	0.08
统一重现期暴雨公式	0.04	0.03	0.02	0.02	0.04	0.07	0.09

由表5看出,按照我国《室外排水设计规范》要求,当计算重现期在10 a内时,所推出的暴雨强度公式的平均绝对均方差应小于0.05 mm/min。计算结果表明,使用该统一重现期公式平均绝对均方差为0.028 mm/min,符合规范要求。从单一重现期暴雨公式和统一重现期暴雨公式的绝对均方差值的纵向对比看,石家庄市暴雨强度的单一重现期公式的精度明显要高于统一重现期公式,所以在进行城市排水设计的时候应根据需要采用单一重现期公式。

4 结 语

以石家庄站连续50 a的雨量资料为基础,采用年多个样法和年最大值法选取数据,并对选取的数据采用皮尔逊Ⅲ型分布曲线进行频率分析。对频率分析后的数据使用双曲线函数法和最小二乘法推求公式的参数值,并在此基础上求解统一重现期的暴雨公式。进一步分析表明,推求所得石家庄单一重现期暴雨公式的精度明显高于统一重现期暴雨公式,在进行城市排水系统设计时推荐根据重现期的不同来选用分公式。按照我国《室外排水设计规范》要求,当计算重现期在10 a以内时,所推出的暴雨强度公式的平均绝对均方差应小于0.05 mm/min。误差分析结果表明,使用统一重现期暴雨公式石家庄站重现期10 a内的平均绝对均方差为0.028 mm/min,满足精度要求。

参考文献

[1] 李洪丽,王瑄,张广涛等.暴雨强度公式对比分析.水土保持应用技术,2007,**6**:34-36.
[2] 顾骏强,徐集云,陈海燕等.暴雨强度公式参数估计及其应用.南京气象学院学报,2000,**23**(1):63-67.
[3] 植石群,宋丽莉,罗金铃等.暴雨强度计算系统及其应用.气象,2000,**26**(6):30-33.
[4] 中华人民共和国建设部.室外排水设计规范(GB50014—2006).上海:上海市政工程设计院,2006:24-26,91-93.
[5] 卞韬,王丽荣,李国翠等.石家庄暴雨的气候特征和变化规律.干旱气象,2009,**27**(1):18-22.
[6] 杨纪伟,王树谦,唐保文.邯郸市暴雨强度公式研究.河北建筑科技学院学报,2000,**17**(1):30-35.
[7] 杨远东,王辉,杨树佳等.皮尔逊Ⅲ型分布三参数估计新方法.水资源研究,2007,**28**(3):18-27.
[8] 王晓东,潘学标,龙步菊等.近50年来河北省降水和温度极端事件分析.中国农业气象,2010,**31**(2):170-175.
[9] 韩军彩,陈静,岳艳霞等.石家庄市不同等级降水日数的时空分布特征.气象与环境学报,2009,**25**(6):34-38.
[10] 王丽荣,连志鸾.石家庄市强暴雨的气候特征和环流形势分析.气象科技,2004,**32**(2):97-100.
[11] 卢金锁,程云,郑琴等.西安市暴雨强度公式的推求研究.中国给水排水,2010,**26**(17):82-84.
[12] 方绍东,李自顺,柏绍光.城市暴雨公式参数拟合分析比较.人民长江,2003,**34**(6):36-37.
[13] 米伟亚.excel在水文皮尔逊Ⅲ型分布多样本参数估计中的应用研究.农业与技术,2005,**25**(5):93-112.
[14] 任树梅,朱仲元.工程水文学.北京:中国农业大学出版社,2001:79-85.

[15] 任伯帜，许仕荣．基于 Marqardt-Hartley 法及其在求解城市暴雨强度公式参数中的应用研究．湖南大学学报：自然科学版，2002，**29**(3)：96-100.

[16] 任伯帜，周赛军，王云波．皮尔逊Ⅲ型分布曲线的快速通用算法的研究．长沙交通学院院报，2002，**1**：65-69.

[17] 甄西丰．实用数值计算方法．北京：清华大学出版社，2006：51-59.

[18] 季日臣，郭晓东，刘有录．兰州市暴雨强度关系的研究．兰州铁道学院学报，2002，**21**(6)：65-68.

[19] 谢五三，程智．暴雨强度公式推求研究．安徽农业科学，2007，**35**(25)：7750-7751.

[20] Demetris K，Demosthenes K，Alexandros M. A mathematical framework for studying rainfall intensity-duration-frequency relationships. *Journal of Hydrology*，1998，**206**：118-135.

[21] 同济大学．公路排水设计规范(JTJ018—97)．北京：人民交通出版社，1997：9-14.

基于GIS的江西省2012年5月12日暴雨过程分析

洪浩源

(江西省气象台,南昌 330046)

摘　要:采用江西省气象观测站2012年5月12日一次暴雨过程的降水量资料,以及江西省1∶50000 DEM数据,对江西省这次暴雨过程的空间分布特征进行研究。利用GIS软件分析降水空间分布的影响因子,以及降水带来的影响,特别是地理因子(坡度、坡向、高程、水系最主要是大型水体)对降水的反馈效应影响;估算了多元线性回归模型下的实际降水量的空间分布特征。

关键词:GIS;DEM;地形因子;河网水系

引　言

众所周知,下垫面的性质对降水的影响非常复杂,中国地形复杂多变,降水量的空间分布特征悬殊,不同的地形造成降水的空间分布不均一直是学者研究的重点。陆忠艳等[1]对起伏地形下重庆降水的空间分布分析得出,降水量和海拔高度呈正相关关系。周锁铨等[2]利用GIS技术和逐步插值方法建立了长江中下游地区平均季降水和年降水与DEM、坡向、坡度等地形数据的回归方程。刘少军等[3]对地形因子对海南岛台风降水分布影响进行研究,建立了估算模型。国际上许多学者采用了不同的方法(主要是数学模型)来研究降水与地形的关系,比如Basist等[4~6]建立了降水与地形的回归方程。

气象站分布不均及密度受到地形影响,导致气象数据空间插值精度有限[7],传统的气象要素插值方法的准确性与观测资料和地形复杂密切相关,回归分析方法能够真实地反映地形上各要素的空间分布[8],与此同时,气象站点的经纬度,数字高程、坡度、坡向等也会影响降水的空间分布特征[9]。高建芳等[10]提出了降水变化与天山东部地区河川径流量关系。张学明[11]给出了大型水库对周围地区降水量影响效应的分析。因此,水系、河流河网以及大型水体的空间分布与降水是有内在联系的。

本文以2012年5月12日江西省一次强暴雨过程为例,建立江西省的地形因子与暴雨过程之间的回归方程,得到地形因子与暴雨过程累计降水量的关系。计算各栅格上的降水量,这对分析暴雨过程受地形影响提供理论基础,为江西省的防灾减灾、防汛抗洪提供基础数据和技术支持。

资助课题:科技部“十二五”国家科技支撑计划项目(2012BAK09B00)。

1 研究数据与方法

1.1 DEM、坡度、坡向和水系数据特征

江西省1∶50000地理信息数据来源于江西省气象局，图1给出了江西省的DEM数据以及气象站点分布。

降水数据来自于江西省气象台的气象站观测资料，时间为2012年5月11—15日。

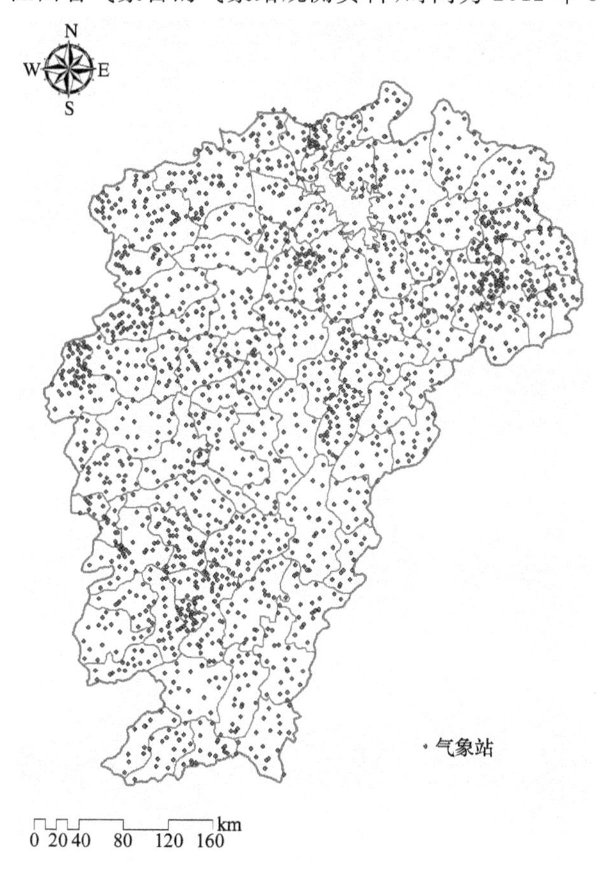

图1 江西省气象站点分布

1.2 方 法

1.2.1 多元线性回归模型

基于最小二乘法的多元线性回归模型，根据江西省地形的特殊情况，建立地形因子与暴雨过程的统计模型，以建立各因子与累计降水分布的关系：

$$R = a_0 + a_1 h + a_2 \alpha + a_3 \beta + a_4 \gamma \tag{1}$$

式中，降水量$R=f(h,\alpha,\beta,\gamma)$；$h$为地形高程；$\alpha$、$\beta$分别为坡度和坡向；$a_0$为常数项，$a_1 \sim a_4$是各项的系数。

通过对2012年5月12日暴雨过程气象站资料，提取1939个观测点降水的累计值，通过

最小二乘法进行求解，并对模型进行误差订正，确立了暴雨过程累计降水量与地形、水文的关系式：

$$R = 117.5632 + 0.05368h - 1.428\alpha - 0.0269\beta + 1.568\gamma \quad (2)$$

基于最小二乘法的多元线性回归模型，变量的系数大小及正负值表示该变量对应变量降水的正负贡献及大小，可以看出，水系对降水的影响最大，其次是坡度高度和坡向。以累计降水量为例，对原始数据和拟合的相关性进行 F 检验及对回归参数进行 t 检验。结果显示建立的回归模型通过 $\alpha=0.01$ 的 F 检验，回归效果较显著。

1.2.2 地形因子提取和水文分析

地形因子和水文分析的基础数据为 1∶50000 的 DEM，利用 arcgis10.0 的表面分析和水文分析模块得到江西省的数字高程、坡度、坡向、河网水系分布特征如图 2—5 所示。

从江西省的数字高程模型(图 2)可以看出，江西省四周环山，中部以湖泊、平原地区为主要地形地貌。坡度和破向作为地貌学中描述地貌的两个参数与洪涝灾害密切相关，其在地形对降水的作用上起到一定的动力抬升的影响。赣中平原地区坡度比较平缓，而在山区坡度都比较大。坡向的作用主要还是与气流相结合从而影响降水，从江西省的坡向图可以看出，在鄱阳湖地区为 0°左右，其余地区随着地形的不同而变化。水系分布则是江西省地形最值得研究的，鄱阳湖是中国第一大淡水湖，降水量的变化和湖面的面积呈现出紧密的联系，大型水体对天气和气候的影响显而易见。江西省的河网水系分布如图 5 所示，从图中可以看出，江西省水系众多，星罗棋布，以鄱阳湖为主要蓄水区，分支广泛。据江西省气象科研所最新卫星遥感监测资料显示，2012 年 5 月 12 日这次降雨过程致鄱阳湖水域面积突破 3000 km²。

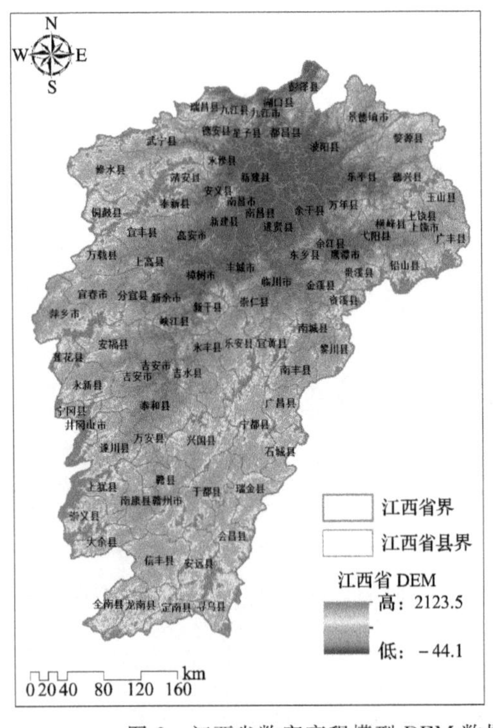

图 2 江西省数字高程模型 DEM 数据

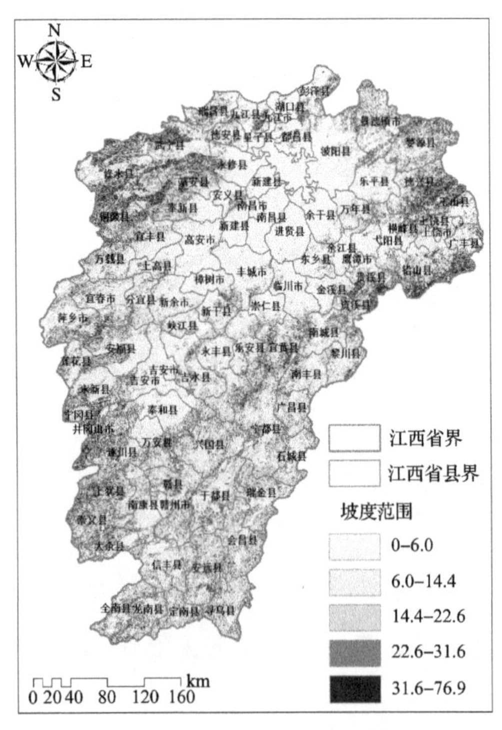

图 3 江西省坡度范围分布

图4 江西省坡向范围分布

图5 江西省河网水系分布

2 暴雨累计降水量估算

在arcgis10.0软件的栅格计算器中，根据多元线性回归模型经验公式(2)确定的地形因子、水文因子与降水在统计意义上的关系，计算不同栅格上的降水量，插值计算暴雨过程的累计降水量分布(图6)，降水的空间分辨率为30 m×30 m。对2012年5月12日这次降水过程的累计降水量的分析表明，暴雨过程的累计降水量与地形因子、水系因子呈明显的线性关系。江西省暴雨过程空间特征表现为与地形和水系分布有明显的相关，在鄱阳湖水系及西南部(万载县、宜丰县、高安县、南昌市)降水量最大的区域中心，该区域坡度比较大，地形强迫抬升作用明显；赣北北部，赣中、赣南大部分地区降水量偏少，最小值出现在吉安市戈坪县和渣津县，降水量不足1 mm。值得一提的是，赣中的中部崇仁县以及赣南的宁都县和石城县等山区，降水量也呈现增大的趋势。将估算的降水

图6 回归模型估算的降水量空间分布

和实际降水量进行误差分析,平均相对误差为1.358%,可以满足实际应用的需求。

3 结论与讨论

地形因子尤其是大型水体对江西省暴雨估算模型是有效的,它可较好地估算暴雨降水的实际空间分布特征。但此模型存在不足:影响降水的因子很多,一个经验公式很难满足通用的模型。另外,该模型在降水的天气学原理和动力成因方面未涉及,需要进一步深入探讨。

参考文献

[1] 陆忠艳,马力,王扬锋等.起伏地形下重庆降水精细的空间分布.南京气象学报,2006,**29**(3):408-412.

[2] 周锁铨,孙琪,肖桐松等.长江中上游区基于GIS的不同时间尺度降水插值方法探讨.高原气象,2008,**27**(5):1021-1031.

[3] 刘少军,张京红,何政伟等.地形因子对海南岛台风降水分布影响的估算.自然灾害学报,2011,**4**(20)2:196-199.

[4] Basist A,Bell G D,Meentenm eyer V. Statistical relationships between topography and precipitation patterns. *J Climate*,1994,**7**(9):1305-1315.

[5] Goodale C L,Alber J D,Ollinger S V. Maping monthly precipitation temperature and solar radiation for Ireland with polynomial regression and digital elevat ion model. *Climate Res*,1998,**10**:35-49.

[6] Naoum S,Tsanis I K. Torographic precipitation modeling with multiple linear regression. *Hydrologic Engineering*,2004,**9**:79-102.

[7] 徐成东,孔云峰,仝文伟.线性加权回归模型的高原山地区域降水空间插值研究.地球信息科学,2008,**10**(1):14-19.

[8] 舒守娟,王元,熊安元.中国区域地理、地形因子对降水分布影响的估算和分析.地球物理学报,2007,**50**(6):1703-1712.

[9] 何红艳,郭志华,肖文发.降水空间插值技术的研究进展.生态学杂志,2005,**24**(10):1187-1191.

[10] 高建芳,吴力平,袁玉江.降水变化对天山东部地区河川径流量的影响与评估.水文,2001,**21**(2):38-40.

[11] 张学明.大型水库对周围地区降水量效应分析.水文,1994(3):40-44.

2011 年影响山东半岛两次台风暴雨过程的对比分析

江敦双

(青岛市气象台,青岛 266003)

摘　要:以 2011 年两个影响山东半岛的台风"米雷"和"梅花"为研究对象,首先对比分析两次台风暴雨过程在强度和落区上的相似及差异。分析表明,这两次台风过程都给山东半岛带来了暴雨天气,最大降水中心都出现在台风中心左侧 2 个经度内和 500 hPa 上 θ_{se}>72℃的高能区内。两个台风的强度、移速、结构、外部环境场等多个方面的不同造成了具有不同特点的台风暴雨过程。结果表明:台风暴雨与台风结构、水汽输送、地形密切相关。"米雷"强度明显弱于"梅花",但两者强降水强度和落区却相似,主要是因为"米雷"在荣成市登陆后西行缓慢,有利于降水的增加和持续;山东半岛东部的牙山、艾山、昆嵛山、大泽山、崂山等山地地形也对暴雨增强起到了促进作用。

关键词:台风;暴雨;山东半岛

引　言

2011 年影响山东半岛并造成严重影响的台风有 1105 号"米雷"和 1109 号"梅花"。这两个台风的路径相似,但给山东半岛带来的强降水的强度和落区分布却有一定的差异。本文利用常规气象资料和 NCEP 1°× 1°的再分析资料对这两次台风过程进行对比诊断分析,以加深对台风产生的暴雨与外部环境的关系的认识,提高相应的预报和服务能力。

2011 年第 5 号热带风暴"米雷",6 月 22 日下午在菲律宾以东洋面上生成,24 日傍晚加强为强热带风暴,并沿中国东部沿海北移。26 日下午在山东半岛以东近海减弱为热带风暴,26 日 21 时 10 分在山东省荣成市成山镇沿海登陆,登陆时中心附近最大风力 9 级,山东半岛东部出现暴雨。27 日 05 时在黄海北部海面减弱为热带低压,27 日 07 时 10 分在朝鲜南浦市和黄海南道交界处沿海再次登陆(图 1),山东的降水基本结束。

2011 年第 9 号热带风暴"梅花",7 月 28 日 14 时在西太平洋洋面上生成,30 日增强为台风,8 月 7 日移到山东半岛以东近海,减弱为强热带风暴,山东半岛的降水开始,8 日减弱为热带风暴,山东半岛出现强降水。8 日 18 时 30 分前后,"梅花"在朝鲜西海岸北部沿海登陆,登陆时中心附近最大风力为 9 级,中心最低气压 985 hPa,山东半岛的降水基本结束。

1　两个台风及其引起的强降水对比分析

从两个台风的生成、发展、强度(表 1)来看,"梅花"在海上酝酿的时间长,强度大,积蓄的能量多,移速慢;而"米雷"在海上酝酿的时间短,强度小,移速快,但在山东半岛的东部登陆前后,移速明显减慢且在陆地上西进 3 h 左右后再次入海。两次过程造成山东强降水的分布(图

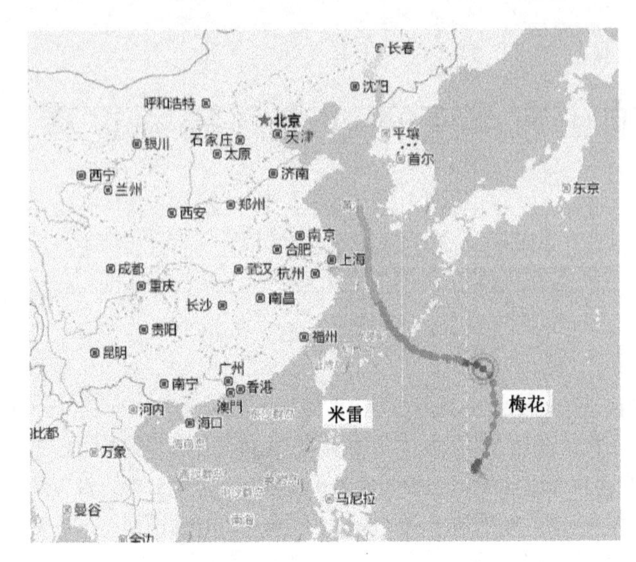

图 1　“米雷”和“梅花”的路径对比

2)比较相似:暴雨分布在台风中心路径左侧 2 个经度;强降水区均出现在山东东部。降水分布的主要差别在于“米雷”活动期间,山东西部和西南部没有降水,“米雷”造成暴雨中心出现在威海,最大超过 130 mm,降水以连续性降水为主;而“梅花”造成的暴雨中心主要出现在烟台,最大超过 150 mm,也以连续性降水为主。另外,在鲁中和鲁西出现了零散的暴雨点,以对流性降水为主。

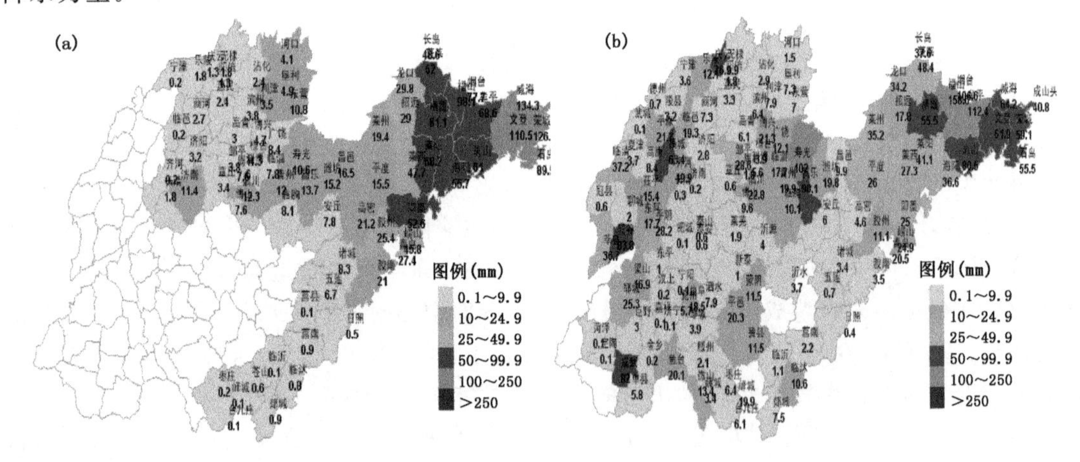

图 2　“米雷”(a)和“梅花”(b)造成山东半岛的降水分布

表 1　2011 年两个台风的对比

台风	生成源地	生命史	最大中心风速	最低中心气压	登陆地点
米雷	西太平洋	5 d	30 m/s	970 hPa	两次登陆(荣成市成山镇、朝鲜南浦市和黄海南道交界处)
梅花	西太平洋	11 d	55 m/s	925 hPa	一次登陆(朝鲜西海岸北部沿海)

2 天气形势分析

从500 hPa形势图(图3)来看,“米雷”活动期间,西太平洋副热带高压较强,脊线稳定维持在30°N附近,中心在25°～30°N,副热带高压中心呈纬向分布,588 dagpm等位势线维持在日本西部地区,东北地区则维持着一个庞大高压脊,这也是造成其在荣成市成山镇登陆的主要原因。“梅花”活动期间,西太平洋副热带高压非常强,脊线稳定维持在34°N附近,中心在32°～37°N,副热带高压的中心呈经向分布,华北有一弱西风槽,588 dagpm等位势线逐渐逼近朝鲜半岛。

从500 hPa天气形势对比分析可以看出,“米雷”造成山东半岛东部强降水主要是由强热带风暴自身的系统能量造成的,而“梅花”则是由台风和中纬度弱西风槽共同影响造成的。

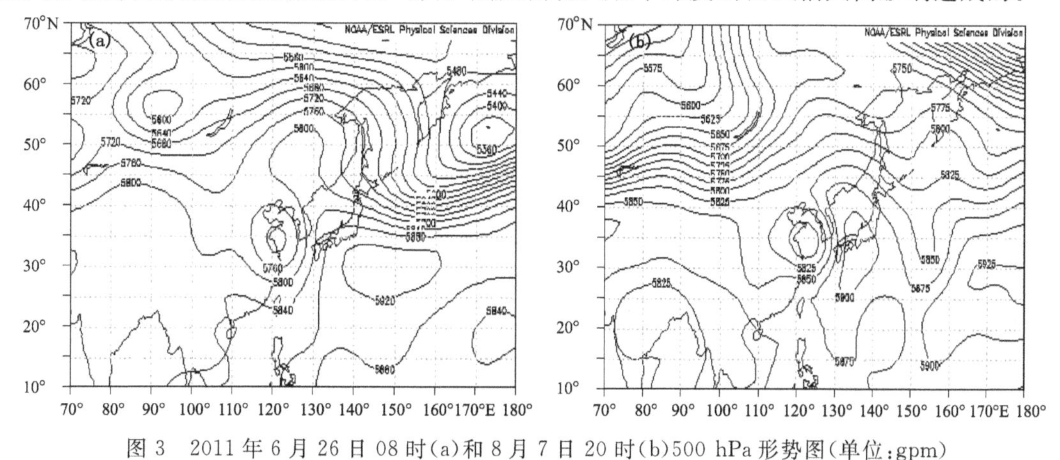

图3 2011年6月26日08时(a)和8月7日20时(b)500 hPa形势图(单位:gpm)

3 台风结构对比

3.1 动力结构

图4a和b分别是过两个台风中心的涡度场的径向垂直分布。从图4中可以看到,“梅花”在对流层中下层一直维持正涡度,中心值达$10\times10^{-5}\,s^{-1}$,最大值在400 hPa附近,但200 hPa层变为负涡度。而“米雷”的正涡度强度明显较弱,最大达$7\times10^{-5}\,s^{-1}$。对比分析发现,“梅花”的强度明显比“米雷”强,但“米雷”在整个对流层都一直维持正涡度。

3.2 热力结构

发生在热带海洋上的台风具有暖心结构。台风暖心结构是由台风内部暖湿空气大量上升并不断释放凝结潜热来维持的,强的潜热释放反映了较强的降水。

图5是两个台风登陆前通过台风中心南北向的温度与平均环境温度之差的垂直剖面,反映了暖心结构情况。发现“米雷”从26日08时至登陆前整个对流层都维持暖心结构,暖心最强的高度始终维持在400 hPa附近,强度约为1℃,而在850 hPa有一弱的负值,这可能是此时

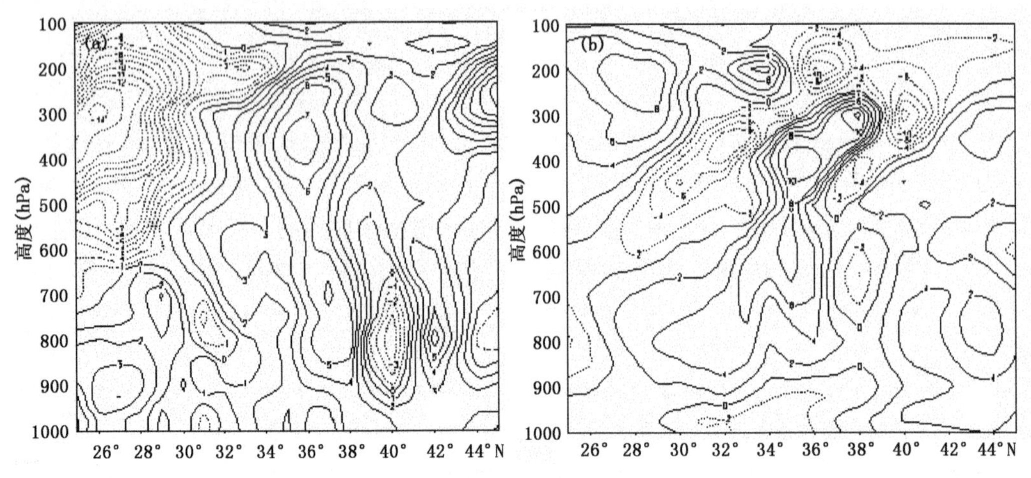

图4 2011年6月26日20时(a)和8月8日08时(b)沿台风中心的径向垂直剖面涡度(单位:10^{-5} s^{-1})

山东半岛正值降水期,台风内空气释放潜热不足以抵消其气压下降膨胀冷却所导致的气温降低。“梅花”登陆过程的暖心结构的分布和演变与“米雷”基本类似,暖心也有相应的减弱趋势。但通过进一步的对比发现有很多不同特征,“梅花”的暖心强度较强,特别是边界层,维持着较强的暖心,最大值为3℃,而200~300 hPa层为负值。

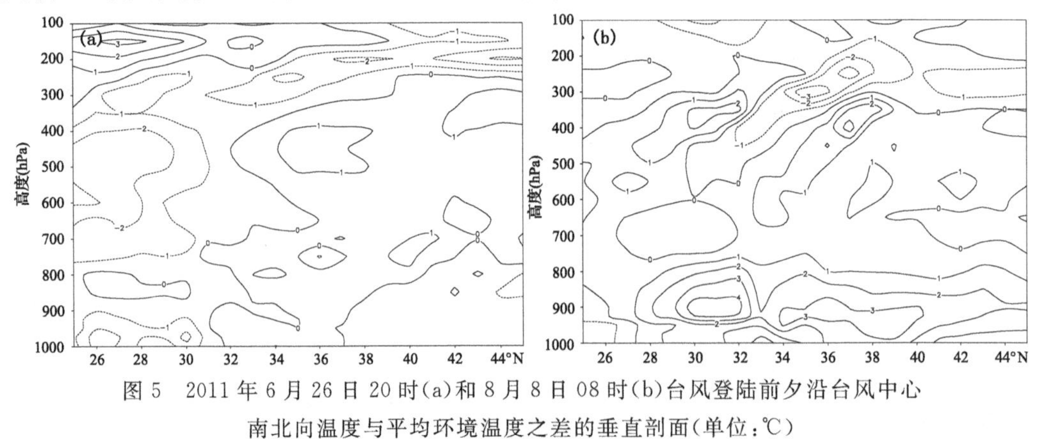

图5 2011年6月26日20时(a)和8月8日08时(b)台风登陆前夕沿台风中心南北向温度与平均环境温度之差的垂直剖面(单位:℃)

4 外部环境对比分析

4.1 能量场分析

若以θ_{se}>72℃覆盖的区域作为台风高能区。从图6中分析发现,强降水多出现在500 hPa上θ_{se}>72℃的区域内。“米雷”高能区随着台风北上高能区范围迅速减小,能量衰减较快。“梅花”大部分时段高能区所覆盖的范围较广,说明“梅花”台风在北上过程中高能量维持时间长,能量衰减缓慢。可见,“梅花”台风比“米雷”台风的能量强度大,高能区持续时间长,更有利于形成暴雨。特别是“梅花”台风活动期间,500 hPa上华北地区有一狭长的θ_{se}低值区,说明西风带有冷空气配合。但“米雷”台风期间华北地区没有θ_{se}低值区,台风的左前方有一个东北—西南向 θ_{se} 等值线的相对密集区，具有能量锋区的特征。而"梅花"台风左侧有一狭长的南北向能量锋区。

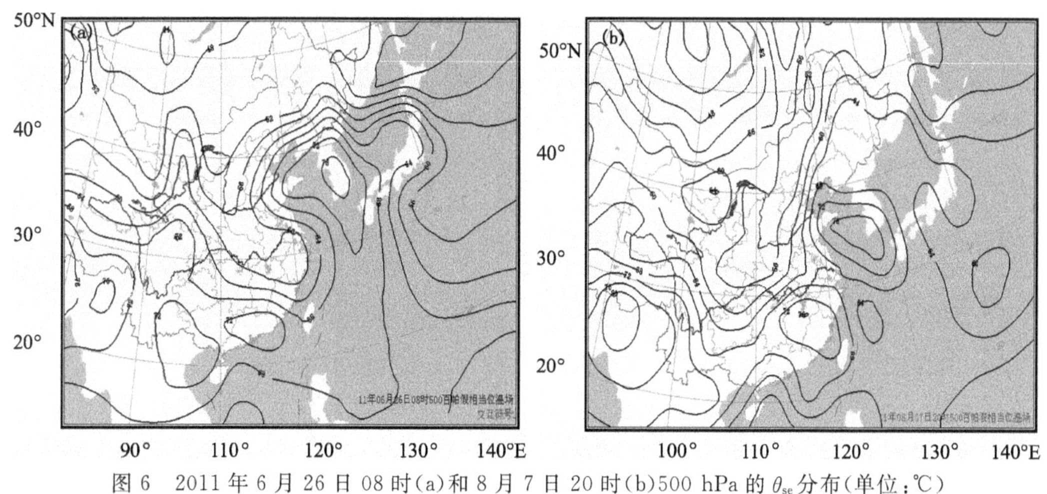

图6　2011年6月26日08时(a)和8月7日20时(b)500 hPa的 θ_{se} 分布(单位：℃)

4.2　水汽分析

对比分析925 hPa的水汽通量图(图7)可以发现，"米雷"影响时，有一水汽通量密集区从东南伸向山东半岛，形成一条强大的水汽输送带，而且中心离山东半岛东部比较近，有利于暴雨的产生；"梅花影响时，同样存在一条强大的水汽输送带，但中心位于朝鲜半岛的南部洋面。对比水汽通量散度图(图略)，暴雨区与水汽辐合中心基本吻合。

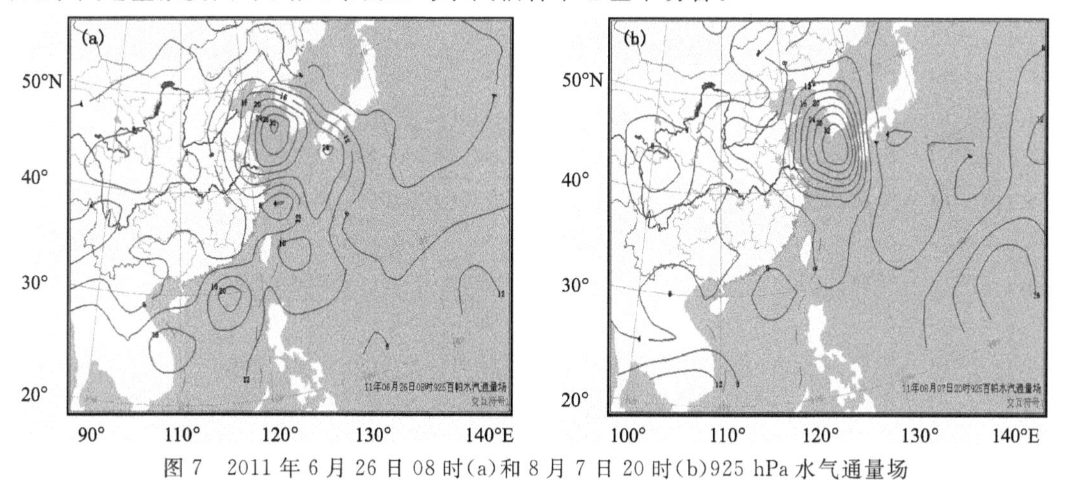

图7　2011年6月26日08时(a)和8月7日20时(b)925 hPa水气通量场

从水汽通量散度的垂直分布来看，两次过程的水汽辐合主要集中在对流层下部，但"米雷"影响时的辐合高度没有"梅花"影响时的辐合高度高，但产生的强降水却差不多，主要是因为"米雷"在荣成市登陆后缓慢西行了3个多小时后再入海，较长的降水持续时间造成了暴雨。

4.3　山地地形对台风暴雨落区、强度影响

研究表明，台风附近有坡度大的地形存在，有利强降水的发生。山东半岛北部地区的牙

山、艾山、昆嵛山、大泽山等山系呈东西走向，东南部的崂山呈东北—西南向，山系的迎风面，利于台风暴雨的发生。天气实况反映，上述地带特别是山脉的北侧或东南侧，是这两次相似路径台风降水的主要雨量中心。“米雷”活动期间，威海的文登、荣城、乳山、成山头等地出现大暴雨，最大为 134 mm，基本位于昆嵛山东侧和东南侧，烟台的蓬莱、海阳、莱阳、栖霞出现暴雨，最大为 98 mm，基本位于牙山、艾山和昆嵛山的北侧。青岛的即墨也出现暴雨，位于崂山的北侧。而“梅花”活动期间，威海的文登、荣成、乳山、成山头等地区出现暴雨，最大为 84 mm，基本位于昆嵛山东侧和东南侧，烟台市区出现大暴雨，最大为 150 mm，基本位于牙山、艾山和昆嵛山的北侧。

4.4　海温场对比分析

从中国东部海区的海温对比分析图(图 8)来看，“米雷”活动期间，东海的海温平均为 24℃左右，黄海南部平均为 21℃左右，黄海北部平均为 17℃左右；而“梅花”活动期间，中国东部海区的海温明显偏高。从台风生成、发展和维持的原因可以明显得出，6 月生成的台风，沿中国的东部海域北上时会衰减地很快，而 8 月生成的台风，沿中国的东部海域北上会衰减的慢。

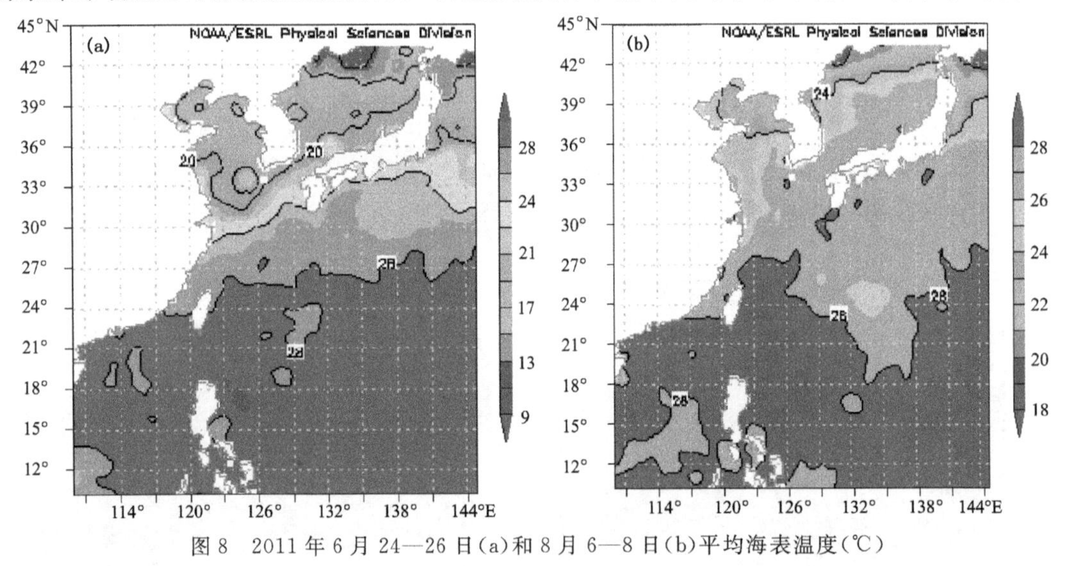

图 8　2011 年 6 月 24—26 日(a)和 8 月 6—8 日(b)平均海表温度(℃)

5　结论和讨论

受台风影响产生的强降水与台风本身的强弱、移动速度、登陆后减弱快慢有关外，还与副热带高压的强弱、位置有关。

2 个台风登陆前后西风带和副热带环流背景不同。台风“米雷”，副热带高压中心呈纬向分布并与东北高压脊同位相叠加形成高压坝，造成其在荣成市成山镇登陆并缓慢西进。台风“梅花”，副热带高压中心呈经向分布，华北地区有弱槽活动，造成其在朝鲜半岛北部海岸登陆。

两个台风产生的暴雨多发生在台风中心路径左侧 2 个经度内，暴雨区与水汽辐合中心基本吻合。“米雷”产生的暴雨基本是自身的能量产生的，“梅花”产生的暴雨是由台风和西风带弱的系统相互作用造成的。

两个台风的能量场存在异同点。台风"梅花"较台风"米雷"的能量场中高能区的水平范围要大得多。暴雨多出现在500 hPa上$\theta_{se}>72$℃的高能区内。

由于6月和8月海温的不同,两个台风的强度和移速不同。

山东半岛东部的牙山、艾山、昆嵛山、大泽山、崂山等山地地形也对暴雨增强起到了促进作用。

参考文献

[1] 曹钢锋,张善君,朱官忠等.山东天气分析与预报.北京:气象出版社,1988:4-6.

[2] 陈联寿,徐祥德,罗哲贤等.热带气旋动力学引论.北京:气象出版社,2002:17-21.

[3] 程正泉,陈联寿,徐祥德等.近10年中国台风暴雨研究进展.气象,2005,**31**(12):3-9.

[4] 吴启树,沈桐立,沈新勇."碧利斯"台风暴雨物理量场诊断分析.海洋预报,2005,**22**(2):60-65.

[5] 臧传花.9711号台风与0509号台风能量场对比分析.山东气象,2006,**26**(1):5-9.

[6] 王晓芳,胡伯威.地形对0604号"碧利斯"登陆台风暴雨的影响.暴雨灾害,2007,**26**(2):97-102.

气候变化背景下环胶州湾城市气候环境特征分析

田咏梅[1] 马 艳[2] 于进付[3] 郭丽娜[2] 董海鹰[2]

(1. 文登市气象局,文登 264400; 2. 青岛市气象局,青岛 266003; 3. 即墨市气象局,即墨 266200)

摘 要:近30年青岛经济发展迅速,城区面积扩张显著,加速了城市化进程。利用青岛环胶州湾地区1978—2007年气象资料,从城市增温、城市热岛效应、城市风速变化、台风及风暴潮、极端异常降水等几个方面,综合分析青岛环湾地区近30年局地气候环境的变化特征。总的来说,青岛环胶州湾城市气候环境变化与加速的城市化进程密切相关。因此,在未来不同层次的城市规划和重大工程建设项目中,应当考虑城市建设对局地气候环境可能造成的影响。

关键词: 城市进程;胶州湾;城市;气候变化

引 言

胶州湾是青岛赖以生存的母亲湾,拉动着青岛地区经济、社会等各项事业的发展。在改革开放后的30 a里,伴随着青岛环湾城市社会经济快速发展,青岛城市面积不断扩张,胶州湾海域面积逐渐缩小。青岛的建成区面积从解放初的27 km^2 扩展到2008年的267 km^2,胶州湾海域面积从1928年的560 km^2 下降到2003年的362 km^2。城市规模的不断扩大,使原有的自然植被或者裸露土地被各种各样的建筑物以及大量的沥青、水泥马路代替,城市区域的大气层下垫面特性发生了改变。与此同时,城市工业排放的大量烟尘、气溶胶、颗粒物以及城市道路上汽车尾气和扬尘等对于城市的气温、湿度、能见度、风和降水都带来了不同程度的影响。人们的生产和生活极大地改变了城市大气的热力和动力状况,从而影响到局地的气候特征[1-2]。本文利用青岛环胶州湾地区1978—2007年气象资料,从城市增温、城市热岛效应、城市风速变化、台风及风暴潮、极端异常降水等几个方面,综合分析青岛环湾地区近30年局地气候环境的变化特征。

1 资料和方法

本文所用的气象资料是环胶州湾地区,包括青岛、崂山、胶南、胶州、即墨、平度和莱西7个国家基准站1978—2007年的日平均气温、极端最高气温、极端最低气温、平均风速,日降水量和台风/风暴潮发生频次分布等资料。在资料质量控制和评估之后,综合分析在全球气候变化背景下青岛环胶州湾地区局地气候环境变化特征。

资助课题:青岛市"环湾保护、拥湾发展"战略研究1392#。

2 结果分析

2.1 城市增温

气温是受城市化进程影响最明显的一个气象要素。局地气温的变化，首先考虑全球气候变化背景。庞华基等[3]分析了青岛自有温度计气温观测以来全球平均气温的变化走势（图略），结果表明，自1900年以来，全球的平均气温总体呈上升趋势，1900—2000年的100 a内，全球平均气温上升了约0.8℃。1981—2000年，全球平均气温上升幅度约0.6℃，对应于改革开放后的20世纪80年代青岛的快速城市化进程。

图1是近30年来崂山气象站和平度气象站年平均气温变化趋势，其中崂山气象站代表青岛城区（崂山站位于李沧区青峰路，为大面积城市建成区所包围），平度气象站代表青岛郊区（平度气象站位于平度区淄阳街），通过两站数据对比反映城郊升温趋势的差异。如果单纯将气温变化当作一个线性趋势，则1978—2007年城区代表站崂山的年平均气温增幅达2℃左右，而平度站的年平均气温增幅为1.6℃左右，均高于同期全球的平均增温幅度，30 a间的变暖幅度大于全球增温的平均水平，很大程度上归因于环湾地区快速的城市化进程。气温距平分析表明（图2），从20世纪90年代中期至今，两站气温大多较常年偏高，升温非常显著，期间城区代表站仅有两个年份（郊区对比站三个年份）气温距平值为负值。20世纪两个站的平均气温相差较小，但从21世纪初开始，城区代表站崂山与对比站平度的气温差越来越大，青岛地区快速的城市化进程对气温的影响越来越明显。

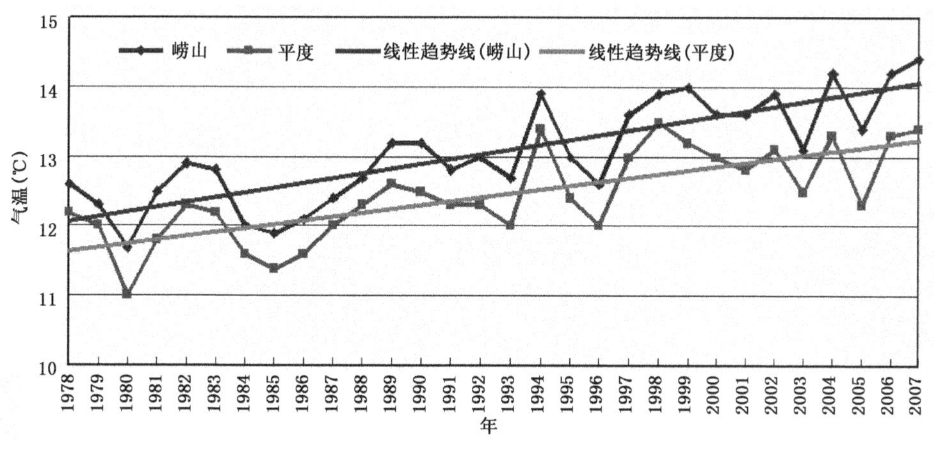

图1 近30年来青岛两站年平均气温变化

2.2 极端气温的空间分布

资料分析结果表明，青岛地区历年夏季（6—8月）的平均最高气温在23.0～32.0℃，从东南沿海地区至内陆呈递增趋势；胶州湾沿岸夏季平均最高气温多在24.0～30.0℃，也是自南向北递增，其中东北部沿岸夏季平均最高气温较高，在29.0℃左右，其他地区多在28.0℃以下[4]。图3是青岛地区夏季历年极端最高气温空间分布。由图3可以看出，青岛环湾地区夏季极端最高气温在34.0～42.0℃，高温区多集中在胶南、胶州、莱西和即墨等部分地区；胶州

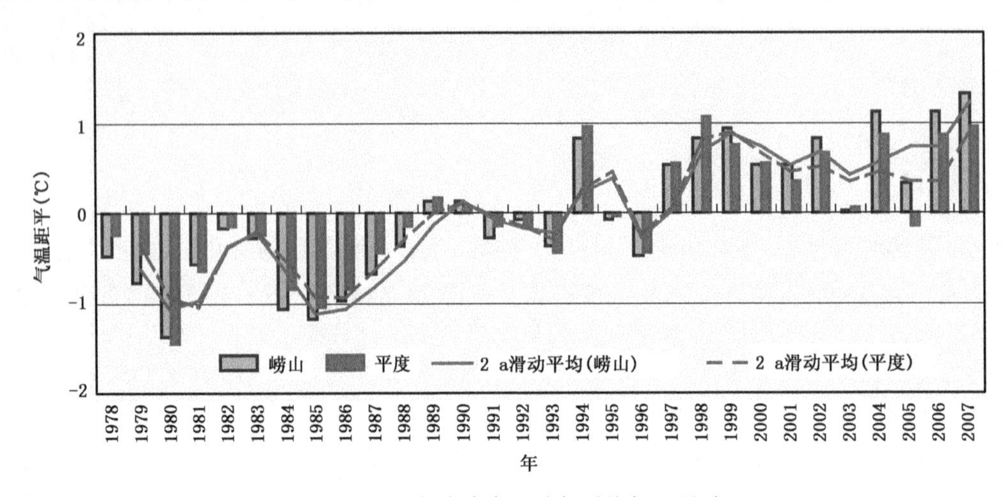

图 2 近 30 年来青岛两站年平均气温距平

湾沿岸大部分地区均出现 37.0℃以上的高温，东北部沿岸极端高温甚至达 40.0℃以上，而青岛、胶州沿岸相对较低但也在 36.0～38.0℃，海岛站极端高温值最低，但也在 34℃左右。虽然夏季胶州湾地区平均最高气温多在 30.0℃以下，但也易出现 37.0℃以上的极端高温，可能会对居民生活和工农业生产等造成不可忽视的影响甚至灾害。

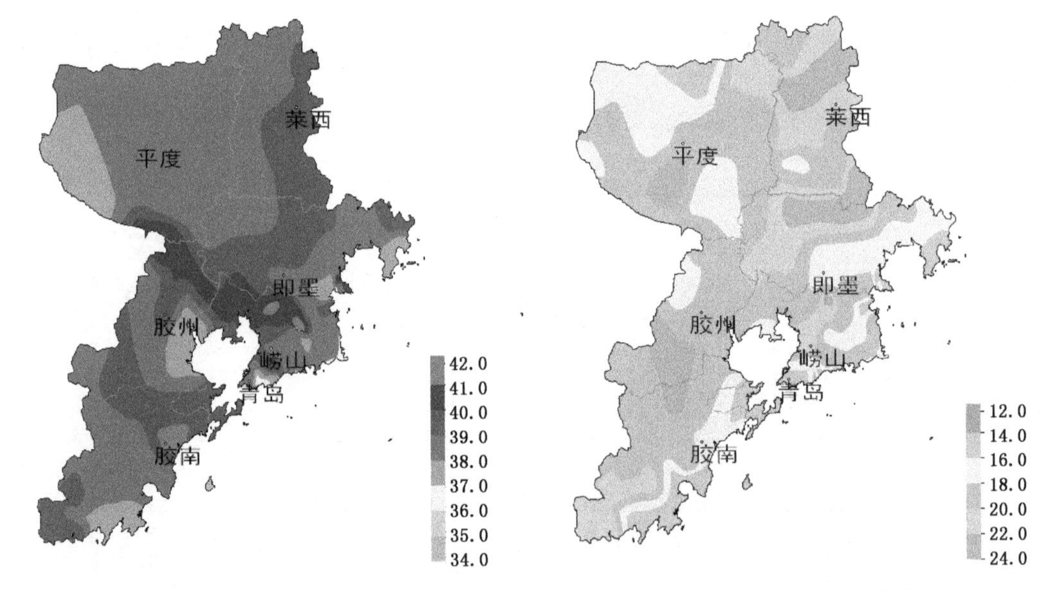

图 3 青岛夏季年极端最高气温分布(℃)　　图 4 青岛地区冬季年极端最低气温分布(℃)

极端低温区多集中在胶南和胶州交界处、即墨北部和城阳北部、平度西南部和莱西北部等地区；胶州湾沿岸大部分地区极端最低气温多在－20.0℃以上，仅东北部沿岸极端最低气温低至－20.0℃以下，青岛、胶南沿岸和黄岛地区相对较高但也在－16.0℃左右。虽然冬季胶州湾地区平均最低气温多在－6.0℃以上，但也易出现－16.0℃以下的极端低温(图 4)。

青岛地区历年冬季(12 月至次年 1 月)的平均最低气温在－7.0～1.0℃，从东南沿海地区至内陆呈递减趋势；胶州湾沿岸冬季平均最低气温多在－6.0～0.0℃，也是自南向北递减，其中北海岸地区冬季平均最低气温较低在－6.0℃左右，其他地区多在－5.0℃以上[4]。青岛地区历年极端最低气温在－24.0～－12.0℃。

2.3 城市热岛效应

城市热岛现象是任何现代化城市发展过程中都不能避免的问题，是城市化形成的特殊城市气候。城市热岛强度(英文简称 UHI)定义为中心城区(以崂山站为代表)与郊区(以平度站为代表)的气温差值，差值愈大，则表示热岛效应愈强。

从青岛地区 1978—2007 年逐年年平均气温/最低气温的城市热岛强度变化趋势(图 5)来看，崂山站所在地李沧区以前是崂山县城，在改革开放以前发展缓慢，改革开放之后，李沧区的城市化发展很快，迅速发展成为城区，其地表覆盖的各种属性(土地利用、建筑密度、人口密度、人为热源)在短时期内发生较大变化。1978—1983 年热岛效应显著增强。由于夜间城市建筑物之间留存了较多热量，这也是夜间城市热岛效应强度($UHI_{最低气温}$)在短时间内发生突变的主要原因。1983—2007 年，根据平均气温和最低气温计算的 UHI 值呈不断上升的趋势，青岛的快速城市化进程正在对局地的热环境的影响日益明显。

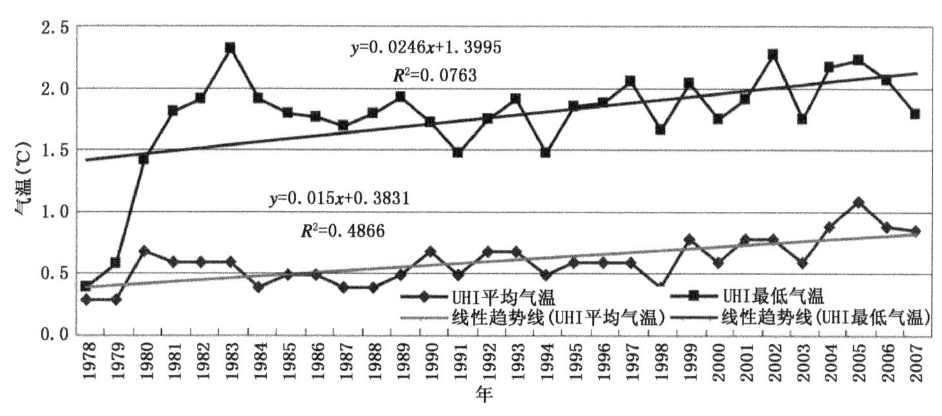

图 5 青岛城市热岛强度(UHI)历年变化

2.4 城区风速变化

从年平均风速分布上来看，青岛市区沿海、胶州中部、胶南中部以及即墨沿海部分地区平均风速为 3.4～5.4 m/s。其他地区风速较小，在 1.6～3.3 m/s。环胶州湾地区的风速为 3.4～7.1 m/s[4]。

图 6 是环湾城市代表站崂山站和郊区代表站平度站 1978—2007 年近地面平均风速的对比曲线。可知，城区代表站崂山站的风速存在明显的减小趋势，而对比站平度站的风速略有增大。这主要是由于近些年来青岛市区的城市发展速度快，密集的建筑群越来越多且高度不断增高，导致下垫面粗糙度增大，消耗了空气水平运动的动能，因而使城区的风速明显减小。城区风速的减小在一定程度上会影响到污染物的扩散速度，使得城区的大气污染物容易累积到较高的浓度。

2.5 极端降水事件分析

极端降水是指短时间内出现大量降水的极端天气事件，极端降水的出现将会大大增加一个城市的排水管网、交通和路政设施的压力，严重的还会造成气象灾害。青岛地区虽然年际降

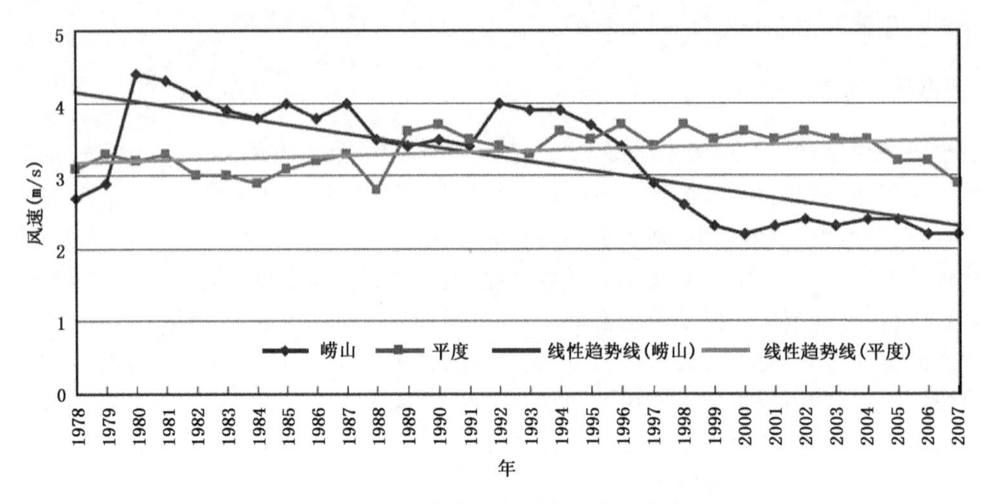

图 6 近 30 年来青岛两站年平均风速演变

水差异很大,但是总体的变化趋势不大,对本地有较大影响的极端降水主要是暴雨。本文对环湾地区日降水量达到暴雨程度(日降水量≥50 mm)的降水频次进行分析,发现近 10 年暴雨发生次数占近 30 年总次数的 58%(其中青岛伏龙山站为 46.2%,崂山站为 63.6%,胶南站为 64.3%),超过近 30 年总数的一半,近 10 年暴雨发生频率明显增加。

表 1 进一步统计了 1978—2007 年 30 年间青岛地区日降水量超过 200 mm 的大暴雨。从表 1 可以看出,这种极端降水事件都发生在 20 世纪 90 年代以后,21 世纪发生暴雨的频率增加极为明显。青岛地区的极端(或异常)降水事件与青岛的城市化进程密切相关——城市的扩建及下垫面性质的改变与人类的生活、无序活动(包括各种交通工具),加剧城市地表与大气的能量交换,大气边界层运动变得更复杂,城市地区的对流更强烈,使得极端降水事件出现的频率明显增加,这对城市的日常运行将产生一定影响,在未来的规划中对此问题应有所关注。

表 1 1978—2007 年青岛日降水量大于 200 mm 的极端降水事件

排序	时间	台站	降水量(mm)
1	1990 年 8 月 16 日	胶南	299.9
2	1997 年 8 月 19 日	即墨	303.5
3	2000 年 8 月 29 日	胶南	236.4
4	2001 年 8 月 1 日	青岛 / 胶州	219.1 / 211.3
5	2006 年 8 月 26 日	即墨	211.7
6	2007 年 8 月 11 日	青岛	241.2
7	2007 年 9 月 20 日	胶南	203.7

2.6 台风及风暴潮影响分析

从近 30 年影响青岛的台风频次来看(图 7),最多年份为一年中有两个台风影响。青岛地区的风暴潮是台风带来的主要次生灾害之一。1978—1992 年这 15 a 中,影响青岛的台风仅有 5 个,而伴随的风暴潮则发生了 3 次;1993—2007 年这 15 a 间,影响青岛的台风则高达 9 个,伴随的风暴潮发生了 4 次。数据对比表明，影响青岛的台风个数近 15 年增加了一倍还多，这与气候变暖导致台风总数增加有关。在未来的青岛城市规划中，应对持续增长的台风影响有所考虑，以减小台风给城市建设及日常生产生活带来的影响。

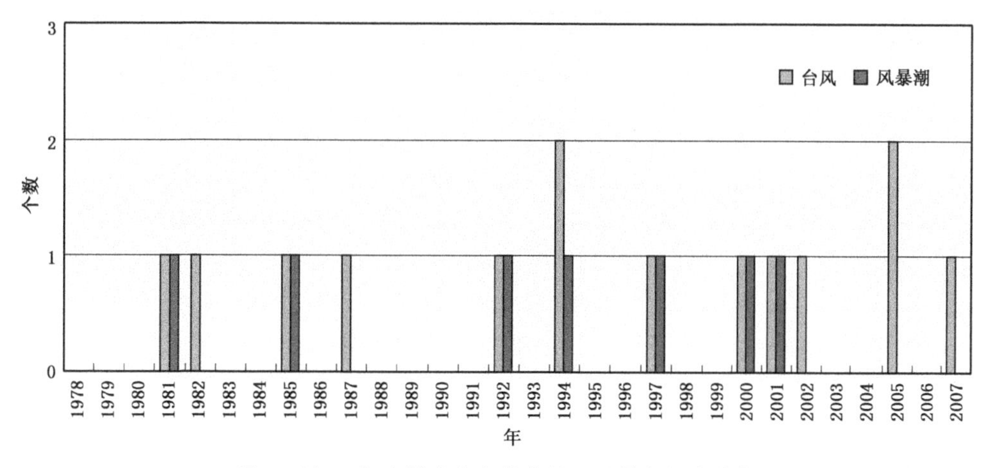

图 7 近 30 年来影响青岛的台风和风暴潮频次分布

3 结 论

结合近 30 年的气候资料，本文选取了与青岛环湾地区城市发展紧密相关的几个气象要素进行了详细分析。可以看出，胶州湾沿岸的城市化进程对局地气候环境已经造成了比较明显的影响，总结起来，这些影响包括：城市地区气温逐渐升高、城市热岛强度逐渐加大、城市地区风速逐渐减小、城市极端降水逐渐增多。与此同时，在全球气候变化的背景下，台风影响胶州湾沿岸的概率也在逐渐增加。因此，在未来不同层次的城市规划中，应当对包括以上要素在内的气候环境问题有所考虑，考虑城市建设对局地气候环境可能造成的影响。

参考文献

[1] 王晓云. 城市规划大气环境效应定量分析技术. 北京：气象出版社，2007.

[2] 王晓云. 城市规划大气物理环境效应定量分析技术及评估指标研究. 北京：清华大学，2006.

[3] 庞华基，高靖，李春，等. 青岛百年气温变化及其影响因素分析. 南京气象学院学报，2007，**30**(4)：524-529.

[4] 青岛市气象局. 胶州湾气象变化和城市规划关系研究. 2010.

2011年长江中下游地区旱涝急转成因初探

魏 香

(空军气象中心,北京 100843)

摘 要:对发生在2011年5—6月长江中下游地区的一次罕见的旱涝急转事件特征进行分析,结果表明:5月,西北太平洋副热带高气压强度偏弱、位置偏南,南海季风偏弱,由热带地区和西北太平洋向中国输送的水汽明显偏弱,长江中下游地区难以形成降水。进入6月,环流形势调整,副热带高压加强西伸,南海季风开始活跃,索马里越赤道西南气流、印度洋经过孟加拉湾的越赤道西南气流及副热带高压西侧偏南风气流向该地区输送水汽,形成一条较强水汽输送带,与北方南下的弱冷空气交汇,形成冷暖气团在长江中下游地区对峙的局面,准静止锋大范围停滞在此地区,导致持续的强降水过程,形成严重洪涝。2010年7月出现的拉尼娜事件可能是此次旱涝急转事件的重要外强迫条件之一。

关键词:长江中下游;旱涝急转;大尺度环流异常

引 言

长江中下游地区夏季旱涝异常长期以来一直是中国汛期降水预测的重要内容。大量研究表明,长江中下游地区的夏季降水实际上就是东亚夏季风推进的产物,其旱、涝异常与大尺度环流异常密切相关[1]。以往针对长江中下游地区旱涝异常的研究大多立足于夏季总降水的异常,对旱涝的变化关注较少,而旱涝的变化同夏季整体的降水量一样重要,对水资源配置、工农业生产和人民生活同样具有重大影响。本文着重对2011年5—6月的旱、涝急转事件进行分析并给出其形成的可能原因。

1 天气概述

2011年3—5月,长江中下游地区的湖北、湖南、江西、安徽、江苏5省持续少雨,降水较常年同期偏少51.1%,为1951年以来历史同期降水量最少。长江中下游大部分地区出现中度以上气象干旱,部分地区出现严重气象干旱。6月,持续少雨的态势迅速转变,6月3日出现了一次强降水过程,大部分地区累积降水量在200 mm以上。之后又接连遭受了4轮暴雨强降水天气过程袭击,降水时间和区域都比较集中,使得6月长江中下游地区普遍比常年偏多5成至2倍[2](图1),部分地区雨量超有观测记录的同期历史极值,出现严重洪涝及山洪地质灾害。旱涝转换如此快速、剧烈,自20世纪50年代有完整气象记录以来是第1次。这种在某一地区发生较长时间干旱后,突遇集中强降水,短时间内引起洪涝的现象就叫旱涝急转。据统计,长江中下游地区曾在1978、1981、1986、1994和2000年发生过较为严重的春旱,之后也曾发生过大面积的降雨,但这次发生的旱情强度强、持续时间长、范围广、影响程度重,而经过6

月的5轮暴雨强降水天气过程袭击之后，这一地区又遭受了严重洪涝灾害，降水量为近60年历史同期最多，因此，是1951年以来发生的最严重的一次旱涝急转事件。

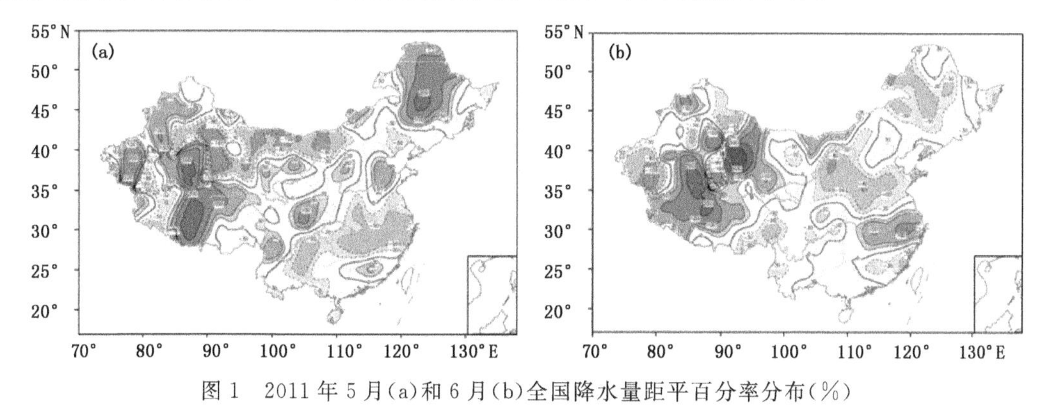

图1 2011年5月(a)和6月(b)全国降水量距平百分率分布(%)

2 旱涝急转成因分析

2.1 大尺度环流异常

2.1.1 500 hPa环流特征

由图2可以看到，2011年5月，极涡偏大偏强，中心值达到了540 dagpm，欧亚中高纬地区环流较平直，东亚大槽发展明显，中国长江及其以北地区为西北气流控制，冷空气沿着较为平直的西风气流到达中国北方地区，低纬度西太平洋副热带高压主体位置偏东、偏南，面积偏小，588 dagpm线位于西太平洋上，长江中下游地区受干冷的高压脊控制，导致该地区干旱少雨；6月，亚洲极涡偏弱偏小，中心值仅为556 dagpm，欧亚中高纬度地区经向环流增强，中高纬度受稳定的两槽一脊环流形势所控制，槽脊均较常年同期偏深，有利于槽后弱冷空气南下，长江中下游地区位于南支槽前的西南气流中，西太平洋副热带高压面积明显增大，并且北抬、西伸，588 dagpm线的西伸脊点位置已经到达了台湾岛一带，副热带高压北侧的西南暖湿气流与南支槽前来自孟加拉湾的西南暖湿气流相汇合，源源不断地向长江中下游地区输送，与南下的冷空气在此交绥，冷暖气团形成对峙的局面，准静止锋大范围地停滞在此，导致该地区产生持续的强降水天气。

2.1.2 高层环流特征

南亚高压是夏季北半球高层最强大的高压系统，是亚洲夏季风的主要成员之一。南亚高压的活动对北半球大气环流的演变具有重要作用，脊线的位置和变动与中国主要雨带的位置和季节性变化有密切的关系。与低层环流相比，南亚高压的异常更具有稳定性和持续性，并有一定的提前性，具有预测价值，是天气、气候变化的一个强信号[3]。在2011年5月、6月100 hPa高度场和矢量风场图(图略)上可以看到，5月干旱期，南亚高压强度偏弱，中心位于孟加拉湾至中南半岛和南海地区的中北部，位置明显偏南，高空西风急流同样偏南，这恰好与500 hPa西太平洋副热带高压位置偏南相匹配(图2a)；6月涝期，南亚高压强度增强并向西北方向移动至青藏高原的上空，高空西风急流相应北抬至长江中下游地区，该地区降雨增多。

速度势函数是表征大气水平散度的物理量。在2011年6月200 hPa速度势距平及辐散

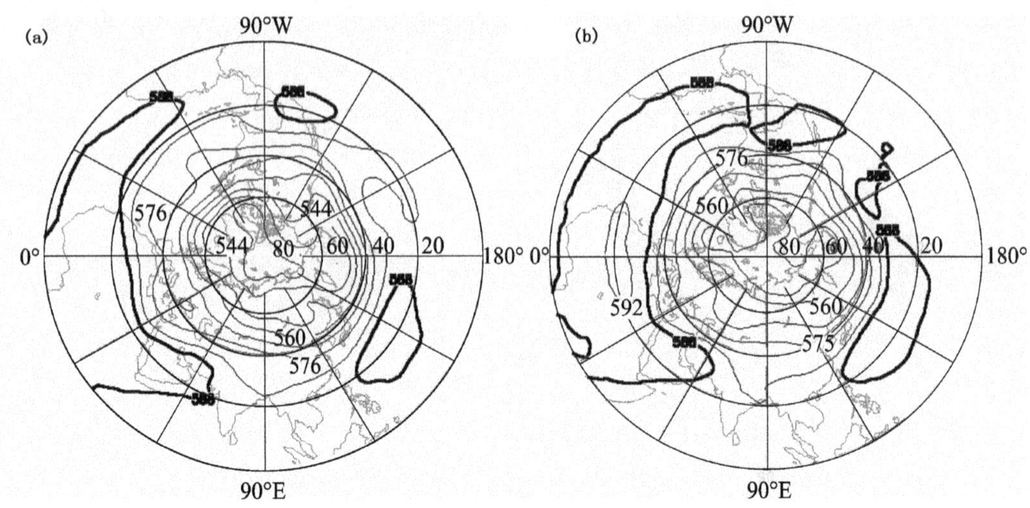

图 2　2011 年 5 月(a)和 6 月(b)北半球 500 hPa 月平均位势高度场(单位:dagpm)

风距平图(图 3a)上,长江中下游地区为大范围的正速度势距平,风向为明显的辐散,这些表明上述地区存在明显的空气的水平辐散,850 hPa(图 3b)则正好相反,长江中下游地区的速度势函数距平为负值,风向也为明显的辐合,这些表明 850 hPa 高度上存在明显的空气的水平辐合。高层辐散、低层辐合的配置,正是形成上升运动的有利条件。这种大范围的持续的上升运动为长江中下游地区的连续 5 次强降水天气提供了必要的大气环流条件。5 月的速度势和辐散风距平图(图略)和 6 月的情况正好相反,200 hPa 图上长江中下游地区为负的速度势距平,风向为辐合,而 850 hPa 上述地区为正的速度势距平,风向为辐散,高层辐合、低层辐散的配置,是形成下沉运动的有利条件,导致长江中下游地区长期的干旱少雨。

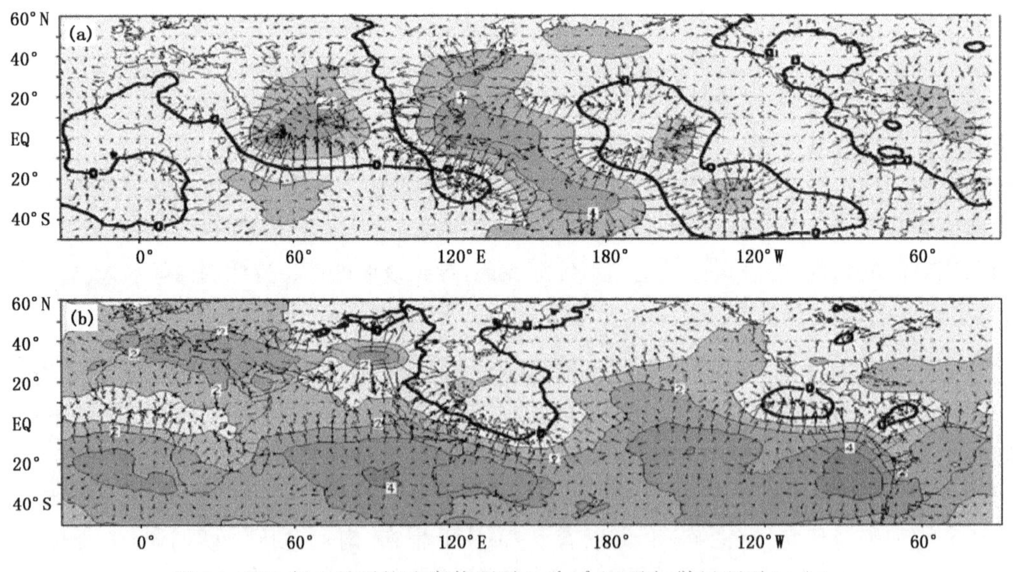

图 3　2011 年 6 月平均速度势距平(10^6 m^2/s)及辐散风距平(m/s)

(a. 200 hPa,b. 850 hPa)

2.2 季风的影响

中国是季风盛行的国家，干旱洪涝、严寒酷暑等各种灾害性气候都与季风活动有关，特别是夏季风来临的早晚、向北推进的快慢及其强度直接影响到中国汛期的旱涝时空分布[3]。2011年南海夏季风于5月2候暴发(图4)，较常年(5月第4候)偏早，但强度较弱，且之后中断，至6月初开始增强，加入到副热带高压北侧的西南气流，形成一条较强水汽输送带。2011年6月之前，东亚副热带夏季风(图略)主要维持在中国华南至江南一带，雨带也出现在华南一带。进入6月之后，随着东亚副热带季风的北推和副热带高压脊线北跳通过20°N，夏季风推进至长江中下游地区，出现了连续的强降水过程。

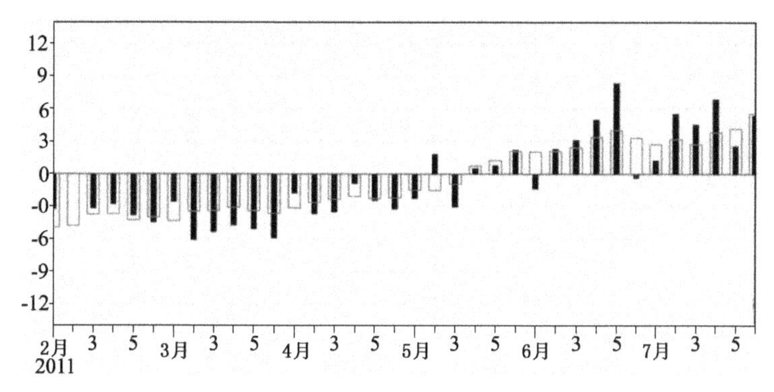

图4 2011年2—7月逐候南海季风强度指数变化
(纵坐标为季风强度指数，方框为气候平均值)

2.3 水汽输送

在春、夏季节转换期，随着热带对流系统的发展和南海夏季风的暴发，影响中国水汽的通道通常有3个——索马里越赤道西南气流、孟加拉湾以南越赤道西南气流和来自南海及其以东附近的副热带高压南侧转向的西南气流。选取旱涝转折期850 hPa水汽输送情况进行分析(图5)，5月第6候，45°E附近的索马里低空急流偏弱，印度洋赤道缓冲带偏弱，阿拉伯海地区仍为较强的反气旋环流控制，越赤道偏西气流继续沿着极低纬向东传播，孟加拉湾北部有热力性气旋环流存在，中南半岛为弱季风西南气流，由于南亚高压偏强，水汽被阻断在孟加拉湾东岸。而由于西太平洋副热带高压偏弱、偏东，副热带高压西侧的西南暖湿气流仅到达台湾以东的海区，长江中下游地区为弱反气旋环流所覆盖，依然是干旱少雨。到了6月第1候，索马里低空急流暴发，印度洋赤道缓冲带偏强，与孟加拉湾以南的西南气流一起经中南半岛西部向北输送，同时南海夏季风暴发、副热带高压西伸北抬，西南暖湿气流大举北上到达长江中下游地区，配合北方南下的冷空气，产生强降水天气。

2.4 热带海洋拉尼娜影响

中国国家气候中心的监测显示，2010年7月开始发生的拉尼娜事件于2011年4月结束，共持续9个月。此次较强的拉尼娜事件期间，赤道印度洋为大范围的异常冷海温控制，热带西太平洋对流活动明显偏弱，受其影响，副热带高压偏弱、位置偏东，沃克环流偏强，印度洋哈得来环流偏弱，中国西南、东南水汽输送不足，致使长江中下游地区急转前发生持续严重干旱。

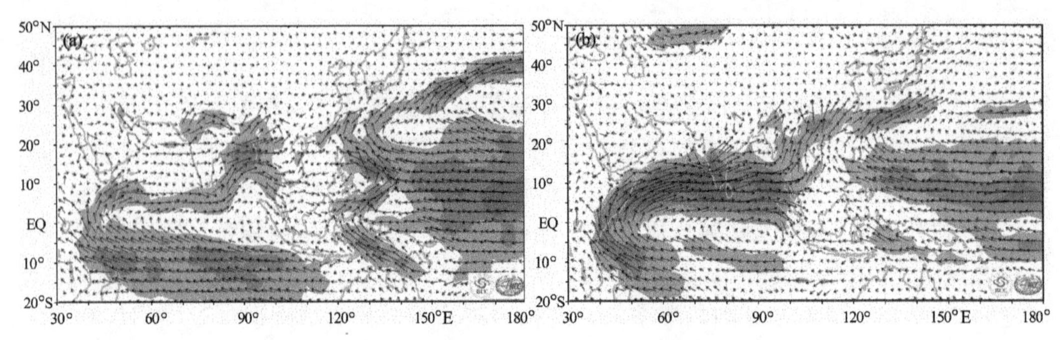

图 5 2011 年 5 月第 6 候(a)和 6 月第 1 候(b)850 hPa 水汽输送(单位:g/(s · cm · hPa))

随着赤道中东太平洋及印度洋冷海温异常的减弱,西太平洋地区的海温恢复正常,热带地区的对流活动明显加强,副热带高压也随之迅速增强北上 (6 月第 1 候)且持续,沃克环流减弱,印度洋哈得来环流增强,匹配中高纬度大尺度稳定维持的气候背景,使冷暖空气在长江中下游地区持续交绥,该地区降水异常偏多并持续,导致 6 月长江中下游持续性洪涝,最终造成此次旱涝急转事件的发生。

3 小 结

2011 年 5—6 月发生的旱、涝急转事件因其旱、涝转换速度快、剧烈而成为 1951 年以来发生的最严重的一次旱、涝急转事件,是一次极端气候事件。大气内部动力过程和全球海洋外源强迫共同作用下的大气环流系统组合异常,是造成这次极端气候事件的主要原因。

(1)2011 年 5 月极涡偏强,南亚高压强度偏弱,位置偏南,西太平洋副高偏弱、偏南;6 月极涡强度弱,面积偏小,中高纬度环流调整为“两槽一脊”稳定形势,南亚高压强度增强并向西北方向移动,副热带高压加强西伸。这是 2011 年旱涝急转事件的大气环流因素。

(2)2011 年南海季风 5 月上旬开始暴发,但强度弱,且中间一度中断,直至 6 月初突然增强,北推至长江中下游地区,季风活动的异常,是此次旱涝急转事件的重要因素。

(3)2011 年 5 月,影响中国水汽的 3 个通道索马里越赤道气流、孟加拉湾越赤道气流以及和副热带高压有关的越赤道气流均明显偏弱,而到了 6 月初上述 3 个水汽通道明显加强,大量暖湿气流汇合到长江中下游地区与扩散南下的冷空气交汇。水汽条件的明显改变,是此次旱涝急转事件的主要原因。

(4)2010 年 7 月开始至 2011 年 4 月结束的拉尼娜事件是此次旱涝急转事件的可能的重要外强迫条件之一。而拉尼娜事件对长江中下游旱涝影响的作用机理和物理机制还需要在今后的工作中进一步深入研究。

由于影响长江中下游地区降水的因子多、组合关系复杂多变,本文仅限于从大气环流和海洋异常角度对 2011 年 5—6 月的旱涝急转事件进行了初步的分析,尤其在全球气候变化背景下,影响因子与中国气候异常的物理统计关系正经历着年代际变化,极端天气气候事件和气候异常的成因机制趋于复杂,对于发生在 2011 年 5—6 月的这次旱涝急转事件的诊断归因仍需开展深入的分析和研究工作。

参考文献

[1] 陶诗言,徐淑英.夏季江淮流域持久性旱涝现象的环流特征.气象学报,1962,3-12.

[2] 国家气候中心.2011年5—6月全国气候影响评价.

[3] 朱乾根,林锦瑞,寿绍文等.天气学原理和方法(修订版).北京:气象出版社,1992:914pp.

近 20 年亚欧地区 500 hPa 高度场极端环流特征分析

单　权

(浙江省气象服务中心,杭州　310017)

摘　要:选取亚欧地区(15°—80°N,40°—150°E)1961—2009 年的 500 hPa 高度场逐日资料,首先对 1961—1990 年的高度场逐日资料处理得到亚欧地区逐日逐格点的 20 个气候等概率区间,每个区间的概率为 5%。第一个区间为极端低值环流区间,第 20 个区间为极端高值环流区间,然后利用得到的极端低值环流和极端高值环流对 1991—2009 年 500 hPa 高度场的环流特征进行检验,统计出落在极端低值环流区和极端高值环流区的概率。分析逐季节、逐月的变化情况,对近 20 年来出现的极端环流的时空分布进行描述分析。从空间的分布上,近 20 年亚欧地区极端低值环流事件发生的概率在所研究的区域上总体的增长率是上升的,但上升的幅度比较小,在中国的中部地区及蒙古国是增长率变化最小的区域。而极端高值环流事件发生变化的趋势:在春秋和冬季随着纬度的增加,增长率逐渐减小,而在夏季最大增长率位于中国青藏高原一带,以此为中心,向四周逐渐减小,这与夏季副热带高压北上然后南退的气候特征相对应。

关键词:极端环流;气候等概率区间;增长率

引　言

近些年来气候变化导致极端天气频频出现,引起社会各界的关注,也给我们的天气预报提出了很高的要求,判断当前全球气候的变化趋势,已经成为研究气候变化的一个至关重要的问题。联合国气候变化专门委员会(IPCC)第三次报告和第四次评估报告都对极端天气气候事件作了明确的定义,对一特定地点和时间,极端天气事件就是从概率分布的角度来看,发生概率极小的事件,通常发生概率只占该类天气现象的 10%或者更低[1]。目前国际上在气候极端变化研究中最常见的是采用某个百分位值作为极端值的阈值[2],超过或低于这个阈值的值被认为是极值,并称为极端事件。

低概率天气事件大多数都是高影响天气事件,准确预报这类事件是目前数值预报领域的重要问题。目前的文献中大多数是研究极端低温或极端高温[3-5],或某一地区异常降水或温度与环流的关系[6-8],研究表明,温度时间序列的概率密度分布接近正态分布,通常将某一时段内温度的平均值加上(或减去)标准偏差乘以一个系数作为极端气候事件的阈值,一旦温度高于(或低于)这个阈值,则认为发生了极端高温(低温)事件。且极端温度或极端降水的变化都能从环流场上表现出现。500 hPa 高度场的分布对极端天气事件的发生影响特别大,因而 500 hPa 高度场环流是对地面气候预报有十分重要影响的环流场,对该场的极端环流的统计分析将有助于提高地面天气预报的准确率。

大多数关于低概率天气事件的研究工作都主要基于个例分析[9-11]。而采用气候统计的方法研究其出现的规律并利用一定方法做未来时刻的预测是一种行之有效的方法。文献[12]

关于高度场集合概率预报评价的研究过程中，大量地使用了气候等概率区间方法确定的概率阈值，来应对因季节变化和明显的地理差别，考虑不同格点，不同季节高度值的多年平均值和均方差。本文采用的方法从概率统计的角度，通过对气候系统长期特征的统计分析，根据天气事件的发生概率确定判别极端事件的临界值，然后再将其用于近 20 年来极端气候事件的分析。气候等概率区间常用于概率预报的检验评价，但本文将用极端事件的统计分析方法对 500 hPa 环流场进行分析。严格意义上来讲，气候等概率区间方法就是百分位方法的一种具体应用。

1　资料和方法

1.1　资　料

本文所用资料为 NCEP/NCAR 全球 1961—2009 年再分析格点 500 hPa 高度场资料，分辨率为 2.5°×2.5°。本文仅研究亚欧区域内(15°—80°N，40°—150°E)各格点上的 500 hPa 高度场数据。NCEP 资料已经过观测资料的校正，可信度较高。本文侧重于总体趋势的分析，并没有刻意量化近 20 年极端环流事件变化的确切数据，因此，虽然 NCEP 资料和观测资料间存在一些差异，但对于本文各区域极端事件总体变化趋势的判定等影响不大，本文的研究可以作为中国极端气候事件趋势变化特征的一个参考。

1.2　方　法

为了使分析更为客观，本文利用世界气象组织定义的 30 a 气候态，即 1961—1990 年逐日 500 hPa 位势高度场资料，对某月、某格点上的所有数据，共 $30\times t_d$(t_d 为该月总日数)个，作非降序排列，然后将此序列等频数地分为 20 段，这样就产生了 2 个开区间和 18 个闭区间，可认为温度值出现在每个区间内的概论均为 5%(图 1)。

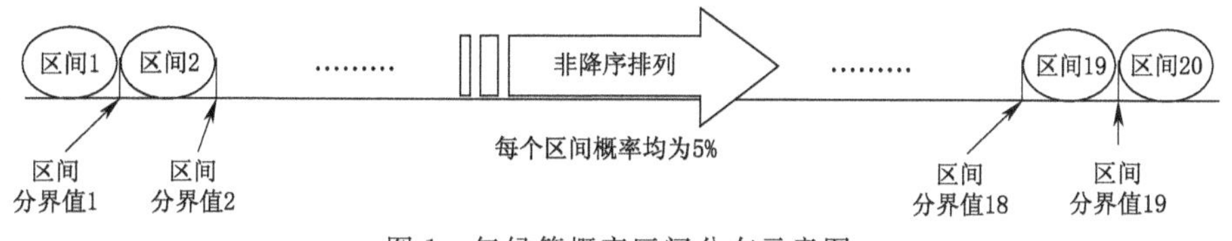

图 1　气候等概率区间分布示意图

对所有格点均进行这样的处理，就得到了全区域该月逐点的 20 个气候等概率区间。为了精细地考虑季节变化，再使用内插法，根据日期，考虑本月、上月和下月的权重将区间分点差值到每一天，就可以得到每天的气候等概率区间。接下来，利用得到的每日气候等概率区间，将 1991—2009 年的每日位势高度场与其对比，计算出落在最低和最高两个区间内的概率，把他们分别看作最低和最高极端位势高度的概率，再累加计算每个月最低和最高极端位势高度出现的概率。按照前面的计算，由于是等概率分布，正常情况下，落在这些区间内的概率应该是 5%，这样就可以看到近 20 年 500 hPa 高度上最低和最高极端位势高度的出现概率，从而分析极端位势高度的变化情况。

2 500 hPa 高度场气候等概率区间

由于500 hPa高度场位势高度值(均值和变率)存在季节变化和明显的地理差别,其异常不能像温度、降水量那样在所有的格点确定同一临界标准,然后运用于地面的天气预报。因此,我们是研究不同格点、不同时间上高度值的多年平均值,然后进行比较或运用于地面的天气预报。

本文主要研究亚欧地区的1961—2009年500 hPa位势高度场值。根据世界气象组织定义,1961—1990年的气象资料可作为一个气候态,所以对1961—1990年逐日资料处理得到逐日逐格点的20个气候等概率区间,每个区间的概率为5%,利用得到的气候等概率区间(表1)对1991—2009年500 hPa高度场的环流特征进行检验。主要通过分析逐季节、逐月的变化情况,对近20年出现的极端环流的时空分布进行描述分析。

表1 5—12月格点(32°N,118°E)的500 hPa位势高度场20个气候等概率区间分界值(gpm)

分界	5月	6月	7月	8月	9月	10月	11月	12月
1～2	5837	5824	5813	5811	5822	5818	5832	5835
2～3	5844	5833	5821	5820	5828	5834	5841	5843
3～4	5849	5838	5827	5825	5834	5841	5847	5846
4～5	5853	5843	5831	5830	5837	5847	5852	5850
5～6	5856	5846	5835	5833	5840	5850	5855	5852
6～7	5859	5850	5839	5837	5843	5853	5857	5854
7～8	5861	5853	5842	5840	5846	5855	5859	5856
8～9	5864	5856	5845	5843	5848	5858	5861	5858
9～10	5866	5859	5848	5846	5852	5860	5864	5860
10～11	5867	5861	5851	5848	5854	5863	5865	5863
11～12	5869	5864	5853	5850	5857	5865	5868	5866
12～13	5871	5866	5857	5854	5859	5867	5869	5869
13～14	5874	5869	5860	5857	5861	5869	5871	5871
14～15	5876	5871	5863	5860	5864	5871	5873	5873
15～16	5879	5874	5866	5862	5867	5873	5875	5876
16～17	5882	5877	5868	5865	5869	5876	5877	5878
17～18	5885	5880	5871	5869	5873	5878	5880	5881
18～19	5889	5883	5875	5873	5877	5882	5883	5885
19～20	5890	5889	5881	5879	5883	5887	5887	5889

注:1～2为第1个区间和第2个区间的分界值,2～3为第2个区间和第3个区间的分界值,以此类推。

3 结果分析

通过对1991—2009年500 hPa高度场逐日资料的处理后，可以得到逐季节甚至逐月的变化情况，下面我们分别对逐季节和逐月的图形进行分析。

由1961—1990年的环流值分析可知，平均每个区间出现的概率应为5%，在分析1991—2009年的增长率图形时，对于图形中显示的增长率是以5%为分界的，如果图形上显示的值>0则为实际增长率>5%，数值越大则为实际的增长率越大；如果图形中显示的增长率<0则为实际的增长率<5%，不过总的趋势还是增长，只是增长率相对比较小，值越小则实际增长率越小，当增长率为−5%时，则实际增长率为0%，也就是和环流值的常态变化不大。

3.1 季平均极端事件分析

季平均图是按月的比例，将月平均后得到的季的变化情况，能反映不同季节的极端环流分布特征。

图2为各个季节的极端高值环流增长率。由图2可见，正异常增长率占据了大部分区域，中低纬度基本上都为正异常区域。春、秋、冬季的增长率分布的趋势大体相似，最大增长率都位于低纬度地区，且随着纬度的升高，增长率逐渐减小。这3季节的最大增长率都>10%，但具体位置有所变化，春季位于西马里亚纳群岛一带，秋季最大增长率位置相对春季有所西移到九州帕劳海岭一带，且在中国的青藏高原也出现了增长率为9%的区域。冬季的最大增长率位于阿拉伯海一带。

在春、秋、冬这3个季的负异常区间都位于中高纬度一带。春季主要位于两侧，一处位于西边的欧洲及哈萨克丘陵，另一处位于东边的中国东北延伸到鄂霍次克海一带。秋季位于北冰洋一带，在中西伯利亚平原上为增长率为0的区域，冬季从伏尔加河、黑海、大利亚霍夫岛围成的三角区域为负异常的区间。

夏季的整个正异常增长率的分布和其他3个季度的差别很大，最大增长率为16%位于中纬度地带的蒙古高原一带，在低纬度地区的阿拉伯海和菲律宾海盆地区的增长率也比较高，增长率在9%左右。其他地区以中国内蒙古及其以北的蒙古国为中心向两边递减趋势，负异常区域主要位于高纬度地区。

结合图2可以得出，最大增长率春季在低纬度地区，夏季上升到中纬度地区，秋季冬季又重新回落到低纬度地区，这与副热带高压北上南退的气候特征相对应。此外，在四季中蒙古一带的增长率都>5%，这与蒙古地区的地形有密切联系。

图3为4个季度的极端低值环流增长率，偏低值的增长率在4个季度基本上都为负异常区，特别是在夏季和秋季，基本可以不考虑正异常区。

春季的正异常区间主要位于西部的东欧地区及位于东部的韩国日本一带，最小的增长率位于中国的内蒙古以北地区，然后以此为中心向南北方向递增。冬季正异常区的分布和春季很相似，位置相对春季有所上升，到中高纬度的东欧平原，西西伯利亚平原一带及俄罗斯东部一带。秋季在北冰洋一带有增长率为0的区域，也就是该区域偏低环流的实际增长率为5%。夏、秋季最小的增长率范围扩展的比较大，中国的中部北部地区的增长率都维持在−4%左右。

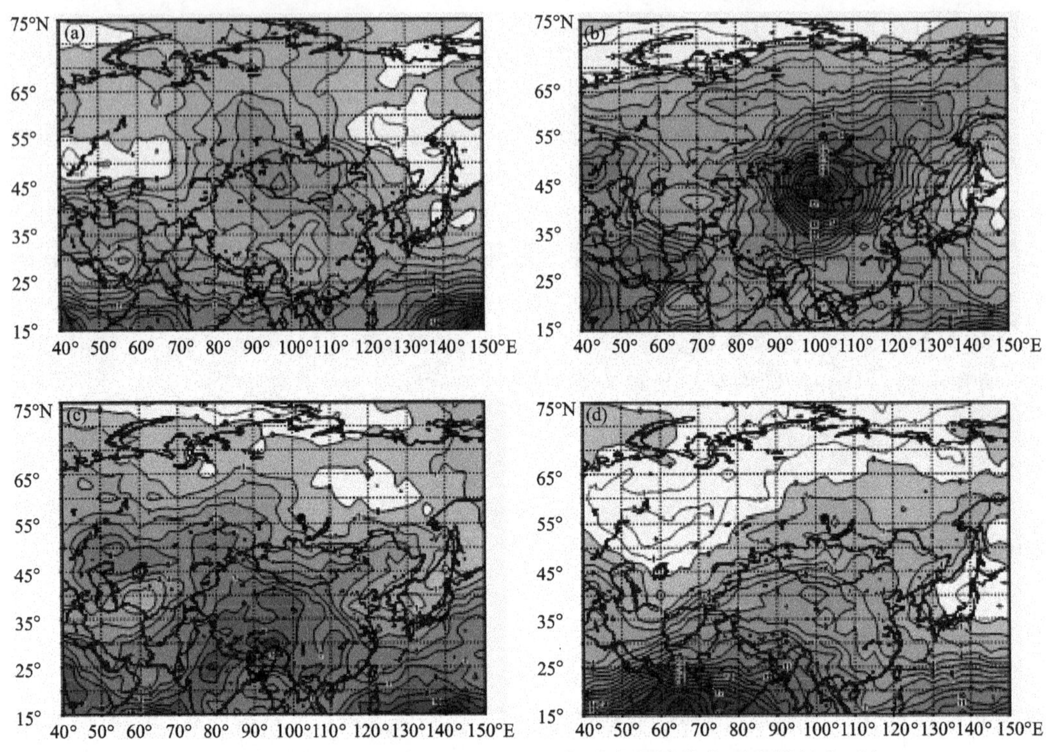

图 2 1991—2009 年亚欧地区 500 hPa 各季度极端偏高环流增长率(%)

(a.春季,b.夏季,c.秋季,d.冬季)

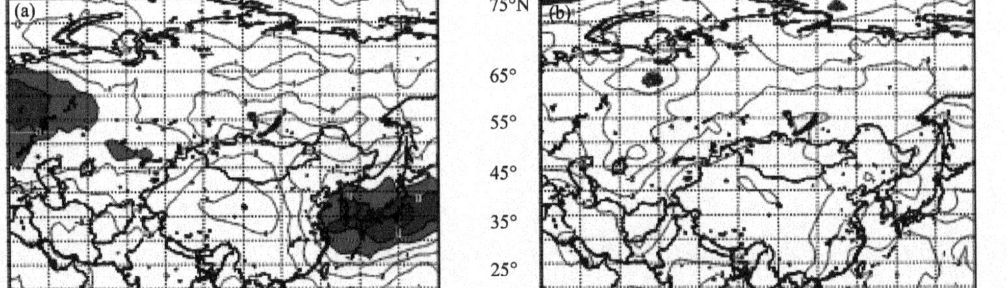

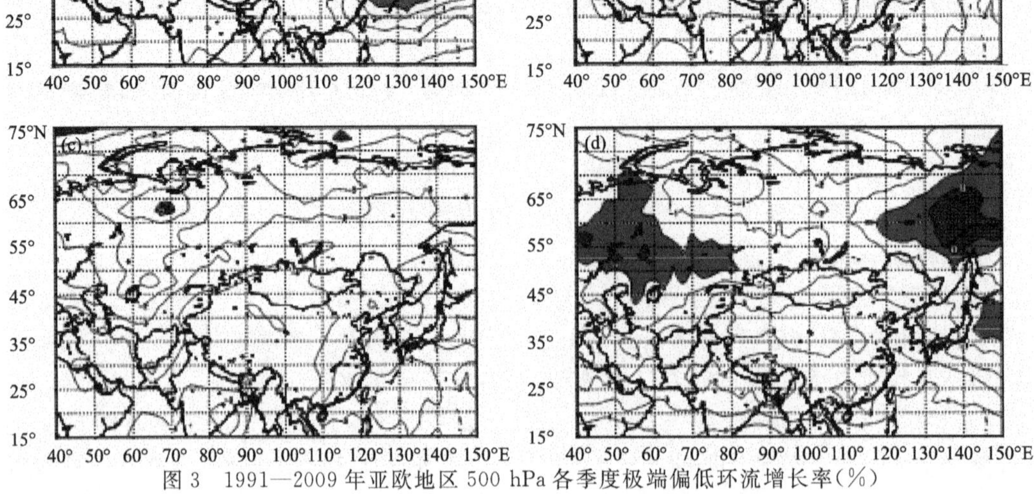

图 3 1991—2009 年亚欧地区 500 hPa 各季度极端偏低环流增长率(%)

(a.春季,b.夏季,c.秋季,d.冬季)

综上分析，4 个季度最小增长率主要位于中国的内蒙古一带，然后以此为中心增长率向四周增加，且最小增长率在－4％左右，变化不大。夏秋季最小增长率的区域比春冬季向北有所扩大。通过对比极端偏高环流和极端偏低环流值的增长率，可以得知增长率的变化与地形有很大联系，中国的内蒙古以西及蒙古国地区形的原因使得该地的增长率存在一定的规律，该地区四季极端偏高环流的增长率比较大，一般都在 5％以上，且浮动不大；偏低环流的增长率在四季也很稳定，一般在－5％左右，也就是中国内蒙古以西及蒙古国地区在近 20 年中出现的极端偏高环流事件比较多，而出现的极端偏低环流事件比较少。

3.2 月平均异常环流分析

由于夏季的极端偏高环流和冬季的极端偏低环流较其他季节特殊，所以我们就着重挑选了这些季节的月平均图来更深入分析极端环流的变化情况。

图 4 是夏季极端偏高环流的分月平均。6—8 月的整体的增长率的变化很相似，相对前 5 个月最大增长率位置有所提高，主要位于中纬度地区的青藏高原一带，且在 6 月的日本海一带也有小范围的正异常区域，8 月在阿拉伯海一带也有小范围的最大增长率区。但 3 个月的最大增长率值相差很大，6 月的最大增长率为 12％，而 7 月的最大增长率为 24％，8 月的最大增长率为 19％，这和夏季中纬度环流活跃、持续高温相对应。

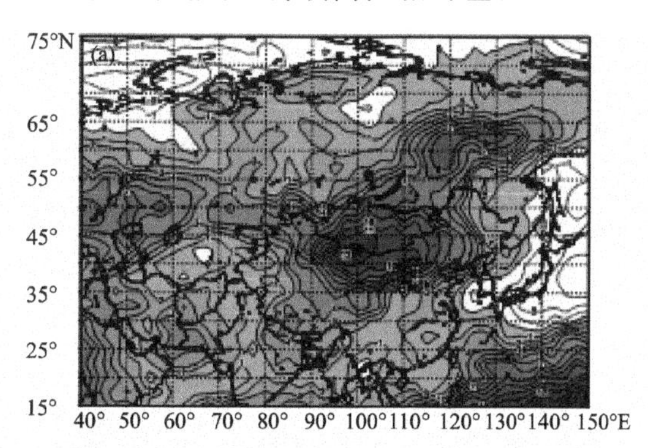

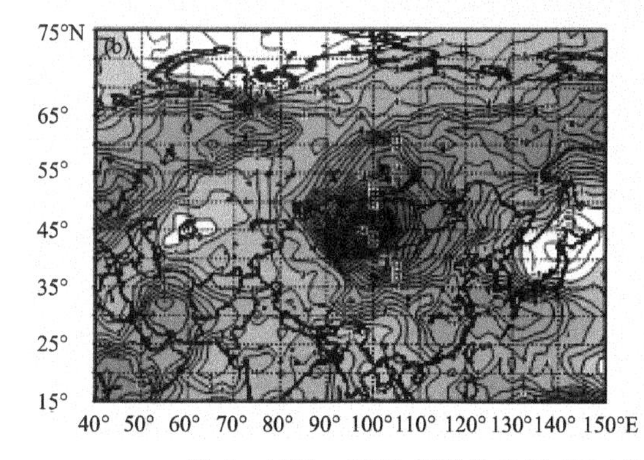

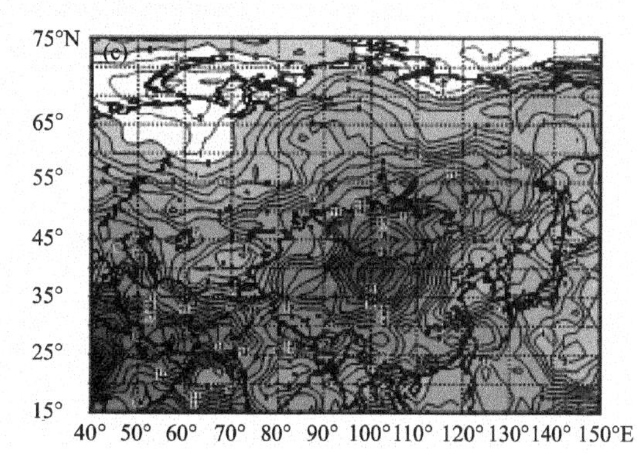

图 4 1991－2009 年亚欧地区 500 hPa 夏季、各月极端偏高环流的增长率(％)

(a. 6 月，b. 7 月，c. 8 月)

图 5 是极端偏低环流在冬季各月的分布，从图中可以看出，负异常区占了主要的区域，也就是偏低环流的增长率在近 20 年中是比较的小的。11 月正异常区域主要位于中西伯利亚高

原到蒙古高原一带及位于高纬的巴伦支海。12月主要位于中纬的西西伯利亚平原,日本海、鄂霍次克海一带及高纬度的新地岛以东一带。1月正异常区比较分散,主要位于中高纬度地区,上至勒拿河沿岸高原,下至河套附近,东至锡霍特山脉,西至吐鲁番盆地围成的区域,其他在萨彦岭,北冰洋及东欧平原以北附近出现了正异常区域。

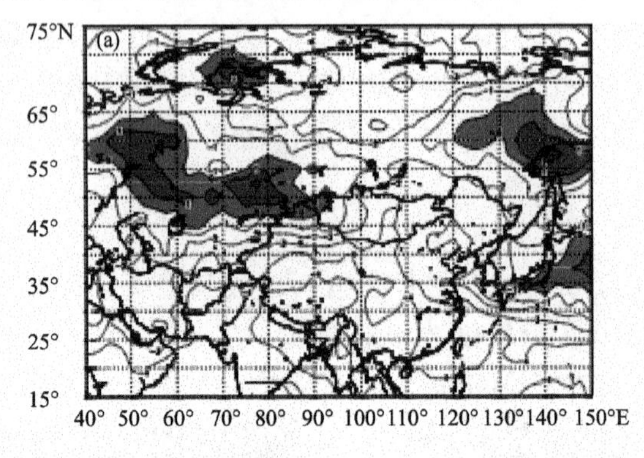

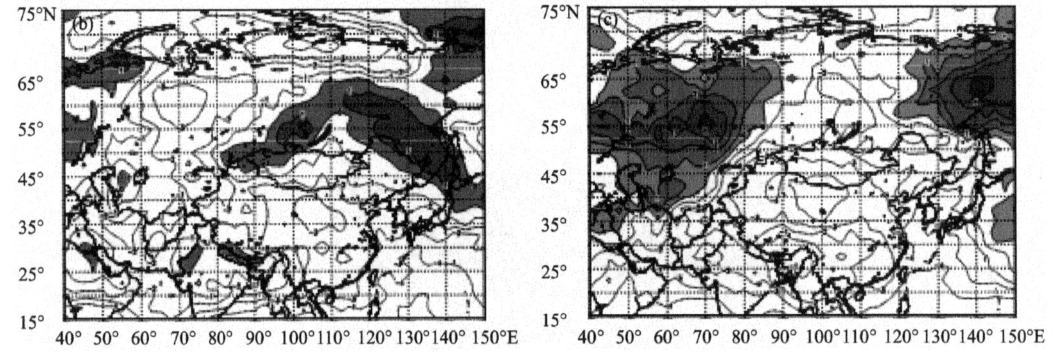

图5 1991—2009年亚欧地区500 hPa冬季、各月极端偏低环流增长率(%)
(a.6月,b.7月,c.8月)

4 结 论

(1)结合等概率区间的偏高环流的增长率,春、秋、冬季最大增长率位于低纬度,随着纬度的升高增长率逐渐减小,且<5%的增长率主要位于中高纬度。而夏季的最大增长率位于中低纬度地区,且以此为中心向四周增长率逐渐减少。这与夏季副热带高压北上然后南退的气候特征相对应。

(2)结合极端偏低环流的增长率,偏低环流的实际增长率基本都<5%,>5%的区域比较小,我们没有过多的研究。偏低环流最小的增长率在一年中基本都位于中国的中部以西及蒙古国一带,且在一年中范围变化不是很大,这与该地区的地形等外界条件有关联。

(3)结合极端偏低、偏高环流的增长率可以得到偏高值的增长率比偏低值的增长率高出很多,在所研究的亚欧地区,实际极端偏高环流的实际增长率基本都>5%,而极端偏低环流的实际增长率基本都<5%。高纬度地区的极端偏高环流和极端偏低环流的增长率都比较小,低纬度地区受外界因素的影响比较多,增长率的变化幅度比较大,春、秋和冬季极端偏高环流的最大增长率都出现在低纬度地区,而极端偏低环流在低纬度的增长率比较小,在-3%左右变动。

参考文献

[1] 马柱国,符淙斌,任小波等. 中国北方年极端温度的变化趋势与区域增高温的联系. 地理学报,2003,**58**(增刊):11-20.

[2] 潘晓华,翟盘茂. 气温极端值的选取与分析. 气象,**28**(10):28-31.

[3] Katz R W, Brown B G. Extreme events in a changing climate: Variability is more important than averages. Clim. Change,1992,**21**(3):289-302.

[4] Gao Xuejie, Zhao Zongci, Filippo Giorgi. Changes of extreme events in regional climate simulations over East Asia. Adv. Atmos. Sci. ,2002,**19**(5):927-942.

[5] Kalnay E, Kanamitsu M, Kistler R, et al. The NCEP/NCAR 40-year reanalysis project. Bull Amer Meteor Soc,1996,**77**(1):437-471.

[6] 张艳梅,黄锋,钟静等. 贵州主汛期极端降水事件及其环流特征分析. 热带地理,2009,(5):41-45.

[7] 蒋国兴,何慧. 广西冬季极端气温与大气环流及海温场的遥相关. 广西气象,2006,**27**(3):23-26.

[8] Thomas C P, Francis Z, Albert K T. IPCC Workshop on Changes in Extreme Weather and Climate Events Breakout Group 1: Temperature. Beijing: China Meteorological Press,2002:**9**.

[9] Zhang F, Snyder C, Rotunno R. Mesoscale predictability of the"Surprise "snowstorm of 24-25 January 2000. Mon. Wea. Rev. ,2002,**130**(6):1617-1632.

[10] Hello G, Lalaurette F, Thepaut N. Combined use of sensitivity information and observations to improve meteorological forecasts: A feasibility study applied to the Christmas storm case. Quart J Roy Meteor Soc,2000,**126**(563):621-647.

[11] 赵思雄,孙建华,陈红等. 北京"12. 7"降雪过程的分析研究. 气候与环境研究,2002,**7**(1):7-21.

[12] 段明铿. 夏季影响我国的重要环流过程集合预报效果研究. 南京信息工程大学,2006.

2011 年江苏梅雨期暴雨特征分析

尹东屏[1] 张 备[2] 田心茹[2] 宗培书[2]

(1. 江苏省气象服务中心,南京 210008;2. 江苏省气象台,南京 210008)

摘 要:2011 年江苏梅汛期分为典型和非典型两个阶段,针对不同阶段产生的暴雨,利用常规资料和 NCE/NCAR 再分析资料,采用合成平均方法,从天气形势、热力和动力特征方面对其异同进行了分析,结果表明:典型梅雨暴雨产生在 500 hPa 中纬度低槽和副热带高压共同作用中,暴雨落区在 5840 gpm 等值线附近,对流层低层有切变线,近地面梅雨锋特征显著,经向风扰动为深厚的北风,暖湿气流来自于孟加拉湾和南海中北部。当产生非典型梅雨暴雨时,中高层江苏处于天气尺度深厚低槽前的西南气流中,冷空气来自于东北冷涡后部,低层为倒槽辐合线,近地面锋区较弱,异常强盛的暖湿气流经南海从台湾海峡和东海北上,对流层低层的经向风扰动为南风,中高层为北风,暴雨产生在低层南风风速的辐合区。两类暴雨的落区都位于锋区暖的一侧、θ_{se} 和 q 大值区的北侧以及强上升运动区。

关键词:暴雨;水汽;梅雨锋;上升速度

引 言

梅雨是中国长江中下游天气气候特征之一。一般来说,6 月中旬到 7 月中旬是江苏淮河(苏北灌溉总渠)以南地区降水过程频繁且降水量的集中期。陶诗言等[1]指出,大范围暴雨出现在一定的天气尺度背景下。在这种形势背景下,冷暖空气不断在某个地区交绥,并使得引起暴雨的天气尺度系统或中间尺度系统发展,从而使某地出现强而持续的垂直运动和水汽输送。张小玲等[2]认为梅雨锋上的暴雨可以分为 3 类,第一类暴雨局地性强,第二类和第三类暴雨的共同点在于都有大尺度强迫,大尺度的动力强迫使持续性暴雨所需的垂直上升运动得以维持。柳俊杰等[3]分析了 1999 年典型梅雨锋的假相当位温(θ_{se})场,认为典型梅雨时期的降水系统主要是梅雨锋及沿梅雨锋东移的中间尺度或中尺度低涡。对于梅汛期暴雨和梅雨锋的特征还有许多研究成果[4~7]。东北冷涡是北方暴雨的重要天气系统,在南方梅汛期暴雨天气中的研究成果不多。王丽娟等[8]曾经对东北冷涡影响江淮梅雨的机制进行了研究,认为:低空急流引导的北上暖湿气流与东北冷涡引导的南下干冷空气相互作用,有利于梅雨锋的形成和维持,激发江淮地区低层对流不稳定增加,导致江淮梅雨期降水活跃。梁萍等[9]认为 2009 年第二段梅雨形成特征是受东北低涡增强南压影响,副热带高压南退,来自西太平洋的异常水汽输送到达江淮地区,并与北方的水汽输送产生异常辐合。因此,东北冷涡对梅汛期降雨影响意义重大。

2011 年梅雨期的长度,上海、浙江、江苏各地所定不同,江苏确定为 37 d,在这期间,江苏出现了 11 个暴雨日。从天气形势特征来看,37 d 的降雨大体可以分成两个阶段,第一个阶段

资助课题:江苏省科技厅科技支撑计划—社会发展项目(BE2011818);淮河流域气象开放研究基金(HRM201006)。

为典型梅雨，第二个阶段是东北冷涡与低纬度系统共用造成的非典型梅雨，本文拟从分析暴雨的角度找出不同阶段降水中天气形势和物理量特征的异同，并表述了对2011年梅雨长度划定的观点。

1 梅雨期实况与计算方法

1.1 梅雨期实况

6月14日，江苏淮河以南地区自南向北先后入梅，至7月20日出梅，梅雨期长37 d，较常年平均偏长13 d。由于梅雨期时间长，梅雨量较常年显著偏多。按照江苏省5个基本相邻站08时—次日08时出现暴雨为一个暴雨日，2011年梅雨期内一共出现了11个暴雨日。江苏2011年梅雨期的降水可以在天气形势上分为两个阶段：第一阶段，6月13日—7月8日，主要影响系统为中纬度低槽、副热带高压以及低空切变线，为典型梅雨，在这期间出现了2 d的台风暴雨；第二阶段是7月9—20日，副热带高压北抬东退，影响系统是东北冷涡和来自于低纬的倒槽辐合线，这个阶段的天气形势已经没有典型梅雨期的特征，简称非典型梅雨。

表1给出了2011年暴雨发生时间、地点及最大降雨量，图1分别是典型梅雨暴雨和非典型梅雨暴雨的总降雨量，典型梅雨形势下总共出现了5个暴雨日，大的降雨区主要分布在江苏的淮河以南地区，非典型梅雨期间共出现了4个暴雨日，雨带主要分布在沿江和江淮之间。

表1 2011年江苏暴雨日日期、地点及最大雨量

典型梅雨期暴雨日期	暴雨出现区域/雨量中心(mm)	非典型梅雨期暴雨日期	暴雨出现区域/雨量中心(mm)
6月17日	沿江苏南/金坛(178.6)	7月11日	江淮之间中北部、沿江苏南中部局部/阜宁(123.2)
6月18日	苏南、南通东南部/宜兴(120.2)	7月12日	沿江西部、江淮西南部、江淮东部/如皋(161.3)
6月23日	沿淮、淮北东部/盱眙(106.0)	7月13日	沿江东部/江阴(208.5)
7月4日	沿江西部、沿淮西部/泗洪(83.9)	7月18日	江苏省西部/邳州(117.6)
7月5日	沿淮西部及东部、江淮西部局部/高邮(115.3)		

1.2 计算方法

利用NCEP/NCAR1°×1°每天4时次、垂直向为21层的再分析资料，将不同时期暴雨的环流和物理量场进行合成平均，从大尺度天气特征方面进行分析。

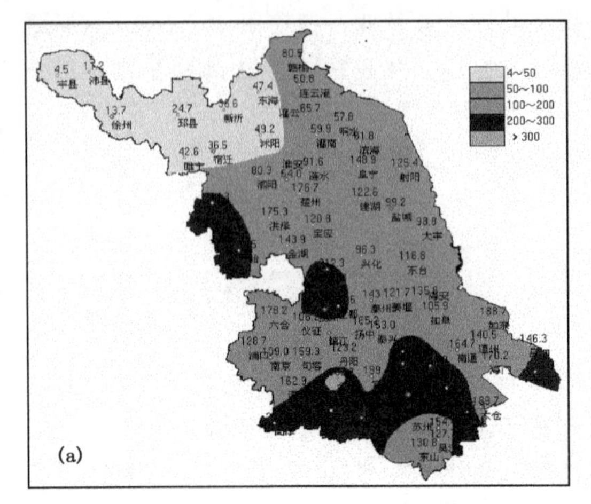

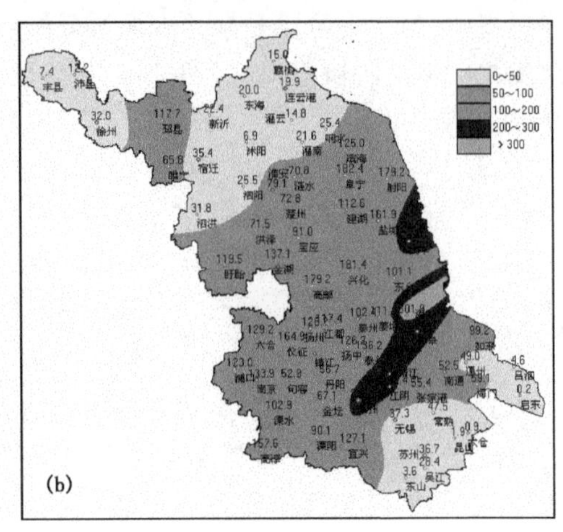

图 1 两个阶段暴雨的总降雨量(mm)
(a.典型梅雨期,b.非典型梅雨期)

2 环流特征分析

地面和对流层低层,典型梅雨期(图略):6 月 13 日—7 月 8 日,地面有切变线或低涡影响。850 和 700 hPa 江淮一带对流层低层有切变线南北摆动,暴雨产生时有冷空气渗透。非典型梅雨期:7 月 9—19 日,地面维持倒槽影响,850—700 hPa 华南有一稳定少动的低值系统,其倒槽伸向东北,江苏处在低压倒槽的东南风和东北风辐合区中。

500 hPa 高空图上,典型梅雨期(图 2a):日本海有一低槽,槽底位于 35°N,中高纬度以平直西风环流为主,120°E 副热带高压平均脊线位置在 25°N,5880 gpm 线西脊点在(25°N,125°E)。暴雨时,120°E 副热带高压脊线在 21°~28°N 摆动,孟加拉湾低压发展强盛,中纬度不断有低槽东移,与副热带高压北部边缘的暖湿气流交汇,冷暖气流的每一次交汇都会带来一次明显的降雨过程,暴雨主要发生在 5840 gpm 线附近和 5840~5860 gpm 线之间。非典型梅雨期:贝加尔湖东北方有稳定的阻塞高压,蒙古和中国交界处有一深厚的冷性低涡系统,槽线

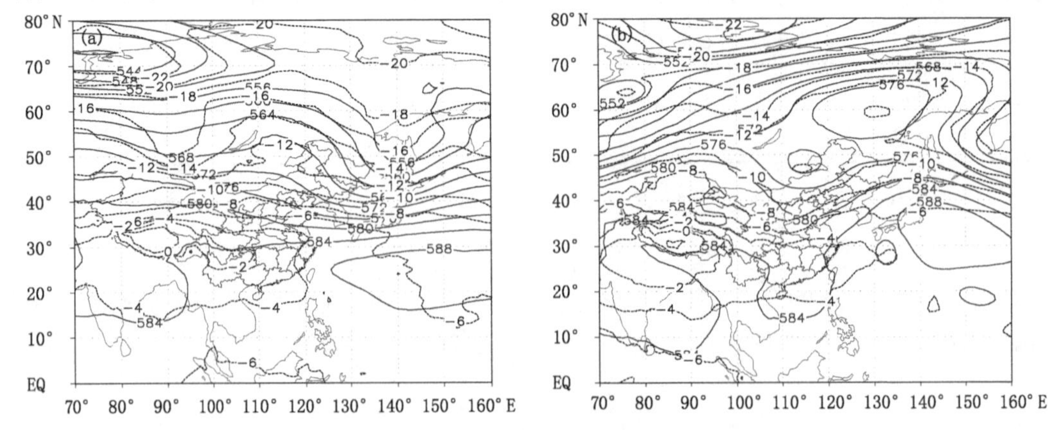

图 2 500 hPa 位势高度
(实线:等高线,虚线:等温线;a.典型梅雨期,b.非典型梅雨期)

从蒙古经河套伸向华南，江苏处于槽前稳定的西南气流中，每一次东北冷涡的东移南下都会给江苏带来一次暴雨过程。副热带高压5880 gpm等值线的西脊点在(28°N,122°E)，副热带高压偏北偏东，已经不具备典型梅雨期的环流特征。

500 hPa温度的分布显示，典型梅雨暴雨期间有温度脊东伸至江苏的淮河以南地区，120°E上的−8℃线在40°N附近；非典型梅雨暴雨期间有明显的温度槽影响江苏，大气斜压性特征显著，但是120°E的−8℃线仍在40°N附近，符合梅雨期的温度特征。

200 hPa上(图3a、b)，典型梅雨暴雨南亚高压呈带状，中心在28°N，江淮流域和华南受高压控制，为辐散气流，有东伸的暖脊与之配合，35°～40°N有高空急流；非典型梅雨期，贝加尔湖东南方是一个低压环流(低压系统从500 hPa一直伸展到150 hPa以上)，槽底南伸至华中，南亚高压中心在28°N，中心偏西，江苏位于槽前西南气流中，有冷温槽自渤海伸向江苏，高空急流在40°N附近。

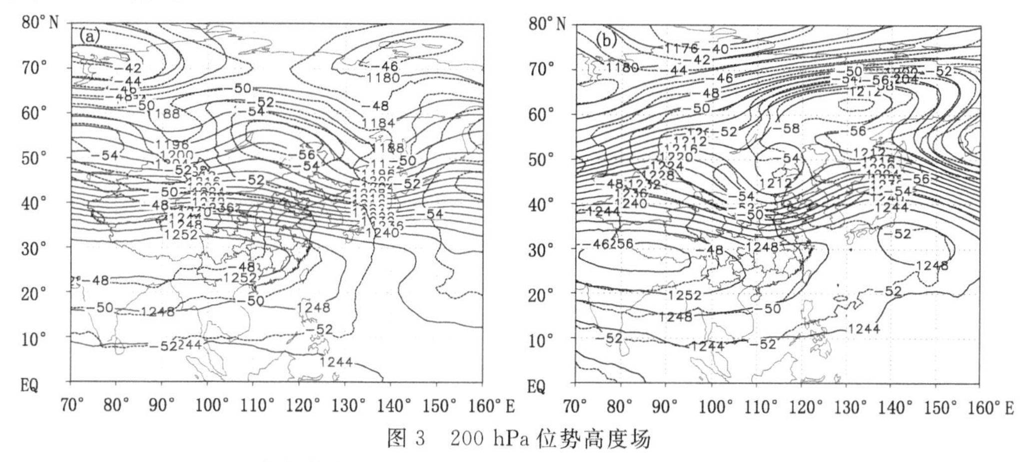

图3 200 hPa位势高度场

(实线：等高线，虚线：等温线；a. 典型梅雨期，b. 非典型梅雨期)

总之，典型梅雨暴雨的500 hPa大气环流以纬向型为主，对流层低层有切变线，强降雨发生在5840～5860 gpm线之间和低空切变线的南侧，高层有明显的辐散场。非典型梅雨暴雨高空具有经向环流特征，东北冷涡深厚且活跃，江苏处于深厚低槽前的西南气流和对流层低层热带低值系统伸向东北方向的倒槽辐合线中，因此，梅雨期的持续性降水不仅仅与副热带高压的强度有关，也与东北冷涡和低纬度低值系统的活动密切相关。

3 经向风扰动

图4是两个阶段暴雨在31°～33°N和121°～122°E的平均经向扰动风逐日分布，典型梅雨时期(图4a)，南风扰动很弱。除6月23日以外，造成暴雨的北风扰动非常深厚，自地面一直到100 hPa，每一次北风扰动，就会产生一次暴雨过程，而冷空气控制了对流层整层，强降水过程趋于结束。6月23日的暴雨过程所不同的是北风扰动来自于650 hPa以上，是由高层大气位势不稳定造成的暴雨过程。非典型梅雨期间(图4b)，对流层中低层为南风扰动，北风扰动主要发生在500 hPa以上，说明暴雨发生时低层南风势力非常强盛，冷空气从对流层中高层侵入，造成位势不稳定，因此对流不稳定能量的释放是产生非典型梅雨暴雨的主要原因。7月18日以后，当对流层低层为北风，中高层为南风时，大气层结趋于稳定，非典型梅雨期结束。

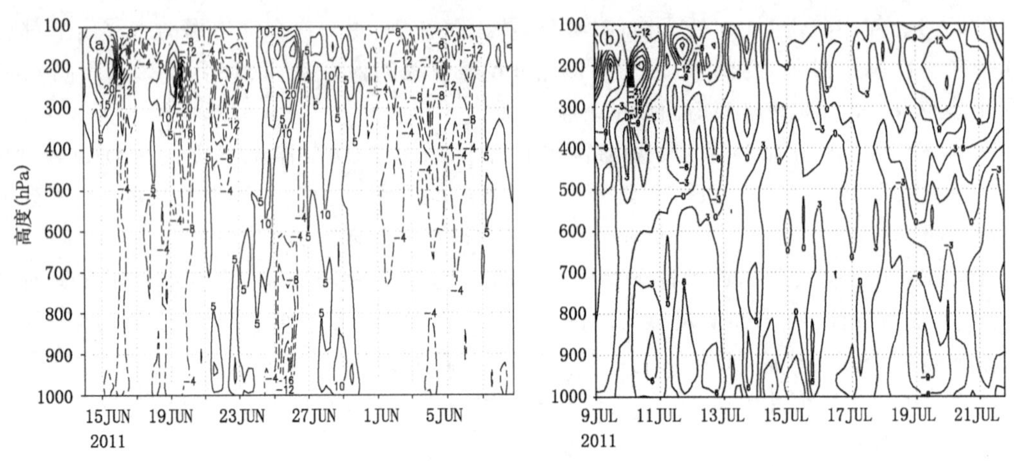

图 4 31°—33°N 和 121°—122°E 的平均经向扰动风逐日分布(m/s)
(a. 典型梅雨期,b. 非典型梅雨期)

典型梅雨期的降水主要是由东移的中纬度短波槽造成的,当中纬度低槽叠加在中低层切变线上后,提供了中尺度天气系统形成的条件,从而产生暴雨;而由东北冷涡和低纬低值系统造成的非典型梅雨暴雨是由于高空冷空气南下,促使大气的位势不稳定度增大,促进对流发展,导致了强降雨的发生。

4 水汽条件

暴雨产生的另一个重要条件是要有源源不断的水汽,用 700 hPa 水汽通量和水汽通量散度来分析水汽的来源和聚集。典型梅雨暴雨期间(图 4a),孟加拉湾低压系统非常完整,其东部的偏南气流分两支进入中国,一支沿青藏高原西部北上,一支在高原南部向东输送,与南海的偏南风汇合,流向长江中下游地区,形成了梅雨期降雨源源不断的水汽源。水汽进入江苏以后,在这一带辐合,江苏的淮河以南地区处于水汽通量散度的辐合区,中心最大值为 -0.05×10^{-7} g/(cm^2·hPa·s),有利于暴雨的产生。非典型梅雨暴雨过程中(图 4b),南海为低压环流,孟加拉湾水汽进入低压环流后,与南海偏南风会合,由华南伸向江苏的西南—东北向的低层倒槽东部的偏南气流输送进入江苏,在江苏的中部形成了大的水汽通量散度辐合区,比较典型梅雨暴雨,辐合中心达到 -0.15×10^{-7} g/(cm^2·hPa·s),辐合量明显增大 -0.1×10^{-7} g/(cm·hPa·s)。

从水汽通量和水汽通量散度的分析得到,典型梅雨降雨范围明显大于非典型梅雨期,暴雨期间的水汽输送是以西到西南气流的形式,由夏季印度风环流和南海夏季风向江淮流域输送水汽,并在淮河以南地区辐合,辐合区呈东—西走向;非典型梅雨暴雨的水汽是低纬低值系统经南海从台湾海峡和东海向北输送至江苏,辐合区呈东北—西南向,水汽输送的路径比较典型梅雨期短,更充沛的水汽条件是非典型梅雨暴雨日平均雨量大于典型梅雨暴雨的一个重要原因。

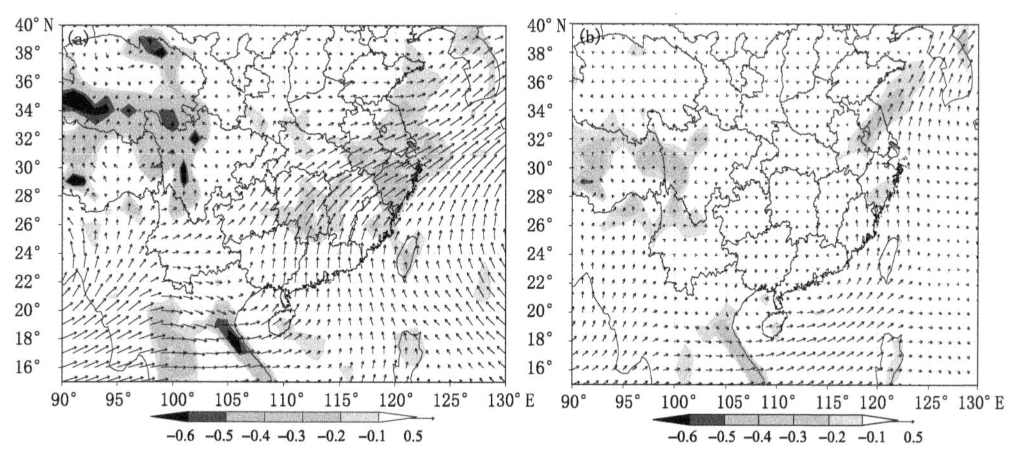

图5　700 hPa水汽通量(矢量,单位:g/(cm^2·hPa·s))和水汽通量散度(阴影,单位:10^{-7} g/(cm^2·hPa·s))

(a.典型梅雨期,b.非典型梅雨期)

5　锋区分析

梅汛期的重要特征是:梅雨锋稳定维持在江淮流域。锋生函数是从水平变形场和水平切变场分析锋生特征(图6a)。典型梅雨暴雨锋生函数的正值区从近地面至200 hPa,区域在28°—34°N,中心值位于900~720 hPa,为8×10^{-10}K/(m·s),与暴雨区相对应,500 hPa以上锋生函数的正值明显减小,800 hPa以下28°N以南是锋生函数的负值区(江苏暴雨时浙江没有大的降雨)。正值锋生函数的南侧是南风,中心位于850 hPa、25°N附近,与低空急流中心相对应,北侧的偏北风中心位于600~720 hPa,25°N附近,南北风的中心值都是6 m/s,因此,南北风相遇并对峙(这与江淮切变线的位置一致),使辐合上升运动维持,是暴雨出现的主要原因。非典型梅雨暴雨期间(图6b),锋生函数正值区高度也伸至300hPa以上,大值区垂直柱状的高度高于典型梅雨期,中心值位于700~600 hPa,约8×10^{-10} K/(m·s),与强降雨区相对

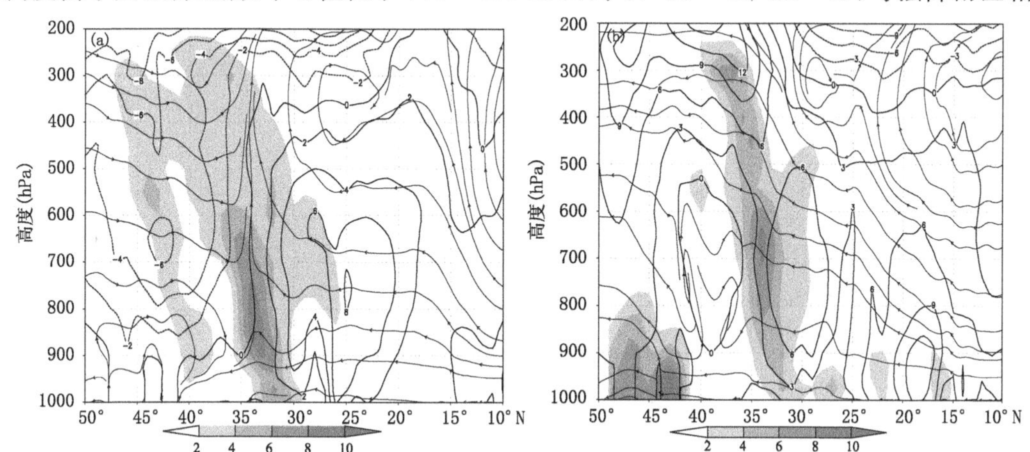

图6　沿120°E锋生函数(阴影部分为正值区,单位:10^{-10} K/(m·s))和V分量

(实线:北风,虚线:南风,单位:m/s)及$v-w$(箭头曲线)的垂直剖面

(a.典型梅雨期,b.非典型梅雨期)

应,此时南风占主导地位,南风有两个中心,一个在 15°～20°N,达 12 m/s,一个在 30°N 附近,达 6 m/s,400 hPa 以上也是南风的大值区,远大于低层的南风风速,并向北倾斜,起到高空辐散的抽吸作用,南风是以斜上升运动形式到达暴雨区,暴雨区北部 900～500 hPa 是很弱的北风,暴雨发生在正的锋生函数和南风风速的辐合区中。

分析 120°E 剖面的 θ_{se} 和比湿的垂直分布,典型梅雨暴雨(图 7a)低层到 600 hPa 均为 θ_{se} 的密集区即锋区,锋区随高度略向北倾斜,其南侧为大的 θ_{se} 和高比湿区,大 θ_{se} 区从地面一直伸展到 600 hPa,高 θ_{se} 舌的范围为 25°—30°N,约 5 个纬距,比湿的高值区伸展到约 350 hPa,湿层很深厚。30°N 以南和 35°N 以北各有漏斗状干区,分别是副热带高压和冷空气的控制区。非典型梅雨暴雨的(图 7b)锋区分别在 1000—900 hP 和 850—500 hPa,低层锋区明显弱于典型梅雨期暴雨的锋区,暴雨区的南侧是大 θ_{se} 区,轴线位于 25°N 附近,高 θ_{se} 舌在 20°～33°N,跨越了 13 个纬距,锋区的南侧为高比湿区,其南 28°N 附近 660 hPa 以上有浅薄的漏斗状干区,说明低层的暖湿气流很强盛,北部的干区比较明显,非典型梅雨期暴雨时的水汽是从台湾海峡和东海输送的强暖湿气流,暖湿气流在向北输送过程中产生斜上升运动,因此,35°N 以南的湿度都很大。

综上分析,暴雨发生时有明显的锋生现象。典型梅雨暴雨的锋生现象主要发生在对流层低层,近地面有明显的锋区,高空槽东移叠置在低层锋区上加强高空锋区发展对降水起关键性作用。非典型梅雨暴雨的锋区相对狭窄,对流层低层的锋生现象相对更弱,究其原因,主要是来自于低纬度低压倒槽的暖湿气流比较强盛,冷空气势力较弱。而在中层有较强的锋区是由于高空冷涡后部冷空气在 500 hPa 以上高度南下后下沉,使对流层中上层大气的斜压性增强,从而导致冷空气下沉,暖空气上升加剧,促进中小尺度系统发展,从而造成强降水。非典型梅雨暴雨产生在低纬热带系统和中高纬度系统交绥也是降雨强度强的重要原因之一。这两种类型的暴雨都发生在高比湿轴线略偏北的区域。

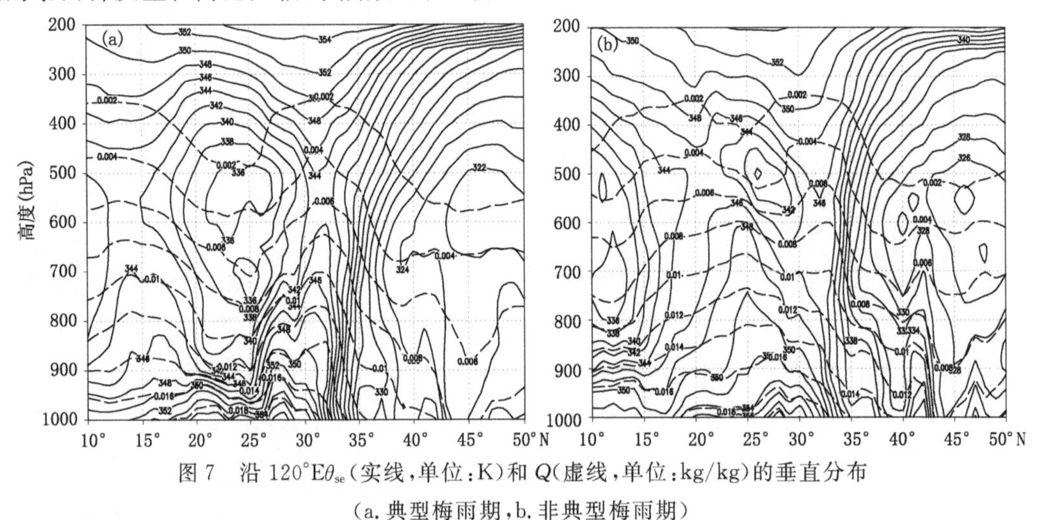

图 7　沿 120°Eθ_{se}(实线,单位:K)和 Q(虚线,单位:kg/kg)的垂直分布

(a. 典型梅雨期,b. 非典型梅雨期)

6　上升速度

沿 120°E 的垂直速度剖面(图 8)可以看到,这两种类型暴雨的锋区附近都有明显的上升

运动，上升运动的高度从地面到 100 hPa。在江苏典型梅雨暴雨期间(图 8a)，华南(25°—30°N)也有上升运动，但是上升运动的中心值要小于江淮流域，实况显示华南的雨量远小于江淮流域。江淮流域上升运动的极大值在 400～300 hPa，为 0.06 m/s，下沉运动主要在其北部。

其南部 30°N 附近 300 hPa 以下也有弱的下沉运动。分析表明，锋区的南侧为暖湿气流，暖湿气流在 25°N 上升，在 30°N 北至锋区南缘达到最强；而 34°N 以北，800～700 hPa 有干冷空气下沉，这样在锋区的南侧形成垂直环流，有利于暖湿气流的持续上升。非典型梅雨暴雨期间的锋区附近也有上升运动区(图 8b)，上升运动南北两侧有下沉运动，北部强的下沉运动区与典型梅雨暴雨位置和中心强度基本上一致，位于 40°N 附近，南部也有下沉运动，34°N 附近上升运动的中心值在 400 hPa 附近，中心值是 0.07 m/s。暖湿气流从 15°N 向北输送的过程中上升(图略)，以倾斜上升的形式到达锋区的南侧。值得一提的是，在 20°N 附近的强上升运动区，也对应着比较大的降雨，应该属于单一暖气团降雨。

分析两个阶段暴雨的上升运动，典型梅雨暴雨发生时，受高空槽东移与低空切变系统影响，使对流层中低层为整层的辐合上升运动，上升运动在 300 hPa 附近达到最大，由于北侧和南侧都是高压系统，因此，其两侧的下沉运动区也很宽广；非典型梅雨暴雨时，南部(15°～20°N)大范围的上升运动区是低纬度低压系统自身造成的辐合上升，北部(42°—47°N)的上升速度区是东北冷涡前部的暖湿气流，造成江苏暴雨的系统是受东北冷涡后部冷空气南下与低纬低值系统的共同影响，因此垂直速度中心值明显大于南北两个区域的中心值，暴雨区南北两侧的下沉气流区域相对于典型梅雨暴雨要窄，有利于下沉气流对垂直上升气流的补偿。因此，上升运动的中心值大于典型梅雨暴雨。

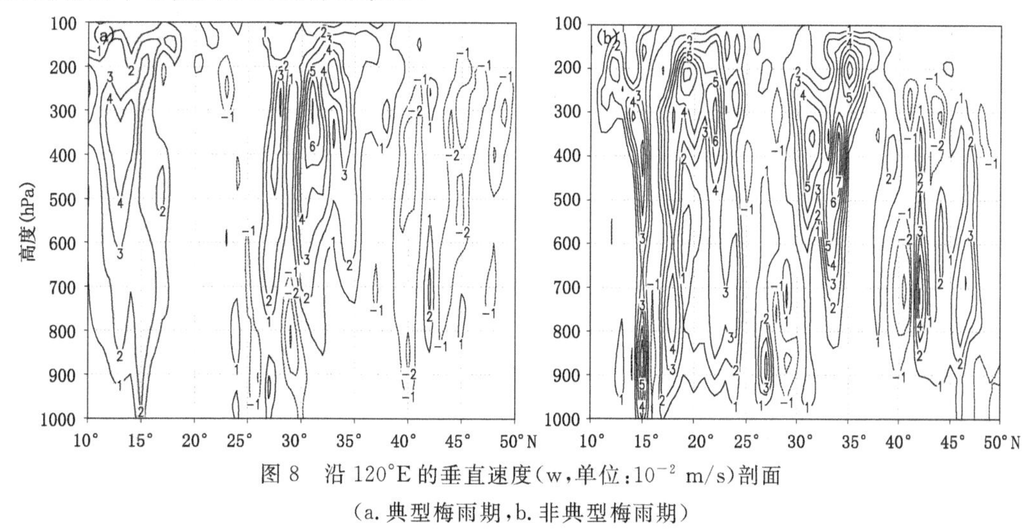

图 8 沿 120°E 的垂直速度(w，单位：10^{-2} m/s)剖面

(a. 典型梅雨期，b. 非典型梅雨期)

7 结 论

(1)典型梅雨期 120°E 副热带高压脊线稳定维持在 21°～28°N，中纬度低槽东移影响是造成暴雨的关键；非典型梅雨期间副热带高压主体偏北偏东，东北冷涡活动频繁，江苏处于对流层低层的低纬度低压倒槽中，东北冷涡后部冷空气南下为暴雨的发生提供了不稳定能量的触发机制，东北冷涡也是江苏汛期降水的重要系统。

(2)2011 年 6 月中旬—7 月上旬的两种类型暴雨在对流层低层水汽来源上基本一致，但是输送方式完全不同，典型梅雨期暴雨通过来自于孟加拉湾和南海西南风输送暖湿气流；非典型梅雨期暴雨的暖湿气流直接由南海的偏南气流输送，水汽辐合量更大。因此，日均降雨量更大。两类暴雨都发生在高比湿舌的北侧。

(3)两种类型暴雨的变形场锋生虽然在垂直分布上都呈直柱状，但中心值的分布有较大的区别，典型梅雨暴雨正的锋生函数大值区在 600 hPa 以下，非典型梅雨暴雨锋生函数的正值大值区从 960 hPa 一直到 300 hPa，而近地面锋生却不强。分析用 θ_{se}表示的锋区的垂直分布，典型梅雨期暴雨同样在 600h Pa 以下有较强的锋区，锋区随高度减弱；非典型梅雨暴雨低层的锋区明显弱于典型梅雨暴雨，锋区呈不连续状态，650 hPa 以上 θ_{se}等值线密集，说明冷空气是从高空下侵。

(4)典型梅雨期暴雨的上升运动是由对流层中低层南北风的辐合所致；非典型梅雨暴雨产生时，暖湿气流维持斜上升运动，在暴雨区与相对冷的气团相遇后减速，出现南风风速辐合，加剧了暖湿气流的上升。无论典型梅雨期暴雨还是非典型梅雨期暴雨，暴雨区都对应着上升速度的大值区。

(5)综合分析得到，2011 年 6 月中旬—7 月上旬的两段降雨在天气系统上明显不同，第二阶段非典型梅雨降雨发生时，副热带高压 5880 gpm 等值线的西脊点在(28°N，122°E)，副热带高压偏北偏东，已经不满足江苏梅雨的特点，近地面锋区明显弱于梅雨降水，因此，从形势分析上看，是否算在梅雨期内的确值得商榷。但是，梅雨的确定还有其他的一些因素，尤其是季节和高温高湿条件，从这两点分析，6 月底—7 月上旬恰好是江苏平均梅雨期，−8℃线自入梅后一直稳定在 35°N 以北，再加上降水过程的连续性，因此笔者认为后面一段降水应该算在梅雨期中。

参考文献

[1] 陶诗言. 中国之暴雨. 北京：科学出版社，1980：35.

[2] 张小玲，陶诗言，张顺利. 梅雨锋上的三类暴雨. 大气科学，2004，**28**(2)：187-205.

[3] 柳俊杰，丁一汇，何金海. 一次典型梅雨锋锋面结构分析. 气象学报，2003，**61**(3)：291-301.

[4] 周功铤，叶子祥，余贞寿. 浙南梅汛期大暴雨天气分型及诊断分析. 气象，2006，**32**(5)：67-73.

[5] 赵桂香，陈麟生，李新生. Q 矢量和湿 Q 矢量再暴雨诊断中的应用对比. 气象，2006，**32**(6)：25-30.

[6] 尹东屏，张备，孙燕等. 2003 年和 2006 年梅汛期暴雨的梅雨锋特征分析. 气象，2010，**36**(6)：1-6.

[7] 郑永光，陈炯，葛国庆. 梅雨锋的天气尺度研究综述及其天气学定义. 北京大学学报：自然科学版，2008，**44**(1)：157-164.

[8] 王丽娟，何金，司东等. 东北冷涡过程对江淮梅雨期降水的影响机制. 大气科学学报，2010，**33**(1)：89-97.

[9] 梁萍，丁一汇. 2009 年是空梅吗？高原气象，2011，**30**(1)：53-64.

基于 *Ci* 指数分析近 40 年安顺干旱特征

吴哲红[1,2]　詹沛刚[1]　陈贞宏[1]　白　慧[3]

(1. 贵州省安顺市气象局,安顺 561000; 2. 贵州省山地气候与资源重点实验室,贵阳 550002;
3. 贵州省气候中心,贵阳 550002)

摘　要:利用综合气象干旱指数(*Ci*)、统计分析方法,对安顺市近 41 a 来气象干旱的时空分布及其演变特征与突变情况做了统计分析。结果表明:安顺年均干旱次数和年均干旱日数均为南部多于北部,平均干旱强度西部、南部重于东北部。2009 年夏秋季到 2010 年冬、春季的干旱为近 40 a 来强度最强、时段最长;对干旱演变情况的分析表明除夏旱略有减弱的趋势外,安顺各地各季干旱均为趋于增强的趋势。从年度干旱情况来看,年干旱强度呈略增强的趋势,年干旱日数明显增加。通过进一步对干旱突变情况的分析表明:安顺市年干旱日数增加的趋势发生了突变,而其中主要是秋季和冬季干旱日数增加发生了突变,并且通过 M-K 检验发现突变的时间分别在 20 世纪 80 年代中后期和 20 世纪末;小波变换得到的分析结果表明,干旱强度有 12～14 a 的周期,干旱日数有准 14 a 的周期。

关键词:气象;干旱;概况;突变;周期

引　言

干旱是世界上损失财产最多的自然灾害,各个部门或学科对干旱概念的定义不尽相同,一般把干旱分为气象干旱、水文干旱、农业干旱和社会经济干旱,气象干旱是其他各类干旱发生的主要原因[1]。

贵州省常年雨量充沛,但由于其特殊的喀斯特地貌,地形破碎,不利于蓄水,再加上雨量时空分布不均,容易造成干旱灾害[2-5]。

安顺市位于贵州省中西部地区,近年来气象干旱灾害频发,在全球气候变暖,特别是 20 世纪后半叶变暖异常突出的背景下,安顺干旱频发,因此,本文对安顺市历史干旱灾害的概况及变化趋势进行研究。

1　资料和方法

本文利用贵州省气候中心提供的近 41 a(1971—2011 年)逐日综合干旱指数(*Ci*),根据中国气象局《气象干旱等级》标准的规定(以下简称标准)[6],采用统计分析方法,对安顺市 6 个气象观测站(图 1)近 41 a 来气象干旱的时空分布状况及其演变特征和突变情况做了统计分析。

Ci 指数(综合气象干旱指数)是利用近 30 d(相当月尺度)和近 90 d(相当季尺度)降水量标准化降水指数,以及近 30 d 相对湿润指数进行综合而得,该指标既反映短时间尺度(月)和长时间尺度(季)降水量气候异常情况,又反映短时间尺度(影响农作物)水分亏欠情况。该指

图 1 安顺 6 个气象观测站分布

标适合实时气象干旱监测和历史同期气象干旱评估[6]。相比其他表征干旱的指数,其优点是可以将干旱开始和结束的时间准确到某一天,而且可以用具体的数字表征干旱的强度,便于比较分析干旱程度。

根据标准当综合气象干旱指数 Ci 连续 10 d 为轻旱(≤−0.6)以上等级,则确定为发生一次干旱过程。干旱过程的开始日为第 1 天(Ci 指数达轻旱以上等级的日期)。在干旱发生期,当综合干旱指数 Ci 连续 10 d 为无旱等级时干旱解除,同时干旱过程结束,结束日期为最后 1 次 Ci 指数达无旱等级的日期。干旱过程开始到结束期间的时间为干旱持续时间。

干旱过程内所有天的 Ci 指数为轻旱以上的干旱等级之和,其值越小干旱过程越强。本文分别用干旱强度(Ci 指数)和干旱长度(日数)来综合表示干旱过程的强度。

2 安顺各站 41 a 干旱概况

2.1 年平均状况

安顺各站年平均发生干旱的次数为 2.1～2.7,年均超过 2 次,表明安顺市干旱较为频发,且南部较北部多。年均 Ci 指数为−1.1～−1.2,中部以东强度为轻级(>−1.2)中部以西为中旱(≤−1.2),说明安顺市西部干旱较重。

各站年均干旱日数为 72～86 d,即每年安顺年均干旱日数超过两个月。从空间分布来说,仍然是南部多于北部。可见年均干旱次数和年均干旱日数均为南部多于北部,平均干旱强度西部、南部重于东北部(图略)。

2.2 各季节干旱历史概况

对安顺区域内 6 个站的 Ci 指数进行平均,考察安顺区域各季节出现干旱的次数及平均每次干旱过程的干旱强度和干旱日数(不包括跨季节连旱的情况),由表 1 可看出,安顺区域内,从干旱强度上看,冬季最强,夏季最轻,41 a 间冬旱发生的概率也是最大,其次为春旱,年平均干旱日数冬季与春季相当,其次为秋季,夏旱日数最少。可见从季节来说,安顺市最易发生的干旱为冬旱,夏旱相对较少发生,但由于夏季为安顺市农作物生长的关键季节,且为主汛期,一旦发生干旱,影响往往较大。但以往对冬季干旱重视不够。

表1 安顺区域分季干旱程度表

	春季	夏季	秋季	冬季
强度	−8.2	−5.4	−7.3	−9.0
次数	27	18	25	31
日数	23	12	21	23
发生概率	0.64	0.42	0.58	0.74

在干旱过程中，有一部分为跨季节连旱，这种干旱由于时段较长，往往造成更严重的后果，统计发现，连旱多为两季连旱，紫云2009年夏季到2010年春季4季连旱为最长，其余各站41年各有1～2次三季连旱。

2.3 近年来严重干旱状况

根据各站次各干旱过程找出过程平均最小Ci指数，定为最强干旱过程，这可以反映此阶段缺水的状况，干旱的严重性，它与干旱时段有一定的关系，但有时干旱发展快时虽然时间不长也会出现较强的干旱，因此，用Ci表示干旱强度，用干旱时段表示干旱延续的时间。分析后发现2009年夏秋季到2010年春季安顺发生的历史罕见的跨季节跨年度干旱，干旱过程最长，强度最强，充分说明此次干旱为历史罕见。

干旱最早发生于2009年夏季(平坝最早发生于7月9日)，结束于2010年春季，干旱总时段除平坝为168 d外，其余各县均在200 d以上，平均强度总体在中级以上，南部地区达重级，最长连续干旱时段除平坝为97 d，其余各站在100 d以上，连续干旱除平坝、镇宁为冬春两季连旱外，安顺、普定、关岭、为秋冬春三季连旱，紫云为夏秋冬春4季连旱，除平坝、镇宁外其余县均为历史最长连续干旱时段。最长连续干旱时段平均强度均在(平均Ci)−2.0以下，达到中级以上，除安顺次于1972年夏秋连旱强度(但1097年连续干旱日数仅为58 d)外，其余均为近40 a来最强的干旱时段。

由此可见，2009年夏秋季到2010年冬、春季的干旱为近40 a来强度最强，干旱时段最长的罕见干旱。

仅仅时隔一年，2011年安顺再次发生严重的夏秋连旱，镇宁开始于8月25日，持续天数48 d，其余站开始于7月7—9日，各站均结束于10月中旬，除镇宁外持续天数95 d以上。平均强度一般中旱，平坝达到重旱。虽然此次干旱以Ci指数评定仅为中到重旱，但由于此次干旱发生于主汛期，致使汛期降水严重偏少，进而使得年度降水极少，致使2011年总降水量安顺中北部历史最少，南部也接近历史极低值。根据以往的研究[7]，Ci指数对于降水基数少的时段评判欠佳，对于主汛期的评判如何有待今后的研究。因此，有必要进一步探索Ci指数对安顺市各季节干旱程度的评判代表性。

3 历史干旱演变情况

3.1 干旱线性趋势

为了解安顺干旱的历史演变情况，分别计算了各站各季节及年度干旱强度和干旱日数的线性趋势系数。趋势系数为正,说明变量随时间上升,符号为负,说明变量随时间下降[8,9]。

由线性趋势系数显示:春季各站 Ci 一致趋于降低,即干旱强度一致增强,干旱日数也增加;夏季除平坝、安顺强度略增强外,其余略有降低,干旱天数除平坝略增加外,其余略减少;秋、冬季各地强度增强,日数增加。说明除夏旱略有减弱的趋势外,安顺各地各季干旱均为趋于增强(图略)。

从年度干旱情况来看,年干旱强度呈略增强的趋势,年干旱日数则明显增加(图 2 和图 3)。

从安顺各站逐年干旱强度时间序列图和安顺各站逐年干旱日数时间序列图上,可看出各站干旱强度和干旱日数变化基本一致,对各站干旱强度和干旱日数相关性的计算表明各站干旱强度和干旱日数的区域相关性达到 65%以上,一些站间相关性达到 85%以上,充分说明了干旱是一种大范围的天气过程,即"干旱一大片"(图略)。

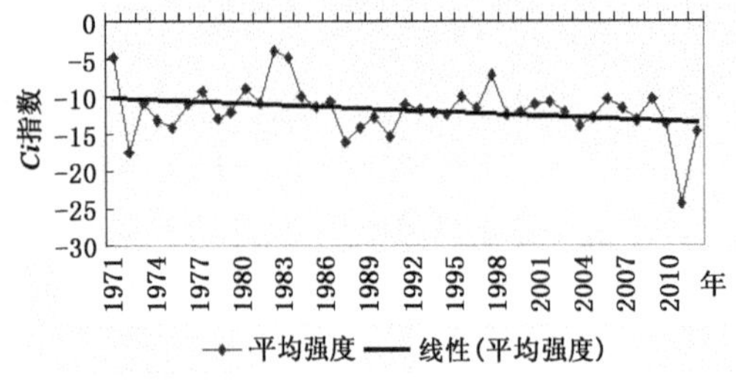

图 2　区域平均年度干旱强度变化

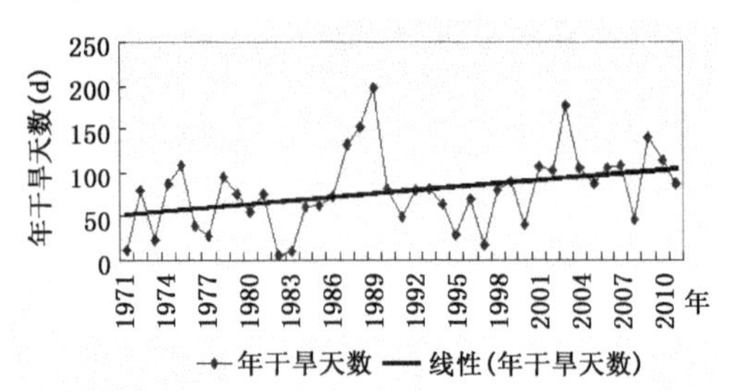

图 3　区域平均年度干旱时间长度变化

3.2　干旱突变情况

根据以上研究结果,年度平均的干旱强度随时间有增强的趋势,为研究这种趋势是否显著甚至是否发生了突变,首先求变量(各地各季干旱强度及干旱日数)与时间的相关系数,对相关系数进行显著型检验。$N=41$,$\alpha=0.05$,$\gamma_{0.05}=0.3044$,如$|\gamma|>0.3044$,则变化趋势显著[8]。经计算,秋季、冬季干旱日数与年代的相关系数大部分地区超过了信度(表 2),说明秋冬季节干旱日数明显增加,区域平均的秋冬季节干旱日数相关系数也超过了信度。另外,安顺站春季干旱明显增强,春旱日数显著增加,镇宁夏旱日数显著减少,秋季干旱强度显著增强,关岭秋旱强度显著增强,紫云夏旱强度显著减轻。

表 2　各季节干旱日数与年代的相关系数变化

	春季		夏季		秋季		冬季	
	强度	天数	强度	天数	强度	天数	强度	天数
平坝	−0.244	0.168	−0.019	0.055	−0.292	0.443	−0.158	0.213
安顺	−0.355	0.357	−0.034	−0.047	−0.130	0.379	−0.255	0.366
普定	−0.235	0.179	0.035	−0.090	−0.179	0.272	−0.278	0.332
镇宁	−0.117	0.044	0.209	−0.305	−0.323	0.352	−0.265	0.356
关岭	−0.176	0.147	0.081	−0.157	−0.372	0.439	−0.295	0.305
紫云	−0.060	0.035	0.310	−0.195	−0.257	0.350	−0.304	0.224
区域	−0.231	0.188	0.119	−0.140	−0.301	0.417	−0.286	0.338

对于年度干旱强度和干旱日数来说(表3),北部地区年干旱日数显著增加,区域平均的干旱日数增加也超过了信度,年干旱强度则只有安顺和关岭超过了信度,说明安顺和关岭干旱强度显著增强。

表3 各地年度干旱强度和干旱日数的相关系数变化

	安顺	平坝	普定	镇宁	关岭	紫云	区域平均
年度干旱日数	0.5007	0.3626	0.3434	0.1963	0.3079	0.2122	0.3666
年度干旱强度	−0.3519	−0.1651	−0.2142	−0.2687	−0.3518	−0.0973	−0.2875

本文进一步运用Mann-Kendall方法(简称M-K检验方法)[10]对安顺干旱状况做突变分析,用来检验年度时间序列和各季度时间序列的突变情况:为检验干旱情况是否发生了突变,以及查看发生突变的时间,如果统计曲线在临界线之间出现交点,则交点对应的时刻就是突变开始的时间。

通过M-K检验结果分析,发生突变的主要是干旱日数,区域平均的年干旱日数在1998—1999年增加的趋势发生了突变,信度:$\alpha=0.01$(图4),对于各站来说,平坝干旱日数增加的趋势在1987—1988年就开始了突变;关岭干旱日数发生了多次突变,最近的一次发生在1999—2000年(图略)。

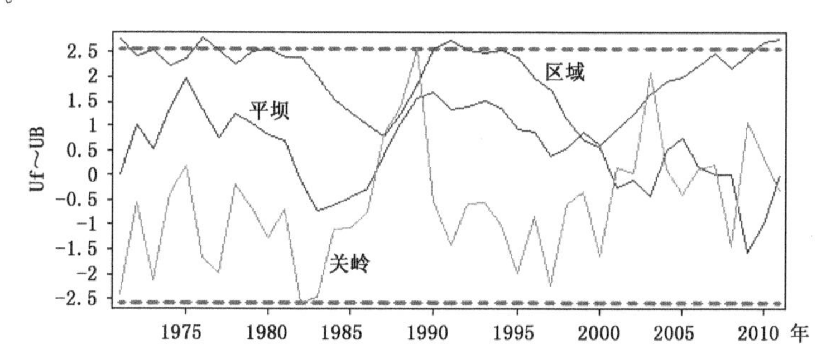

图4 区域平均年度干旱日数突变情况(M-K检验方法)

对于各季节来说,主要是秋冬季节的干旱日数发生了突变(图5),区域平均的秋季干旱日数在1995年左右增加的趋势发生了突变,信度:$\alpha=0.01$。区域平均的冬季干旱日数也发生了多次突变,最近的一次突变发生在1998—1999年左右(图略)。

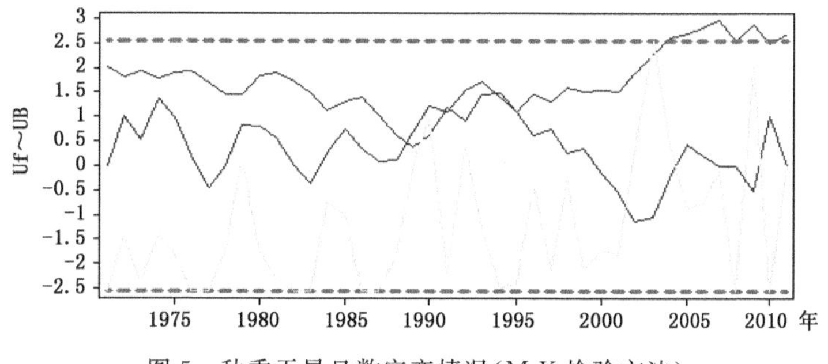

图5 秋季干旱日数突变情况(M-K检验方法)

通过以上分析,安顺市干旱发生的明显变化表现在年干旱日数增加,主要是秋季和冬季干旱日数增加,这一点线性相关系数的结果和M-K突变检验的结果一致,并且通过M-K检验发现突变的时间分别在20世纪80年代到90年代。

4 干旱周期性分析

姚玉璧等[11]对中国夏季区域干旱演变做了研究,结果表明,云贵高原区会泽夏季干旱指数存在5～6 a和15～16 a周期变化,长周期振荡较明显。

本文采用帽子小波分析方法对安顺市干旱年际周期振荡特征进行了分析。根据分析平均干旱强度有12～14 a的周期(图6),年度干旱日数有14 a的周期(图7),且干旱日数的周期较明显,与已有的结论较为一致。根据分析目前正处于干旱增强和干旱日数增加的周期内。

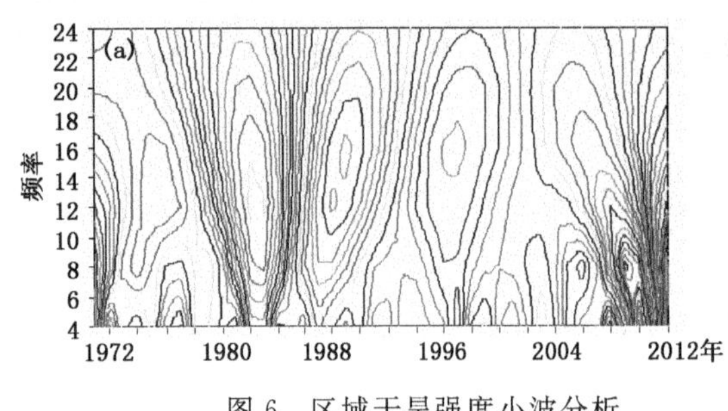

图6 区域干旱强度小波分析

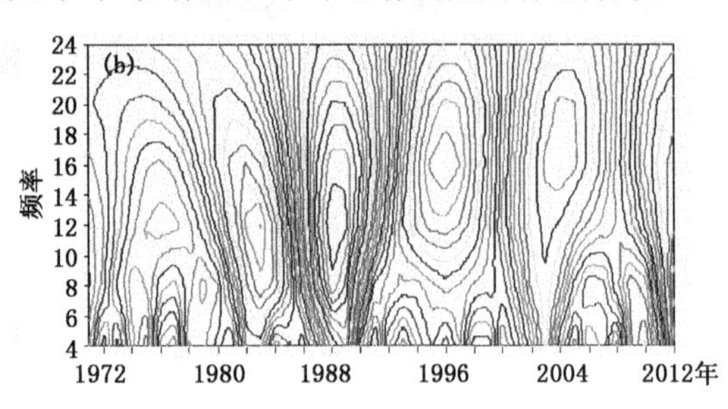

图7 区域干旱日数小波分析

5 结 论

(1)本文利用*Ci*指数分析了安顺区域近41 a的干旱状况,安顺年均干旱次数和年均干旱日数均为南部多于北部,平均干旱强度西部、南部重于东北部。2009年夏秋季到2010年冬、春季的干旱为近40 a来强度最强,干旱时段最长的罕见干旱。

(2)通过线性趋势对干旱演变情况的分析表明除夏旱略有减弱的趋势外,安顺各地各季干旱均为增强的趋势。从年度干旱情况来看,年干旱强度呈略增强的趋势,年干旱日数明显增加。通过进一步对干旱突变情况的分析表明:安顺市干旱发生的最明显变化表现在年干旱日数增加,而其中主要是秋季和冬季干旱日数增加。

(3)通过M-K检验发现,突变时间分别在20世纪80年代中后期和20世纪末;帽子小波变换得到的分析结果表明,干旱强度有12～14 a的周期。干旱日数有14 a左右的周期。

参考文献

[1] 王劲松,郭江勇,周跃武等.干旱指标研究的进展与展望.干旱区地理,2007,**30**(1):61-67.

[2] 黄晓林.贵州省干旱特点与防御对策.耕作与栽培,2003,**4**:57-58.

[3] 许炳南,陈世平.贵州农业“两旱”的气候特征及其防御.灾害学,1997,**12**(2):44-48.

[4] 武文辉,吴战平,袁淑杰.贵州夏旱对水稻、玉米产量影响评估方法研究.气象科学,2008,**28**(2):232-236.

[5] 许炳南.贵州夏季严重旱涝的环流异常特征.气象,2001,**27**(8):45-48.

[6] 中华人民共和国国家质量监督检验检疫总局,中国国家标准化管理委员会.中华人民共和国国家标准——气象干旱等级.GB/T 20481—2006.

[7] 吴哲红.三种指数对贵州西部历史罕见干旱的评估结果分析//贵州省气象学会 2010 年学术年会论文集.
[8] 魏凤英.现代气候统计诊断与预测技术.北京:气象出版社,1999:43-47.
[9] 彭贵芬,刘瑜,张一平.云南干旱的气候特征及变化趋势研究.灾害学,2009,**24**(4):40-44.
[10] 张剑明,章新平.近 47 年来洞庭湖区干湿的气候变化.云南地理环境研究,2009,**21**(5):56-62.
[11] 姚玉璧,董安祥,张秀云.中国夏季区域干旱特征比较研究.干旱地区农业研究,2009,**27**(1):248-265.

基于BP神经网络的鼎新机场大风预测模型研究

闫　炎　苗　涛

(空军气象中心,北京 100843)

摘　要:利用鼎新机场气象站的2005—2010年逐日气象观测资料,根据风速与温度、气压等气象要素的相关关系,建立大风预报的人工神经网络模型。利用不同的网络结构和算法,选取合适的输入因子、隐含层节点数、每层传递函数,比较和试算训练得到拟合预测效果较好的网络模型用于风速和大风类别的预报。结果表明,函数逼近方法预测的风速误差率为30%,分类识别方法误差率为9%。可见,所构造的网络的拟合效果及预报稳定性较好,可以作为大风预报的参考依据,有利于减少大风危险天气漏报。

关键词:气象学;大风预报;人工神经网络

引　言

风是影响航空兵活动的重要天气因子之一,对航空飞行、航空试验等活动有重大影响。因此做好大风的预报对于保障空中飞行活动意义重大。早期的站点大风预报往往是基于某个统计学模式,分析历史样本数据,找出线性拟合公式,再用于实际预报。如刘京雄等[1]对浙闽沿海和台湾海峡冬季大风风速计算方法有过研究;谢巨伦等[2]运用谱分析方法对南沙海区冬季大风进行了分析预报;颜梅等[3]针对黄渤海开展了大风客观相似预报。上述研究工作多利用常规统计学方法寻找指标来预报大风,然而由于影响风速大小的气象因素复杂多样,一般统计方法难以准确描述非线性变化关系,需要寻找合适的统计模型来进一步提高预报精度,于是一些非线性的数学理论和方法开始逐渐被引入统计预报方法中。

人工神经网络是一种模仿人类大脑基本结构和功能来处理非线性高维与高阶性知识信息问题的有效方法,具有大规模并行处理、分布式存储、自适应性、容错性等显著优点。该方法曾在温度、降水、云量等气象要素的预报分析研究中得到了较多应用[4,5],但其在大风预报中的应用并不多见[6]。其中,前向反向传播网络(信号向前传播和误差向后传播),即BP网络,在实际应用中的比例占所有人工神经网络应用的80%以上,可以实现从输入到输出的任意非线性映射,权值的调整采用反向传播学习算法。利用该技术可有效解决大风预报中难以精确建模、高度非线性、各种不确定性的问题。

鼎新机场地处河西走廊北部的戈壁滩上,属于冷温带干旱区,大陆性沙漠气候特点明显。本文利用鼎新机场气象站2005—2010年的气象观测资料,根据风速与气象因素的相关关系,采用人工神经网络中的BP方法建立大风预报模型,探索一种有实际应用价值的大风预报简捷方法,为保障航空飞行提供更有利的依据。

1 人工神经网络模型的原理

标准的BP网络模型是一种多层感知器结构，由若干神经元组成，除输入层和输出层外，包括一个或多个中间隐含层。其结构如图1所示，网络各层节点之间全部互相连接，同层节点之间不连接，每层节点的输出只影响下一层节点的输出。

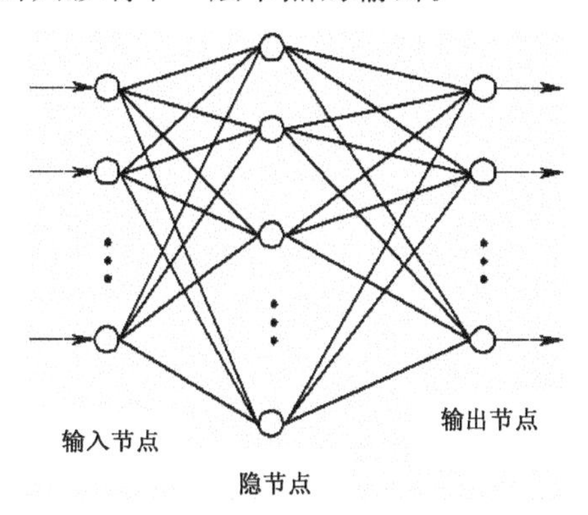

图1 BP网络模型结构示意图

BP算法的主要思想是：对于n个输入学习样本$a_1, a_2, \cdots, a_n$，以及与其相对应的输出样本$y_1, y_2, \cdots, y_q$，学习的目的是用网络的实际输出$c_1, c_2, \cdots, c_q$，与目标矢量$y_1, y_2, \cdots, y_q$之间的误差来修改其权值，使$c_k(k=1,2,\cdots,q)$与其期望的y_k尽可能的接近。即：使网络输出层的误差达到最小，它是通过连续不断地在相对于误差函数斜率下降的方向上计算网络权值和阈值的变化而逐渐逼近目标的。每一次权值和偏差的变化都与网络误差的影响成正比，如果输出层得不到期望输出，则转入以反向传播的方式传递到每一层，根据预测误差调整网络权值和阈值，从而使BP神经网络预测输出不断逼近期望输出。BP神经网络的应用主要分为两类，一类用于研究问题的输出值域预测；一类是基于贝叶斯决策理论的分类预测。

为了应用BP神经网络模型，首先要设计其结构，包括以下两方面内容：(1)网络拓扑结构的设计：隐含层数、隐含层神经元数、激励转移函数的选择；(2)网络主要参数的确定：动量项系数、学习速率、学习次数、训练样本的确定。在大风的人工神经网络模型预测中，应用案例分析相对较少，本文的研究工作试图寻找一种合理快速的网络结构和算法，同时实现大风风速值与类别的有效预测。

2 BP神经网络的大风预测模型

2.1 数据来源和模型输入因子的选择

任何神经网络建模中，选取的输入特征向量，必须能够正确地反映问题的特征。众所周知，风是空气的水平运动，空气从气压高的地方向气压低的地方流动，对于单站而言，影响风力大小的主要因素是水平气压梯度力。单站气压的变化受高空系统的制约，而本站气温的变化则可反映气压场的变化。因此，从本站气压的降压速度与本站气温的升温速度，可以反映高空系统的演变。农谚有“热二、三,刮风天”,正是升温降压造成的刮风天气的前兆。

综上所述,主要考虑形成短时大风的动力和热力条件,选取2005—2010年逐日地面最高、低气压和最高、低气温作为模型的样本输入因子。在实际BP模型应用中,对输入和输出的因子均做标准化处理,以消除量纲的影响。这是因为在网络的训练过程中,当其权值调得过大,可能使得所有的或大部分神经元的加权输入和过大,这使得激活函数的输入多集中在S型转移函数的饱和区,从而导致其导数非常小而使得对网络权值的调整非常缓慢。输入样本采用0～1的数值可使得权值较大的输入落在隐含层S激活函数梯度较大范围内,有效地防止了上述情况的发生。

2.2 网络层数和隐含层神经元数的确定

理论上已经证明,一个三层的BP网络能够逼近任何有理函数。增加网络的层数主要可以进一步降低误差,但同时也使网络复杂化。目前在BP模型的应用中,多数为三层BP结构。因此,本文直接建立三层神经网络,结构如图1。

在网络层数确定的情况下,BP网络确定的另一关键时隐含层节点数的选取。节点数太少不能满足拟合精度,且训练次数多、训练时间长。目前,一般采用试算法来确定隐含层的节点数。2005－2010年的逐日气象资料共2191组样本,选取第1组到第2090组作为训练样本用于建立网络,当日最高气压、最低气压、最低气温、最高气温为自变量作为输入层的4个神经元,次日最大风速为因变量作为输出层。后100组数据作为检验样本用于测试网络拟合的准确度。

此外,还需要确定BP神经网络的训练次数和学习速率。学习速率越大,对权值的修改越大,网络学习速度越快。但过大的学习速率将使权值学习过程中产生震荡,过小的学习速率使网络收敛过慢。本文选取网络的最大训练次数1000,学习速率0.1。在相同的收敛误差精度情况下,通过对不同神经元数目的BP网络的模拟、检验与比较(图2),发现由于输入层变量气压、温度与输出要素风速的非线性关系比较复杂,所以BP神经网络预测误差并没有随着节点数的增加而不断减少,而是呈现先减少后增加的趋势。由此可见,隐含层神经元数取为9或10时误差最小,网络训练拟合度最好。

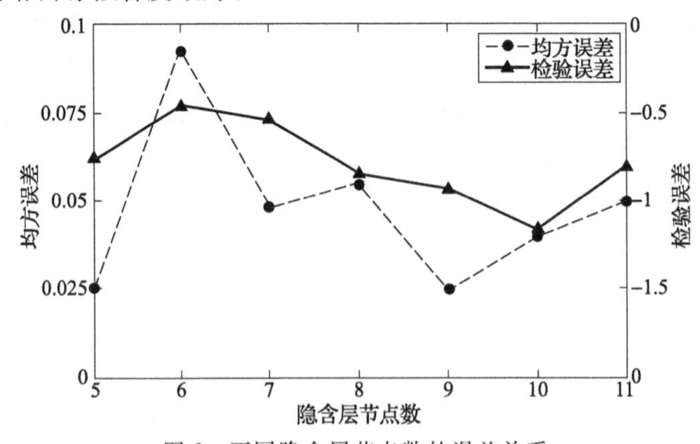

图2 不同隐含层节点数的误差关系

2.3 各层传递函数

不同的传递函数可以反映样本输入与输出的不同对应关系。在相同的隐含层节点数和相同的学习速率条件下，通过对不同的传递函数组合训练对比（表2），发现使用tansig-logsig和logsig-logsig函数组合的网络都出现不收敛的现象；tansig-purelin组合的网络训练效果最好、收敛速度最快、拟合误差最小；logsig-purelin前期收敛速度稍慢，拟合精度略逊于tansig-tansig和logsig-purelin组合。综合分析，本文的大风预报采用tansig-purelin组合作为BP网络的输入输出传递函数。

2.4 BP网络模型预测结果

图3是基于上述结构的网络预测风速误差，可以看出BP神经网络具有一定的拟合能力，但是网络预测结果仍有一定误差，误差范围多数在[－5,5]，某些样本点的预测误差较大。对于上述用于函数逼近的BP网络预测的100个独立样本中，其中有40个大风（≥10 m/s）样本，得到的预测值有28个样本符合大风指标，误差率为30%。

表2 不同的传递函数组合训练结果对比

传递函数组合	训练次数	收敛情况	最大拟合误差%
tansig-tansig	102	收敛	47
tansig-logsig	1000	不收敛	210
logsig-logsig	1000	不收敛	156
logsig-purelin	391	收敛	83
tansig-purelin	24	收敛	32

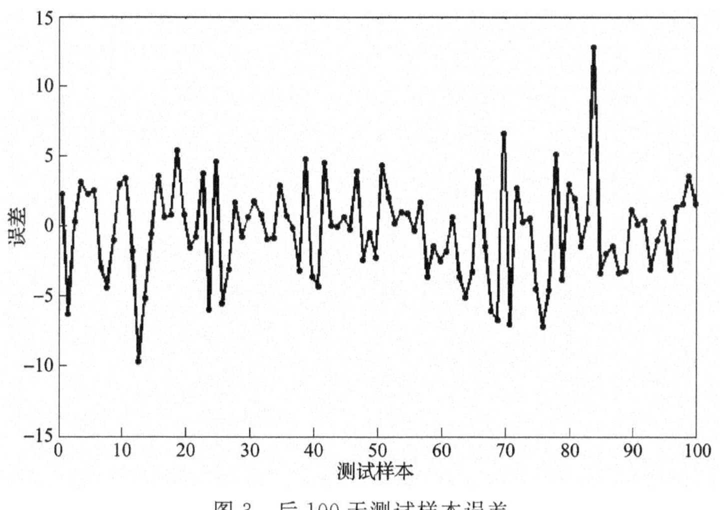

图3 后100天测试样本误差

为了进一步更实际地应用这个BP神经网络预测大风，将网络输出设为用于模式分类的类别标识0或1（1为大风，0为非大风），重新训练网络。100个预测样本中，9个样本与预期分类结果存在误差，且均为1，即预期分类输出应为非大风，而网络输出则为大风，误差率为

9%(图表略)。同时经过多次的试验训练均表明,该BP神经网络对于模式分类的误差多来源于非大风样本,而对大风样本的分类识别准确率较高,这样有利于减少大风危险天气漏报。

3 小结与讨论

本文利用鼎新机场气象站的2005—2010年的逐日气象观测资料,根据风速与气象因素的相关关系,建立一个网络结构为(4—9—1)的BP人工神经网络模型用于大风风速和类别的预报。总体来说,该模型不需有关模拟过程的先验知识,仅用足够多的历史数据就可以建立网络输入与输出的内在关系,可以说是一种实用的大风预报方法。其他主要的结论如下:

目前的人工神经网络仍旧存在一定缺陷,对于输入因子与输出因子存在比较复杂的非线性关系的模型,若要进一步提高网络模拟精度,隐含层数与隐含层节点数还是需要凭借经验与多次试验后确定。

影响风速的因素除了本文涉及的温度、气压等气象因子外,还有当地的地形以及槽、脊等影响系统的强度和移动,应尽可能包含影响因子的范围,以提高BP网络拟合精度。

基于本文所建立的BP人工神经网络预测风速,函数逼近方法样本误差率为30%,分类识别方法样本误差率为9%。模型显示所构造的BP网络的拟合效果及预报稳定性较好,有利于减少大风危险天气漏报。此外,该方法计算简单方便,随着历史样本数的不断累积,其在预报业务中应用的效果会越来越好。

参考文献

[1] 刘京雄,唐文伟,朱持则等.浙闽沿海和台湾海峡海域冬季大风风速计算方法探讨.台湾海峡,2004,**23**(1):8-13.

[2] 谢巨伦,盘科海,于永峰.应用谱分析方法分析预报南沙海区冬季大风.海洋通报,2003,**22**(3):15-22.

[3] 颜梅,范宝东,满柯等.黄渤海大风的客观相似预报.气象科技,2004,**32**(6):467-470.

[4] 胡江林,涂松柏,冯光柳.基于人工神经网络的暴雨预报方法探讨.热带气象学报,2003,**19**(4):422-428.

[5] 张长卫.基于BP神经网络的单站总云量预报研究.气象与环境科学,2009,**32**(1):68-71.

[6] 陈德花,刘铭,苏卫东等.BP人工神经网络在MM5预报福建沿海大风中的释用.暴雨灾害,2010,**29**(3):263-267.

对超级单体风暴导致北京"6·23"极端降水事件的分析

张文龙[1] 王迎春[2] 黄 荣[1,3]

(1. 中国气象局北京城市气象研究所,北京 100089;2. 北京市气象局,北京 100089;
3. 中国气象科学研究院,北京 100081)

摘 要:利用常规观测及雷达等多种加密观测资料,对 2011 年 6 月 23 日发生在北京城区的极端强降水事件进行诊断分析。结果表明,这次极端降水事件,主要是由飑线右端的强降水超级单体引发的。有利的大尺度背景、环境风垂直切变条件,结合北京的复杂地形条件,以及边界层水汽输送特点,造成了飑线右端雷暴在山地与平原交界的地形线附近猛烈发展,形成强降水超级单体,进而造成了石景山大暴雨中心。该个例分析揭示了中国北方极端降水事件的可能性和复杂性,对中国北方地区极端降水事件的预测、预警具有一定的参考价值。

关键词:动力气象;强降水超级单体;极端降水事件;复杂地形

引 言

超级单体风暴因其伴随的突发性冰雹、大风、龙卷和暴洪,经常给人们的日常生活及工农业生产造成严重损失,因此一直是气象学家重点关注的对象之一。随着观测个例的增多,美国科学家将超级单体风暴划分为弱降水超级单体、经典超级单体和强降水超级单体风暴[1]。中国对超级单体的研究起步于 20 世纪 80 年代,由于观测条件限制,相关研究很少。20 世纪末随着新一代天气雷达布网建设,对于超级单体的研究逐渐增多,但是研究对象主要集中在比较典型的超级单体风暴。俞小鼎等[2]归纳了有关强降水超级单体风暴的一些可能特征,并对发生在安徽北部的一次伴随强烈龙卷的强降水超级单体风暴的结构和演变进行了详细的分析。目前中外对强降水超级单体的研究还很不深入,对强降水超级单体结构特征和演变以及水汽的集中和输送过程认识明显不足,而且没有结合复杂地形边界层的水汽分布特征进行研究讨论,对超级单体降水强度变化的影响。目前尚未见到对发生在中国北方地区的强降水超级单体的个例研究,尤其在中国北方水汽条件不是十分充沛的条件下,强降水超级单体是一个十分值得深入探讨的科学问题,对其研究有利于提高对此类局地暴雨的预报水平。因为即使在水汽条件并不充沛的中国西部地区、北方地区,发生强降水也极有可能,例如,2005 年 6 月 10 日黑龙江省宁安市沙兰镇突发百年一遇强降水并引发洪水冲入学校,造成绝大多数小学生共计 117 人死亡[3];2010 年 8 月 7 日甘肃省舟曲县突发短时强降水,并引发特大山洪泥石流,造成 1364 人死亡,401 人失踪[4]。由于观测条件限制,不排除这些强降水事件与强降水超级单体有

资助课题:国家自然科学基金面上项目(41075047)。

直接关系。因此,在极端天气气候事件不断增多背景下,加强对中国北方地区的强降水超级单体的研究具有十分重要的科学和社会价值。

1 极端降水事件个例简介

2011年6月23日下午至深夜北京城区出现强降雨天气过程,并伴随强雷电和雷暴大风,局部地区雨量达到百年一遇标准。2011年6月23日14时至24日08时(图1),全北京市平均降水量63 mm,城区平均降水量达73 mm。100 mm以上的降水分布在西部城区大约40 km×40 km的区域内,强降水非常集中,丰台、石景山、门头沟等多个站点降雨量>100 mm。其中模式口站最大达214.9 mm,模式口站16—17时最大雨强达到128.9 mm/h。地面大风分布也主要集中在暴雨中心周边,最大阵风风速达31.9 m/s,是一次非常典型的强对流天气。

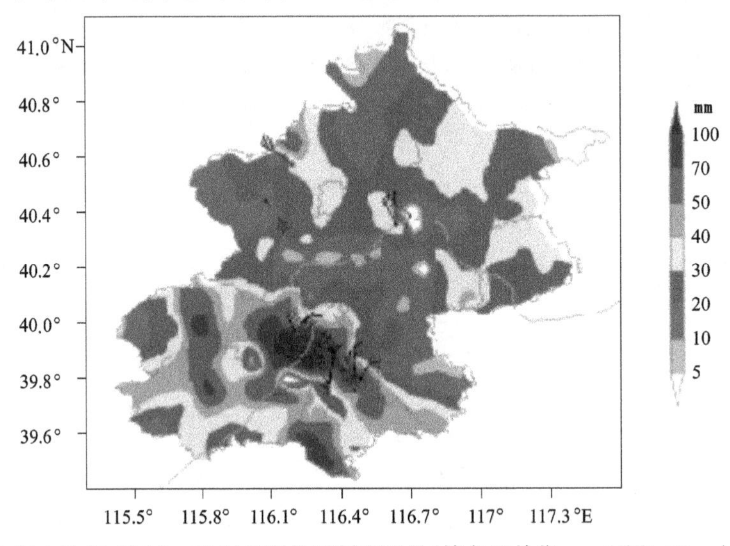

图1 2011年6月23日14—20时北京地区累积雨量(填色区单位:mm)和≥17 m/s大风分布

暴雨期间北京市区共发生落雷7000余次,因雷击、雷暴大风刮倒大树压断电线等原因,配电网故障激增。此次特大暴雨造成北京城区部分主干道严重积水,地铁4号线陶然亭站被雨水淹没,交通陷入瘫痪,多条地铁停运,城区地面交通拥堵或瘫痪3～5 h,许多市民只好靠步行下班回家,首都机场航班208架次延误或取消。数百乘客在高架桥受困,两人积水触电致1死1伤,北京警情突增,5 h接求助681件。这次极端降水给公共安全和城市交通运行造成了严重影响。

2 强降水超级单体的观测特征

2.1 雷达回波演变特征及超级单体的垂直结构

13时05分(图略),从1.5°仰角的雷达回波上可以看到有线状雷暴已经在河北丰宁—赤城附形成,有多个回波强度超过45 dBz单体呈东北一西南向的组成。线状雷暴迅速向东南方向移动,13时59分(图略),线状雷暴的前沿到达北京西北部,强回波的面积变大,超过45 dBz

的回波分成两段，东北段位于怀柔、延庆区边缘，西南段在河北怀来附近。14 时 35 分(图略)，两段强回波又重新连接，40 dBz 以上的强回波带长约 180 km、宽约 20 km，形成比较典型的飑线回波形态，线状雷暴西南端雷暴单体的发展最强烈，回波中心超过 60 dBz，在其右侧不断有雷暴单体生成发展后并入。15 时 29 分(图略)，线状雷暴移到山区与平原的交界处，内部包含多个弓形回波。15 时 59 分(图 2a)，回波整体呈“人”字形，线状雷暴的西南端开始下山影响海淀一带，位于海淀的弓形回波中心强度超过 60 dBz，后侧有明显的“V”型缺口(白色空心箭头所指位置)，表明弓形回波有非常强的后侧入流；回波前沿向后凹进(黑色实心箭头所指位置)。16 时 35 分(图 2b)，40 dBz 以上的强回波区面积进一步扩大，基本覆盖了海淀、石景山和丰台区，弓形回波的后侧入流已经减弱，根据 16—17 时的降水(图 2a)分布可以判断，正是这块弓形回波造成了海淀等地的大暴雨。16 时 35 分(图略)，由于线状雷暴的东北端移动速度较西南端快，线状雷暴已经接近东西向，西南端的宽度增大，但回波强度减弱。17 时 59 分(图略)，西部城区仍有从西部门头沟山区移入 40～45 dBz 对流性降水回波，但线状雷暴的主体已经移到北京与河北交界处。19 时 30 分后(图略)，线状雷暴主体已经移出北京，北京南部为线状对流后部的尾随层状云回波覆盖。

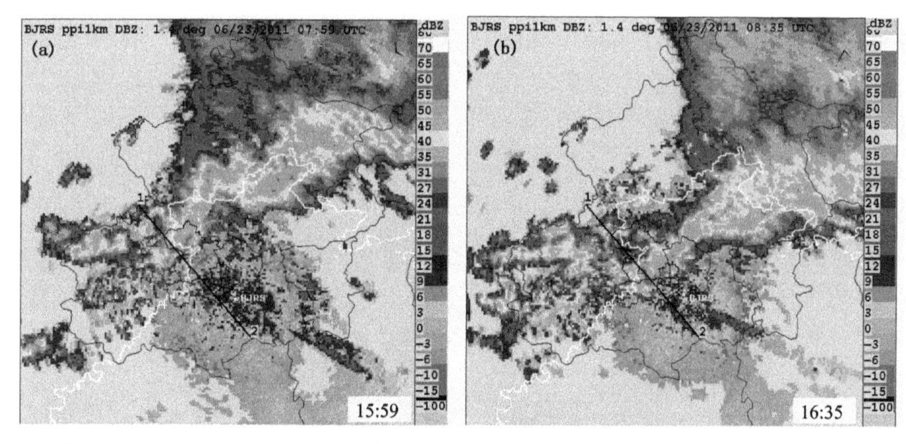

图 2　2011 年 6 月 23 日北京南郊观象台雷达 1.5°仰角基本反射率因子时间演变
(a. 15 时 59 分，b. 16 时 35 分；白色实线为 100 m 地形等高线)

沿着飑线的运动方向，经过反射率因子强回波中心作垂直剖面，研究超级单体的垂直结构的特征。15 时 59 分(图 3a)，可以看到风暴迅猛发展，回波明显前倾，回波顶高达 13 km，低层有弱回波区，并且风暴顶位于低层的反射率因子高梯度区之上；中高层有明显的悬垂回波结构，强度超过 65 dBz 反射率因子核位于 4 km 高度。有界弱回波区持续了 18 min，表明有非常强的上升气流旋转，弓形回波中的单体发展为超级单体强风暴；18 时 35 分(图 3 b)，65 dBz 以上的反射率因子核下降到 1.5～3 km 高度，说明此时雷暴中降水效率最高，超级单体风暴已经发展到最强，同时，反射率因子核心高度的快速下降预示着降水粒子拖曳作用造成中层干冷空气快速下沉，这也是造成暴雨中心地面大风的原因[4]。

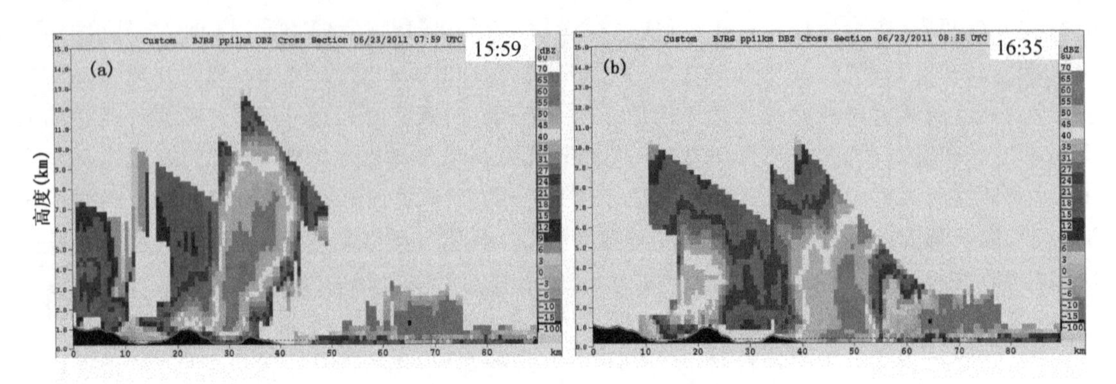

图3　超级单体反射率因子垂直剖面的时间演变

(a. 15时59分,b. 16时35分;剖面位置为图2a中1、2连线)

2.2　径向风及中气旋分析

中气旋是超级单体风暴的特征,持续的中气旋是超级单体风暴与普通强风暴的本质区别。前文回波特征的分析表明,线状雷暴南端的弓形回波发展最旺盛,15时12分(图略),在弓形回波前沿相同时刻的径向速度上(图略)可以看到,沿径向入流方向速度出现模糊,根据退速度模糊算法反算,最大入流速度应该为约34 m/s,而最大出流速度为10～15 m/s,旋转速度超过17 m/s,此时弓形回波距离雷达中心约80 km,1.5°仰角的高度约为4 km,因此可以判断为中等强度的中气旋。15时36分(图4a、b),弓形回波前沿的中气旋仍然存在,强度有所减弱;15时59分(图略),弓形回波中65 dBz的反射率因子的面积增大,前沿可以看到显著的入流缺口,同时有旋转速度约为15 m/s的中气旋存在。

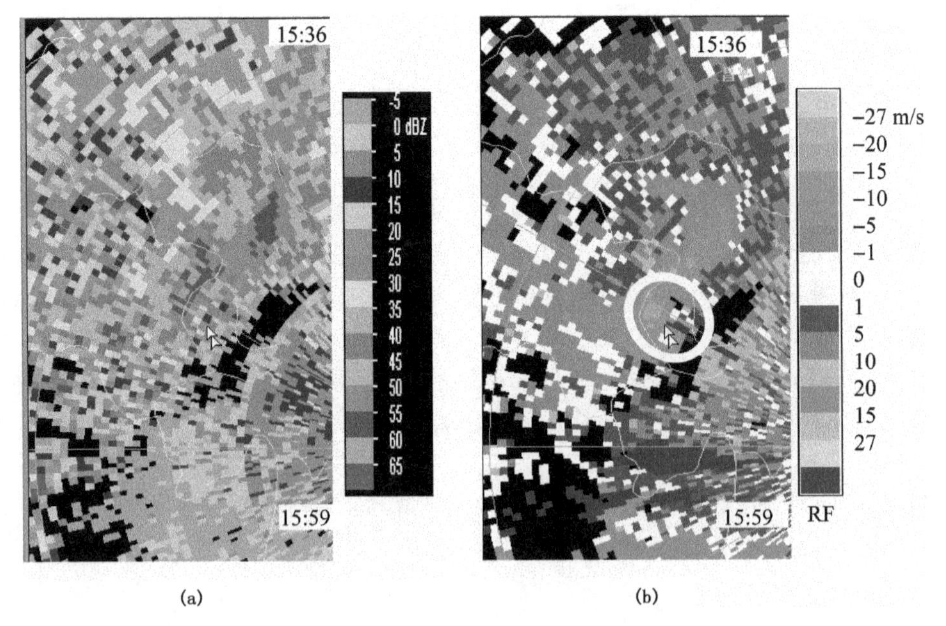

图4　弓形回波演变的时间演变(a)1.5°仰角反射因子和

(b)1.5°仰角径向速度(白色圆圈为中气旋位置)

以上分析表明，“6·23”是西北路径移入北京的强线状雷暴，组织性强，在西北部山区移向平原的过程中，飑线的右侧（相对于风暴移动方向）发展最强盛，弓形回波中形成了一个强降水超级单体，具有强烈的回波悬垂、低层钩状回波和持续中气旋等特征，海淀、石景山的局地大暴雨正是由这个强降水超级单体形成的。

3 强降水超级单体形成机制初探

利用变分多普勒雷达分析系统，结合多普勒雷达观测、地面自动站、风廓线仪、加密探空等非常规观测资料，对“6·23”包含超级单体的强线状对流过程的天气背景和局地辐合热动力条件进行了详细分析，结果表明：

(1)在线状雷暴下山之前，虽然环境场不稳定能量不太大(值为 354 J/ kg)，但环境场垂直风切变较强(0～6 km 切变值达 20.3 m/s)，十分有利于超级单体的形成和发展。

(2)由于前期受偏东风暖湿气流影响，北京平原地区地面比湿值>16 g/kg，在近地面层已经积累了充足的水汽；由于在约 800 hPa 高度存在明显的“逆温层”，水汽供应主要来自于 800 hPa 以下大气层，因而“逆温层”将上层干冷空气下层暖湿空气分离，水汽和能量在低层聚集。

(3)受地形阻挡的影响，前期沿山脚平原与山区交界带，有明显的温度和水汽梯度大值区。大气低层这种西北山区干冷，东南平原暖湿的显著特征，说明山前大气层结极不稳定，有利于强对流发展。

(4)组织性完好的线状雷暴沿地形呈东北一西南走向，在下山移进北京城区平原地区时，逆温层被打破，突然在山区平原交界带上猛烈发展。在其移动方向的右端(北京城区偏西方向)单体发展最旺盛并形成了超级单体，最具活力的超级单体在地形强迫作用下获得了充足水汽供应，造成了石景山大暴雨中心。

4 主要结论

本文利用常规观测及雷达等多种加密观测资料，对 2011 年 6 月 23 日发生在北京城区的极端强降水事件进行了诊断分析。结果表明，这次极端降水事件，主要是由飑线右端的强降水超级单体引发的。有利的大尺度背景、环境风垂直切变条件，结合北京的复杂地形条件，以及边界层水汽输送特点，造成了飑线右端雷暴在山地与平原交界的地形线附近猛烈发展，形成强降水超级单体，进而造成了石景山大暴雨中心。该个例分析揭示了中国北方极端降水事件的可能性和复杂性，对中国北方地区极端降水事件的预测、预警具有一定的参考价值。

参考文献

[1] Moller A R, Doswell C A III, Foster M P, et al. The operational recognition of supercell thunderstorm environments and storm structures. Wea Forecasting, 1994, **9**: 327-347.

[2] 俞小鼎，郑媛媛，廖玉芳等. 一次伴有强烈龙卷的强降水超级单体风暴研究. 大气科学，2008，**32**(3)：508-522.

[3] 中国天气网. 最后的手印. http://www.weather.com.cn/science/kpzy/05/12295.shtm.

[4] 钤伟妙，罗亚丽，张人禾等. 引发舟曲特大泥石流灾害强降雨过程成因. 应用气象学报，2011，**22**(4)：385-397.

城市热岛效应对西安站地面气温趋势的影响

庞文保　高红燕　杨　新

(陕西省气象服务中心,西安 710015)

摘　要:由于城市的发展,中国的很多气象站观测场周围的环境都有或多或少的改变。通过对西安气象站周围的严格筛选,选出4个不受城市发展影响站点与西安站进行对比分析。结果表明:西安的热岛效应是城市化引起的,与西安的人口、车辆、冬季采暖面积关系密切。近45年来,西安城市热岛效应一直呈增强趋势。城市热岛对温度的影响冬季最大,夏季最小,春秋介于冬夏之间。从4个观测时次的情况来看,夏季:02、20时两个时次的热岛强度较强,08时次之,14时不明显。冬季:02、08、20时3个时次的热岛强度较强,14时不明显。根据城市热岛强度,共划分了5个等级,西安年热岛强度等级自2002年以来为3级,属于中等强度。在城市规划中应削弱城市热岛的影响,增加市内的绿地面积和水体面积。

关键词:大气科学;观测场环境;城市扩展;气温变化;热岛强度

引　言

全球性的气候变暖已经引起了人们的重视,而且变暖的强度之大是相当惊人的。虽然气候变化的观测事实及其原因是一个非常复杂的问题,但在计算气温升高的数值时,城市化对地面气温观测记录及其趋势变化的影响应给予足够关注。也就是说很多观测场环境的变化对气温的影响很大,即城市热岛。城市热岛反映的是一个温差的概念,只要城市与郊区有明显的温差,就可以说存在着城市热岛。因此,一年四季都可能出现城市热岛。中国的学者研究了城市热岛效应[1~8],普遍认为大城市的热岛效应是明显的。在过去的研究中对气温资料的处理上也想了很多办法,但由于研究的面积大、气象站点多,加之气温变化有气候变暖和热岛等多因素影响。所以作了一些原则上的处理,没有逐站分别仔细分析。实际上,从我们的调查中得知,现在已有不少气象观测场或多或少地受到城市建设的影响,保护气象站周围的环境已迫在眉睫。本文用西安周围关中平原的5个站1961—2005年历年的年、各月平均气温以及近年各时次气温资料,研究在全球变暖的大背景下西安地区的气温变化及其热岛强度。随着经济的快速增长,城市化的发展很快,导致城市中的气温高于外围郊区,城市地面散发的热量形成近地面暖气团,将城市烟尘罩在下面不能流通,加剧了大气污染。所以分析西安市历年的气温变化,可知城市热岛对温度的影响,最大限度地避免和减少城市热岛带来的负面影响。

2　气象站点的选取

过去有学者在处理城市对温度的影响一般以城市人口的多少来衡量,这是一种较好的资料处理方法。但实际上比这复杂得多。因为有的观测站距城市很远,即使城市扩建也对气象观测数据影响较小。而有的观测站距城市很近，城市扩建就对气象观测数据影响较大。有时建筑物的影响并不是全方位的，可能在某一个方向上。所以说在条件许可时应逐站查询站址环境变化的档案记录或实地考察。根据地理条件，在西安周围的关中平原初选了西安、长安、周至、户县、高陵、临潼、兴平、武功、泾阳、咸阳、富平、蒲城、渭南、大荔、华阴15个气象站。这些站点的纬度和地形基本一致，海拔高度差较小，所以纬度和地形对气温的影响暂不考虑。那么主要侧重考虑气象站点的周围环境、海拔高度、气候变暖、城市热岛对气温的影响。其中西安气象观测站位于西安市北门外肖家村“郊外”，随着城市的扩大，观测站现处在一环外二环内。已不是建站时的“郊外”，而成为市区内。这里将西安站作为热岛明显的城市代表站。然后再对其余的站进行严格筛选，希望挑出未受城市热岛影响的几个代表站。这一步工作非常重要，如果不能严格区分气象站是否受到城市建设或其他因素而影响到各站气温观测，就很难与西安站作对比，分析出城市热岛的影响。我们希望从实际的温度变化资料中把城市热岛的影响从自然因素中分离出来。最近，陕西省气象局专门组织相关工作人员对全省各气象站环境进行了逐站实地详细考察。根据考察资料仔细分析，15个气象站中长安、周至、武功3个站由于城市建设，观测场环境破坏严重。泾阳1968年缺测。高陵1970年建站，资料序列较短。临潼1973年曾迁过站，经仔细分析系列资料，前后略有差异。蒲城、户县、华阴、富平4站由于城市建设，观测场环境在某一个方向有破坏。其余的兴平、咸阳、渭南、大荔4个站的观测场环境没有任何破坏。同时4个站和西安一样都在开阔的关中平原上，海拔高度相近。4个站中咸阳、渭南、大荔的观测场都在乡村，兴平的观测场在郊外。因此，最终选定了兴平、咸阳、渭南、大荔4个站作为未受城市热岛影响的乡村代表站。

3 资料处理

3.1 相关分析

本文拟通过相关分析，检验西安、兴平、咸阳、渭南、大荔5个站是否属于相同气候类型[8]。因为气温升高不仅有城市热岛的影响，气候变暖对气温的影响也很大。如果5个站属于相同气候类型，各站气候变暖的趋势和程度应该是一致的。如果各站气候变暖的趋势和程度一致，那么在做城市与乡村的温差分析时就不必作气候变暖趋势的处理。

从表1的相关矩阵可以看出，各站年平均气温相关很好，通过了 $\alpha=0.001$ 的显著性检验。说明西安、兴平、咸阳、渭南、大荔5个站属于相同气候类型。

表1 各站累年年平均气温相关系数

	西安	兴平	咸阳	渭南	大荔
西安	1	0.896	0.801	0.903	0.863
兴平		1	0.947	0.950	0.922
咸阳			1	0.945	0.895
渭南				1	0.907
大荔					1

3.2 气温高度订正

气温对海拔高度的影响十分敏感,在同一地区、同一纬度,海拔高度不同,气温显然不同。所以要将各站历年各月的平均气温全部订正为与西安气象观测场同高度上的气温。西安、兴平、咸阳、渭南、大荔5个站海拔高度分别为:397.5、410.9、472.8、349.2和351.4 m。为此,我们用干绝热递减率,即每上升100 m气温下降0.6℃[8],把除西安外的其余4个站的气温都订正到与西安相同海拔高度397.5 m上。因此得到相同高度的5个站45 a各月的平均气温。西安作为受热岛影响的城市代表站。另外4个站的平均气温再作4站平均,作为未受热岛影响的代表站,简称乡村站。

3.3 社会资料

对西安的热岛效应与西安的人口、车辆、供热能耗作相关分析所采用的社会资料来自西安市历年统计年鉴。

4 城市热岛效应

4.1 气温的年际变化

图1是西安市年平均气温距平变化曲线.由图可见,西安市气温在1994年以前以负距平为主,1994年以后基本都为正距平。从资料统计出西安市1961—2005年45 a的平均气温为13.8℃。而1961—1993年33 a的平均气温为13.4℃,1994—2005年12 a的平均气温为14.8℃。后者比前者高出1.4℃。前后气温的差异,除了反映大尺度气候变暖的增温外,还包含了西安市的热岛效应。图2是乡村站年平均气温距平变化曲线。由图可见,乡村站气温1961—1979年气温距平正负交替,负多正少;1980—1993年气温基本为负距平;1994—2005年基本都为正距平。从资料统计出乡村站1961—2005年45 a的年平均气温为13.3℃,比西安站低0.5℃。1961—1979年19 a的年平均气温也为13.3℃,1980—1993年14 a的年平均气温为13.0℃,即比前19年还低了0.3℃。1994—2005年的平均气温为13.8℃,比前期升高了0.8℃。我们认为前后气温的差异,反映了大尺度气候变暖的增温,不包含热岛效应。另外从图1和2也可看出,在1994年前气温没有连续明显升高,在1994年开始气温明显升高,这也说明了气候变暖是从1994年开始的。图3是西安站年平均气温和乡村站年平均气温历年的变化。由图3可见,无论是西安气温还是乡村站,1961—2005年气温总趋势一直上升,但各阶段上升速度存在差别:1994年以前基本不变或缓缓上升,1994年后气温上升很快。更重要的是两站上升的速度不同,即城市站上升块,乡村站上升慢。这也正说明了乡村站主要受全球气候变暖的影响,而西安站主要应由全球气候变暖和城市热岛效应的影响两部分叠加而成。

4.2 城市发展对地面气温的影响

由于城市的发展,城市人口、车辆、冬季采暖能耗等迅速增长,西安热岛效应逐年增强(图4)。

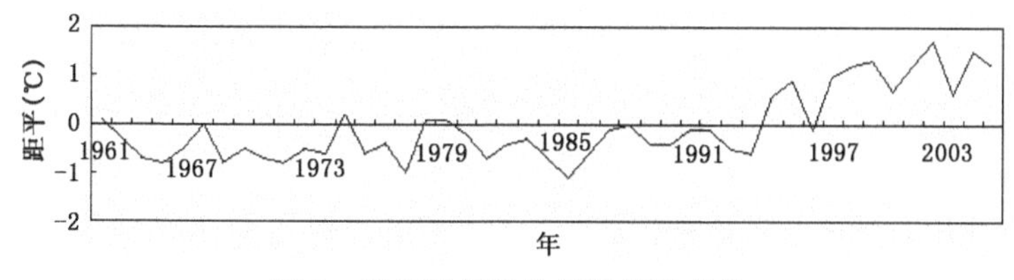

图 1　西安站年平均气温距平变化

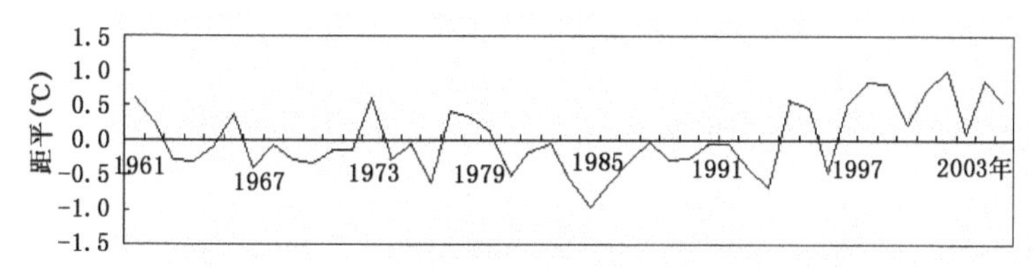

图 2　乡村站年平均气温距平变化

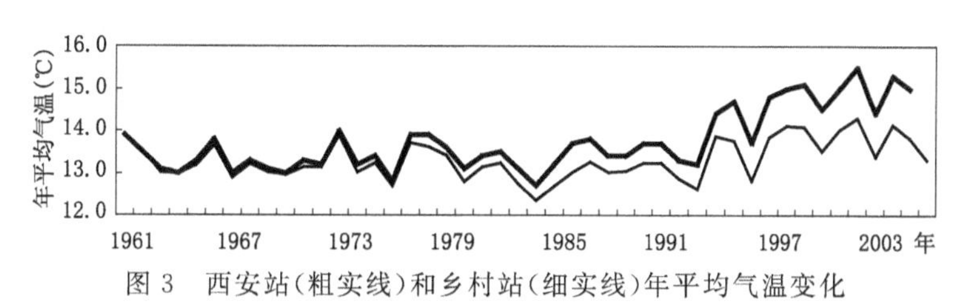

图 3　西安站(粗实线)和乡村站(细实线)年平均气温变化

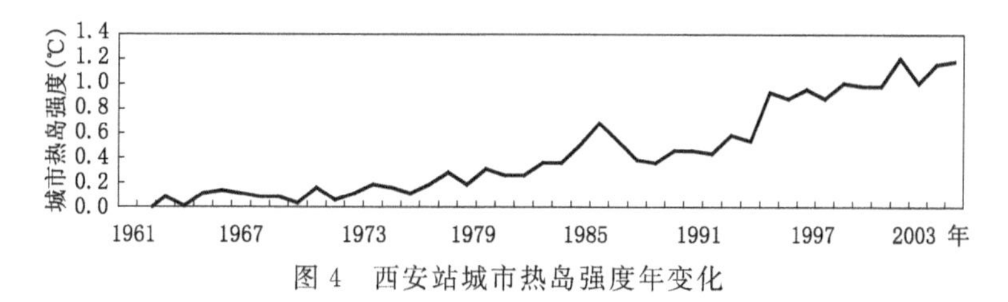

图 4　西安站城市热岛强度年变化

4.2.1　西安市区总人口与西安站城市热岛强度相关分析

收集到 1961—2006 年西安市区总人口(不包括所属县)与其对应的西安站城市热岛强度相关分析(图 5)。人口从 1961 年的 130 多万,而后逐年增长,到 2006 年已超过 400 万,增长两倍,还不包括流动人口的增加。随着人口的增加,热岛强度不断增大,从 1961 年的 0℃增加到 2006 年的 1.2℃。

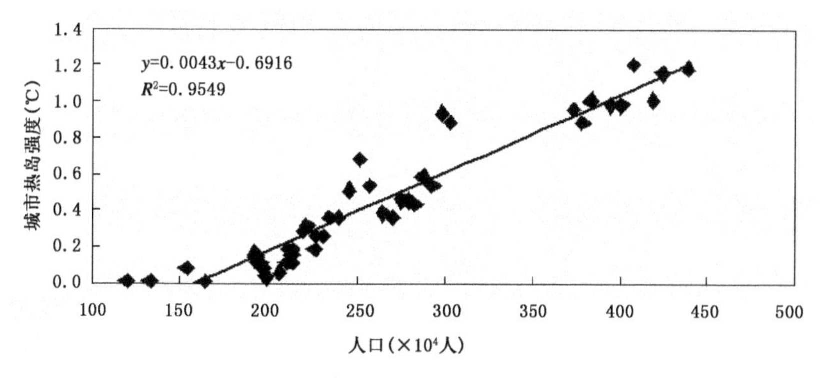

图 5　总人口与西安站城市热岛强度的相关

4.2.2 西安市城市公共交通运营车辆与西安站城市热岛强度相关分析

收集到1981—2006年西安市区城市公共交通运营车辆(包括汽车、电车)与其对应的西安站城市热岛强度相关分析(图6)。西安市区城市公共交通运营车辆从1981年的498辆,而后逐年增长,到2006年已达到5489辆,增长11倍,还不包括出租车辆的增加。随着车辆的增加,热岛强度不断增大,从1961年的0℃增加到2006年的1.2℃。

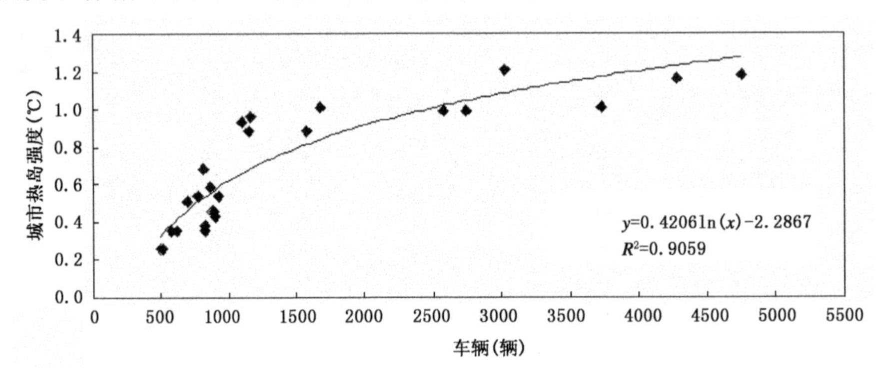

图6 公共交通运营车辆与西安站城市热岛强度的相关

4.2.3 西安市区集中供热面积与西安站城市热岛强度相关分析

收集到1961—2006年西安市集中供热面积与其对应的西安站城市热岛强度相关分析(图7)。集中供热面积从1961年的168万 m^2,而后逐年增长,到2006年已达到2113万 m^2,增长12倍,还不包括自供热面积的增加。随着供热面积的增加,热岛强度不断增大,从1961年的0℃增加到2006年的1.2℃。

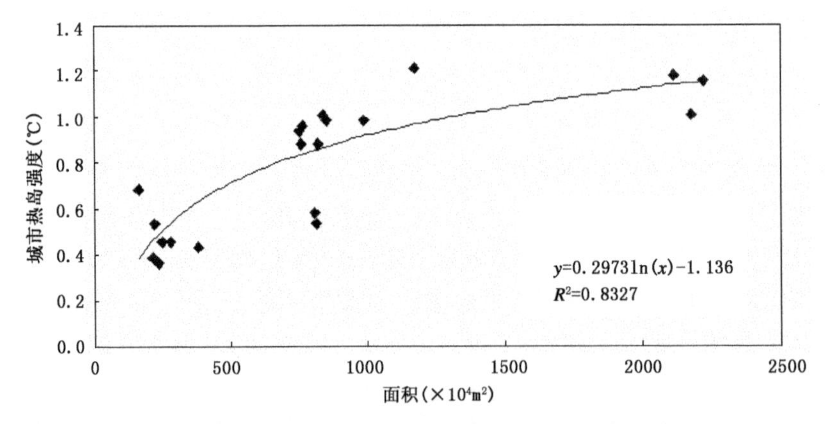

图7 集中供热面积与西安站城市热岛强度相关图

4.3 城市热岛的量度

西安市气温与乡村站气温的差值,称作西安的局地气温,它反映了西安站气温滤去了大尺度气候背景变化后的小尺度城乡差异。局地气温可以作为西安城市热岛的量度,这里称作热岛强度[6,8]。

图3和4给出的西安热岛强度随时间的年际变化,它是用了45 a的资料所得的结果。我

们用西安气温代表城市局地气温；用4站气温的平均代表乡村气温，即大气候气温。用它们之间的气温差来定义西安城市热岛强度。由图3可见，两条变化曲线间的距离越来越大，即西安市增温的速度比乡村站明显加快。用两条变化曲线间的距离作出图4。由图4可以看出，随着时间的推移，西安城市热岛强度越来越强，尤其自2002年以来更为明显。西安城市热岛强度平均为0.5℃。变化基本可以分为4个阶段，1961—1976年两站的气温基本相同，1977—1992年热岛强度都≤0.5℃，1993—2001年热岛强度基本在0.5～1.0℃之间，2002—2005年热岛强度在1.0～1.2℃之间。从各月热岛强度的年际变化趋势看，与年热岛强度的年际变化趋势相同。

从各月的分布(表2)来看，11月、12月、2月热岛强度较强，在0.6～0.8℃，其他各月在0.5℃以下。从表1中看出：城市热岛对温度的影响冬季最大，夏季最小，春秋介于冬夏之间。

表2 各月西安与乡村的气温偏差

月份	1	2	3	4	5	6	7	8	9	10	11	12
气温偏差(℃)	0.4	0.6	0.5	0.4	0.3	0.2	0.2	0.3	0.3	0.4	0.7	0.8

另外，根据多年各月温差分布，温差最小的是7月，温差最大的是12月。抽样选取最近的2005年7月和12月5站的逐日平均气温分别代表夏季和冬季的气温。按上述方法算出西安两个月逐日的热岛强度，最大的达到3.1℃。这是在西安的一环外二环内的观测场的结果。如果在市中心热岛强度会更强。

最后抽样选取最近的2005年7月和12月城市站和乡村站的逐日02、08、14、20时4个时次的气温。按上述方法算出西安两个月逐日02、08、14、20时4个时次的热岛强度(表3)，最大的达到4.5℃。从4个观测时次的平均情况来看，7月02、20时两个时次的热岛强度较强，可达到1.8和1.5℃，08时次之，14时不明显。这是因为西安夏季晴天的夜间上空常有逆温层存在，不容易散热，一直到早晨热量才可散去。而乡村由于通风条件好，所以散热快。12月02、08、20时3个时次的热岛强度较强，可达到2.5、2.4和1.7℃。14时不明显。这是因为西安冬季采暖的能耗大，从夜间到早晨保持着一定的热量。

表3 各个范围热岛强度所占百分比和平均最大值

热岛强度范围		百分比(%)					热岛强度(℃)	
月份	时间	≤0.5	0.5～1	1～2	2～3	>3	平均	最大
7	02	16	13	32	23	16	1.8	4.5
12	02	0	3	29	42	26	2.5	4.2
7	08	45	29	19	3	3	0.6	3.1
12	08	3	10	26	29	32	2.4	4.0
7	14	61	29	10	0	0	0.1	2.0
12	14	87	10	3	0	0	0.1	1.7
7	20	23	19	29	29	0	1.3	2.9
12	20	3	23	42	19	13	1.7	3.9
平均		17	24	18	11	1.3	3.3	

4.4 城市热岛的等级划分

为了使用方便,将城市热岛强度的气温度数分类划分成不同的级别。根据中外热岛研究成果[6],通过上述年、月、日 4 个时次西安的热岛强度的分析计算,并结合西安和本省实际制定下列等级(表 4)。

表 4 城市热岛强度等级

等级	城乡温差(℃)	定义
1 级	≤0.5	很弱
2 级	(0.5～1.0]	弱
3 级	(1.0～1.5]	中等
4 级	(1.5～2.0]	强
5 级	>2.0	很强

根据城市热岛强度等级划分,我们可以看出:西安一环外二环内(现在气象观测场作代表)年热岛强度等级自 2002 年以来为 3 级,属于中等强度。而如果按各时次统计,少部分时间可达到 5 级,热岛强度很强。如 12 月(可代表冬季)的 02 和 08 时(可代表夜间和清晨)达到 4 级或 5 级强度的时间分别占到近三分之一。西安站从 2005 年由原来的一级站(基准站)改为三级站(一般站)。

5 结论与讨论

(1)目前城市发展很快,由于城市的扩大,许多原来建在郊外的气象观测站,现在已包在城市中。尽管气象观测站周围禁止高大建筑物的建造,但附近一些低层建筑屡见不鲜。这对周围下垫面的受热状况影响很大。所以在做大范围气象要素分析时,应将各种站点分类,区别对待。

(2)热岛效应与西安的人口、车辆、冬季采暖面积关系密切。

(3)西安气候变暖是从 1994 年开始的。

(4)西安市在二环内热岛效应已非常明显,1993—2001 年热岛强度基本在 0.5～1.0℃,2002—2005 年热岛强度在 1.0～1.2℃。

(5)城市热岛对温度的影响冬季最大,夏季最小,春秋介于冬夏之间。

(6)从 4 个观测时次的平均情况来看,夏季 02、20 时两个时次的热岛强度相对较强,可达到 1.8 和 1.5℃,08 时次之,14 时不明显。冬季 02、08、20 时 3 个时次的热岛强度强,可达到 2.5、2.4 和 1.7℃,14 时不明显。

(7)西安年热岛强度等级自 2002 年以来为 3 级,属于中等强度。而如果按各时次统计,少部分时间可达到 5 级,热岛强度很强。如 12 月(可代表冬季)的 02 和 08 时(可代表夜间和清晨)达到 4 级或 5 级强度的时间分别占到近 1/3。

参考文献

[1] 初子莹,任国玉.北京地区城市热岛强度变化对区域温度序列的影响.气象学报,2005,**63**(4):535-540.

[2] 陈隆勋,周秀骥,李维亮等. 中国近 80 年来气候变化特征及其形成机制. 气象学报,2004,**62**(5):634-646.
[3] 翟盘茂,任福民. 中国近四十年最高最低温度变化. 气象学报,1997,**55**(4):418-429.
[4] 唐国利,丁一汇. 近 44 年南京温度变化的特征及其可能原因的分析. 大气科学,2006,**30**(1):57-68.
[5] 白虎志,任国玉,张爱英等. 城市热岛效应对甘肃省温度序列的影响. 高原气象,2006,**25**(1):90-94.
[6] 张尚印,徐祥德,刘长友等. 近 40 年北京地区强热岛事件初步分析. 高原气象,2006,**25**(6):175-181.
[7] 李文莉,李栋梁,杨民. 近 50 年兰州城乡气温变化特征及其周末效应. 高原气象,2006,**25**(6):189-195.
[8] 林学椿,于淑秋. 北京地区气温的年代际变化和热岛效应. 地球物理学报,2005,**48**(1):39-45.

中国南方冬季极端降水事件的年际变化特征

楚 甜 许克宁 张洁新

(乐亭县气象局,唐山 063600)

摘 要:利用中国南方232个气象台站1961—2010年的逐日降水资料,采用通用的百分位方法确定极端降水阈值,分析了近49 a来中国南方冬季总降水量、极端降水量、极端降水频次和强度的空间分布及年际变化特征。结果表明:极端降水阈值高、强度大的地区与总降水量的高值区一致,这说明极端降水量的多少影响总降水量;近49 a来除四川峨眉山等11个站以外,其他221个站冬季总降水量都在不断增加;降水增加区冬季极端降水量和非极端降水量在20世纪80年代初发生突变,1990年之后上升趋势都非常显著,且极端降水量在总降水量中所占的比重不断增加。

关键词:气候变暖;中国南方;极端降水

引 言

近年来的研究表明,由于人类活动的影响,地球正经历着一次以变暖为主要特征的气候变化。IPCC第三次评估报告(TAR)[1]指出,20世纪(1901—2000年)全球平均地表温度升高0.6℃,比第二次报告(SAR)高出0.15℃;第四次评估报告(AR4)[2]指出,更新的100 a(1906—2005年)线性趋势大小为0.74℃ (0.56~0.92℃),大于TAR给出的1901—2000年增加0.6℃(0.4~0.8℃)的趋势大小。近100 a来中国平均地表气温上升了0.5℃左右,其变化趋势总体上与全球平均气温的变化趋势一致[3]。

Trenberth[4]指出,地面温度升高,会使地表蒸发加剧,大气保持水分的能力增强,这意味着大气中水分可能增加,地表蒸发能力增强,将更易发生干旱,同时为了与蒸发相平衡,降水也将增加,从而易发生洪涝灾害。IPCC第四次评估报告也指出,随着全球气候变暖,陆地大部分地区强降水比例在增加[2],中国极端降水事件的发生频率也在增加,并具有明显的区域性和季节变化趋势[5~7],研究[8]表明,过去的几十年中中国大范围明显的降水增长趋势主要出现在西部地区,其中尤以西北地区最为明显,降水日数也有明显的增加趋势,而东部季风区降水变化趋势的区域性差异较大,长江流域及其以南地区降水趋于增多,主要表现在极端降水日数呈增加趋势,但华北地区降水趋于减少,主要表现为强降水日数减少。就全国平均而言,总的降水变化趋势并不明显,但雨日有所减少[9,10]。这一特点表明,降水总量不变或增加而频率减少意味着降水强度有加大的趋势,其后果是各地洪涝与干旱变率加大。

就目前的研究状况来看,很多研究都侧重于对中国整体或某一区域夏季降水变化的研究,对于中国冬季多年降水变化的研究相对较少。冬季虽然不是中国大部分地区的主要降水时段,但是在近些年全球变暖的大背景下,冬季温度上升显著[11],对冬季降水的变化造成影响。2005、2008年冬季中国南方相继发生了极端雨雪冰冻灾害,给人民的生产和生活带来了巨大的损失。因此,研究冬季极端降水年际变化特征就显得十分重要。本文利用中国南方232个站点 1961—2010 冬季逐日降水资料，使用通用的极端降水阈值的方法确定极端值和极端值阈值，对近 49 a 来极端降水事件的空间分布特征以及年际变化趋势进行了研究。

1 资料和方法

1.1 资 料

受季风气候和地形地势的影响，在秦岭、汉水、淮河一线形成中国明显的南、北(湿润、干旱)气候分界线(800～1000 mm 等雨量线)[12]。根据这一特点，选取(20°—35°N，102.5°—122.5°E)作为本研究中所指的中国南方区域。本文从位于此区域的 286 个一般气象观测站中选出资料质量较好的 232 站，将这 232 站 1961—2010 冬季 24 h 累积降水量资料作为研究的基础资料。此外，文中分析所指冬季为前一年 12 月至当年 2 月，如 1961/1962 年冬季(文中简写为 1962 年冬季)指 1961 年 12 月至 1962 年 2 月。

1.2 方 法

根据翟盘茂等[13]的研究，本文采用中外通用的百分位算法，将超过 95％分位点的事件定义为极端事件。将各站点 1961—2010 年日降水量≥0.1 mm 的逐日降水资料按升序排列，将第 95 个百分位值定义为极端降水事件的阈值。当某站某日降水量超过这一阈值时，就称之为极端降水事件。较之传统的全国统一的、固定的日降水量定义方法，该方法的优越之处在于它充分考虑了降水的地区间差异，使得各地极端降水的阈值都依本地降水情况而定，能够更好地反映降水变化的区域性特征。

本文所用的降水指数有：每年冬季的总降水量、极端降水量、非极端降水量、极端降水频次、极端降水强度。总降水量为每年冬季 24 h 累积降水量的总和，极端降水量为每年冬季极端降水事件的降水量总和，非极端降水量为每年冬季总降水量与极端降水量的差值，极端降水频次为每年冬季中发生极端降水事件的天数，极端降水强度为每年冬季的极端降水量与极端降水频次的比值。

由于降水台站分布相对均匀，研究区域平均极端降水指数序列通过计算区域内全部台站的算术平均值获得。计算总降水量的变化趋势采用一元线性回归方法，线性趋势的显著性检验采用 t 检验方法，而降水指数变化的突变或转折采用 Mann-Kendall(M-K)方法检验[14~17]。

2 极端降水的空间分布

2.1 冬季平均总降水量

从中国南方 232 站 1962—2010 年冬季平均总降水量的气候态空间分布(图 1)可以看出，中国南方各站冬季平均降水量的最大值区主要位于中国东南部，分布在浙江－福建－江西－湖南一带，都在 180 mm 以上。受地形和海洋的影响，冬季总降水量从东南沿海向西北内陆逐渐减小，河南－陕西－甘肃一带在 30 mm 以下。

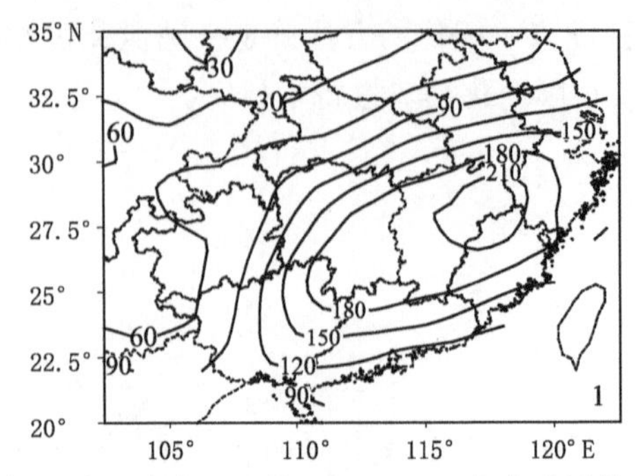

图 1 中国南方 232 站 1962—2010 年冬季平均总降水量的气候态空间分布(单位:mm)

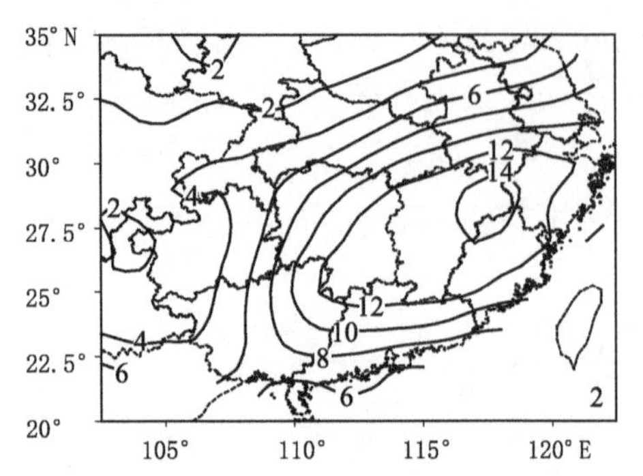

图 2 中国南方 232 站 1962—2010 年冬季极端降水阈值的空间分布(单位:mm)

2.2 极端降水阈值

中国南方 232 站 1962—2010 年冬季极端降水阈值在 0.2～16 mm(图 2)。极端降水阈值的最大值区主要位于中国东南部,分布在浙江—福建—江西—湖南一带,都在 12 mm 以上;从东南沿海向西北内陆冬季极端降水阈值逐渐减小。极端降水阈值的这种空间分布与冬季平均总降水量的气候态分布极为相似,表明极端强降水量与总降水量的关系较为密切,由此看来,用百分位方法确定的降水阈值是合理的。而且避免了用统一标准(如日降水量≥50 mm 为暴雨)的定义方法在冬季检测不到极端强降水的不足。

2.3 冬季平均极端降水强度

极端降水强度是衡量极端强降水的一个重要因素,强度越大造成严重灾害的可能性越大。从图 3 可以看出,中国南方 232 站 1962—2010 年冬季平均极端降水强度的空间分布与极端降水阈值的空间分布相似,即从东南向西北逐步减小,东南沿海大部分地区强度都在 20 mm/d 以上,其中福建、江西一带强度超过 24 mm/d。结合阈值分布,说明阈值大的地区,极端降水量越大,极端降水强度也越大。

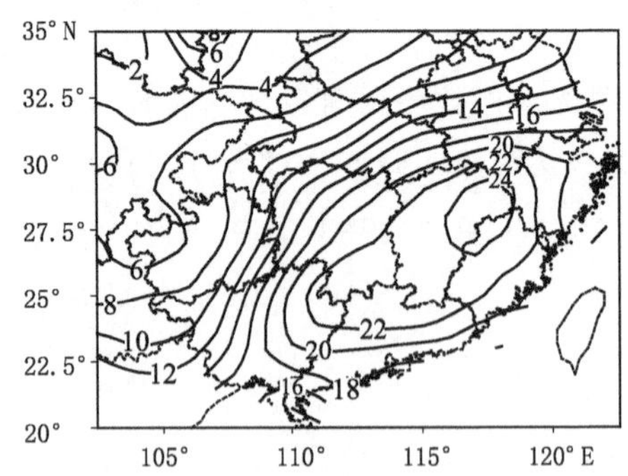

图 3 中国南方 232 站 1962—2010 年冬季平均极端降水强度的空间分布(单位:mm/d)

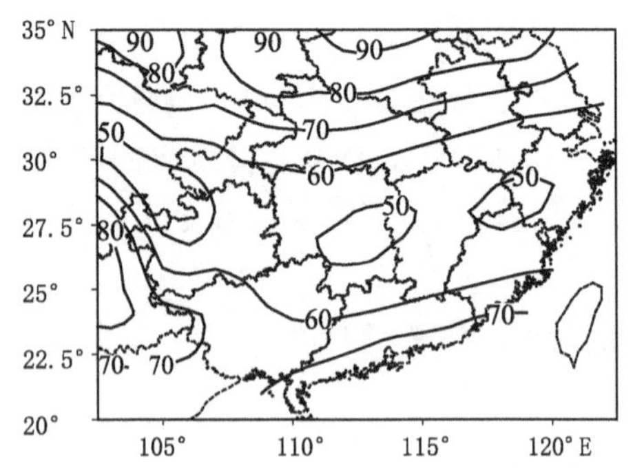

图 4 中国南方 232 站 1962—2010 年冬季极端降水量对总降水量贡献率的空间分布(单位:%)

2.4 极端降水量对总降水量的贡献率

每年冬季极端降水量在当年冬季总降水量中所占的比例,可以用来衡量极端降水量对总降水量的贡献。从中国南方 232 站 1962—2010 年冬季极端降水量对总降水量贡献率的空间分布(图 4)可以看出,东南沿海地区极端降水量对总降水量的贡献率基本都在 60%以下,浙江、福建、江西的交界地带以及湖南中部、江西西部均在 50%以下,内陆地区均在 60%以上,其中河南一陕西一甘肃一带为高值区,极端降水量对总降水量的贡献率超过 90%,个别站点甚至为 100%,这种分布特征与极端降水阈值的分布特征刚好相反。这是因为在降水阈值低的地区,降水在很大程度上都被归为极端降水,从而导致极端降水量对总降水量的贡献比降水阈值高的地区高。

3 极端降水的年际变化特征

翟盘茂等[6]指出,中国降水的年际变化非常显著,最近几十年雨带南移造成北部地区降水减少和南部降水增多。事实上,中国南部有些站点降水量不升反降,因此在讨论区域降水年际变化时,不能笼统地将所有站点作为同一区域进行计算。本文对中国南方 232 站 1962—2010 年冬季总降水量进行线性回归,计算各站的回归系数,回归系数为正值时,表明总降水量呈增加趋势,回归系数越大,增加趋势越明显,反之亦然。为了使极端降水年际变化的研究结果更准确严谨,下面将根据线性回归系数的正负,将南方 232 个站点分为降水增加区和降水减少区来进行研究,降水减少区位为 11 个站,降水增加区为 221 个站(本文主要对降水增加区进行阐述)。

为突出降水指数的年代际变化,本文对实际降水数据经过 9 a 滑动平均处理,采用 M-K 突变检验方法确定降水指数的突变趋势。魏凤英[17]指出,若 $U^*(d_l)$两条曲线出现交点,且交点在临界线之间,那么交点对应的时刻便是突变开始的时刻;若 $U(d_l)$或 $U^*(d_l)$的值>0,则表明序列呈上升趋势,小于 0 则表明呈下降趋势,当它们超过临界直线时,表明上升或下降趋势显著。

由图 5a 可以看出,中国南方降水增加区 221 站 1962—2010 年冬季极端降水量呈明显上升趋势,图 5b 给出了对应的 M-K 突变检验曲线,从图中可以看到,在 20 世纪 80 年代初期两条曲线有一个交点,且交点位于±1.96 临界值之间,通过了 95%置信度的检验,这说明降水增加区的极端降水量在 1980 年前后存在显著的突变现象,突变之前,极端降水量均值为 48.06 mm,之后均值为 74.94 mm,升高了 27 mm,而在 1990 年之后极端降水量的上升趋势更加显著。对非极端降水量做如上统计,发现其也呈明显上升趋势(图略)。由此得出,极端降水量和非极端降水量在 1980 年以后同时升高,都对总降水量的增加作出贡献。但与极端降水量相比,非极端降水量的增加幅度不大。

从图 5c 看出,极端降水量在总降水量中所占的比重在不断增加,对应的 M-K 突变检验曲线(图 5d)显示,在 1987 年前后,两条曲线相交,且通过了 95%置信度的检验,这说明降水增加区极端降水量对总降水量的贡献率在 1987 年前后存在显著的突变现象,1990 年之后,增加趋势十分明显,这表示极端降水量在总降水量中所占的比重在不断增加,说明冬季极端降水量增加是导致总降水量增加的一个重要原因。

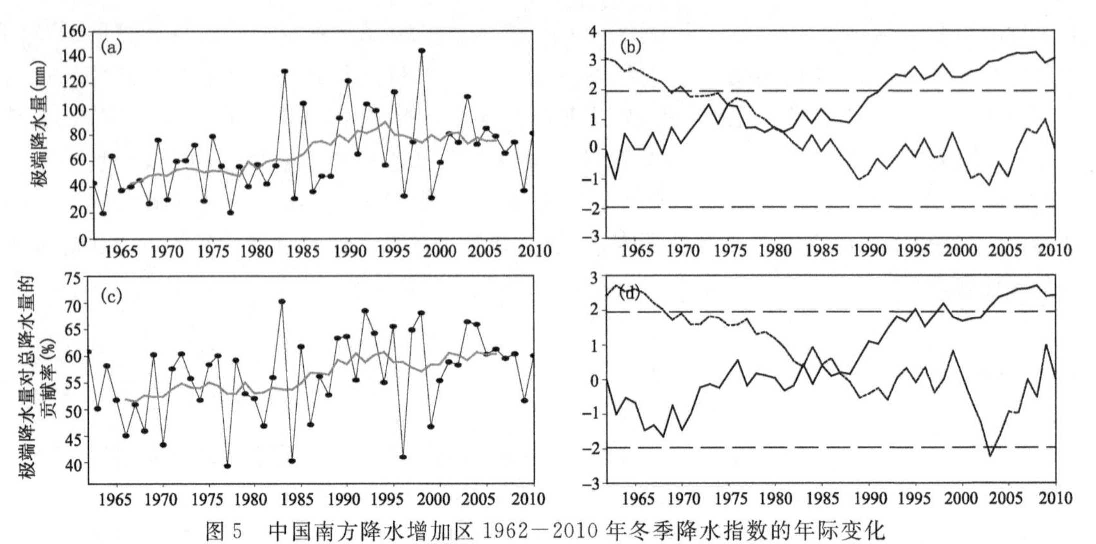

图 5 中国南方降水增加区 1962—2010 年冬季降水指数的年际变化

(图中右列表示左列表对应的 M-K 突变检验,实线是 M-K 突变检验的 $U(d_1)$,虚线是 $U*(d_1)$,实心圆点线是实际数据,无圆点灰色实线是经过 9 a 滑动平均后的数据)

4 结 论

(1)按百分位方法确定的中国南方地区极端强降水阈值在 0.2～16 mm,其空间分布与冬季平均总降水量的气候态分布极为相似,表明极端降水量与总降水量的关系较为密切,也证实该方法确定的强降水阈值的合理性。

(2)总降水量大的地区对应的极端降水量大、频次多,极端降水强度也大,表明极端降水量的多寡对总降水量有重要影响。

(3)1962—2010 年南方地区冬季平均总降水量除了四川峨眉山等 11 个站减少外,其他 221 个站均有所增加。增加的极大值区位于安徽、浙江交界带,平均每年冬季总降水量增加 3 mm 以上。为了使极端降水年际变化的研究结果更准确严谨,本文根据线性回归系数的正负,将南方 232 个站点分为降水增加区和降水减少区来进行研究。

(4)在中国南方降水增加区 221 站 1962—2010 年冬季极端降水量和非极端降水量在 20 世纪 80 年代初期发生突变,1990 年之后上升趋势都非常显著;极端降水量在总降水量中所占的比重不断增加,说明冬季极端降水量增加是导致总降水量增加的一个重要原因。

参考文献

[1] Houghton J T,Ding Y H,Griggs D G,et al. Climate Change 2001:The Science Basis Contribution of Working Group to the Third Assessment Report of the Intergovernmental Panel on Climate Change. Cambridge,UK:Cambridge University Press,2001.

[2] IPCC. Climate change 2007:The physical science basis Contribution of Working Group to the Fourth Assessment Report of the Intergovermental Panel on Climate Change. Cambridge,United Kingdom and New York,USA:Cambridge University Press, 2007.

[3] 王绍武,翟盘茂,龚道溢等. 2002 年是近百年来中国第二个最暖的年. 气候变化通讯,2003,**2**(3):11-12.

[4] Trenberth K E. Atmosphere moisture residence times andcycling: implications for rainfall rates with climate change. Climate Change, 1998, **39**: 667-694.

[5] 丁一汇,任国玉,石广玉等. 气候变化国家评估报告(Ⅰ):中国气候变化的历史和未来趋势. 气候变化研究进展,2006,**2**(1):3-8.

[6] 翟盘茂,王萃萃,李威. 极端降水事件变化的观测研究. 气候变化研究进展,2007,**3**(3):144-148.

[7] 潘晓华,翟盘茂. 气候极端事件的选取与分析. 气象,2002,**28**(18):28-31.

[8] 江志红,丁裕国,陈威霖. 21 世纪中国极端降水事件预估. 气候变化研究进展,2007,**3**(4):202-207.

[9] 翟盘茂,任福民,张强. 中国降水极值变化趋势检验. 气象学报,1999,**57**(2):208-216.

[10] 翟盘茂,邹旭恺. 1951—2003 年中国气温和降水变化及其对干旱的影响. 气候变化研究进展,2005,**1**(1):16-18.

[11] 陈隆勋,朱文琴,王文等. 中国近 45 年来气候变化的研究. 气象学报,1998,**56**(3):257-271.

[12] 王志伟,翟盘茂,唐红玉等. 中国南方近半个世纪的雨涝变化特征. 自然灾害学报,2005,**14**(3):56-60.

[13] 翟盘茂,潘晓华. 中国北方近 50 年温度和降水极端事件变化. 地理学报,2003,**58**(增刊):1-10.

[14] Mann H B. Nonparametric tests against trend. Econometrica, 1945, **13**: 245-259.

[15] Kendall M G. Rank Correlation Methods. London: Charles Griffin. 1975: 202pp.

[16] 符淙斌,王强. 气候突变的定义和检测方法. 大气科学,1992,**16**(4):482-493.

[17] 魏凤英. 现代气候统计诊断与预测技术. 北京:气象出版社,1999:69-72.

不同冷空气强度对云南初夏两次强降水天气过程的影响及其水汽特征分析

董海萍[1] 赵思雄[2] 曾庆存[2]

(1. 空军气象中心,北京 100843;2. 中国科学院大气物理研究所国际气候环境中心,北京 100029)

摘　要:对云南初夏两次不同冷空气强度下的强降水天气过程的大尺度环流背景、中尺度系统和水汽输送特征及来源情况进行了较为详尽的对比分析研究。结果表明:(1)这两次强降水过程都是印缅槽与东亚冷槽相互作用的结果,但冷暖空气的强度有明显差异,较强的冷空气更利于冷暖空气交汇于云南地区。(2)近地层中尺度辐合线的发展与冷空气强度有关,较弱的冷空气使近地层中尺度辐合线有沿地势走向的特征;而较强的冷空气则使低层中尺度辐合线的发展演变只与冷暖空气的势力对比相关,与云南的地形特征相关不大。强降水落区与低层辐合线有很好的一致性。(3)锋区强度分析揭示了这两次强降水过程的冷空气运动状况,势力较弱的冷空气产生的锋区位置较低,基本沿地势渗透进入云南,局地性降水较强;而较强冷空气产生锋区的位置较高,降水区域多为沿锋区的连续雨带。(4)对这两次云南水汽输送分析表明,直接影响云南强降水的水汽输送主要来源于孟加拉湾,并且在较强的冷暖空气交汇下,水汽辐合可存在于较高的气压层,从而产生较强降水。

关键词:强降水;冷空气;中尺度;水汽输送

引　言

2001 年 5 月云南除东北部的昭通地区外,先后出现了 1949 年以来罕见的大雨、暴雨和连阴雨天气过程,其中以 5 月 31 日 00 时—6 月 2 日 00 时的暴雨过程最强。而 2004 年 5 月 18 日 00 时—20 日 00 时云南出现持续降水天气,省内 125 个气象站中有 104 个站出现大雨、暴雨天气,且 24 h 内全省共出现大雨 55 站,暴雨 42 站,大暴雨 7 站,创云南省有气象记录以来历史同期单日大雨、暴雨出现站数最多的纪录。两次强降水过程的累积降水量如图 1 所示。虽然云南这两次强降水过程都发生在初夏,但暴雨的强度和降水中心位置不同,雨带分布有一定的差异。2001 年初夏的暴雨中心和雨带分布与云南地形特征有一定的关联,有沿着河谷走向的特征;而 2004 年初夏暴雨则与云南地形特征关联不大,雨带自东北向西南移动,受大气环流影响明显。本文试图通过对这两次云南初夏暴雨过程的深入分析研究,探索冷空气强度对云南暴雨的影响,更深入的理解云南暴雨发生发展机理,并对改进云南初夏暴雨预报提供一些参考。

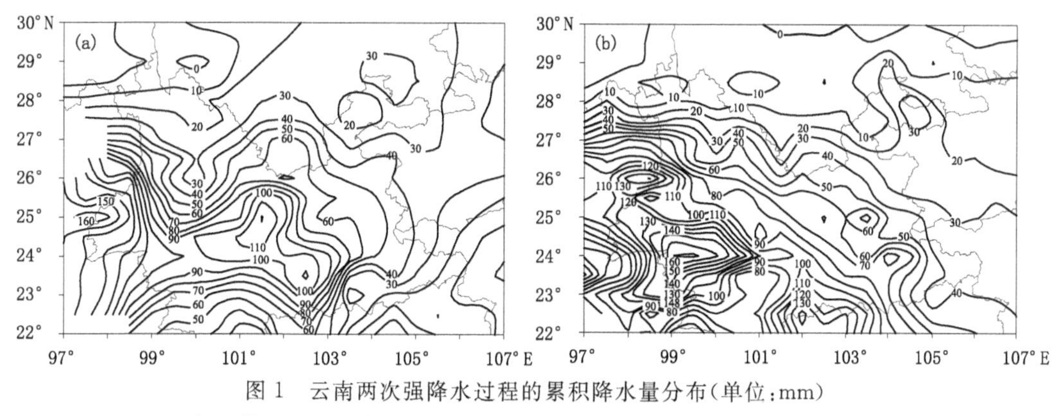

图 1 云南两次强降水过程的累积降水量分布(单位:mm)
(a.2001 年 5 月 31 日 00 时—6 月 2 日 00 时,b.2004 年 5 月 18 日 00 时—20 日 00 时)

1 环流背景及发生、发展机制分析

1.1 上下层环流配置

从这两次强降水过程的上下平均环流形势可知,这两次西南地区暴雨的产生都是印缅槽与东亚冷槽相互作用的结果,但冷暖空气的强度有明显差别。从 2004 年强降水过程的 500 hPa 平均场可看到(图 2c),虽然这两次过程的印缅槽都位于 90°E,但 2004 年的印缅槽强度比 2001 年的要强(图 2a);并且 2004 年强降水过程中的东亚冷槽也较 2001 年的强度大且位置偏西偏南。在低层 800 hPa 过程平均图上也可看到(图 2d),有一冷舌从中国的东北伸向西南,且有一冷中心位于云南,可见冷空气已明显侵入云南;同时,在孟加拉湾的中部以西为暖区,且暖空气势力也较 2001 年过程中的偏强(图 2b),冷暖空气交汇于云南的西南部。

1.2 低层中尺度辐合线的发展演变

在 2001 年的个例中,由于冷暖空气的强度都相对较弱,而云南的东北部地势较高,冷空气不易爬越,致使冷空气基本上是沿着山间低谷或云贵高原的东南方进入云南地区(图 3a、b),且强降水的位置与两条辐合线的交汇点对应一致,即降水位置和强度与近地层辐合线有较好对应关系,且有沿地势走向的特征。在 2004 年的个例中,由于冷暖空气的强度都相对较强,云南东北部的强冷空气和西南部的暖湿气流汇合形成一条西北一东南向的辐合线,并且随着冷空气不断南压,辐合线也随之向西南推进,强降水区的产生和发展与近地层辐合线也有着很好的一致性,而辐合线的发展演变与冷暖空气的势力对比相关,但与云南的地形特征相关不大(图 3c、d)。由此可说明,冷暖空气势力强弱不同,在地势较为复杂的云南地区,可决定强降水产生的区域和强度变化。

1.3 冷空气强度

图 4 是这两次云南强降水过程中的锋生函数分别沿 101°和 102°E 的垂直剖面图[1,2]。从这两次强降水过程的锋生演变可以看到,强降水产生的位置和强度都与锋生有一定关系。并且 2001 年的强降水过程中的冷空气强度较 2004 年过程中的弱,北部冷空气并未大举进入云

南，由此产生的锋区的位置也较低，局地性降水较强(图 4a、b、c、d)；而 2004 年的过程中锋区的位置则可达到较高的层次，强度相对较强，降水区域多为沿锋区的连续雨带(图 4e、f、g、h)。

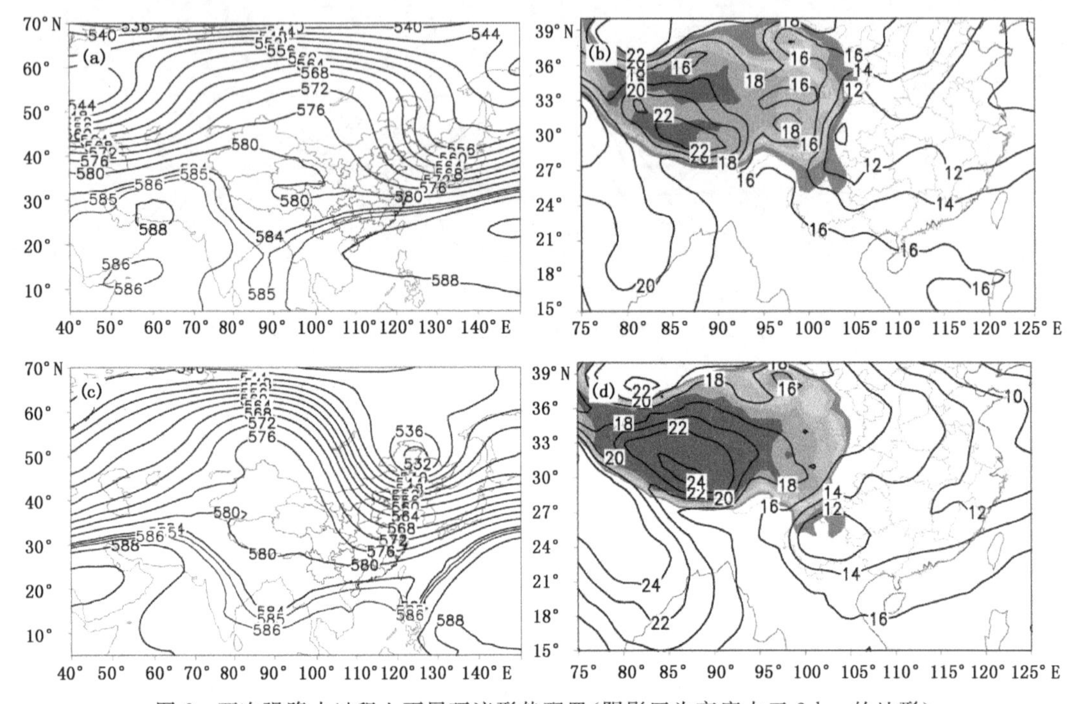

图 2　两次强降水过程上下层环流形势配置(阴影区为高度大于 2 km 的地形)

2001 年 5 月 30 日 12 时—6 月 02 日 12 时过程平均：(a)500 hPa 高度场，(b)800 hPa 温度场及 2004 年 5 月 17 日 12 时—20 日 12 时过程平均：(c)500 hPa 高度场，(d)800 hPa 温度场

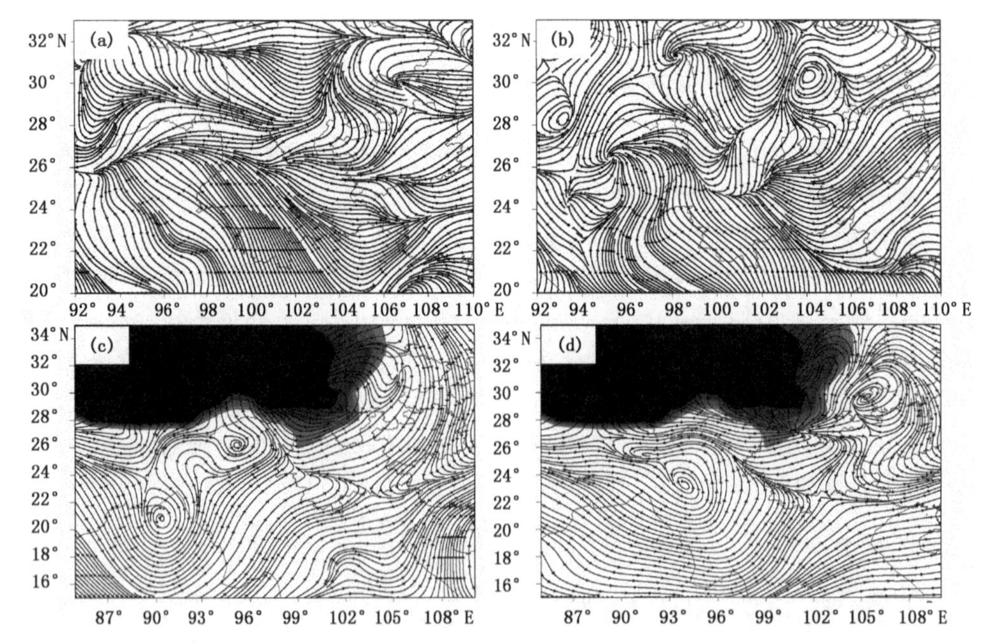

图 3　2001 年降水过程近地层(地面上 10 m)和 2004 年降水过程 750 hPa 流线

(a. 5 月 31 日 12 时，b. 6 月 2 日 00 时，c. 5 月 18 日 12 时，d. 5 月 19 日 12 时)

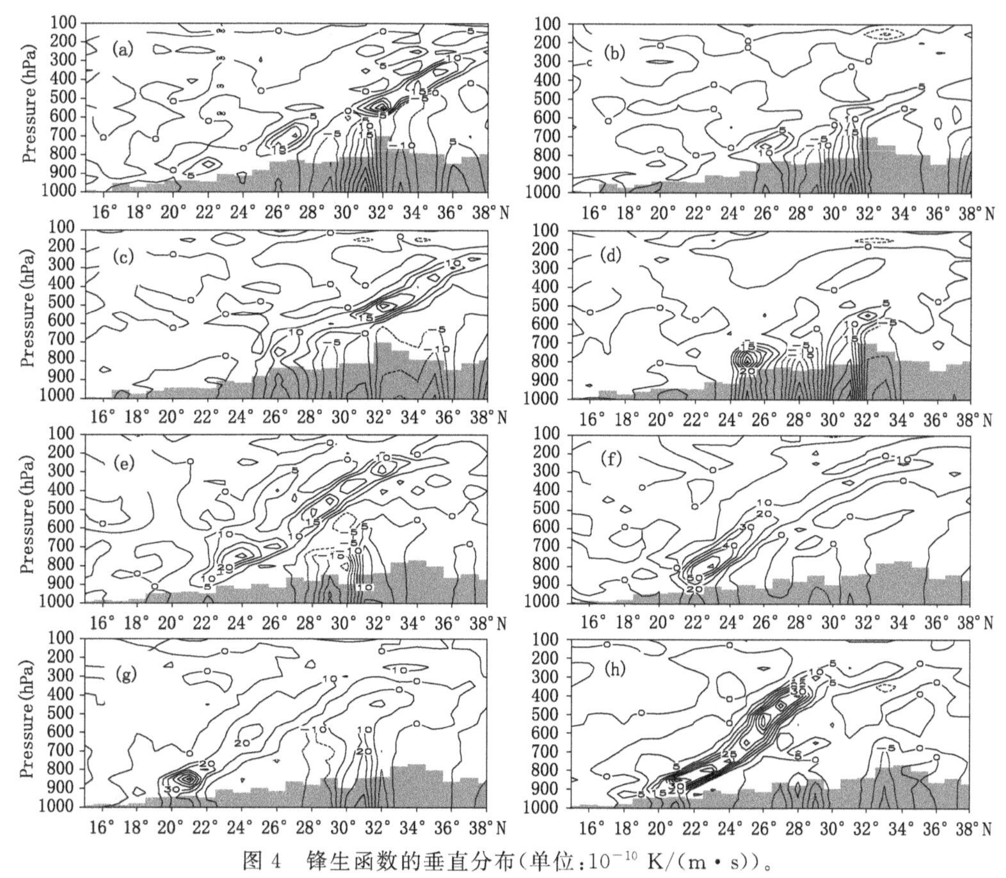

图 4　锋生函数的垂直分布(单位:10^{-10} K/(m·s))。

(a.2001 年 5 月 31 日 12 时,b.2001 年 6 月 1 日 00 时,c.2001 年 6 月 1 日 12 时,d.2001 年 6 月 2 日 00 时,e.2004 年 5 月 18 日 12 时,f.2004 年 5 月 19 日 00 时,g.2004 年 5 月 19 日 12 时,h.2004 年 5 月 20 日 00 时)

2　水汽输送特征

暴雨的产生除了需要具备有利的环流背景和中小尺度环流条件外,还必须有源源不断的水汽输送,在此方面已有一些研究工作[3-5]。从水汽输送演变特征可看出(图略),引起这两次强降水的水汽主要来源于孟加拉湾。为此,我们选取(21°—28°N,98°—105°E)为研究区来计算这两次强降水过程中通过各个边界的整层(1000—100 hPa)水汽输送情况(表 1)。

从表 1 可以看到,在这两次强降水过程中,云南地区的西部基本上都为输入,东部基本上都为输出,南部都为输入,而在北部,2001 年的个例中都为输出,2004 年的个例中除少量时次为输出外,基本上为弱输入,这可能与 2004 年个例中的冷空气强度偏强且位置偏西有关。从强水汽辐合的时段看,东西的水汽辐合和南北的水汽辐合都有很重要的贡献,但南北的水汽辐合总体上要比东西的水汽辐合强,即引起这两次云南强降水的水汽源地主要来自西南部,即孟加拉湾。

由于云南的地势较高,为了进一步弄清这两次强降水过程中在云南区域(21°—28°N,98°—105°E)内各高度层的平均水汽辐合量,我们对各高度层的平均水汽通量散度随时间的演变进行了分析。从图5可知，各层水汽输送量随高度的增加是逐层减少的，并且在2001年的降水过程中，水汽辐合主要集中在低层，但在2004年的降水过程中，水汽输送可达到较高的层次。同时也可看到，降水的强弱与各层水汽辐合的增减有一致的对应关系。由此可见，虽然云南大多处于地势较高的地带，但在较强的西南气流下，水汽能够被带到较高的气流层，并引发降水。并且云南境内分布着多条河流，云南的西南边界地势较低，在红河河谷的入口处为一喇叭口形，这些都为水汽的输送辐合提供了有利条件。

表1　两次强降水过程中云南地区各边界水汽输送量　　单位：10^4 t/s

日期	西部	东部	北部	南部	东西总和	南北总和	区域总和
2001年5月30日00时	4.30	4.05	3.45	6.20	−0.24	−2.74	−2.99
2001年5月30日12时	1.88	−3.50	7.25	11.37	−5.38	−4.12	−9.50
2001年5月31日00时	8.63	−2.52	8.27	16.55	−11.15	−8.28	−19.43
2001年5月31日12时	11.96	4.95	8.09	30.14	−7.01	−22.05	−29.06
2001年6月1日00时	15.93	17.10	3.58	18.83	1.17	−15.26	−14.08
2001年6月1日12时	24.42	13.48	2.94	15.39	−10.94	−12.45	−23.39
2001年6月2日00时	24.77	16.50	5.80	20.68	−8.28	−14.88	−23.15
2001年6月2日12时	26.13	22.23	9.50	11.70	−3.90	−2.20	−6.10
2004年5月17日12时	3.99	6.46	14.28	15.06	2.47	−0.79	1.69
2004年5月18日00时	6.61	15.27	−4.59	18.99	8.67	−23.54	−14.88
2004年5月18日06时	13.76	14.73	−5.49	23.38	0.98	−28.88	−27.9
2004年5月18日12时	15.93	7.63	−0.33	14.93	−8.3	−15.26	−23.56
2004年5月19日00时	5.43	13.41	−3.3	15.57	8.0	−18.87	−10.89
2004年5月19日12时	−1.69	24.54	2.82	23.43	26.22	−20.61	5.61
2004年5月20日00时	4.28	25.47	−5.27	27.46	21.18	−32.72	−11.54
2004年5月20日12时	16.95	26.41	5.2	0.06	9.46	5.14	14.6
说明	>0 输入	>0 输出	>0 输出	>0 输入	<0 辐合	<0 辐合	<0 辐合

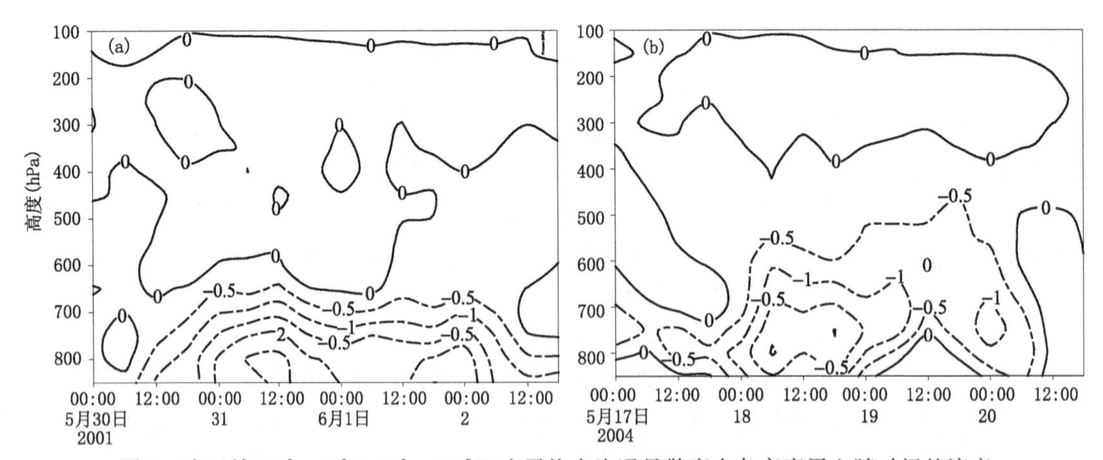

图5　在区域(21°—28°N,98°—105°E)内平均水汽通量散度在各高度层上随时间的演变
((单位：10^{-7} g/(s·cm)，a. 2001年5月底的强降水过程，b. 2004年5月的强降水过程)

3 结论及讨论

本文通过对云南省初夏两次强降水过程的大尺度环流背景、中尺度系统演变特征及其水汽输送和来源的对比分析可知，不同的冷空气强度在云南较为复杂的地形和地理环境下，可产生不同的中尺度系统，从而使降水强度和地理分布不同；水汽输送也因冷空气强度而有不同的特征，较强冷空气可将水汽带到较高的气流层，并产生较强降水。具体结论如下：

(1)这两次云南地区暴雨的产生都是印缅槽与东亚冷槽的相互作用的结果，环流背景有很大的相似性，但冷暖空气的强度有明显差别，2004 年过程中的冷暖空气强度都明显较 2001 年的偏强，这样更利于冷暖空气交汇于云南的西南部。

(2)由于冷暖空气的强度不同，致使云南这两次强降水过程的低层中尺度气流辐合线有不同的发展演变。在 2001 年的个例中，近地层辐合线有沿地势走向的特征；而在 2004 年的个例中，辐合线的发展演变与冷暖空气的势力对比相关，但与云南的地形特征相关不大。

(3)对这两次云南强降水过程中锋生、锋区强度的分析可知，2001 年的强降水过程中的冷空气强度较 2004 年过程中的弱，北部冷空气并未大举进入云南，由此产生的锋区的位置也较低，局地性降水较强；而 2004 年的过程中锋区的位置则可达到较高的层次，强度相对较强；降水区域多为沿锋区的连续雨带。

(4)从云南各方向的水汽输送量可知，引起这两次云南强降水的水汽源地主要来自西南部，即孟加拉湾，并且较强的冷暖空气可使水汽输送达到较高的层次，从而产生较强降水。

参考文献

[1] 谢义炳. 中国夏半年几种降水天气系统的分析研究. 气象学报，1956，**27**(1)：1-23.

[2] 顾震潮，陈雄山，许有丰等. 锋面假相当位温和它对中国寒潮冷锋上界变化分析的应用. 气象学报，1958，**29**(1)，44-56.

[3] 竺可桢. 东南季风与中国之暴雨. 地理学报，1934，1(1)：1-27.

[4] 黄荣辉，张振洲，黄刚. 夏季东亚季风区水汽输送特征及其与南亚季风区水汽输送的差别. 大气科学，1998，**22**(4)：460-469.

[5] 赵思雄，孙建华，陈红等. 1998 年 7 月长江流域特大洪水期间暴雨特征的分析研究. 气候与环境研究，1998，**3**：368-381.

2009年河北初冬暴雪天气过程分析

时青格　付桂琴

(河北省气象科技服务中心,石家庄 050021)

摘　要:2009年11月10—12日河北出现了近50 a来最强的一次持续暴雪天气过程,给该地生活、生产造成较大的影响,为河北省2009年十大天气气候事件之一。本文通过分析暴雪发生时的大尺度大气环流,探讨形成这次极端天气形成的可能物理机制。结果表明,在高空纬向环流形势稳定的条件下,700 hPa切变线长时间维持,低空西南气流源源不断地从海上输送来暖湿空气使得该地的水汽含量不断升高,850 hPa到地面的东北风回流的冷空气等共同影响造成了这次暴雪事件。诊断分析结果进一步表明,降雪期间高空辐散低层辐合、中低层存在较强的垂直上升运动是暴雪发生的动力机制。

关键词:暴雪;切变线;散度;垂直速度;水汽

引　言

2009年11月10—12日河北地区出现了全省范围的降雪天气,中南部地区出现了特大暴雪,暴雪造成树木折断、简易房屋倒塌等灾害,并导致部分火车停开、高速公路和机场一度关闭、大部分中小学校停课等。本次暴雪天气过程被列入河北省2009年十大天气气候事件,是近50 a来罕见的极端天气。随着经济的发展,暴雪对交通和生活的影响越来越明显。许多学者在这方面进行了研究。张小玲等[1,2]、邓远平等[3]研究了发生在高原地区的“96·1”暴雪的中尺度切变发生、发展的动力演变特征,认为涡度、散度的结构及其演变与暴雪切变线的生成和发展密切相关;王迎春等[4]和贾宏元等[5]从大气环流、影响系统、低空急流、天气学诊断等角度对暴雪成因作了分析研究。本文通过对2009年11月10—12日持续降雪环流形势及物理量诊断分析,找出本次暴雪的天气系统和动力机制,分析暴雪的物理维持机制,为提高短期和临近预报准确率提供一些参考。

1　降雪概况

2009年11月8—12日,受从蒙古国东移南下的强冷空气和南方暖湿气流的共同影响,河北出现了全省范围的雨雪天气:其中,8—9日以降雨或雨夹雪为主,降水量较小;10日开始转为降雪,10—11日主要集中在以石家庄为中心的河北中南部地区,降雪强度大,大部分地区都出现了暴雪,石家庄及其西部站点降雪量在50 mm以上;11日夜间到12日:降雪范围扩大到全省,降雪强度较前期有所减弱,以中到大雪为主,12日夜间降雪过程结束。图1中统计了9—12日的河北地区的降雪量,从图1可以看出,降雪量大的区域主要分布河北中南部地区,其中石家庄市区降雪量最大为93.5 mm,累计积雪深度最大为55 cm,全省有47个县市的最

大积雪深度突破当地有气象记录以来的历史极值。

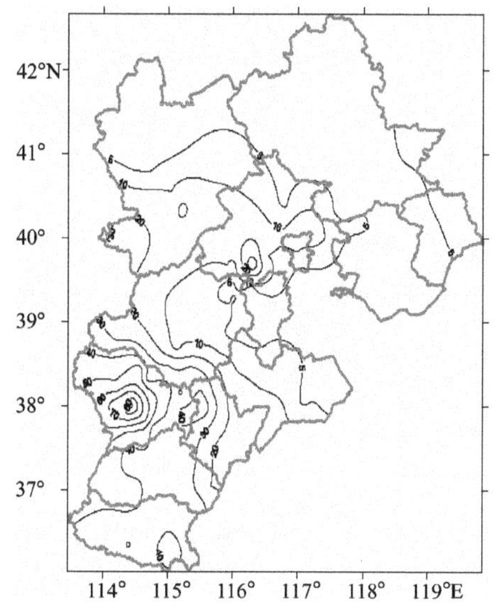

图1 河北省2009年11月9日08时—11月13日08时降水量(单位:mm)

2 高低空环流形式及影响系统

2.1 500 hPa环流背景

在本次降雪过程中,500 hPa环流形势(图2)比较稳定,东亚高纬度上空为两槽一脊形式,在贝加尔湖和巴尔喀什湖之间有一低涡或高空槽维持,从涡中不断有冷空气分裂南下,中国北方大部分地区受较平直的纬向环流影响,维持一宽广的浅槽区。9日20时,在河北上空500 hPa环流比较平直,10日后逐渐转为弱槽前西南气流,并一直维持到12日,12日08时高空槽明显加深,12日20时河北上空转为槽后西北气流控制,河北省本次降雪过程结束。

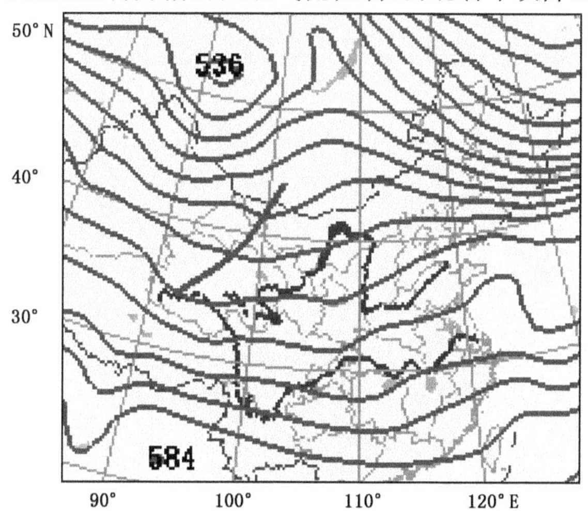

图2 2009年11月10日20时500 hPa环流形势(单位:dagpm,粗线为槽线)

2.2　700 hPa 天气影响系统

从 700 hPa 形势场分析，影响系统分为两个阶段：

第一阶段：10—11 日白天：700 hPa 切变线长时间维持是河北本次产生暴雪的主要影响天气系统。10—11 日，在河北中南部上空有明显的切变线存在，10 日 08 时为西南风与西北风切变，到 10 日 20 时转为西南风与偏北风(图 3)，风速增大到 12 m/s，11 日 08 时西南风(8 m/s)与偏东风的切变线。西南风从海上带来的暖湿气流源源不断与冷空气在河北交汇，水汽比较充沛，切变线的长时间维持产生较强的动力抬升作用，产生较大范围的降雪。本次降雪过程最强时段集中在 10—11 日 700 hPa 切变线维持期间，以降雪量最大的石家庄为例，10 日 08 时—11 日 08 时为 69.9 mm，11 日 08—20 时为 10 mm，11 日 20 时—12 日 14 时为 7.6 mm。

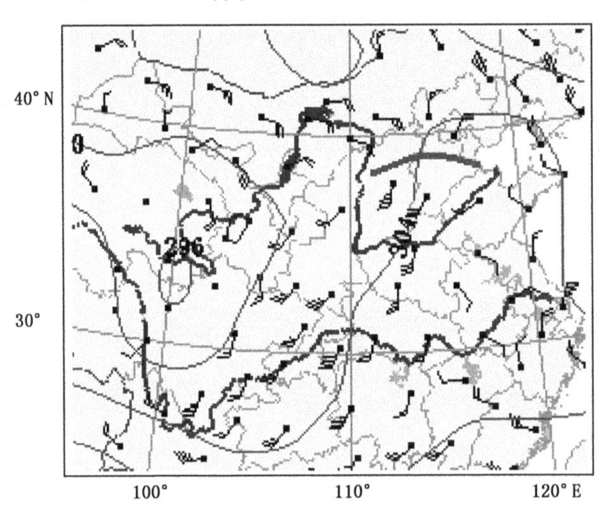

图 3　2009 年 11 月 10 日 20 时 700 hPa(粗线为切变线)

第二阶段：11 日夜间到 12 日：影响系统为西来槽东移到河北上空，降水范围扩大到全省，由于西来槽移速较快，降雪强度较前期有明显减弱。12 日 08 时，500、700 hPa、中高层为西来槽前西南气流，850 hPa 为较弱偏东风。随着高空槽的逐步东移，河北地区的降雪在自西向东推进，到 12 日 20 时河北高空转为槽后西北气流控制，降雪过程结束。

2.3　低空及地面形势

暴雪期间河北上空 850 hPa 存在较强的东北风，属于典型的回流天气。从地面形势分析：10 日 08 时，从新疆北部一直到内蒙古中部为高压带，河北处于高压底前部吹东北风，之后高压中心向东南方向移动，不断有冷空气侵入河北，在河套有倒槽向东北方向伸展，河北处于地面倒槽的前部，11 日 08 时冷高压中心移到内蒙古中部到河北北部，河套倒槽继续向北发展，12 日 08 时随着河套西部冷高压东移，河套地面倒槽被填塞，河北北部高压向北收缩，地面回流形势破坏，之后，河套冷高压东移南下，河北降雪过程结束。

3 物理量诊断

3.1 散度分析

从各层散度场分析表明，在暴雪发生期间，在河北上空中低层存在较强的辐合区，高层为辐散区，200 hPa存在较明显的辐散区，图4是10日20时沿38°N作108°—116°E散度的空间剖面，200 hPa存在较明显的辐散区，中心散度值达$26\times10^{-5}s^{-1}$，对应中低层为辐合区，在500 hPa出现了$-18\times10^{-5}s^{-1}$的辐合中心，高空辐散抽吸、低层辐合上升，有利于上升运动发展。

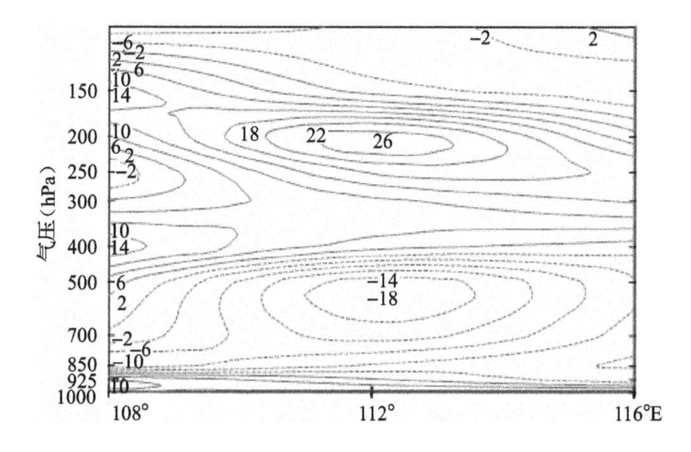

图4 2009年11月10日20时散度沿38°N垂直剖面图(单位：$10^{-5}s^{-1}$)

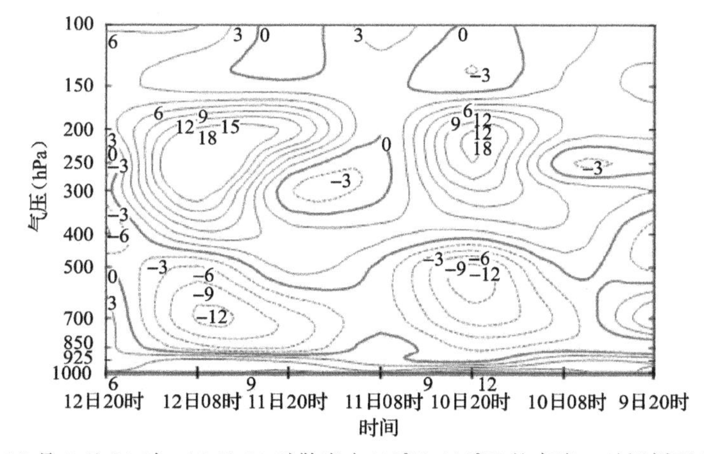

图5 2009年11月9日20时—12日20时散度在(38°N,116°E)的高度—时间剖面(单位：$10^{-5}s^{-1}$)

分析9日20时—12日20时在(38°N,116°E)(暴雪中心附近)水平散度的高度—时间剖面(图5)，高低空分别出现了两个辐合、辐散中心：10日08时中低层辐合(700～850 hP)、高层(200 hPa)辐散开始增强，20时出现闭合中心，10日20时—11日08时处于散度削弱阶段，11日白天较弱，11日夜间又开始增强，12日08时出现了第二个闭合中心。低闭合中心反映降水强度的两个阶段。12日白天对流层散度场趋于减弱，动力结构改变引起上升运动迅速减弱，这和降雪强度的变化一致。12日20时中低层转为辐散场，对流层整层是下沉运动，降水基本结束。

3.2　垂直速度

从垂直速度场分析表明，在暴雪发生期间，在河北上空存在很强的上升运动，图6是10日20时沿38°N做108°—116°E垂直速度的空间剖面，分析图6表明，大气700—200 hPa有很强的上升运动，垂直速度最大值出现在300—400 hPa，10日20时垂直速度最大值达到了-32×10^{-3} hPa/s，强烈的上升运动有利于水汽的凝结。

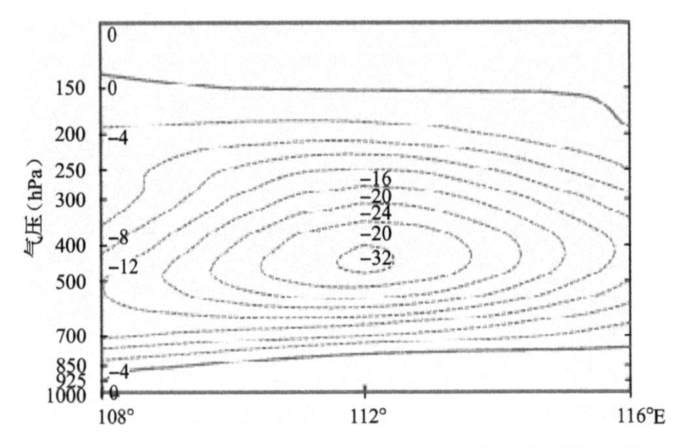

图6　2009年11月10日20时垂直上升速度沿38°N垂直剖面图(单位：10^{-3} hPa/s)

分析9日20时—12日在38°N，116°E(暴雪中心附近)垂直速度的高度—时间剖面(图7)，垂直速度也出现了两个上升中心，10日夜间中心值为-21×10^{-3} hPa/s，12日中心值为-27×10^{-3} hPa/s，强烈的上升运动有利于水汽的凝结，与降雪时段相对应。

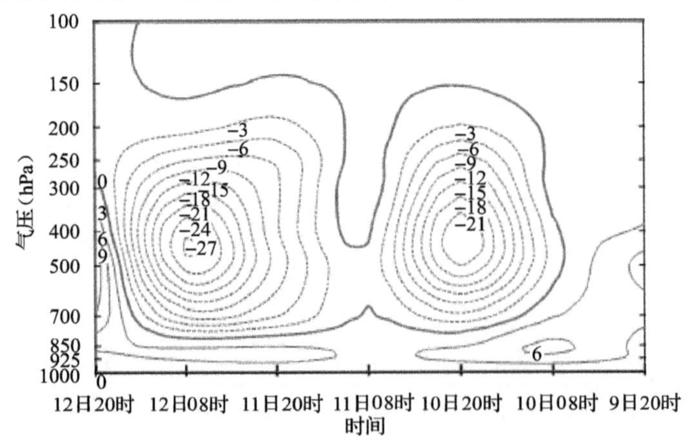

图7　2009年11月9日20时—12日20时垂直上升速度

在(38°N，116°E)高度—时间剖面(单位：10^{-3} hPa/s)

3.3　水汽通量散度

水汽通量散度是一个与垂直运动密切相关的物理量，水汽通量辐合区与垂直上升运动区往往是一致的[6]。图8是10日20时沿38°N做108°—116°E水汽通量散度的空间剖面，在河北上空存在水汽通量散度负值区，在700—500 hPa为水汽辐合高值区，说明充沛的水汽输送主要来自于中低层。

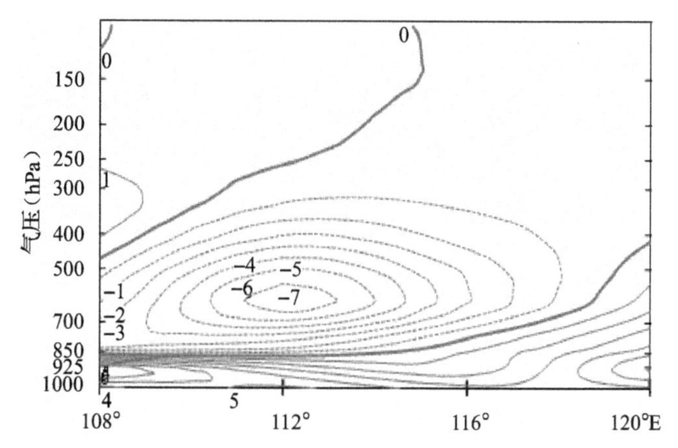

图8 2009年11月10日20时水汽通量散度沿38°N的垂直剖面图(单位:10^{-7} g/(hPa·cm²·s))

4 探空资料分析

分析邢台站(53798)探空资料,11月10—12日降雪期间,从地面到高层温度露点差很小,说明大气的湿层很厚,800—700 hPa有8℃左右的逆温区,风向从800 hPa的东北风转为700 hPa的西南风,西南风速10～12 m/s,暖湿气流很强。

5 数值预报检验

此次降雪过程预报:日本、T639、欧洲等数值预报过程基本准确,但在量级上偏弱,时段上偏晚。前期对于10—11日切变线及回流天气影响降雪预报量级偏小,强度最大时段考虑在高空槽影响期间(11—12日)的降雪。

6 结 论

(1)河北省本次降雪从影响系统角度考虑可分为两个阶段:10—11日白天受低层东北风回流及700 hPa切变线影响,主要在河北中南部地区,降雪强度异常大;后期11日夜间—12日白天受西来槽影响,河北省大范围降雪,降雪强度较前期有所减弱。

(2)850 hPa到地面东北冷空气回流起"冷垫作用",700 hPa西南暖湿气流在冷空气上爬升,水汽通量散度场显示充沛的水汽输送主要来自于中低层,冷暖空气在河北中部交汇,700 hPa切变线引起较强的动力抬升作用,回流形势较长时间维持,是本次暴雪的主要原因。

(3)高空辐散抽吸、低层辐合上升以及较强的垂直上升运动,是暴雪发生的动力机制;700 hPa西南暖湿气流为本次降雪提供了充沛的水汽条件。

参考文献

[1] 张小玲,程麟生."96·1"暴雪期中尺度切变线发生发展的动力诊断Ⅰ:涡度和涡度变率诊断.高原气象,

2000,**19**(3):285-294.

[2] 张小玲,程麟生."96·1"暴雪期中尺度切变线发生发展的动力诊断Ⅱ:散度和散度变率诊断.高原气象,2000,**19**(4):459-466.

[3] 邓远平,程麟生,张小玲.三相云显式降水方案和高原东部"96·1"暴雪成因的中尺度数值模拟.高原气象,2000,**19**(4):401-414.

[4] 王迎春,钱婷婷,郑永光.北京连续降雪过程分析.应用气象学报,2004,**15**(1):58-65.

[5] 贾宏元,赵光平.宁夏大到暴雪成因分析及其预报的初步研究.宁夏气象,1999,(4):23-25.

[6] 贾宏元,穆建华,孔维娜.2004年宁夏一次区域性大到暴雨的诊断分析.干旱气象,2005,**3**(2):28-29.

2011年8月中旬一次强降雨的卫星资料特征分析

康文英　陈瑞敏　王荣英　马小山

（河北省衡水市气象局，衡水 053000）

摘　要：利用MICAPS常规高空、地面观测资料、FY-2红外云图及TBB（黑体亮温）等资料，对2011年8月中旬河北东南部强降雨过程的卫星云图特征以及降雨云系发生和发展的物理机制进行了分析，得到以下结论：这次强降雨过程是在副热带高压（副高）外围高温高湿的不稳定层结条件下，超低空急流和低空切变触发了对流云团的发生、发展，在地面辐合线和低空辐合中心附近产生的；此次过程有中尺度对流复合体和中尺度对流系统的生消发展过程，其中主要有3个中尺度对流系统先后影响，第一个和最后一个中尺度对流系统分别发展为中尺度对流复合体；冷平流从高层逐渐向下渗透，自上冷下暖的不稳定层结转为低层冷平流弱，中高层冷平流强的不稳定层结，再转为高低层冷平流相当的稳定层结。低层大量水汽聚集为产生中尺度对流复合体暴雨提供了水汽条件；云顶亮温的低值中心出现时段与强降雨出现时段基本吻合，高值中心出现时段与无降雨时段也基本吻合。主要降水出现在云团发展的成熟阶段，TBB骤降时可能预示强降雨的发生。

关键词：强降雨；云图特征；中尺度对流系统；中尺度对流复合体；云顶亮温

引　言

卫星在监测各种尺度的天气系统的发生、发展和演变方面起着越来越重要的作用。近年来，随着中国FY-2C及FY-2D卫星的红外、水汽、可见光以及导出产品的应用，在热带气旋、锋面等系统影响下的暴雨云团、中尺度对流系统的发展和演变等方面的研究成效显著[1~5]。暴雨产生和加强与云团合并加强关系密切[6]，与云团形状、云团所经过区域及红外云图云顶亮温密切相关[7]。本文选用2011年8月14—16日MICAPS常规高空、地面观测资料、FY-2红外云图及TBB资料、中国国家卫星中心的数据下载服务提供的FY-2D的相当黑体亮温数据文件，对今年8月中旬的强降雨过程的卫星云图特征以及降雨云系发生和发展的物理机制进行了分析，探讨灾害性暴雨发生发展的物理机制，为做好强降雨预报提供借鉴。

1　暴雨概况

受暖湿气流和冷空气的共同影响，8月14—16日，河北省大部分地区先后出现强降雨天气，截至16日08时，全省平均降雨量为53.6 mm，50 mm以上降雨主要分布在张家口东部、承德大部分地区、唐山中南部、秦皇岛南部、保定、廊坊大部分地区、石家庄西南部和北部、沧州和衡水等地（图1），有64个县市降雨量超过了50 mm，其中在承德、保定、沧州、衡水等地有19个县市降雨量超过100 mm，故城县最大达248 mm；有180个乡镇降雨量超过了100 mm，其中有 9 个乡镇雨量超过 250 mm，海兴的高湾乡最大达 337.2 mm。此次降雨为今年夏季以来最强一次降雨过程。受强降雨影响，暴雨积涝和部分区域伴随的雷雨大风使衡水的桃城区、冀州市、深州市、安平、武邑、阜城、故城等县(市、区)的部分乡镇玉米、棉花倒伏、农田渍涝明显，农业损失显著。15 日 15 时 40 分前后，故城县郑口镇两人遭受雷电灾害，造成一死一伤。

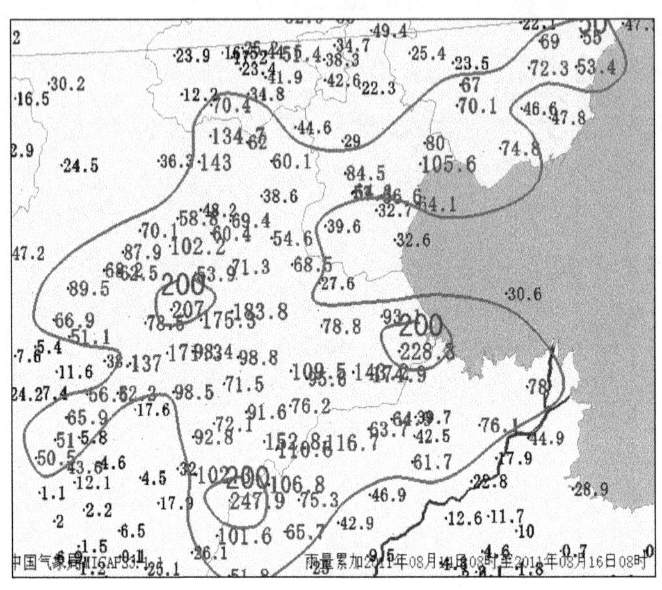

图 1　2011 年 8 月 14—16 日河北中南部雨量分布(单位：mm)

2　环流形势特征和主要影响系统

14 日 08 时 500 hPa 副热带高压(副高)呈东西带状分布，584 dagpm 线在 39°N 附近，588 dagpm 线位于中国东南沿海，中纬度也为平直偏西气流控制，冷空气主要在 40°N 以北东移。700 hPa 在二连到河西走廊东部一带为东北—西南向切变线，850 hPa 在河套经山西到河北西部为一大低压，40°N 附近有横切变，在低压前部和副高外围之间的西南气流较强，但位置偏东南，其中广西、湖南、湖北一线有≥12 m/s 的急流核。20 时(图 2)副高加强北抬，584 dagpm 线到达 40°N，588 dagpm 线控制河北省南部，700 hPa 切变略东移，850 hPa 西南气流随副高加强略西北上，925 hPa 偏南气流也随副高加强西移北上，其中邢台出现 12 m/s 的急流核。地面图上(图 3)从 14 日下午到夜间在河北东南部一直存在东南风与东北风之间形成的地面辐合线。在副高外围高温高湿的不稳定层结条件下，超低空急流和低空切变触发了对流云团的发生发展，从而 14 日夜间在地面辐合线和超低空急流核附近产生了大范围的强降雨过程。

从图 4 和 5 可见，15 日河北中部位于 200 hPa 高空急流出口区右侧，500 hPa 副高位置及强度变化不大，仍呈东西带状分布，河北中南部处于 584 dagpm 线与 588 dagpm 线之间的西风带中，高温高湿没有破坏，热力条件极好，700 hPa 处于弱切变附近，850 hPa 河套附近的低压北部东移明显，南部少动，形成东北—西南向低压带，并在河北中部形成低环流，并有弱温度槽从东北地区伸向河北中东部，925 hPa 低环流位置略偏东。虽然低空西南急流明显偏东南，但在低环流后部 850 hPa 东北风加大到 10～14 m/s，东北风急流伴随冷空气在低环流附近加

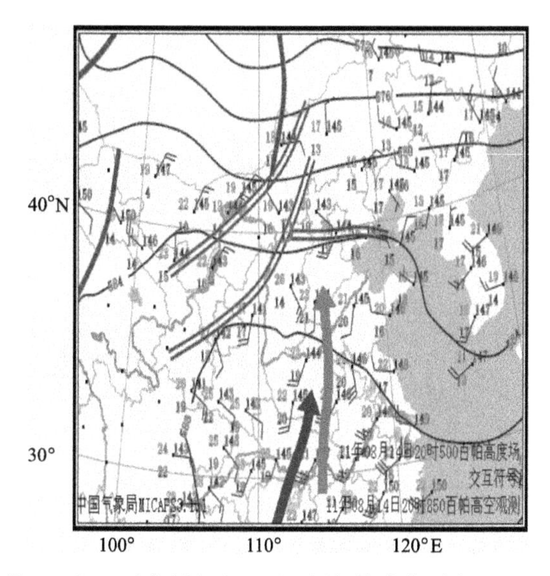

图 2　2011 年 8 月 14 日 20 时高低空配置(红、黑粗箭头分别为 850、925 hPa 最大风带)

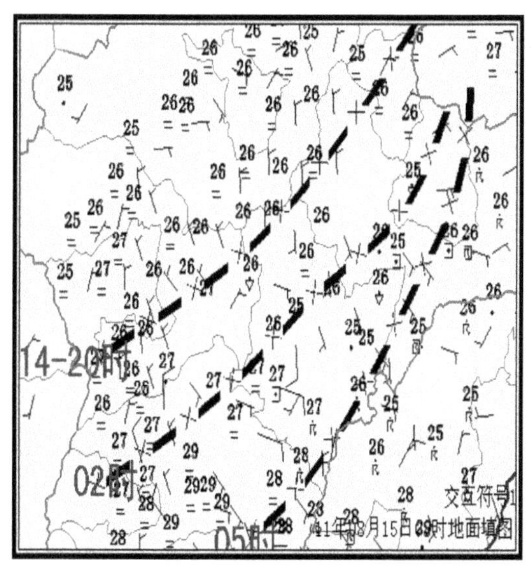

图 3　2011 年 8 月 15 日 08 时河北中南部地面天气图及辐合线演变

强了辐合,地面处于蒙古高压前的低压带顶部暖区,有风场的辐合,高低空配合又产生了强降雨。

16 日副高南撤,584 dagpm 线压到河北南部,高温高湿的不稳定层结不复存在,850 hPa 处于切变后部较强偏北气流控制,地面冷锋过境,转入低压后部高压前部,降雨逐渐停止。

14 日下午到夜间在副高外围高温高湿的不稳定层结条件下,超低空急流和低空切变触发了对流云团的发生发展,在地面辐合线和超低空急流核附近产生了大范围的强降雨过程。15 日下午到夜间高温、高湿的不稳定层结仍然存在,低层形成辐合中心,低层冷空气南下和地面冷锋是强对流的触发系统。

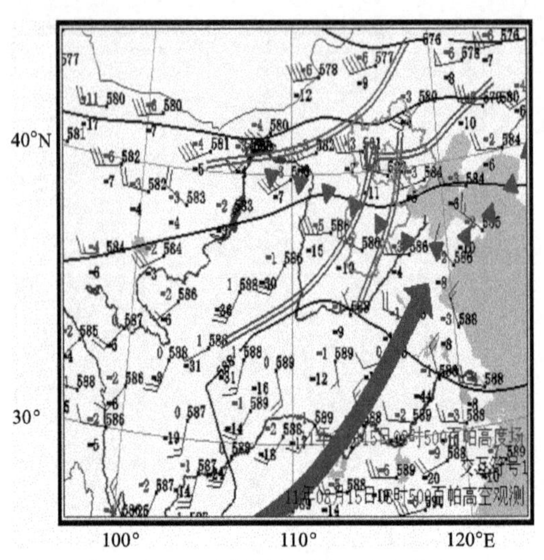

图 4　2011 年 8 月 15 日 08 时高低空配置(点断线为 850 hPa 温度槽)

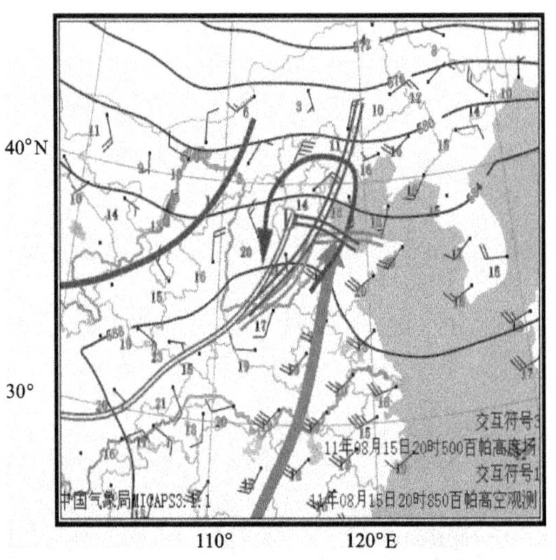

图 5　2011 年 8 月 15 日 20 时高低空配置

3　卫星云图及云顶亮温 TBB 分析

参考文献[8～9]，取卫星云图上云顶亮温 TBB≤－32℃的云团为中尺度对流系统(MCS)，满足－32℃以下云罩面积在 10 万 km^2 以上，且－53℃以下云罩面积在 5 万 km^2 以上，维持 6 h 以上的椭圆形暴雨云团为中尺度对流辐合体(MCC)。

因这次强降水过程主要发生在河北平原中东部，本文主要以衡水地区各县观测站降水自记资料进行分析。根据降水自记资料分析，衡水的强降水时间主要集中在 15 日 00—08 时、15—17 时、15 日 21 时—16 日 02 时，根据卫星云图资料分析，此次过程有 MCC 和 MCS 的生消发展过程，其中主要有 3 个 MCS 先后影响，其中第一个和最后一个 MCS 分别发展为 MCC。下面分阶段进行分析。

3.1　第一阶段

15 日 00－08 时，降水自西北部向东南部先后影响衡水，除西南部的冀州和东南部故城外，其他大部分地区雨量达大雨到暴雨。

14 日 16 时在 700 hPa 切变云系前部的石家庄到保定一带有弱云系发展，并逐渐东移南压减弱，19 时切变云系右前方的石家庄一带有云团加强，对应地面有风场辐合，20 时（图 6a）形成圆形对流云团 B，此对流云团迅速发展加强，范围不断扩大，21 时（图 6b）形成直径100 km 左右的近似圆形的 MCS，22 时向东扩展到衡水中西部，直径达 150 km 左右。

另据自动站风场资料显示，14 日 22 时在保定西南部有一风场的气旋性辐合，23 时（图 6c）向东北方向移到保定南部，东南风力加大，气旋性辐合加强，对应此时对流云团 C 迅速生成发展，此后云团 B 东移南压为主，在衡水没有产生明显降雨。云团 C 发展加强，为 MCC 的发生阶段。

15 日 01 时（图 6d）云团 C 由 MCS 发展成为直径 240 km 左右、－53℃以下云罩面积达 3 万 km^2 左右、近似圆形的 MCS，此时只有弱降水。02 时（图 6e）仍处于发展阶段，成为长轴直径 340 km 的东北西南向椭圆形云团，－53℃以下云罩面积达 4 万 km^2 左右，32℃以下云罩面积达到 8 万 km^2 左右，此 MCS 主要覆盖在衡水、保定东部、沧州、廊坊南部、天津一带，衡水西北部降雨强度加大。03 时云团东北部东移明显，西南部少动，范围略有加大，达到 MCC 成熟阶段的物理特征。04 时以后整体缓慢东移南压，05 时（图 6f）在河北东南部到山东西北部仍维持长轴 450 km 的东北西南向椭圆形云团，此时－53℃以下云罩面积仍维持在 6 万 km^2 左右，－32℃以下云罩面积也达到 11 万 km^2 左右，偏心率达 0.7，并且在衡水东北部出现云顶亮温－73℃的强中心，此时 MCC 达最成熟阶段。06 时在云团东南部的山东中部有云团 D 生成，07 时此 MCS 逐渐移出河北省并减弱，并与云团 D 相连，形成不规则云团。08—09 时（图 6g）不规则云团外围虽然相连，但内有 3 个中心，分别由 C 分裂和 D 发展演变而成，10 时在山东到渤海形成东北—西南向带状云系，并逐渐减弱发散。此 MCS 满足－32℃以下云罩面积在 10 万 km^2 以上，且－53℃以下云罩面积在 5 万 km^2 以上的维持时间自 03 时到 10 时，所以可称为 MCC。自 02 时到 07 时伴随 MCS 发展东移南压的过程，衡水自西北向东南依次出现强降雨，由此可见，MCC 发展阶段降水强度弱，成熟与减弱阶段降水强度强。

3.2　第二阶段

15 日 15—17 时，降水主要影响衡水东南部的故城及沧州南部，雨强较大，其中故城 15—16 时 1 h 雨量达 120.9 mm。

11 时开始在衡水东南部有小对流单体生成，随后迅速扩大，12 时形成对流云团 E，首先影响阜城出现了 82 mm 的降水。13—15 时主要在山东西北部及沧州南部迅速发展，衡水地区无明显降雨，15 时自动站风场显示在故城南部也有气旋性辐合形成，对应云团西扩影响故城，降雨强度迅速增加，15—16 时（图 6i）1 h 雨量达 120.9 mm，对应 TBB 最低达－70～－90℃，18 时云团 E 为直径 200 km 左右的圆形云团，－53℃冷云盖面积 3×10^4 km^2。此对流云团面积小于 MCC 的标准，持续时间也较短，只能称为 MCS。

3.3　第三阶段

15 日 21 时—16 日 02 时，强降雨自西北向东南影响河北。

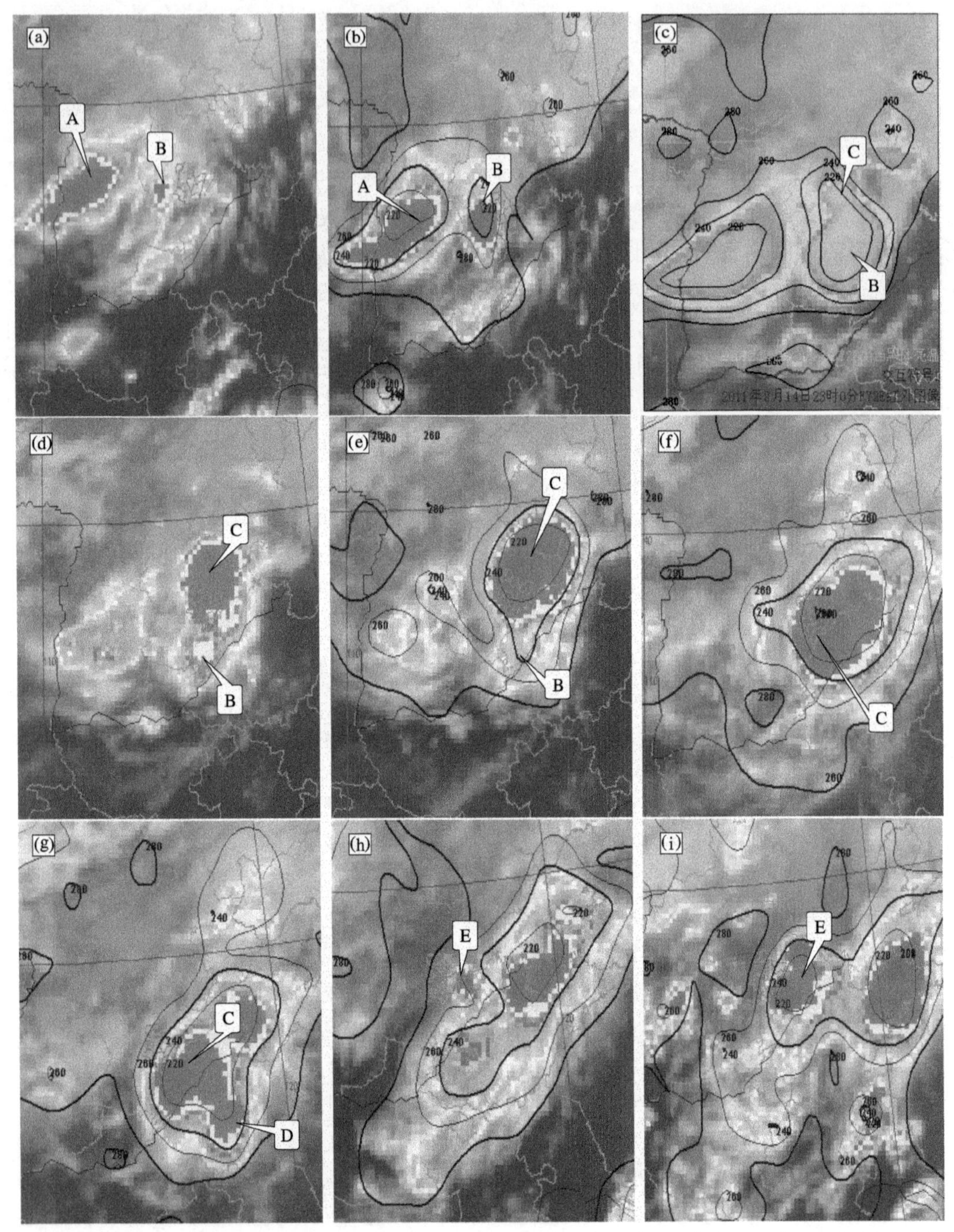

图6 红外云图及TBB演变(a)14日20时,(b)14日21时,(c)14日23时,(d)15日01时,(e)15日02时,(f)15日05时,(g)15日08时,(h)15日12时,(i)15日16时,图中大写字母A—E表示云团(下图同)

16时开始在河北省西部山区有零散的小对流云团生成,其后不断发展,18时(图7a)在石家庄和邢台东部分别形成对流云团G和F。19时对流云团G和F继续发展,范围不断扩大,20时两者逐渐接近连为一体,与地面风场辐合线吻合较好,云团G东移发展,F原地加强,E

缓慢南压减弱，22时(图7b)EFG外围连成一体，成为椭圆形云团，而在邯郸西部山区又有对流云团H生成，23时在沧州一带有偏北风和偏东风的辐合，G向辐合区移动并发展，TBB达－70℃以下，F、E减弱南压，16日00时(图7c)云团G发展成为近似东西轴向、偏心率＞0.7，－53℃及以下的内部冷云区面积达10^5 km^2的椭圆形云团，具备了MCC的特征，云团H原地发展。此MCC缓慢东移南压，范围继续扩大，16日02时(图7d)成为长轴直径460 km、偏心率＞0.8、－53℃及以下的内部冷云区面积达1.6×10^5 km^2的MCC，此刻MCC处于成熟阶段，在黄河下游一带云顶温度最低达－110℃。此后MCC与云团H合并，TBB逐渐升高，04时(图7e)云团主体基本移出衡水，MCC转入消亡阶段，06时(图7f)失去中尺度有组织的结构，云系变得分散和零乱。此后云系向东南方向移动，形成东北西南向的带状冷锋云系。云系东移南压的过程与地面辐合线的移动一致，由此可见，根据地面辐合线的强弱及移动趋势可以外推云系的发展及移动。

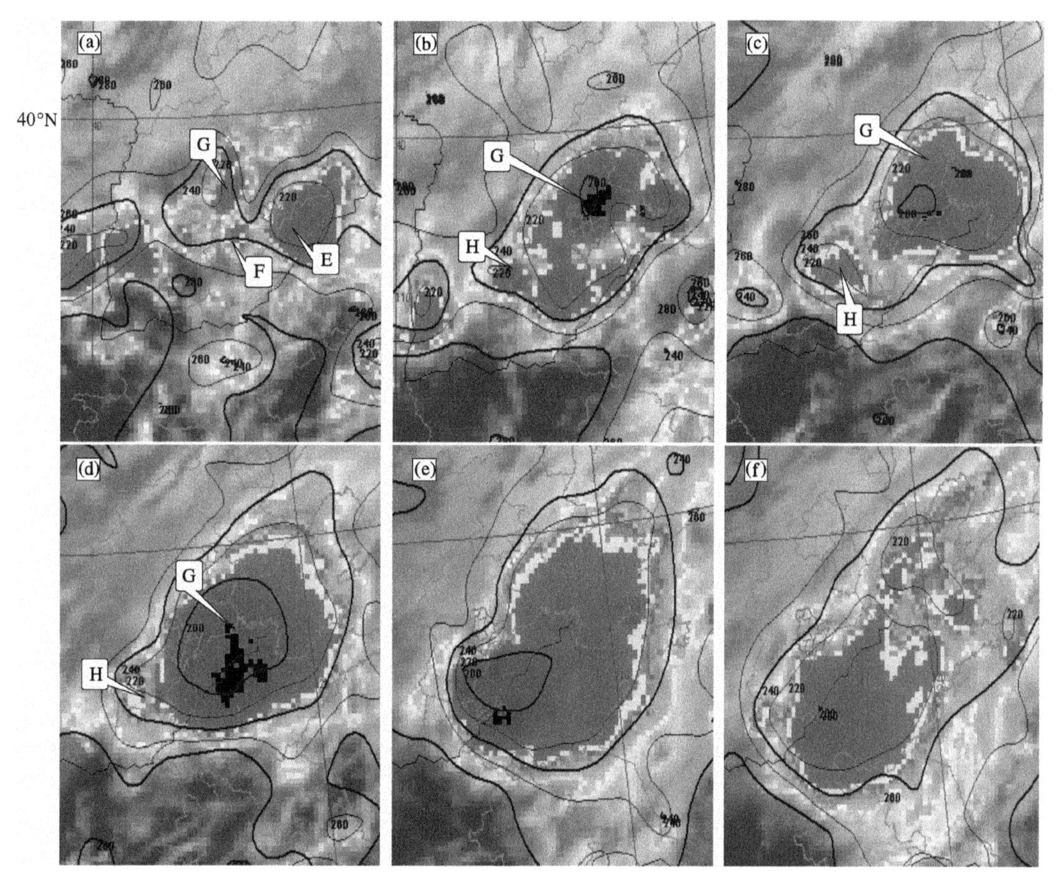

图7 红外云图及TBB演变(a)15日18时，(b)15日22时，(c)16日00时，(d)16日02时，(e)16日04时，(f)16日06时

4　中尺度对流系统发生前的物理条件

4.1　能量及不稳定条件分析

处于副高外围控制，14 日 20 时—15 日 20 时 40°N 以南的河北省大部分地区 K 指数都在 36℃以上，其中河北南部到河南北部高达 40℃，16 日 08 时除河北南部还维持 32℃外，其他都下降到 24～28℃。14 日 20 时—15 日 20 时 40°N 以南的河北省大部分地区 850 hPa 的假相当位温维持在 76～88℃的高值区，15 日 20 时假相当位温密集区南压到河北中南部，有锋区生成，16 日 08 时锋区南压，基本移出河北。从衡水的西北部安平站(115.5°E，38.2°N)作温度平流时间剖面图(图 8a)发现，14 日 20 时—15 日 08 时低层为暖平流，冷平流从高层逐渐向下渗透，为上冷下暖的不稳定层结，15 日 20 时高低层都转为冷平流控制，但低层冷平流弱，中高层冷平流强，仍为不稳定层结，到 16 日 08 时低层与中高层冷平流相当，上冷下暖的结构不复存在，转为稳定层结。

4.2　水汽条件分析

与一般的对流系统不同的是，MCC 作为一种尺度较大的对流系统，需要有充足的水汽输送。14 日 20 时—15 日 20 时河北中南部 850 hPa 的比湿都在 14 g/kg 以上，尤其 14 日 20 时 40°N 以南的河北省大部分地区都在 16 g/kg 以上，并且 14 日 20 时和 15 日 20 时河北中南部 850 hPa 以下都为水汽通量的辐合区(图 8b)，说明低层有大量水汽在此聚集，具备了产生 MCC 暴雨的水汽条件。

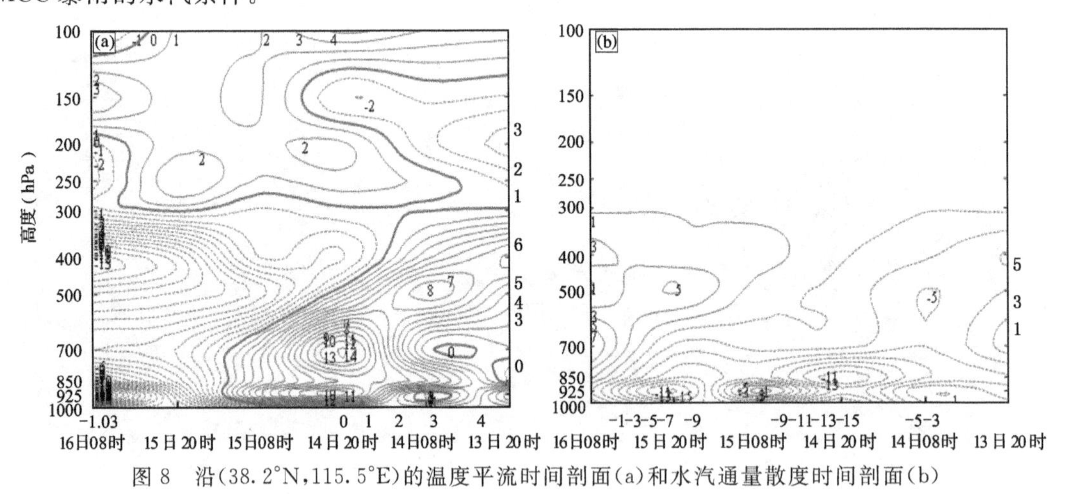

图 8　沿(38.2°N，115.5°E)的温度平流时间剖面(a)和水汽通量散度时间剖面(b)

4.3　动力条件分析

从散度场时间剖面(图 9a)分析，14 日 20 时低层辐合，中层弱辐散，高层辐合，对应垂直速度场(图 9a)中低层存在辐合上升运动较强，上升运动中心在 700 hPa。15 日 08 时无明显低层辐合形势，对应此时无明显降水。20 时形成明显的低层辐合、高层辐散的抽吸形势，对应此时垂直上升运动特别强(图9b),一直伸展到150 hPa附近,其中上升运动中心在500 hPa。

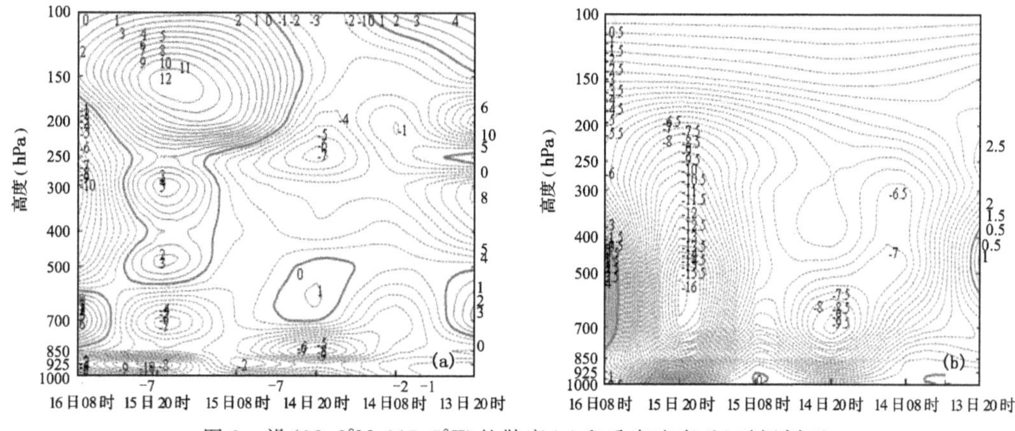

图9 沿(38.2°N,115.5°E)的散度(a)和垂直速度(b)时间剖面

5 TBB与降雨强度的关系分析

TBB的密集预示着云团的进一步发展,稀疏时预示着降水的逐渐结束[5]。图10为15日00时—16日09时安平站(54609,蓝色线)和故城(54707,红色线)雨量及TBB变化,可以发现,安平站00—04时TBB都在−60℃以下,受对流云团C影响02—04时出现了强降雨,05时以后TBB逐渐升高,无明显降雨,自18时TBB开始迅速下降,20—23时TBB一直小于−70℃,最低时达−78℃,受合并成的云团G控制,22—24时出现另一波强降雨,此后云顶平均温度逐渐升高,降雨逐渐停止。故城站15日00—04时TBB缓慢下降,04—08时云团C控制,TBB一直维持在−71~72℃,07−08时产生17 mm降雨后迅速升高,降雨停止,11—14时达0℃左右,无降雨产生,15—16时TBB迅速下降42℃,此时云团E边缘影响产生了120.9 mm/h的强降雨,17—18时TBB略有下降,对应降雨强度迅速减小,19—23时TBB小幅回升,对应降雨停止,23—24时TBB又骤降31℃,达最低值−80℃,同样受合并成的云团G影响,出现18.2 mm降雨,01时TBB略有回升,对应降雨44.5 mm,之后TBB呈逐渐升高的趋势,降雨停止。

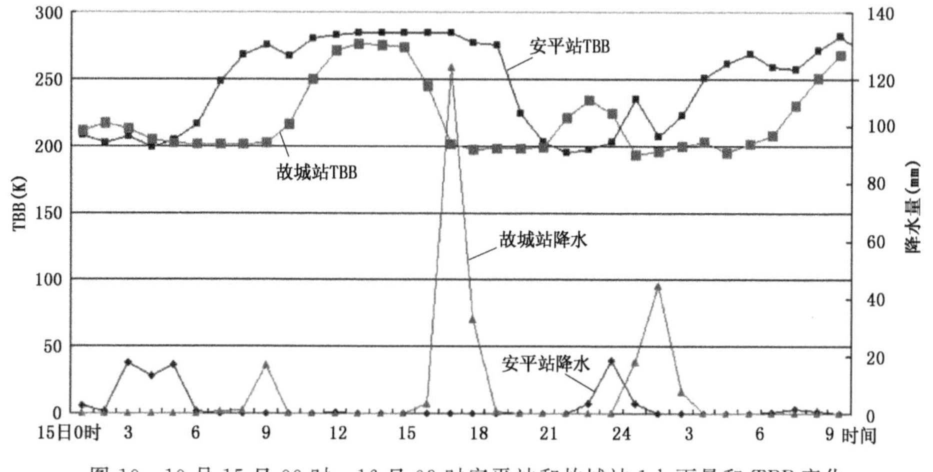

图10 10月15日00时—16日09时安平站和故城站1 h雨量和TBB变化

由此可见,云顶亮温的低值中心出现时段与强降雨出现时段基本吻合,云顶亮温的高值中心出现时段与无降雨时段也基本吻合。最强降水出现时,TBB 一直＜－60℃,最低时达－80℃,主要降水出现在云团发展的成熟阶段,TBB 骤降时可能预示强降雨的发生。

6　结论与讨论

(1)这次强降雨过程是在副高外围高温、高湿的不稳定层结条件下,超低空急流和低空切变触发了对流云团的发生发展,在地面辐合线和低空低环流附近产生。

(2)此次过程有 MCC 和 MCS 的生消发展过程,主要有 3 个 MCS 先后影响,其中第一个和最后一个 MCS 分别发展为 MCC,云系东移南压的过程与地面辐合线的发展移动一致。

(3)低层为暖平流,冷平流从高层逐渐向下渗透,自上冷下暖的不稳定层结转为低层冷平流弱、中高层冷平流强的不稳定层结,再转为高低层冷平流相当的稳定层结。低层有大量水汽聚集,为产生 MCC 暴雨提供了水汽条件。

(4)云顶亮温的低值中心出现时段与强降雨出现时段基本吻合,云顶亮温的高值中心出现时段与无降雨时段也基本吻合。最强降水出现时,TBB 一直＜－60℃,最低时达－80℃,主要降水出现在云团发展的成熟阶段,TBB 骤降时可能预示强降雨的发生。

参考文献

[1]　朱亚平,程周杰,刘健文.一次锋面气旋云系中强对流云团的识别.应用气象学报,2009,**20**(4):428-436.
[2]　方宗义,覃丹宇.暴雨云团的卫星监测和研究进展.应用气象学报,2006,**17**(5):583-592.
[3]　范俊红,王欣璞,孟凯等.一次 MCC 的云图特征及成因分析.高原气象,2009,**26**(6):1388-1398.
[4]　李勋,李泽椿,赵声蓉等."浣熊"强度变化的环境背景和卫星观测分析.气象 2009,**35**(12):21-29.
[5]　陈渭民.卫星气象学.北京:气象出版社,2008:535.
[6]　于希里,闫丽凤.山东半岛北部沿海强对流云团与局地暴雨.气象科技,2001,**29**(1):39-41.
[7]　杨晓霞,李春虎,李锋等.山东半岛致灾大暴雨成因个例分析.气象科技,2008,**36** (2):190-196.
[8]　寿绍文,励申申,姚秀萍.中尺度气象学.北京:气象出版社,2003:370pp.
[9]　费增坪,郑永光,张焱等.基于静止卫星红外云图的 MCS 普查研究进展及标准修订.应用气象学报,2008,**19** (2):82-89.

2012 年 2 月 22 日浦东机场低云天气分析

钱　凌　王燕雄

（民航华东空管局气象中心，上海 200335）

摘　要：2012 年 2 月 21—22 日，浦东机场遭遇了自 1999 年开航以来最严重的低云天气，云底高维持 30 m 以下，累计时间长达 25 h，造成大面积航班取消和延误。天气分析表明，地面至低空弱低压辐合场、海上持续的偏东气流导致了浦东机场的低云天气；强盛的暖湿气流、低空稳定逆温层结加剧了这次低云、低能见度过程；冷空气扩散南下，导致流场改变，地面风向转西北风，低云天气结束；短时强对流导致低云天气出现波动。

关键词：低云；平流；逆温

引　言

浦东机场为填海而建，地势平坦，水汽充沛，受海上弱的偏东气流影响时，容易形成平流低云、平流雾天气，春季多发。浦东机场的二类运行气象标准为：30 m≤低云云底高≤60 m，350 m≤跑道视程≤600 m。

2012 年 2 月 21 日 06 时 30 分（北京时，下同）开始，浦东机场出现低云、低能见度天气，低云云底高降至 90 m 以下，21 日 12 时 30 分—16 时、19 时—22 时 30 分以及 22 日 00 时 30 分—19 时云底高维持在 30 m 以下，累计时间长达 25 h。据统计，2 月 22 日，浦东机场共取消出港航班 298 架次，备降航班 150 架次，延误航班 440 架次。22 日 11 时 30 分，民航华东管理局启动二级航班大面积延误应急处置预案，气象中心立即响应，较好地完成了气象服务保障工作。

1　2 月 22 日浦东机场实况天气要素分析

从图 1a 可以看到，在 18 时 30 分之前，低云云底高稳定在 30 m，这段时间浦东机场持续东北偏东风。根据浦东机场的地理位置，说明持续的偏东气流导致了长时间稳定的低云天气。

从图 1b 中看，16 时之前气压逐步下降，16 时—18 时 30 分气压维持在 1006 hPa 低值，说明低压系统稳定存在、低压辐合逐渐增强，也是导致长时间低云的原因。

18 时 30 分—21 时 30 分，低云云底高随风向和气压的变化出现波动。21 时 30 分以后，随着风向转为偏西到西北风，气压稳定上升，低云云底高稳定抬升。

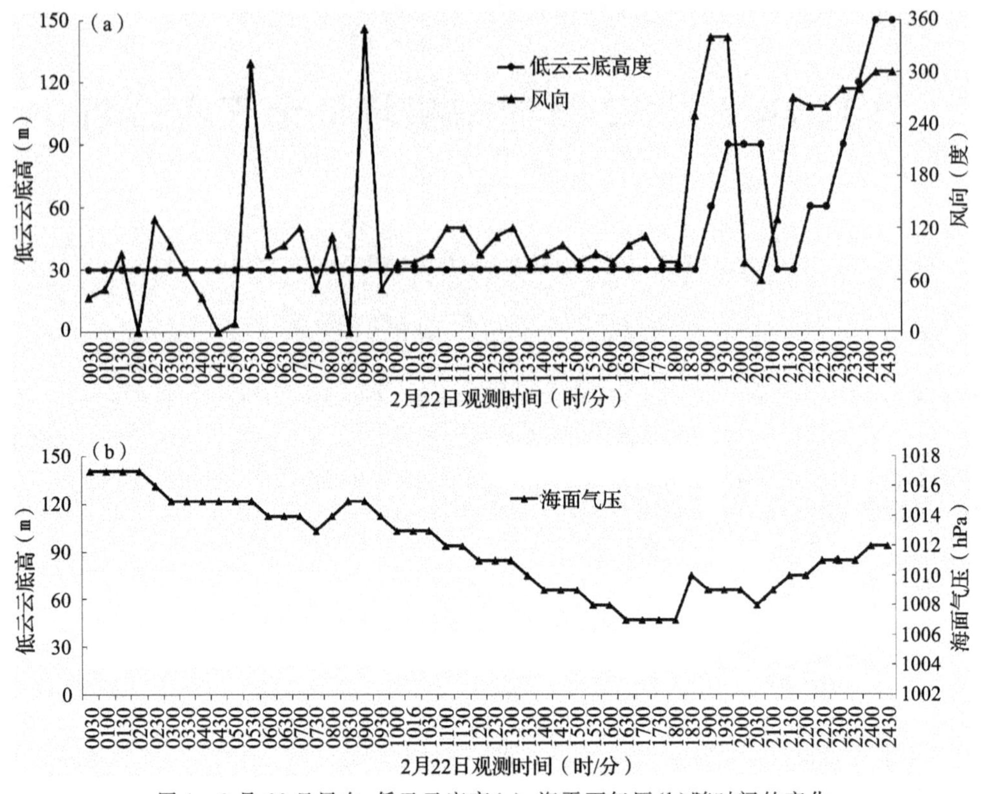

图 1 2 月 22 日风向、低云云底高(a)、海平面气压(b)随时间的变化

2 天气形势分析

2.1 高空形势分析

19—22 日，高空形势相对稳定(图略)。中高纬度为两槽一脊形势，新疆至蒙古地区形成弱脊，脊前的阶梯槽向华北和长江中下游输送冷空气。中低纬度形势为：从 19 日开始，位于孟加拉湾附近的低压槽东移；22 日 08 时，南支槽前的暖湿气流与副高后部的西南气流汇合，在长江流域以南形成西南急流区。冷暖空气交汇，在长江中下游地区形成稳定的辐合带。

2.2 地面形势分析

22 日 08 时(图 2a)，北方冷锋位于太行山脉，移动缓慢。华东中南部为低压倒槽顶部控制，倒槽辐合线位于苏皖南部—浙赣北部，配合 850 hPa 切变线和 700 hPa 暖湿急流，在苏皖南部—浙赣北部有大范围降水。白天，切变线发展东伸，上海地区逐渐受切变线控制，辐合加强。

20 时(图 2b)，冷锋位于渤海湾至山东西北部，其前锋南下。可以看到，在长江口—杭州湾地区有低涡生成，上海受低涡辐合区控制，切变线附近有对流天气发展。其后，随着冷空气南下，低涡入海，华东中北部逐渐转冷高前部西北气流控制。

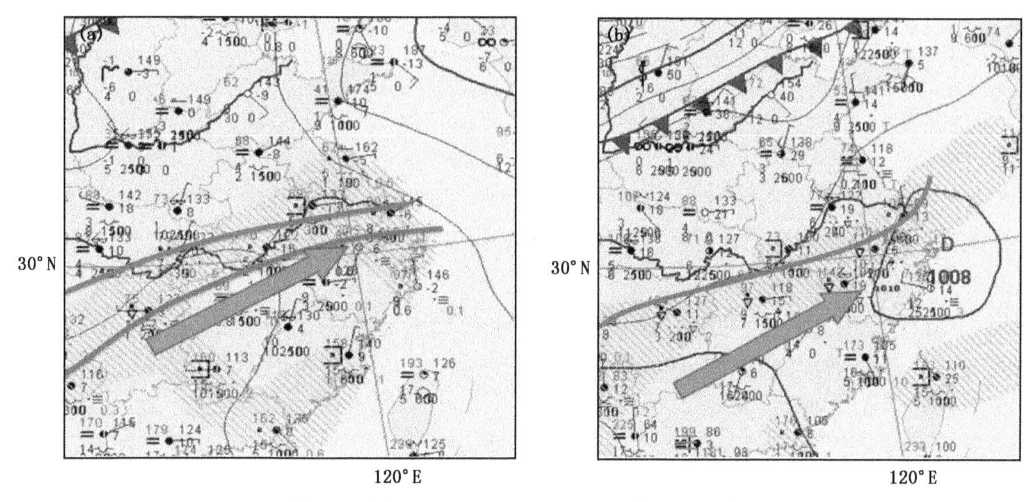

图2 2月22日(a)08时和(b)20时地面天气图

3 实况探空资料分析

3.1 温压探空

22日08时上海的探空曲线(图3a)主要有两点:(1)在900 hPa以下为偏东到东南风,风速2～4 m/s,900 hPa以上至对流层顶为一致的西南风,风速较大,说明地面至高空暖湿平流强盛。(2)层结稳定,从近地面至850 hPa为稳定的逆温层,逆温层阻碍了近地面于高空热量与水汽的垂直交换,使得低层变得更暖更湿。同时,累积了一定不稳定能量,一旦破坏,容易触发对流天气[1]。

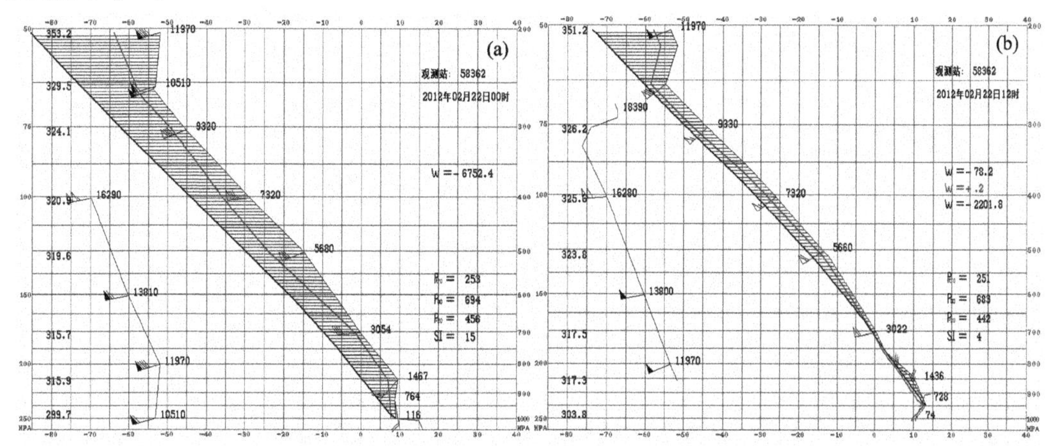

图3 2月22日(a)08时和(b)20时上海地区温压探空曲线

22日20时(图3b)对应有两点:(1)近地面至800 hPa高度已经转为偏北气流,高空仍维持西南急流。说明浅层已经有冷空气入侵,但是冷空气主体还没有影响到上海地区。(2)逆温层发生变化:逆温层的厚度减小,但是强度增强。说明这时,低层冷空气入侵迫使暖湿空气抬升,稳定层结破坏。根据这种情况判断:20 时左右,在冷空气主体没有影响到上海之前,浦东机场出现对流天气,受浅层流场改变以及对流天气影响。

3.2 雷达监测

3.2.1 华东雷达拼图

雷达监测显示,22 日 17 时前后(图略),与地面辐合线位置对应,在杭州湾—江苏南部有一条东北—西南向的强回波带逐渐东移。

至 19 时 12 分,由图 4a 可以看到,这条强回波带已经影响到上海地区,虹桥、浦东相继出现雷雨天气。至 20 时 12 分(图 4b),对流雨带已经明显东移减弱,浦东机场雷雨天气,很快转好。

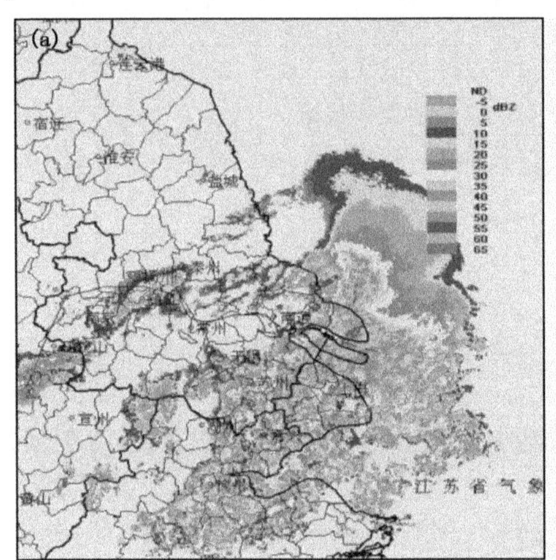

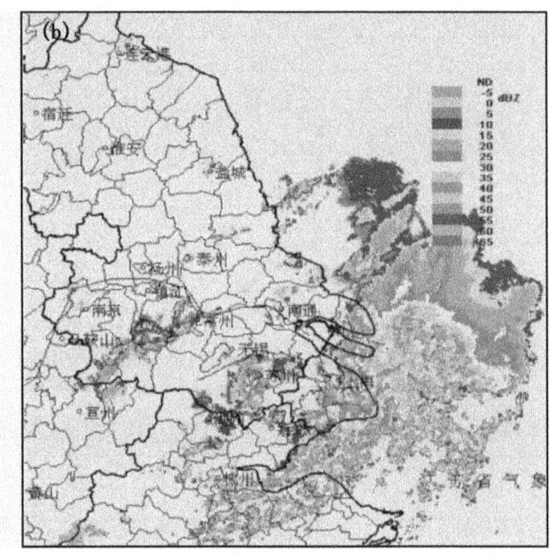

图 4　2 月 22 日(a)19 时 12 分和(b)20 时 12 分江苏省气象台雷达拼图

雷达资料验证了 20 时前后,浦东机场发生了雷雨天气,但是,雷雨天气发生时,低云云底高怎么变化,浦东机场的风廓线雷达,提供的加密探空资料,可以对这次天气系统的过境情况进行详细分析。

3.2.2 浦东机场风廓线雷达

图 5 显示,18 时 30 分之前,浦东机场近地面维持偏东风,并且地面至高空 3000 m 风向顺转,有较强的暖湿平流。

至 18 时 40 分,1000 m 高度以下风向突变,转为西北风,风向发生明显切变,1000 m 以上也逐渐转为偏西到西北风,自下而上风向逆转,说明有冷空气影响到浦东机场。浅层冷空气入侵,风向切变,极易触发对流天气。

19 时—19 时 30 分的前后,中高层偏北风迅速增大。另外可以看到,由于降水粒子粒径大、速度大,数据出现间断,说明这段时间浦东机场有强对流天气发生。这期间,平流形势遭到破坏,因此低云云底高迅速抬升。

至 20 时 10 分,短时雷雨天气结束,近地面风速迅速减小,转为偏东到东南风,这种近地面流场的改变又将导致平流低云产生。21 时 10 分之后,地面至高空转为一致的西北风,说明地面辐合线过境,流场改变,从而促使低云抬升。

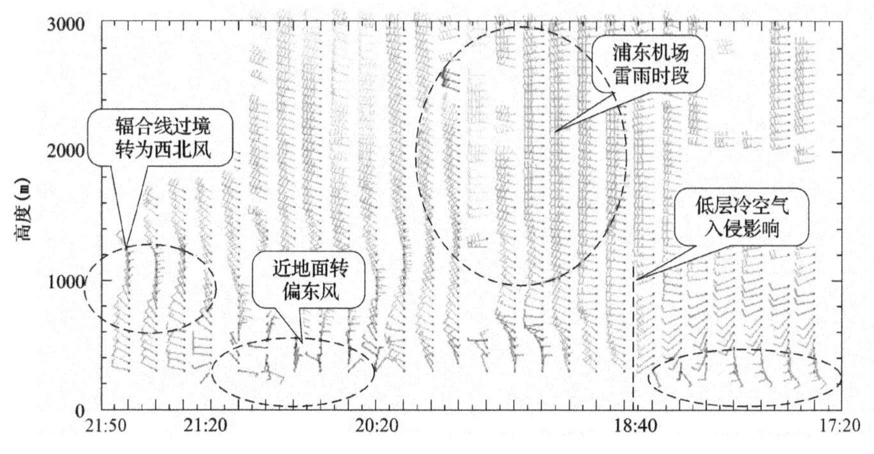

图5 2月22日17时20分—21时50分浦东机场风廓线雷达图

雷达拼图与浦东机场风廓线雷达的实时资料，对对流天气的临近预报、预警有很好的指示作用，并且风廓线雷达的风场资料，能更进一步预报冷空气的入侵对浦东机场流场的改变，从而对平流低云抬升、消散的预报时间点更精确。

3.3 瞬时风场变化

从上海地区瞬时风场资料，可以进一步分析20时10分对流天气结束后，云底高的变化。

从图6可以看到，20时20分地面风场辐合线位于上海中部地区，东南沿海仍为弱的偏东风。20时20分—21时20分地面辐合线自西向东逐渐移过浦东机场，这段时间浦东机场出现低云低能见度波动。21时20分以后，辐合线东移入海，浦东机场低云云底高稳定抬升。

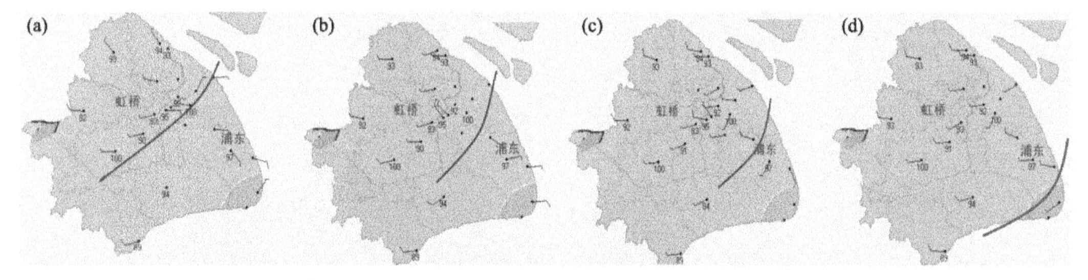

图6 2月22日(a)20时20分、(b)20时40分、(c)21时00分、(d)21时20分上海自动气象站观测的相对湿度和风(棕色实线为地面风向辐合线)

综合分析探测资料，得出预报结论：(1)22日18时30分之前，浦东机场的低云天气将长时间维持。(2)19时—20时10分，浦东机场发生雷雨天气，受浅层流场改变的影响，低云云底高抬升。(3)20时10分—21时20分，受地面辐合线过境，以及弱的偏东气流影响，浦东机场出现低云低能见度波动。(4)21时20分以后，冷空气主体扩散，浦东机场的云底高将稳定抬升。

4 数值模式的预报验证

综合参考、对比多种数值预报模式产品，对此次天气过程的预报结论基本一致，华东气象中心“航空精细化数值预报系统”丰富和高时空分辨率的数值产品,为较好地完成此次气象服务保障工作任务提供了有力的支持平台。

4.1 海平面气压与间断降水

22 日 14 时(图 7a):冷空气主体位于山东以西,华东中部处于低压辐合带中,辐合切变线位于长江口—皖南、赣北地区,降水雨带与切变线位置匹配。

17 时(图 7b):冷锋东移南压至山东中部。长江流域切变线发展成低涡,强降水雨带与之配合。随着低涡东移,苏南及上海地区辐合加强。

20 时(图 7c):冷空气前锋已经渗透至苏皖南部,低涡中心东移入海,上海处于低涡后部,风向由西南风转为西北风。根据流场改变可以预报,浦东机场平流低云将会抬升。但是冷空气还没有完全南压,地面辐合区和降水区还没有完全移出上海,因此,预报浦东机场低云仍将出现 12 h 波动。

23 时(图 7d):冷空气扩散南下,杭州湾以北一致的西北气流控制,浦东机场低云云底高稳定抬升。

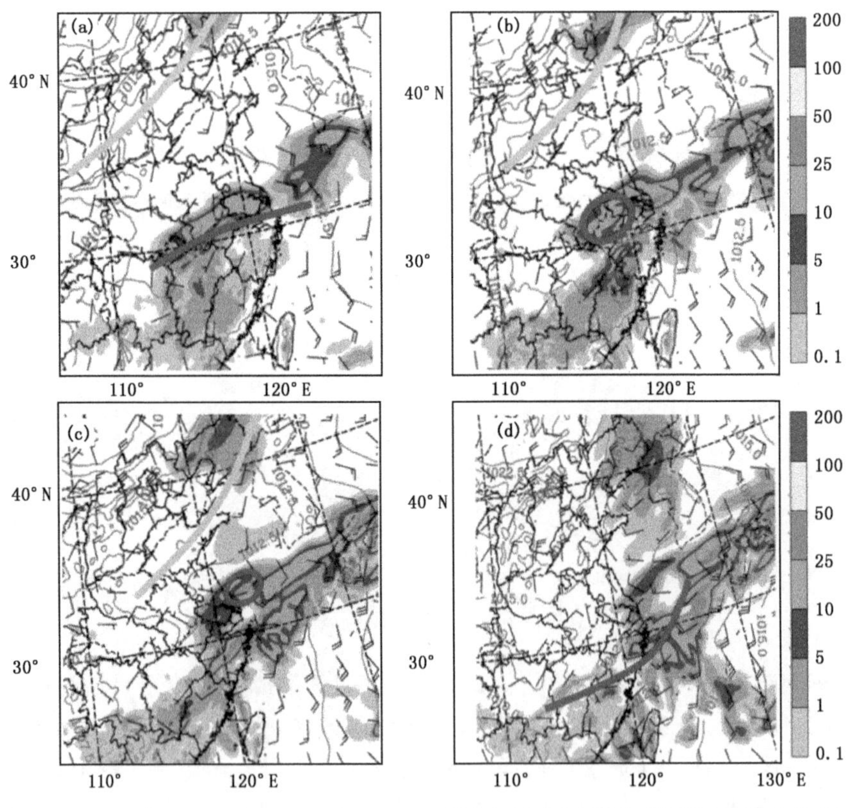

图 7 (a)14 时、(b)17 时、(c)20 时、(d)23 时海平面气压和降水(填图区为降水分布)

4.2 相对湿度与风廓线

22 日 14 时(图 8a):山东以南至武夷山地区近地面一致东南偏东气流,高层西南气流,暖湿平流明显。并且,700—400 hPa 有西南急流,配合大的垂直速度区,在上海以南地区有对流天气发展。14—17时(图8a、b),上海及周边地区的流场没有变化,对浦东机场的低云不会有改变。

20时(图8c):近地面至700 hPa以下,风向转为偏西风,700 hPa以上仍维持西南急流,风向发生逆转,说明浅层有冷平流。冷平流入侵,配合高湿区和大的垂直速度区,从而判断,上海地区有对流天气发展。同时,近地面流场改变,浦东机场低云云底高将抬升。

23时(图8d):地面至700 hPa以下一致转为西北气流控制,冷平流已经扩散移过上海,浦东低云天气将趋于好转。

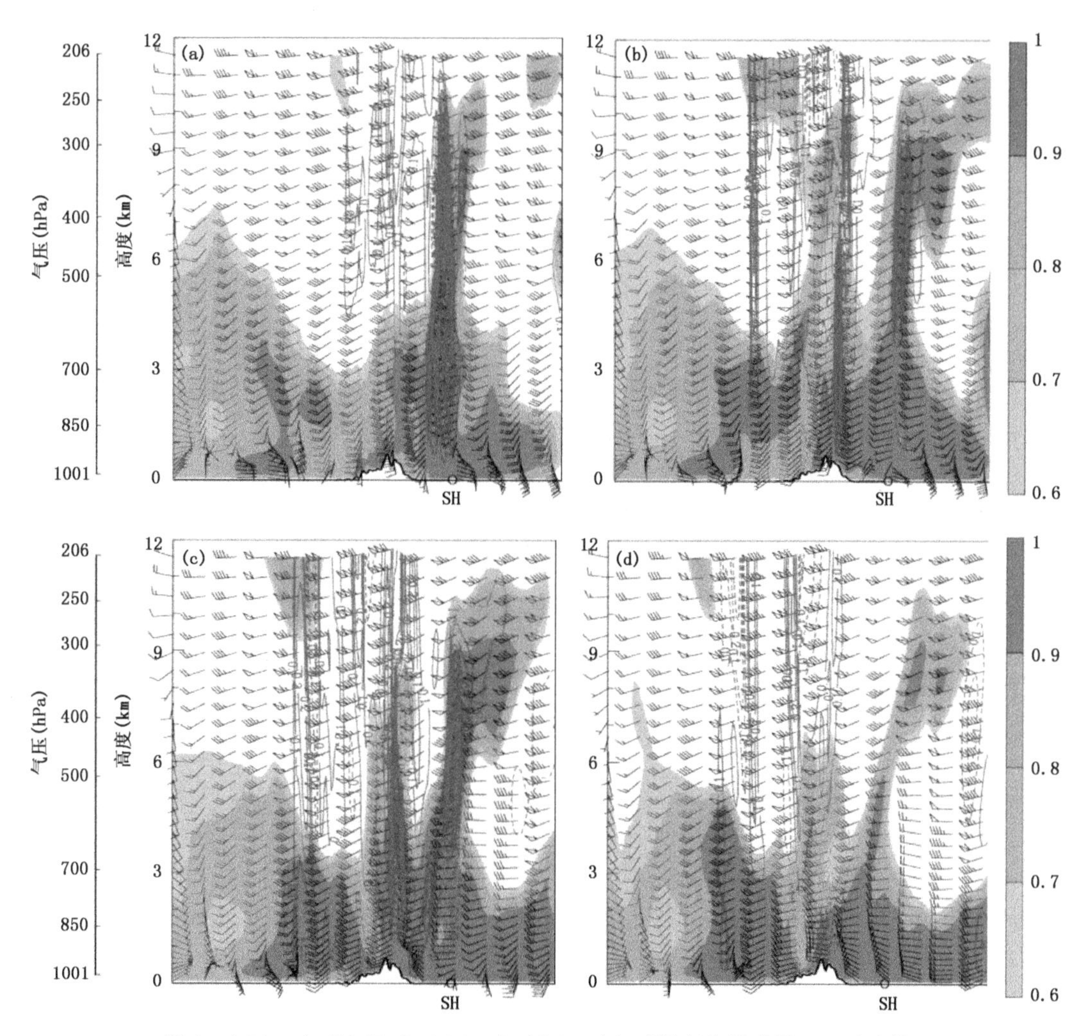

图8 (a)14时、(b)17时、(c)20时、(d)23时相对湿度和风廓线(SH为上海)

4.3 对流指数与雷达反射率

从雷达反射率预报来看,强降水雨带、对流落区随着切变线的位置改变。14时(图9a),在上海西部、江苏南部雷达反射率为35~45 dBz,有强对流发展。14—20时(图9a—c),上海地区有对流雨带东移,上海及江苏南部处于辐合区控制。23时(图9d),对流雨带随着切变线东移后减弱,杭州湾以北一致偏北气流控制。

数值模式的预报结论与实况探测资料很好的吻合,对模式预报起到很好的验证作用,更有助于今后的实际工作。

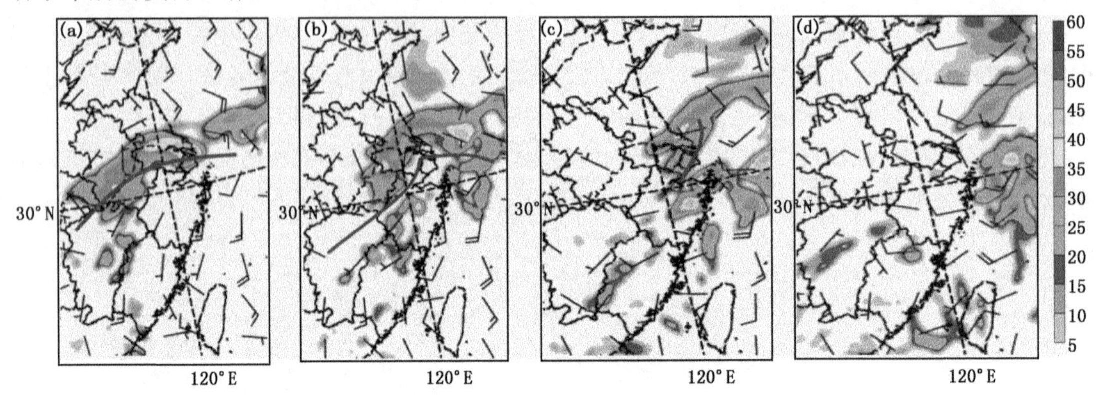

图 9 (a)14 时、(b)17 时、(c)20 时、(d)23 时雷达反射率(实线为辐合切变线)

5 小结与讨论

(1)地面弱低压场、浅层低压辐合场、海上持续偏东气流导致了浦东机场的低云天气。冷空气扩散南下,导致流场改变,地面风向转西北风,低云结束。

(2)强盛的暖湿气流、低空稳定逆温层结加剧了这次低云、低能见度过程。

(3)长江口地区的短时雷雨天气触发浦东机场的低云天气出现短时波动。

平流低云、平流雾生消突然、变化快,精确预报其生成、持续、消散的具体时间,目前难度较大。预报技术研发:现有的数值模式对平流低云预报精细化程度还不够,如:150 m 及以下低云,60～90 m 及以下低云;探测技术:沿海地区探测手段不足,资料缺乏,需要更先进的探测手段、更丰富的探测资料与先进的预报技术、传统的预报经验有机结合。

参考文献

[1] 朱乾根,林锦瑞,寿绍文等.天气学原理和方法.北京:气象出版社,2003:431-432.

全球气候变暖对西北太平洋热带气旋频数的影响

李 就 余丹丹 王彦磊 李 杰

(中国人民解放军 61741 部队,北京 100081)

摘 要:利用西北太平洋热带气旋资料和 NCEP/NCAR 再分析资料等资料,针对自 20 世纪 70 年代至今西北太平洋热带气旋生成频数明显下降,特别是 20 世纪 90 年代以后急剧下降的异常特点,诊断分析在全球气候变暖背景下,东亚夏季风环流异常及其 ENSO 事件与热带气旋频数异常的关系,揭示出热带气旋频数的年代际变率与东亚夏季风以及 ENSO 事件的年代际变率有很好的对应关系:20 世纪 90 年代以来,东亚夏季风异常偏弱、ENSO 暖事件频繁发生是造成热带气旋频数减少的重要原因。统计分析结果表明:春季西太平洋副热带高压增强以及赤道东太平洋海温升高对预测当年热带气旋频数减少有较好的指示意义。这为热带气旋频数的短期气候预测提供了有益的参考。

关键词:热带气旋频数异常;东亚夏季风系统;ENSO 事件

引 言

当前全球气候正经历一次以变暖为主要特征的显著变化,全球气候变暖导致极端气候事件的频发已成为不争的事实。西北太平洋是全球热带气旋发生频数最多、分布范围最广的海域。中国濒临西北太平洋,每年台风灾害造成的损失高居其他自然灾害之首。20 世纪 90 年代以来,全球气温明显升高,而西北太平洋热带气旋频数却快速减少,特别是 1998 和 2010 年,是近一个半世纪有观测资料以来最热的年份,也是 1949—2011 年西北太平洋上发生热带气旋最少的年份。尽管影响中国的热带气旋频数有所减少,但台风灾害造成的损失却日趋严重,影响范围呈现扩大化的态势,由沿海地区向内陆深入。0509 号台风“麦莎”、1013 号超强台风“鲇鱼”、1106 号超强台风“梅花”等所造成人民生命财产损失之巨,实为历史罕见。

随着全球高影响热带气旋事件的频发,气候变化对热带气旋活动的影响备受关注。热带气旋异常活动是全球气候变暖的必然结果,还是台风年代际周期性变化的反映,成为当前争论的焦点[1~3]。虽然目前尚不能证明全球变暖对台风频数有明显的影响,但是在全球变暖背景下,台风的强度及强台风频数有增加的趋势,台风灾情将加重[4]。已有的观测研究表明,相对大西洋的飓风而言,西北太平洋热带气旋活动受全球变暖的影响较弱。虽然北太平洋海温增暖,但西北太平洋和登陆中国的热带气旋频数均有减少的趋势,特别是西北太平洋热带气旋频数的减少更为明显[5]。ENSO 事件是影响大气环流和气候异常的最强信号,必然会对热带气旋的年际和年代际变化产生影响。关于 ENSO 事件与西北太平洋热带气旋频数的关系,早在 20 世纪 80 年代就有厄尔尼诺年热带气旋活动减少、拉尼娜年热带气旋活动增多的结论[6~8]。但从近年来的观测事实可以看出,两者的关系变得更加复杂,甚至在某些年份出现相反的趋势。这表明随着全球气候变暖,影响我国的热带气旋频数的变化特征以及它与 ENSO 事件的联系是值得进一步研究的问题。

基于此,本文采用台风年鉴1949—2011年西北太平洋热带气旋资料、国家气候中心提供的74项环流特征量、美国国家环境预报中心(NCEP)和国家大气研究中心(NCAR)的同期的逐日再分析资料(风场、高度场、温度场、湿度场和垂直速度场)、美国NASA的GISS全球平均温度序列以及NOAA的多重ENSO指数,重点探讨全球变暖背景下各类强度热带气旋频数的气候变化特征,揭示东亚夏季风活动异常对西北太平洋热带气旋频数异常减少的影响,并进一步分析ENSO事件与西北太平洋热带气旋频数的年代际变率的关系。所得到的统计结果可为热带气旋频数的短期气候预测提供有益的参考。

1 全球气候变暖背景下西北太平洋热带气旋频数的变化特征

1949—2011年,西北太平洋热带气旋(热带风暴以上)年平均生成个数为27个,最多年为40个(1967年),次多年为37个(1974和1994年),最少年为14个(1998和2010年),次少年为20个(1951年)。如图1所示,热带气旋年代际变化明显,总的来看,大致可分为两个相反的变化趋势:1949—1967年的上升趋势和1968—2011年的下降趋势。这里利用施能等[9]提出的气候趋势系数方法,计算前一时段的气候趋势系数为0.57,后一时段为-0.42,表明热带气旋频数在1967年存在气候突变,1949—1967年的上升趋势和1968—2011年的下降趋势都很明显,均通过了99.9%的置信度水平检验。具体来看,20世纪50年代中前期热带气旋年频数趋于正常,20世纪50年代末到70年代初频数明显上升,峰值出现在1965年前后,之后开始减少,1990年前后又有一个小的峰值,之后下降趋势更为明显,总的来说,自20世纪70年代至今,西北太平洋热带气旋频数明显下降,特别是20世纪90年代以后急剧下降,1998和2010年达到最低值。

1949—2011年,全球平均地面气温总的变化趋势是上升的,但不同阶段其上升趋势强弱有显著的差异(图1),1949—1967年的气候趋势系数为0.08,1968—2011年为0.90,这表明全球平均地面气温在1967年之前有微弱的上升趋势,而在1967年之后有明显的上升趋势,后者通过了99.9%的置信度水平检验,而前者未通过相应的检验。

上述趋势分析表明,进入20世纪70年代,西北太平洋热带气旋频数与全球平均地面气温具有明显相反的变化趋势,也就是说,随着气候变暖,西北太平洋热带气旋频数在日趋减少。为了研究不同强度的热带气旋频数的气候变化特征,将热带风暴和强热带风暴为一类,台风和强台风为一类,超强台风单独为一类,统计这3类热带气旋频数变化。如图2所示,热带风暴和强热带风暴频数没有明显的变化趋势,基本上在多年(1949—2012年)平均值10个上下浮动;台风和强台风频数在年代际尺度上有2个明显峰值,出现在1965年前后和1986—1994年。20世纪90年代以后呈明显下降趋势,特别是近5年来,频数急剧减少;超强台风频数的年代际变化很大,1949—1971年比1972—2011年的年均频数明显高一倍以上(8.74/4.13)。这一现象可能是因为20世纪70年代以后采用了卫星和飞机等先进观测手段,比以前能够更精确地确定热带气旋强度。

综上所述,20世纪70年代以前西北太平洋热带气旋频数偏多主要是因为20世纪50—70年代是超强台风的高发期;进入20世纪90年代以后,西北太平洋热带气旋频数日趋减少,主要是因为台风和强台风的频数明显减少。由此可见,20世纪90年代以来,全球大气海洋处于

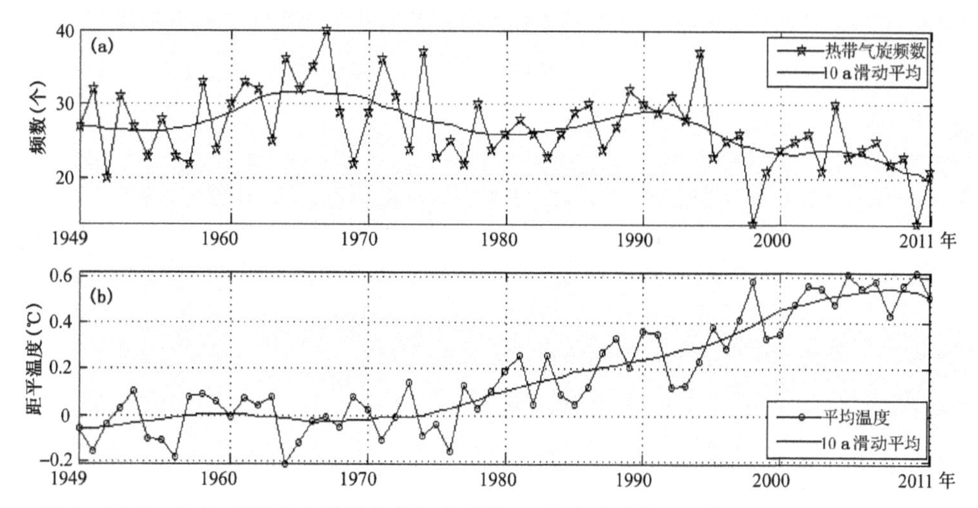

图 1 1949—2011 年西北太平洋热带气旋频数(a)和全球平均地面气温距平(b)的年际变化

显著增暖阶段,西北太平洋热带气旋生成个数,尤其是台风以上级别的,并没有随之增加,反而呈明显的下降趋势。

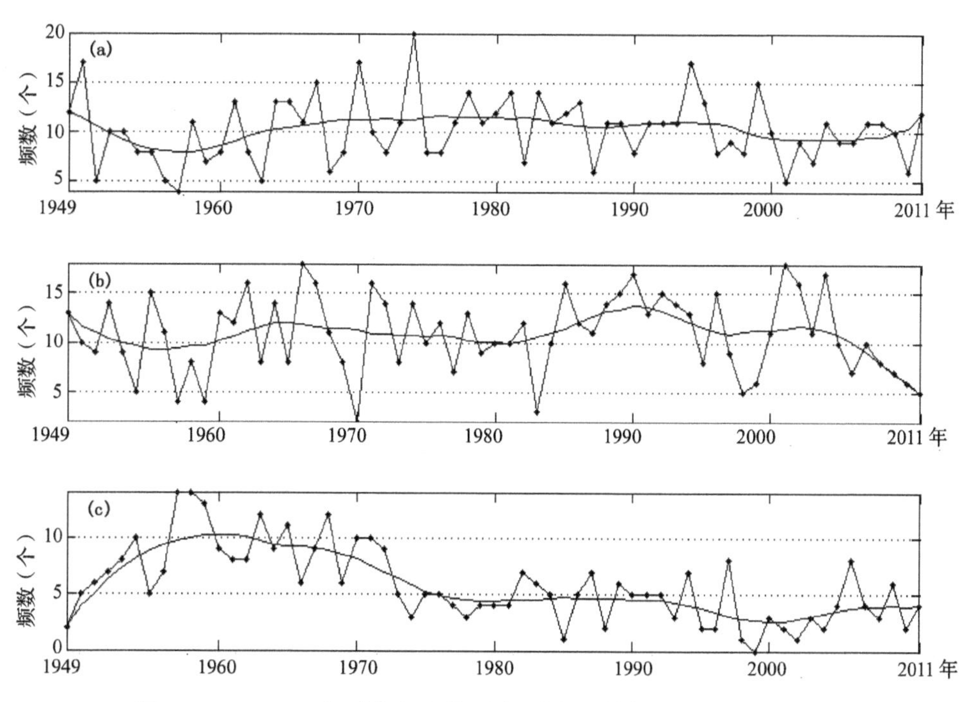

图 2 1949—2011 年西北太平洋不同强度的热带气旋频数的年际变化
(a. 热带风暴与强热带风暴,b. 台风与强台风,c. 超强台风)

2 东亚夏季风年代际变化与西北太平洋热带气旋频数年代际变化的关系

根据 Li 等[10]关于季风指数的定义,选取东亚季风区域(10°—40°N,110°—140°E),利用 6—8 月 850 hPa 风场资料,计算 1949—2011 年逐年东亚夏季风指数。南海夏季风是东亚夏季风的重要组成部分,南海夏季风的暴发标志着东亚夏季风的来临。为此,同理选取南海季风区域(0°—25°N,100°—125°E),利用 6—9 月 925 hPa 风场资料,计算 1949—2011 年逐年南海夏季风指数,如图 3 所示,图中粗实线为 10 a 滑动平均曲线,在 1970 年之前南海夏季风和东亚夏季风强度明显较强,1970—1990 年表现基本正常,但进入 90 年代以后,夏季风指数处于一个负位相阶段,特别是最近 10 年其强度达到最弱期,1998 和 2010 年两个历史极端弱夏季风年都发生在这个时期。上文指出,进入 90 年代,西北太平洋热带气旋频数日趋减少,1998 和 2010 年西北太平洋上生成热带气旋最少。

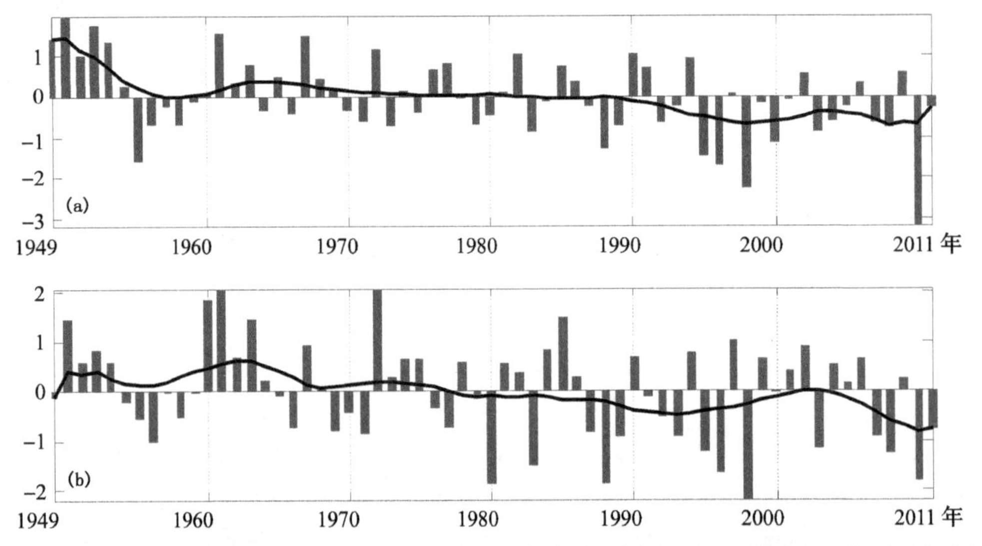

图 3 1949—2011 年南海夏季风(a)和东亚夏季风(b)指数的时间序列(粗实线为 10 a 滑动平均曲线)

由此可见,20 世纪 90 年代以后,东亚夏季风异常偏弱与同期热带气旋频数异常偏少有很好的对应关系,1998 和 2010 年同为历史上热带气旋频数最少的年份,也是夏季风最弱的年份。图 4 给出这两年 4—10 月 850 hPa 纬向风沿 100°—150°E 平均的纬度—时间分布,图上共同特征是 5—7 月低纬地区盛行东风,西风明显偏弱,直到 8 月以后在 5°—15°N 才盛行西风,从而造成西风与副高南缘东南风形成的气旋性切变偏弱,不利于热带气旋的生成,导致这两年热带气旋明显偏少。

上述分析表明,东亚夏季风减弱是西北太平洋热带气旋频数减少的重要原因。西太平洋副热带高压(副高)作为其重要成员,对西北太平洋热带气旋活动具有重要的影响。利用国家气候中心提供的 74 项环流特征量,绘制了 1951—2011 年夏季(6—8 月)副高各个特征参数逐年演变图(图 5),图中粗实线为 10 a 滑动平均曲线。从副高面积指数和强度指数年际变化来看,20 世纪 70 年代以后,副高有显著增强的变化趋势,副高脊线南北位置经历先向南后转北

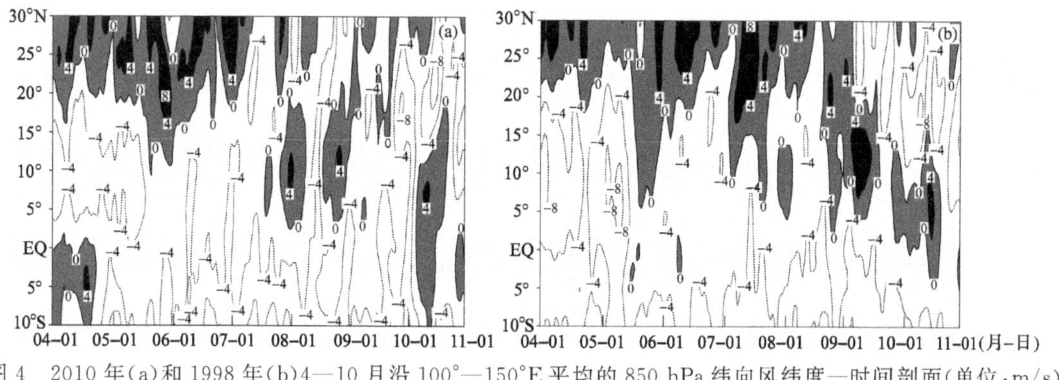

图 4 2010 年(a)和 1998 年(b)4—10 月沿 100°—150°E 平均的 850 hPa 纬向风纬度—时间剖面(单位:m/s)

的变化趋势,在 20 世纪 70、80 年代脊线位置明显偏南,副高脊线东西位置有向西变动的趋势。2010 年是副高近 30 多年来夏季范围最广、强度最强、位置最西的一年,1998 年次之。

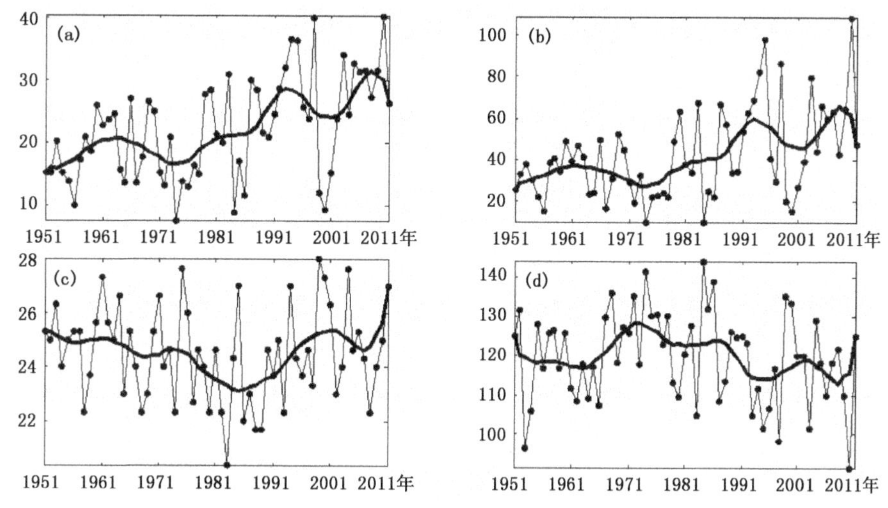

图 5 1951—2011 年夏季(6—8 月)副高面积指数(a)、强度指数(b)、脊线指数(c)和西伸脊点指数(d)的逐年演变

对比图 1 和 5,可以看到夏季副高强度增强趋势与西北太平洋热带气旋频数减少趋势呈反相关。为此,对西北太平洋热带气旋频数与各月副高强度指数求相关,结果如表 1 所示,两者的反相关几乎整个年份都存在,除了 11 月和 12 月两者的相关系数没有通过置信度检验外,其余月份均达到 95%的置信度,特别是 4 月,两者的相关关系最显著,相关系数达到−0.39。这说明西北太平洋热带气旋频数和副高强度存在很好的反相关关系,春季副高强度的变化对预测当年热带气旋频数有较好的指示意义。

表 1 西北太平洋热带气旋频数与各月副高强度指数的相关系数

月份	1	2	3	4	5	6	7	8	9	10	11	12
相关系数	−0.25	−0.36	−0.30	−0.39	−0.25	−0.35	−0.30	−0.32	−0.26	−0.20	−0.17	−0.06

3 ENSO年代际变化与西北太平洋热带气旋频数年代际变化的关系

利用NOAA的多重ENSO指数MEI(Multivariate ENSO Index)来分析ENSO年代际变化，由于它综合了6种热带太平洋的观测数据，因此它比以往表示ENSO的南方涛动指数(SOI)和各种海表温度指数能更好、更全面地监测和反映ENSO事件。图6显示的是1951—2011年MEI演变趋势，可以看出，ENSO事件存在明显的年代际变率，70年代中期以前ENSO冷事件持续事件更长，强度大，ENSO暖事件相对强度弱，持续时间短。70年代中期以后ENSO暖事件发生更加频繁、持续时间更长、强度更大。进入20世纪，共发生3起暖事件和2起冷事件，强度相对较弱。对比图1，20世纪70年代中期至今，ENSO暖事件周期阶段对应热带气旋频数减少阶段。

对西北太平洋热带气旋频数与各月MEI求相关，发现两者只在3—6月反相关明显，达到了95%的置信度要求。这说明春季ENSO暖(冷)事件最强时，当年西北太平洋热带气旋活动不活跃(活跃)。可见，春季发生的ENSO事件对当年热带气旋频数有较好的预报作用。统计1949—2011年春季(3—5月)为ENSO暖事件状态，共计7个样本年(1958、1969、1983、1987、1992、1998和2010年)，在7年里有5年热带气旋频数少于常年(27个)，概率为71%，而且热带气旋频数最少的1998年和2010年均包含在内；统计同期为ENSO冷事件状态，共计11个样本年(1950、1955、1956、1974、1975、1976、1985、1989、1999、2000和2008年)，在11 a里有5 a热带气旋频数多于常年，而且都处于20世纪90年代以前，这是由于进入20世纪90年代以后，热带气旋年频数都远远低于多年平均值。由此说明，随着全球气候变暖，ENSO事件与西北太平洋热带气旋频数的关系在近20年来有了新特点。当春季有ENSO暖事件发生，当年热带气旋频数以偏少为主；当春季有ENSO冷事件发生，当年热带气旋频数变化特征并不显著。

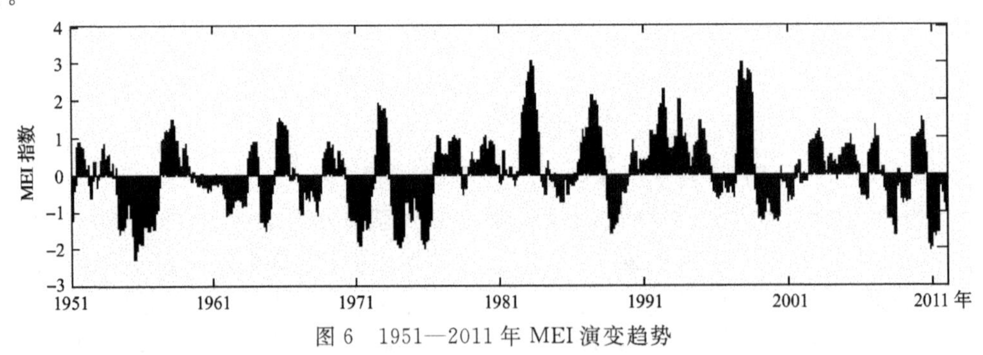

图6 1951—2011年MEI演变趋势

4 西北太平洋热带气旋频数减少的成因分析

随着全球变暖，全球海表温度升高。已有观测事实表明，整个北太平洋的海表温度在过去60多年不断增暖，以29℃等值线为闭合的区域向东延伸。虽然西北太平洋热带气旋活动的区域增温明显，但是整个西北太平洋热带气旋频数却在急剧减少。为什么更暖的海温并没有导致更多的热带气旋生成？考虑到影响热带气旋生成的因子，除了热力学因子(高海温)之外，还有若干动力学因子，而且往往动力学因子比热力学因子起更重要的作用[11]。

上述分析表明，热带气旋频数的年代际变率与东亚夏季风以及ENSO事件的年代际变率有很好的对应关系。自20世纪70年代至今，热带气旋频数明显下降，特别是20世纪90年代以后急剧下降，这与同期东亚夏季风异常偏弱，以及ENSO暖事件频繁发生密切相关。总的来说，伴随着年内的ENSO循环，海温外强迫的异常造成垂直环流异常，东亚夏季风系统成员活动异常，从而影响热带气旋的生成个数。具体来讲，春季赤道中东太平洋海温异常偏暖，东西向海温梯度变小，沃克环流明显减弱，整个赤道地区平均海温上升，南北温度梯度进一步加剧，促使赤道哈得来环流发展，副热带的下沉分支强烈发展，使得副高进一步加强。西太平洋副热带高压偏强，位置偏西，东亚夏季风区弱的西南季风与副高南缘东南风形成的气旋性切变偏弱，不利于热带气旋的生成，南海和菲律宾以东热带气旋发生源地对流活动受到抑制，导致热带气旋生成个数减少。

5 结 论

(1)西北太平洋热带气旋生成频数在20世纪50年代中前期趋于正常，20世纪50年代末到70年代初频数明显上升，峰值出现在1965年前后，之后开始减少，1990年前后又有一个小的峰值，之后急剧下降，1998和2010年达到最低值。

(2)20世纪90年代以来，全球大气海洋处于显著增暖阶段，西北太平洋热带气旋生成个数，尤其是台风以上级别的，并没有随之增加，反而呈明显的下降趋势。

(3)进入20世纪90年代，东亚夏季风处于一个负位相阶段，特别是最近10a其强度达到最弱期，东亚夏季风异常偏弱与同期热带气旋频数异常偏少有很好的对应关系，1998和2010年同为历史上热带气旋频数最少的年份，也是夏季风最弱的年份。

(4)作为东亚夏季风重要成员的西太平洋副热带高压，20世纪70年代以后，强度增强趋势与西北太平洋热带气旋频数减少趋势呈反相关关系。春季副高强度的变化对预测当年热带气旋频数有较好的指示意义。

(5)ENSO冷、暖事件存在年代际变率，20世纪70年代中期以后ENSO暖事件发生更加频繁、持续时间更长、强度更强，这与热带气旋频数减少阶段相对应。春季MEI指数与西北太平洋热带气旋频数的反相关性好，统计结果表明，当春季有暖事件发生，当年热带气旋频数以偏少为主。

(6)20世纪90年代以后热带气旋频数急剧下降，这与同期东亚夏季风异常偏弱，ENSO暖事件频繁发生密切相关。春季赤道中东太平洋海温异常偏暖，促使赤道哈得来环流发展，副高加强，位置偏西，东亚夏季风区弱的西南季风与副高南缘东南风形成的气旋性切变偏弱，不利于热带气旋的生成。

参考文献

[1] Hoyos C D, Agudelo P A, Webster P J. Deconvolution of the factors contributing to the increase in global hurricane intensity. *Science*, 2006, **312**: 94-97.

[2] 马丽萍，陈联寿，徐祥德. 全球气候变化和全球热带气旋相关特征. 热带气象学报，2006，**22**(2)：147-154.

[3] Webster P J, Holland G J, Curry J A, et al. Changes in tropical number, duration, and intensity in a war-

ming environment. *Science*,2005,**309**:1844-1846.

[4] 雷小途,徐明,任福民.全球变暖对台风活动影响的研究进展.大气科学,2009,**67**(5):680-688.

[5] 曹楚,彭加毅,余锦华.全球气候变暖背景下登陆我国台风特征的分析.南京气象学院学报,2006,**29**(4):455-461.

[6] 李崇银.厄尔尼诺影响西太平洋台风活动的研究.气象学报,1987,**45**:229-235.

[7] 何敏,宋文玲,陈兴芳.厄尔尼诺和反厄尔尼诺事件与西北太平洋台风活动.热带气象学报,1999,**15**(1):17-25.

[8] Gray W M. Atlantic seasonal hurricane frequency. Part I:El Nino and 30 mb quasi-biennial oscillation influences. *Mon Wea Rev*,1984,**112**:1649-1668.

[9] 施能,魏凤英,封国林等.气象场相关分析及合成中蒙特卡洛检验方法及应用.南京气象学院学报,1997,**20**(3):355-359.

[10] Li Jianping,Zeng Qingcun. A new monsoon index and the geographical distribution of the global monsoons. *Adv Atmos Sci*,2003,**20**(2):299-302.

[11] Chauvin F,Royer J-F,Deque M. Response of hurricane-type vortices to global warming as simulated by ARPEGE-Climat at high resolution. *Clim Dyn*,2006,**27**(4):377-399.

江淮流域三次致涝大暴雨过程的对比分析

康建鹏　范　文　柏中绘　张丽婷　戴　玥

（江苏省扬州市邗江区气象局，扬州 225009）

摘　要：2011年梅汛期江淮流域暴雨频发，6月下旬到7月中旬江淮流域出现3次区域性大暴雨天气，造成扬州境内出现近年来罕见的内涝。本文利用常规探测资料、中尺度加密站资料、雷达资料和数值模式产品资料对比分析了6月25日、7月5日和7月12日发生的3次大暴雨过程。结果表明：6月25日、7月12日强降水发生受西风带冷空气南下与低空倒槽相互作用，倒槽东侧的偏南气流提供充足的水汽；前者为弱冷空气与强热带风暴“米雷”外围云系结合的降水，属稳定性降水，后者为对流性降水；7月5日强降水发生于副高边缘，主要由上冷下暖的不稳定层结以及低空西南急流提供的充足的水汽供应所致。多普勒天气雷达基本反射率图可以较好地追踪强降水回波，在开展大暴雨天气联防和短时临近预警中凸现作用。

关键词：江淮流域；大暴雨；对比分析

1　3次大暴雨天气概况

2011年进入梅汛期，江苏省发生旱涝急转，江淮之间西部先后出现3次区域性大暴雨天气，时间分别为6月25日、7月5日和7月12日，这3次大暴雨过程降水时段集中，降水强度大，伴有强雷暴等不稳定天气，强降雨中心均位于扬州地区，造成全市境内出现近年来罕见的内涝，给城市交通和人民生活造成极大的影响。

1.1　各过程大暴雨概况

6月25日受北方冷空气和热带气旋“米雷”外围共同影响，江苏境内江淮之间西部普降暴雨到大暴雨（表1）。扬州中南部大多数气象站点降水量超过50 mm，超过100 mm的站点有13个，其中过程最大降水量136.8 mm，10—12时瓜洲站2 h降水70.1 mm。这场强降水对缓解前期旱情十分有利，但由于降水时段过于集中，造成扬州市区低洼处多处积水，交通运输受到一定影响，导致高邮市内河水位从1.66 m上涨至2.32 m，超警戒水位0.5 m，形成了严重的内涝，造成3.7万多人受灾，直接损失达785万元。

7月5日受副热带高压（副高）边缘高低空冷暖配置作用影响，江淮之间出现区域性大暴雨（表1），降雨中心位于扬州市中南部，过程最大降水出现在高邮站，高邮站24 h降水量135.4 mm；扬州站12 h降水量119.4 mm，为2003年以来同期最大值。强降雨袭击扬州市区、江都和仪征等大部分地区，形成洪涝。全市受灾人口2.59万人，造成直接经济损失约2389万元。

表 1　2011 年扬州 3 次大暴雨过程降水情况

气象要素	6 月 25 日	7 月 5 日	7 月 12 日
过程最大降水量(mm)	136.8	203.5	177.9
≥50 mm 站点数	41	41	37
≥100 mm 站点数	13	27	19
≥150 mm 站点数	0	8	7
1 h 最大降水量(mm)	36.2	81.4	104.1
3 h 最大降水量(mm)	78.2	133.3	129.2
6 h 最大降水量(mm)	110.6	185.1	143.9

注:2011 年梅汛期扬州市有效降水站点 67 个。

7 月 12 日受低压倒槽影响,扬州中南部地区普降暴雨到大暴雨(表 1),12 日下午江都宗村发生龙卷,过程最大降水量 177.9 mm。由于强降水集中且持续时间长,使得城市大部分地区汪洋一片,低洼处积水明显,给交通带来严重影响。强降水导致仪征死亡 1 人,受灾群众 6500 人。江都小纪镇遭受龙卷袭击,死亡 1 人,受灾人口 6000 人,造成直接经济损失 300 万元。

1.2　3 次大暴雨过程雨情和灾情对比

比较 3 次大暴雨雨情,从降水强度和范围来讲,7 月 5 日最为严重,7 月 12 日次之,6 月 25 日稍弱;3 次过程均伴有较强的雷暴天气,7 月 12 日局部出现龙卷风。

从市民政部门灾情资料汇总显示:7 月 12 日出现人员伤亡、房屋倒塌和严重涝灾,7 月 5 日出现房屋倒塌和严重涝灾,全市灾情等级定性为中灾,7 月 12 日较 7 月 5 日严重;6 月 25 日损失较小,全市灾情等级定性为轻灾。

2　天气形势特征和暴雨落区

2.1　3 次大暴雨过程共同点

(1)大范围冷空气活动和低层旺盛暖湿气流的共同作用,提供了大暴雨发生的背景条件[1~3]。

(2)低空倒槽(切变)辐合区汇合和叠加,为中小尺度的生成和发展提供了有利条件[1~3]。

(3)大暴雨产生在深厚的水汽辐合及强烈的对流不稳定区,小尺度辐合区与大暴雨过程同步,地面辐合线是造成大暴雨的直接影响系统[1~3]。

2.2　3 次大暴雨过程不同点

2.2.1　环流背景不同

7 月 5 日大暴雨过程形势特征为副高边缘型,降水呈对流性,6 月 25 日和 7 月 12 日大暴雨过程形势特征为台风型,降水呈稳定性。

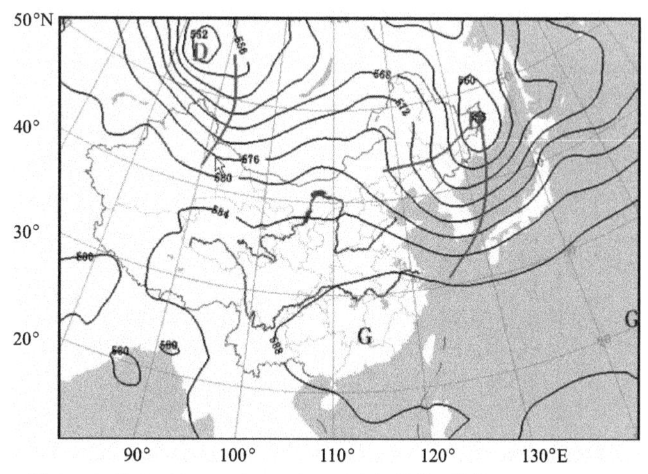

图 1　6 月 25 日 08 时 500 hPa 环流形势(单位:dagpm)

6 月 25 日大暴雨天气过程发生在强热带风暴倒槽和西风带低槽有利配置的大尺度环流背景下[1]。

6 月 25 日 500 hPa(图 1)上贝加尔湖高压脊隆起,东北冷涡后部冷空气以横槽的形式不断积聚,2011 年第 5 号热带风暴“米雷”在菲律宾以东洋面上先西行后北上。24 日 08 时副热带高压(副高)增强北抬,副高脊线到达 29°N,横槽南压到 40°N 附近。24 日 20 时随着“米雷”加强为强热带风暴并北上,副热带高压减弱东撤,横槽缓慢南压到 38°N 附近,冷暖空气在江淮流域上空交汇。

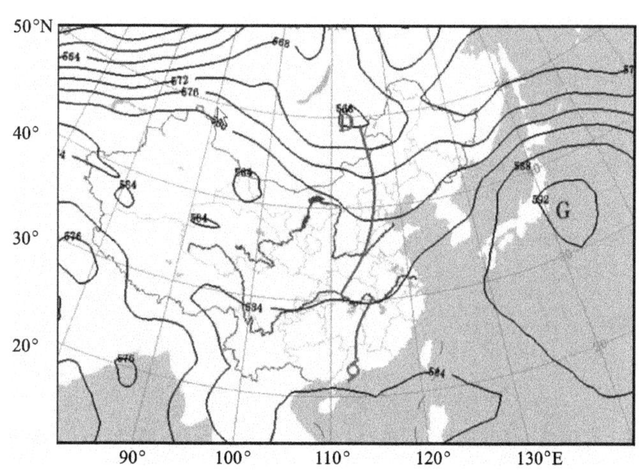

图 2　7 月 4 日 08 时 500 hPa 环流形势(单位:dagpm)

7 月 5 日大暴雨天气过程发生在副高东北侧的偏北气流影响下,是一次不典型的大暴雨天气过程。副热带高压南退,其西侧低空急流携带的大量水汽与高空干冷空气在江淮之间交汇,导致了这次大暴雨天气的发生[2]。

7 月 4 日 08 时 500 hPa(图 2)上东北冷涡后部横槽转竖,副高继续增强西伸北抬,5880 gpm 线北抬至江淮之间。5 日 08 时江淮之间上空基本为西北气流,副高开始减弱,5880 gpm 线南压至苏浙交界。高空西北气流具有双重作用:一是有利于高空冷平流和低空及地面暖湿气流汇合,容易形成上冷下暖的层结不稳定结构,造成强降水天气的发生;二是遏制低空急流向东北方向发展。

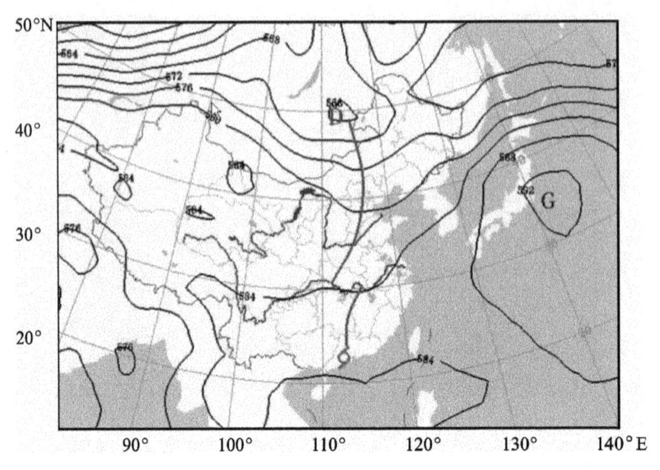

图3　7月12日08时500 hPa环流形势(单位:dagpm)

7月12日大暴雨天气过程是西风带内的冷空气在合适的环流形势下渗透南下与低压倒槽发生相互作用造成的[3]。

7月12日08时500 hPa(图3)上渤海湾到山东半岛有低槽东移,河套附近还有槽后冷空气补充东移,副热带高压位于130°E以东,位置稳定少动,中低层江淮之间有冷式切变线存在,台湾西南洋面上的低压倒槽切变呈东北—西南向,倒槽东侧不断有偏南气流向江淮地区输送,安徽到河南有20℃的暖中心,冷暖气流交汇开始造成江淮一带部分地区出现明显降水。

2.2.2　水汽来源不同

图4显示,副高边缘型大暴雨水汽主要来自孟加拉湾和北部湾;台风型大暴雨水汽主要来源于西太平洋和南海。

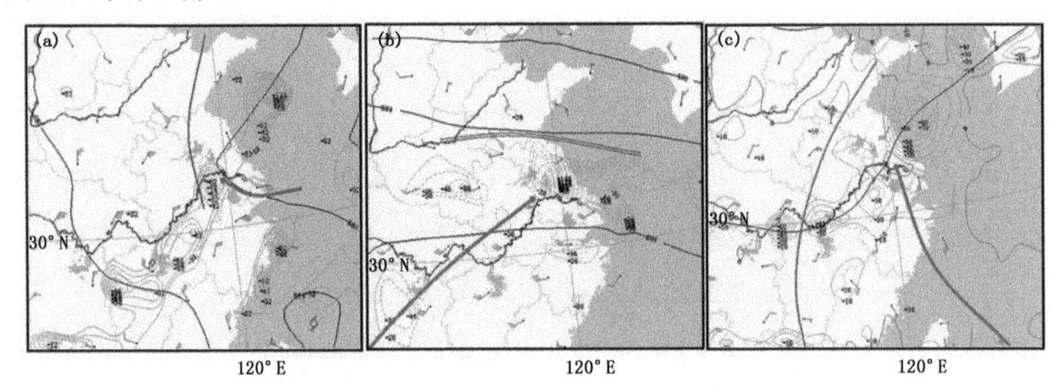

图4　3次大暴雨过程水汽输送情况(500 hPa高度场,850 hPa风场,粗实线代表850 hPa切变线或倒槽,箭头线代表急流位置,细虚线代表850 hPa水汽通量散度场)
(a)6月25日08时,(b)7月5日08时,(c)7月12日08时

6月25日08时"米雷"倒槽北伸到长江口附近,700 hPa安徽中西部存在气旋式环流,850 hPa长江以北冷温槽南压,与"米雷"的外围云系相接,在江淮之间西部造成强降水。水汽主要来源于西太平洋,通过倒槽东侧的东南急流输送到江淮地区,水汽辐合中心位于急流出口江苏

西南部。

7 月 4 日 20 时 850 hPa 东西向切变线位于沿淮一线，与东北冷涡低槽相接，横切变引导冷空气南下，锋区加强；印度—青藏高原存在暖低压，江淮地区处于鞍形场内，有利于强降水的产生和维持。5 日 08 时 700 hPa 位于低压槽（切变）前偏西南气流中，850 hPa 暖式切变线位于鲁苏交界，暖湿气流明显北抬。低空西南急流迅速增强，一直输送至长江下游江北一带，是主要的水汽输送通道，水汽主要来自孟加拉湾和北部湾，水汽辐合中心位于急流出口江淮之间。

7 月 11 日 20 时 850 hPa 倒槽有所北抬，与江淮之间的切变线相连，东南气流增强，水汽输送条件较好。12 日 08 时 850 hPa 倒槽一直呈东北—西南向，北抬与江淮之间北部的小低压系统结合，南海的水汽通道打开，海上的水汽随着急流源源不断的输送到江淮之间，倒槽长时间稳定少动，其东侧存在东南低空急流，水汽主要来自西太平洋和南海，水汽辐合中心位于急流东侧黄海上空。

2.2.3 暴雨落区不同

图 4 显示，6 月 25 日强降水位于急流出口处、倒槽靠冷空气一侧区域；7 月 5 日位于急流出口处、低空切变线靠暖空气一侧；7 月 12 日位于低空急流的左侧、倒槽靠暖空气一侧。

6 月 24 日“米雷”的倒槽伸到江苏省东南部，地面冷锋进入“米雷”的倒槽，6 月 25 日随着地面高压的东移南压，强热带风暴“米雷”在近海北上，地面气压梯度加大，强降水位于倒槽西侧的东北风区域中。

7 月 5 日地面静止锋压至长江以南，地面辐合线一直稳定维持在江苏沿江一线，扬州处于低空急流和地面辐合线的交汇处，为降水最集中的区域。暴雨落区位于高层冷空气和中低层暖湿气流的结合部东侧，西南急流前部，强锋区南侧以及地面辐合线附近。

7 月 12 日地面辐合线北抬，下午一直维持在江淮之间，地面辐合线对于水汽的抬升有明显的作用，辐合线右侧降水明显。暴雨落区位于低空急流的左侧、倒槽东侧。

3 雷达回波特征分析

从常州多普勒雷达反射率因子（图 5）可以看到：

6 月 25 日降水回波范围广，持续时间长，回波基本呈东北—西南向带状（图 5），受强热带风暴“米雷”西进北上影响，其外围在与冷空气交汇过程中，不断有带状回波生成并发展西移北抬，回波移动缓慢，强降水得以长时间持续，且强度不断得到增强，最大回波反射率 61～62 dBz（表 2）。受多支带状强回波的影响，25 日 06—09 时、11—15 时出现两个强降水时段。

7 月 5 日凌晨在江苏沿江地区西部有一条东西向的强回波带发展加强并缓慢东移（图 5），04 时降水回波范围扩大，强度增强，由絮状发展为块状，有组织地排列成一条线状回波带，主要由东、中、西 3 个块状对流性回波组成，影响扬州沿江地区的强降水开始。05 时块状回波强度继续增强，结构更加清晰，西块回波演变为中尺度的涡旋状回波，最大回波强度达 58 dBz。06 时回波带强度和范围达到最强，在沿江一带形成一条超级单体回波带。自动站逐时降水量显示（表 2）：04—07 时沿江有 8 个站点 3 h 降水量超过 100 mm，在江都大桥和仪征谢集出现超过 70 mm/h 的雨强。08 时以后回波带移向转为东北，混合型降水回波覆盖扬州中南部。

7 月 12 日 14 时有块状回波从南京方向发展东移北抬（图 5），强度逐渐增强，最大回波强度达到 55～56 dBz，随后回波结构更加清晰，逐渐演变为中尺度的涡旋状回波，移动缓慢，17

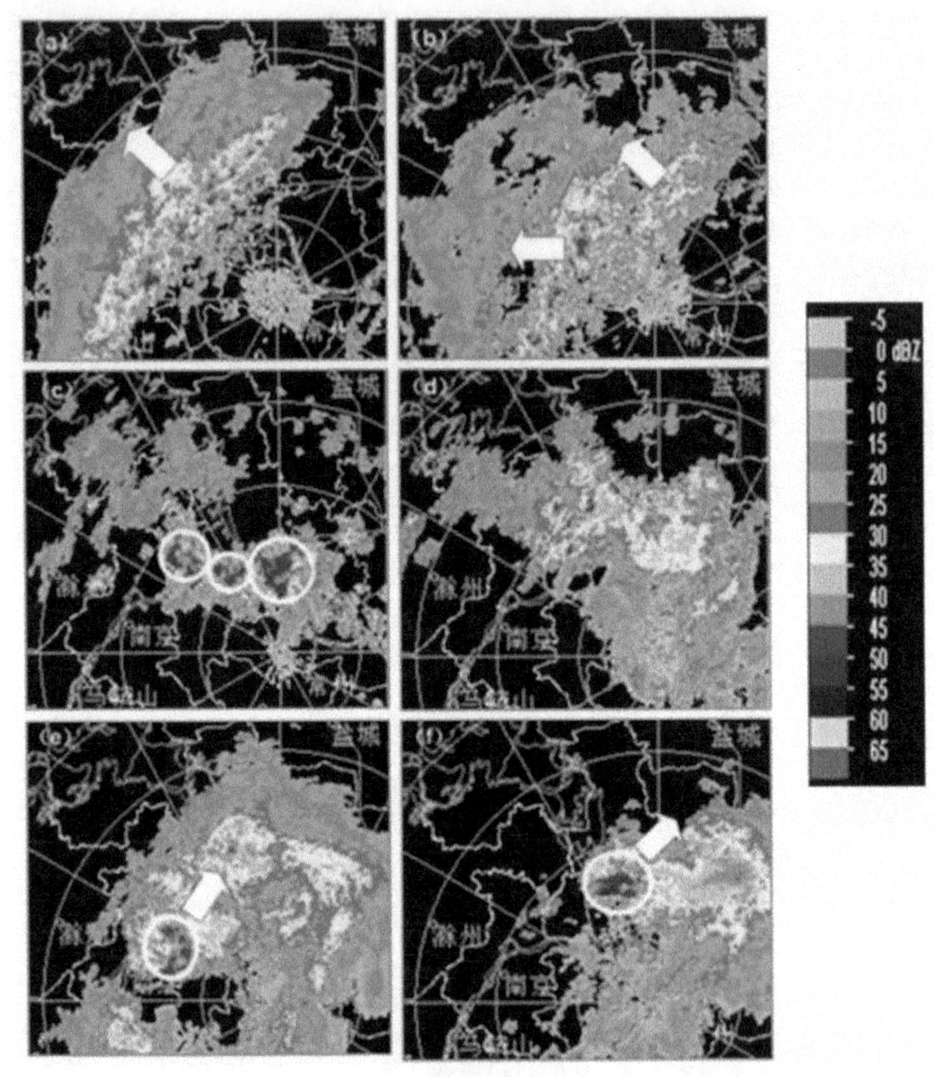

图 5 2011 年 3 次大暴雨过程多普勒雷达基本反射率因子(仰角:2.4°)
(a)6 月 25 日 07 时 30 分,(b)6 月 25 日 10 时 30 分,(c)7 月 5 日 05 时,
(d)7 月 5 日 10 时,(e)7 月 12 日 14 时,(f)7 月 12 日 17 时

时开始影响扬州时最大回波强度达 62～63 dBZ,造成扬州中南部大范围的强降水,部分地区还出现龙卷,江都小纪 19 时出现超过 104.1 mm/h 的雨强(表 2)。

表 2 3 次大暴雨过程雷达回波特征比较

日期	6 月 25 日	7 月 5 日	7 月 12 日
回波形状	带状	块状、涡旋状	涡旋状
回波最大强度(dBZ)	62	58	63
移动方向	西、西北	东、东北	东、东北
有无中气旋	无	有	有
有无逆风区	有	无	无
单站雨强极值(mm/h)	36.2	81.4	104.1

4 小 结

(1)3 次大暴雨天气过程的共同点是大范围冷空气活动和低层旺盛暖湿气流的共同作用，提供了大暴雨发生的背景条件；高空冷空气、低空倒槽(切变)辐合区汇合和叠加，为中小尺度的生成和发展提供了有利条件；大暴雨产生在深厚的水汽辐合及强烈的对流不稳定区，小尺度辐合区与大暴雨过程同步，辐合中心附近出现大暴雨，是造成大暴雨的直接影响系统。

(2)3 次大暴雨天气过程不同点是形势背景不同，7 月 5 日大暴雨过程形势特征为副高边缘型，降水呈对流性，6 月 25 日和 7 月 12 日大暴雨过程形势特征为台风型，降水呈稳定性；水汽来源不同，副高边缘型大暴雨水汽主要来自孟加拉湾和北部湾，台风型大暴雨水汽主要来源于西太平洋和南海；大暴雨落区不同，6 月 25 日强降水位于倒槽西侧的东北风区域中，7 月 5 日位于高层冷空气和中低层暖湿气流的结合部东侧和西南急流前部，7 月 12 日位于低空急流的左侧、倒槽东侧。

(3)雷达图可以较好地追踪强降水落区和动态，强回波与强降水对应，对流性回波与混合型回波并存，且均在地面辐合线附近产生；具有中小尺度特征的对流性回波形成宽带状回波，使降水不仅强度大，而且持续时间长。

参考文献

[1] 汪婵娟，胡玉玲，杨柳等.一次台风外围大暴雨过程分析//江苏省气象学会第七届学术交流会论文集，2011：**27**.

[2] 康建鹏，柏中绘，徐莎莎等.江淮流域一次区域性大暴雨过程的预报分析//江苏省气象学会第七届学术交流会论文集，2011：**111**.

[3] 戴玥，康建鹏，杨柳等.7 月 12 日扬州大范围暴雨过程诊断分析//江苏省气象学会第七届学术交流会论文集，2011：**28**.

[4] 吴启树，郑颖青，林金淦等.一次暴雨过程的动力诊断.气象科技，2010，**38**(1)：21-25.

[5] 吕江津，王庆元，杨晓君.海河流域一次大到暴雨天气过程的预报分析.气象，2007，**33**(10)：52-60.

[6] 郑仙照，寿绍文，沈新勇.一次暴雨天气过程的物理量分析.气象，2006，**32**(1)：102-106.

2009年初夏东北冷涡异常活动的大尺度环境条件及其成因

王　宁[1]　陈长胜[2]　王晓明[1]

(1. 吉林省气象台,长春 130062; 2. 吉林省气象科学研究所,长春 130062)

摘　要:对2009年6月吉林省持续低温多雨寡照的环流特征进行了分析。结果表明:2009年6月东北冷涡的持续性异常活动与东亚沿海地区存在一个十分明显的南北向(经向)分布的正一负距平波列密切相关,即雅库次克一鄂霍次克海阻塞高压异常偏强,而东北冷涡活动区位势高度异常偏低。同时,副热带高压活动异常、脊线偏南,极涡偏向东半球,南亚高压活动异常、强度偏弱,东亚夏季风活动异常,南北风辐合位置偏南以及中纬度锋区加强。北部冷空气活动明显等一些大尺度天气系统间的相互作用等,均是导致东北冷涡维持和发展的重要成因。

关键词:东北冷涡;异常活动;大尺度环境条件;成因

引　言

东北冷涡是中国东北地区常见的一种天气系统,常造成东北地区持续低温、寡照和强降水等灾害性天气,特别是在夏季还可带来雷电、大风和冰雹等突发性强对流天气,对农业生产、电力设施、交通安全等方面影响较大,因此,一直以来备受广大气象工作者的关注。许多气象学者围绕东北冷涡的大中尺度环流形势、物理量特征、冷涡垂直结构、位涡动力诊断及数值模拟等方面开展研究工作,并相继有一些成果问世[1-7]。2009年6月,吉林省出现了长达24 d罕见的东北冷涡天气,体现了典型的东北冷涡的持续性异常。本文仅对2009年6月东北冷涡异常活动的大尺度环境条件进行分析,并对其成因进行了初步探讨,旨在对典型东北冷涡的持续性异常有所了解,为预报提供背景参考。

1　资料与方法

本文采用孙力等[1]对东北冷涡的定义,即:①500 hPa天气图上,至少能分析出一条闭合等高线,并有冷中心或明显冷槽配合的低压环流系统;②冷涡出现在(35°—60°N,115°—145°E)范围内;③冷涡在上述区域内的生命史至少为3 d。并把出现在50°—60°N,40°—50°N和35°～40°N的东北冷涡划分为北涡、中涡和南涡。

利用2009年6月NCEP / NCAR再分析资料,吉林省夏季气温、降水资料等,采用统计学、距平分析等方法,对2009年初夏影响吉林省的东北冷涡异常集中期的大气环流背景场、水

资助课题:公益性行业(气象)科研专项经费项目(GYHY201006006)。

汽输送等特征进行分析，并寻找导致东北冷涡异常的可能原因。

取(55°N,110°E)、(60°N,130°E)和(55°N,150°E)分别代表贝加尔湖、雅库次克及鄂霍次克海阻塞高压的位置。

2 东北冷涡异常活动及降水特征分析

2009年6月，吉林省持续低温多雨寡照，全省平均降水量为124 mm，比常年同期多24.7%，占新中国成立以来同期多雨的第13位；平均气温为17.9℃，比常年同期低1.5℃，居新中国成立以来同期低温的第5位；全省平均日照时数为182 h，比常年同期少48.7 h，居常年同期少日照的第2位。同时，雷雨、大风和冰雹等强对流天气活动频繁。

图1给出6月份冷涡中心移动路径动态，可以看到：6月冷涡异常偏多为24 d，月内共有4次冷涡过程，平均过程天数达6 d左右，除冷涡4持续时间较短外，其余3次冷涡过程持续时间均达到7 d以上。其中北涡为7 d，中涡为17 d，月内无南涡活动。

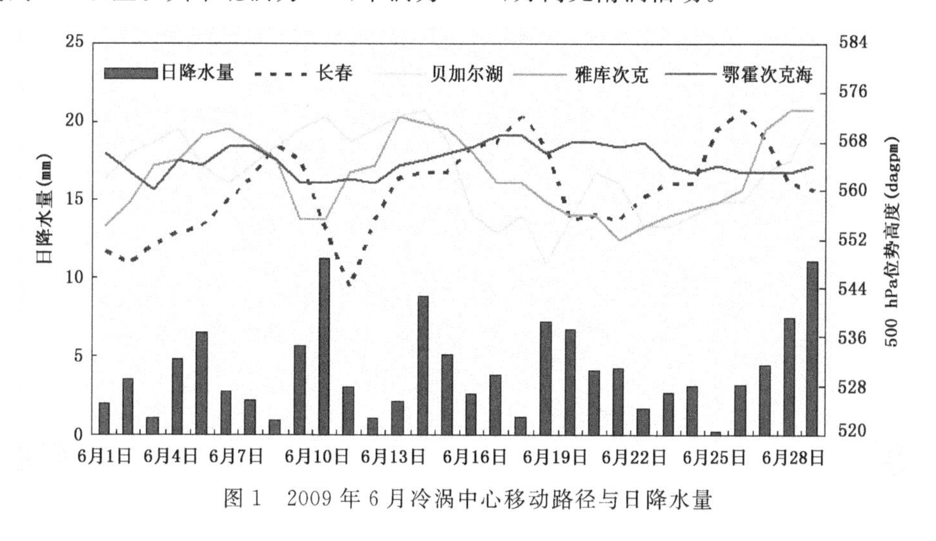

图1 2009年6月冷涡中心移动路径与日降水量

图2给出2009年6月逐日全省平均日雨量与500 hPa高度的关系，可以看到：2009年6月冷涡降水日数较多，全月无雨日数为0，但雨强不大，只有6月10和30日两天全省平均日雨量超过10 mm，4次冷涡过程对应5次相对较明显的降水时段，即4—5日、9—10日、14—15日、19—20日和29—30日。除14—15日降水是由冷涡后部横槽下摆引起的，长春位势高度相对较高以外，其余各降水时段均与长春位势高度明显下降相对应，而与贝加尔湖、鄂霍次克海及雅库次克位势高度交替上升相对应，即冷涡降水出现时，长春表现为低值区，而贝加尔湖、雅库次克及鄂霍次克海阻塞高压交替出现。

从月平均降水量的空间分布(图3)中可知：东南部的降雨量明显偏多，吉林东南、通化南部、白山及长白山池北区一带月平均降雨量在175 mm以上，中东部其他地区为110～165 mm；西北部部分地方的降雨量稍多，白城东部和南部降雨量在100 mm以上；四平、辽源、松原南部及白城西北部降雨量较少，为65～85 mm。

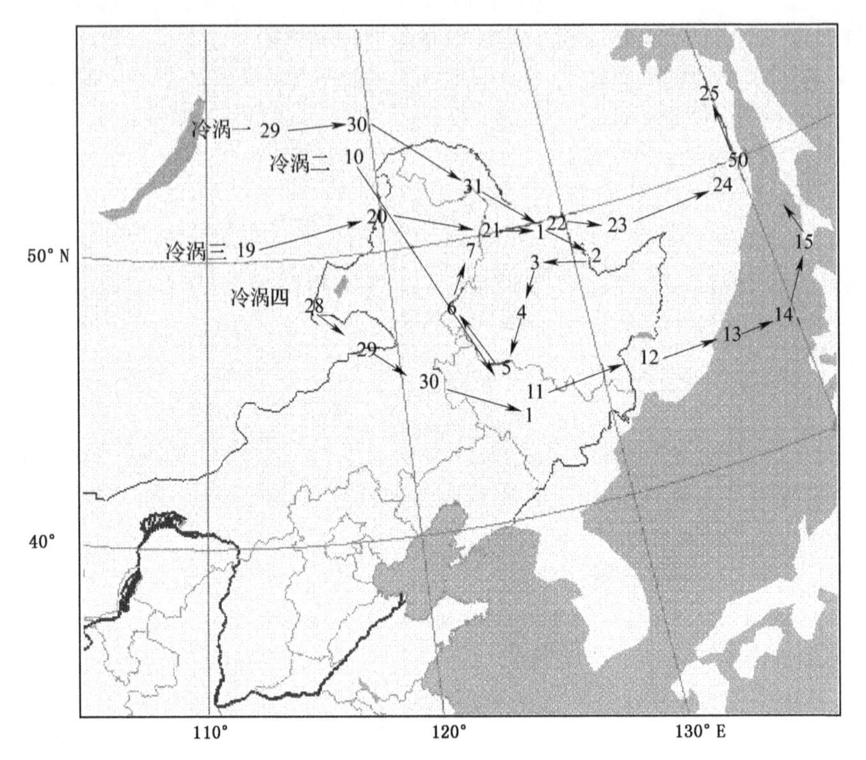

图 2　2009 年 6 月全省平均日雨量与 500 hPa 高度的关系

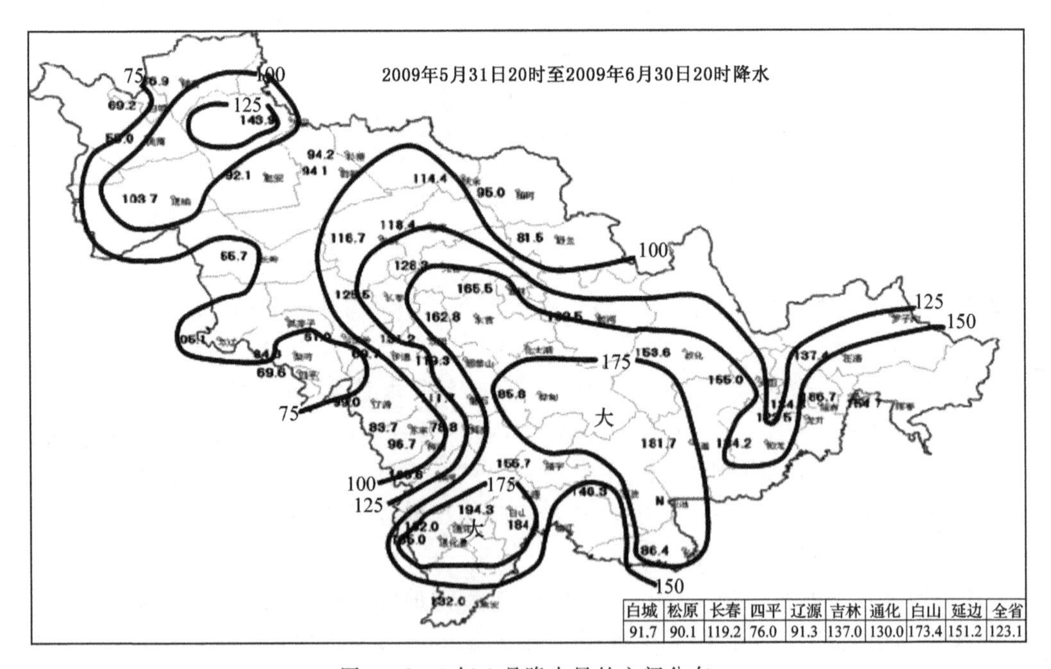

白城	松原	长春	四平	辽源	吉林	通化	白山	延边	全省
91.7	90.1	119.2	76.0	91.3	137.0	130.0	173.4	151.2	123.1

图 3　2009 年 6 月降水量的空间分布

3 东北冷涡异常活动的大尺度环境条件分析

3.1 北半球500 hPa月平均高度场分析

分析2009年6月北半球500 hPa月平均高度场(图4a),可知:极涡偏向东半球一侧,中纬度地区整个欧亚大陆呈现“两槽三脊”型,两槽主要分布在:巴尔喀什湖到贝加尔湖之间为一低槽区,东北地区为一低涡,三脊分别位于乌拉尔山、贝加尔湖和雅库次克—鄂霍次克海附近,一方面从极涡中不断有冷空气分裂出来,沿贝加尔湖脊前偏北气流下滑,进入东北低涡中使之发展加强,另一方面,雅库次克—鄂霍次克海附近阻塞高压对冷涡起到阻挡作用,从而使冷涡长时间滞留在东北地区。副高呈带状,脊线位于22.5°N,西伸脊点位于133°E,位置比较偏东偏南。

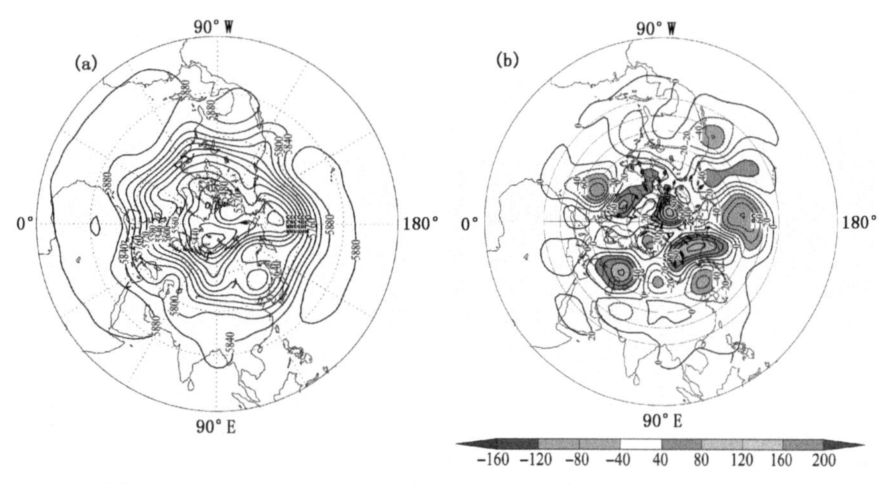

图4 2009年6月北半球500 hPa月平均(a)高度场和(b)高度距平场

3.2 北半球500 hPa月平均距平场分析

分析2009年6月北半球500 hPa月平均距平场(图4b),可知:中纬度地区整个欧亚大陆上“三脊”均表现为正距平区,贝加尔湖和雅库次克—鄂霍次克海的正距平区连为一体,明显强于乌拉尔山的正距平区,“两槽”表现为负距平区,且东北地区的负距平区明显强于两湖之间的负距平区,即在东亚沿海地区存在一个十分明显的南北向(经向)分布的正—负距平波列,雅库次克及其以东地区为明显的正距平分布,中国东北地区、朝鲜半岛、日本海附近为明显的负距平区,在西太平洋,30°N以南,115°—150°E距平场不明显。这种距平场的配置表明,在冷涡活动盛行的初夏,以雅库次克到鄂霍次克海一带为中心的东亚阻高势力强劲,西太平洋副热带高压位置偏南,强度偏弱。这与冷涡活跃年夏季,500 hPa高度场会出现以东北地区为中心的南北向和东西向的正—负—正距平波列分布略有差异,但与东亚阻高势力偏强而西太平洋副高位置偏南等大尺度环流背景是相一致的。

4　东北冷涡异常活动的成因分析

4.1　副高脊线偏南、极涡偏向东半球

从 2009 年夏季副高脊线逐日变化(实线)与多年平均值(虚线)的对比来看(见图 5),6 月份副高脊线多年平均位置在 21°～22°N,2009 年 6 月初,副高脊线异常偏南,在 9°～14°N,中旬 10 日及 16 日副高有短暂的北跳,脊线超过 21°N,但又迅速回落,脊线在 16°～21°N 波动,24 日以后副高脊线又超过 21°N,但大部分时间仍较常年同期偏南,所以整体看 6 月份副高脊线较常年同期偏南。同时,极涡偏向东半球一侧(图 4a),导致东半球极涡面积偏大。

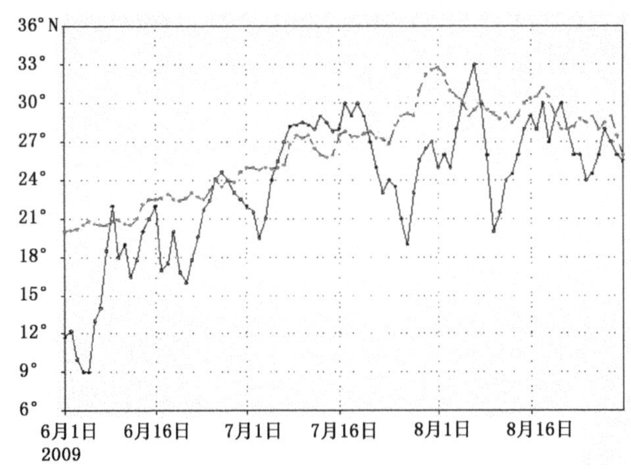

图 5　2009 年夏季副高脊线逐日变化曲线(实线)及多年平均值(虚线)

有研究表明,东北冷涡活动与北半球副热带高压活动、极涡面积活动有密切关系,分别呈显著的负、正相关关系,2009 年初夏副高与极涡的相对位置导致东北冷涡活动异常偏多。

4.2　南亚高压活动异常、强度偏弱

图 6 给出了 2009 年 6 月 100 hPa 高度场(实线)及多年平均场(虚线),可以看到:2009 年 6 月南亚高压位置与常年同期基本接近,但中心强度明显偏弱,1664～1676 dagpm 所包围的面积均较常年同期明显偏小,说明 2009 年 6 月南亚高压强度明显偏弱。有研究表明,南亚高压和副高是呈正相关的,南亚高压强度偏弱,导致副高强度偏弱。

4.3　中纬度锋区加强、北部冷空气活动明显

图 7 给出了 2009 年 6 月 850 hPa 温度场(实线)及多年平均场(虚线),从中可知:2009 年 6 月青藏高原热源与常年同期相比变化不大,中纬度锋区位置也与常年同期相接近,但强度略有加强,北部有两股冷空气比较活跃,分别位于巴尔喀什湖附近和东北地区,巴尔喀什湖附近的冷空气主要是从极涡分裂出来的,沿着贝加尔湖脊前偏北气流下滑,加入到东北冷涡中使之维持发展,而东北地区的冷空气具有超极地特性,从北部直接入侵东北低涡中。

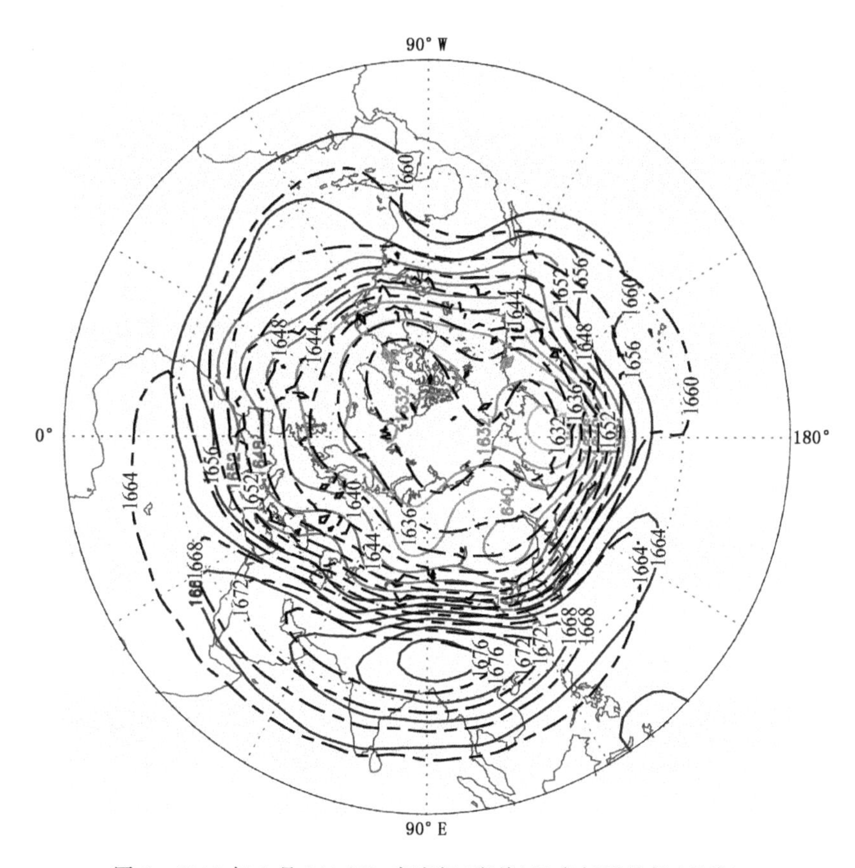

图 6　2009 年 6 月 100 hPa 高度场(实线)及多年平均场(虚线)

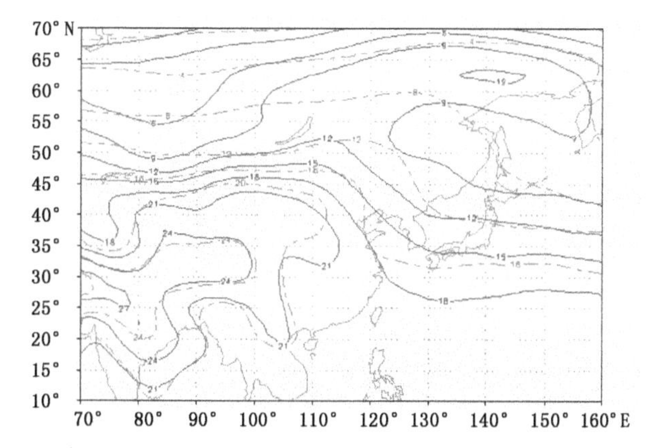

图 7　2009 年 6 月 850 hPa 温度场(实线)及多年平均场(虚线)(单位:℃)

4.4　东亚夏季风活动异常、南北风辐合位置偏南

中国东部地区夏季的气候变化主要受东亚夏季风影响,图 8 给出了 110°～120°E 850 hPa 径向风的时间—纬度分布,可以看到:2009 年 6 月平均南风分量异常加强,并在 30°N 附近形成异常南北风的辐合,位置比较偏南,致使南方水汽不是沿着副高后部西南急流输送到吉林省,而是一直向东北输送进入日本海,再随着东北冷涡旋转进入吉林省,这与副高后部降水的

水汽输送有明显不同。同时在中纬度40°～45°N内,北风分量异常强盛,有利于冷空气不断进入低涡后部,使东北冷涡得以维持发展。

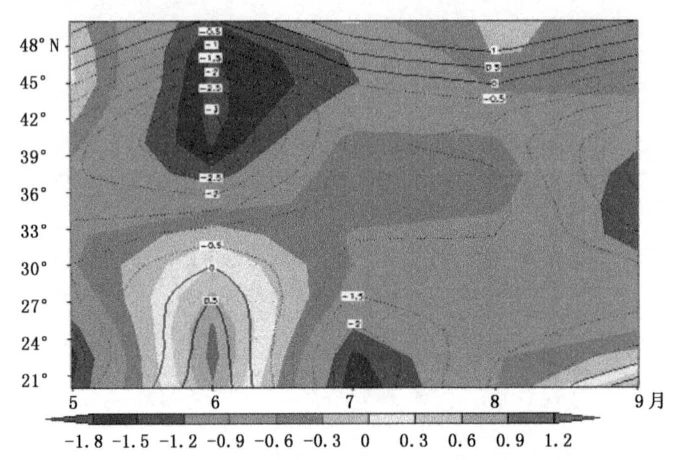

图8　2009年5—9月110°～120°E 850 hPa经向风及其距平(阴影)

4.5　水汽输送特征

分析2009年6月850 hPa风场和相对湿度(图9),可知:与东北冷涡相配合的一个气旋性环流位于吉林省上空,中心位于(47°N,126°E),风向辐合较好,一方面水汽来源于西南急流从黄、渤海输送而来,另一方面,水汽沿着强劲的西南急流从孟加拉湾经南海、东海进入日本海,然后旋转加入到东北冷涡中,因而使得我省上空水汽条件较好,大部地区相对湿度≥60%,东部和北部地区相对湿度更好一些,可以达到70%～80%,与吉林省较强降水的空间分布具有较好的一致性。

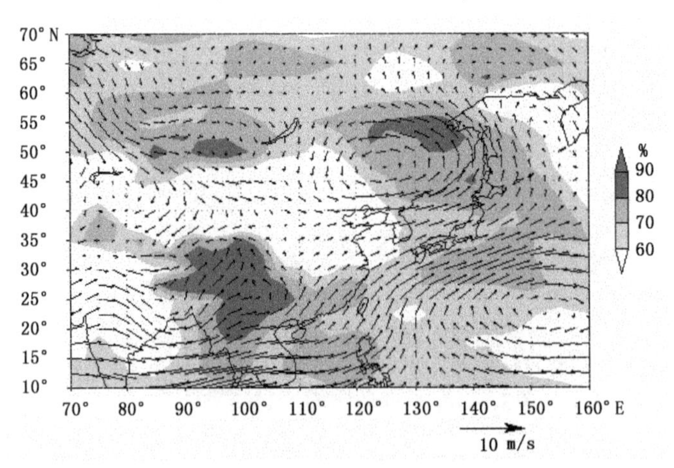

图9　2009年6月850 hPa风场(矢量线)和相对湿度(彩色填图区)

5　结　语

2009年6月吉林省持续低温多雨寡照,出现了长达24 d罕见的东北冷涡天气,500 hPa

月平均高度场上中纬度地区欧亚大陆呈现“两槽三脊”型，即两湖之间及东北地区分别为一低压，而乌拉尔山、贝加尔湖及雅库次克—鄂霍次克海阻塞高压交替出现。2009年6月850 hPa风场吉林省上空为一气旋性辐合，水汽条件较好，且相对湿度大值区与吉林省较强降水的空间分布具有较好的一致性。

2009年6月东北冷涡的持续性异常活动与东亚沿海地区存在一个十分明显的南北向（经向）分布的正—负距平波列密切相关，即雅库次克—鄂霍次克海阻高异常偏高，而东北冷涡活动区异常偏低。同时副高活动异常、脊线偏南、极涡偏向东半球，南亚高压活动异常、强度偏弱，东亚夏季风活动异常、南北风辐合位置偏南以及中纬度锋区加强、北部冷空气活动明显等一些大尺度天气系统间的相互作用是东北冷涡得以维持和发展的重要成因。

参考文献

[1] 孙力，郑秀雅，王琪. 东北冷涡的时空分布特征及其与东亚大型环流系统之间的关系. 应用气象学报，1994，**5**(3)：297-303.

[2] 孙力，安刚，廉毅等. 夏季东北冷涡持续性活动及其大气环流异常特征的分析. 气象学报，2000，**55**(6)：704-714.

[3] 王晓明，王新国，秦元明等. 东北冷涡暴雨的天气概念模型. 吉林气象，2003，(1)：2-5，27.

[4] 白人海，孙永罡. 东北冷涡中尺度天气的背景分析. 黑龙江气象，1997，(3)：6-7，12.

[5] 孙力，安刚，高枞亭等. 1998年夏季嫩江和松花江流域东北冷涡暴雨的成因分析. 应用气象学报，2002，**13**(2)：156-162.

[6] 陈艳秋，余志豪. 东北冷涡的位涡动力诊断模型及应用. 气象科学，2003，**23**(4)：446-450.

[7] 姜学恭，孙永刚，沈建国. 98.8松嫩流域一次东北冷涡暴雨的数值模拟初步分析. 应用气象学报，2001，**12**(2)：176-187.

河南省龙卷风灾害的时空分布特点

申占营

(河南省气候中心,郑州 450003)

摘　要:查阅中国气象灾害大典、年鉴、全国与河南省气候影响评价等文献,对河南省区域新中国成立以来128次龙卷风的历史记录逐个进行了时空分析和富士达分级:63 a来发生于6、7、8月的龙卷风占总次数的85%;20世纪50—70年代记录较少,80年代集中发生在1984、1985和1986年,90年代主要发生在1994、1995年,21世纪最初10年分布比较均匀。空间分布是豫中、豫东平原发生概率明显高于豫西山地和丘陵地区,且富士达F1、F2高级别比例也相应较高。

关键词:龙卷风;时间分布;空间分布;灾害特征;强度等级

引　言

龙卷风是一种破坏力极强的小尺度风暴,龙卷风中心气压很低,最低可降至700 hPa,甚至500 hPa以下[1~2],水平气压梯度很大,从而造成很强的风速,一般为50～150 m/s,最大风速可达200 m/s。龙卷的移动速度是由产生它的积雨云的移动速度决定的,常为40～50 km/h,最快的可达90～100 km/h[3~4]。一些强龙卷可将桥梁、房屋和人、畜卷走,因此龙卷风所到之处常能瞬间带来灾难性后果。

就全球范围来说,中国属龙卷风少发地区,但也有两个龙卷风的多发地带,一个是长江三角洲经苏北平原到黄淮海平原,南北走向,呈下弦月型,河南省处在北部边缘;另一个是在华南的两广地区,呈东西走向,其中有一个中心在海南省[5]。张红雨等分别作过山西、山东龙卷风的气候特征分析[6~9],马德栗等[10]、陈正洪等[11,12]、谢欣荣[13]对湖北、湖南拟建核电站周边地区龙卷风的资料做统计[10~13]。为了能进一步增强大家的防范意识,针对河南省龙卷风发生次数、空间分布和灾情强度进行具体分析,还可以为一些大型工程项目设计基准提供有价值的参考。

1　资料与方法

1.1　资料来源

(1)《中国气象灾害大典》(1949—2000年),(2)《中国气象灾害年鉴》河南卷(2001—2007年),(3)《全国气候影响评价》(1985—2011年),(4)《河南省气候影响评价》(1985—2011年),(5)有关台站地面气象观测月报表,(6)近期有关大河网站等公布的采访实录。

1.2 统计方法

遍查1949—2011年河南18个市103个县所属范围内发生龙卷风的相关记录，统计时对有些不属于龙卷风的例如飑线、台风等造成的灾害记录分别予以剔除，本文仅就有记载可查的龙卷风做尽可能全面的量化定级、时间序列次数统计和空间分布分析，尤其是近32 a来龙卷风发生的时间、地域和灾情记录较为详细，有利于龙卷风的强度定级和发生概率计算。豫中、东部地貌以平原为主，比豫西和豫南、豫北的丘陵和山地区域更容易发生龙卷风。

2 结果与分析

据多方资料调查汇集，河南省自新中国建立以来有史料记载的龙卷风记录共128次，发生在豫中、豫东平原地区较多，且强度级别也高于豫西丘陵、山地区域。

2.1 时间分布特征

从龙卷风的年代、年际变化到季、月、日时间分布，分别统计其发生的时段特点。

2.1.1 年代际变化特征

统计结果：河南128次龙卷风，20世纪50、60、70年代分别只有7、5、4次(表1)。20世纪50年代由于当时的观测、记录等受条件所限，加上人们对灾害天气的重视程度不同，龙卷风又来去迅速，所以说尤其是较早年代发生的龙卷风很可能会有漏记的现象，20世纪60、70年代对气象资料的收集尤其是对灾害性天气现象的记录几乎处于停滞状态，这使得该时段龙卷风发生的记录明显偏少 。

20世纪80、90年代和21世纪最初10年分别有33、49和24次龙卷风，20世纪80年代主要集中在1984—1986年，20世纪90年代每年都有且发生次数也普遍较多，尤其是1994和1995年，21世纪最初10年的24次龙卷风时间分布相对较为均匀。

表1 河南省龙卷风在各个年代的出现次数

年代	50	60	70	80	90	21世纪最初10年	合计
发生次数	7	5	4	33	49	30	128

2.1.2 年际变化特点

1949—2011年的63 a间，20世纪50年代的7次龙卷风主要发生在年代中期的5年，20世纪60年代共5次龙卷集中在1963和1969年，20世纪70年代的4次也是集中在1970和1977年。以资料较全的1980—2011年近32 a统计看(图1)，一年内最多发生过13、10、9、9、7和6次龙卷风的年份分别是1994、1984、1986、1995、1985和2001年，其余年份发生龙卷风1～5次不等，1980年以后只有1987和2002年两年没有发生龙卷风的相关记录。

2.1.3 季、月发生特点

河南省区域内的128次龙卷风在3—9月出现，各月相应为1、1、12、34、43、32和5次(图

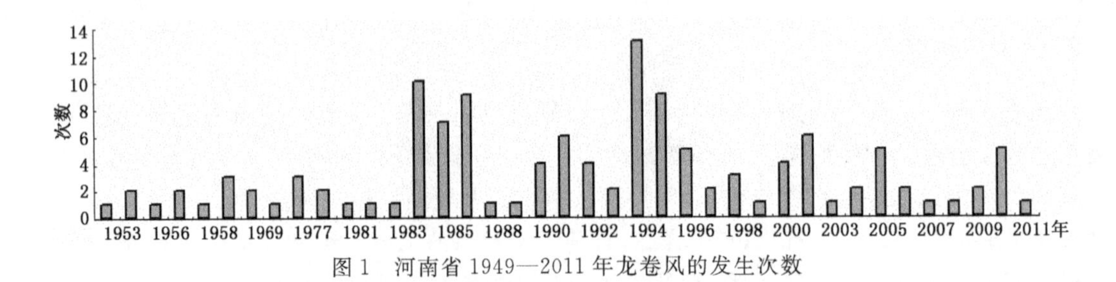

图 1　河南省 1949—2011 年龙卷风的发生次数

2),其中,1963 年 3 月 31 日发生在夏邑县的最早一次可近似归并到 4 月,这样 4 月也很少出现,也就是说河南的龙卷风主要是从春末 5 月开始增多,到了秋初 9 月就很少发生,只在盛夏时节的 6、7、8 月龙卷风就集中占有总次数的 85%。

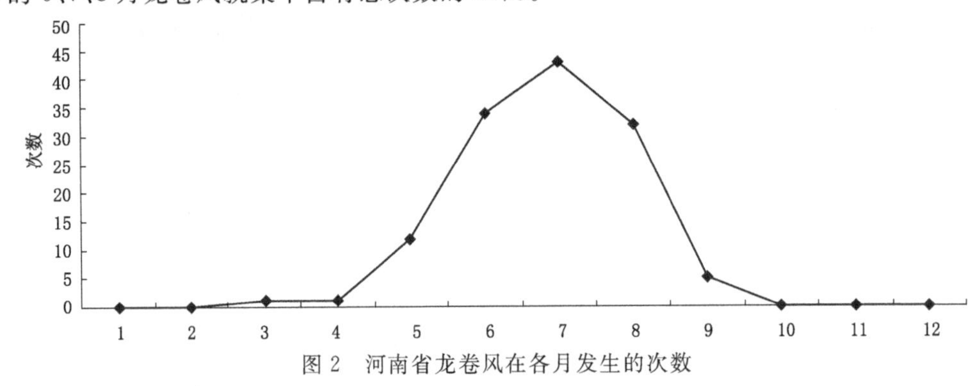

图 2　河南省龙卷风在各月发生的次数

2.1.4　日变化特征

在一天中,有发生时间记录的 38 次龙卷风其中 33 次(占 86.8%)发生在 12 时至 19 时 30 分(图略),该时段是经过白天太阳辐射后地面热量聚集、抬升发展最旺盛的时段,强烈的对流易促使龙卷风天气系统的形成和加强。其余的 5 次中有 3 次发生在凌晨,2 次发生在 22 时以后,发生的原因不明。

2.2　空间分布特点

河南省范围内 121 个县(市)共有 76 个地方发生过龙卷,最多发生过 9 次的地方是夏邑(2 次 F1、7 次 F0),发生过 6 次的地方有孟津(1 次 F2、2 次 F1、3 次 F0)和民权(2 次 F1、4 次 F0)两个县,发生过 5 次龙卷风的地方是睢县(1 次 F2、2 次 F1、2 次 F0)、长葛(1 次 F1、4 次 F0)、汝南(1 次 F2、3 次 F1、1 次 F0)和潢川(1 次 F2、3 次 F1、1 次 F0)4 个县,发生过 4 次和 3 次龙卷风的地方分别都有 12 个县,发生过 2 次和 1 次的地方分别有 20 和 25 个县,其余 45 个县(市)没有发生龙卷风的相关记录(图 3)。

2.3　灾情统计特征

河南省有风速记录的龙卷多为 7～14 级,基本在 10 级以上较多。实际上大多数龙卷风风速没有实测记录,风力多数是现场观察者或灾情调查者的估计值,而观察者又不一定处在龙卷风比较强劲的部位,所以风速值仅供定级参考。按照富士达-皮尔森(Fujta-pearson,见表 2)分类标准[14],主要根据物象破坏程度和范围,参考风力和飞射物等灾情,对区域内发生的龙卷风

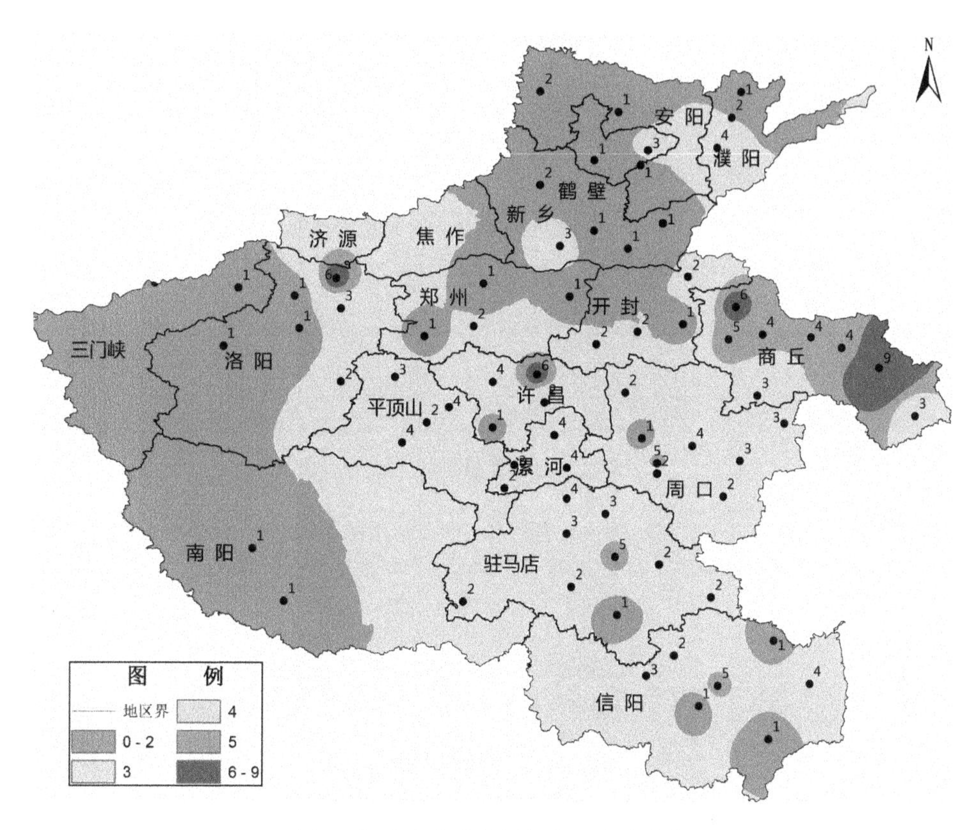

图3　河南省龙卷风历年发生次数分布

强度进行分级。最终将区域内历年发生的128次龙卷风划分为3个等级，分别为：F0级67次、F1级48次、F2级13次，较低级别的F0和F1等级较多，F2等级较少，但总的强度级别比豫西山区高（豫西F0、F1、F2 3个等级分别是17、12和2次）[15]。

表2　富士达-皮尔森（Fujta-Pearson）F等级对龙卷风所作的分类

等级	风速（m/s）	破坏程度
F0	＜33	轻度破坏：对烟囱和电视天线有一些破坏，细的树枝被刮断，浅根树被刮倒。
F1	33～49	中等破坏：剥掉屋顶表层，刮坏窗户，轻型车拖活动住房（或野外工作室）被拖动或推翻，一些树被连根拔出或折断，行驶中的汽车被推离道路。
F2	50～69	相当大的破坏：掀掉框架结构房屋的屋顶，留下坚固直立的壁墙，农村不牢固的建筑物被毁坏，车托活动住房（或野外工作室）被毁坏，大树被折断或连根拔起，火车车厢被吹翻，产生轻型飞射物，小汽车被吹离路面。

河南历史上较强级别的龙卷风物象破坏特征：途经之处多数房屋倒塌、屋顶被掀起；人、畜严重伤亡；大树被连根拔起、电杆被折断；大水缸或牛犊等被卷到空中，太阳能热水器等被刮飞到较远地方，石磙被刮跑；树木连片东倒西歪、农作物大面积倒伏或绝收（表3）[16~18]。

表 3 河南省较强级别的龙卷风灾情实录

发生地点	发生时间	灾情统计
郸城	1954 年 6 月	1.5 m 深的水塘被龙卷风抽干。
鄢陵	1954 年 7 月	石磙街上两个大石磙被风刮跑,1 万多千克的麦垛被刮到 1.5 km 远的地方,一棵两人合抱粗的槐树连根拔起,刮到 10 m 远。
宁陵睢县	1957 年 7 月 10 日	石磙刮到坑里,水车从井内拔出来,刮到 100 多米远处,伤 200 多人,死 58 人。
偃师	1957 年 7 月 25 日	大树被拔起,水缸被卷到天空,石磙从沟的一边卷至另一边。
漯河郾城	1968 年 8 月 02 日	长约 2 km,宽约 100 m。1 m 宽,40 cm 的捶布石被掀翻,胸围 2 m 多粗的树被连根拔起,死 1 人,伤 780 人。
潢川	1980 年 8 月 24 日	河南省潢川县仁和公社出现龙卷风,中心所经之处墙倒屋塌,人畜受伤,直径 40 cm 的大树被拦腰折断旋入空中,倒房 3750 间,刮毁房顶 2 万余间,死 40 余人。
商丘周口等	1988 年 5 月 02 日	17 时 40 分,出现河南省历史上罕见的龙卷风,刮毁房子几十万间,死 8 人,伤 1179 人,农作物折合损失 500 多万元。
泌阳	1992 年 7 月 10 日	河南省泌阳县发生龙卷风,将一人卷起 2 m 多高,另一人被刮 10 多米远,房倒屋塌、人受伤、树木倒、电线杆断。
西平	1997 年 5 月 29 日	西平县 75 个行政村直接经济损失 2310 万元,其中小麦受损 1840 万元,烟叶 400 万元,刮倒、断树木 0.5 万棵,10 个村线路中断,倒塌损坏房屋 200 余间,一棵直径 30 cm 粗的树连根拔起卷起 1 m 多高。
汝南	1997 年 5 月 29 日	汝南县 5 个村遭受龙卷风袭击,一头耕牛被卷走,损毁树木 1.5 万棵,房屋 895 万间,其中倒塌 145 间,砸伤 11 人、牲畜 1 头,刮走麦子 73 hm^2,直接损失 320.5 万元。
孟津	2010 年 9 月 04 日	06 时 30 分—08 时,风速达 43 m/s,最高风力达 14 级,倒塌房屋 589 间,受损 2542 间。沉船 7 艘,水桶粗细的行道树也被拦腰刮断,造成一死二伤,秋作物受灾面积达 22.7 万亩,直接经济损失 8 亿元以上。
荥阳玉龙镇罗垌村	2011 年 7 月 29 日	村里到处是被连根拔起的大树,粗的直径有 0.5 m 左右,200 多棵都朝着东面倒着,其中一组受损最严重,被刮起的物品随风旋转着有几十米高,太阳能热水器被刮飞了,散落在隔壁的一楼房顶。

3 小 结

(1)河南省自新中国成立以来龙卷风的记录共有 128 次,豫中、豫东平原地区发生龙卷风的概率比豫西和豫北、豫南的丘陵山地区域要高,F2 高强度级别也相应较多(13 次)。

(2)128次龙卷风记录多发生在近32年间,20世纪50、60、70年代分别只有7、5、4次,80、90年代和21世纪最初10年分别有33、49和24次,80年代集中在1984—1986年,90年代和21世纪最初10年时间分布比较均匀。

(3)一年发生过13、10、9、9、7和6次龙卷风的年份分别是1994、1984、1986、1995、1985和2001年,1980年以后只有1987和2002年两年没有发生龙卷风的相关记录,其余年份1～5次不等。

(4)河南龙卷风在3—9月相应发生次数为1、1、12、34、44、31和5次,春末5月才开始增多,到了秋初9月就很少发生,盛夏6、7、8月龙卷风占总次数的85%。

(5)在一天中,有时间记录的38次龙卷风有33次(占86.8%)发生在12时至19时30分,其余有3次发生在凌晨,2次发生在22时以后,生成原因不明。

(6)空间分布上,121个县(市)发生过9次龙卷风的只有夏邑1个县,发生过6次的有2个县,发生过5次的有4个县,发生过4次和3次龙卷风的地方分别都有12个县,发生过2次和1次的地方分别有20和25个县,其余45个县(市)没有龙卷风发生的相关记录。

(7)河南省龙卷风富士达等级F0级67次、F1级48次、F2级13次,仍以低级别为主,但F2等级所占的比例明显要高于西部丘陵、山地区域。

参考文献

[1] 纪文君,刘正奇,郭湘平等.龙卷风生成机制的探讨.海洋预报,2003,**20**(1):14-19.

[2] 张宝盈.人工控制龙卷风的可能性:龙卷风成因新探.自然杂志,2003,**25**(1):58-62.

[3] 徐仁吉.威力巨大的龙卷风.万象奥秘,2008,**7**:63-63.

[4] 栾远刚.龙卷风动力源新解.科协论坛,2009,**3**:87-88.

[5] 魏文秀,赵亚民.中国龙卷风的若干特征.气象,1995,**25**(2):36-40.

[6] 张红雨.山西省域龙卷风发生特征及相关分析.研究与探讨,2007,**8**:39-41.

[7] 薛德强,杨成芳.山东省龙卷风发生的气候特征.山东气象,2003,**23**(4).

[8] 陈家宜,杨慧燕,朱玉秋等.龙卷风风灾的调查与评估.自然灾害学报,1999,**8**(4):111-117.

[9] 干莲君,田心如,张东凌等.龙卷风的风强分析与极值推断.气象科学,1999,**19**(1):99-103.

[10] 马德栗,陈正洪,靳宁等.湖北浠水核电站周边地区龙卷风特征.气象科技,2011,**39**(4):520-524.

[11] 陈正洪,刘来林.核电站周边地区龙卷风时间分布与灾害特征.暴雨灾害,2008,**27**(1):78-82.

[12] 陈正洪,刘来林,袁业畅.湖北大畈核电站周边地区龙卷风参数的计算与分析.南京气象学院学报,2009,**32**(2):333-337.

[13] 谢欣荣.湘北龙卷风研究.湖南水利水电,2009,(6):44-47.

[14] 孙化南.龙卷风与尘卷风.科技视野,2004,(10):24-25.

[15] 申占营,张馨,周庆瑞等.豫西龙卷风的时空分布与灾情分析.气象与环境科学,2010,**33**(增刊):126.

[16] 王记芳,朱业玉,刘和平.近28a河南主要农业气象灾害及其影响.气象与环境科学,2007,**30**(增刊):9-11.

[17] 付祥健,刘伟昌,刘忠阳等.河南省气候概况及农业气象灾害.河南气象,2006,**29**(3):65-66.

[18] 陈怀亮,张红卫,薛昌颖.中国极端天气事件与农业气象服务.气象与环境科学,2010,**33**(3):67-77.

热带扰动引发的华南极端暴雨统计特征及其成因初探

徐　珺[1]　毕宝贵[2]　谌　芸[1]

(1. 国家气象中心,北京 100081; 2. 中国气象局,北京 100081)

摘　要:本文统计了1998—2012年华南前汛期和10月华南大暴雨个例,并根据该类暴雨持续时间长和降水强度大两个特点,选取2009年5月23日的粤西大暴雨过程对该类暴雨的形成机制进行了研究,发现:西太平洋副热带高压(或其他高值系统)和热带扰动的相互作用建立了热带扰动引发的华南暴雨的正反馈机制,这种正反馈机制在稳定有利的天气背景条件下可以使热带扰动发展为热带气旋。通过常规、非常规资料的实况分析、诊断方法对直接导致该类极端降水的中尺度系统特征进行研究,发现:地面偏北风和与热带扰动相伴随的偏南风辐合与低空急流区的水平风辐合叠加,在高湿和弱对流不稳定的背景下触发和维持了深对流,极端降水落区位于地面风速辐合中心和低空急流复合区。最后根据降水机制提出了该类暴雨的概念模型、预报着眼点和预报方法。

关键词:极端降水;热带扰动;正反馈;低空急流

引　言

赵玉春[1]统计总结出热带扰动引发的华南前汛期暴雨的典型天气形势,然而在预报业务中发现与热带气旋性风向扰动和低空急流、中尺度对流云团相伴随的华南暴雨也可以发生于海南秋季,本文将研究对象拓展为热带扰动引发的华南暴雨。热带云团具有强降水的特点,产生于南海的热带云团北上至华南可以产生短时强降水,在稳定的天气形势下产生持续性强降水。

与对流相伴随的热带扰动是直接造成该类华南暴雨的天气系统,该类热带扰动最早于20世纪40年代被发现[2],常出现在热带西太平洋低层大气。20世纪60—70年代,通过对岛屿观测数据的波谱分析对该类热带扰动进行了大量细致的研究,Wallace[3]对这些研究进行了全面的总结,近年来也有大量对该类热带扰动系统的观测研究[4~11]。与对流相伴随的热带扰动在发生发展机制研究中虽然存在争议,但丰富的研究成果和方法为我们的工作提供了依据。

进入21世纪以来,该类暴雨频繁袭击华南地区,造成严重的人员伤亡和经济损失。然而直接导致该类暴雨的热带扰动较为浅薄,海上观测资料较少,模式反映影响系统较弱,降水量预报容易偏低;影响系统多,包括低空急流、热带扰动和低层弱冷空气等,也增加了落区预报难度;目前直接针对该类暴雨的深入研究极少,对其降水机制缺乏认识,缺乏面向预报的概念模型,常常使预报员找不到预报着眼点。因而本文针对该类暴雨降水的特点,选取2009年5月23日的粤西特大暴雨过程,通过实况、诊断分析,揭示该类暴雨的天气尺度和中尺度观测特征,提出降水机制,为预报提供参考。

1 统计特征

利用常规探空和地面资料、TRMM 3B42V6 3 h 一次的降水数据和FNL资料统计1998—2012年的华南（广东、海南省）前汛期（4—6月）和10月的华南大暴雨个例（表1），总结出“热带扰动引发的华南暴雨”的天气形势：低层表现为南海北部或北部湾一带有气旋性风向扰动，并伴随有低空急流和对流云团活动；由西太平洋副热带高压（或其他高值系统）和热带扰动的相互作用产生。该类暴雨与热带气旋暴雨的区别是与强降水相伴随的气旋性风向扰动较为浅薄，气旋性环流仅向上伸展至500 hPa左右，一般强度达不到热带风暴的标准，不排除盛期发展为热带气旋。统计表明，该类暴雨持续时间长，可达2～3 d；降水强度大，雨强可超过100 mm/h，强降水范围集中，具有明显中尺度特征。

表1 1998—2012年热带扰动引发的华南大暴雨

降水时间	暴雨落区	最大日降水量(mm)
1998年5月29—30日	广东	288
2006年5月20—22日	广东	229
2009年5月22—25日	广东	465
2000年10月13—14日	海南	210
2005年10月6日	海南	235
2008年10月12—15日	海南	250
2010年9月30日—10月8日	海南	846
2010年10月14—18日	海南	183
2012年5月16—17日	广东、海南	121
2012年6月14—17日	广东	135

2 极端降水机制研究

利用常规观测数据、自动站资料、MTSAT和FY－2C TBB数据、GFS(Global Forecast System)0.5°×0.5°分析场资料，选取2009年5月22－24日的粤西特大暴雨过程对此类暴雨的形成机理进行了初步分析，其中5月23日粤西最大降水量为465.3 mm，雨强极值为23日10时的100.4 mm/h(图1)。

22—24日低空急流出现在热带扰动和副高之间(图2)，相应低空急流分布与副高和热带扰动之间高气压梯度区一致(图略)。22日14时海南南部季风槽内有涡旋产生，随后该涡旋在与低空急流相切的区域迅速发展，23日08时达到最强(图2)。由于低空急流上的强辐合(图3)，在低空急流相应区域不断有中尺度对流云团生成合并，并在季风槽上的南风引导气流推动下向粤西行进、发展。22日08时对流云团主要集中在低空急流核出口处，低空急流最大风速超过16 m/s，至23日对流云团扩大到覆盖整个低空急流高风速区，低空急流增强至22

m/s(图 2、3)。

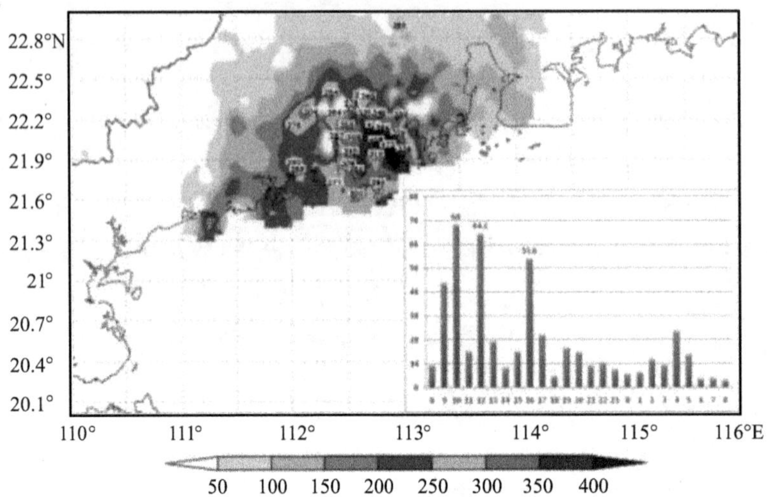

图 1 2009 年 5 月 23 日 08 时至 24 日 08 时降水量(填色)和
24 h 降水极大值站逐时雨量(直方图)(单位:mm)

图 2 850 hPa 风场、FY－2C TBB、低空急流、位势高度
(a. 22 日 08 时,b. 22 日 14 时,c. 22 日 20 时,d. 23 日 02 时,e. 23 日 08 时,f. 23 日 14 时)

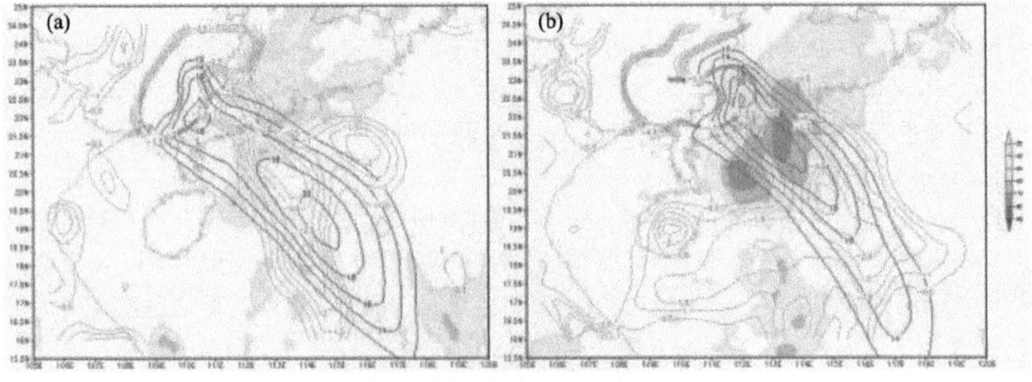

图 3 850 hPa 低空急流、负散度、TBB
(a. 23 日 02 时,b. 23 日 08 时)

综上所述，热带扰动和副高的相互作用建立了该类特大暴雨的正反馈机制：首先，热带气旋性风速扰动和副高（或其他高值系统）的相互作用增大了两者之间的气压梯度，增强两系统间的低层风速，有利于低空急流的形成和增强；在热带充沛的水汽和不稳定能量条件下，低空急流上的风速辐合有利于触发和维持热带云团在相应区域形成和增强；热带云团的生成、组织和增强可以通过潜热作用反过来维持和增强低空急流；而低空急流的增强加大了水平风切变，有利于热带气旋性风速扰动的发展，从而增强热带扰动和副高（或其他高值系统）的相互作用，建立了热带扰动引发的华南暴雨形成的正反馈机制，最终导致持续性强降水。

23 日 08 时强降水在阳江南部出现，随后向东移动。09 时位于阳江东部，最大小时雨量超过 70 mm（图 4），此时雨团出现在显著东北风与东风辐合区，中心辐合强度达 -8×10^{-4} s^{-1}（图略），沿岸为强东风，雨团南部东风风速达 13 m/s。10 时雨团略向北移动，出现在 TBB 等值线密集区，降水最强达 100.4 mm。相应强降水中心南部为偏北风和强东风的风向辐合，北部为东北风的风速辐合。11 时强降水出现在 TBB 低值中心，最强小时雨量超过 40 mm，阳江以东的风速辐合以东北风和沿岸强东风的风向辐合为主。12 时小时雨量为最强超过 60 mm，出现在 TBB 低值中心，雨团同样与地面东北风和强沿岸东风辐合中心对应。边界层的东风、东北风、和东南风辐合与低空急流上的辐合叠加（图 5），在高湿和弱对流不稳定的背景下触发

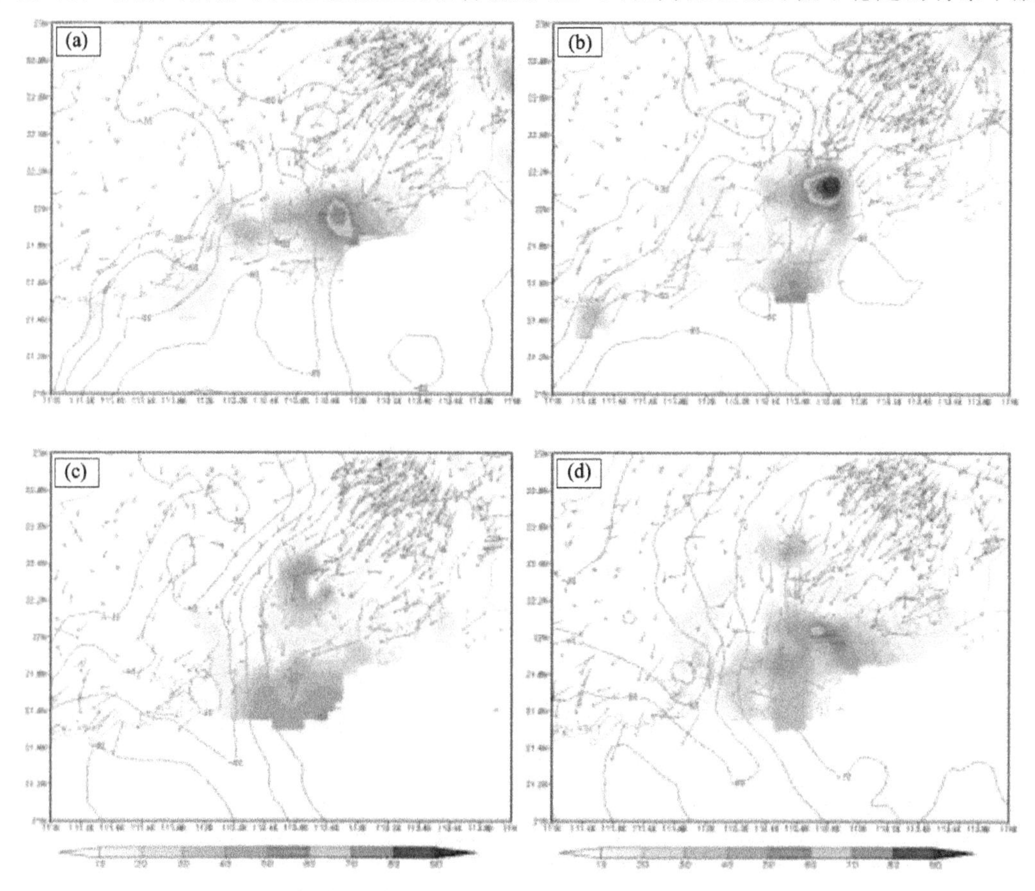

图 4　自动站风场、小时雨量（填色）、FY－2C TBB（等值线）
（a. 23 日 09 时，b. 23 日 10 时，c. 23 日 11 时，d. 23 日 12 时）

和维持了深对流，进而产生极端强降水。利用自动站资料、MTSAT TBB 和阳江站雷达资料对该过程的中尺度特征进行分析发现：地面有弱冷空气南下，为东北风或东风(图 4)，对流层低层为东南风(图 2)，强垂直风切变有助于水平涡度向垂直涡度转化，进而增强对流。强降水最初发生在地面东北风和东风辐合明显区(图略)域和 TBB 梯度最大区(图 4)，地面辐合有助于对流的增强，形成了持续性暴雨过程中的极端强降水天气。另外，在其他个例的地面加密资料分析中，也出现这种地面辐合对应强降水的特点。综上所述，结合前文提出的极端持续性强降水机制，本文提出了该类暴雨的概念模型(图 6)极端降水落区位于地面偏北风和偏南风风速辐合中心和低空急流的复合区。

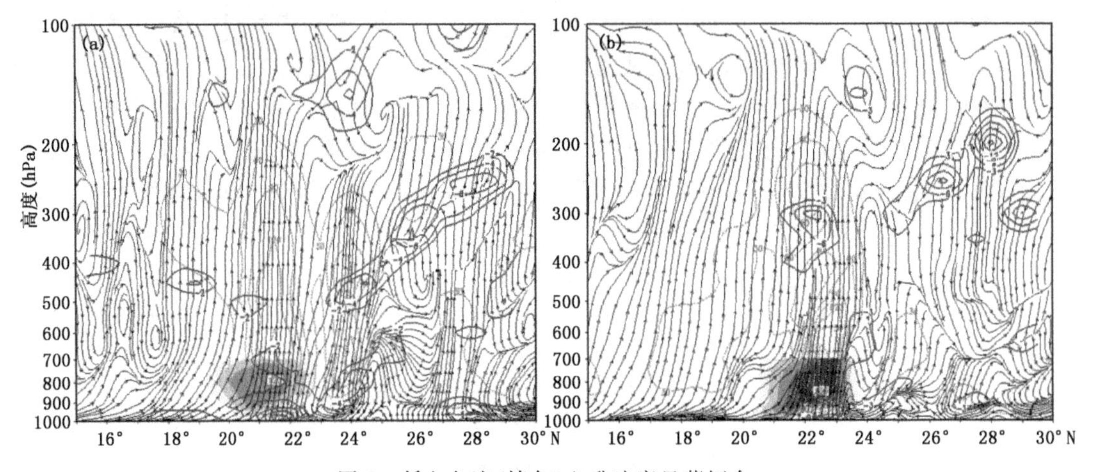

图 5 低空急流(填色)上升速度显著辐合

(a. 23 日 02 时，b. 23 日 08 时)

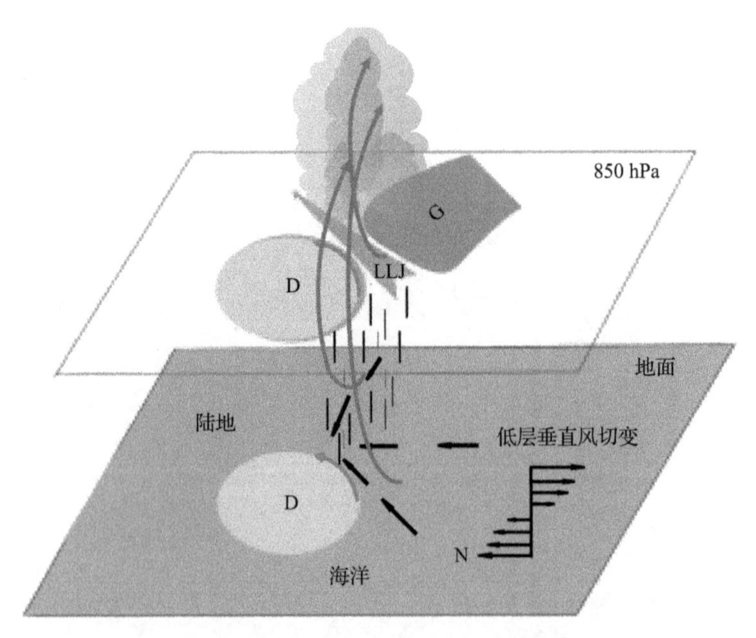

图 6 热带扰动引发的粤西特大暴雨机理概念模型

(D：热带低涡(涡旋)、G：WPSH 或其他高值系统、850 hPa 粗箭头：低空急流，850 hPa 虚线箭头：与秋季热带扰动引发的华南大暴雨伴随的冷空气，地面细箭头：地面风、垂直方向曲线箭头：上升气流)

3 总 结

(1)本文提出的正反馈机制可以解释热带扰动引发的华南暴雨持续时间长和强降水的特点。极端降水落区位于地面风速辐合中心和低空急流复合区。当低层热带气旋性风速扰动(或热带低涡)、副高(或其他高值系统)及其两者之间低空急流的配置被打破时,双重正反馈机制可能趋于崩溃,强降水停止。相反,在稳定有利的天气背景下,这种机制可以使热带扰动发展为热带气旋,如 2010 年 10 月 5 日和 2012 年 6 月 16 日的南海热带气旋。

(2)该正反馈机制对热带扰动引发的华南暴雨具有普适性。可以通过更多个例的深入研究对该机制进行补充和完善。由于目前收集到的个例较少,本文只能得出定性的降水机制和概念模型,在今后的研究中有待于更多个例的出现,通过统计和数值试验的方法给出定量的如低空急流风速、水平风辐合强度、TBB 等预报指标,从而为该类暴雨提供有效的预报指标。

(3)本文提出了该类暴雨的预报方法。在今后的预报中可以注重将订正后的网格较细的 T639 模式的 850 hPa 风场和 500 hPa 高度场配合使用并结合 TBB 和卫星云图实况综合判断热带扰动系统的强弱。尤其应注意对流系统登陆过程中由于地面风速辐合和摩擦加强引起的热带系统增强产生极端强降水。小时极端降水和特大暴雨由中尺度系统直接导致,模式的精度达不到预报出极端强降水的能力,临近预报中应注意雷达回波的合并和增强,强降水落区位于地面风速辐合区和低空急流复合区,热带系统具有强降水特点,预报中应注意对降水量级的把握,降水强度往往比模式预报大很多。

参考文献

[1] 赵玉春.热带扰动引发华南前汛期暴雨的机理研究.南京:南京信息工程大学,2007.

[2] Riehl H. On the formation of typhoons. *J Meteor*,1948,**5**:247-264.

[3] Wallace J M. Spectral studies of tropospheric wave disturbances in thetropical western Pacific. *Rev Geophys Space Phys*,1971,**9**:557-611.

[4] Takayabu Y N. Large-scale cloud disturbances associatedwith equatorial waves. Part I:Spectral features of the cloud disturbances. *J Meteor Soc*,*Japan*,1994,**72**:433-449.

[5] Lau K-H,Lau N C. Observed structure and propagation characteristics of tropical summertime synoptic scale disturbances. *Mon Wea Rev*,1990,**118**:1888-1913.

[6] Lau K-H,Lau N-C,The energetics and propagation dynamics of tropical summertimesynoptic-scale disturbances. *Mon Wea Rev*,1992:**120**,2523-2539.

[7] Liebmann B, Hendon H H. Synoptic-scale disturbancesnear the equator. *J Atmos Sci*, 1990, **47**: 1463-1479.

[8] Heta Y. The origin of tropical disturbances in the equatorialpacific. *J Meteor Soc Japan*, 1991, **69**: 337-351.

[9] Dunkerton T J. Observation of 3-6-day meridional wind oscillations over the tropical Pacific,1973—1992: Vertical structure and inter annual variability. *J Atmos Sci*,1993,**50**:3292-3307.

[10] Dunkerton T J,Baldwin M P. Observation of 3-6-day meridionalwind oscillations over the tropical Pacific,1973—1992:Horizontal structure and propagation. *J Atmos Sci*,1995,**52**:1585-1601.

[11] Haertel P T,Johnson R H. Two-day disturbances inthe equatorial western Pacific. *Quart J*, *Roy. Meteor. Soc*,1998,**124**:615-636.

区域气候模式 RegCM3 对华东地区汛期极端事件的 20 年回报试验

董广涛[1] 陈葆德[2] 陈伯民[1]

(1. 上海市气候中心,上海 200030;2. 上海台风研究所,上海 200030)

摘　要:使用国家气候中心全球海气耦合模式(BCC_CM1.0)嵌套区域气候模式 RegCM3 进行20 a(1991—2010 年)汛期回报试验。从模式 20 a 回报的平均状况来看,模式基本能反映出中国东部汛期的平均状况,模式回报的汛期气温分布与实况较为相似,回报的汛期降水量分布形态与实况有一定差异。使用距平相关系数对模式回报的气温、降水及极端事件进行评估。结果表明:该模式对华东地区汛期气温、降水及极端事件有一定的跨季度预报能力,模式对气温的回报能力高于降水;模式对高温日数的回报效果优于强降水日数。

关键词:区域气候模式;回报试验;极端事件;距平相关系数

引　言

区域气候模式由于在区域尺度气候及其变率的模拟方面能给出比分辨率较粗的全球模式(AGCM 或 AOGCM)更细致的特征,在区域气候研究和业务中发挥越来越重要的作用。自 20 世纪 90 年代初 Giorgi 等[1]首先提出用于区域气候研究的 RegCM 系列区域气候模式后,世界其他各大研究中心,如英国 UKMO、加拿大 CCRM、意大利 ICTP 等随后也相继推出了各自的区域气候模式[2~3]。近年,区域气候模式在区域气候模拟、极端事件动力学归因诊断及高分辨率区域气候变化情景预估等方面得到越来越广泛的应用[4~5]。

目前来看,区域气候模式主要作为研究动力降尺度或机理诊断的工具,利用区域气候模式进行实时业务短期气候预测工作还比较少。近几年,国家气候中心利用区域气候模式 RegCM_NCC 进行准业务季度预测[6,7],上海市气候中心于 2007 年将国家气候中心区域气候模式 RegCM_NCC 移植成功并开始进行业务化季度预测[8]。国家气候中心区域气候模式 RegCM_NCC 是在美国 NCAR 第二代区域气候模式(RegCM2)基础上改进和发展一些物理过程参数化方案而得到。意大利国际理论物理中心(ICTP)又于 2003—2004 年,研制开发了 RegCM2 的改进版 RegCM3[3]。近几年 RegCM3 模式在中外气候模拟研究中得到广泛应用[4,5,9~11]。研究表明,RegCM3 模式对中国夏季季风气候有较好的模拟能力[10,11]。虽然在基础性研究工作中 RegCM3 模式被广泛应用且效果较好,但利用此模式进行业务化季度预测的工作还鲜有见到。且利用区域气候模式开展业务化极端事件的预测也较少。上海市气候中心于 2010 年实现 RegCM3 区域模式与国家气候中心全球海气耦合模式(BCC_CM1.0)的嵌套,建立基于 RegCM3 模式的业务化季节预测系统并利用该系统进行 20 a(1991—2010 年)回报试验。本文重点分析 RegCM3 模式对华东地区汛期气温、降水及极端事件的回报效果。由于本文重点关注华东地区,华东大部分地区汛期为 6—9 月,故本文汛期定义为 6—9 月。

1　模式、试验方案及评估方法介绍

RegCM3 模式除在 RegCM2 的基础上进行了并行化改造外，物理过程等多方面也有了许多改进，其中辐射过程补充了 CCM3 辐射方案，采用了新的海表通量参数化方案，增加了更多对流参数化方案（如：Emanuel 方案）等。此外，模式的输入和输出等部分也更加规范和简便，更易于操作。

本文的 20 a 回报试验中，模式的水平分辨率为 60 km，中心点在(33.5°N，100°E)，格点数为 112×80（东西—南北），范围覆盖包含青藏高原在内的整个中国地区，模式垂直方向 18 层，顶层在 5 hPa。模式使用的初始和侧边界条件来自于与之相嵌套的国家气候中心第一代全球海气耦合业务模式(BCC_CM1.0)的输出结果，侧边界采用指数松弛方案，每 12 h 输入一次，与 BCC_CM1.0 模式嵌套的侧边界缓冲区为 15 圈。模式积分起止时间为每年 2 月 1 日至 10 月 31 日。

将模式回报距平与观测距平进行对比，其中实况距平使用的实况气候场，模式距平使用的是模式气候场。本文中的极端事件主要包括高温日数和强降水日数，其中高温日数为日最高气温＞35℃的日数；强降水的阈值定义为：对某点 20 a 所有降雨日进行从大到小排序，第 8％个值定义为强降水的阈值。其中之所以定为 8％，是因为华东地区中南部多数站点第 8％个值在 50 mm 左右。本文主要分析模式回报的多年平均气温、降水分布是否与观测接近；另外，分析模式对年际变率回报效果的指标为模式回报与观测的距平相关系数(ACC)。

2　模式回报评估

2.1　模式 20 a 回报平均状况及系统误差

图 1 给出模式回报的 20 a 汛期平均气温和降水、实况及其差值。其中区域模式积分范围覆盖整个中国地区，由于此处重点关注华东地区，故本文所有图只给出中国东部地区(16°—51°N，103°—136°E)分布。从图中可以看出，实况 20 年汛期平均温度在中国东部地区由北向南逐渐增大，内蒙古东部及黑龙江地区最小，为 19～22℃，最大为华南地区，达 28～31℃。模式回报的温度分布与实况基本一致，与实况不同在于最大温度中心位于华中地区。与观测的差值表明，回报的 28°～40°N 的中部地区与观测相差不大，而华南的两广地区比观测偏低 4～6℃，而 40°N 以北的北方地区比观测偏高 2℃以上，尤其是东北地区西部及内蒙古东部比观测偏高 4～6℃。对图 1a 和图 1b 中所示区域(16°—51°N，103°—136°E)进行相关系数检验表明，模式回报 20 年汛期平均气温与观测的相关系数达 0.46，通过了 0.01 水平的显著性检验。

从模式回报 20 a 汛期平均降水量与观测对比来看，模式回报的 20 a 平均汛期降水量与观测相差较大。实况降水量呈现从西到东、从北到南逐渐增加的分布，而模式回报夏季降水则是华中大部及华南沿海为小值区。模式与观测的差值距平百分率((模式－观测)/观测×100％)可见，模式回报的夏季降水量在中国南方地区普遍比观测偏少，华中南部及华南大部比观测偏少 80％以上。对图 1d 和图 1e 中所示区域(16°～51°N，103°～136°E)进行相关系数检验表明，模式回报 20 a 汛期平均降水与观测的相关系数仅为 0.079，没有通过 0.10 水平的显著性检验。

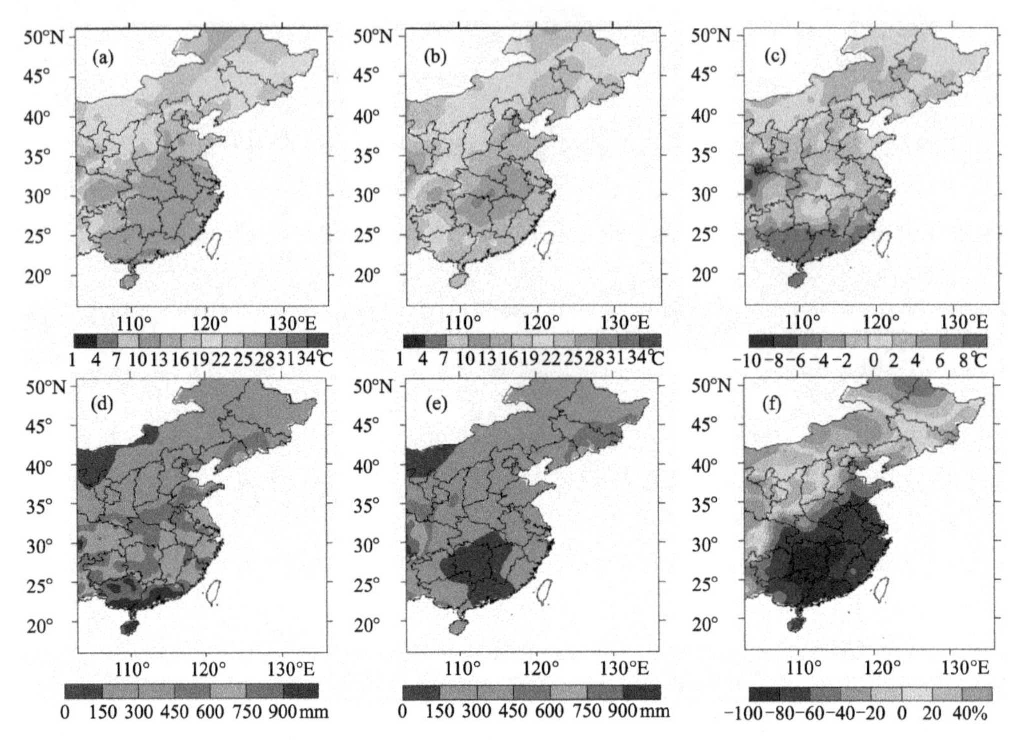

图 1 RegCM3 模式 20 a(1991—2010 年)回报结果和观测的汛期平均气温、总降水量分布及其误差(a. 观测平均气温,b. RegCM3 模式回报的平均气温,c. RegCM3 气温－观测气温,d. 观测汛期降水量,e. RegCM3 模式回报汛期降水量,f.(模式降水量－观测降水量)/观测降水量)

2.2 模式对气温、降水及极端事件的年际变化回报效果分析

图 2 给出 RegCM3 模式 20 a 回报气温、降水与观测值的距平相关系数分布。可以看到,模式回报气温与观测的距平相关系数在东北大部分地区、华中大部分地区及华东大部分地区为正值;而在华北大部分地区及华南大部分地区则为负值;除上海部分站点通过 0.10 水平的显著性检验(相关系数大于 0.37)外,其余均无站点通过显著性检验。模式回报降水与观测的距平相关系数除在华北中部、华东南部为正值,中国东部其余地区均为负值。比较来看,模式对气温的回报能力高于降水。

图 3 给出 RegCM3 模式 20 a 回报高温日数、强降水日数与观测值的距平相关系数分布。可以看到,模式回报高温日数与观测的距平相关系数在华北大部分地区及东北南部为负值;在华东地区中南部为正值,且在浙江东北部及浙闽交界处通过了 0.10 水平的显著性检验(相关系数大于 0.37)。模式回报强降水日数在华东地区北部及南部的部分地区为正值,华东地区其余地方为负值。整体来看,模式对高温日数的回报能力优于强降水日数。

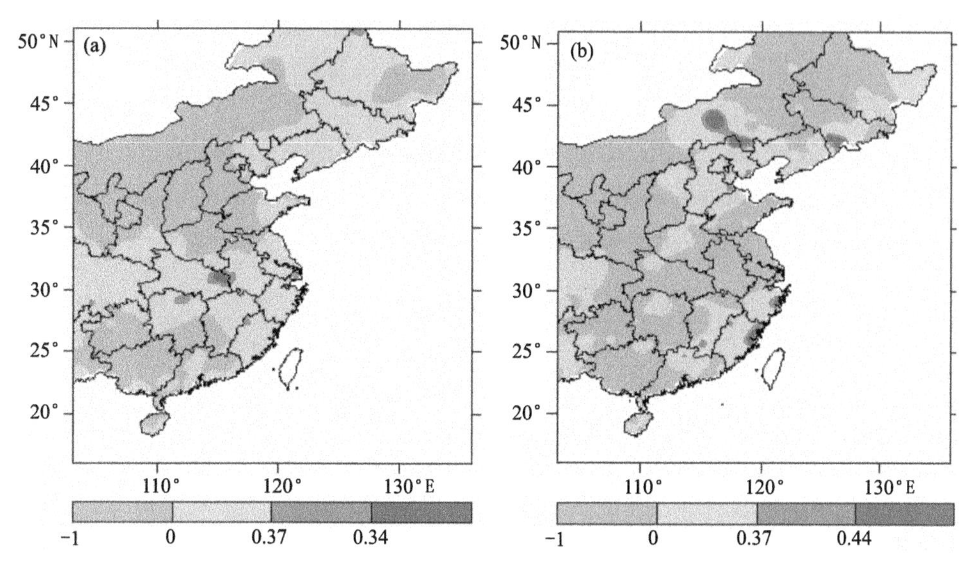

图 2 RegCM3 模式 20 a 汛期回报与观测的距平相关系数
(a. 汛期气温 ACC,b. 汛期降水 ACC)

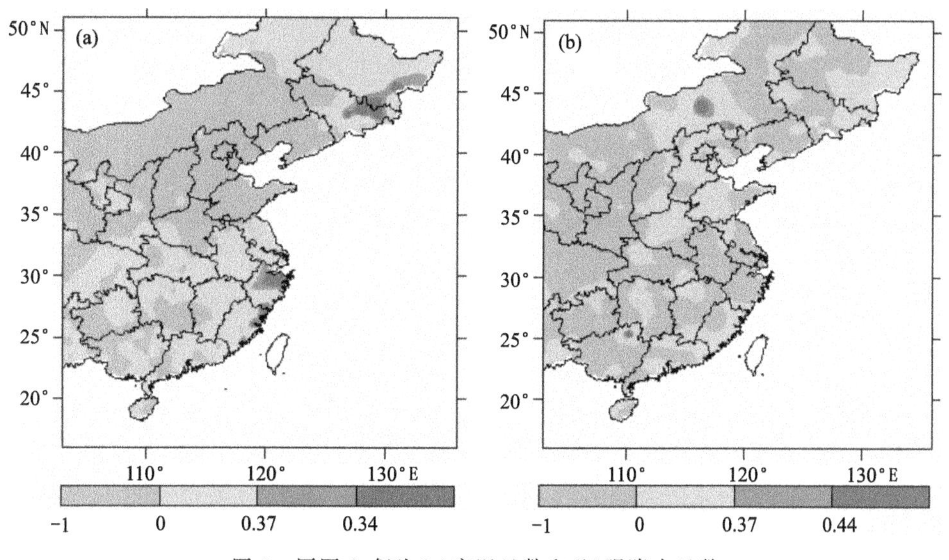

图 3 同图 2,但为(a)高温日数和(b)强降水日数

3 结论与讨论

(1)模式回报的 20 a 平均汛期气温分布形态与实况较为相似,东部地区自北向南逐步升高。中国东部大部分地区回报夏季平均气温与实况接近,只是 40°N 以北的北方地区比观测略偏高,而华南地区比观测略偏低。模式回报的 20 a 平均汛期降水与观测有一定差异。实况的 20 a 平均汛期降水量呈现从西向东、从北向南逐渐增加的分布,而模式回报汛期降水则是华中大部及华南沿海为小值区。由模式与观测的差值可见,模式回报的汛期降水量在中国南

方地区普遍比观测偏少,华中南部及华南大部比观测偏少80%以上。

(2)距平相关系数检验表明,模式对气温的回报能力高于降水;模式对高温日数的回报效果优于强降水日数。

区域模式回报及预报表明,RegCM3模式对中国东部汛期气温和降水具有一定的跨季度预报能力,对部分地区有较好的预报效果。但模式回报的20 a平均汛期降水与实况存在较大差异。且从模式回报与观测的距平相关系数来看,模式预报水平也有待进一步提高。

参考文献

[1] Giorgi F. Simulation of regional climate using a limited-area model nested in a general circulation model. *J Climate*,1990,**3**(3):941-963.

[2] Caya D,Rene L. A Semi-implict Semi-Lagrangian regional climate model. *Mon Wea Rev*,1999,**127**(3):341-362.

[3] Pal J S,Giorgi F,Bi X Q,et al. The ICTP RegCM3 and RegCNET:Regional climate modeling for the developing world. *Bull Ame Meteor Soc*,2007,**88**(9):1395-1409.

[4] 高学杰,石英,Giorgi F. 中国区域气候变化的一个高分辨率数值模拟. 中国科学:D辑,2010,**40**(7):911-922.

[5] 吴佳,高学杰,张冬峰等. 三峡水库气候效应及2006年夏季川渝高温干旱事件的区域气候模拟. 热带气象学报,2011,**27**(1):44-52.

[6] 刘一鸣,丁一汇,李清泉. 区域气候模式对中国夏季降水的10年回报试验及其评估分析. 应用气象学报,2005,**16**(增刊):41-47.

[7] 孙林海,艾悦秀,宋文玲,等. 区域气候模式对我国冬春季气温和降水预报评估. 应用气象学报,2009,**20**(5):546-554.

[8] 陈伯民,杨雅薇,董广涛等. 区域气候模式RegCM_NCC在华东地区的业务应用(I):2007/2008年冬季业务预报及回报试验. 高原气象,2008,**27**(增刊):22-31.

[9] Torma C,Coppola E,Giorgi F. Validation of a High-Resolution Version of the Regional Climate Model RegCM3 over the Carpathian Basin. *J. of Hydrometeoro.*,2011,**12**(1):84-100.

[10] 张冬峰,欧阳里程,高学杰. RegCM3对东亚环流和中国气候模拟能力的检验. 热带气象学报,2007,**23**(5):444-452.

[11] 刘晓东,江志红,罗树如,等. RegCM3模式对中国东部夏季降水的模拟试验. 南京气象学院学报,2005,**28**(3):351-359.

[12] 陈桂英,赵振国. 短期气候预测评估方法和业务初估. 应用气象学报,1998,**9**(2):178-185.

冷涡背景下京津冀连续降雹统计分析

张 仙[1] 谌 芸[2]

(1. 南京信息工程大学,南京 210044; 2. 国家气象中心,北京 100081)

摘 要:应用2000—2011年4—9月京津冀地区探空资料、灾害天气报资料,统计分析了冷涡背景下京津冀地区4—9月连续降雹的时空分布特征。结果表明:(1)冷涡是影响京津冀地区连续降雹的主要天气系统,京津冀地区的降雹几乎一半是发生在冷涡背景下的,且降雹主要为长生命史冷涡背景下连续降雹;(2)连续降雹的区域主要位于冷涡中心的偏南方位;(3)冷涡背景下连续降雹具有明显的日变化;(4)冷涡背景下京津冀连续降雹山区高于平原,北部多于南部。

关键词:冷涡;连续降雹;统计

引 言

冷涡是造成京津冀暖季突发性强对流天气的重要天气系统,在其生成、发展成熟、消亡阶段均可伴随暴雨、大风、冰雹及龙卷等强对流天气。而其中的极端天气连续性降雹一般持续时间长、影响范围广,常给农业生产造成毁灭性的危害。郁珍艳等[1]指出京津冀地区除短时强降水外,其余的强天气一半以上是在华北冷涡背景下发生的。杨贵名等[2]研究表明华北地区降雹构成了“T”型,降雹峰值出现在6月,日变化的峰值在15—17时。丁一汇等[3]指出冷涡强对流天气一般发生在午后到傍晚。而针对连续降雹过程的研究多为个例研究,研究连续降雹的气候态特征有助于更好地理解其发生规律,是强对流预报得以依赖的大尺度背景。因而本文利用2000—2011年4—9月探空资料,京津冀178站灾害天气报资料,对冷涡背景下京津冀地区连续降雹的空间分布和时间变化特征进行统计分析,以便了解这一区域冰雹活动规律及宏观特征。

1 冷涡背景下京津冀地区降雹的统计特征

1.1 冷涡的定义

将500 hPa上(30°—60°N,85°—145°E)范围内出现闭合等高线,并有冷中心或冷槽配合,持续2 d或以上的低压环流系统定义为冷涡。冰雹是一种由强对流系统所引发的剧烈天气现象,通常发生在暖背景下[4~5]。根据2000—2011年4—9月探空资料统计出冷涡123个。从图1可以看出,5、6、7月冷涡个数最多,都超过了20个。若定义持续3 d以上的冷涡为长生命史冷涡(不包括3 d),图2表明冷涡的生命史为2 d的最多,而长生命史的冷涡几乎也占到一半。

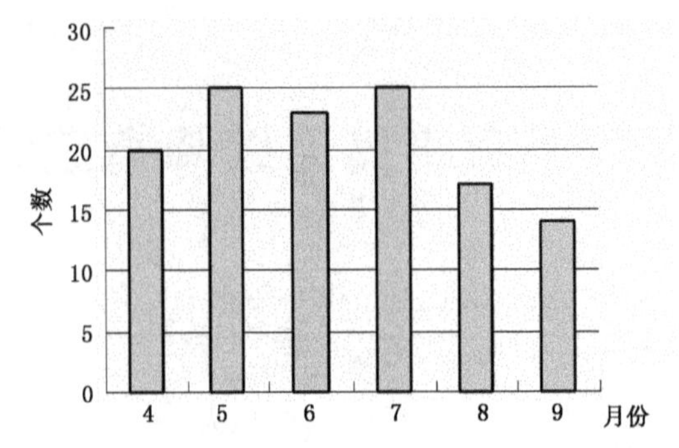

图 1　2000—2011 年(30°—60°N,85°—145°E)冷涡统计

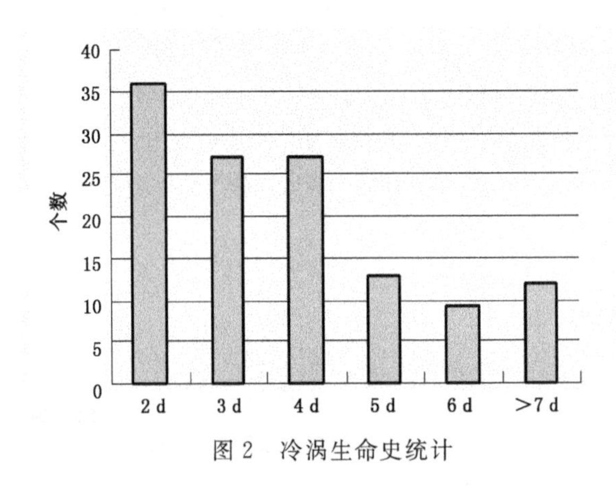

图 2　冷涡生命史统计

1.2　降雹过程统计

利用京津冀 2000—2011 年 4—9 月 178 站灾害天气报资料,对京津冀降雹过程进行了统计,统计结果如下(图 3):2000—2011 年降雹站数呈减少趋势,天数略有减少。降雹总站数有 980 站,总天数有 378 d,其中冷涡背景下的站数有 593 站,冷涡背景下的天数有 177 d。其中 2001 年降雹站数最多,达到 150 站,其中发生在冷涡背景下的有 122 站,而 2005 年冷涡背景下降雹站数占同年降雹站数的比例最大,为 82.5%。其中 2006 年的冷涡背景下的降雹天数占同年降雹天数的 78.6%。京津冀 4—9 月降雹的分布(图 4)显示各个月的降雹几乎有一半是发生在冷涡背景下,其中 6 月降雹、冷涡背景下降雹的天数、站数均为最大值。由此可以得出冷涡是京津冀地区降雹发生的主要影响系统,且 6 月发生频率最大。

2　冷涡背景下连续降雹过程统计

2.1　冷涡背景下连续降雹的定义

根据 2000—2011 年京津冀 178 站灾害天气报资料,规定某天至少 1 站出现降雹则为一个冰雹日,连续 2 d 以上出现降雹定义为一次连续性降雹过程。

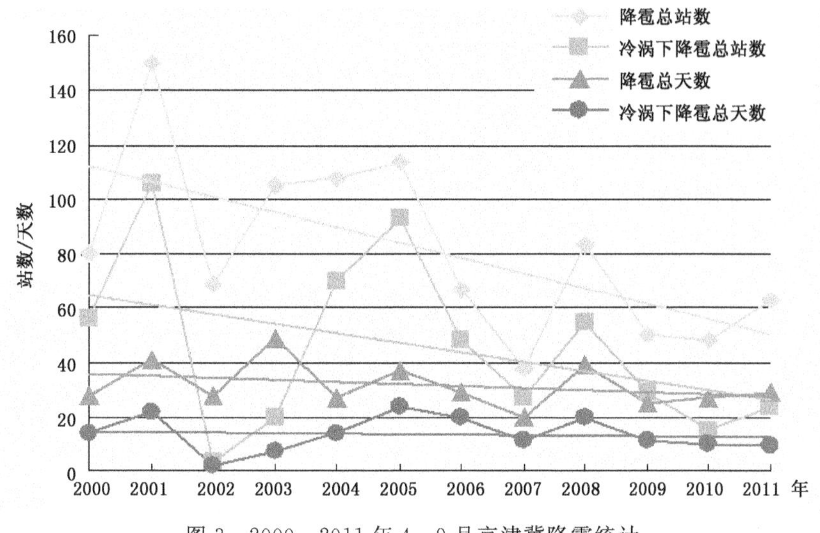

图 3　2000—2011 年 4—9 月京津冀降雹统计

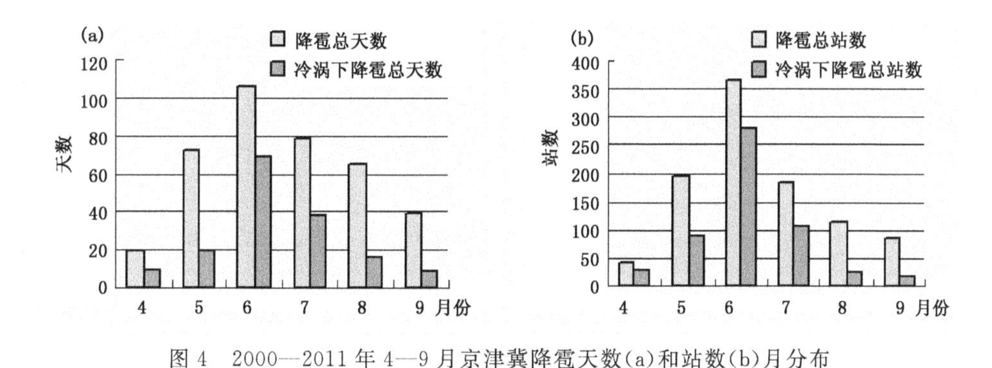

图 4　2000—2011 年 4—9 月京津冀降雹天数(a)和站数(b)月分布

2.2　冷涡背景下连续降雹过程统计

同样利用京津冀 2000—2011 年 4—9 月 178 站灾害天气报资料，对 2000—2011 年 4—9 月京津冀冷涡背景下连续降雹的统计发现(图 5)，冷涡背景下的连续降雹有 29 次，连续降雹每年都有发生，连续降雹站数达到 407 站，占冷涡背景下降雹站数的 68.6%。冷涡背景下连续降雹的天数有 108 d，占冷涡背景下降雹天数的 61%。同样是 2001 年连续降雹站数最大，2005 年连续降雹天数最多，且 2005 年冷涡背景下的降雹站数的 89.2%都是连续降雹。因此，冷涡背景下的降雹几乎 2/3 都为连续降雹过程。

进一步对 2000—2011 年 4—9 月京津冀地区冷涡背景下连续降雹月分布(图 6)进行统计发现：冷涡背景下连续降雹 4、5、6、7、8、9 月发生的次数分别为 1、5、11、7、4、1 次，4、9 月降雹较少，连续降雹更少仅为 1 次，6 月最多，达到了 11 次，其中 6 月冷涡背景下连续降雹的天数和站数都是最大，其次是 7 月。统计过程也发现京津冀地区的连续降雹主要发生在长生命史冷涡背景下。

通过以上的统计结果可以得出结论，京津冀地区的降雹几乎一半是发生在冷涡背景下的，且降雹主要为长生命史冷涡背景下连续降雹。

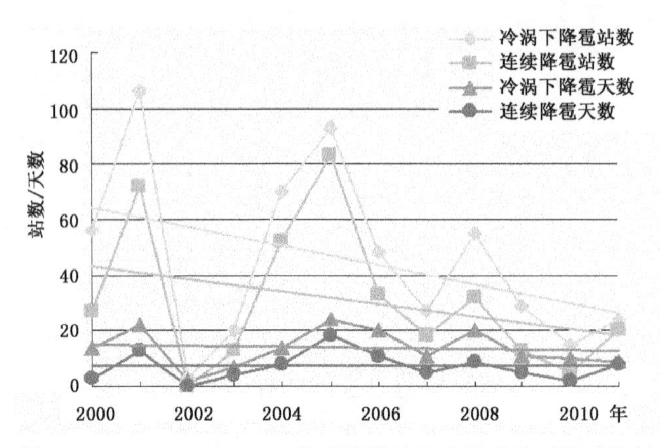

图 5 2000—2011 年 4—9 月京津冀地区冷涡背景下降雹统计

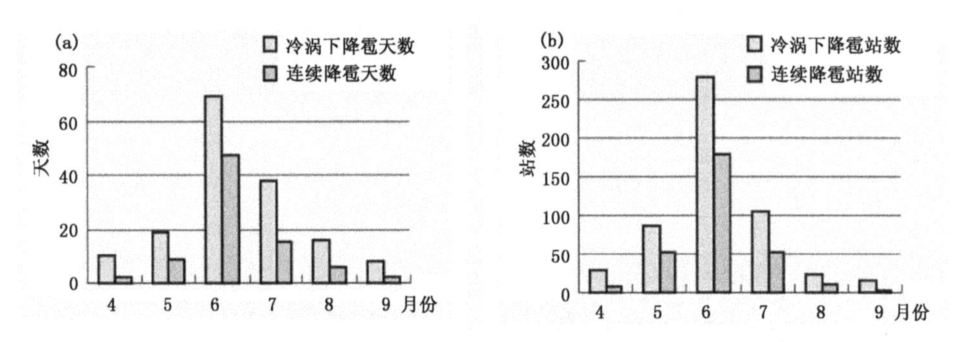

图 6 2000－2011 年 4－9 月京津冀冷涡背景下降雹天数(a)和站数(b)月分布

3 冷涡背景下连续降雹特征统计

3.1 连续降雹个例挑选

为得到冷涡背景下京津冀地区连续降雹的特征，挑选了 2000—2011 年 4—9 月京津冀地区冷涡背景下连续降雹的站数在 10 个以上的连续降雹过程(表 1)。统计看到 2001 年 6 月 12—22 日的这次连续降雹日数达到 11 d 之高，降雹站数有 60 站，可谓是降雹时间之久，持续时间之长。这 12 个个例都是发生在 5—7 月，可以认为 5—7 月是连续降雹发生的主要月份。且在这 12 个个例中，有 6 个发生在 6 月。

根据冷涡的定义，把 500 hPa 位势高度的演变趋势作为划分冷涡不同阶段的依据，即 500 hPa 低位势高度中心有增强趋势，定义为冷涡发展增强阶段，反之为冷涡消亡减弱阶段。若 500 hPa 低位势高度中心较前后时刻增强或减弱趋势不明显，则认为是冷涡成熟维持阶段。通过表 2 可以看到在挑选的 12 个连续降雹过程中，冷涡维持时间大部分都在 3 d 以上，即为长生命史冷涡。降雹的区域主要位于冷涡中心的偏南方位，而降雹能够发生在冷涡的发展、成熟、消亡的各个时期。

表 1 2000—2011 年 4—9 月京津冀连续降雹个例统计

年份	月一日	连续降雹日数(d)	降雹总站数(个)	日降雹最多站数(个)
2000	5 月 17—19 日	3	27	15
2001	6 月 12—22 日	11	60	12
2001	7 月 13—14 日	2	12	8
2004	6 月 18—24 日	7	46	13
2005	5 月 31 日—6 月 2 日	3	25	13
2005	6 月 7—10 日	4	12	3
2005	6 月 12—14 日	3	24	15
2006	6 月 23 日—7 月 1 日	9	30	9
2006	7 月 5—6 日	2	12	10
2007	7 月 9—10 日	2	12	9
2008	6 月 23—28 日	6	22	9
2011	7 月 12—17 日	6	12	3

表 2 冷涡与连续降雹的关系的相关统计

时间		冷涡维持时间(d)	500 hPa 上降雹区域处于冷涡中心的部位	降雹发生与冷涡发展时期
2000 年	5 月 17—19 日	4	东南—南—西南	发展、成熟
2001 年	6 月 12—22 日	8	南—东南—南—西南—南—西南—中心	发展、成熟
2001 年	7 月 13—14 日	3	西南	成熟、消亡
2004 年	6 月 18—24 日	12	中心—西南—中心—西南—东南—中心	发展、成熟、消亡
2005 年	5 月 31 日—6 月 2 日	5	东南—南—西南	发展、成熟
2005 年	6 月 7—10 日	3	东南	成熟、消亡
2005 年	6 月 12—14 日	7	东南—南	发展、成熟
2006 年	6 月 23 日—7 月 1 日	10	西南—东南—中心—西南	发展、成熟、消亡
2006 年	7 月 5—6 日	4	西南	成熟、消亡
2007 年	7 月 9—10 日	3	南	发展、成熟
2008 年	6 月 23—28 日	8	东南—南	发展、成熟
2011 年	7 月 12—17 日	9	南—中心	发展、成熟

3.2 连续降雹时间分布特征

由图5可见,京津冀的连续降雹呈波动状变化,连续降雹的站数呈减少的趋势,天数略有减少。从图7可以得出冷涡背景下连续降雹具有明显的日变化,连续降雹主要发生在12—20时,这时段的地表吸收了一定的太阳辐射能量,空气垂直上升加快,形成绝对不稳定层结,为强天气的产生创造了前提条件。

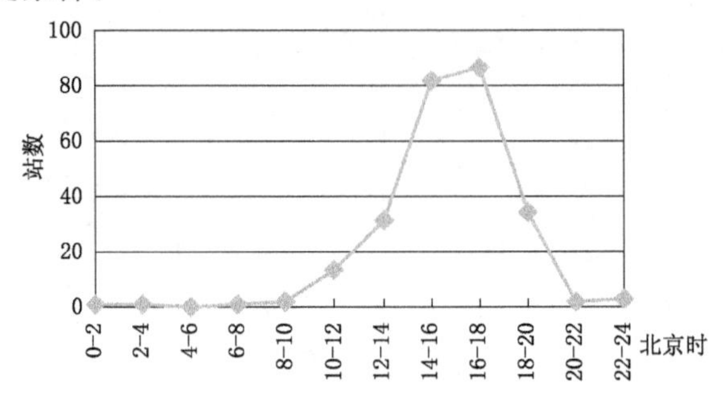

图7 2000—2011年4—9月京津冀连续降雹日变化特征

3.3 连续降雹空间分布特征

华北整个地势由西北向东南倾斜,高原和山地所占面积很多。从12次连续性降雹站数的空间分布(图8)来看,有以下特点:(1)降雹次数最多的是河北北部的张家口、承德山区,其中张家口站发生了12次降雹;(2)北部多于南部,同样是山区,北部山区的降雹次数多于南部的山区。

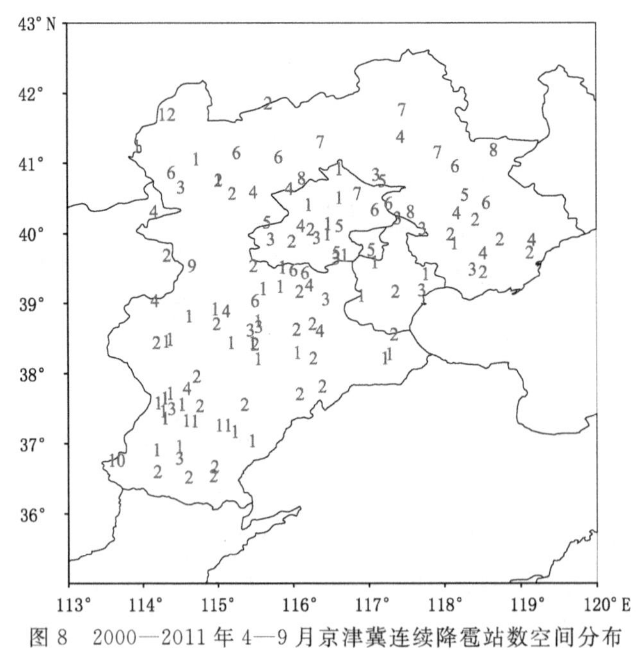

图8 2000—2011年4—9月京津冀连续降雹站数空间分布

4 结　论

(1)冷涡是影响京津冀地区连续降雹的主要天气系统,京津冀地区的降雹一半是发生在长生命史的冷涡背景下的,且降雹主要为连续降雹。

(2)冷涡背景下的连续降雹每年都有发生。冷涡背景下的降雹几乎 2/3 都为连续降雹过程。6 月冷涡背景下连续降雹的站数和频数为最大。

(3)连续降雹的区域主要位于冷涡中心的偏南方位,冷涡的各个发展阶段均有降雹出现。

(4)冷涡背景下连续降雹具有明显的日变化,连续降雹主要发生在 12—20 时。

(5)冷涡背景下京津冀连续降雹山区高于平原,北部多于南部。

参考文献

[1] 郁珍艳,何立富,范广洲等. 华北冷涡背景下强对流天气的基本特征分析. 热带气象学报,2011,**27**(1):89-94.

[2] 杨贵名,马学款,宗志平. 华北地区降雹时空分布特征. 气象,2003,**29**(8):31-34.

[3] 丁一汇,李鸿洲,章名立,等. 我国飑线发生条件的研究. 大气科学,1982,**6**(1):18-27.

[4] Knight C A, Knight N C. Hailstones. *Scientific American*, 1971, **224**(4):40-47.

[5] Changnon S A, Changnon D. Long-term fluctations in hail incidences in the United States. *J Climate*, 2000, **13**(3):658-664.

冷涡背景下中尺度对流系统的统计分析

王 磊[1] 谌 芸[2]

(1. 成都信息工程学院,成都 610225;2. 国家气象中心,北京 100081)

摘 要:利用风云2号地球静止卫星红外数字图像资料和中国气象局提供的每日两次的500 hPa天气图资料,根据标准识别出冷涡及中尺度对流系统(MCS)。统计分析2005—2011年4—9月冷涡背景下的MCS和冷涡的相对关系,结果表明:(1)冷涡背景下的MCS通常产生在我国华北和东北地区,(中尺度对流复合体)MCC和持续拉长状对流系统(PECS)生成较分散;β中尺度对流复合体(MβCC)主要集中在内蒙古东部;β中尺度对流系统持续拉长状对流系统(MβECS)主要集中在内蒙古和黑龙江的交界处。(2)MCS的月际分布:6月生成的MCS最多,有16个,9月最少。(3)大部分MCS都是产生在冷涡的发展阶段,生成在冷涡成熟和消亡阶段的MCS很少。

关键词:冷涡;MCS;统计分析

引 言

冷涡在中国一年四季都可以出现,出现在中国东北和蒙古地区的冷涡常给中国北方地区带来大风、冰雹、雷电等强对流天气。陶诗言[1]指出,东北低压或冷涡型是中国暴雨的特点之一,常常造成东北地区、华北北部暴雨或雷阵雨。郁珍艳等[2]指出,京津冀地区除短时强降水外,其余的强天气一半以上在华北冷涡背景下发生。强对流天气给各行各业及人们生活带来的灾害有目共睹。而强对流天气多数是由中尺度对流系统(MCS)所引起的,其破坏力极大,其影响波及农业、工业、电力、通讯、城市建设、航空、交通运输等各行各业,严重危及到人民的生命财产安全。由MCS引发的暴雨突发性强、强度大、历时短,常造成突发性局地暴雨并引起山洪、滑坡、泥石流等自然灾害,给人民的生命财产造成严重的威胁。中国对MCS的研究主要集中在MCS的分布、云图、降水特征、成因等方面[3~8]。

对于冷涡背景下MCS的研究,目前主要集中在对MCS的数值模拟。姜学恭等[9]利用MM5非静力模式成功对1998年8月8—9日一次东北冷涡暴雨过程进行了数值模拟,揭示了此次过程的一些中尺度特征。陈力强等[10]应用MM5模式对2002年7月12日东北冷涡诱发的强风暴进行了数值模拟,较成功地模拟出了MCS强对流风暴结构。但目前这类研究还比较少,特别是对冷涡背景下MCS的统计特征和冷涡与MCS的关系的研究,因而本文利用风云2号地球静止卫星红外数字图像资料和中国气象局提供的每日两次的500 hPa天气图资料,统计分析2005—2011年4—9月冷涡背景下MCS的特征,继而得出冷涡背景下MCS的特征。

1 冷涡的定义及识别

对于冷涡的定义,多数研究都是对东北冷涡的定义[11]:①在500 hPa天气图上至少能分析出一条闭合等高线，并有冷中心或明显冷槽配合的低压环流系统；②冷涡出现在(35°—60°N，115°—145°E)内；③冷涡在上述区域内的生命史至少为3 d。本文所研究的冷涡不仅仅是东北冷涡，还包括出现在蒙古、中国的华北地区的冷涡，所以本文所识别的冷涡标准是：500 hPa上天气图上(35°—60°N，100°—145°E)范围内出现闭合等高线，并配合有冷中心或冷槽，持续时间在3 d或3 d以上。

根据上述冷涡的标准，利用中国气象局提供的每日两次的500 hPa天气图资料，识别出2009—2011年4—9月的共60个冷涡过程60个冷涡的形成位置的地理分布如图1所示，可以看出冷涡主要形成在贝加尔湖的东部，主要集中在蒙古和中国的东北地区。

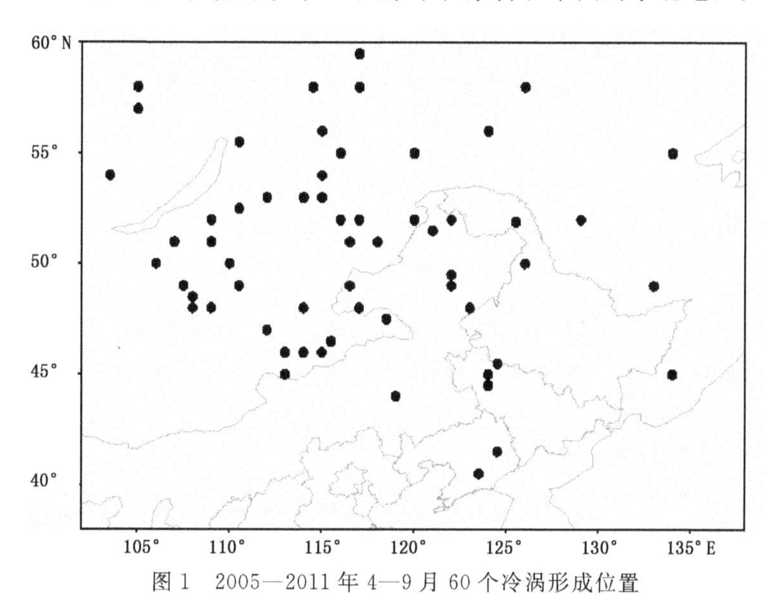

图1　2005—2011年4—9月60个冷涡形成位置

2　冷涡背景下MCS的时空分布特征

2.1　MCS的识别标准

根据Maddox[12]识别标准，有些MCS会被遗漏掉。本文中，根据Jirak等[13]对MCS进行的分类方法，将MCS划分为4类，即α中尺度对流系统(MαCS)和β中尺度对流系统(MβCS)，其中MαCS包括中尺度对流复合体(MCC)和持续拉长状对流系统(Permanent Elongated Convective System，简称PECS)，MβCS包括β中尺度对流复合体(Meso-β-scale MCC，简称MβCCS)和β中尺度持续拉长状对流系统(Meso-β-scale PECS，简称MβECS)。这种划分标准既考虑了MCS的大小，同时又兼顾了维持时间和形状，是一种较为科学的划分标准。如表1所示。其中偏心率指MCS外形所拟合椭圆的短轴与长轴之比。

表 1 MCS 的分类标准

MCS 类型	尺度标准	持续时间	形状(偏心率定义)
MCC	TBB 值≤−52℃的连续冷云区面积≥50000 km²	满足尺度标准时间≥6 h	最大尺度时偏心率≥0.5
PECS	TBB 值≤−52℃的连续冷云区面积≥50000 km²	满足尺度标准时间≥6 h	0.2≤最大尺度时偏心率<0.5
MβCCS	TBB 值≤−52℃的连续冷云区面积≥30000 km²	满足尺度标准时间≥3 h	最大尺度时偏心率≥0.5
MβECS	TBB 值≤−52℃的连续冷云区面积≥30000 km²	满足尺度标准时间≥3 h	0.2≤最大尺度时偏心率<0.5

2.2 冷涡背景下 MCS 的空间分布特征

依据上述 MCS 的分类标准,对 2005—2011 年 4—9 月冷涡背景下的 MCS 进行普查,7 年 60 次冷涡过程共产生了 61 个 MCS,其中 MαCS 有 24 个,MβCS 共 37 个。MαCS 中 4 个 MCC,占 MCS 总数的 6.6%;20 个 PECS,占 32.8%;MβCS 中 16 个 MβCCS,占 26.2%;21 个 MβECS,占 34.4%;拉长状 MCS 占总数的 67.2%,这表明较小尺度的 MCS 和拉长状 MCS 是冷涡背景下产生的主要对流系统。

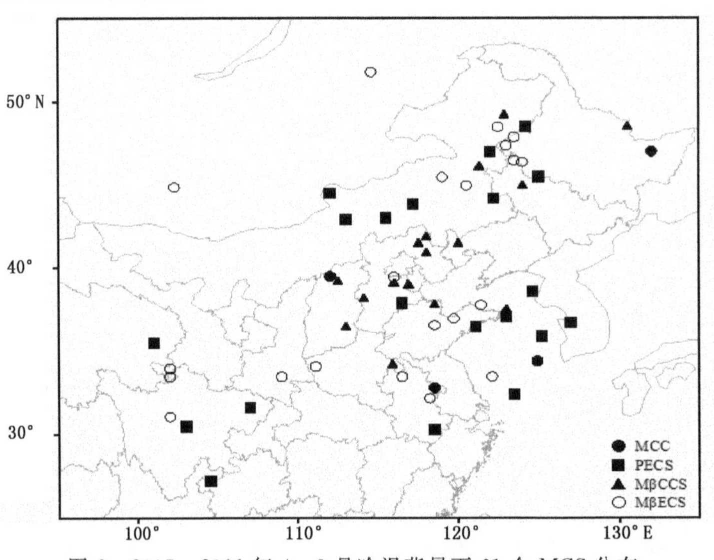

图 2 2005—2011 年 4—9 月冷涡背景下 61 个 MCS 分布

图 2 是冷涡背景下生成的 MCS 的地理分布,从图 2 中我们可以看出冷涡背景下的 MCS 通常产生在中国东北和华北,MCC 和 PECS 生成较分散;MβCCS 主要集中在中国华北和东北;MβECS 主要集中在中国东北地区。

2.3 冷涡背景下 MCS 的时间分布特征

2.3.1 月分布特征

图 3 是 2005—2011 年冷涡背景下各类 4—9 月 MCS 的个数。总的来看，6 月生成的 MCS 个数最多，有 19 个，9 月最少，仅有 3 个。PECS 和 MβECS 在 4—9 月均可以产生，且 MβECS 和 PECS 在 6 月产生的最多，9 月最少。MCC 和 MβCC 不是 4—9 月全能产生，MCC 在 4、6、7 月生成，以 7 月最多；MβCC 在 5、6、7 月生成且生成的个数相当。

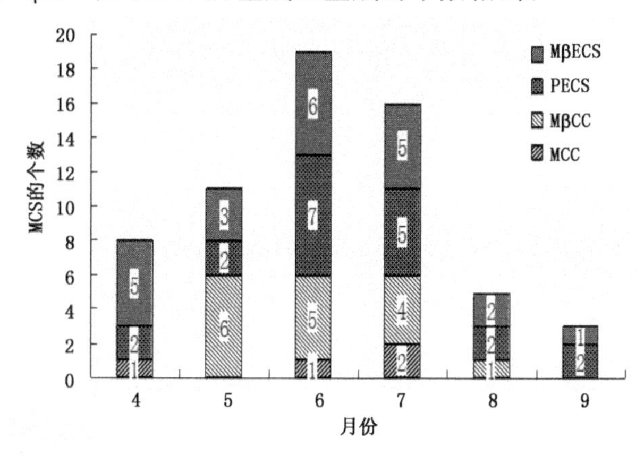

图 3 2005—2011 年中国冷涡背景下各类 MCS 4—9 月分布

2.3.2 日变化特征

图 4 是 MCS 3 个阶段(形成、成熟、消散)的日变化特征。从图中可以看出，MCS 大多形成于 01:00—02:00 和 06:00—07:00UTC(午后)，另一个形成高峰期在 17:00—18:00UTC。成熟的高峰期在 13:00—14:00UTC 和 18:00—19:00UTC，另一个成熟的高峰期在 22:00—23:00UTC。消散的高峰期在 17:00—18:00 和 22:00—23:00UTC。MCS 生消和发展变化都较快。综合分析可以得出，MCS 形成于当地的下午和傍晚，此时对流发展旺盛，有利于中尺度对流系统的产生，到了夜间 MCS 发展成熟，至凌晨一日出时分消散，这和国内外研究者得到的结论一致。

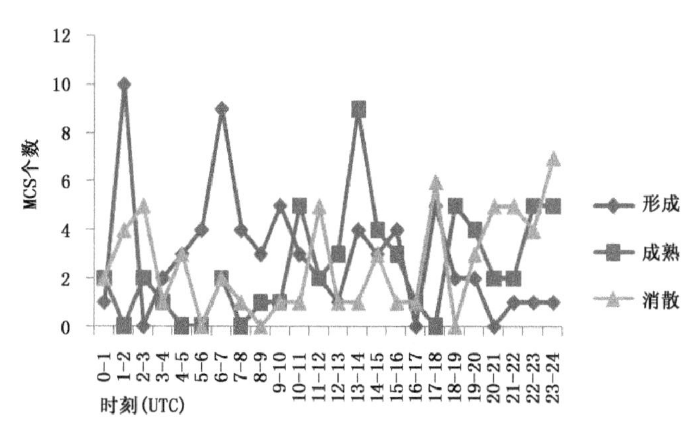

图 4 MCS 日变化特征

3 冷涡背景下 MCS 的移动路径

分别将四类 MCS 的形成(第一次满足尺度标准的时刻)、成熟(尺度标准最大的时刻)、消散(不再满足尺度标准的时刻)的位置(形心位置)点绘在图中,并将三个位置连接,即 MCS 的移动路径(图 5)。从图 5 中可以看出,MCC(图 5a)主要生成在陆地上,只有一个生成在海面上,主要是从西向东偏南移动。MβCCS(图 5b)系统形成于陆地上洋面,移动较少,主要自西向东偏北方向移动,与冷涡自西向东的移向相一致。PECS(图 5c)和 MβECS(图 5d)移动方向较一致,主要自西向东偏北方向移动。对比四类 MCS 移动路径可看到,PECS 移动最多,MβCCS 移动最少,偏心率大的 MCS 系统比偏心率小的系统移动少(圆状系统比拉长状系统移动少),这可能和影响产生圆状 MCS 和拉长状 MCS 的天气系统强弱有关,具体原因还有待进一步分析。MCS 生成后主要向东移动,这和中国中纬度西风带天气系统的移动路径基本一致,但由于受冷涡天气系统的影响,会出现不同的移动方向。

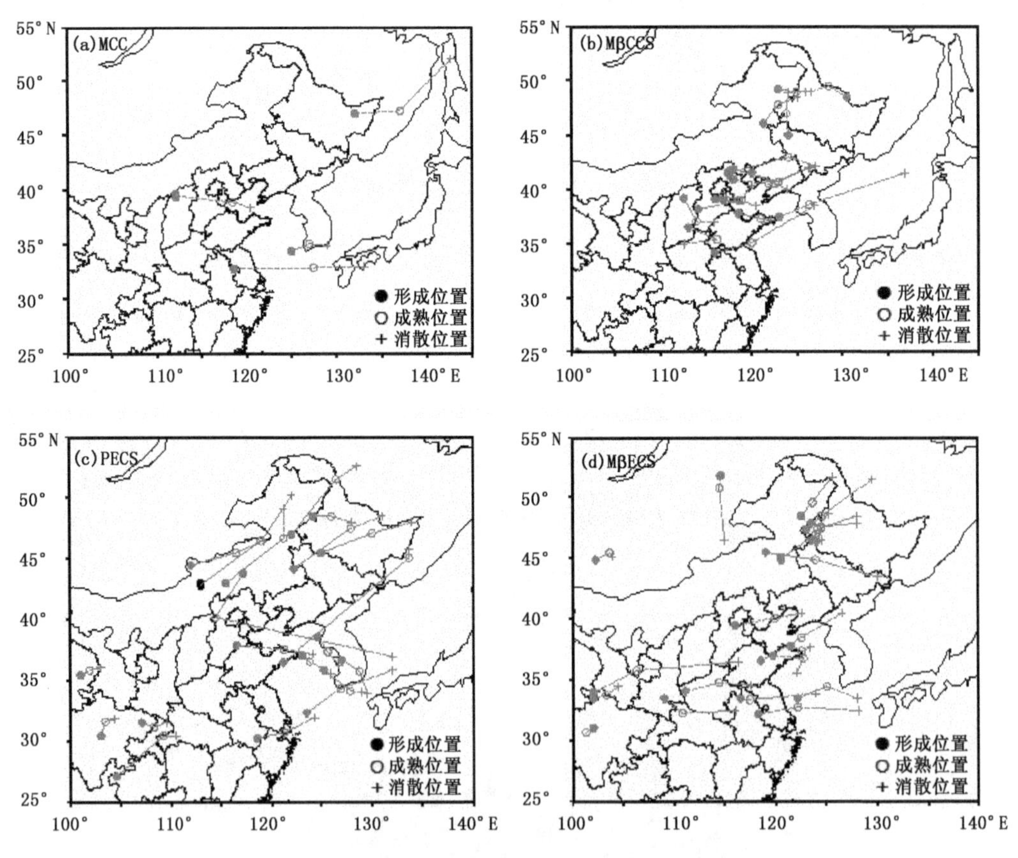

图 5 2005—2011 年 4—9 月冷涡背景下 61 个 MCS 移动路径

(a. MCC, b. MβCCS, C. PECS, d. MβECS)

4 冷涡背景下的 MCS 与冷涡的关系

4.1 冷涡不同的发展阶段 MCS 的特征

根据冷涡的定义，把 500 hPa 位势高度的演变趋势作为划分冷涡不同阶段的依据，即 500 hPa低位势高度中心有增强趋势，定义为冷涡发展增强阶段，反之为冷涡消亡减弱阶段。若 500 hPa 低位势高度中心较前后时刻增强或减弱趋势不明显，则认为是冷涡成熟维持阶段。图 6 表示的是冷涡与 MCS 的相对时间关系图，从图上我们可以看出，大部分 MCS 都是产生在冷涡的发展阶段，生成在冷涡成熟阶段和消亡的 MCS 很少。MβCC 在冷涡的各个阶段生成的个数相当；其余各类的 MCS 与整体情况类似，生成在消散阶段的个数最少，发展阶段最多。

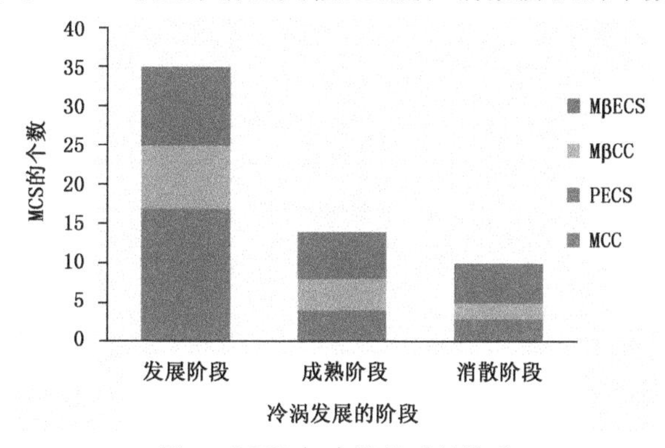

图 6 MCS 与冷涡的时间关系

4.2 冷涡背景下的 MCS 的生命史特征

MαCS 从产生到成熟需 5～6 h，从成熟到消散需 7～8 h，发展比减弱快，一旦形成很快就发展起来，这些系统一般能够持续约 14 h。对于 MβCS 发展和减弱需要的时间相当，为 3～5 h，中 β 尺度 MCS 系统发展和减弱的速度相当，过程一般持续 7～8 h。

总地来说，MβCS 系统发展较 MαCS 系统快，持续的时间也较 MαCS 短，这可能是因为影响 β 中尺度对流系统的天气系统比影响 α 中尺度对流系统的范围小和强度弱。

5 结 论

（1）7 a 共识别出 60 个冷涡，主要形成在蒙古国和中国的东北地区。

（2）60 个冷涡过程识别出 61 个 MCS，通常产生中国东北和华北，MCC 和 PECS 生成较分散；MβCCS 主要集中在中国华北和东北；MβECS 主要集中在中国东北地区。

（3）MCS 的月际分布：6 月生成的 MCS 最多，有 16 个，9 月最少。MCS 形成于当地的下午和傍晚，此时对流发展旺盛，有利于中尺度对流系统的产生，到了夜间 MCS 发展成熟，至凌晨一日出时分消散。

（4）冷涡背景下的 MCS 的移动路径多数是从西向东偏北的，这与西风带和冷涡的大背景下息息相关的。

(5)MβCS 系统发展较 MαCS 系统快,持续的时间也较 MαCS 短。

参考文献

[1] 陶诗言,丁一汇,周晓平. 暴雨与强对流天气的研究. 大气科学,1979,**3**(3):227-238.

[2] 郁珍艳,何立富,范广洲等. 华北冷涡背景下强对流天气的基本特征分析. 热带气象学报,2011,**27**(1):89-94.

[3] 陶祖钰,王洪庆,王旭等. 1995 年中国的 α 中尺度对流系统. 气象学报,1998,**56**(2):166-177.

[4] 郑永光, 朱佩君, 陈敏等. 1993—1996 黄海及其周边地区 MαCS 的普查分析. 北京大学学报:自然科学版,2004, **40**(1):66-72.

[5] 杨本湘,陶祖钰. 青藏高原东南部 MCC 的地域特点分析. 气象学报,2005,**63**(2):236-241.

[6] 马禹,王旭,陶祖钰. 中国及其邻近地区对流系统的普查和时空分布特征. 自然科学进展,1997,**7**(6):701-706.

[7] 郑永光,陶祖钰,王洪庆. 黄海及周边地区 α 中尺度对流系统发生的环境条件. 气象学报,2002,**60**(5):613-619.

[8] 陈乾. 夏季中国副热带湿区中尺度 α 类对流云团的统计特征. 高原气象,1989,**8**(3):252-260.

[9] 姜学恭,孙永刚,沈建国. 一次东北冷涡暴雨过程的数值模拟试验. 气象,2001,**27**(1):25-30.

[10] 陈力强,陈受钧. 东北冷涡诱发的一次 MCS 结构特征数值模拟. 气象学报,2005,**63**(2):173-183.

[11] 孙力. 东北冷涡的时空分布特征及其与东亚大型环流系统之间的关系. 应用气象学报. 1994,**3**(5):297-303.

[12] Maddox R A. Mesoscale convective complexes. *Bull Amer Meteor Soc*,1980,**61**:1374-1387.

[13] Jirak I L,Cotton W R, McAnelly R L. Satellite and radar survey of mesoscale convective system development. *Mon Wea. Rev*,2003,**131**(10):2428-2449.

[14] 白人海,孙永罡. 东北冷涡中尺度天气的背景分析. 黑龙江气象. 1997,(3) 6-12.

[15] 孙力. 东北冷涡持续活动的分析研究. 大气科学. 1997,**3**(12):297-307.

[16] 孙力,安刚,廉毅,沈柏竹等. 夏季东北冷涡持续性活动及其大气环流异常特征的分析. 气象学报. 2000,**6**(58):704-714.

服务篇

国家突发公共事件预警信息发布系统设计

孙 健 裴顺强 贺姗姗 李 欣

(中国气象局公共气象服务中心,北京 100081)

摘 要:国家突发公共事件预警信息发布系统主要依托中国气象局现有信息化基础设施和信息发布渠道,通过进一步完善和扩建其功能,建设1个国家级、31个省级、342个地市级管理平台和2379个县级预警信息发布管理终端,形成覆盖全国的突发公共事件预警信息统一发布系统。该系统建成后将实现各级政府部门突发公共事件应急指挥平台连接,确保各部门突发事件预警信息的统一收集、管理和发布,形成上联国务院,横向连接部委、厅局,纵向到地市、县的相互衔接,规范统一的预警信息发布体系,实现面向各级政府领导、应急联动部门、应急责任人和社会媒体的100%覆盖,公众在系统发出预警信息后10 min之内接收到预警信息,为有效应对各类突发事件、提升各级政府应急管理水平提供技术支撑。

关键词:突发事件;预警;发布系统

引 言

国家突发公共事件预警信息发布系统是《"十一五"期间国家突发公共事件应急体系建设规划》[1]提出的10个重点建设项目之一,是国务院应急平台唯一的突发公共事件预警信息权威发布系统,是政府应急部门和社会公众及时获取预警信息的主要渠道。项目主要依托中国气象局现有信息化基础设施和信息发布渠道,通过进一步完善和扩建其功能,形成覆盖全国的突发公共事件预警信息统一发布系统。中国气象局在国务院应急办的领导下,承担国家突发公共事件预警信息发布系统建设、运行与维护,并为各部门提供预警信息发布服务。

1 国家突发公共事件预警信息发布系统建设背景

随着社会转型的加快,中国进入了各种突发公共事件的多发期,自然灾害与重特大事故不断发生,防不胜防,给国家经济社会发展都造成了重大影响。突发事件的早发现、早预警,是及时做好应急处置、减少人员伤亡和财产损失、降低社会风险的重要前提。面对新的形势和新需求,如何建立一个规范、畅通、有效的突发公共事件预警信息发布系统,如何建立科学的突发事件指挥与处置模式,已成为各级政府部门当前需要迫切解决的课题,也是中国有效应对各类突发事件的迫切需要。

中国政府高度重视应急管理体系的建设,特别是进入21世纪后加快了突发公共事件应急管理体系建设步伐。中国共产党十六届三中全会提出"建立健全各种预警和应急机制,提高政府应对突发公共事件和风险的能力";中国共产党十六届四中全会进一步提出了"建立健全社会预警体系,形成统一指挥、功能齐全、反应灵敏、运转高效的应急机制,提高保障公共安全和处置突发公共事件的能力”。当前,中外防灾、减灾和应急管理工作呈现新的发展趋势,对各级政府的应急管理水平和科学管理能力提出了更高要求,尤其是要满足预警信息快速、有效的发布需求,满足灾害影响区域应急责任人快速接收预警信息和有效地指挥当地群众避灾救灾的需求[2]。现阶段,中国突发事件预警信息的发布分散在不同的部门和行业,尚未建立一个综合的预警信息收集和发布平台,容易造成政出多门。当突发事件出现时,无法第一时间及时作出反应,从而可能导致非组织的信息流传而无法及时澄清。此外,各部门和行业的预警信息发布系统的通信平台、数据接口、数据库结构、功能要求等缺乏统一标准,对应急预警信息的定义、来源、加工整理及预警信息的发布也还没有形成统一的标准,无法实现互联互通和信息共享。近年来,尽管中国应急管理体系日趋成熟,但突发公共事件预警信息发布系统的不完善,削弱了突发公共事件的应急处置能力,因此,整合部门和行业信息资源,整合各类系统和技术标准,建设国家、省、地市、县四级相互衔接的权威、统一的突发事件预警信息发布系统,实现预警信息的多手段综合发布,对各级政府及时、准确掌握有关综合信息,科学分析研判,及时有效应对,具有重要的现实意义。

国务院应急办及有关部门也高度重视中国突发公共事件预警信息发布系统建设,先后开展了多个专题研究,同时在多个省(市)进行了省级突发事件预警信息发布系统建设试点,积极部署国家突发公共事件预警信息系统的建设和管理工作。2005 年以来,国务院先后印发了《关于全面加强应急管理工作的意见》《国家突发公共事件总体应急预案》《“十一五”期间国家突发公共事件应急体系建设规划》等文件[3~4],强调建设预警信息发布管理平台,采集各级政府预警信息,实现预警信息在国家、省、地市、县级发布管理平台有效传输,建立起国家权威、上下畅通的突发公共事件预警信息发布渠道。2006 年,国务院办公厅在《“十一五”期间国家突发公共事件应急体系建设规划》中明确提出:“依托中国气象局业务系统和气象预报信息发布系统,扩建信息收集、传输渠道及与之配套的业务系统,增加信息发布内容,形成我国突发公共事件预警信息综合发布系统。”2007 年,国务院办公厅在《关于“十一五”期间国家突发公共事件应急体系建设规划实施意见》[5]中再次强调,“中国气象局负责预警信息发布系统建设、运行与维护,并为各部门提供预警信息发布服务”。2011 年 7 月,国务院办公厅印发了《关于加强气象灾害监测预警及信息发布工作的意见》[6],对加快预警信息发布系统建设再次提出了明确要求,要求尽快形成国家、省、地市、县四级相互衔接,规范统一的预警信息发布体系,实现预警信息的多手段综合发布。2010 年 9 月,国家发展和改革委员会批准国家突发公共事件预警信息发布系统项目立项,2011 年 8 月批复了该项目的初步设计方案。2011 年 11 月,中国气象局组织召开国家突发公共事件预警信息发布系统项目建设启动视频会议,对国家突发事件预警信息发布系统建设工作提出了具体要求。

2 国家突发公共事件预警信息发布系统建设内容和目标

2.1 建设内容

国家突发公共事件预警信息发布系统建设内容主要包括预警信息平台、预警信息发布手段、预警信息发布流程和技术标准规范、安全保障体系和网络通信系统等内容。

(1)预警信息发布平台。建设国家、省、地市、县四级预警信息发布平台,并实现各级相关突发公共事件应急指挥平台的连接，实现多部门突发事件预警信息的统一收集、管理和发布。全国共建1个国家级预警信息发布管理平台、31个省级预警信息发布管理平台、342个地市级预警信息发布管理平台和2379个县级预警信息发布管理终端。

(2)预警信息发布手段。主要发布手段包括网站、广播电台插播、电视插播、电话(传真)、手机短信息、农村大喇叭广播、电子显示屏、灾害预警处置终端等，以上发布技术手段是在各级气象机构已有的气象灾害预警发布手段的基础上予以扩充和改造，使其适应突发公共事件的预警信息发布。

(3)预警信息发布流程和技术标准规范。制定国家突发公共事件预警信息发布管理办法、发布工作流程、预警信息广播电视插播规范。制定业务运行、预警信息审核、系统安全管理等办法。制定预警信息编码与传输标准、预警信息发布接口标准、网站转载预警信息发布标准等技术规范。制定不同预警发布手段的技术、标准规范，实现预警信息的规范、快速、有效覆盖发布。

(4)安全保障体系和网络通信系统。利用现有的通信网络，实现国家、省、地市、县四级预警信息发布平台的畅通，以及各级相关突发公共事件应急指挥平台的网络畅通。同时，通过对网络、主机、应用、数据传输等方面的安全设计，实现预警信息传输、发布全过程的安全可靠性。

2.2 目　标

国家突发公共事件预警信息发布系统项目建设目标为：依托中国气象局现有业务系统扩建其信息传输渠道及与之配套的系统；建立起权威、畅通、有效的突发公共事件预警信息发布渠道，形成覆盖全国的预警信息综合发布系统；充分利用社会公有资源，利用各种先进的、可靠的技术手段基本解决预警信息发布的“最后一公里”问题。系统建成后，将建立国务院各部委和国务院应急指挥平台、各级地方政府和相关部门的预警信息传输流程，实现对自然灾害、事故灾难、公共卫生事件、社会安全事件等各类突发公共事件的接收、处理和及时发布，使突发公共事件预警信息实现面向各级政府领导、应急联动部门、应急责任人和社会媒体的100%覆盖，公众在系统发出预警信息后10 min之内接收到预警信息(图1)，确保有关部门和社会公众能够及时获取预警信息，为有效应对各类突发事件、提升各级政府应急管理水平提供强力支撑。

3　国家突发公共事件预警信息发布系统功能

国家突发公共事件预警信息发布系统主要实现预警信息制作、用户管理、信息存储与共享、分级分类分区域发布、多用户并发操作，以及反馈信息收集与分析等功能。

(1)预警信息制作。通过用户认证，合法的预警信息提供单位能够实现预警信息录入、审核、签发，选取预警信息的影响范围、发布手段、发布人群等属性，最终形成格式统一的预警信息数据。

(2)用户管理。通过用户创建、授权、权限修改等方式，实现对发布对象的有效管理，具备用户识别、组别分类、信息查询等多种功能。国家级预警发布平台具有对国家、省、地市、县四级用户基本信息的管理权限。

(3)信息存储与共享。可实现对各类突发公共事件预警信息分类和存储等功能，能够按照

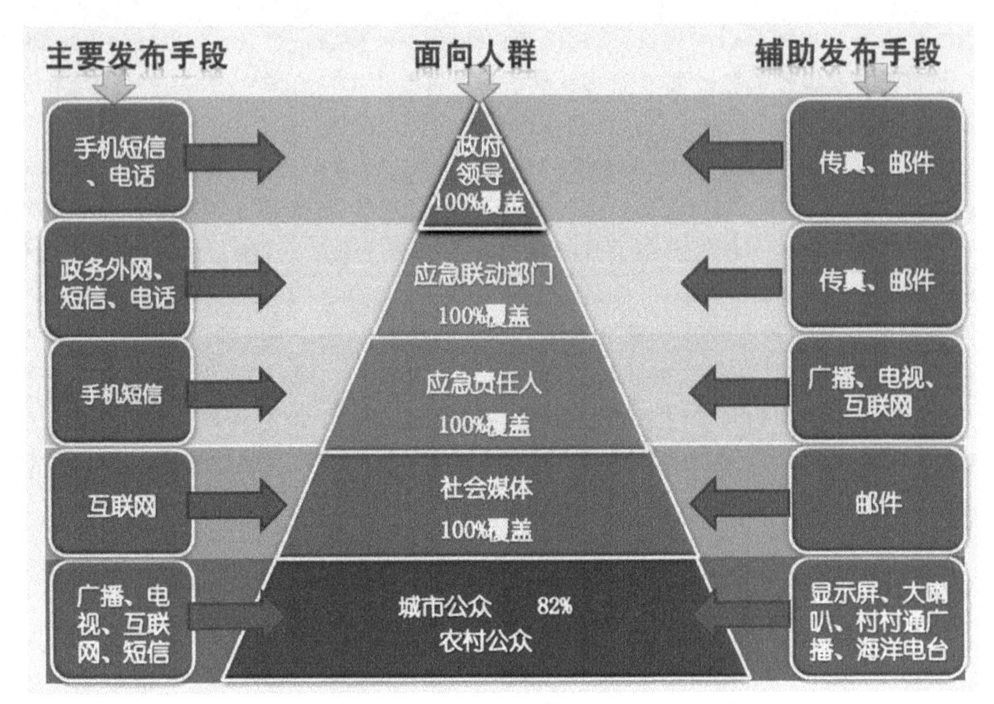

图1　突发事件预警信息实现面向用户分级发布

信息类型、信息内容、发布时间、发布地区、发布单位等信息进行管理，能够实现预警信息在部门间共享，且具有统计、分析和报表制作等功能。

(4)分级分类分区域发布。针对不同级别、不同种类的预警信息，采用相关的发布策略和手段，具备向不同类别群体的发布能力。国家级预警发布平台还具备向下级应急联动部门及应急责任人垂直发送预警信息的能力。

(5)多用户并发操作。各级发布管理平台可以满足本级预警信息发布单位同时登录和制作预警信息，多个运行维护人员可同时使用本系统提供的各种平台和工具进行操作。

(6)反馈信息收集与分析。对预警信息发布效果进行反馈采集，根据采集结果进行分析和评估，形成知识库，为预警信息发布效果提供准确科学的评估能力。

4　国家突发公共事件预警信息发布系统框架总体设计

4.1　总体架构和系统管理

国家突发公共事件预警信息发布系统作为国家应急平台体系的一部分，建设国家、省、地市、县四级预警信息发布管理体系，因此，从总体架构上建设国家、省、地市三级预警信息发布管理平台和县级预警信息发布管理终端。国家级预警信息发布管理平台位于四级预警信息发布体系结构中的最上层，它的信息来源为国务院应急指挥平台和相关部委；省级预警信息发布管理平台位于第二层，信息来源为上级预警信息发布管理平台、省政府和省内各厅局；地市级预警信息发布管理平台位于第三层，信息来源主要是上级预警信息发布管理平台、地市级政府和各委、局；县级预警信息发布管理终端作为最底层，是国家突发公共事件预警信息的基层信息受理单位，信息来源是上级预警信息发布管理平台，县级政府和县级各委、局。国家突发公共事件预警信息发布系统各级管理平台和终端互联互通，纵向通过中国气象局局域网进行链接，各级政府应急办、有关单位则通过政务外网、互联网与平台进行横向链接，并最终形成上联国务院，横向连接部委、厅局，纵向到地市、县的相互衔接、规范统一的预警信息发布体系。

国家突发公共事件预警信息发布系统由国务院应急办负责总体管理，省、地市级发布管理平台和县级终端由当地政府应急办管理，日常运行维护由各级气象主管部门负责。国家突发公共事件预警信息发布系统的预警信息发布工作采取“谁发布、谁负责”原则，各单位对本单位所发布的预警信息负责。不同级别不同区域的发布单位仅能发布本区域范围内一定级别的与本单位相关的预警信息，不能越级、跨区域、跨行业发布（图 2）。由信息发布方对预警信息实行最后审核，通过审核后自动进行发布。

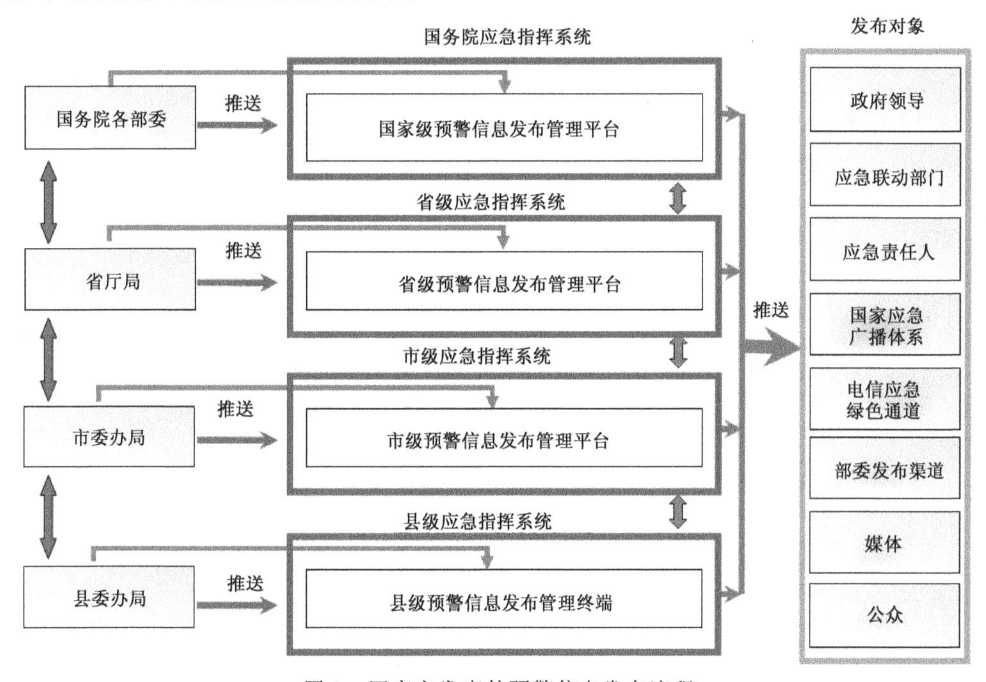

图 2　国家突发事件预警信息发布流程

4.2　标准规范设计

国家突发公共事件预警信息发布系统是为国家各级政府机关向公众发布预警信息的平台，应具有良好的开放性和统一性，在建设中必须遵照相关的管理规范和遵循有关的建设标准，而在建设完成投入运行后则更需要建立一系列的运行机制和有关的标准和管理规范。其中标准规范设计包括技术标准和管理规定。

（1）技术标准

技术标准部分规定了系统内部信息处理流程中的数据格式、数据接口、传输协议等基础性标准。在满足系统需求的基础上，优先考虑采用参照已有的国际、国内以及行业内标准规范，其次是修订或制定适合本项目特点、专用的、不与国家或行业标准冲突的标准规范。主要包括预警信息文件命名规范、预警信息格式设计规范、数据接口规范、传输协议、预警信息发布规范、发布技术手段规范、预警工业产品规范及其他技术标准。

(2)管理规定

管理规定主要针对系统设计、建设和未来运行过程中需制定的,面向管理、运行维护人员的相关规定和要求,包括:预警信息处理流程中涉及的管理规定、各级预警信息发布管理平台的日常操作管理、业务运行规定、安全管理规定等方面。主要包括预警信息处理流程中涉及的管理规定、各级预警信息发布管理平台的安全管理规定、各级预警信息发布管理平台的日常操作管理、政策法规制度、预警信息发布单位联动政策制度、预警信息发布手段涉及部门政策制度等。

4.3　网络系统设计

国家突发公共事件预警信息发布系统涉及的网络系统(图 3)横向主要依托各级电子政务外网,完成同级预警信息的收集和发布;纵向主要依托气象宽带网、卫星网、互联网组成,完成预警信息从上到下的双向传输。

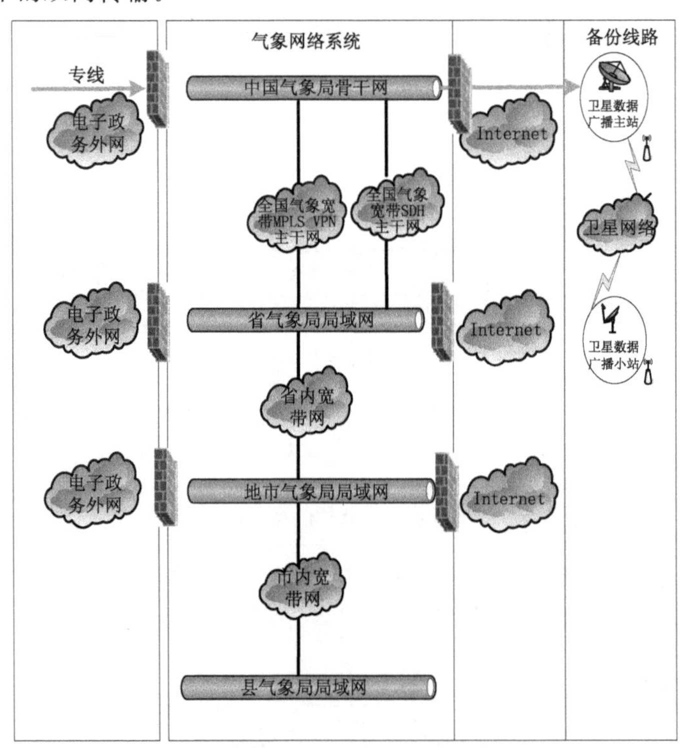

图 3　网络系统整体结构图

国家突发公共事件预警信息发布管理平台由国家、省和地市三级组成,其中国家级发布管理平台依托政务外网和中国气象局已有地面、卫星网络,实现上连国务院应急管理指挥中心,横向连接有关部委和国家级媒体,下连 31 个省级预警信息发布管理平台;省级发布管理平台通过全国气象宽带网络系统和改建的卫星网络以及省内的宽带网络,实现省级预警信息发布管理平台上连国家级平台,下连地市级平台,横向依托政务外网建立与省级应急管理指挥中心、有关厅局和省级媒体的连接;地市级发布管理平台上连省级平台,下连县级管理终端,横向依托政务外网与同级应急管理机构和相关单位建立连接。整个预警信息发布管理系统为三级部署结构,系统在每一级又部署在 3 个不同区域,图 4 为详细的系统软、硬件和应用的部署。

4.4　应用软件分系统

应用软件分系统包括信息接收及处理、安全及用户管理、业务监控、数据管理与信息发布、信息检索统计共 5 个部分。其中，信息接收及处理包括应用门户和接收处理两个子系统，安全及用户管理包括应用(用户)管理和安全管理两个子系统，业务监控对应信息反馈评估分系统，数据管理与信息发布和信息检索统计则分别对应信息分发子系统和检索统计子系统。

应用软件分系统采用国家、省、地市三级布局。根据统一布局、分别部署的原则，国家、省、地市各级系统的应用软件分系统均具有接收处理、信息分发、应用门户、安全管理、应用管理、信息监控、网络监控和检索统计等八大功能。

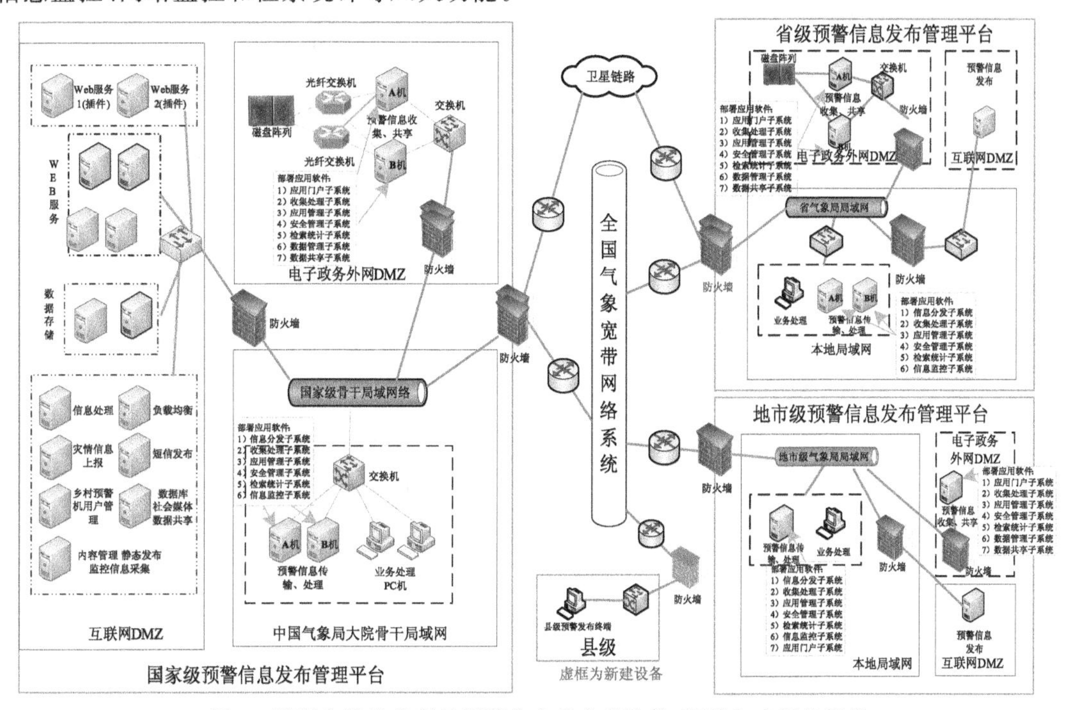

图 4　国家突发公共事件预警信息发布系统软、硬件和应用的部署

4.5　数据管理与共享分系统

数据管理与共享分系统主要包括数据管理子系统和数据共享子系统，为预警信息发布平台提供数据层和服务层的数据支撑。

数据管理与共享分系统采用国家、省、地市三级部署。根据统一设计、分级部署的原则，国家、省、地市各级分系统均具有数据管理和数据共享的功能。

4.6　发布手段分系统

发布手段分系统主要通过网站、手机短信、电话传真、电视插播、广播插播、电子显示屏、农村大喇叭、海洋广播电台等发布子系统，实现应用软件分系统所提供的标准化预警信息的发布。

发布手段分系统采用国家、省、地市三级布局。根据国家、省、地市级现有的发布手段现状和发布职能,分级部署(图 5)。

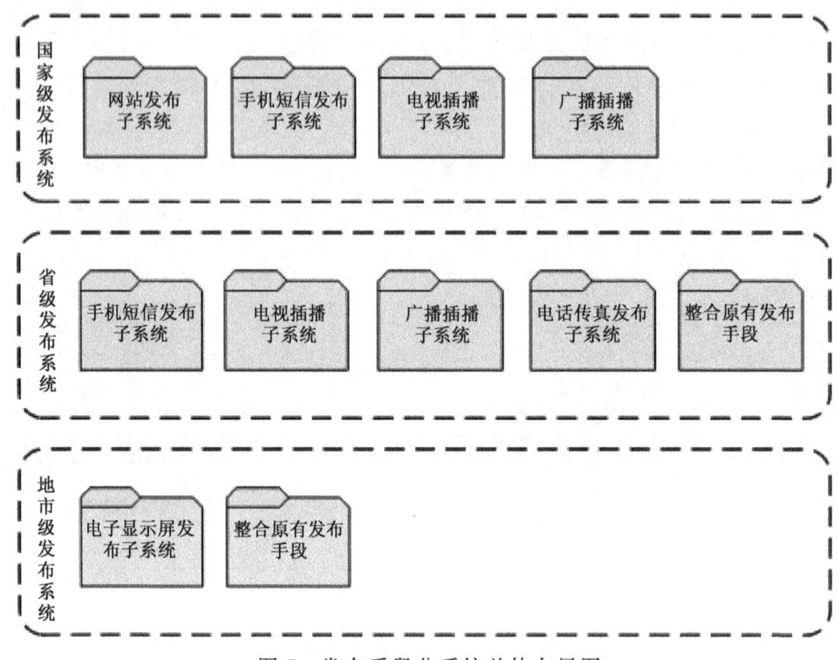

图 5 发布手段分系统总体布局图

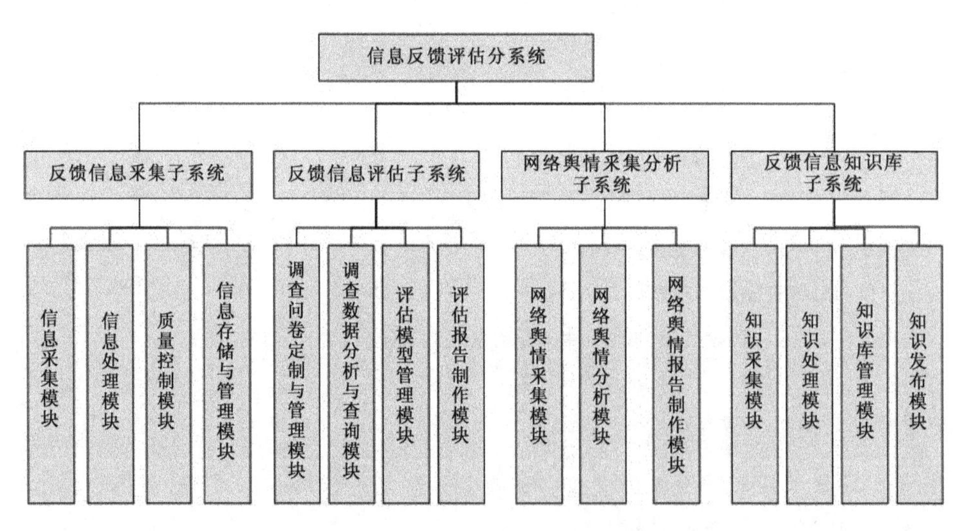

图 6 信息反馈评估分系统的系统结构

4.7 信息反馈评估分系统

信息反馈评估分系统对预警信息发布出去后达到的时效性、地域覆盖面、覆盖人群和公众舆论进行分析,评估预警信息发布的实际效果,从而进一步提升预警信息发布系统的整体水平。主要包含反馈信息采集子系统、反馈信息评估子系统、网络舆情采集分析子系统和反馈信息知识库子系统,每个子系统由若干模块组成(图 6)。信息反馈评估分系统通过实时和非实时方式,采集各种发布手段的反馈信息、公众评价信息和网络舆情信息,根据采集结果结合地理信息系统,实现对预警信息发布时效性、覆盖面、覆盖人群和社会舆情等进行分析和评估,并结合反馈信息识库,为预警信息发布效果和影响结果提供准确科学的评价。

信息反馈评估分系统采用国家级布局方式,在国家级部署信息反馈评估分系统服务器,各用户终端通过应用系统接口、浏览器实现对服务器端的信息提交和访问。

基于GIS的甘肃省陇南市暴雨灾害风险区划

苏军锋[1] 肖志强[1] 魏邦宪[1] 赵彦锋[2] 张 锋[1] 刘莉丽[1]

(1. 甘肃省陇南市气象局,武都 746000; 2. 上海市宝山区气象局,宝山 201901)

摘 要:利用陇南年均暴雨日数,陇南DEM高程资料及地理信息和陇南人口密度、人均国民生产总值、耕地面积比资料,运用层次分析法(AHP)、专家打分法、自然断点法、反向无量纲化等方法,建立了暴雨灾害致灾因子危险性、孕灾环境敏感性、承灾体易损性和防灾减灾能力4个因子的风险区划模型,并借助ArcGIS10.0软件,进行克里金内插法和栅格图层计算器叠加分析计算,得到陇南市暴雨灾害综合风险区划图。结果表明,陇南暴雨灾害高风险区主要集中在成县、徽县和两当县,各县城周围风险等级相对较高。用近10年陇南暴雨灾害情况对风险区划图进行检验,结果基本吻合,这对陇南市暴雨灾害预报和暴雨灾害的防灾减灾建设有一定的指导意义。

关键词:GIS;暴雨灾害;风险区划

引 言

地理信息系统(GIS)作为获取、存储、分析和管理地理空间数据的重要工具和技术,近年来得到了广泛关注和迅猛发展,其在天气预报、气候区划、人工影响天气、地质灾害气象预报、气象灾害评估以及综合气象服务系统等气象及其相关领域已表现出良好的应用前景[1~2]。在所有的GIS软件中,ArcGIS作为美国环境系统研究所(ESRI)开发的新一代地理信息软件,2010年,ESRI推出ArcGIS10.0,其强大的绘图功能、数据管理,空间分析,空间统计以及ArcGIS10.0上的3D建模、编辑和分析能力,使得ArcGIS成为世界上使用最多的GIS软件之一,也为气象领域的应用奠定了良好的技术基础。关于GIS在气象灾害风险区划和评价中的应用,许多学者做了大量的研究[3~9],其主要研究对象是暴雨山洪、干旱以及由气象因素诱发的滑坡、泥石流等地质灾害,而关于陇南暴雨的研究却更多的是对一次暴雨过程发生机理的研究或者对暴雨过程造成的灾害研究,对一定大的区域,长的时间跨度下的暴雨风险评估和区划的研究工作相对较少。为此,在甘肃省陇南市气象局编制全市气象灾害防御规划之际,利用陇南各县气象站历史降水资料,综合考虑影响暴雨灾害的气象条件、社会经济和生态自然环境等条件,从致灾因子危险性、孕灾环境敏感性、承灾体易损性、防灾减灾能力4个方面着手,综合分析得到陇南暴雨灾害风险区划的指标因子,利用ArcGIS10.0软件中的工具对相关因子进行栅格图层计算、分割操作等,最后得到陇南暴雨灾害风险区划图,为宏观认识陇南暴雨灾害风险、开展气象灾害预报和气象灾害防灾减灾建设提供科学依据。

1 研究区概况

陇南市位于甘肃省东南部,地处秦巴山地西部与青藏高原东侧边缘交汇地带(32°38′—34°

31′N,104°1′—106°35′E)。东西长 221 km,南北宽 220 km,总面积 $2.79\times10^4 km^2$,是甘肃境内唯一的长江流域地区,气候属亚热带向暖温带过渡区,境内高山、河谷、丘陵、盆地交错,气候垂直分布,地域差异明显,也是干旱、冰雹、暴雨、低温冻害、雪灾、高温热害、大风、连阴雨、雷电气象灾害多发区,并且由气象灾害引发的衍生次生灾害对陇南经济建设和人民生命财产造成了巨大的损失,其中由暴雨及暴雨引发的山洪、滑坡和泥石流造成的损失尤为严重。

2 资料和方法

2.1 资料来源

利用陇南市 9 个气象站 1971—2010 年降水历史资料以及 2006 年以来区域站资料,对暴雨日数进行统计,得到各乡镇年均暴雨日数(频次),表 1 为陇南市 9 个县(区)气象站每 10 a 年均暴雨日数。

表 1 陇南市 9 个县(区)气象站每 10 a 年均暴雨日数

县(区)名	站号	经度(°E)	纬度(°N)	海拔高度(m)	年均暴雨日数(d)
宕昌县	56095	104.38	34.03	1753.7	1
文县	56192	104.67	32.95	1014.3	5
礼县	57007	105.18	34.18	1404.6	3
西和县	57008	105.3	34.03	1579	3
成县	57102	105.72	33.75	970	8
康县	57105	105.6	33.33	1221.2	12
徽县	57110	106.08	33.78	930.8	10
两当县	57111	106.3	33.92	961.4	8
武都区	59096	104.92	33.4	1079.1	2

地理信息资料主要是陇南市 1:500000 的 DEM(全国数字高程模型)资料、陇南地理信息 shp 文件等。人口密度、GDP 密度、耕地比和人均 GDP 来自《2010 年陇南市统计年鉴》。

2.2 研究方法

首先为了消除各要素的量纲差异造成的影响,对各要素进行了无量纲化处理,同时利用各要素值和经纬度、海拔的残差分析,对回归方程的可靠性以及数据的变化趋势进行检验,而对于空间差值则主要利用了克里金内插法。克里金内插法主要利用区域内的测量数据和变异函数的结构特点,对区域内的变量进行插值,其考虑了数据的空间自相关性,更符合空间数据的特点[10]。对评价指标权重系数的计算应用了层次分析法(AHP),并通过专家打分等综合计算各指标的权重系数。在 ArcGIS 作图中还利用了自然断点法、反向无量纲化和栅格图层计算等,最后得到暴雨综合风险区划图。

3 影响暴雨风险区划的评价指标及分析

3.1 致灾因子危险性分析及区划

陇南市是甘肃省暴雨发生最多的地方之一,其发生的时间主要集中在主汛期(6—8月),由于暴雨发生的强度大,局地性强,频次高,成为造成陇南自然灾害中最主要的气象灾害,故选择暴雨过程发生的频次(年平均降水日数)作为致灾因子,一般致灾因子频次越高,强度越大,则暴雨造成的破坏损失越严重,其风险也越大。图1是利用陇南市各县及乡镇年均暴雨日数,采用ArcGIS10.0的普通克里金插值方法将数据插值成千米栅格数据,采用自然断点法将暴雨发生的级别划分为高、次高、中、次低、低5个级别,得到陇南市暴雨灾害分布区划情况。由图1可以看出,暴雨高风险区主要集中在康县、两当县、武都南部以及文县局部,这主要是由当地的地理生态环境造成的独特气候特点、暴雨发生的次数相对较多造成的。

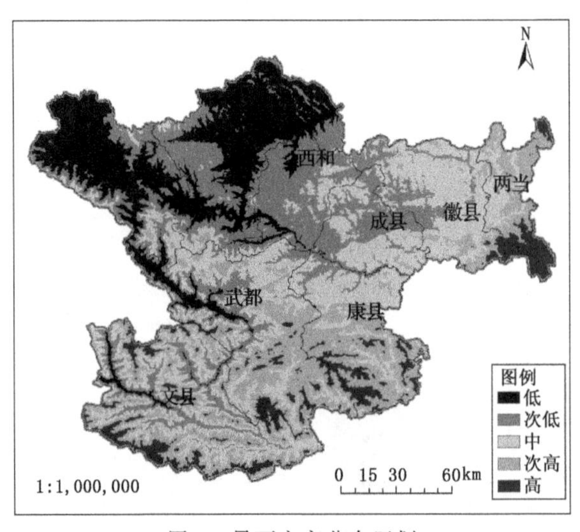

图1 暴雨灾害分布区划

3.2 孕灾环境敏感性分析及区划

本文中孕灾环境主要指自然环境,在同样的暴雨条件下,不同自然环境状况的受灾风险性差异很大,文中着重考虑地形因子如坡度及高度、河网密度两个方面,其敏感性主要指研究区中外部环境对暴雨灾害的敏感程度以及坡度和河网密度对暴雨灾害影响的程度。由于坡度的大小和河网密度的大小直接影响着暴雨成灾情况,通过专家综合分析,二者的权重比例相当,在孕灾环境敏感性中各占0.5,同时利用DEM和河网密度数据资料,借助于ArcGIS软件,通过自然断点和加权平均法得到孕灾环境敏感性区划(图2),由图2可以看出,在成县、康县敏感性等级高的区域相对集中,宕昌县、礼县敏感性等级低的区域较多。

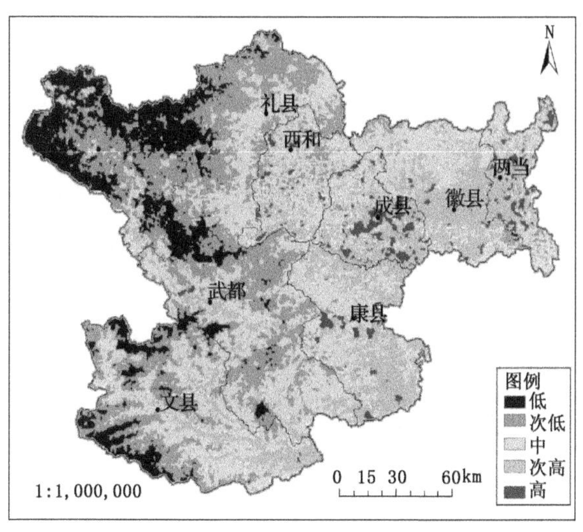

图 2 孕灾环境敏感性区划

3.3 承灾体易损性分析及区划

承灾体易损性主要指可能受到暴雨等气象灾害威胁的所有人民生命财产的损失程度，这与该地区的人口和财产集中的程度有很大关系，人口和财产越集中，则易损性越高，可能遭受潜在损失越大，气象灾害风险越大。因此，易损性主要考虑人口密度、GDP密度和耕地面积比3个方面，在其他灾害条件同样的条件下，人口密度、GDP密度和耕地面积比越大，则暴雨造成的损失就越严重。但由于各个因子对暴雨灾害的影响程度大小不同，故其权重系数也不同，通过陇南实际情况和专家打分综合考虑下，对人口密度、GDP密度和耕地面积比3个因子的权重系数(表2)分别赋值为0.5、0.3、0.2，通过ArcGIS进行叠加后，采用自然断点分级法得到承灾体的易损性区划图(图3)，由图可以看出，在大部分县城周围易损性风险都较高，而在整个陇南市南部则较低。

表2 易损性因子的权重系数

易损性因子	人口密度	GDP密度	耕地面积比
权重系数	0.5	0.3	0.2

3.4 防灾、减灾能力分析及区划

防灾、减灾能力主要是指受灾区对灾害的抵御和在长期和短期内能够从灾害中恢复的程度，包括应急管理能力、减灾投入资源准备等，防灾、减灾能力的高低决定着在灾害中所受损失的大小，同样在相同的灾害条件下，防灾、减灾能力越高，则受到的损失越小，其气象灾害风险也就越小。文中对防灾、减灾能力主要考虑人均国民生产总值，因为考虑到国民生产总值间接或直接地影响着政府在防灾、减灾工程等基础建设方面的投资多少，进一步影响着防灾、减灾能力的强弱。图4是陇南市人均GDP分布，从图中可以看出，成县、徽县人均GDP较高，该区域的防灾、减灾能力相对较强。而礼县、西和主要是人口密度较大、人均GDP不高，影响着防灾、减灾能力的建设。

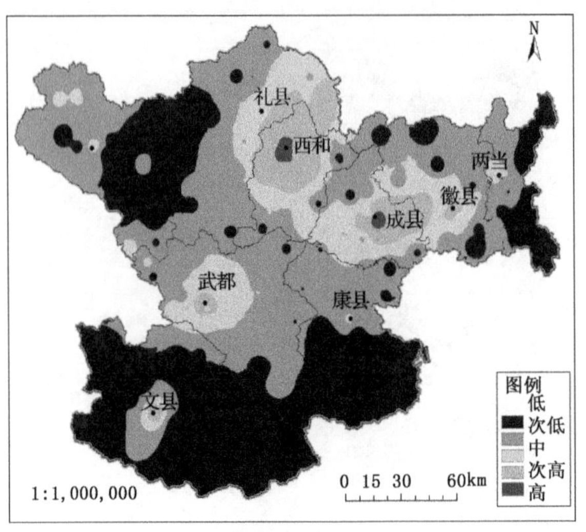

图 3　承灾体的易损性区划

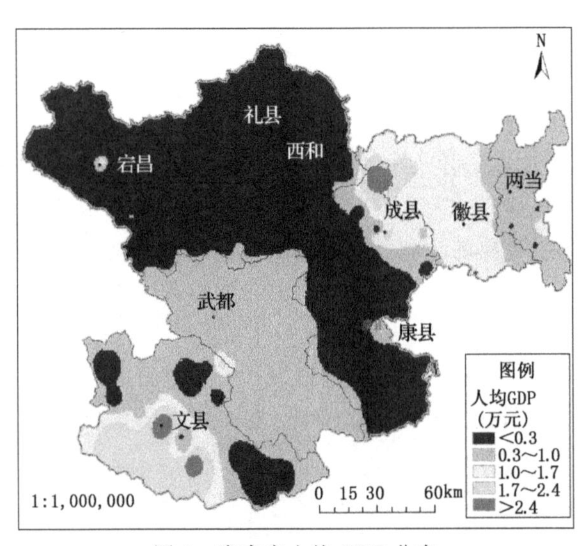

图 4　陇南市人均 GDP 分布

4　暴雨灾害综合风险区划与分析

4.1　暴雨灾害风险指数评估模型

根据陇南实际情况和专家的评估打分，建立了陇南市暴雨灾害风险指数评估模型如下：

$$DRI = (H_{W_h})(E_{W_e})(V_{W_v})(R_{W_r})[0.1(1-a)R+a]$$

其中：DRI 是灾害风险指数；H、E、V、R 分别表示致灾因子危险性、孕灾环境敏感性、承灾体易损性和防灾减灾能力 4 个因子，W_h、W_e、W_v、W_r 表示相应的权重系数，通过专家打分，分别赋值 0.5、0.2、0.2、0.1；a 为常数，用来描述防灾、减灾能力对于减少总的 DRI 所起的作用，考虑陇南市的实际情况，取值 0.5。

4.2 暴雨灾害综合风险区划与分析

通过上面灾害风险指数评估模型，借助于ArcGIS软件，通过空间分析工具和栅格计算器，将致灾因子危险性、孕灾环境敏感性、承灾体易损性和防灾减灾能力4个因子按照各自的权重系数作栅格计算叠加，最后得到陇南市暴雨灾害综合风险区划图(图5)，可以看出，陇南暴雨灾害高风险区主要集中在成县、徽县、两当县和文县南部，其次，陇南东部和南部各县城附近风险等级也较高。

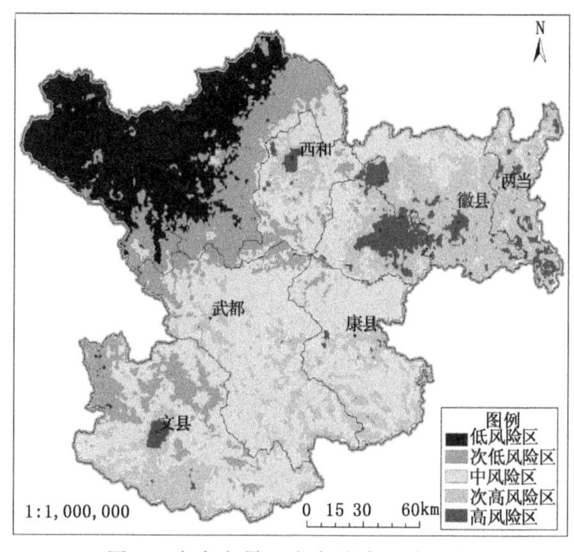

图5 陇南市暴雨灾害综合风险区划

5 风险区划检验

通过对近10 a的由暴雨造成的灾害统计，暴雨发生区域和高风险区有很好的对应关系，其中如2009年7月17日康县大暴雨，2010年8月12日成县、徽县的特大暴洪灾害，其中以成县黄渚镇受灾最为严重，2011年8月17日成县徽县的大暴雨，对当地社会经济建设和人民生命财产都造成了重大损失，这些暴雨灾害发生的位置都在暴雨灾害综合风险区划图中的高风险区，因此，暴雨灾害风险区划可以为防灾减灾建设提供一定的指导性的参考依据。

6 结论与讨论

(1)通过GIS软件的相关工具，分析出陇南暴雨灾害致灾因子高风险区主要集中在陇南东部康县、两当县，以及武都南部和文县局部，孕灾环境的高敏感性区域主要集中在成县、康县，承灾体易损性高风险区主要在县城周围，且北部高于南部，防灾、减灾能力较高的区域主要在徽县、成县和文县。

(2)由暴雨灾害综合风险区划图可以看出，陇南暴雨灾害高风险区主要集中在成县、徽县和两当县，而且县城周围风险等级相对较高。风险等级从西到东有逐级升高趋势。

(3)由于造成暴雨灾害的影响因子很多，而且在不同的地方造成暴雨灾害的致灾因子、孕灾环境、承灾体易损性和防灾减灾能力所涉及的因素及其权重各不相同，甚至存在很大差异，所以说本文所建立的评价模型及其风险区划的准确性还有待进一步研究，特别是森林覆盖率、植被类型、土壤类型、地形地质结构以及城防体系建设和防洪基础设施建设等对暴雨灾害的影响还需深入研究。

参考文献

[1] 吴焕萍. GIS技术在气象领域中的应用. 气象，2010，**36**(3)：90-100.

[2] 吴焕萍，罗兵，王维国等. GIS技术在决策气象服务系统建设中的应用. 气象应用学报，2008，**19**(3)：380-383.

[3] 杜娟，殷坤龙，陈丽霞. 基于GIS的巴东县新城区滑坡灾害危险性区划. 自然灾害学报，2011，**20**(1)：149-155.

[4] 顾留碗，王春，李伟涛等. 基于GIS的安徽省洪涝灾害风险区划研究. 安徽农业科学，2011，**39**(27)：16619-16621，16683.

[5] 陈贞宏，杨益，刘芳等. 基于GIS的贵州省暴雨灾害风险区划. 安徽农业科学，2011，**39**(19)：11778-11781，11783.

[6] 王磊，张春山，杨为民等. 基于GIS的甘肃省甘谷县地质灾害危险性评价. 地质力学学报，2011，**17**(4)：388-399.

[7] 唐余学，廖向花，李晶等. 基于GIS的重庆市山洪灾害区划. 气象科技，2011，**39**(4)：423-427.

[8] 王锡稳，张铁军，冯军等. 甘肃地质灾害气象等级预报研究. 干旱气象，2004，**22**(1)：8-12.

[9] 李军玲，刘忠阳，邹春辉. 基于GIS的河南省洪涝灾害风险评估与区划研究. 气象，2010，**36**(2)：87-92.

[10] 何奕，傅德平，赵志敏等. 基于GIS的新疆降水空间插值方法分析. 水土保持研究，2008，**15**(6)：35-37.

东北三省玉米霜冻灾害风险评估及区划

王晾晾[1] 连 萍[2]

（1. 黑龙江省气象科学研究所，哈尔滨 150030；2. 黑龙江省大气探测技术保障中心，哈尔滨 150030）

摘 要：依据灾害系统理论，在综合考虑致灾因子的自然属性和承灾体的社会属性的基础上，建立了风险评估模型，将传统的灾害研究方法和地理信息系统等现代技术手段相结合，利用东北地区182个气象站点的日最低气温资料、172个玉米产区县（市）国土面积和社会经济资料，以及30个农业气象观测站记录的玉米发育期资料，对东北地区玉米霜冻灾害风险进行了计算，并将东北地区划分成高风险、次高风险、中等风险、次低风险和低风险5个玉米霜冻灾害风险区域。结果表明：东北地区玉米霜冻灾害高风险区位于黑龙江松嫩平原中、北部，吉林的延边朝鲜族自治州西部、白山北部等地，而辽宁中南部等地风险较低。

关键词：大气科学；霜冻；玉米；风险区划

引 言

东北三省（以下以东北地区代替）土壤肥沃，光照充足，昼夜温差大，玉米品质上乘，是中国最大的玉米优势种植区，种植面积不断扩大，2008年种植面积已达 8.55×10^6 hm^2，其丰歉本地区乃至全国的粮食安全密切相关，直接影响着中国粮食贮备、调拨、粮食进出口计划及全国玉米期货交易。但由于受农业气象灾害的影响，玉米产量波动较大。其中霜冻灾害作为东北地区玉米生产的主要农业气象灾害之一，给玉米高产、稳产带来较大影响。由于东北大部分区纬度较高、气温较低，不少年份（如1989、1995、1997和1999年等）初霜来得较早，导致玉米在秋霜前不能正常成熟，从而发生霜冻灾害，造成玉米减产。尽管在全球变暖的背景下，近些年东北地区热量资源不断增加[1~2]，但气候变化同时加剧了极端天气事件的发生，因此，即便在气候偏暖时期，人们在制定应对气候变化的农业生产决策的时候，仍然要考虑到霜冻灾害的防御问题。

东北地区地域辽阔，自然条件千差万别，霜冻灾害发生具有明显的区域特征。因此，对东北地区的霜冻灾害进行合理的风险分区对各级政府规划决策具有重要的意义。近几年人们将风险原理有效地引入到农业气象灾害影响评估中[4]，丰富和拓展了灾害风险的内涵，建立了灾害影响评估的技术体系，实现了灾害风险的量化评估，对旱、涝、低温冷害和草原火灾等自然灾害发生的风险性进行了初步分析和研究[5~7]，并取得了一定成果。与此同时，对于东北地区霜冻灾害进行系统的风险评估和风险分区尚未见报道。本文在已有关玉米霜冻灾害指标研究及风险分析的基础上，建立了玉米霜冻灾害风险评估指标体系，构建了适合东北地区的玉米霜冻灾害风险评估模型，并进行了东北地区玉米霜冻灾害风险评估和风险区划，为制定玉米生产规划和防灾减灾战略提供科学依据。

1 资料来源与霜冻指标

本研究采用的逐日最低气温资料来自均匀分布于东北地区182个国家气象站,时段为1961—2010年;172个玉米产区县(市)的玉米单产、播种面积、国土面积和社会经济资料来自统计年鉴,时段为1991—2008年;玉米发育期资料来自30个农业气象观测站,时段为1981—2010年。

研究玉米霜冻灾害,首先要确定其指标。玉米霜冻灾害与玉米的发育期以及气温有关。东北地区玉米霜冻灾害主要发生在成熟阶段,结合各农业气象观测站的玉米发育期资料,统计各站点多年玉米成熟末期80%保证率日期作为发生霜冻灾害的临界日期,即霜冻如果发生在临界日期之前,即可认为该地玉米遭遇霜冻灾害,这样能更客观的反映该地区玉米发生霜冻灾害的风险;对温度来说,可采用日最低气温作为霜冻灾害指标,结合东北地区的实际情况,并借鉴了中华人民共和国气象行业标准《作物霜冻害等级(QX/T 88—2008)》,本文将玉米霜冻灾害分为轻、中、重3级,具体指标如表1所示。

表1 玉米霜冻灾害临界温度

冻害等级	轻霜冻	中霜冻	重霜冻
日最低气温(℃)	0.0～－0.5	－0.5～－1.0	－1.0～－2.0

2 风险评估体系的建立

灾害风险可以定义为一定概率下灾害造成的破坏或损失[8],传统评估程序主要包括致灾因子评估、脆弱性评估和暴露性评估3方面[9],除此之外随着科技和经济的发展,人类的防灾减灾能力已经成为影响灾害发生和发展的重要因素。本文依据灾害系统理论,在综合考虑致灾因子和承灾体的基础上,从致灾因子的自然属性和承灾体的社会属性两个方面,以各县(市)的行政边界为单位,借鉴前人灾害风险评价的方法[10,11],将传统的灾害研究方法和现代技术手段相结合,把霜冻灾害风险评估分为霜冻灾害的危险性评估、灾损敏感性评估、暴露性评估和防灾减灾能力4个部分。霜冻灾害危险性评估主要从灾害发生的自然属性出发,选取致灾因子强度和其发生频率以及发生日期的不稳定性作为评估指标,在分析评价它们对霜冻灾害危险性影响的基础上,经过一系列运算得出霜冻灾害危险性分布图。霜冻灾害灾损敏感性评估主要是从承灾体遭受损失的社会属性出发,选取单位面积产量指标并分析评价它对灾损敏感性的影响,从而得到霜冻灾害灾损敏感性分布图。与灾损敏感性评估指标的选取原则相同,本文采用各评价单元单位国土面积上的玉米种植面积作为承灾体暴露性评估指标。基于以上分析,建立以下评估模型:

$$R = H_h^{W_h} \cdot V_e^{W_e} \cdot V_d^{W_d} \cdot [a + (1-a)(1-C_d)]^{W_C} \tag{1}$$

式中,R为霜冻灾害风险指数,H_h为致灾因子危险性,V_e为物理暴露性,V_d为承灾体的灾损敏感性,C_d为人类防灾、减灾能力,a为不可防御的风险,W_h、W_e、W_d、W_c表示霜冻灾害各组成因素对霜冻灾害风险贡献的大小。

3 评价过程

3.1 权重的确定

完成霜冻灾害风险评估和区划，各灾害风险影响因素权重的确定是整个评估过程中不可缺少的一环，它关系到评估结果是否符合实际情况。这里采用 AHP 对各因素权重进行确定[12]。因素间重要程度量化值和各因素对灾害风险贡献如表 2 所示。

表 2 重要程度量化值和权重

	危险性	暴露性	灾损敏感性	防灾减灾能力	权重
危险性	1	3	4	5	0.5292
暴露性	1/3	1	3	4	0.2681
灾损敏感性	1/4	1/3	1	3	0.1342
防灾减灾能力	1/5	1/4	1/3	1	0.0684

3.2 致灾因子危险性评估

危险性可理解为某一地区某一时段内发生霜冻的危险程度，或者说发生霜冻的可能性，它主要受到霜冻强度和霜冻发生频率的影响，因此，将两者有机地结合在一起，能够组成一种较客观地反映致灾因子危险性大小的指标。将每个县（市）出现霜冻灾害的年份按轻度霜冻、中度霜冻和重度霜冻分为 3 组，求出每组出现的频数和组中值，再按下式计算各评价单元致灾因子危险度指标（H_h），即：

$$H_h = \sum_{j=1}^{3} \frac{D_j}{n} \cdot G_j \tag{2}$$

式中，D_j 为 j 组出现的频数，n 为总年数，G_j 为组中值。采用自然断点法将研究区按危险性指标大小分为 5 级，危险性评估与区划的结果如图 1 所示，黑龙江省北部及吉林省东部的高海拔地区，地理位置决定了其发生霜冻的频率最高、强度也最大，因此这些地区的致灾因子危险性最高；辽宁中南部等地由于纬度较低，初霜冻较晚，程度也较轻，因此其致灾因子危险性也最低。

3.3 暴露性评估

暴露性评估是研究风险源在区域中与风险受体之间的接触暴露关系，对于玉米霜冻灾害的承灾体玉米而言，玉米的种植密度是承灾体的暴露性，玉米种植越密集，暴露性越高，灾害风险也就越大。这里采用地均（即某一县（市）的玉米播种面积除以该县（市）的国土面积）玉米种植面积作为暴露性评估指标。考虑数据的分布特点并兼顾利于实际操作的原则，将研究区的玉米暴露程度按地均玉米种植面积大小分为 5 级（表 3）。图 2 为玉米霜冻灾害风险暴露性评估与区划的结果，可以看出黑龙江的大兴安岭、黑河、伊春、辽宁的西南部等地地均玉米种植面积在 5 hm^2/km^2 以下，为低暴露区；黑龙江的哈尔滨大部分地区，吉林的中部等地地均玉米种植面积在 20 hm^2/km^2 以上，暴露程度最高。

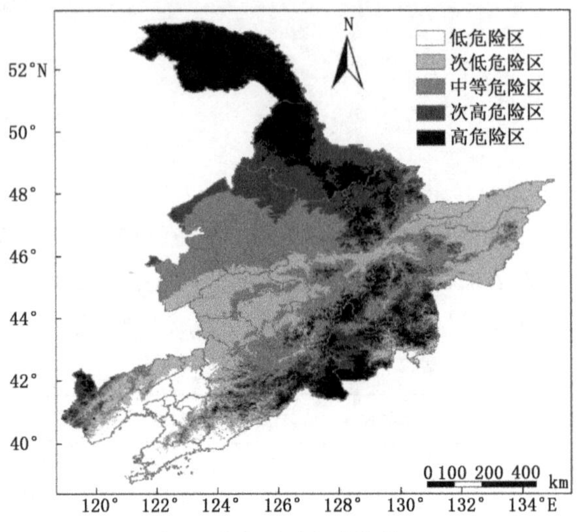

图 1　致灾因子危险性分区

表 3　暴露性分区的阈值范围

分级	低暴露区	次低暴露区	中等暴露区	较高暴露区	高暴露区
阈值范围(hm^2/km^2)	≤5	5～10	10～15	15～20	>20

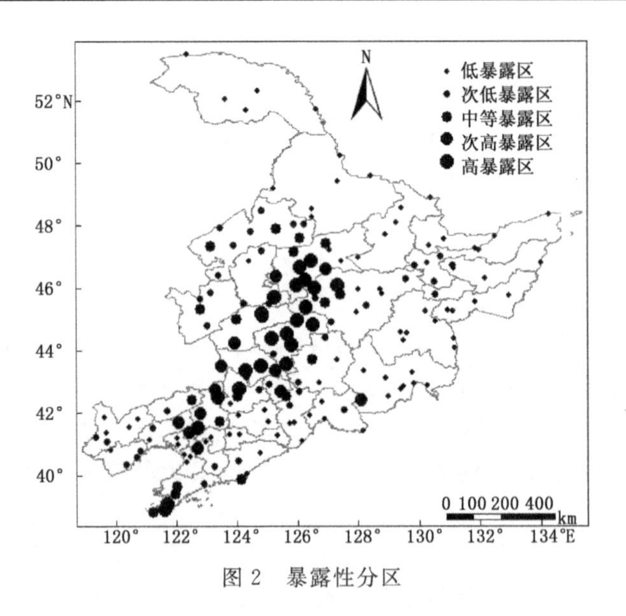

图 2　暴露性分区

3.4　灾损敏感性评估

同一级别的霜冻强度对单位面积玉米造成的经济损失的差异取决于玉米单产，即玉米单产越高，灾损敏感性越大，反之越小。因此，将各评价单元玉米单产的相对大小作为衡量灾损敏感性的指标。具体做法：分别将各评价单元玉米单产除以整个研究区单产平均值，得到各评价单元玉米单产水平，然后将该比值按大小分为 5 级(表 4)。图 3 为玉米霜冻灾害灾损敏感性评估与区划的结果，可以看出，黑龙江的北部、吉林的延边朝鲜族自治州东部、辽宁的西南部和丹东等地的上述比值在 0.7 以下，为低敏感区；哈尔滨南部、长春北部、四平以及吉林市比值在 1.3 以上，为高敏感区；其他地区比值在 0.7～1.3。

表 4　灾损敏感性分区的阈值范围

分级	低敏感区	次低敏感区	中等敏感区	较高敏感区	高敏感区
阈值范围	≤0.7	0.7～0.9	0.9～1.1	1.1～1.3	>1.3

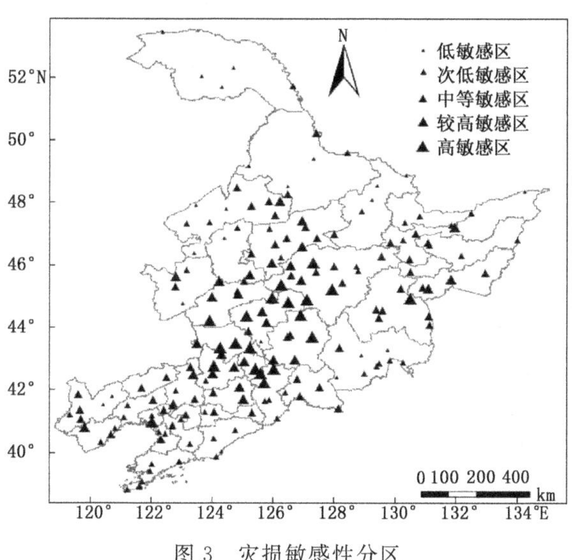

图 3　灾损敏感性分区

3.5　防灾减灾能力评估

在建立灾害风险评估模型时，虽然考虑到了防灾减灾能力的因素，但由于种种原因，并没再对其进行具体的估算，而是作为完全不可防御的风险加以处理。原因首先是防灾、减灾能力涉及经济、技术等诸多因素，量化困难；其次，考虑到成本等原因，许多地区即使预测到将要发生霜冻，也没有采取有效措施降低损失。因此，在进行综合评估时，当作完全不可防御灾害处理。

4　东北地区玉米霜冻灾害风险评估与区划

为了消除量纲以便参与综合评估，对致灾因子危险性指标、暴露性评估指标、灾损敏感性评估指标分别按式(3)进行无量纲化处理：

$$k^{*} = \frac{k}{k_{\max}} \tag{3}$$

然后按照评价模型，即式(1)，计算各评价单元霜冻风险指数 R，并采用自然断点法将研究区分为 5 个风险等级区域。

按式(1)计算各评价单元霜冻灾害风险指数 R，并兼顾地理和农业生态区域特性，将研究区分为 5 个风险等级区域。分区结果如图 4 所示。

Ⅰ：高风险区。该区分两种类型：

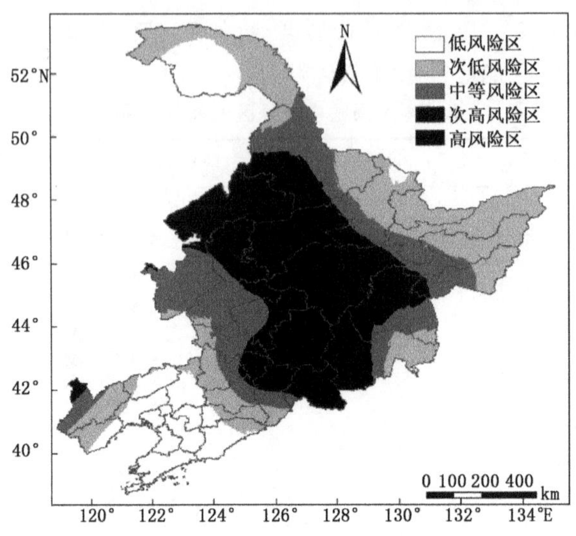

图 4　东北地区玉米霜冻灾害风险区划

Ⅰ(1):位于黑龙江松嫩平原中、北部,这些地区玉米种植比例、产量都相对较高,致灾因子危险性属于中等以上,这些因素共同作用使其成为东北境内玉米霜冻灾害风险最高的地区。

Ⅰ(2):位于吉林的延边朝鲜族自治州和白山的高海拔地区,这些地区霜冻频率高、强度大,玉米种植比例、产量虽然不如Ⅰ(1)型,但较黑龙江北部等地高,因此,其霜冻灾害的风险同样很高。

Ⅱ:次高风险区。该区分两种类型:

Ⅱ(1):位于黑龙江松嫩平原南部、吉林中部,这些地区是玉米的主产区,玉米种植比例、产量都很高,但致灾因子的危险性略低于Ⅰ(1)型。

Ⅱ(2):该区大致为黑龙江的黑河南部、伊春南部以及牡丹江的山区半山区,其玉米种植比例、产量略低于Ⅱ(1)型,但致灾因子的危险性较高,属于次高危险区。

Ⅲ:中等风险区。该区位于吉林西南部致灾因子的危险性较低,属于次低危险区。

Ⅳ:次低风险区。

Ⅳ(1):大兴安岭东部等地,由于地处高纬度带,使其致灾因子的危险性非常大,但玉米种植面积较少,产量也相对较低,因此霜冻的风险也较低。

Ⅳ(2):辽宁北部地区。

Ⅴ:低风险区。该区为辽宁省的中、南部县市。因致灾因子的危险性很小,因此,尽管玉米的种植比例较大,产量也相对较高,但就目前一熟制而言,即使栽培当前的玉米晚熟品种也极少发生霜冻灾害,因此,总地来看,该区玉米霜冻灾害的风险很低或基本不存在风险。

5　讨　论

由于防灾、减灾能力涉及经济、技术等诸多因素,量化困难;其次考虑到成本等原因,许多地区即使预测到将要发生霜冻灾害,也没有采取有效措施降低损失。因此,在建立灾害风险评估模型时,虽然考虑到了防灾、减灾能力的因素,但并没对其进行具体的估算,而是作为完全不可防御的风险加以处理。

参考文献

[1] 孙凤华,任国玉,赵春雨等. 中国东北地区及不同典型下垫面的气温异常变化分析. 地理科学,2005,**25**(2):167-171.

[2] 张耀存,张录军. 东北气候和生态过渡区近 50 年来降水和温度概率分布特征变化. 地理科学,2005,**25**(5):561-566.

[3] 方修琦,王媛,徐锬等. 近 20 年气候变暖对黑龙江省水稻增产的贡献. 地理学报,2004,**59**(6):820-828.

[4] Vincent T Covello, Kazuhiko Kawamura, et al. Cooperation versus comfrontation: A comparison of approaches to envionmental risk management in Japan and the United State. *Risk Analysis*, 1988, **8**(2): 247-260.

[5] 马树庆,王琪,袭祝香. 中国东北地区玉米低温冷害风险评估研究. 自然灾害学报,2003,**12**(3):137-141.

[6] 霍治国,李世奎,王素艳等. 主要农业气象灾害风险评估技术及其应用研究. 自然资源学报,2003,**18**(6):692-703.

[7] 张继权,刘兴朋,佟志军. 草原火灾风险评价与分区——以吉林省西部草原为例. 地理研究,2007,**26**(4):755-761.

[8] Helm P. Integrated risk management for natural and technological disasters. *Tephra*, 1996, **15**(1): 4-13.

[9] Besio M, Ramella A, Boobe A, et al. Risk maps: Theoretical concepts and techniques. *J. Hazard Mater*, 1998, **61**: 299-304.

[10] 王博,崔春光,康志强等. 暴雨灾害风险评估与区划的研究现状与进展. 暴雨灾害,2007,**26**(3):281-286.

[11] 刘兴朋,张继权,周道玮. 基于 GIS 的吉林省西部草原火灾风险评价与区划. 应用基础与工程科学学报,2006,**14**:214-220.

[12] 郭志华,刘祥梅,肖文发等. 基于 GIS 的中国气候分区及综合评价. 资源科学,2007,**29**(6):2-9.

东北地区大豆霜冻灾害气候风险区划

连　萍[1]　王晾晾[2]

(1. 黑龙江省大气探测技术保障中心,哈尔滨 150030;2. 黑龙江省气象科学研究所,哈尔滨 150030)

摘　要:在分析东北地区大豆霜冻灾害的发生频率、强度及初霜日不稳定性的基础上,建立了气候风险评估模型,并与地理信息系统等现代技术手段相结合,利用东北地区 182 个气象站点的日最低气温资料、30 个农业气象观测站记录的大豆发育期资料,对东北地区大豆霜冻灾害气候风险进行了计算,并将东北地区划分成高风险、较高风险、中等风险、低风险和微风险 5 个大豆霜冻灾害气候风险区域。结果表明:东北地区大豆霜冻灾害气候高风险区位于初霜冻来得早、强度大、且初霜日最不稳定的黑龙江省大兴安岭等地,而吉林省西南部部分地区、辽宁省中南部等地由于初霜冻来得较迟,对大豆影响很小,因此风险最低。

关键词:大气科学;霜冻;大豆;风险区划

引　言

东北地区是中国大豆的主产区,拥有丰富的大豆品种资源,大豆总产量占中国的 40%～50%。同时,东北地区地处中、高纬度,也是与气温相关的农业气象灾害较多的地区,灾害频发导致大豆产量波动较大。其中霜冻灾害作为东北地区大豆生产的主要农业气象灾害之一,给大豆的高产、稳产带来较大影响。

近些年人们陆续对各种自然灾害的风险性展开了研究[1～7],并取得了一定成果,唯独对大豆霜冻灾害的风险研究尚未见报道。本项研究在已有有关大豆霜冻灾害指标研究的基础上[8],构建了初霜日的变异系数,霜冻灾害风险概率和霜冻灾害风险指数等评价因子,并综合多种因素,进行东北地区大豆霜冻灾害的气候风险区划,为制定大豆生产规划和防灾减灾战略提供科学依据。

1　资料来源与霜冻指标

本文采用了均匀散布于东北三省境内的 182 个国家气象站的 1961—2010 年的逐日最低气温资料,以及东北三省 30 个农业气象观测站 1981—2010 年的大豆发育期资料。

研究大豆霜冻灾害,首先要确定其指标。大豆霜冻灾害与大豆的发育期以及气温有关。东北地区大豆霜冻灾害主要发生在乳熟到成熟阶段,结合各农业气象观测站的大豆发育期资料,统计各站点多年大豆成熟末期的 80%保证率日期作为发生霜冻灾害的临界日期 D^*(表 1),即各个等级的初霜日如果出现在临界日期之前,即可认为该地大豆遭遇霜冻灾害,这样能更客观地反映该地区大豆发生霜冻灾害的风险;另外,本文以中华人民共和国气象行业标准《作物霜冻害等级(QX/T 88—2008)》中的大豆霜冻灾害等级指标作为分级标准,具体指标如

表 2 所示。为了方便，本文以日序的形式表示各个等级的初霜日，并以 9 月 1 日作为起始日期，以下用 D 代表日序。

表 1　不同地区大豆霜冻灾害的临界日期

地区	临界日期 D^*
大兴安岭北部以及乌伊岭等地处高纬度或高海拔的山区半山区	9 月 10 日
加格达奇、孙吴、五营等纬度和海拔都相对较高的地区	9 月 15 日
除孙吴外的黑河大部地区、伊春南部、鹤岗北部以及长白山区	9 月 20 日
其他地区	9 月 25 日

表 2　大豆霜冻灾害指标

霜冻灾害等级	轻霜冻	中霜冻	重霜冻
温度指标(℃)	0.5～0.0	0.0～－1.0	－1.0～－2.5
损失(减产率)	＜5％	5％～15％	＞15％

2　评价因子的构建

2.1　初霜日的不稳定性评估

由于各个等级霜冻的初霜冻日期均存在不稳定性，地区间差异也比较大，年际间初霜冻日期的稳定与否直接关系到该地大豆霜冻灾害发生的风险性大小，因此，用 D 的变异系数 V_D 表明各地大豆发生霜冻灾害的风险程度大小，即：

$$V_D = \frac{\sigma}{\overline{D}} \tag{1}$$

式中，σ 为标准差，$\overline{D}$ 为数学期望。变异系数描述了某一时间序列数值分散的程度，表明数据是高度集中在某个范围内，还是比较分散，变异系数越大，序列越不稳定，受灾风险就越高。

图 1 给出了 3 个大豆霜冻等级初霜日序列的变异系数，可以看出东北区各地 3 个序列变异系数的空间分布规律比较一致，基本上都是初始通过 0.5℃ 日期序列的变异系数大，则初始通过 0℃ 和 －1℃ 日期序列的变异系数也大，反之都小。其中，初始通过 0.5℃ 日期序列的变异系数黑龙江省北部及吉林省长白山区较大，在 0.3 以上，特别是大兴安岭中北部地区更是在 0.5 以上；辽宁省大部分地区及吉林省西部在 0.2 以下。

2.2　霜冻灾害风险概率

一个时间序列在某一界限下的概率可以反映出在这一界限值下序列值出现的可能性大小。气象要素中气温的波动通常符合正态分布，经过偏度和峰度检验，上面 3 个序列基本符合正态分布，这样我们可以用正态分布来求取各个等级霜冻指标界限下的风险概率。正态分布密度函数为

$$f(x) = \frac{1}{\sqrt{2\pi\delta}} e^{-\frac{(x-u)^2}{2\delta^2}} \tag{2}$$

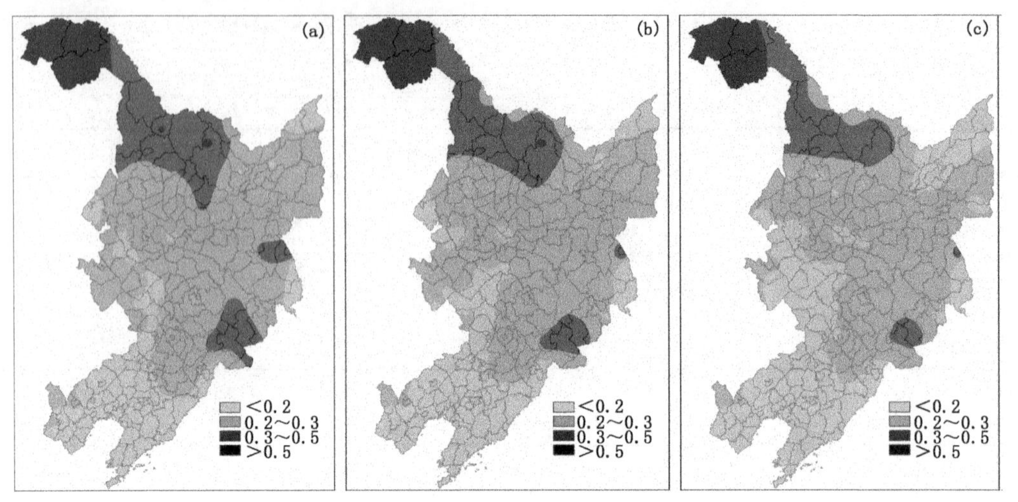

图 1 初始通过 0.5℃(a)、0℃(b)和 −1℃(c)日期序列的变异系数

式中，$f(x)$为概率密度，x 为变量(D)，u 为数学期望值，δ 为标准差。对概率密度函数求积分，得到不同等级霜冻灾害指标下的风险概率(F)，即

$$F = f(x)\int_{-\infty}^{D*} f(x)\mathrm{d}x \tag{3}$$

分别计算东北各地发生轻度霜冻、中度霜冻以及重度霜冻的气候概率，从中可以看出发生轻度霜冻概率大的地方，发生中度霜冻和重度霜冻的概率也大。其中大兴安岭以及黑河西部等地发生霜冻的风险概率在 50%以上；辽宁中、南部以及吉林西部发生霜冻的风险概率在 10%以下。

2.3 霜冻灾害风险指数

霜冻灾害风险指数将霜冻强度和霜冻发生频率有机地结合在了一起，是一种能较客观地反映霜冻灾害风险大小的指标。将每个县(市)出现霜冻灾害的年份按轻度霜冻、中度霜冻以及重度霜冻分为 3 组，求出每组出现的频数和组中值，再按下式计算风险指数 R：

$$R = \sum_{i=1}^{3} \frac{D_i}{n} \times H_i \tag{4}$$

式中，D_i 为 i 组出现的频数，n 为总年数，H_i 为组中值。计算结果表明(图 2)，黑龙江省北部的大兴安岭地区、黑河大部地区、伊春中西部、哈尔滨北部、绥化北部及吉林省东部高寒地区风险指数在 2.0 以上；辽宁省中部、南部风险指数比较小，多在 0.1 以下；其他地区风险指数多在 0.1~1.0。

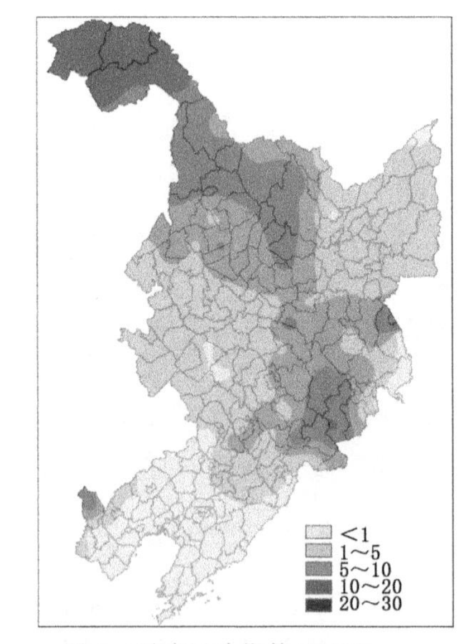

图 2 霜冻风险指数(×10)

3 东北大豆霜冻灾害气候风险区划

上述结果分别从不同角度反映了大豆霜冻灾害风险性大小，为了能够得到一个具有综合性的区划指标，将上述评估指标（3个等级霜冻初霜日的变异系数、3个霜冻等级界限下的霜冻灾害风险概率以及霜冻灾害风险指数）按如下公式：

$$k^{*}=\frac{k-k_{\min}}{k_{\max}-k_{\min}} \tag{5}$$

进行极差标准化处理，然后用等权重方法求平均，得到综合气候风险指标（K），即：

$$K=\frac{1}{7}=\sum_{i=1}^{7}k_{i}^{*} \tag{6}$$

分区结果如图3所示。黑龙江省的大兴安岭等地初霜冻来得较早，强度较大，且初霜冻日期也最不稳定，因此这些地区是大豆霜冻灾害气候风险最高的地区，气候风险指数在0.7以上；黑龙江省黑河大部地区、伊春大部地区、齐齐哈尔北部、绥化北部、牡丹江东部等地，吉林省东部的敦化、安图、靖宇、抚松、长白等地气候风险指数在0.4～0.7，为较高风险区；黑龙江省齐齐哈尔中北部、绥化中北部和哈尔滨中东部、宁安、牡丹江中西部，吉林省中部和北部以及辽宁省新宾等地气候风险指数在0.2～0.4，为中等风险区；黑龙江省三江平原大部分地区、松嫩平原南部，吉林省西部大部分地区以及辽宁省北部气候风险指数在0.1～0.2，为低风险区；吉林省西南部部分地区，辽宁省中南部等地初霜冻来得较迟，对大豆影响很小，为微风险区。

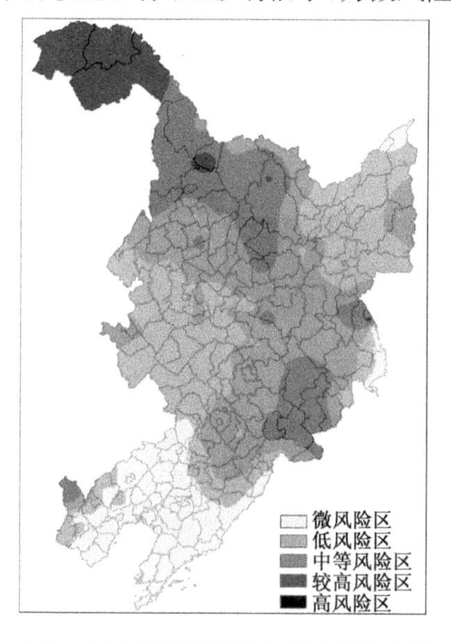

图3 大豆霜冻灾害气候综合风险分区

4 讨 论

应该强调的是，尽管20世纪80年代气候变暖以来东北地区大豆霜冻灾害的程度和频率有所下降，但在生产中仍然要考虑到霜冻灾害的防御问题，原因有以下两点：

(1)在实际生产中,农民为了提高产量,都在改用生育期较长、增产潜力更大的作物和品种,如果遇到秋霜来得较早的年份,霜冻灾害所造成的经济损失将比以往更加严重。

(2)由于异常气候事件的不断增加,初霜异常偏早年份不可避免。因此,虽然气候变暖了,霜冻灾害仍然是东北地区主要农业气象灾害之一,人们在应对气候变化的时候,仍然要注意对霜冻灾害的防御,实际生产中还是要按照科学的作物和品种区划办事,在减轻灾害风险和追求较高产量方面,需要科学的决策。这类农业灾害风险管理问题,以及不同地区应对气候变化的作物布局和大豆等主要作物品种搭配问题,还有待于今后深入研究。

参考文献

[1] 王春乙,王石立,霍治国等.近10年来中国主要农业气象灾害监测预警与评估技术研究进展.气象学报,2005,**63**(5):659-671.

[2] 霍治国,李世奎,王素艳等.主要农业气象灾害风险评估技术及其应用研究.自然资源学报,2003,**18**(6):692-703.

[3] 杜鹏,李世奎.农业气象灾害风险评价模型及应用.气象学报,1997,**55**(1):95-102.

[4] 李世奎,霍治国,王素艳等.农业气象灾客风险评估体系及模型研究.自然灾害学报,2004,**13**(1):77-87.

[5] 李世奎,霍治国,王道龙,等.中国农业灾害风险评估与对策.北京:气象出版社,1999:25-30,222-229.

[6] 马树庆,王琪,袭祝香.东北大豆低温冷害风险评估研究.自然灾害学报,2003,**12**(3):137-141.

[7] 张继权,刘兴朋,佟志军.草原火灾风险评价与分区:以吉林省西部草原为例.地理研究,2007,**26**(4):755-761.

[8] 中华人民共和国气象行业标准.作物霜冻害等级(QX/T 88-2008).

以间接经济损失评估为基础构建新型自然灾害救助体系的思考

吴先华[1,2]　郭　际[1,2]

(1. 南京信息工程大学中国制造业发展研究院,南京 210044;
2. 南京信息工程大学经济管理学院,南京 210044)

摘　要:在设计自然灾害的救助体系时,应充分考虑灾害带来的间接经济损失。指出了现有灾害救助体系存在的主要问题,探讨了之所以要评估间接经济损失的根本原因;通过参考中外相关研究,探讨评估灾害间接经济损失的可行途径;设计了构建新型灾害救助体系的思路,提出了构建新型灾害救助体系的理论和实际意义。

关键词:自然灾害;间接经济损失;救助体系;评估

引　言

中国是一个自然灾害频发的国家。灾害种类多,发生频率高,分布地域广,造成损失大,给经济建设和社会发展造成了严重的损失。尤其是自 20 世纪 90 年代以来、全球灾害数量和规模明显上升。由于地理条件和气候环境较为独特,中国进入新的灾害多发期,因此,加强自然灾害的救助工作显得尤为重要。

中国目前的灾害救助体制不尽合理。灾害过后,灾区、灾民生产生活建设困难重重,只能寄希望于政府的援建和"红十字"等公益性慈善机构的捐赠①,但前者往往具有行政命令的强制性,在资金筹措和调度上成本较高、效率较低,效果差强人意;后者的资助力度太小,对于巨大的灾后需求而言,无异于杯水车薪。最近爆发的"郭美美"、"卢美美"事件暴露了中国的公益性救助组织的管理漏洞,进一步加剧了人们对于灾害救助工作的担忧。

应构建基于间接经济损失评估的新型灾害救助体系。鉴于中国的国情,可考虑以中央政府牵头,在评估各地区和各行业间接经济损失的前提下,充分发挥各地区和各行业的力量,构建科学合理的灾害救助体系,促进灾害救助工作的长期、有序开展。

1　中国现有灾害救助体系存在的关键问题

各国的灾害救助体系与本国的国情密切相关。如,美国的救灾体系以法律为依托,以"保险"为核心,由相互协调的联邦政府与州政府两级救灾体系所构成,社会安全所涵盖的福利项

资助课题:国家自然科学基金(71140014);国家社科基金项目(11CGL100);国家软科学研究计划(2011GXQ4B025);教育部人文哲社研究项目(09YJC630128)。

①以 2008 年的汶川地震为例,地震中所造成的数千亿元的经济损失中仅有不足 5%属于保险公司的理赔范围。

目相当广泛。日本的救灾体系十分强调一元化,注重发挥地方政府的能动性,同时注重包括保险在内的市场化机制和手段的作用,在管理体制上以中央为主导,地方负责执行各项灾害救助的具体事项,责任归属较为明确,在经费支出上中央与地方分摊。

相对于发达国家,中国的灾害救助体系较为薄弱。近年来,中国政府陆续颁布了一系列政策法规,构建了相应的应急管理平台。如国务院于2006年发布了《国家突发公共事件总体应急预案》、2010年施行了《气象灾害救助条例》等。但这些政策措施往往规定了各级地方政府和各部门应该怎么做、如何做,但未能回答为什么要这样做的问题。也就是说,政策设计者强调行政服从和人道主义原则,但未能明确各级地方政府和相关部门参与灾害救助的经济利益驱动机制,造成现有自然灾害救助的法规条例缺乏足够的理论基础,使现有相关政策短期有效、长期执行乏力。

以自然灾害的资金救助体系为例。长期以来,中央和地方财政都没有安排防灾、救灾专项资金,防灾、救灾资金主要依靠国家拨款、动用政府行政首长预备资金和社会募捐资金来解决。这种财政支出结构存在着明显的弊端。如各地区和各行业的责、权、利划分不清晰,尤其是通过灾害救助响应行为减少灾害导致自身经济损失的利益驱动机制不明确,导致各主体在不同程度上推诿观望、联动不力[1],客观上加大了资金筹措和调度的难度,不利于防灾、救灾工作的正常进行。

根据系统论思想,各区域和各产业部门构成了一个相互关联的系统。某区域发生自然灾害,造成人民生命财产损失,破坏交通、电力等关键生命线,减少当地的生产和消费能力,给其他关联区域和产业带来间接经济损失。如,Okuyama等[2]通过实证发现,有的自然灾害的间接经济损失甚至超过其直接经济损失。因此,本研究认为,在设计灾害的救助体系时,应充分评估自然灾害给其他区域和行业①带来的间接经济损失,探讨各行业和区域旨在减少灾害带来的经济损失,进而参与联动的经济利益驱动机制,在此基础上设计新型的灾害救助体系。这种灾害救助体系可以从根本上回答以下几个问题:各区域和各部门参与灾害救助的经济动因是什么?哪些区域和行业应该参与灾害救助?各自介入程度怎样?这样的新型灾害救助体系,能够较好地避免现有灾害救助政策的强制性和非持久性,可为灾害应急联动的政策设计提供理论支撑,并为相关部门的防灾减灾和灾后重建提供决策参考。

2　考虑各地区和主体间接经济损失的原因

中国学者不约而同地强调了构建合理的灾害救助体系的重要性[3~10]。但学者们认为,现有救助体系存在许多不足。如部门协调性较差[11]、应急信息资源整合力度不够[12]、部门间联防迟缓、抗灾主动意识不强,未能形成有机的合力[13]等。针对联动不力等问题,有的学者试图从法理角度,研究灾害应急法制的立法基础[14]。湛孔星等[15]则考虑了联动相关主体的利益问题,认为上级主管部门对联动主体之间的利益关系缺少研究,应急决策的制定未必能够达到最优。该研究值得进一步探索和思考。

国际上已有学者已经意识到了应急联动中的利益冲突问题[16~19],他们指出,部门间的应急联动是一个政治过程,尽管最佳方式是自愿,但在实际的应急联动中,各方仍然权衡己方和

---

① 行业是工商范畴的概念,产业是经济学范畴的概念,但由于数据限制和行文方便,本研究将两者视为同一概念。

他方的利益。Liong 等[20]提出,应给予应急响应者足够的福利、激励和保障,应急响应才可能持续有效。这些都为联动政策的失效问题研究提供了很好的视角。另外,还可以从经济学、社会学和管理学等视角,进一步地探讨应评估间接经济损失的原因。

2.1 经济人假设:经济学视角

经济人假设是经济理论赖以建立和理论分析得以展开的最基本的逻辑起点,是西方主流经济学一切理论推导和政策选择的基础。实质上,各级政府和产业部门的行为也遵从经济人假设。美国经济学家唐斯[21~22]认为,各级官员如同社会的其他代理人一样,很大程度上是被自我利益所驱动(不是唯一)。之后的公共选择理论家都认同唐斯的经济人假设,只是在对官僚动机的认识上有所不同,如尼斯坎南认为官僚的动机是追求预算的最大化,米格和布朗则认为官僚的动机不是为了追求最大化的财政预算,而是追求最大化的财政节余[23]。总体而言,这些公共政策学者都认为,官僚并非是道德上的圣人,与普通人一样都是理性经济人。

在中国,各级地方政府和产业部门在GDP、政绩考核等多重压力下,领导层或领导人(亦即公共选择理论中所说的政治家)充当着地方利益、部门利益或个人利益代表者的角色,构成一个部门或单位与上级利益相对立的重要内容。这种双重角色决定了其所代表的地方利益(或部门利益)与上一级主管部门利益之间的博弈,具体体现在灾害救助的制度安排上,中央政府应注重用经济性报酬(参与救灾能减少自身损失)获取各级政府和产业部门的参与积极性,尽可能地避免政策设计的强制性和短期性,提高联动救灾的工作效率和实际成效。

2.2 互惠利他理论:社会学视角

利他行为是生物界乃至人类社会普遍存在的一种现象,是生物个体以降低自身的适合度为代价,来提高其他个体适合度的行为。利他行为分为亲缘利他、互惠利他和纯粹利他。其中,互惠利他行为是两个无亲缘关系个体之间相互交换适合度代价和利益的行为,一个个体付出代价帮助另一个个体,可以在下一次受另一个体帮助时获得更大利益[24]。

按照互惠利他理论,若将各地区和各产业部门抽象成各行为主体,当某区域(主体)发生自然灾害后,其他关联区域和产业部门主体将根据自身间接经济损失大小,按照不同程度进行救助。在某种意义上,这些区域主体更希望在自身发生自然灾害时,能够获得其他关联区域和产业部门的救助。进一步而言,按照间接经济损失大小给予受灾主体以救助,有助于各救助主体厘清自身责任和义务,明确自身的权利(下次受灾时应得到其他关联主体所给予的救助数额的大小)。

这种新型的灾害救助体系还在一定程度上克服了互惠利他理论的弊端。该理论认为,各主体必须经过多次试错、惩罚、协调等,才能形成稳定的互惠行为。如考虑构建以中央政府为牵头部门、其他省级行政单位和产业部门参与联动的灾害救助体系,中央政府在计算间接经济损失的基础上,辅助以行政命令,构建相应的互惠救助体系,可以减少各主体自发和长期试探所带来的高成本。

2.3 公平理论:管理学视角

公平理论本是美国心理学家约翰·斯塔希·亚当斯提出的,研究人的动机和知觉关系的激励理论,该理论认为员工的激励程度来源于对自己和参照对象的报酬和投入的比例的主观比较感觉。按前述,若将各区域和产业部门主体视为行为主体,原有的灾害救助体系强调中央政府依赖行政权威,安排各主体参与灾害救助,容易忽视各主体的主观比较感觉。

新型的灾害救助体系充分体现了公平理论的思想。不同类型的自然灾害往往集中发生在不同的省份,造成有的省份自然灾害发生较为频繁,有的省份则相对较少。如果长期沿用《自然灾害救助条例》等,长此以往,将会造成灾害发生较少的省份不太愿意救助灾害发生较多的省份。因而认为,灾害救助体系应该衡量自然灾害给各省份和各产业部门造成的间接经济损失,并按照损失大小动态调整各主体的参与程度和救助范围。表面上看,灾害发生相对较少的省份长期为自然灾害发生相对较多的省份给予灾害救助,是“不公平”的援助行为。但实际上,各省份和各产业部门参与救灾,最终目的在于减少自然灾害给自身带来的经济损失,以此可以消除各主体长期“被迫”参与灾害救助所带来的“不公平感”。

3 灾害间接经济损失的评估

中外的学者就自然灾害的间接经济损失的定义、评估自然灾害对关联产业、关联区域造成的间接经济损失等方面做了较多的研究,可以为我们构建新型的灾害救助体系提供参考。

3.1 自然灾害间接经济损失的定义

学者们从不同角度给出了不同的定义。如:徐嵩龄[25]认为是灾害带来的关联型损失。Boisvert[26]认为是由于直接经济损失造成供给瓶颈或需求减少、进而引起的乘数效应或传播效应带来的损失等;Brookshire 等[27]认为是超出直接财产损失之外的延伸损失;Burrus 等[28]定义为生产遭到破坏或者中断导致产量下降产生的损失等。Santos 等[29]、Haimes 等[30]、Crowther 等[31]定义为由于经济系统的内在关联性,灾害引发总产出的减少等。联合国和世界银行认为,间接损失是在灾害发生至恢复之前的社会生产下降、收入减少、支出增加等[32]。

本研究认为,可以借助徐嵩龄[25]的定义,将间接经济损失视为灾害给区域和产业带来的关联型损失,利用投入产出表和自然灾害的现有数据,对间接经济损失进行定量评估。

3.2 自然灾害对关联产业造成的间接经济损失评估

中外学者大多采用投入产出思想,利用投入产出矩阵模型(I-O Model)、可计算一般均衡模型(CGE)和社会核算矩阵(SAM)等数理模型,将灾害视为投入因子,计算灾害给其他关联产业带来的间接经济损失。

中国学者如路琮等[33]利用投入产出法,计算了自然灾害造成的农业总产值损失对整个经济系统的影响值。胡爱军等[34]借用了 Haimes 等[30]“非正常投入产出模型”(Inoperability Input-output Model,以下简称 IIOM 模型),评估了 2008 年中国南方低温雨雪冰冻灾害对湖南省电力和交通基础设施破坏造成的间接经济损失。吴先华等用协整计量方法分析了异常气象指数对中国工业制造产业的影响[35]、用面板数据模型分析了自然灾害对华东四省农业产量的影响[36],论述了用投入产出思想计算自然灾害间接经济损失的设想[37]。

国际上,许多学者试图克服投入产出表[38]的线性约束和价格静止不变等缺陷[39],用扩展后的投入产出矩阵模型计算灾害给各产业造成的间接损失。如 Haimes 等[40]提出了非正常投入产出模型(IIOM 模型),Crowther 等[41]用该模型评估了 Katrina 飓风给美国基础产业系统造成的经济损失，并按照受影响的大小对各产业进行排序。Barker 等[42]采用动态投入产出模型，假定灾害造成美国基础产业系统的功能失效的比例分别达到 15%和 20%时，计算了灾后产业恢复政策的成本效益等。

还有如 Cole[43~45]应用社会核算矩阵计算了灾害的综合影响，Cole[45]计算了自然灾害对加勒比岛的能源—电力—水关键生命线的危害，评估了恢复措施的成本效益。Okuyama[46]用投入产出模型及社会核算矩阵，计算了近 10 年全球自然灾害对各产业的影响。结果发现，制造业和服务业受到的影响最大，农业和采掘业受到的影响反而次之。

3.3 自然灾害给关联区域造成的间接经济损失评估

有的中国学者应用 I-O 模型，计算了灾害引发的地区间间接经济损失。如：梅广清等[47]运用投入产出和生产函数方法建立了自然灾害影响区域产出的模型。张永勤等[48]建立了气候变化影响区域经济的投入产出模型，计算了间接影响值。有的中国学者还应用可计算 CGE 计算了灾害间接损失。如邓书玲等[49]利用中国动态金融可计算一般均衡模型，结合社会核算矩阵，探索性地为 5·12 汶川大地震灾区房屋贷款问题提供了一套综合模拟测试方案。

日、美学者多应用 I-O 模型和可计算 CGE 研究自然灾害的区域间影响。如：Okuyama 等[50]以 1995 年的阪神大地震为例，采用两地区的区域间投入产出表，评估了地震对其发生地及日本其他地区的影响。Tsuchiya 等[51]在区域可计算一般均衡模型(SCGE)中嵌入了交通流模型，通过估计区域间的货运流和乘客流的变化，计算了新潟大地震对邻近区域的间接影响。Gordon 等[52]基于区域间投入产出模型(Interregional I-O Table)，计算了 1994 年洛杉矶北岭(Northridge)大地震造成交通中断带来的间接经济损失，认为该损失接近直接经济损失的 1/3。Sohn 等[53]在列昂惕夫—斯特劳特—威尔逊模型(Leontief-Strout-Wilson-type)的基础上，应用区域间商品流模型，计算了假想中的新马德里地震对美国的影响。但该研究采取了交通工程学的方法处理区域间贸易模型，评估不太全面。Rose[39]提出了社会系统“恢复力”的概念，Rose 等[54]在此基础上，采用可计算 CGE 模型计算了地震后波特兰城市水系统中断给其他部门和地区所带来的经济损失，具有很好的参考价值。

为更细致地计算灾害对其他区域的间接影响，Cole[44]提出了县级社会核算矩阵(Multi-county SAM)，用县级经济数据(County-level)和 GIS 定位数据(GIS-based Location Data)，对孟菲斯地区的关键生命线(如供水、电力等)的灾害损失进行了评估。van der Veen 等[55]将县级社会核算矩阵(Multi-county SAM)进一步细化，用 GIS 描绘经济高敏感点的轮廓图，将投入产出表的计算结果可视化。但该研究仅能判断敏感点的经济脆弱性，没有直接提供经济损失值的信息。Yamano 等[56]将该技术进一步细化，提出了 500 平方米尺度的多地区投入产出分解模型(Disaggregation Multiregional I-O Model)，以显示经济活动的区域分布情况及其间接损失的大小。细化后的地理模型能更清晰地说明哪些地区的经济损失更为重要。结果显示，经济损失的区域分布与人口及产业活动的分布并不完全一致。由于灾害应急需要考虑受影响区域的优先次序，该结论对灾害救助体系的设计颇具借鉴意义。

4 灾害救助体系的构建

从以上可见，中外学者在自然灾害间接经济损失评估方面做了大量的研究，提供了良好的借鉴。可以从间接经济损失和政策体系设计两个方面入手,初步构建新型的灾害救助体系。

4.1 评估典型自然灾害的间接经济损失

基于系统学思想,以典型年份的自然灾害(如:2008 年的冰雪灾害)对典型行业(农业、交通、电力等)造成的直接经济损失值为基础,通过投入产出原理测算自然灾害对关联行业(42 部门)和关联区域(8 区域)①所带来的经济损失。

一是评估关联行业的间接经济损失。首先,构建投入产出评估模型,测算典型年份自然灾害给关联行业(农业、交通、电力等)带来的间接经济损失。可以在 Haimes 等[40]和 Lian 等[57]提出的非正常投入产出模型(IIOM 模型)基础上,纳入系统恢复力变量 R,构建自然灾害的产业间接经济损失评估模型。其次,在上述模型的基础上,以 1～2 次典型自然灾害减少关联行业的最终产出的数据为初始值,测算典型自然灾害给关联产业带来的静态和动态间接经济损失。

二是评估关联区域的间接经济损失。首先,构建区域间接经济损失评估的投入产出模型。借鉴 Chenery[58]和 Moses[59]提出的多区域间投入产出模型(MRIO 模型)的原理,构建包括 8 区域、17 产业的多区域投入产出模型。测算自然灾害给关联区域造成的间接经济损失。其次,在上述模型的基础上,以典型自然灾害发生省份的直接经济损失数据为初始值,测算典型自然灾害给其他区域带来的静态和动态间接经济损失。

4.2 构建自然灾害救助的政策框架

在间接经济损失评估的基础上,设计应急联动的捐赠机制,提出具体可行的政策框架。

一是确定关联区域和产业的应急捐赠金额。将应急响应行为抽象成捐赠金额。以某典型自然灾害为例,计算自然灾害所带来的静态和动态间接经济损失值,以间接经济损失值为基础,考虑关联区域和产业的支付能力,测算出各关联主体在不同时点应支付的金额。

二是设计应急联动的政策框架。充分考虑区域和产业的特点,设计出主要考虑经济利益、兼顾行政命令和人道主义等驱动因素、实际可行的自然灾害应急联动的政策框架,并以 1～2 次典型自然灾害为例,给出例证。

5 构建新型灾害救助体系的意义

5.1 理论意义

一是改进和引入合理方法,测算间接经济损失,创新了现有灾害经济损失的评估方法。如何科学地计算自然灾害带来的间接经济损失?曾一直是一个难题(徐嵩龄,1998)。随着自然灾害数据的日益完备和数量分析技术的发展,评估自然灾害给关联区域和行业造成的间接经济损失已成为可能。通过改进产业间投入产出模型、引入区域投入产出模型,以 1～2 次典型自然灾害为例,测算其给关联产业和区域带来的间接经济损失,具有较好的创新意义。

二是从经济利益驱动的角度设计灾害应急联动政策,创新了灾害公共政策管理的研究视

---

① 投入产出的数据可以摘自中国国家统计局国民经济核算司 2007 年编制的《中国投入产出表》,该表包括 2 种部门分类,一种是 42 部门,另一种是 135 部门。为与列昂捷夫(1951)的投入产出表相对应,可以采用 42 部门表的数据。

角。各联动主体之所以参与自然灾害的应急联动，主要有3个驱动因素：行政命令、人道主义和经济利益。目前的研究者和政策设计者往往忽略了第3个因素。我们认为，在评估自然灾害给其他区域和行业带来的间接经济损失的基础上，设计出新型的灾害救助的政策框架，结合典型自然灾害的案例给予例证。可为灾害事件的公共政策管理研究提供新的切入视角。

5.2 实践意义

一是为灾害的跨区域、多部门应急联动的政策提供理论支撑。如何系统、长效地开展自然灾害的应急工作，是各级政府和学者们关心的重大问题。人们都强调了多部门联动。但除行政命令和人道主义因素之外，各部门联动的经济动因是什么，哪些区域和行业应该参与联动，各自介入程度怎样，尚没有较好的回答。加之现有法规中关于联动响应的内在经济利益的驱动机制尚不明确，缺乏足够的理论基础。我们认为，在分析多个抽象主体在应急联动时，考虑经济利益、兼顾行政命令和人道主义等参量时的博弈演化行为，比较不同动因组合时的博弈结果的成本收益，探讨相应的灾害应急联动政策，可为各级政府部门设计长效的灾害应急联动的政策法规提供理论支撑。

二是减少灾害应急的盲目性，提高社会资源的配置效率。自然灾害具有巨大的负面政治影响和社会影响。各级政府部门由于时间约束、上级政府部门和民众的压力，灾后的应急决策往往具有一定的盲目性；各类社会组织的应急行为也因缺乏统一调度而无所适从。这往往造成社会资源配置的冗余或缺失。若以区域和产业为联动主体，根据典型自然灾害的属性和灾变特征，结合区域和行业的能力，设计科学合理的灾害救助体系，能较长期地应用于典型自然灾害的应急工作，可在一定程度上规避临时决策的盲目性，减少灾害带来的损失，最终提高社会的整体福利。

参考文献

[1] 任胜利.应对"灾害链"须加强综合防控——访国家减灾委专家委员会主任马宗晋.人民日报，2008年09月09日.

[2] Okuyama Y，Sebnem S. Impact Estimation of Disasters：A Global Aggregate for 1960 to 2007. Policy Research Working Paper Series 4963，The World Bank，2009.

[3] 史培军，黄崇福，叶涛等.建立中国综合风险管理体系.中国减灾，2005，(1)：37-39.

[4] 史培军.四论灾害系统研究的理论与实践.自然灾害学报，2005，**14**(6)：1-7.

[5] 史培军.五论灾害系统研究的理论与实践.自然灾害学报，2009，**18**(5)：1-9.

[6] 王振耀，田小红.中国自然灾害应急救助管理的基本体系.经济社会体制比较，2006，(5)：28-34.

[7] 黎健.美国的灾害应急管理及其对我国相关工作的启示.自然灾害学报，2006，**15**(4)：33-38.

[8] 李贯鲜.增强责任意识强化综合防御促进和谐经济社会稳健发展.自然灾害学报，2007，**16**(增刊1)：8-9.

[9] 曹健宁.灾害防治的多部门协调联动机制研究.合作经济与科技，2010，(2)：102-104.

[10] 柴梅.进一步完善我国自然灾害应急管理协调机制.中国党政干部论坛，2010，(5)：12-14.

[11] 史培军，叶涛，王静爱等.论自然灾害风险的综合行政管理.北京师范大学学报：社会科学版，2006，(5)：130-136.

[12] 滕瑜.我国城市应急联动平台建设问题研究.改革与开放，2010，(2)：102-103.

[13] 祝燕德，肖岩.气象灾害预警机制与社会应急响应的思考.自然灾害学报，2010，(4)：191-194.

[14] 康均心，杨新红.灾害与法制：以中国灾害应急法制建设为视角.江苏警官学院学报，2008，**23**(5)：8-14.

[15] 湛孔星,陈国华.跨城域突发事故灾害应急管理体系及关键问题探讨.中国安全科学学报,2009,**19**(9):172-177.

[16] Birkland,O A. After Disaster: Agenda Setting, Public Policy, and Focusing Events. Washington DC: Georgetown University Press,1997.

[17] Leo D. Collaboration vs. C-ree(Cooperation,Coordination,and Communication). Innovating, 1999,**7**(3):25-36.

[18] Drabek,Omas E. Strategies for Coordinating Disaster Responses. Boulder,CO,Institute of Behavior Sciences,2003.

[19] Peters B G. Managing horizontal government: E politics of co-ordination. Public Administration, 1998, **76**(2):295-311.

[20] Liong A S, Liong S U. Financial and Economic Considerations for Emergency Response Providers,Critical Care Nursing Clinics of North America. 2010, **22** (4):437-444.

[21] [美]安东尼·唐斯.姚洋等译.民主的经济理论.上海:上海世纪出版集团,2005.

[22] [美]安东尼·唐斯.郭小聪等译.官僚制内幕.北京:中国人民大学出版社.2006.

[23] [美]威廉姆·A·尼斯坎南.王浦劬等译.官僚制与公共经济学.北京:中国青年出版社,2004.

[24] 饶异.互惠利他理论社会应用的可行性与局限性分析.理论月刊,2010,(8):85-89.

[25] 徐嵩龄.灾害经济损失概念及产业关联型间接经济损失计量.自然灾害学报,1998,**7**(4):7-15.

[26] Boisvert R. Indirect economic consequences of a catastrophic earthquake. Direct and indirect economic losses from lifeline damage. FEMA Contract EMW-90-3598,Development Technologies Inc. ,Washington, DC,USA. 1992.

[27] Brookshire D S,Chang S E,Cochrane H, et al. Direct and indirect economic losses from earthquake damage. *Earthquake Spectra* , 1997,**13**(4):683-701.

[28] Burrus R T Jr, Dumas C F, Farrell C H et al. Impact of low intensity hurricanes on regional economic activity. *Natural Hazards Review*,2002, **3**(3):118-125.

[29] Santos J R,Haimes Y Y. Modeling the demand reduction input-output I-O inoperability due to terrorism of interconnected infrastructures. *Risk Analysis*,2004, **24** (6):1437-1451.

[30] Haimes Y Y, Horowitz B M, Lambert J H, et al. Inoperability input-output model (IIM) for interdependent infrastructure sectors: Theory and methodology. J of Infrastructure Systems,2005,**11**:67-79.

[31] Crowther K G,Haimes Y Y,Taub G. Systemic valuation of strategic preparedness through application of the inoperability input-output model with lessons learned from Hurricane Katrina. Risk Analysis,2007, **27**(5):1345-1364.

[32] United Nations Economic Commission for Latin America and the Caribbean (UN ECLAC). Handbook for Estimating the Socio-Economic and Environmental Effects of Disasters, Santiago, Chile. 2003.

[33] 路琮,魏一鸣,范英等.灾害对国民经济影响的定量分析模型及其应用.自然灾害学报,2002,**11**(3):15-20.

[34] 胡爱军,李宁,史培军等.极端天气事件导致基础设施破坏间接经济损失评估.经济地理,2009,**29**(4):529-535.

[35] 吴先华,李廉水,郭际等.气象因素异常指数对我国典型工业产业的影响研究.气象,2008,**34**(11):74-83.

[36] Wu Xianhua, et al. Influence of meteorological anomaly indices on grain yield of four provinces in east china,ICISE,EI检索号:20102212965115.

[37] 吴先华等.气象经济学.北京:气象出版社,2010.

[38] Leontief W W. Input-output economics. Sci Am,1951:15-21.

[39] Rose A. Economic principles, issues, and research priorities in hazard loss estimation // Okuyama Y,

Chang S E. Modeling Spatial and Economic Impacts of Disasters. New York:Springer. 2004.

[40] Haimes Y Y, Jiang P. Leontief-based model of risk in complex interconnected infrastructures. *Jo. Infrastructure Sys*, 2001, 7:1-12.

[41] Crowther K G, Haimes Y Y, Taub G. Systemic Valuation of Strategic Preparedness Through Application of the Inoperability Input-Output Model with Lessons Learned from Hurricane Katrina. *Risk Analysis*, 2007, **27**(5):1345-1364.

[42] Barker K, Santos J R. Measuring the efficacy of inventory with a dynamic imput-output model, *Int. J. Production Economics*, 2010, **126**:130-143.

[43] Cole S. Lifeline and livelihood: A social accounting matrix approach to calamity preparedness. *J. Contingencies and Crisis Management*, 1995, **3**:228-240.

[44] Cole S. The delayed impacts of plant closures in a reformulated leontief model. Papers in Regional Science, 1988, **65**(1):135-149.

[45] Cole S. Geohazards in social systems:an insurance matrix approach. // Okuyama Y , Chang S E. Modeling Spatial and Economic Impacts of Disasters, 2004:103-118.

[46] Okuyama Y. Economic Impacts of Natural Disasters:Development Issues and Empirical Analysis, 2009. http:// www. iioa. org/pdf/17th% 20Conf/Papers/ 968315160_090528_221804_IIOA09_OKUYAMA_W. PDF.

[47] 梅广清,沈荣芳,张显东. 自然灾害对区域产出的影响研究. 管理科学学报,1999,**2**(1):102-107.

[48] 张永勤,缪启龙. 气候变化对区域经济影响的投入-产出模型研究. 气象学报,2001,**59**(5):633-640.

[49] 邓书玲,付强,黄肄晰. 用灾害经济学模型分析震后房贷问题. 西南民族学院学报:自然科学版,2009,**35**(3):583-587.

[50] Okuyama Y, Hewings G J D, Sonis M. Economic impacts of an unscheduled, disruptive event:a Miyazawa multiplier analysis//Hewings G J D, Sonis M, Madden M, et al. Understanding and Interpreting Economic Structure, 1999:113-144.

[51] Tsuchiya S, Tatanob H, Okadac N. Economic Loss Assessment due to Railroad and Highway Disruptions. *Economic Systems Research*, 2007, **19**(2):147-162.

[52] Gordon P, Richardson H W, Davis B. Transport-related impacts of the Northridge earthquake. *J. Transportation and Statistics*, 1998, **1**:22-36.

[53] Sohn J, Hewings G J D, Kim T J, et al. Analysis of economic impacts of earthquake on transportation network//Okuyama Y , Chang S E. Modeling Spatial and Economic Impacts of Disasters, 2004:233-256.

[54] Rose A, Liao S Y. Modeling regional economic resilience to disasters:a computable general equilibrium analysis of water service disruptions. *J. Regional Science*, 2005, **45**:75-112.

[55] van der Veen A, Logtmeijer C. How vulnerable are we for flooding? A GIS approach//van der Veen A, Arellano A L V, Nordvik J P. In Search of a Common Methodology on Damage Estimation(EUR 20997 EN), 2003:181-193.

[56] Yamano N, Kajitanib Y, ShumutabY. Modeling the Regional Economic Loss of Natural Disasters: The Search for Economic Hotspots. *Economic Systems Res*. 2007, **19**(2):163-181.

[57] Lian C, Haimes Y Y. Managing the Risk of Terrorism to Interdependent Infrastructure Systems Through the Dynamic Inoperability Input-Output Model. *Systems Engineering*, 2006, **9**(3):241-258.

[58] Chenery H B. Regional analysis // Chenery H B, Clark P G, Pinna V C. The Structure and Growth of the Italian Economy, 1953:91-129.

[59] Moses L N. The Stability of Interregional Trading Patterns and Input-Output Analysis. *American Economic Review*, 1955, **45**: 803-832.

“4·12”森林灭火飞机增雨效果分析

孙玉稳[1] 孙 霞[2] 李宝东[1] 黄梦宇[3] 吴志会[1]

(1. 河北省人工影响天气办公室,河北省气象与生态环境重点实验室,石家庄 050021;
2. 南京信息工程大学-中国气象局大气物理与大气环境重点开放实验室,南京 210044;
3. 北京市人工影响天气办公室,北京 100089)

摘 要:利用2011年4月17日在秦皇岛抚宁地区森林大火上空进行的一次人工增雨作业所取得的云物理资料,结合适时天气、卫星、雷达等资料,分析了降水过程的天气背景条件、作业前后云中微物理量的变化。结果表明,作业后云体明显发展,云滴含水量明显增大,云滴浓度增长10%~20%,云的中部冰晶浓度增加明显,云中降水粒子浓度增加。火场附近地区普遍降雨1~2 mm,对灭火起到了重要作用。影响雨量的主要原因:一是西风槽系统弱,且偏北,使火区云带狭窄;二是前期相对湿度低,云层中含水量低,云滴最大含水量仅为0.9 g/m^3;三是高层云和层积云之间存在干层,影响降水粒子的形成和发展。

关键词:森林灭火;人工增雨效果;飞机增雨

引 言

全球每年森林火灾约22万次,超过6.4×10^{6}hm^{2}森林被烧毁,占森林面积的0.23%。中国每年森林火灾烧毁森林面积1.1×10^6 hm^2,占森林面积0.8%~0.9%,是受森林火灾危害严重的国家,冬春季节气候干燥极易发生森林大火,严重危害森林安全,森林防火灭火是森林保护的重要内容。

森林灭火是综合性很强的任务,为最大限度提高灭火效率,在条件许可的情况下人工增雨用于灭火可以起到事半功倍的效果。国际上人工增雨用于护林始于20世纪60年代,前苏联列宁格勒(今俄罗斯圣彼得堡)林业科学研究所的航空护林实验[1],美国、澳大利亚等开展人工增雨灭火实验均取得较好的效果[2]。我国吉林省于1958年最早开展人工增雨实验,近年来全中国大部分省市开展人工增雨作业,人工增雨逐步也被用于森林灭火。

2011年4月12日下午AQUA卫星监测到秦皇岛抚宁县发生森林火灾,有关部门立即组织灭火工作(简称“4·12”灭火),但因林火面积大,风大、地形复杂,致使灭火极其困难。至16日,大火仍未被扑灭。

4月17日凌晨起,抚宁出现西风槽天气系统,气象部门抓住有利天气在火区开展了大规模人工增雨作业,出动飞机2架,作业2 h。作业后,火区普遍降小雨,降雨量虽然不大,但对增加火场地区空气湿度、降低火险等级的效果非常明显,对扑火工作起到了重要的作用。

资助课题:河北省科技计划项目(12237126D—1,11277107D),公益性行业(气象)科研专项(GYHY(QX)20076—36),江苏高校优势学科建设工程项目(PAPD)。

"4・12"灭火是人工增雨为森林灭火服务的成功范例，本文分析了"4・12"灭火增雨效果，为开展春季人工增雨森林灭火提供科学依据。

1 增雨及观测设备

1.1 增雨及云物理观测设备

人工增雨采用地面发射火箭弹和飞机增雨两种作业方式，增雨飞机是河北省人工影响天气办公室租用的 AN-26 飞机和北京市人工影响天气办公室改装的运十二 3830 人工增雨飞机，飞机上均安装了碘化银播撒器。

北京市人工影响天气办公室改装的运十二 3830 人工增雨飞机携带的云物理探测设备是美国 PMI 公司生产的机载粒子测量系统 PMS(Particle Measuring Systems)，该系统包括 4 个探头分别为：前向散射滴谱探头 FSSP-100ER(1～95μm)、二维灰度探头 OAP-2D-GA2(25～1550μm) 和 OAP-2D-GB2(150～9300μm)、云气溶胶粒子以及气溶胶粒子探头。此外，飞机上还安装了温度计、露点仪、气压传感器、液态含水量仪、GPS 等设备。可得到云粒子浓度、含水量、粒子的平均直径等数据的连续观测资料，也可以得到温度、露点、气压、高度、风速等资料。其中 2D-C 和 2D-P 探头能够获得清晰的实时二维彩色粒子图像资料，本次观测的云粒子尺度范围为 2～50 μm，降水粒子尺度范围为 100～6200 μm，冰晶尺度范围为 25～1550 μm。河北 AN-26 飞机上没有携带云物理探测设备，文中云微理资料取自运十二 3830 飞机作业时同步观测资料。

1.2 火情观测

2011 年 4 月 12 日下午，AQUA 卫星首次监测到河北秦皇岛抚宁县发生森林火灾，此后卫星持续监测到该火点。15 日 21 时 59 分 TERRA 卫星遥感资料显示，在秦皇岛市抚宁县大新寨镇 6 个火点，面积 5.6838 km^2，火点位置在(119.39°E，40.03°N)(图 1)。

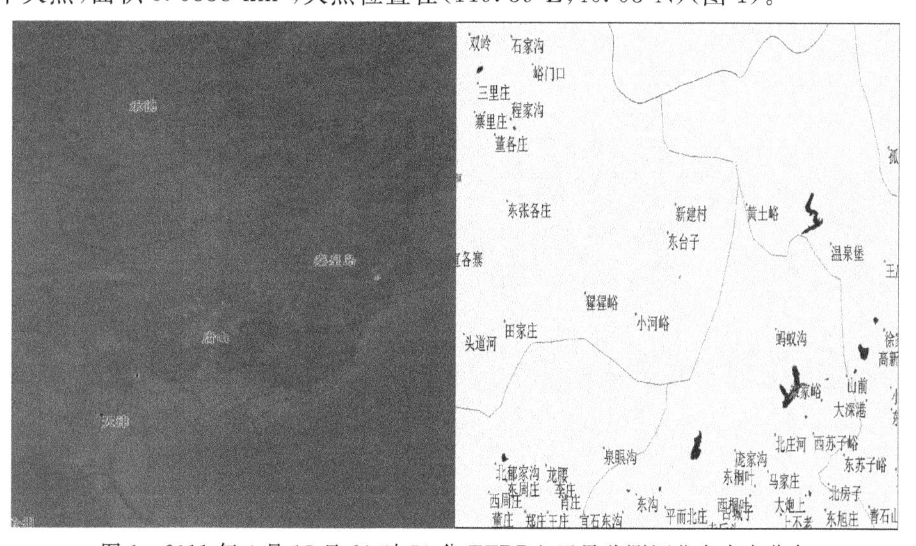

图 1 2011 年 4 月 15 日 21 时 59 分 TERRA 卫星监测河北省火点分布

2　天气形势、系统演变、雷达特征

2.1　天气形势

2011 年 4 月 15—16 日河北省高空为西北气流控制，天气晴好，空气干燥，森林火险等级高，没有适合人工增雨的作业条件。16 日 08 时(北京时，下同)500 hPa 冷空气位于蒙古国一带，强度较弱，随着系统东移，16 日 20 时槽线移至内蒙古东部，三层系统比较明显，为后倾结构，17 日早晨前后系统东移影响秦皇岛，配合地面低压带的弱锋面抬升，抚宁产生降雨天气。但由于前期湿度条件差，系统偏北(图 2)，不利于火区自然降水的形成。

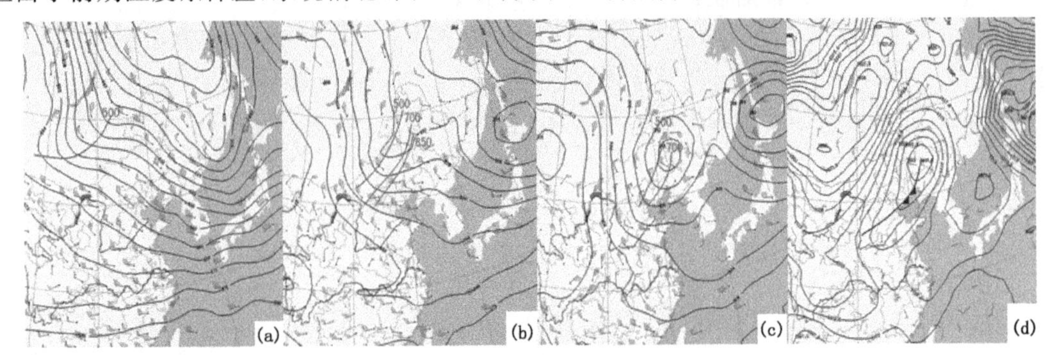

图 2　高低空天气形势

(a)4 月 16 日 08 时 500 hPa 形势，(b)4 月 16 日 20 时 700 hPa 形势及三层槽线位置，(c)4 月 17 日 08 时 700 hPa 形势及三层槽线位置(850 hPa、700 hPa 槽线近乎重合稍偏前)，(d)17 日 05 时地面形势

2.2　卫星云图

从卫星云图(图 3)可以看到与高空西风槽对应的明显的锋面云系，抚宁位于锋面南端，云系呈现断裂不完整的结构，主要由低层的层积云组成，05 时抚宁位于两个狭窄云带的中间，人工增雨作业的及时开展使得云系在东移过程中略有加强，06 时抚宁上空的云系明显增厚，水汽含量也有所增加，出现了小雨天气。

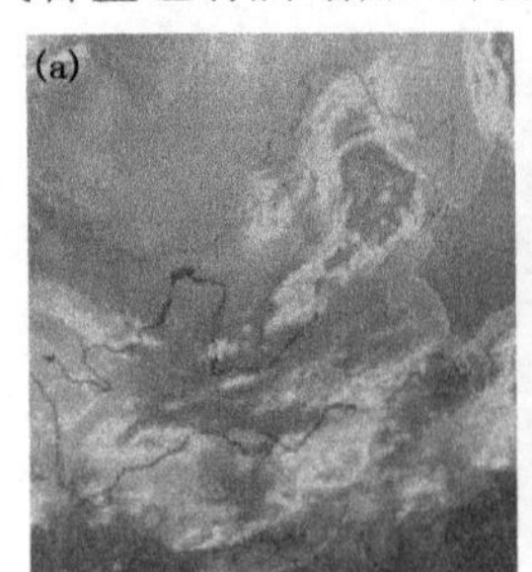
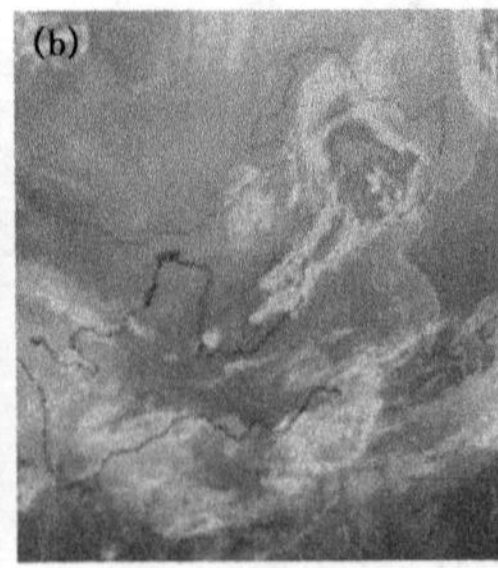
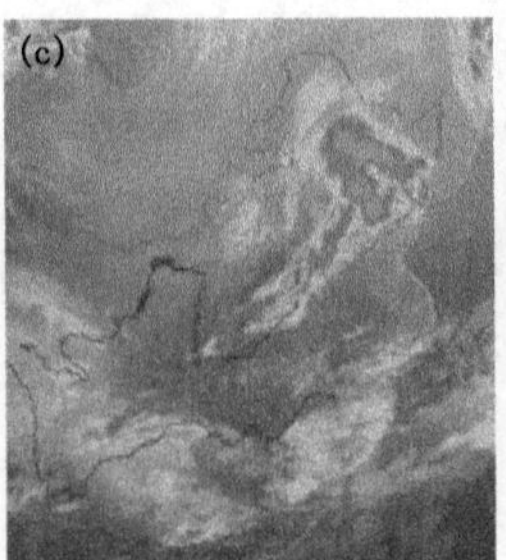
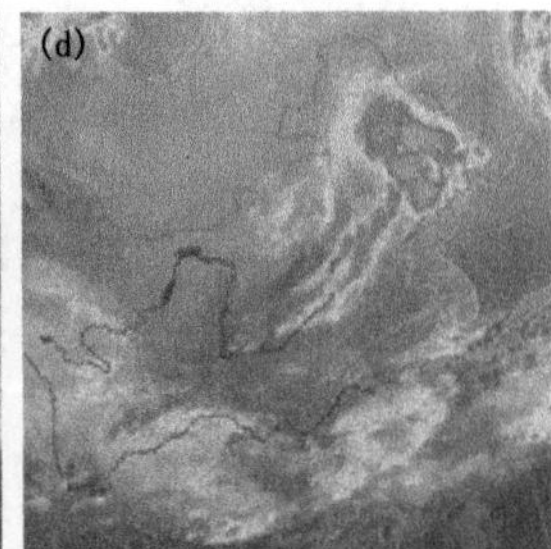

图 3　2011 年 4 月 17 日 03—06 时(a)—(d)云图

2.3　雷达观测特征

2011 年 4 月 17 日 05 时 18 分，雷达回波图上，宁河、丰南、卢龙、建昌一线出现层状云团，

最大回波强度达 30 dBz,云块正在向东移动,抚宁回波强度＜10 dBz。05 时 54 分云团移近抚宁。图 4 是 06—07 时雷达回波图,显示出层状云从进入抚宁到东移的过程。从雷达观测资料看,05 时 54 分—07 时 24 分,火区周围雷达回波强度在 10～30 dBz,适合人工作增雨作业条件。

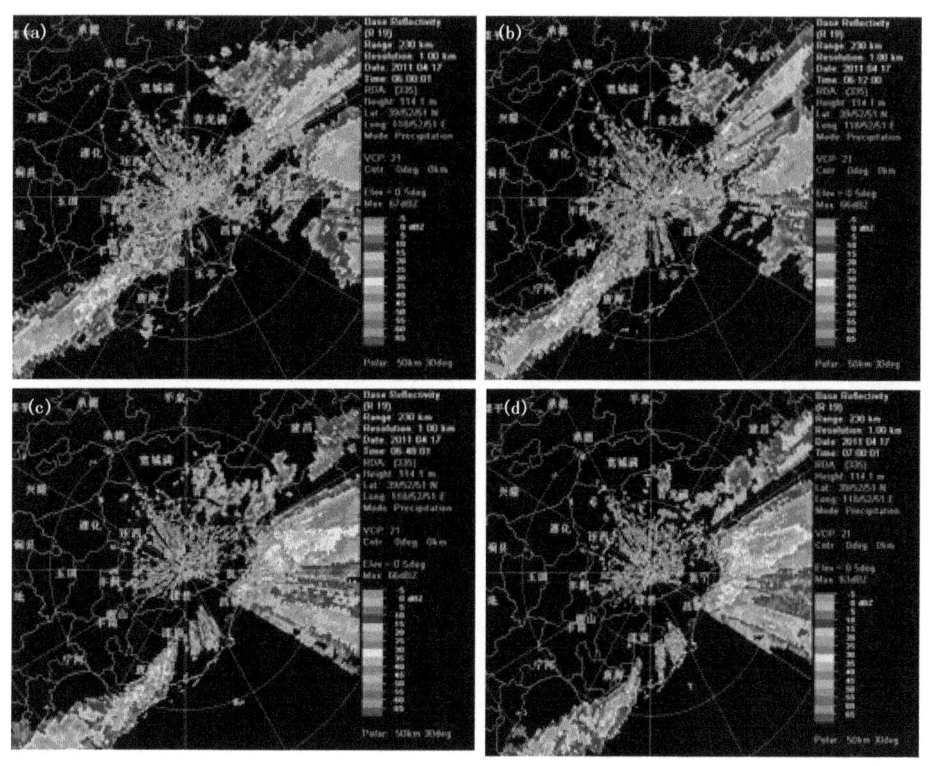

图 4　2011 年 4 月 17 日 06—07 时(a)—(b)雷达回波随时间的变化

3　增雨作业

3.1　飞行轨迹和作业轨迹

运十二 3830 飞机作业轨迹三维图如图 5 所示。

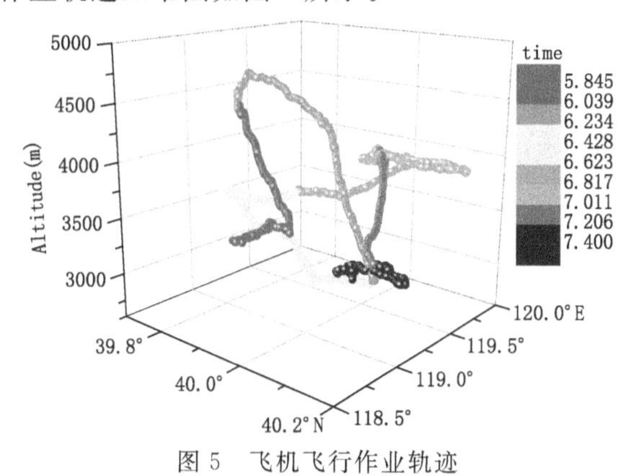

图 5　飞机飞行作业轨迹

3.2 作业过程

北京市运十二3830人工增雨飞机2011年4月17日05时26分从唐山机场起飞，05时49分飞机上升到3600 m。05时51分在(118.78°E,39.95°N)处，高度为3600 m开始作业，05时57分在云中飞行，高度上升到云顶，飞到火场(40.2°N,119.27 °E)上空，06时04分飞机在4763 m飞出云顶，出云后飞机开始下降，在4600 m高度再次入云，06时09分向下飞行；06时18分(119.48°E,39.8 °N)向南飞行，北部有火箭增雨作业，飞机一直在云中进行播撒作业。07时23分(119.41°E,39.98°N)作垂直探测下降到云底，下方有1440 m的山峰，飞机下降到2100 m。07时30分(119.5 °E,39.85°N)下降到1500 m未出云，云中有降水粒子出现，返航，作业结束，飞机08时06分落地。作业时间05时51分到07时23分，消耗15根烟条。

3.3 作业区宏观气象条件

作业区宏观气象记录显示：作业区为层状云，有两层云结构，上层是高层云，云顶高度为4700 m，下层为层积云；两层云中间有干层，作业区云层温度－5～－13℃，作业高度3200～4600 m。基本适合人工作增雨作业条件。

3.4 云微物理特征

以作业时第1次上升段(3400～4700 m)观测的云微物理数据判断，播撒区域在3600～4500 m。

云层最大云滴浓度50 cm^{-3}，出现在4300 m；云滴浓度次大值40 cm^{-3}，出现在3700 m。云滴含水量最大值0.9 g/m^3，出现在4300 m；云滴含水量次大值0.7 g/m^3，出现在3700 m。

云内冰晶浓度多在0.2～0.5 cm^{-3}，最大冰晶浓度达1.2 cm^{-3}，出现在4400 m。云内各层都观测到直径100 μm以上的大粒子，浓度为0.01～0.04 cm^{-3}，满足增雨条件[3]。

4 作业效果分析

4.1 宏观效果

作业前后宏观特征变化表现在3个方面，一是云体加厚，云底变低。秦皇岛雷达回波监测显示在承德、唐山西部等地没有产生降水的云团在秦皇岛市明显发展。二是随机人员发现作业后飞机颠簸加剧，层积云中的对流加强。三是宏观记录机舱外可见明显雨滴，地面观测显示火场附近地区的自动观测站测得的雨量：榆关1.2 mm、大石窟0.2 mm、驻操营1.6 mm、祖山1.3 mm、隔河头0.3 mm、凤凰山1.6 mm。实况表明，人工增雨作业对增加抚宁火区及附近区域降雨起到了重要的作用。

4.2 微观效果

4.2.1 微观效果对比分析

以作业时第1次上升段(3400～4700 m)观测的云微物理特征值作为未催化云(对比云)，以4600 m下降到云底时观测的云微物理特征值作为催化云，分析微物理量，比较作业前后云微物理特征的变化(图 6)。

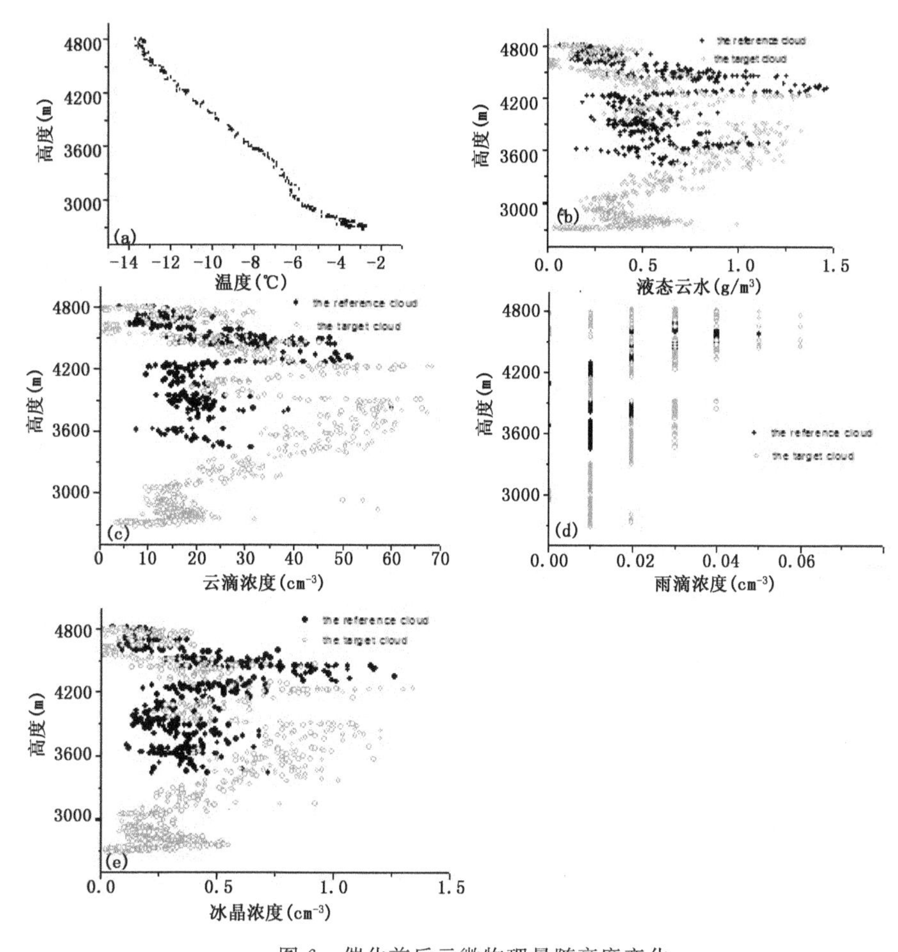

图 6 催化前后云微物理量随高度变化

(a)温度,(b)云滴含水量,(c)云滴浓度,(d)降水粒子浓度,(e)冰晶浓度

图 6 显示,作业后云体发展,云底高度降低,云体中部,没有明显变化。云滴含水量最大值约为 0.9 g/m^3,但含水量最大值下移,中部含水量明显增大,总含水量明显提高。云滴浓度最大值从 50 cm^{-3} 提高到 70 cm^{-3},提高约 40%,最大值下移,云体中部云滴浓度明显提高。云中冰晶浓度增加,云体中部增加尤为明显。云中各层降水粒子浓度都有增加,中下部增加明显。

4.2.2 微观效果全时间序列分析

作业时段为 05 时 51 分—07 时 23 分,从飞机观测资料看(图 7),作业后,云内云滴浓度 30～70 cm^{-3},增长 10%～20%。云滴有效直径在作业中期略有增长,后期有所下降。云滴含水量由 0.1～0.4 g/m^3 增加到 0.2～0.6 g/m^3(取热线含水量仪观测的含水量),显示作业后云滴含水量明显增长。

冰晶浓度和降水粒子浓度都有明显增长,但有效直径没有明显变化,在作业后期有效直径有所减小,可能与大粒子已降落,天气过程即将结束有关。

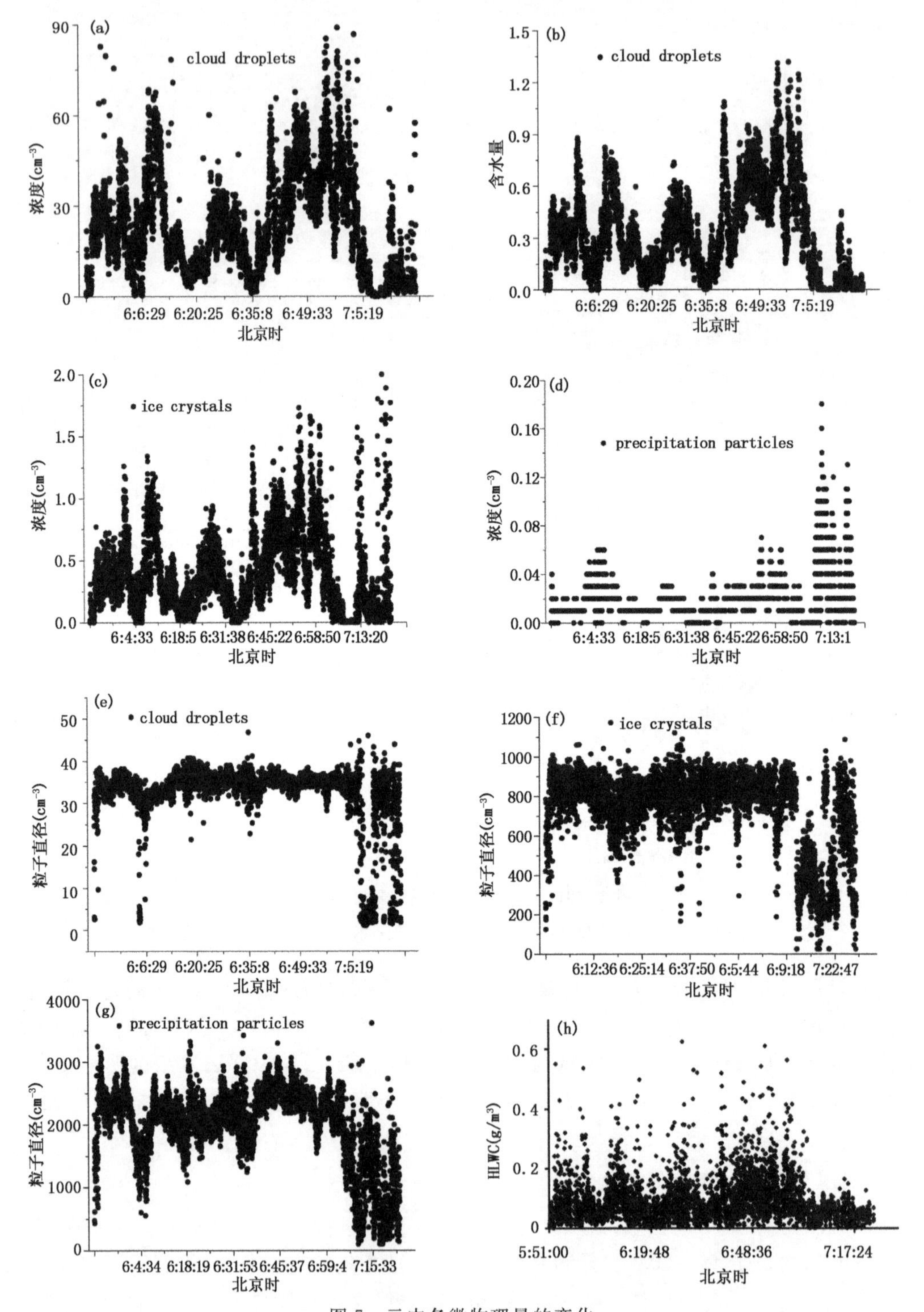

图 7 云中各微物理量的变化

(a)云滴浓度,(b)液态水含量,(c)冰晶浓度,(d)降水粒子浓度,(e)云滴有效直径,(f)冰晶有效直径,(g)降水粒子直径,(h)垂直液态水含量

4.2.3 作业前后二维粒子图像分析

云内温度在−3～−12.4℃，作业前观测到大量冰晶、霰粒子及冰晶聚合体，作业后出现大量结凇雪团，图8a和图8d(高度分别为3472 m、3596 m)高度相近，但作业后结凇雪团明显增加。作业后期结凇雪团减少，云中粒子主要由冰晶、霰粒子及冰晶聚合体组成，说明结凇雪团已降落，云体逐步消散。

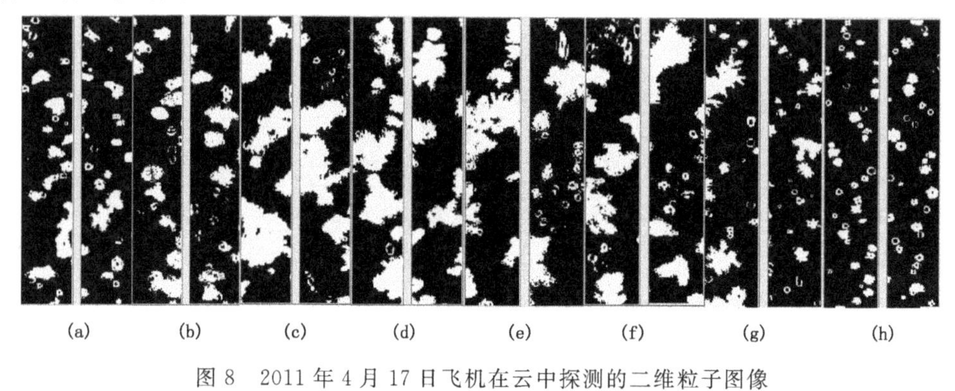

图8 2011年4月17日飞机在云中探测的二维粒子图像

表1 云中探测到的二维粒子相关信息表(与图8相对应)

图8	时刻	纬度(°N)	经度(°E)	高度(m)	温度(℃)	露点(℃)	描述
a	5:51:15	39.9349	118.6803	3472	−5.74	−7.5	冰晶、霰粒子及冰晶聚合体
b	6:03:25	39.90464	118.8241	4689	−12.41	−24.6	冰晶、霰粒子及冰晶聚合体
c	6:20:33	39.82057	119.5028	3024	−3.54	−7.7	冰晶聚合体、结凇雪团
d	6:36:39	39.8733	119.3072	3596	−6.91	−11.6	冰晶聚合体、结凇雪团
e	6:48:26	40.12586	119.7977	3905	−9.99	−14.2	冰晶聚合体、结凇雪团
f	6:56:31	39.96279	119.7032	3899	−9.5	−13.4	冰晶聚合体、结凇雪团
g	7:09:42	40.04597	119.4598	3522	−8.91		冰晶、霰粒子及冰晶聚合体
h	7:24:36	39.98594	119.4166	2763	−5.76	−8.5	冰晶、霰粒子及冰晶聚合体

4.2.4 微物理量的三维变化

为直观显示作业对云微物理量的影响，将时间、高度、云微物理量做成三维图(图略)。可以看到：作业后，云滴浓度和云滴含水量都明显增加，云滴浓度和含水量高值出现在作业后的中部。

作业后，云的中部及底部出现降水粒子浓度和冰晶浓度高值，可能与作业促使云体发展，云底降低，过冷水凝结、降水粒子降落有关。

5 结论

(1)影响林区的天气系统为东移的西风槽，三层后倾结构与地面低压带的弱锋面抬升产生降雨天气，但由于前期湿度条件差，系统偏北，云系呈现断裂结构，云带狭窄。

(2)层云宏观微观特征：云顶高度为 4700 m，云层温度 $-3\sim-13$℃；云滴浓度 30～50 cm^{-3}，云滴含水量为 0.2～0.6 g/m^3，云内冰晶浓度在 0.2～0.5 cm^{-3}，云内降水粒子浓度为 0.01～0.04 cm^{-3}。

(3)作业效果显示：作业后云体明显发展，云滴含水量增大，云滴浓度增长 10%～20%，云的中部冰晶浓度增加尤为明显，云中各层降水粒子浓度都有增加，中下部增加明显；火区地面普遍降雨量在 1～2 mm。

(4)影响降雨量的主要因素：一是西风槽系统弱，且偏北，使火区云带狭窄；二是前期相对湿度低，云层中含水量少，4300 m 高度云滴含水量最大，仅为 0.9 g/m^3；三是高层云和层积云之间存在干层，影响降水粒子的形成和发展。

参考文献

[1] Eduard P D. Forest fire problems in 1999 in the Russian Federation. I the Russian Federation. *International Forest Fire News*，2000，**22**：63-66.

[2] 田晓瑞，张有慧，舒立福等. 林火研究综述. 航空护林，2004，**17**(5)：17-20.

[3] 胡志晋. 层状云人工增雨机制、条件和方法. 应用气象学报，2001，**12**(增刊)：10-13.

温带风暴潮灾害应急管理专家系统研究

林 波

(国家海洋环境预报中心,北京 100081)

摘 要:结合中国《风暴潮、海浪、海啸和海冰灾害应急预案》的指导思想和基本内容,重点阐述了该预案关于温带风暴潮灾害应急管理指挥决策运行系统中的应急组织体系、监测及预警方式和保障措施等;并根据温带风暴潮灾害应急指挥决策和运行管理需要,研究设计出了相应的辅助决策支持系统,该系统针对一般指挥决策人员无法胜任"跨学科跨专业的技术全能"的现状,应用专家系统原理,实现了人机交互的、多知识库多主体群共存的智能再学习。

关键词:物理海洋学;温带风暴潮灾害;应急管理;辅助决策支持系统

引 言

风暴潮(又叫风暴增水)是由于受热带气旋、温带气旋等灾害性天气系统产生的大风、暴风所引起的海面(海水)异常升高现象。中国历史文献中也有称为"海溢""海侵""海啸""大海潮"[1]。由温带气旋、冷空气引起的风暴潮称为温带风暴潮[2]。温带风暴潮是黄、渤海及中国北方沿海地区主要海洋灾害之一。根据国家海洋局公布的数字统计,从 2001 年到 2010 年的 10 a 间,中国沿海共发生温带风暴潮 109 次,其中造成灾害的 14 次,即平均每年发生温带风暴潮 11 次,造成灾害的平均每年 1.4 次。但是,在最近的 5 a(2006—2010 年),温带风暴潮发生的次数猛增到 90 次,平均每年达 18 次,造成灾害的有 9 次,平均每年 1.8 次,远高于 2001—2010 年的平均数(1.4 次/a)。据中国气象科学家预测,中国未来的气候变暖趋势将进一步加剧[3],即与 2000 年相比,2020 年中国年平均气温将升高 1.3～2.1℃,2050 年将升高 2.3～3.3℃,而且温度升高的幅度北方大于南方[3]。这就意味着可导致温带风暴潮灾害发生的极端天气事件也会随之增多。温带风暴潮灾害的防御及应急管理工作将变得越来越重要。

1 温带风暴潮灾害应急管理专家系统研究

温带风暴潮灾害应急管理专家系统研究,首先基于《风暴潮、海浪、海啸和海冰灾害应急预案》[4]的内容,同时响应于温带风暴潮灾害应急管理指挥决策活动的要求。

1.1 温带风暴潮灾害应急管理指挥决策运行系统

温带风暴潮灾害应急预案归类并包含在《风暴潮、海浪、海啸和海冰灾害应急预案》中。其基本工作原则是:统一领导,分级负责,快速反应,加强监测,及时预警,减轻灾害,整合资源,信息共享,密切协作[4]。即在国务院的统一领导下,依据有关法律、法规,建立健全应急反应机制,加强应急工作管理,落实应急反应程序和措施,明确职责,责任到人,确保应急工作反应灵敏、功能齐全、协调有序、运转高效。

1.1.1 温带风暴潮灾害应急组织体系

日常情况下,温带风暴潮灾害应急管理组织体系的最高层为领导小组(如遇有特别重大的风暴潮灾害并且是在特别紧急的情况下,也可临时升格为国家层面的指挥部,由有关国家领导人兼任总指挥),下设办公室、专家组及相应的应急业务运行机构。大致的应急组织体系框架如图1所示。

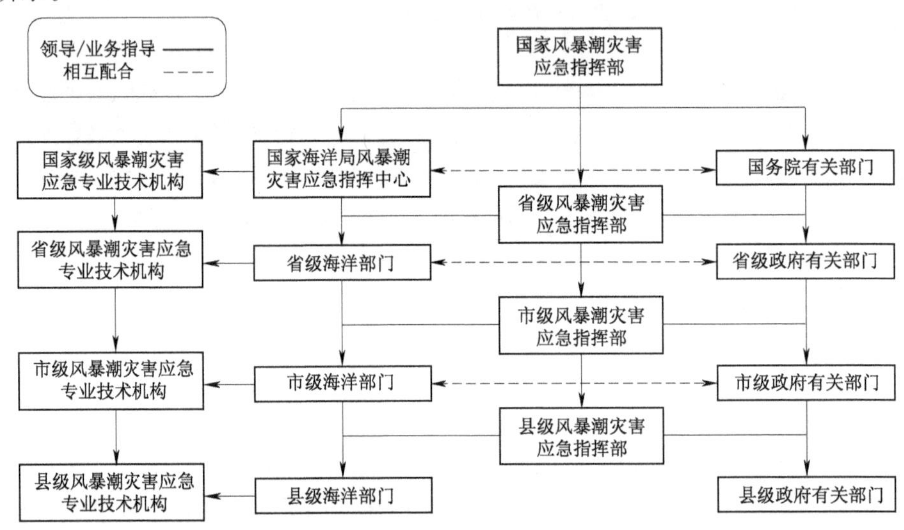

图1 温带风暴潮灾害应急管理组织框架

1.1.2 温带风暴潮灾害的监测及预警

温带风暴潮灾害监测信息来源于各海洋台站(中心)、浮标、雷达站、卫星遥感、航空遥感、航船、海洋平台、国际组织等。国家及各级海洋环境预报中心依法按照各自职责,根据上述信息分析、处理、制作并通过各类媒体发布风暴潮灾害预警信息(图2)。

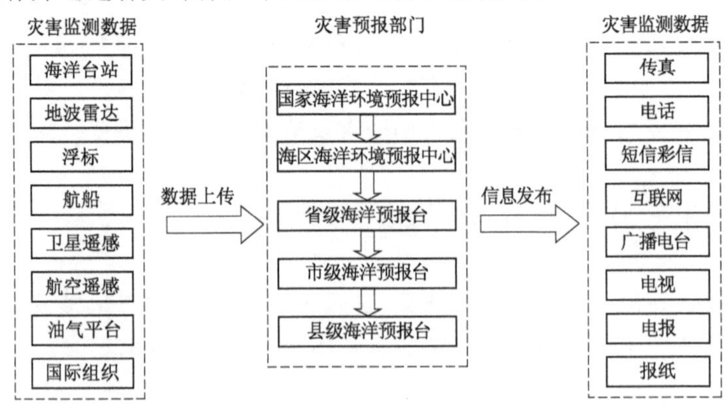

图2 温带风暴潮灾害监测预警信息传输体系

1.1.3 温带风暴潮灾害应急保障措施

温带风暴潮灾害应急保障措施包括监测预警方面的保障(如有关标准、规范、指南的制定),信息发布方面的保障(如各类媒体、通讯工具),经费方面的保障(如设备、器材、其他物资及物流工程),相关的宣传与培训方案,国际及地区间的合作机制等。

1.2 温带风暴潮灾害应急管理辅助决策支持系统

无数事实证明,中国在应对包括自然灾害在内的各类突发事件方面所显示出来的指挥决策水平,已堪称世界一流,但是在相应的辅助决策支持能力方面,与先进国家相比,还存在较大差距。温带风暴潮灾害防灾减灾工作的成效,取决于应急反应的速度和抢险救援的效率,制定合理的应对方案并提供高效的辅助决策支持手段,是提高速度和效率的有力保障,而已经在较多领域应用并正在快速发展中的专家系统,则是最佳的辅助决策工具。

1.2.1 专家系统技术

专家系统是一种应用于某些专业领域内,拥有专家级知识,能模拟专家思维与决策能力的计算机系统(人工智能)。从 20 世纪 60 年代开始,专家系统已成功地解决了许多领域大量的复杂、疑难问题(专家系统基本工作原理如图 3 所示)。

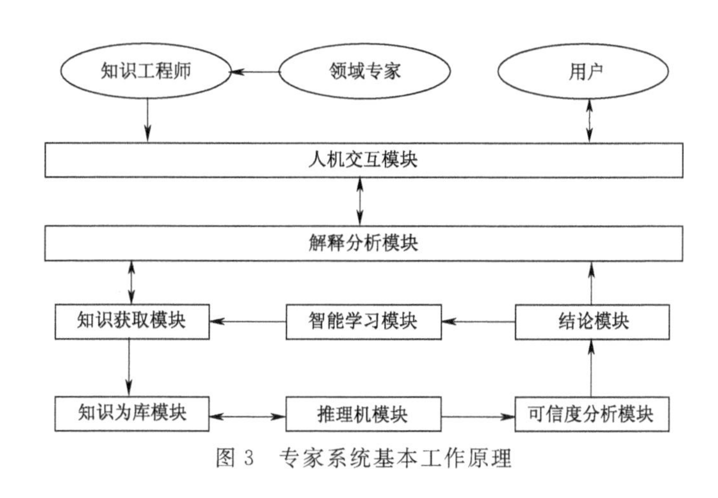

图 3 专家系统基本工作原理

1.2.2 温带风暴潮灾害应急管理专家系统

温带风暴潮灾害应急管理工作,是一项多学科、多专业交叉的前沿性系统工程[5-6],体系结构十分复杂(图 4),而从事应急管理工作的决策者、管理者一般又很难做到集海洋、气象、安全、信息等各领域、各专业的知识于一身。但是,人工智能型专家系统技术却可以帮助我们轻而易举地兼顾并且有效地做到这一点。

1.2.3 温带风暴潮灾害应急管理高级协同

与热带风暴潮不同的是,温带风暴潮成因(温带气旋、强冷空气)的上游源不是在海洋里,而是在大陆上。如果想要尽可能早地提前预报温带风暴潮灾害,就必须要充分了解、掌握温带气旋等灾害性天气系统的生成、发展动态,并且在必要时适时进行跨行业、跨地区的预报、预测会商,这便首先涉及了与气象部门的协同问题。实际上,温带风暴潮灾害监测信息源分布的特殊性,已经决定了温带风暴潮灾害应急协同不仅是跨行业跨区域的,而且还可能是跨国界的。

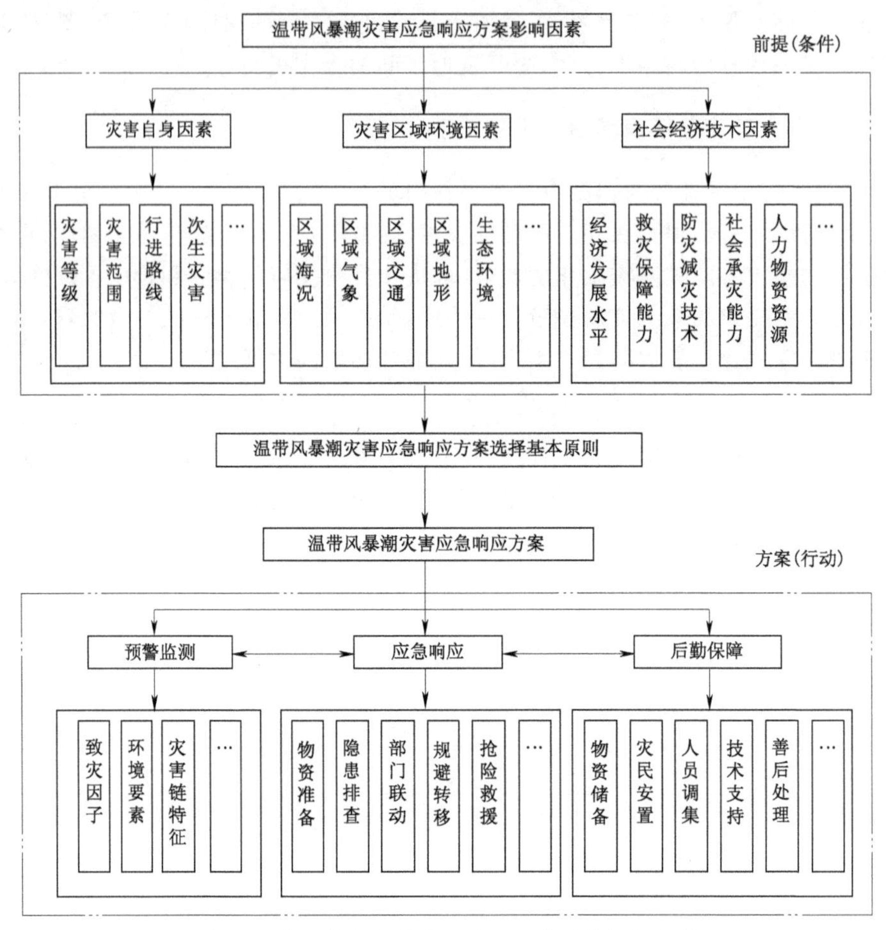

图 4　温带风暴潮灾害应急管理专家系统知识结构

2　结　论

在专家系统技术的应用、研究、试验过程中,我们针对温带风暴潮灾害应急管理专家系统知识库知识(专家的知识与经验、专家的接续与更替、专家群与知识阵的耦合等)的及时扩充、适时修改和研制建立等关键性难题,率先从专家系统的知识再学习需要入手,设计出了较优化的智能学习模块。该模块由知识评估过滤、数据挖掘引擎、数据库服务器、数据库等部分组成,其中的数据挖掘引擎是数据挖掘系统最基本部分,它由一组功能模块组成,用于关联分析以及演变和偏差分析;而知识评估过滤则是使用兴趣度阀值过滤知识与评价,并与数据挖掘引擎交互,以便搜索聚焦,最终将有效的新知识加入数据库,完成智能学习、智能再学习。这样,就比较理想地达到了温带风暴潮灾害应急管理专家系统所要求的多知识库、多主体群等自动响应的初步目标。

参考文献

[1]　国家海洋环境预报中心网站.网站首页一海洋知识栏目.[2012 年 6 月]http:// www.nmefc.gov.cn.
[2]　国家海洋局.2010 年中国海洋灾害公报.[2011 年 4 月]http:// www.soa.gov.cn.

[3] 国务院.中国应对气候变化国家方案.[2007 年 6 月 3 日]http://www.gov.cn.
[4] 国家海洋局.风暴潮、海浪、海啸和海冰灾害应急预案.[2011 年 1 月 27 日].http:// www.soa.gov.cn.
[5] 敖志刚.人工智能及专家系统.北京:机械工业出版社.2010.
[6] 孔月萍.人工智能及其应用.北京:机械工业出版社.2008.

黔东北地区特大干旱评估及应对措施

杨秀勋

(贵州省铜仁地区气象局,铜仁 554300)

摘　要:黔东北地区2009年7月—2010年2月发生历史极为罕见的"夏秋冬三连旱"特重干旱极端气候事件,文中利用该地区10个气象指标站月报表资料和部分土壤湿度监测数据,统计了各地干旱日数并利用干旱日数指标和土壤相对湿度指标,对照《贵州省干旱标准》,分别对夏、秋、冬气象干旱等级和农业干旱强度进行了客观评估;详细介绍了该地区成功应对这次特大旱灾的对策和措施,有助于提高黔东北地区干旱的评估水平和社会各界防御灾害事件的能力,最大限度地减轻旱灾给人民群众造成的经济损失。

关键词:黔东北地区;干旱评估;应对措施

引　言

黔东北地区位于武陵山脉腹地,辖10个县(市、特区),2009年7月—2010年2月,该地区出现了历史罕见的"夏秋冬三连旱"的极端气候事件,是中国西南大旱灾害的重要组成部分,其影响范围和干旱强度均双双突破了该地区的气象历史纪录,致使受旱范围波及10个县(市、特区)、146个乡镇、730个村,导致农业生产严重受灾,尤其以人畜饮水问题最为突出。文中利用该地区各气象台站实测资料,分析了干旱期内的降水时空分布特点,统计了各地干旱日数并利用干旱日数指标和土壤相对湿度指标,对照《贵州省干旱标准》[1],分别对夏、秋、冬气象干旱等级和农业干旱强度进行了评估分析,为当地政府和有关部门有效指导抗旱决策,减轻灾害损失提供科学依据。

1　灾情概况

据调查统计:截至2010年2月底,该地区干旱总日数均在100 d以上,造成江河水量锐减,水利工程蓄水严重不足,60%水库缺水,人、畜饮水困难;蔬菜、小麦、洋芋等秋冬季作物受灾面积占秋冬季作物播种面积的70%,全区农作物受灾面积达14万hm^2,其中成灾面积8.6万hm^2,绝收面积7.2万hm^2,受灾人口达193.5万,有119.5万人、71.4万头大牲畜饮水困难,因灾死亡大牲畜27127头,直接经济损失在10亿元以上,其中农业直接经济损失5.14亿元,工矿企业损失3.90亿元,基础设施损失0.4亿元,公益设施损失0.54亿元,家庭财产损失0.06亿元。

2　降水时空分布状况

2009年夏季到2010年冬季,黔东北地区9个月的降水总量在500～650 mm,与常年同期相比地区大部分偏少3～4成，在整个干旱时段各地降水均呈负距平，降水持续偏少，除沿河、玉屏、印江外，其余县市降水偏少均在3成以上，尤其以铜仁市偏少4.2成最多。降水的时空分布也极不均匀，2009年6—10月的降水总量除沿河、玉屏两县接近多年气候平均外，其余各县均比多年平均值偏少2成以上，以东部的江口县偏少4.2成为最高，2009年11月—2010年2月降水偏少更明显，地区大部分普遍偏少3～5成，而前期降水接近正常的沿河、玉屏两县在后期偏少最多，分别为5.3成和4.5成（表1）。从降水的季节分布（图1）上可看出：夏季降水量除玉屏、沿河两县正常和略偏少外，其余县市都偏少3～5成，秋季只有西部的思南、印江、沿河和东部的松桃4个县降水正常、秋旱偏轻，其余各县秋季降水量持续偏少3～6成，而冬季降水全部处于负距平，降水偏少均在3成以上，最多的偏少超过6成。由此可见，该地区夏季丰水期降水量显著偏少，水位持续下降、伏旱偏重，加上后期秋冬季节降水持续偏少，一直无较大的降水天气过程出现，导致溪河无水补充、山塘水库蓄水严重不足，加剧了后期的旱情，这是造成该地区后期秋冬季节持续干旱缺水和人畜饮水困难的直接原因，而冬季出现罕见的特重干旱则是前期长时间降水偏少累积、气温偏高所致。

表1 黔东北地区主要县市干旱时段降水量距平值

地名	前期降水距平（6—10月）（%）	后期降水距平（11月至次年2月）（%）
铜仁市	−38	−21
思南县	−23	−17
松桃县	−28	−50
玉屏县	−9	−45
德江县	−26	−55
印江县	−18	−29
石阡县	−30	−42
沿河县	−6	−53
江口县	−42	−22

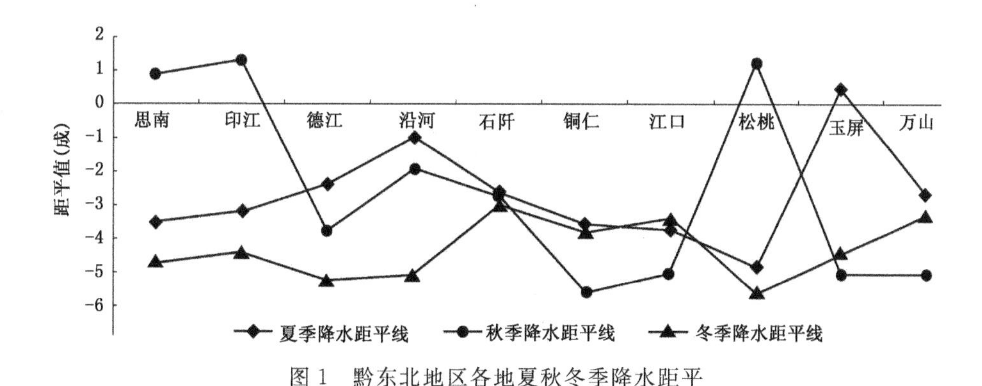

图1 黔东北地区各地夏秋冬季降水距平

3 气象干旱等级评估分析

据统计，截至2010年2月底，黔东北地区干旱总日数均在100 d以上，且该地区首次启动了Ⅰ级抗旱应急响应命令。本文利用所辖10个指标站的地面气象观测资料，统计了2009年

7 月—2010 年 2 月的干旱日数(表 2),对照《贵州省干旱标准》,对这次干旱严重程度进行评估。

从表 2 可见,该地区夏季气象干旱程度评估为中度等级,与国家气候中心 2009 年 8 月 29 日旱涝指数(图略)监测的结果基本相符,秋季气象干旱程度地区东部达到中度到重旱等级,西部仅为轻旱,东部秋旱明显重于西部,该地区在这次夏秋冬 3 季连旱过程中,尤其以冬季干旱最重,地区大部分达到特重干旱等级,与国家气候中心 2010 年 2 月 28 日 *CI* 指数(图 2)监测的旱情结果相同。经统计整个地区冬季的降水量为气象记录以来最少,使 90%的小水电站因无水而无法发电,区内最大的思林电站因缺水导致机组出力只有 30%。森林火灾多发,冬季全区共发生 16 起,过火面积达 33.85 hm^2,其干旱范围和强度均突破了气象历史极值。

表 2　黔东北地区各县市特区干旱日数统计及评估等级

站名	铜仁	江口	松桃	万山	玉屏	思南	印江	沿河	石阡	德江
夏旱日数	37	34	28	32	23	40	33	25	40	34
等　级	中	中	中	中	轻	重	中	中	重	中
秋旱日数	33	43	25	40	34	15	29	23	48	38
等　级	中	重	轻	重	中	轻	轻	轻	重	中
冬旱日数	50	62	50	41	64	70	68	74	62	63
等　级	重	特	重	中	特	特	特	特	特	特
总旱日	120	139	103	113	121	125	130	122	150	135

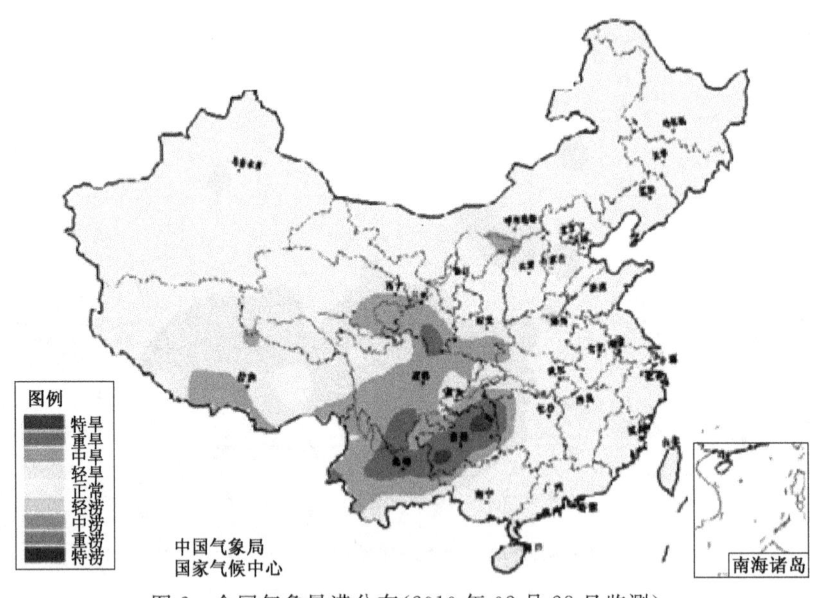

图 2　全国气象旱涝分布(2010 年 02 月 28 日监测)

4　农业干旱等级评估分析

在农业上,通常是以土壤水分亏缺的累积程度来表征干旱严重程度,而 20 cm 深土层是农作物根系的主要生长层,其含水量更是直接影响到作物的生长发育状况,对旱情的反映更具有代表性。因此，本文利用该地区水文局在部分乡镇的 20 cm 土壤湿度监测资料，对照《贵州省干旱标准》对局地干旱程度进行分析评估(图 3 和 4)。从图 3 可看出：代表该地区东部的铜仁市茶店镇 20 cm 土层在 2009 年 9 月 1—14 日的秋旱中，其土壤湿度为 40%～45%，达到中度干旱程度；而代表西部地区的思南县鹦鹉溪镇 20 cm 土层在秋旱过程中，其土壤湿度为30%～40%，达到了重旱等级标准，旱情比东部地区偏重，与前面西部县气象干旱等级评估为轻度误差较大。这反映出西部特殊的喀斯特地形地貌耐旱能力差的特点，由于土层薄、植被差、荒漠化较重、有雨蓄不住、一遇干旱土壤水分下降特别快、旱情发展迅速，农业干旱等级偏高，灾害损失重。从图 3 还可看出，该地区西部以思南县的鹦鹉溪镇为代表的土壤水分随着旱情的发展减少很快，土壤墒情下降特别明显，这主要是西部特殊的、典型的喀斯特地形地貌造成的。

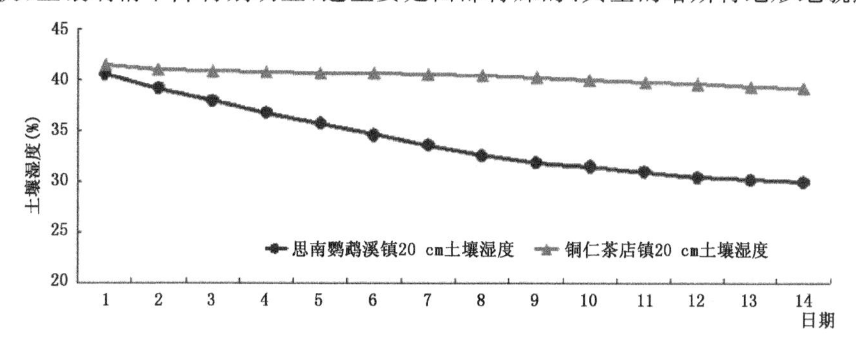

图 3　黔东北地区东部茶店镇和西部鹦鹉溪镇 2009 年 9 月 1—14 日 20 cm 土壤相对湿度分布

从图 4 可以看出：以砂粒土为主，水源条件差的铜仁市川硐镇 20 cm 土壤相对湿度 2010 年 2 月 1—23 日一直持续低于 30%，平均只有 27%，达到特重干旱等级，持续干旱已使砂粒土壤水分降到极值，已无水分可蒸发，以至于土壤湿度分布曲线几乎变成了一条直线。而以壤土为主，水源条件一般的铜仁市茶店镇、印江县新寨乡 20 cm 土壤平均相对湿度也不到 40%，在 36%～38%，达到重旱标准。由此可知，以壤土为主、水源条件较好的地方，根据《贵州省干旱标准》评判只达到重旱等级，比干旱日数指标评判结果偏低一个等级，而在以砂土为主、水源条件较差的地区，农业干旱程度评估为特重等级，与前者评估结果一致。

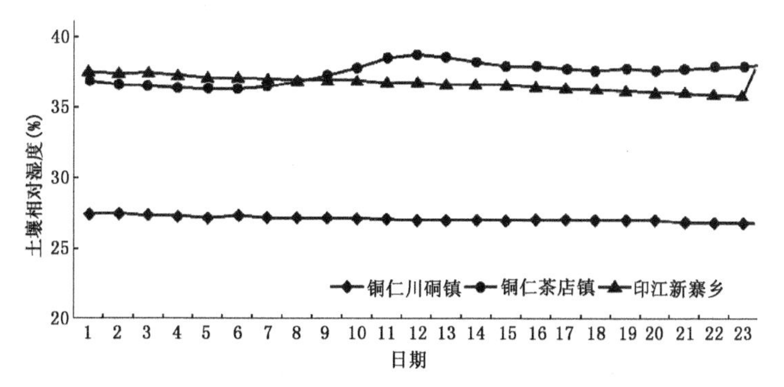

图 4　黔东北地区部分乡镇 2010 年 2 月 1—23 日 20 cm 土壤相对湿度分布

5　西部典型的喀斯特地形、地貌是加重农业旱灾的重要因素

从各地上报灾情的种类来看，农业灾害损失最大，从灾情的地域分布来看，该地区西部的

思南、德江、印江、沿河等县的受旱面积、灾害损失远大于其余的东部各县、市(图 5),分析其原因,除了气象干旱等级偏高影响外,西部特殊典型的喀斯特地形、地貌是灾情加重的重要因素;该地区地势为西高东低,西部地处乌江山峡,境内山高坡陡,河道为峡谷型,石多土少,土层浅薄,雨水蓄不住,地下水用不上,田土持水和耐旱能力低,生态环境脆弱,导致降水的有效利用率低,所以灾情重;而东部各县地处武陵山脉主峰的迎风面,年降水量较丰富,境内森林植被覆盖率高,生态环境好,抗旱能力强,因此,灾情轻得多。另外,从贵州全省的受灾严重程度来看,黔东北地区的旱情比西部地区偏轻,这主要得益于各级政府抗旱决策指挥得当、采取的措施有力以及国家水利部在黔东北地区开展水利扶贫试点的成果凸现。

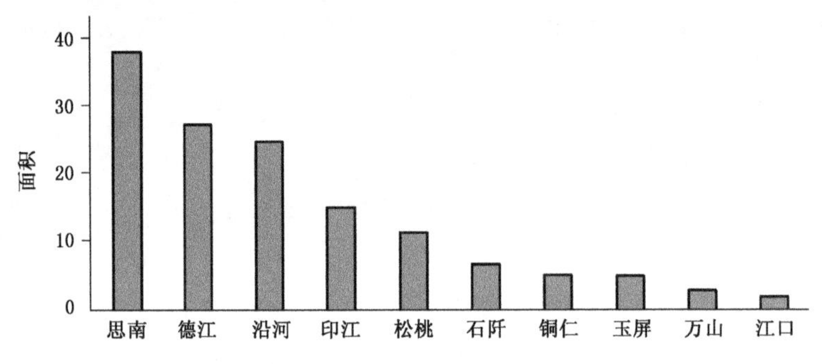

图 5 黔东北地区灾情分布(单位:千 hm^2)

6 应对措施

面对严重旱灾,如何确保群众“受灾不减产、减产不减收”,该地区成功的应对措施是凡是农作物在中度伏旱情况下就已绝收的地区走产业结构调整、持续增收这条必经之路。具体做法如下:

(1)按照“晚稻损失旱作补、粮食损失经作补、前作损失秋冬作补”的思路,以特色蔬菜瓜果为重点,从实际出发,分区域、分海拔、分品种实施农作物改种工作。如规划在 800 m 以上高海拔地区,以改种白菜、萝卜、豆类为主;在 800 m 以下的中、低海拔地区以改种小白菜、豇豆、四季豆和葱为主。

(2)坚持“点面结合”,各县市着力办好一批生产水平高、科技含量高、品种效益好的抗旱改种示范点,通过示范带动,推动抗旱改种工作高效开展。

(3)各级政府加大对改种工作的资金投入和技术指导力度,以解决用于购买种子及育苗相关工作经费,农牧科技部门组织强有力的技术力量,采取定人定点的方式,下派技术干部到县乡镇蹲点指导。

(4)为使改种工作有序推进,各县成立了抗旱救灾改种工作领导小组,具体负责指挥调度、统筹协调、宣传发动、计划落实、办点示范等工作。各乡镇及有关部门也成立由“一把手”任组长的抗旱救灾改种工作领导小组,负责对改种工作进行领导,督促检查、协调管理。

(5)该地区各县、市还针对旱灾中暴露出的部分水利设施因水源点导致发挥作用不大的问题,深入开展对水利工程的摸排统计,扎实做好水源点的选择和水利调配工作,积极推进大中型水利工程建设,努力为人民群众生产和生活提供强有力的用水保障。

(6)旱情发生后,该地区及时启动自然灾害救助应急预案,以政府主导、部门联动、社会参与，按照“先生活、后生产，先节水、后调水，先地表、后地下”的原则进行水源调度，合理解决抗旱用水，组织消防车、洒水车、自制送水车为严重缺水村的村民送水，组织村组干部党员为缺乏劳动力的家庭送水，临时解决了 49.01 万人和 25.04 万头大牲畜的饮水困难。

(7)气象部门积极捕捉有利的天气条件，利用车载移动式火箭发射装置和“三七”高炮适时开展大面积人工增雨作业，开发空中云水资源，努力缓解旱情，取得明显效果。

7 结论与思考

(1)这次干旱过程具有持续时间长，影响范围广，灾害损失重的特点，利用单项指标评价干旱虽然粗略一点，但简单实用，可操作性强且能快速评价和反映干旱的发生，可以有效指导抗旱决策，减轻灾害损失。

(2)气象干旱等级评估结果显示：该地区夏季气象干旱程度评估为中度等级，秋季气象干旱程度地区东部达到中度到重旱等级，西部仅为轻旱，东部秋旱明显重于西部，该地区在这次夏秋冬三季连旱过程中，以冬季干旱最重，地区大部分达到特重干旱等级，且地区西部冬季旱情重于东部。

(3)农业干旱强度评估结果显示：以壤土为主、水源条件较好的地区，冬季农业干旱程度评估为重度等级，比干旱日数指标评判结果偏低一个等级；而以砂粒土为主、水源条件较差的地区，农业干旱程度评估为特重等级，与前者评估结果一致。

(4)夏季丰水期降水量显著偏少，水库蓄水严重不足，是造成该地区后期秋冬季节干旱缺水和人畜饮水困难的直接原因，而冬季出现罕见的特重干旱则是前期长时间降水偏少累积、气温偏高所致。

(5)该地区西部典型的喀斯特地形、地貌及生态环境脆弱成为灾情偏重的主要因素之一。

(6)黔东北地区这次旱灾损失与贵州省的西部地区相比较轻，主要得益于地方政府抗旱决策指挥得当，采取的措施有力，加上该地区东部良好的自然生态环境和国家水利部在黔东北地区开展水利扶贫试点成果显现，因此，再一次证明，加快农业水利设施建设，有利于增强和防御极端气候灾害的能力，保持经济社会的持续发展。

(7)在这次抗击特大旱灾过程中发现，大部分活水源由于长期干旱而枯竭，很多居住在高山上的村民必须到很远的地方取水，由于农村抗旱劳动力不足，青壮年大部分外出打工，在家的劳动力非老即幼，严重影响正常生活和抗旱救灾。更为严重的是部分村民人畜生活用水来自“三小工程”的小水窖、小山塘、小水库、低洼积雨的死水，存在极大的饮水安全隐患，由于地方政府及时组织消防车、洒水车、自制送水车为严重缺水村的村民送水，组织村组干部和党员为缺乏劳动力的家庭送水，较好地解决了这一关系民生大事的困难问题。

(8)黔东北地区地处武陵山区，特别是西部几个县受副热带高压的影响，到夏季，连晴高温少雨天气年年都会不同程度地存在，干旱几乎每年都无可避免；加之山高水低，农业基础设施较为薄弱，工程性缺水问题依然十分突出。基于这种气候规律，改变传统的种植方式，以合理的农业产业结构去适应干旱气候，增强农作物抵御风险的能力，达到了趋利避害的目的，不失为一种好的做法，其抗旱救灾经验值得借鉴。

参考文献

[1] 《贵州省干旱标准》.2006年11月1日实施.
[2] 朱乾根等.天气学原理与方法(修订版).北京:气象出版社,1992:914.
[3] 陶诗言,卫捷等.2008/2009年秋冬季我国东部严重干旱分析.气象,2009,**35**(4):3-10.
[4] 唐磊等.贵州干旱指标简介.贵州气象,2005,**29**(增刊):44-45.
[5] 贵州省气象局.贵州省短期天气预报指导手册(第二分册).1987.
[6] 舒国勇等.黔东北地区自然生态环境与特大干旱影响程度关系分析.贵州气象,2010,**34**(增):17-18.
[7] 徐亚敏,毛荣华等.贵州夏旱成因初步分析(1).贵州气象,1994,**18**(2):3—4.
[8] 徐亚敏,毛荣华等.贵州夏旱成因初步分析(2).贵州气象,1994,**19**(04):20-22.
[9] 李玉柱,许炳南.贵州短期气候预测技术.北京:气象出版社,2001.
[10] 于飞,谷小平等,贵州农业气象灾害综合风险评估及与区划.中国农业气象,2009,**30**(2):267-27.

专业服务类网站信息优势分析及中国兴农网信息建设思考

牛 璐 柳 晶 贺 楠 周蒙蒙 卫晓莉 白静玉 詹 璐

（中国气象局公共气象服务中心，北京 100081）

摘 要：随着网络技术时代的飞速发展，专业服务类网站多如牛毛，但是，众所周知，服务领先的网站却不多。要想成为一个优秀的专业服务网站，在信息建设方面不仅要权威、丰富、清晰，还要有自己的特色，有自身标志性的东西，即独特能吸引用户的频道或栏目。本文将通过分析 3 种不同类型具有代表性的优秀专业服务网站，探究他们的特点和信息优势，从而找出中国兴农网在信息建设方面的不足和问题，并通过比较和学习，思考中国兴农网的信息建设及改进方法和建议。

关键词：农业；网站；中国兴农网；信息

1 专业服务类网站信息优势分析

1.1 中国农业新闻网

中国农业新闻网是中央级综合性大报《农民日报》建设的大型网上信息发布平台。他们在保持《农民日报》"三农"报道权威性的同时，采用文字、图片、动漫、短信等方式，依托《农民日报》、《中国农村信用合作报》、《中国畜牧报》、《中国渔业报》等报纸和中华全国农民报协会各省市会员单位的采编力量，向全世界发布信息。"中国农业新闻网"网站现有采编人员 300 多名，全国各省市区 30 多个记者站，合作媒体百余家[1]。

1.1.1 网站特点

（1）综合性强

中国农业新闻网信息分布在 6 大频道 36 个子栏目中，内容囊括了时政新闻、国际动态、法治视点、三农视点、行业要闻、各地农业、草根人物、图说天下等。

（2）详情页右边栏设置

每条信息详情页的右边栏推荐内容，会根据该条信息所属频道变化。如，新闻频道，详情页右边栏会设置推荐阅读、聚焦三农等，而社会频道，右边栏会设置社会新闻、健康等内容。该设置方便用户查看相关信息，了解行业动态，同时可延长用户停留时间，增强用户对网站的认知。

（3）首页信息量大，但主次分明，内容清晰

首页共 17 个模块 33 个子栏目，版面设置主次分明，内容清晰。首页第一屏频道导航分类清晰，便于引索，给用户大气、清晰的浏览感受。好的感受可延长用户停留时间，查看第二、三屏信息，从而增加网站点击量和用户数量。

(4)二级页面子栏目导航

二级页面导航不仅有全站导航,还包括该频道子栏目的导航。方面用户查看,可谓“一目了然,直接点击”。

1.1.2 信息优势

(1)权威性

中国农业新闻网,由农民日报社主办。《农民日报》作为中国历史上第一张面向全国农村发行的报纸,20 多年来,始终坚持替农民说话,帮农民致富,在农业和农村工作系统及农民群众中享有盛名[2]。

(2)信息来源丰富、稳定

该网集结了《农民日报》、《中国农村信用合作报》、《中国畜牧报》、《中国渔业报》等报纸和中华全国农民报协会各省市会员单位的采编力量,将纸媒和网媒有效结合,使得信息来源丰富、稳定。

(3)互动性强

信息详情页添加了分享和评论功能。信息可被分享到所有大型 SNS 社交网站、Twitter(中文称推特)平台、人人网、新浪微博、QQ 空间等。分享和评论功能都增加了用户与网站的互动性。

另外,网站首页左边栏设置了网站新浪官方微博关注标签和浏览功能,对信息起到宣传和推广作用。

(4)独有、特色版块和栏目

近年来,中国农业网站非常多,据不完全统计,目前中国各种形式的农业网站有 3 万多家。要想成为一个优秀的专业服务网站,在信息内容方面不仅要权威、丰富、清晰,还要有自己的特色,有自身标志性的东西,即独特能吸引用户的版块或栏目[3,4]。

据调查,中国农业新闻网的特色版块和栏目“明白纸”“农民画报”“图说天下”、“草根人物”、“美丽乡村”点击量较高且稳定。如,该网“明白纸”版块,是一个综合了不同农时的科技指导、农事建议、国家政策的小电子书。通过这本“小电子书”,用户可以简洁明了、轻松掌握当前科技和政策的动态。

1.2 携程旅行网

携程旅行网由携程计算机技术有限公司于 1999 年 5 月创建,并于 10 月正式开通。在不到一年的时间内,携程旅游网迅速成长并实现了旅游产品的网上一站式服务,业务范围涵盖酒店、机票、旅游线路的预订及商旅实用信息的查询检索。2000 年 10 月,携程并购了北京现代运通商务旅游服务有限公司,成为一个大型的商旅服务企业和宾馆分销商[5]。

1.2.1 网站特点

(1)商务服务和内容

携程旅行网提供在线预订服务,包括:在线机票预定、酒店预定、旅行线路预定。有覆盖中国及世界各地旅游景点的目的地指南频道,信息涉及吃、行、游、购、娱以及天气等诸多方面,堪称一部日益完善的网上旅行百科全书。

网站综合定义为 4 种角色,一站、一社、一区、一部,从而在此基础上建立起携程颇具特色的3C旅游网站模式。一站：即携程网站，Crip. com就是Chinese Trip。成为中国人的旅行网站，又成为中国的旅游网站。一社：建立一个虚拟的网上旅行社。在网上提供吃、住、行、游、购、娱6个方面的产品。一区：旅行社区为用户发表点评、相互交流提供场所。一部：网友俱乐部，让网友们上网下网都能感受到携程带来的快乐。

(2)合作

携程通过与国内大多数航空公司、宾馆、景点、旅行社等旅游机构合企业的合作，具有提供优惠价格的潜力。携程以网上预订为基础，通过旅游信息内容吸引旅游者上网消费，通过社区留住旅游者，通过优惠的价格与便捷的预定方法促进旅游者上网消费。

1.2.2 信息优势

(1)相关信息全面

网站信息覆盖了中国及世界各地旅游景点相关的路线、机票、住宿、饮食，非常全面。用户可浏览全部景点介绍，然后根据条件逐一筛选，也可直接查看自己感兴趣的"目的地"相关信息。

(2)通过合作打造专业社区

该网与驴评网合作，打造了一个深受用户欢迎的社区，兼旅行、交友、娱乐于一体，为休闲旅游者提供完全个性化服务，信息实用全面。

(3)价格优惠吸引用户

作为国内的大型宾馆分销商，携程以遥遥领先的订房量与1000多家宾馆达成了长期的合作关系，携程还与国内大多数航空公司、景点、旅行社等旅游机构和企业合作，获得具有竞争力和吸引力的价格。为会员提供低价酒店和机票及丰富的里程奖励计划。

(4)信息服务贴心

携程旅行网为注册会员设有"我的携程"专区，在专区里会员不仅可以随时看到自己的订单、积分、票务、信息等情况，还可以及时了解和享受会员服务。如："旅行百科书"(图1)，在百科书中，用户可以在出行前了解所有与旅行相关的知识，地区风俗、急救知识、出行必备等。

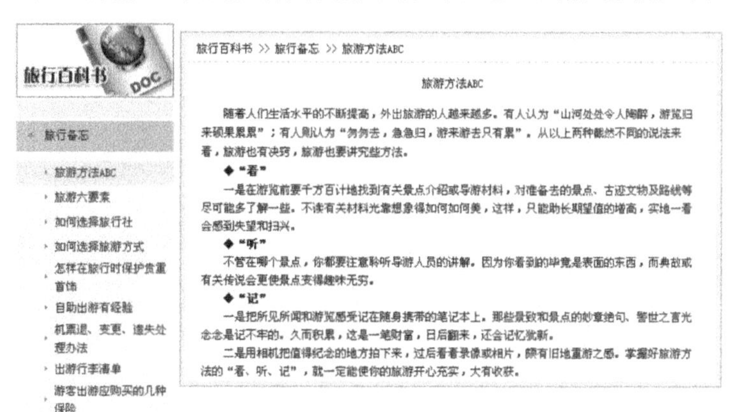

图1 旅行百科书

1.3 39健康网

39健康网自1999年创立，作为国内最专业、最大的健康门户网站，拥有庞大的医学专业用户群,以及医院级企业会员3600多家,注册医生人数20000多人,与全国各个省市与各地知名医药专业机构均达成良好的合作关系,形成健康网独特的专业资源优势。据CNNIC统计认证,2001年5月39健康网日均下载量到已达到400万,此后以平均每年2倍的速度递增。2005—2006年39健康网已成为中国健康类网站的第一名,位列互联网品牌50强之一。

1.3.1　网站特点

(1)功能性强

网站实现了健康饮食、疾病、药品、保健、快讯、互动6大功能。用户体验方便快捷、信息全面、一站全有,以及沟通无阻。

(2)互动性强

为客户提供发表经验,进行交流的场所,目的是为客户提供在线健康服务。例如健康论坛、病友论坛、时尚健康论坛、性爱健康论坛、产经论坛、寻医买药论坛等。

1.3.2　信息优势

(1)咨询专业、权威

39健康网是中国第一个健康门户网站,拥有最大的国内各级医院、医生、药品及个人医疗资料数据库,坚持以用户需求为导向,为用户带来"简单,严谨,最可依赖"的在线健康信息服务。并且具有强大的关键字搜索引擎,以及专家座谈的在线服务,使得网站内容更丰富,健康服务更专业。

(2)数据库庞大

39健康网打造的39健康数据库,包罗万象,收录了国内众多医院、医生、疾病、药品、药企、化妆品、育儿产品等各种信息资料,并保持实时更新,是国内功能最强大的免费查询健康数据库,号称健康行业百科全书(图2)。

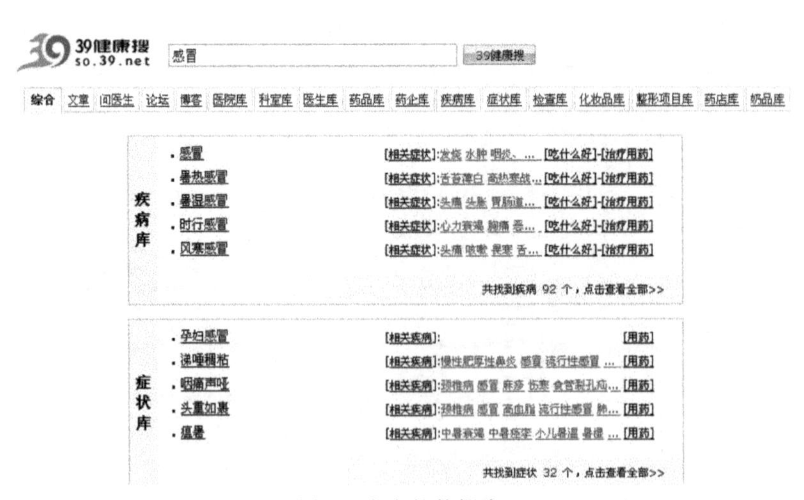

图2　庞大的数据库

(3)专业特色平台

39健康问答是39健康网运营的全国最大网络健康咨询平台,拥有注册医生人数超过10万名,所有健康问题均会在10 min内得到解答。

1.4 结　论

通过分析农业服务类、旅游服务类、健康服务类之中信息建设方面做得比较好的3个网站，我们可以发现，他们的共性是信息权威、综合性强、有自己的服务特色、互动性强、合作广泛。从共性中可以挖掘一个优秀服务网站应具备的要素，从特性中可以看出一个优秀服务网站立足本行业的突破点和优势。而两者的有机结合，正是这个网站服务的核心和立足的根本[6]。

2 中国兴农网信息建设的不足及思考

2.1 中国兴农网信息建设存在的问题及不足

中国兴农网于2001年6月28日起正式运行，是由中国气象局主办，中国气象局公共气象服务中心承办、各省（区、市）气象局联办的为农服务网站。至今，已走过整整11个年头。网站信息囊括了农业气象、防灾减灾、农业科技、农业政策、市场价格、供求信息、视频等13个频道近百个栏目。存在的主要问题是信息特色不突出、缺乏自己的品牌栏目、社会互动性较差[7,8]。

2.1.1 信息特色不突出

气象部门办农网，“气象资源”是得天独厚的优势，中国兴农网信息的特色应该是农业气象信息和农业气象产品。但是，目前中国兴农网涉及农气信息、产品的频道和版块都存在两点问题，一是气象服务产品表现形式较为单一，且多为专业化术语，大多数用户无法从中了解自己需要的信息。二是目前农业气象服务产品数量众多，但大多是为政府决策部门提供的，而对专业用户和农民个体两大类用户所提供的服务产品较少，更没有针对农作物从产前、产中和产后全程提供气象服务，农气服务产品缺乏针对性和精细化。

2.1.2 缺乏品牌栏目

如果说“信息特色”是一个网站的核心标志，那么“品牌栏目”应该是一个网站围绕该特色开展的“核心服务”[9]。目前，中国兴农网除专题服务和农气百科外，没有其他品牌频道或栏目。

2.1.3 互动性较差

目前，社区、论坛、微博等都是网站与社会、用户互动的平台，也是网站聚集人气、了解用户需求的途径。中国兴农网社区（兴农合作社）呈现出特色少且不明显，人气淡、会员少的问题。中国兴农网微博也因更新不及时、关注少、原创少、与网友互动少等问题，没有对网站信息的推广和宣传起到良好的作用。

2.2 中国兴农网信息建设的思考与建议

2.2.1 打造权威信息和产品

建议中国兴农网通过调查用户需求、行业需求、市场需求、加强对外合作等方式，改进频道栏目和信息的设置，将气象信息精细化，气象产品深加工，让网站信息更具权威性，服务更具针对性。

2.2.2　创建品牌栏目

打造属于中国兴农网的品牌栏目,形式多样化,基于用户需求而定,可以是一档访谈节目、系列专题,也可以是图片周刊等形式。大多数用户将通过这些服务了解网站特色,同时,可吸引留住有真正需求的用户。

如:目前中国兴农网做得比较有特色的节气专题和农时农事专题。据统计,这两档专题服务深受用户喜爱,上线后,网站浏览量和点击量明显上升。来自中国兴农网5月份流量统计分析,5月25日"三夏"专题上线后,浏览量从25日的5000至29日达到峰点15000(图3、4),增涨了两倍。由此可见,在今后的建设中,中国兴农网应加强此类特色服务和品牌栏目的建立。

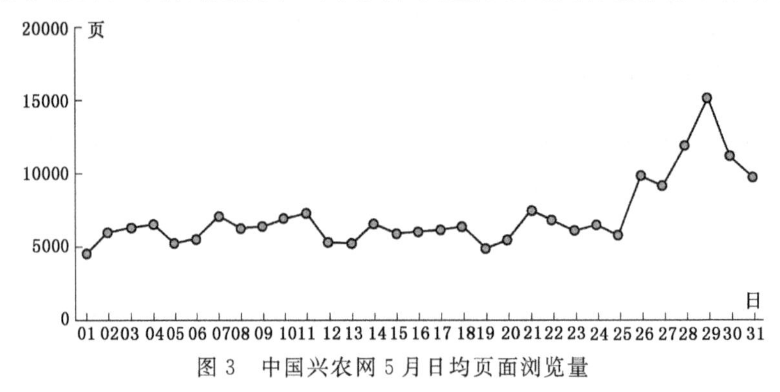

图3　中国兴农网5月日均页面浏览量

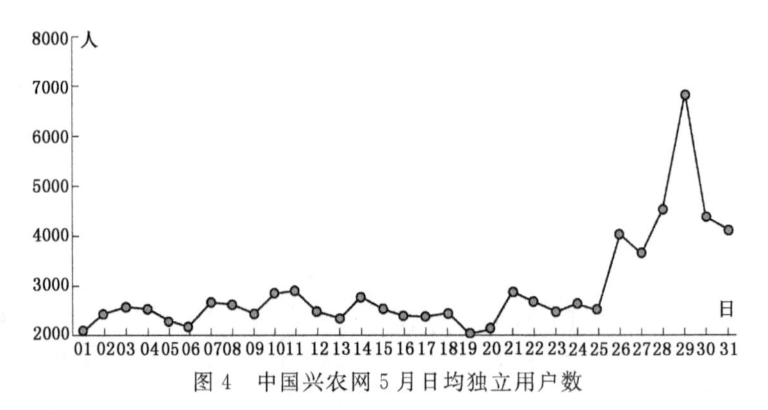

图4　中国兴农网5月日均独立用户数

2.2.3　加强社区和微博的互动性

建议基于用户需求,遵循页面简洁、功能完善、使用方便的原则,重新改版社区页面及功能。可借鉴携程旅行网,通过合作的形式,打造专业的为农服务社区。

另外,根据新浪2月底发布的统计数据,目前新浪微博注册用户已突破3亿大关,也就说明,目前网友大多数都有微博账户,可关注查看自己感兴趣的微博,其中官方微博关注度更高。即官方微博可作为一个高效传播、免费推广的宣传途径[10]。建议中国兴农网通过官方微博,多开展线上活动,增强与网友的互动性,同时通过增加原创微博数量,设置微博小栏目,提高官方微博的知名度。

参考文献

[1] 中国农业新闻网. http://www. farmer. com. cn.

[2] 百度百科. 中国农业新闻网，http://baike. baidu. com/view/3511580. htm

[3] 姜仁珍，安美荣. 我国农业信息网站内容建设及分析. 农业图书情报学刊，2004，(5)：19-22.

[4] 熊金辉，肖凌，孟宪峰等. 中国农业信息网站的发展现状与评价. 农业网络信息，2006，(2)：4-7.

[5] 携程旅行网. http://www. ctrip. com.

[6] 陈雅，郑建明. 网站评价指标体系研究. 中国图书馆学报，2002，(5)：57-60.

[7] 相丽玲，苏君华. 我国政府网站建设中存在的问题与对策. 中国图书馆学报，2002，(2)：35-37.

[8] 胡厂伟，仲伟俊，梅姝娥. 我国政府网站建设现状研究. 情报学报，2004，(5)：537-546.

[9] 周峰. 城市门户网站核心竞争力研究. 管理学家，2010，(2)：5-9.

[10] 付垚. 微博在中国的发展模式及其前景探究. 兰州：兰州大学，2011.

山西电力气象服务效益评估初探

侯润兰[1]　张　荣[2]　李秀莲[1]　朱金花[1]　时瑞琳[1]

(1. 山西省气象服务中心,太原 030002; 2. 山西省气象局,太原 030002)

摘　要:随着电力管理要求的不断提升,为了满足山西电力部门的需求,在2007年全国气象部门开展敏感行业需求调查中,我们以此为契机,经过初步的调研、座谈、沟通,恢复了与电力部门的合作,从2008年开始经过2年多的艰难开拓,完成了“山西省电网调度气象服务系统”的研发,本系统通过WebServer方式提供气象服务,为后台建立气象预报和气象实况数据库提供支持。该系统在客户端通过浏览器的方式,方便地在地图上显示山西省各城市各种气象要素,并根据电力部门的具体情况,进行灵活的调整和设置,通过不同等级醒目的颜色、色斑图、等值线等方式,更好地为电力部门服务。

关键词:山西电力;气象服务;评估

1　电力服务概况

山西省电力部门与山西省气象部门早在20世纪90年代就有过合作,随着电力管理要求的不断提升,我们常规的服务已远远不能满足山西省电力部门的需求,合作中断近10年。2007年全国气象部门开展了敏感行业需求调查,我们抓住这个契机,经过初步的调研、座谈、沟通,恢复了与电力部门的合作,从2008年开始经过2年多的艰难开拓,完成了“山西省电网调度气象服务系统”的研发,本系统通过WebServer方式提供气象服务,为后台建立气象预报和气象实况数据库提供支持。该系统在客户端通过浏览器的方式,方便地在地图上显示山西省各城市各种气象要素,并根据电力部门的具体情况,进行灵活的调整和设置,通过不同等级醒目的颜色、色斑图、等值线等方式,更好地为电力部门服务。

系统在实时业务的试运行中,取得了较好的效果。2010年实现了近10年电力服务效益零的突破,电力服务创收10万余元。

2　2010年电力服务效益评估工作

选择太原一电、太原二电厂、太原电力分公司、西山电力公司、西山热电、山西电网公司、山西省地方电力公司等单位进行了深入的气象服务需求调查与经济效益评估调查工作。

1. 开展评估调查分两轮进行

第一轮调查:选取典型单位及相关专家,实地需求调查个别调查、填写问卷、电话沟通;召开专家座谈会;举办气象知识讲座;气象服务需求调查结果汇总。

第二轮调查:包括电力专家对气象服务贡献率评估;电力需求确认;汇总电力专家气象服务贡献率评估;测算电力行业气象服务贡献率及效益值;分析电力行业需求;灾情调查;分析和

评估报告的编制;按照要求上报有关调查分析结果和分析材料。

2. 培训工作

为了搞好这次评估工作,我们还在电力系统开展了气象知识讲座,请有关专家为电力部门有关人员讲解气象知识,天气预报的制作方法、预报流程、防灾减灾等知识,让他们了解气象、了解气象预报的水平与现状(国际、国内及山西省水平),帮助用户较全面地了解气象事业的发展、气象信息的来之不易以及我们即将开展气象评估的意义。

3. 电力行业专家人员组成情况

在所调查的41名电力行业专家中,技术型(包括生产一线型)占总数的44%,其次是管理型占30%,领导型占21%,营销型专家和财务型专家比重较小,分别占4%和1%。

专家一致认为,电力行业在整个生产经营环节中都需要气象服务,但是如果具体到测算每个生产环节的服务效益,工作量和复杂程度是难以想象的,专家建议采用年度气象服务增加的产值(或减少的损失)占年总产值的比值测算气象服务效益相对客观。

专家最关注的主要敏感天气依次是:闪电雷暴、风力、降雨,降雪、电线积冰、最高(低)气温、气温变化、雾霾(表1)。

表1 气象要素敏感度调查

气象要素	临界值	预报时效(h)	专家选择人数
闪电雷暴		3～6 6～12	18
风力(级)	7～8	6～12 12～24 48以上	17
降雨(mm)	25～48.9 50～99.9	12～24	16
降雪(mm)	5.0～9.9	12～24	16
电线结冰(mm)	10	12～24	14
最高气温(℃)	32～35 38～40	12～24	12
最低气温(℃)	－5～0 －10～20	6～12 12～24	12
相对湿度(%)	＞60	12～24	7
雾霾(m)	200	12～24	8
沙尘天气(m)	500	12～24	8
升湿幅度(℃)	4	6～12 12～24	15
降湿幅度(℃)	10	6～12 12～24	15

注:(1)临界值是指单个敏感气象要素影响电力生产环节的临界条件,临界值的选择反映了行业评估专家对各气象要素可能产生危害的基本条件的判断。预报时效是指电力生产环节对气象要素预报时效的需求程度,预报时效直接关系到气象服务的及时性和效果。(2)专家选择人数表示41位专家中有几人选择该项。

4. 电力评估的方法

(1)专家评估法,即德尔菲法

专家根据工作实践独立思考采用匿名发表意见的方式作出的判断,再经过项目组反复征求专家意见,最终达成基本一致的看法,作为专家的评估结果,这种方法具有较为广泛的代表性,比较可靠。项目组选定的专家职务和职称为:总经理、副总经理、处级、高级工程师、经济师,所选专家具有管理成次高、工作经验较丰富的特点,在山西省电力行业中具有较广泛的代表性。

(2)对比分析法

主要用于评估专家对气象服务贡献率作出相对客观的估算公式:

$$A = A_1 - A_2 - A_3 - A_4 \tag{1}$$

A:气象服务增加或节省的产值。

A_1:如果不使用气象服务可能造成的损失或增加的产值如拉闸、掉闸、断线、设备损坏等。

A_2:如果使用气象服务仍然无法避免的损失如雷电等造成的雷击、大风刮倒电线等灾害,地质灾害损失,后期治理费用。

A_3:根据气象信息,采取措施的成本如设备、材料、燃料、人员成本。

A_4:由于气象预报与实况不符带来的损失,如一是预报失误造成的费用,二是预报失误造成的损失。

计算企业的气象服务效益贡献率 e 采用公式:

$$e = (A - B)/D = C/D \tag{2}$$

其中:B 使用气象服务的成本,C 气象服务对该企业产生的净效益值,D 是指企业单位总产值;

通过计算得出:

大唐太原第二热电厂　C =10.5 万元,D =24.4 亿/年,e =0.05%

西山煤电电力公司　C =49 万元,D =15.5 亿/年,e =0.08%

西山热电　C =1.05 万元,D =2 亿/年,e =0.057%

太原供电局　C =919.5 万元,D =94.4 亿/年,e =0.097%

太原第一热电　C =190 万元,C =20.04 亿/年,e =0.095%

山西地方电力分公司　C =33.8 万元,C = 1.8 亿/年,e =1.88%

汇总分析所选典型企业气象服务贡献率 e,将典型单位气象服务贡献率 e 调整后划分为10档,由评估专家对整个行业气象服务的贡献率做出评价,选择相应的贡献率档次如表2所示。

表2　山西省电力行业气象服务贡献率各档次专家选择人数

贡献率档次	1档	2档	3档	4档	5档	6档	7档	8档	9档	10档
$\overline{e_k}$ 范围	0.02%	0.06%	0.10%	0.14%	0.18	0.22%	0.26%	0.30%	0.34%	0.38%
专家人数	1	1	4	5	4	3	3	1	1	0
W_k	0.04	0.04	0.17	0.21	0.17	0.13	0.13	0.04	0.04	

依据式(3)计算得出山西省电力气象服务贡献率 E。

$$E = \sum_{k=1}^{10} \overline{e_k} \times W_k \tag{3}$$

W_k=专家选择第 k 等级的人数/总专家数;$\overline{e_k}$是第 k 等级的中值;E 是全行业气象服务效益的贡献率,计算得出山西电力行业气象服务贡献率为 $E=0.17\%$。

依据以下公式计算全行业气象服务减损效益值 P。

$$P = E \times G \tag{4}$$

G:是 GDP 值(G)=199.4 亿元(2009 年度)

依据式(4)估算得出 2009 年山西省电力行业气象服务减损效益值为 3353.9 万元。

3 气象条件对电力的影响及需采取的措施

电力行业的 41 名专家根据自己的工作经验和认知程度,对电力行业敏感气象要素造成的影响和防御措施,提出了各自的观点,概括如下。

1. 降雪对电力的影响

持续的中到大雪积压在电线上 3 h 以上,容易压断电线,造成停电事故。

防御措施:

(1)阴天和发生降雪时,采取按照电压控制曲线下限运行的措施。

(2)能够准确预报未来降雪时,根据天气安排电网检修计划。

(3)按照次日天气预报,开展负荷预测工作,安排调度管辖电厂发电计划。

2. 电线积冰

厚度大于 3 cm 以上时会压断电线。

防御措施:发生覆冰时,制定区域电网的事故处理预案,调整电网运行方式,确保电网安全稳定运行。

3. 降雨

≥50 mm 的降雨,常引起积水,会使铁塔、电杆歪倒、中断线路、浸泡电器、引起停电事故。电气设备(如变电所)大多是在露天进行安装作业,受天气的影响较大,下雨天不能安装作业。降雨还会直接影响到农机灌溉负荷和其他用电,在某地区一场大雨之后,总共近 300 MW 的负荷骤降了近 70 MW 灌溉用电负荷,可见气象要素影响之大。

防御措施:制订应急预案,安排电网检修计划,暴雨期减少空中作业,准备抢险物资。

4. 闪电雷暴事故

大多电器设备上都装有避雷针,但是雷击现象还时有发生,主要危害高压线路、毁坏变压器、击破瓷瓶,造成跳闸。在输电线路运行过程中,雷击是对输电线路构成影响最多的一种自然现象。输电线路被雷击后,绝缘子可能闪络或者炸裂,甚至造成掉串、掉线事故,并引起线路停电。因此防雷工作是输电线路专业的一项重要工作。

防御措施:根据实际情况安装防雷设施。

5. 风力

(1)11 级以上的风会刮倒线路杆塔,造成的损失及后果是极其严重。(2)>8 级的风会吹倒电杆、刮倒树木,压在电线上就会断线,引发停电事故。(3)风刮起尘土污染瓷瓶,起雾时会引起“污闪”,造成断电事故。(4)风偏故障的形成原因:输电线路出现风偏故障除设备原因外,在大风情况下出现风偏故障有以下情况:一是超设计风速的大风出现;二是处于微气象区的线路,如峡谷交汇处、具有狭管效应的漏斗形谷地、存在上行风的线路等;三是无规律的飑线风。

防御措施：加强各级电网的运行监视，调整电网运行方式，做好应急抢修准备。

6. 气温

机电设备运行通过的电流量受绝缘最高温度的影响，而温度的高低受环境温度的影响。夏季，当气温高于35℃由于空调和电扇的使用，加重了负荷，易烧坏电机，造成停机停电事故；冬季，当气温下降到0℃以下，取暖设备增加，增加了供电量，同时低温会使导线产生最大应力，使导线变脆，拉力降低，断线停电。电力需求对气温变化特别敏感，当天气剧烈降温或升温时，将有大量采暖(或降温)负荷投入运行；而当平均温度持续过高或过低时，日负荷就会有较大的变化。

防御措施：关注电力负荷变化情况，做好发供电平衡。32℃以下时，根据高温持续天数，进行负荷预测，及时调配机组开停机计划，满足负荷要求。35℃及以上时，需要进一步关注空冷机组运行情况(影响出力)做好上述工作。加强输变电设备巡视、测温。

7. 相对湿度

相对湿度＞60％用电量增加，＜50％时影响较小，另外，相对湿度过大不利于调线，当电缆接头处长期处于湿度大的环境会引起局部放电，时间一长就会造成设备损坏。

绝缘子表面的湿润过程和气象条件密切相关，大雾、凝露、毛毛雨、雨夹雪、黏雪、融雪、融冰、雾淞、雨淞等对污秽绝缘子是极为不利的气象条件。上述气象条件的出现和空气中的相对湿度密切相关，相对湿度的日变化主要决定于气温，当气温较高时，虽然蒸发加快使水汽压增大，但因饱和水汽压增大得更多，所以相对湿度反而减小；反之，当温度降低时，相对湿度则增大，这也是冬、春季节易发生污闪的一个重要原因。

用电负荷量与平均相对湿度的相关性与气温有明显不同，与温度的相关相对较低的春季，是用电负荷量与相对湿度最为相关的季节，呈正相关性，说明春季平均相对湿度增加则用电负荷量也随之增加。冬夏两季与相对湿度的相关不明显，秋季则与春季相反，与相对湿度呈一定的负相关。

防御措施：加强输变电设备巡视、保护、更换。注重输电线路防潮措施。

8. 雾霾与沙尘天气：对电力生产部门电厂排烟效率降低，对火电有影响；易引起污闪、跳闸，使线路瓷瓶绝缘能力急剧下降、电网掉闸，导致输电网中断供电，据统计，污闪事故占到整个电网事故的30％，但是一旦发生，常常会造成大面积和长时间的停电事故且损失大，检修期长。

一般秋冬两季易出现造成污闪事故的天气，所以很好地利用天气气候预测，及时对重点污秽区进行清污，可达到防御污闪事故的目的。

防御措施：调整区域电网运行方式，做好应急抢修准备。

4　2010年灾情调查

(1)2010年3月19—20日，山西省大部分地区遇到了近年来罕见的大风、扬沙天气，朔州、忻州、吕梁、太原等地区阵风达到8～9级，局部区域瞬时风速超过30 m/s，造成7条500 kV线路跳闸15条次，9条220 kV线路跳闸13条次。此次风灾造成110 kV及以下线路跳闸798条次，全省损失用电负荷90.63万kW。忻州、朔州地区是本次大风灾害的重灾区，忻州地区10 kV及以上线路跳闸达200多条次，损失负荷11.5万kW。据不完全统计全省因这次大风损失约 3676680 元。

(2)2010 年 4 月 26 日 12 时,山西省中南部地区遇到了一次自西向东的强风、扬沙、雨雪天气。北部地区暴风雪,中南部地区阵风达到 8～9 级,局部区域瞬时风速超过 25 m/s,造成 500 kV 和 220 kV 分别 3 条线路跳闸共 9 次。全省损失用电负荷 100.1 万 kW,初步估计经济损失约 3603600 元。

(3)2010 年 8 月 1 日午夜暴雨(临汾 96.4 mm)和大风天气,致使临汾 17 个县(市、区)的电力设备均受到不同程度的影响,40 多条供电线路停电,变压器遭雷击,最为严重的是洪洞县、霍州市、尧都区和襄汾县,临汾市区 921 科委线、928 燕尔线、981 秦署线的主干线路停电。

5 小结与体会

(1)山西省电力行业承担着全省 3400 万人民和广大电力客户的电力供应任务,肩负为山西经济社会发展提供电力保障的基本使命。2009 年年底用电量居全国第 10 位,外送电量居全国第 3 位。随着经济的发展,气象服务在供电策划、运行保障上将发挥着越来越重要的作用。调查结果表明:闪电雷暴、风力、降雨,降雪、电线积冰、最高(低)气温对电力行业的影响和危害较明显。山西电力行业气象服务贡献率为 0.17%,2009 年山西省电力行业气象服务减损效益值为 3353.9 万元。

(2)要提高气象服务效益,就需提高气象科技服务产品的含量,特别是短时临近的灾害性天气预报预警信息的及时性、准确性。

(3)专业服务的开展需要一个综合技术平台作为支撑,让专业服务方便的开展专业服务,否则服务工作的深入展开将受到制约。

参考文献

[1] 郑长贵.应用气象服务方法.黑龙江气象.1986,(4).
[2] 张殿生.电力工程高压送电线路设计手册.北京:中国电力出版社,2003.
[3] 马鹤年,沈国权,阮水根等.气象服务学基础.北京:气象出版社,2001.
[4] 陈振林,孙健.电力行业气象服务效益评估(2010).北京:气象出版社,2011.

极端天气事件多发背景下的气象防灾减灾典型案例研究

姚秀萍　王丽娟　吕明辉

(中国气象局公共气象服务中心,北京 100081)

摘　要:气象防灾、减灾和气象灾害风险管理已成为气象部门乃至全社会研究的重要课题,加强气象防灾、减灾典型案例的研究,对增强中国防灾、减灾能力具有重要的应用价值和借鉴意义。本文以2011年贵州望谟"6·6"特大山洪、泥石流灾害为例,初步研究了灾害特点、成因、气象防灾、减灾的特征,以及气象信息员在基层防灾、减灾中发挥作用的现状。分析表明,"6·6"灾害是典型的小流域特大暴雨诱发山洪及泥石流,具有突发性、能量集中、冲击力强、破坏性大的特点。灾害成因包括地形地貌条件、气象条件、物源条件以及人为因素。"6·6"灾害的气象防灾、减灾在综合防灾体制机制、气象灾害监测预警工作机制、气象服务信息快速传播机制、气象信息员以及熟悉灾害发生规律的气象服务人员的智力决策等五方面具有示范作用。此外,山区突发性暴雨灾害的防御需进一步提高预报预警能力、加强气象灾害风险管理方法研究及其应用效果评估,同时要进一步发挥气象信息员的作用。

关键词:贵州望谟;"6·6"特大山洪泥石流;成因;防灾减灾

引　言

在全球气候变暖的大背景下,大气环流特征等发生改变,极端天气气候事件频发,中国的气象灾害呈现出突发性、反常性和不可预见性等特点[1]。随着人类活动、社会发展及城市化进程的加快,某些气象灾害虽然并不严重,但其造成的损失及影响越来越大,气象防灾减灾工作面临着诸如大城市暴雨洪涝灾害防御、小流域突发山洪灾害防御等新问题[2]。

气象防灾、减灾和气象灾害风险管理已成为气象部门乃至全社会研究的重要课题[3],加强气象防灾、减灾典型案例的研究,对增强中国防灾、减灾能力具有重要的应用价值和借鉴意义。为了提高防灾减灾抗灾的能力,中国科技工作者对灾害性事件成因机理、预报预测进行了大量的研究[4-9]。但是,从气象防灾减灾角度研究山区突发性暴雨成灾的防范、应对、管理的专门研究还较少。本文以2011年贵州望谟"6·6"特大山洪、泥石流灾害(简称"6·6"灾害)为例,通过数据分析、实地调研、焦点座谈、深度访谈、问卷调查等多种方式,深入分析突发性暴雨致灾原因和气象防灾、减灾特征,调查气象信息员在基层防灾、减灾中发挥作用的现状,并以此次灾害的应急管理为例,提出应对山区突发性暴雨灾害需要解决的问题,以期对山区暴雨防灾减灾提供借鉴和参考。

1　"6·6"灾害概况

2006年以来,贵州望谟先后发生三次山洪灾害[10],分别是2006年"6·12"、2008年"5·

26"和2011年"6·6"。与前两次相比，2011年"6·6"灾害最为严重（表1），但是灾害损失被降到最低，属于一次成功的气象服务防灾、减灾案例。

表1 2006年以来，贵州望谟山洪灾害的洪峰流量及损失情况

年份	洪峰流量(m^3/s)	死亡人数（人）	失踪人数（人）	经济损失（亿元）
2006	1150	30	20	10.98
2008	994	12	8	8.067
2011	1700	37	17	20.86

2011年"6·6"灾害是典型的小流域突发性特大暴雨诱发山洪、泥石流等地质灾害过程，呈现突发性、能量集中、冲击力强、破坏性大的特点。灾害发生时段为6月5日22时至6月6日凌晨，历时5 h。受灾区域主要是望谟县城复兴镇、新屯、打易、郊纳、乐旺、打尖6个乡镇[11]。与往年灾害集中在打易至县城一线不同，此次灾害影响地区位于打易（包括新屯、复兴）、打尖、乐旺3个小流域。望谟县受灾人口共计13.9万人，紧急转移45380人，因灾死亡37人，失踪17人，直接经济损失20.86亿元，受灾行业涉及农、林、牧业，交通、电力、水利、通讯等生命线行业，市政设施及房屋、学校、办公楼等社会发展行业、工矿企业等近10个行业。

2 "6·6"灾害的成因分析

灾害是指由于某种不可控制或未能预料的破坏性因素作用，使人类赖以生存的环境发生突发或积累性破坏或恶化的现象，是孕灾环境、致灾因子和承灾体综合作用的产物[12]。根据自然灾害系统理论，致灾因子强度和承灾体的脆弱性共同决定了灾情的大小[13]。本节将从地形地貌条件、气象条件、物源条件以及人为因素4个方面分析"6·6"灾害发生的特点和成因。

图1 "6·6"灾害，贵州望谟县城被淹

2.1 地形、地貌条件

地形、地貌条件是"6·6"灾害发生的必要条件。贵州省望谟县地处云贵高原向广西丘陵

过渡的斜坡地带，地势西北高东南低，落差大[14]。望谟县中部以北为山地，海拔高度普遍在1500 m以上，最高点为打易北部的跑马坪，海拔1718 m；望谟县南部为南盘江河谷地带，海拔高度多在500 m左右，最低点红水河畔昂武乡河口为375 m(龙潭水电站淹没后)；不到30 km的路程，南北高度差在500～1000 m(图2)。一旦小流域上游地区出现强降水，下游地区河流水位必定上涨，引发山洪等自然灾害，使河流沿岸受灾。

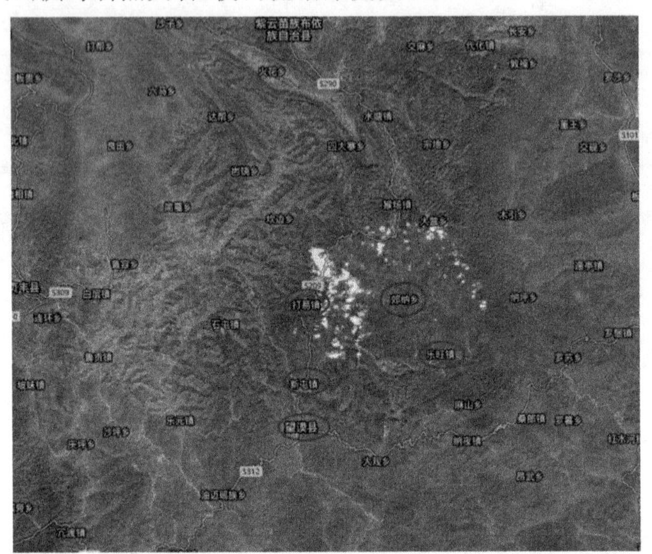

图2　贵州省望谟县地形图(来源：谷歌地图，圆圈表示受灾区域，其中打尖未能显示)

望谟县境内河流交错，均属珠江流域北盘江、红水河水系，其中汇入北盘江的河流主要有望谟河、板陈河、板哄河和者平河，汇入红水河的河流主要有桑朗河、渡邑河、乐康河、蔗香河及纳翁河[14]。由于地质构造和地貌上的原因，境内河流多为山区河流，河床深切，险滩急流较多，洪水陡涨陡落的特征明显。“6·6”灾害源头是望谟河的上游、地处全县最高点的打易镇，受灾地区均处在县北部山区，多为山坡下部，接近沟底等易受山洪影响的地区。可见，望谟特殊的地形、地貌是此次山洪泥石流灾害的重要原因。

2.2　气象条件

短时强降水是“6·6”灾害的直接诱因。2011年6月5日夜间到6日凌晨，受低空急流和南支槽的共同影响，望谟县3 h内有8个乡镇出现了暴雨，部分乡镇出现大暴雨、特大暴雨(图3)。望谟县北部和南部降雨量差异巨大：中部以北地区降雨集中、强度大，出现大暴雨、特大暴雨，是短时强降雨的集中区。例如：打易镇达192.9 mm，新屯镇127.4 mm；中部以南地区降雨量仅为中雨或大雨，例如：望谟县城降水38.9 mm。

2.3　物源条件

除了以上分析的地形条件和气象条件外，物源条件也是泥石流发生的必备条件之一[8]。望谟县境内的土壤多为红壤，地表岩性多为页岩和泥质岩，山高坡陡、河床深切，一旦发生山洪，泥沙被洪水裹挟，进而引发泥石流等地质灾害。望谟县的岩性特点是“6·6”泥石流灾害形成的物源条件。

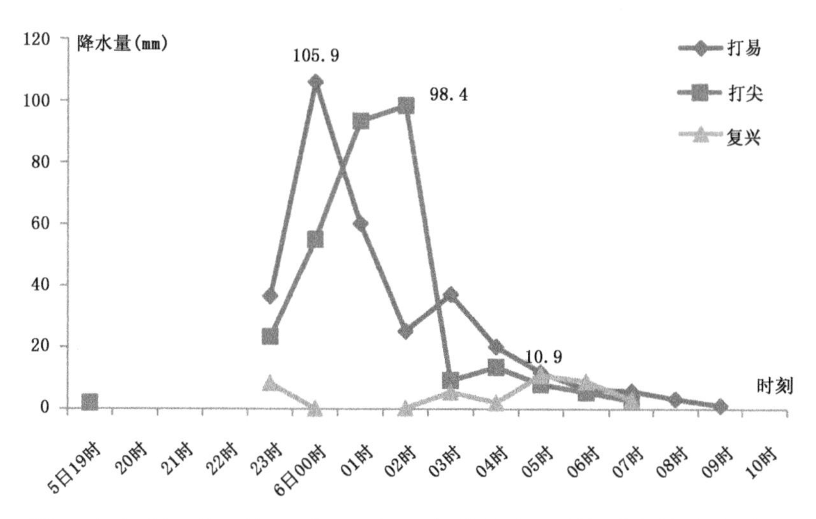

图3 2011年6月5日19时—6日10时(北京时)贵州望谟打易、打尖、复兴(县城所在地)每小时降水量(mm)

2.4 人为因素

人河争地是导致灾害的原因之一。根据实地调研发现，贵州省望谟县以山地为主，可利用土地少。近10年来，由于城镇化建设和区域人口增长，县人口总数达28.3万人，常驻人口增长了3倍多，人们不断地在河滩地开垦种地，侵占河道、修建房屋，影响了河道的行洪能力。此次灾害中，沿河道而建的天河花园和望江新城两个住宅小区受灾严重[11]（图4）。另外，降雨主要集中在望谟县北部山区，县城区雨量小，造成望谟河下游群众麻痹大意，也是造成灾害的原因之一。

图4 贵州省望谟县河道两旁被冲毁的房屋

3 “6·6”灾害气象防灾减灾特征分析

减灾工程、灾害预警、应急处置、科技支撑、人才培养和社区减灾等是减灾能力的重要组成部分[15]。“6·6”灾害是山区气象防灾减灾的一个成功案例,最终成功转移疏散了45000人,与灾害本身的破坏性相比,灾损被降到最低。本节将从望谟县综合防灾体制机制特征、气象灾害监测预警特征、气象信息传播特征、智力支撑特征4个方面分析“6·6”灾害的气象防灾、减灾特征。这些做法与经验对于山区突发性暴雨灾害的应急管理有启示意义和示范作用。

3.1　望谟县综合防灾体制机制特征

目前,中国已经构建了“一体三制”(即应急预案体系、应急体制、应急机制、应急法制)为核心内容的防灾、减灾与应急管理体系,建立了“统一领导、综合协调、分类管理、分级负责、属地管理为主”的应急体制,并在有效应对各类灾难中发挥了重要作用[16]。

由于地质灾害频发,贵州省望谟县逐步建立了适应本级和本地灾害发生特点的防灾、减灾体制机制。贵州望谟县完善了《县城防洪应急预案》(2010年)[17],贵州省防汛抗旱指挥部组织了山洪应急演练(2009年),建立了贵州省安顺市、黔西南州、黔东南州三地的小流域区域联防工作机制以及应对洪灾的群众联防机制。此次“6·6”灾害中,2011年6月6日01时30分左右,全县启动应急预案,各项预案、机制有效发挥了作用,45000人得到了安全转移疏散。

3.2　气象灾害监测预警特征

气象要素—灾害预警—预警处置的灾害监测预警工作机制[10](流程示意图见图5),对望谟县山洪灾害防御具有很高的应用价值。该工作方式确定了乡镇准备转移、立即转移的本地降雨量预警指标,时间分辨率为1、3、6和24 h,空间分辨率达到望谟县的8乡8镇,雨情监测站点覆盖县域17个乡镇,雨量预警指标分为叫应雨量(3个叫应)、预警雨量(准备转移)、危险雨量(立即转移);然后,结合预警模型指标确定预警等级,当监测站雨情达到响应临界值时,产生预警,从而做出相应的处置措施。预警处置分为3个部分:内部预警(仅对气象局相关业务人员和负责人),外部预警(对防汛抗旱指挥部领导及成员、社会公众)和预警响应(对防汛人员和相关责任人)。气象灾害监测预警指标在山洪灾害预测中具有重要作用。精细化的雨量预警指标该工作方式中的重要指标。

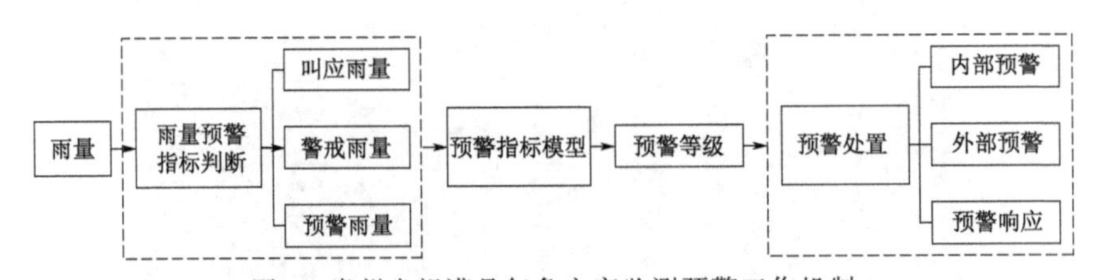

图5　贵州省望谟县气象灾害监测预警工作机制

“6·6”灾害中,贵州省气象台比实况提前近5 h发布首个暴雨蓝色预警信号(见表2),提前20 min发布暴雨橙色预警信号。在灾害发生1 h前(6日00时17分),提醒望谟县气象局可能发生山洪。望谟县气象局与实况相比,提前35 min发布暴雨蓝色预警;提前20 min升级为暴雨黄色预警;根据自动站雨量迅速上升的特点,提前10 min升级为暴雨红色预警,同时作出叫应处置和区域联防,为群众避灾转移赢得了宝贵时间。特别是暴雨红色预警的提前发布,对于政府决策、组织避灾具有关键性作用。

表 2 2011 年 6 月 5—6 日，贵州省各级气象部门预警信号发布情况

<table>
<tr><th>单位</th><th>预警发布时间</th><th>预警信号等级</th><th>其他措施</th><th>预警提前量</th><th>实况出现时间</th></tr>
<tr><td>贵州省气象台</td><td>6 月 5 日 18 时</td><td>暴雨蓝色</td><td></td><td>5 h</td><td rowspan="9">5 日 23 时：
打易降雨量达 36.5 mm；
5 日 23 时 50 分：
打易降雨量达 80 mm 以上；
6 日 00 时：
打易降雨量达 142.4 mm；
6 日 01 时 30 分：灾害发生；
6 月 02 时：
县城发生灾害</td></tr>
<tr><td>贵州省气象台</td><td>6 月 5 日 23 时</td><td>暴雨橙色</td><td></td><td>20 min</td></tr>
<tr><td>贵州省气象台</td><td>6 月 6 日 00 时 20 分</td><td></td><td>提醒望谟县气象局可能发生山洪</td><td></td></tr>
<tr><td>黔西南州气象台</td><td>6 月 5 日 18 时 40 分</td><td>雷电黄色</td><td></td><td>4 h</td></tr>
<tr><td>黔西南州气象台</td><td>6 月 5 日 23 时 20 分</td><td>暴雨橙色</td><td></td><td></td></tr>
<tr><td>黔西南州气象台</td><td>6 月 6 日 03 时</td><td>暴雨红色</td><td></td><td></td></tr>
<tr><td>望谟县气象局</td><td>6 月 5 日 22 时 35 分</td><td>暴雨蓝色</td><td></td><td>35 min</td></tr>
<tr><td>望谟县气象局</td><td>6 月 5 日 23 时</td><td>暴雨黄色</td><td></td><td>20 min</td></tr>
<tr><td>望谟县气象局</td><td>6 月 5 日 23 时 50 分</td><td>暴雨红色</td><td>与省台会商，启动区域联防</td><td>10 min</td></tr>
</table>

注：暴雨蓝色预警：12 h 内降雨量将达 50 mm 以上，或已达 50 mm 以上且降雨可能持续；暴雨黄色预警：6 h 内降雨量将达 50 mm 以上，或已达 50 mm 以上且降雨可能持续；暴雨橙色预警：3 h 内降雨量将达 50 mm 以上，或者已达 50 mm 以上且降雨可能持续；暴雨红色预警：3 h 内降雨量将达 100 mm 以上，或者已达 100 mm 以上且降雨可能持续。

3.3 气象信息传播特征

“6·6”灾害过程中，贵州中小河流域等突发事件的信息传播主要体现了两个特点。其一，快速、有效的气象预警信息传播方式。“三个叫应”工作方式主要是指在强降水出现前后，气象预警信息服务要在第一时间“叫应”省及市（州、县）党政领导，“叫应”乡镇党政领导，“叫应”乡村气象信息员（图 6）。该方式保证了气象信息自上而下快速传播，利于开展政府支持与引导、村级积极组织的自下而上的社区综合减灾模式的快速启动。“6·6”减灾模式中，贵州省、黔西南州、望谟县三级气象部门分别采取电话方式“叫应”各级党委、政府及有关部门和乡村信息员（表 3），为群众转移赢得宝贵时间。其二，充分发挥气象信息员作用。气象信息员是解决预警信息发布“最后一公里”问题的关键，由于山区地形复杂，常规通讯手段容易失效，加之山洪、泥石流灾害是典型的突发性自然灾害，因此，气象信息员能够及时采取措施，叫醒群众转移。

表 3 2011 年 6 月 5—6 日贵州省望谟县气象局的气象服务工作时间表

时间	地市	具体措施
5 日 15 时 28 分	黔西南州雷达站	通知望谟县局县南部有雷雨云发展
5 日 19 时 30 分	黔西南州雷达站	通知望谟县境内雷达回波强约 55 dB
5 日 22 时 35 分	望谟县气象局	发布暴雨蓝色预警
5 日 22 时 42 分	黔西南州气象台、望谟县气象局	打易降水量达暴雨，州气象台指导望谟县发布暴雨黄色预警。值班员利用手机平台向县主要领导及相关部门领导、乡镇领导发布暴雨黄色预警信号

续表

时间	地市	具体措施
5 日 23 时 30 分	望谟县气象局	赴望谟河沿线调查雨情、水情;派出驾驶员驱车赶往望谟河沿线与当地政府一起提醒沿河群众立即紧急转移
5 日 23 时 40 分	望谟县气象局	望谟县气象局向打易站询问雨情,并让值班员转告领导和村组,注意防范山洪地质灾害
5 日 23 时 46 分	望谟县气象局	向县领导、乡领导及相关部门发布暴雨红色预警
5 日 23 时 50 分	望谟县气象局	打易雨量达 80 mm,向防汛办报告雨情,建议通知乡镇加强防范
6 日 0 时 10 分	望谟县气象局	询问打易雨情,打易值班员已通知村民转移
6 日 0 时 17 分	望谟县气象局	望谟县气象局长向分管副县长汇报打易雨情,并建议启动应急预案;同时电话通知防汛办转告打易下游两岸居民撤离
6 日 1 时 00 分	望谟县气象局	再次向县领导汇报洪水情况,并向防汛办报告雨情
6 日 1 时 02 分	望谟县气象局	叫应打易镇书记,汇报雨情,要求沿河居民撤离
6 日 1 时 20 分	望谟县政府	启动应急预案,拉响警报
6 日 2 时 20 分	望谟县气象局	再次向县长汇报雨情并说明降雨持续
6 日 2 时 28 分	望谟县政府	河水已淹没两个居民住宅小区,抢险工作紧张进行

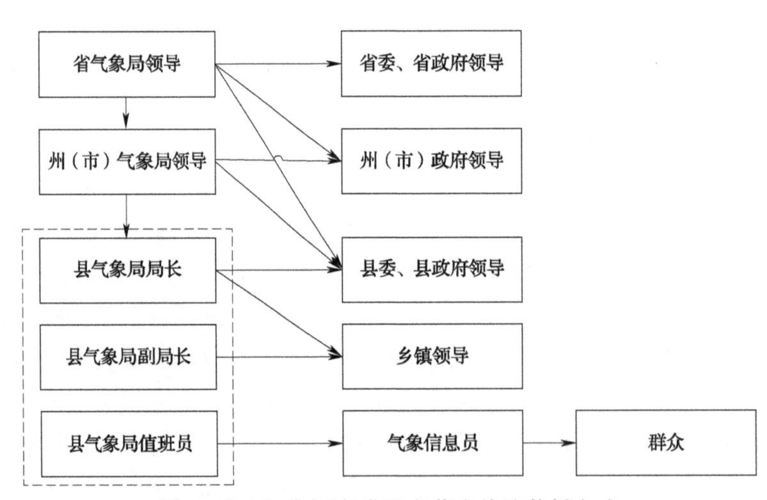

图 6　“三个叫应”气象服务信息快速传播方式

3.4　智力决策的特征

本文把与防灾、减灾相关的气象服务、灾害监测、综合防灾减灾工作人员称为智力决策。他们通常对山区突发性暴雨灾害的致灾因子、承载体、孕灾环境特点,成灾原因、发生规律、山区地形地貌、气象条件与气象灾害及次生灾害发生关系要有深入的了解。气象服务的专家和业务人员,是突发性暴雨预报预警制作发布的一线人员,为整个山洪泥石流防御的提供第一手资料,为突发性暴雨灾害的预报、防御提供科学决策依据,同时也能够弥补强天气造成监测基础设施损坏、数据传输中断、客观资料缺失等易导致决策失误的问题。“6・6”灾害中,望谟县气象服务人员对于当地“一旦小流域上游出现强降水、下游地区河流必定上涨，引发山洪”的地形特点了然于胸。当望谟县打易、郊纳等乡镇的自动雨量站被冲毁、数据传输中断时，县气象局立即派专人到望谟河上游和望谟桥头实地观测水情，克服了基础设施故障，为快速准确发布暴雨预警提供了第一手实况资料。因此，熟悉当地的地形地貌，是气象人做好服务的基础和前提。

4 气象信息员在基层防灾减灾体系中的作用

突发性暴雨具有突发性、预报难、预警提前量少等特点，山区居民居住地分散，气象信息很难及时有效地传递进去，便形成了气象信息传播的“最后一公里”问题。为了解决农村气象信息传播问题，气象信息员队伍应运而生，承担着基层预警信息传播、气象灾情收集、组织群众避灾转移以及农村气象科普等职责[18]。

为了了解气象信息员在基层气象防灾减灾中的现状，中国气象局公共气象服务中心于2011年6月采用电话调查的方式，对全国216名气象信息员进行调查。调查内容包含气象信息员在预警信息传播、气象灾情收集与需求反馈、防灾减灾知识普及、防灾减灾意识培养5类测评指标[19]。

4.1 气象信息员基本特征

受访气象信息员覆盖26个省(市、区)，男性占绝大多数(达96.8%)。从表4可以看出，40～49岁的信息员比例最高(达43.5%)，初、高中学历者居多(达66.2%)，普通村干部居多(达60.1%)，乡镇干部、学校老师等国家事业行政人员也有18.1%，参加过气象培训的信息员占46.0%。

表4 2011年中国气象局电话调查气象信息员基本特征

项目		比例(%)
性别	男性	96.8
	女性	3.2
年龄	30～39岁	25
	40～49岁	43.52
	50～59岁	25
学历	初中	32.4
	高中	33.8
	中专	8.3
	大学	24.1
职务	普通村民	11.92
	普通村干部	60.10
	乡镇干部	15.54
	学校校长/教师	2.59
是否参加过气象培训	参加过	46
	未参加过	54

4.2 气象信息员在预警信息传播中的作用

气象信息员是农村气象预警信息传播的有效手段。调查显示，82.4%的气象信息员认为手机是接收气象预警信息最为有效的方式(图 7);76.3%的信息员采用电话、村委会高音喇叭播报预警信息(图 8)。信息员接收的气象信息内容以预报预警信息为主(图 9)。气象信息员在灾情收集、气象服务需求反馈方面发挥的作用有限,仅 4 成信息员进行过灾情收集,14%的气象信息员以电话方式进行过服务需求反馈。

4.3 气象信息员在组织群众避灾转移中的作用

气象信息员在组织群众避灾中的作用明显。85%的气象信息员对暴雨、洪涝、沙尘暴等气象灾害关注度较高(非常关注和比较关注)(图 10),而且 64.4%的信息员具有较强的组织群众避灾的责任心(图 11)。目前,41%的信息员每年都会组织群众避险 3 次左右。

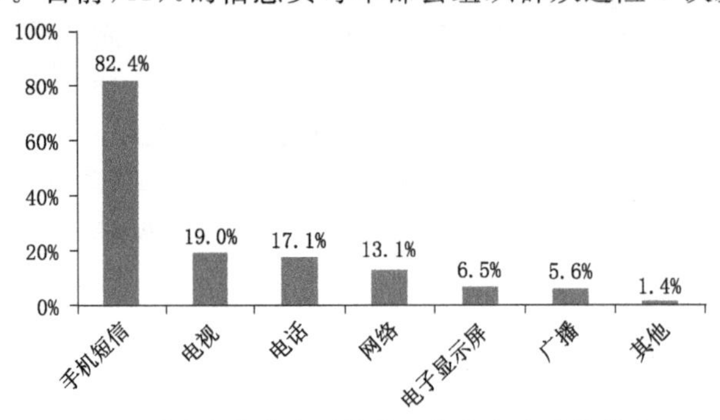

图 7 受访气象信息员接收预警信息方式的分布

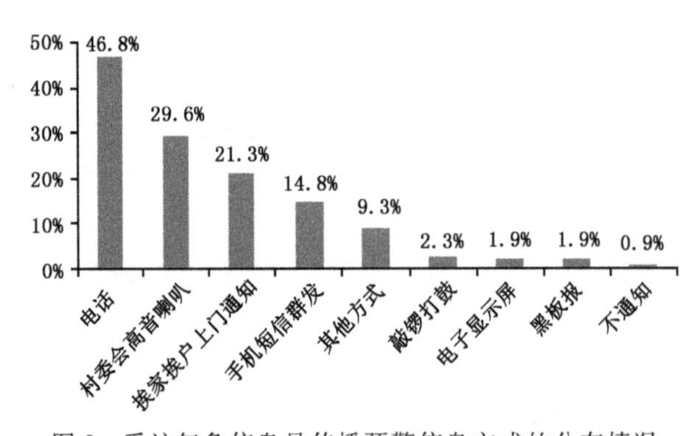

图 8 受访气象信息员传播预警信息方式的分布情况

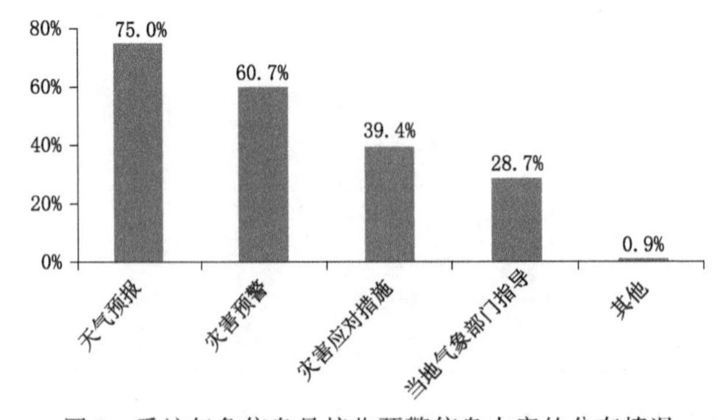

图 9 受访气象信息员接收预警信息内容的分布情况

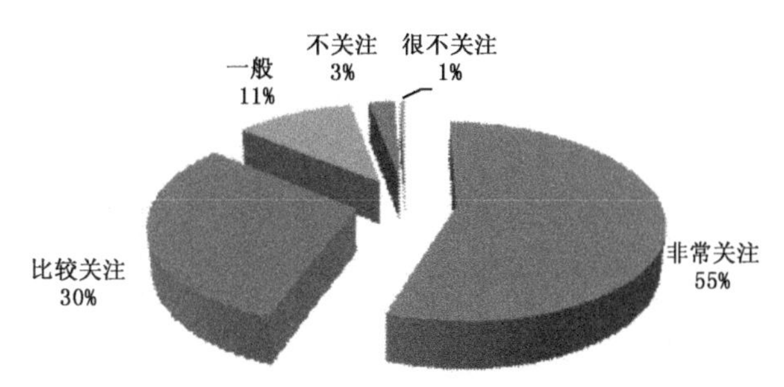

图 10　受访气象信息员对气象灾害关注程度的分布情况

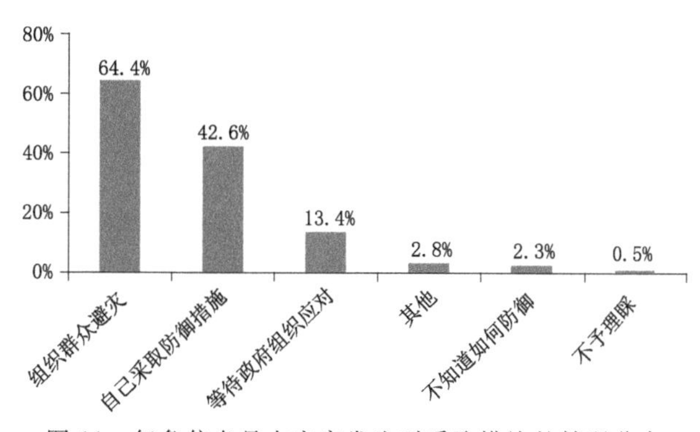

图 11　气象信息员在灾害发生时采取措施的情况分布

4.4　气象信息员在农村气象科普宣传中的作用

气象信息员在气象科普宣传中发挥积极作用。58.9%的气象信息员每年开展面向村民的气象科普宣传活动。但是，41.1%的信息员不了解灾害防御措施（图 12），从而影响其在组织群众避险转移和科普宣传中作用的发挥。

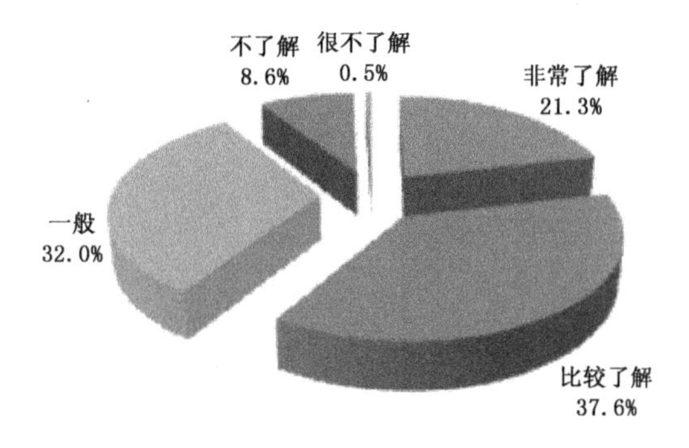

图 12　受访气象信息员对灾害来临时防御措施了解程度的分布情况

综上所述，气象信息员在基层预警信息接收与传播、组织群众避灾转移、农村气象科普宣传方面工作效果显著，但是在灾情和需求反馈方面作用较小；同时，信息员队伍流动性大、灾害应对和防御技术知识缺乏、单一的预警信息内容无法满足信息员的使用需求等问题突出。

5 山区突发性暴雨防灾减灾的建议

贵州望谟"6·6"山洪、泥石流气象服务的成功案例表明,在应对山区突发性暴雨灾害方面,建立突发性气象灾害监测、预报、预警、传播、评估体系不可缺少,这是气象防灾减灾的重要组成部分。以下就山区突发性暴雨的防灾、减灾提出几点建议。

(1)进一步提高突发性暴雨的预报、预警能力。防灾、减灾,预防为先,预防为重,这是一个基本的出发点[2]。防灾、减灾是否成功与天气气候预报、预测的准确程度密切联系。因此,气象部门应该进一步加强突发性暴雨预报技术的研究,以提高暴雨落区、落时和强度的预报水平。同时,各地气象部门在进行防灾、减灾气象服务中,要根据当地政府、相关部门的应急响应能力和联动速度,科学掌握预报预警发布的节奏和时机,使预报预警信息在政府组织防灾避险工作中发挥最大作用。

(2)进一步加强气象灾害风险管理方法研究及其应用效果评估。突发性暴雨致灾往往会产生灾害链效应[20],此类灾害防治是一个复杂的、动态的决策过程[21],需要引入气象灾害风险管理的理念。一方面,要加强突发性暴雨成灾机理研究、气象灾害及次生灾害发生发展规律研究、承载体脆弱性评估,真正提高气象灾害的预测预报和预警水平。另一方面,在成灾机理的研究基础上,要进一步加强气象灾害风险评估与预测方法研究、风险规避方法研究、应急管理预案研制、因地制宜的应对机制的探索,以及区域防灾减灾能力评估、应急管理方法效果评估,注重工程手段和非工程手段结合,从而最终达到防御和减轻气象灾害的目的,以满足综合防灾减灾和灾害应急管理的需求。

(3)进一步发挥气象信息员的作用。充分发挥气象信息员的作用,是科学防御突发性气象灾害的有效手段。实际上,气象信息员在农村防灾减灾中作用的发挥与信息员的职业密切相关。有固定收入或国家事业行政人员兼任的气象信息员作用显著;但是,非国家事业行政人员担任的气象信息员,则存在无待遇、人员流动性大、作用发挥有限等突出问题。因此,气象部门必须稳定气象信息员队伍,提高信息员的责任心,探索气象信息员与其他部委信息员职能共担的方式,逐步调整气象信息员人员组成结构,增强气象信息员队伍的稳定性和可靠性,真正解决气象信息发布"最后一公里"的问题。同时,要加强对气象信息员的培训力度和灾害防御指导,利于快速、有序、正确地应对突发气象灾害。

致谢:调研得到了贵州省气象局减灾处、公共气象服务中心、气象台、望谟县气象局等单位的大力支持,在此表示由衷的感谢。

参考文献

[1] 丁一汇,张锦,徐影.气候系统的演变与预测.北京:气象出版社,2009.
[2] 薛根元,陈国勇,余善贤等.突发性气象灾害的防御与公共安全应急管理:以0414号台风"云娜"为例.科技导报,2004,(10):55-58.
[3] 史培军,李宁,叶谦等.全球环境变化与综合灾害风险防范研究.地球科学进展,2009,**24**(4):428-435.
[4] 张庆云,陶诗言,彭京备.我国灾害性天气气候事件成因机理的研究进展.大气科学,2008,**32**(4):815-825.
[5] 郭进修,李泽椿.我国气象灾害的分类与防灾减灾对策.灾害学,2005,**20**(4):106-110.
[6] 章国材.气象灾害风险评估与区划方法.北京:气象出版社,2010:1-177.

[7] 张继权,李宁.主要气象灾害风险评价与管理的数量化方法及其应用.北京:北京师范大学出版社,2007:1-537.

[8] 周创兵,李典庆.暴雨诱发滑坡致灾机理与减灾方法研究进展.地球科学进展,2009,**24**(5):477-487.

[9] 徐晶,张国平,张芳华等.基于 Logistic 回归的区域地质灾害综合气象预警模型.气象,2007,**33**(12):3-8.

[10] 贵州省望谟县气象局.望谟县山洪地质灾害防治精细化气象预报服务试点工作实施方案.2011.

[11] 中共望谟县委,望谟县人民政府.望谟县"6·6"特大山洪泥石流地质灾害情况汇报.

[12] 史培军.论灾害研究的理论与实践.南京大学学报:自然科学版,1991(增刊1):37-42.

[13] 曹国昭,阎俊爱.农村综合防灾减灾能力评价指标体系研究.科技情报开发与经济,2010,**20**(1):156-157.

[14] 徐先进.望谟县"20060612"暴雨洪水的反思.贵州水利发电,2007,**21**(1):8-10.

[15] 邹铭,袁艺.中国的综合减灾//国家减灾委专家委员会,国家减灾委员会办公室.国家综合防灾减灾与可持续发展论坛文集(上册).2011:10-14.

[16] 闪淳昌.我国防灾减灾与应急管理体制//国家减灾委专家委员会,国家减灾委员会办公室.国家综合防灾减灾与可持续发展论坛文集(上册).2011,10-14.

[17] 马益淋.望谟山洪灾害防治工程通过验收.http://www.gz.xinhuanet.com/zfpd/2010-06/11/content_20051648.htm,2010-06-11.

[18] 中国气象局关于发展现代气象业务的意见(气发〔2007〕477号).

[19] 中国气象局公共气象服务中心.气象信息员在基层防灾减灾中发挥作用的调研报告.2011.

[20] 许强.四川省8.13特大泥石流灾害特点、成因与启示.工程地质学报,2010,**18**(5):596-608.

[21] 王炜,权循刚,魏华.从气象灾害防御到气象灾害风险管理的管理方法转变.气象与环境学报,2011,**27**(1):7-13.

基于动态风险分析的云南特大干旱灾害事件的应急反应

彭贵芬[1] 刘盈曦[2]

(1. 云南省气象台,昆明 650034;2. 厦门大学经济系,厦门 361005)

摘 要:基于动态风险分析对云南 2009/2010 年特大干旱灾害事件的应急反应过程进行了剖析。结果表明:在实时旱情监测、气候特征分析、干旱静态气候风险分析、承灾体的脆弱性动态风险分析和影响时段动态风险预评估的基础上,及时上报的预估报告和决策部门制定的应急预案和应对措施,对云南特大干旱灾害的应对、处置发挥了重要作用,为抗灾、救灾赢得了宝贵的时间,有明显的防灾、减灾作用;基于特大灾害事件动态风险分析的危机点预估,对决策部门制定对应政策、措施、预案具有重要参考作用,起到了较好的决策支持作用;建立分灾种的科学、客观、有效、定量化的动态风险分析及预估的防灾、减灾决策支持系统是减轻气象灾害事件的影响和损失、提高防灾减灾能力的努力方向。

关键词:云南;干旱事件;动态风险分析;应急反应

引 言

随着全球气候变化的日益加剧,各类极端天气事件频发,天气气候异常变化对中国国民经济、人民生产生活的影响日益增大,造成的损失和影响不断加重。探讨灾害风险分析、预估方法和管理对策及应急反应体系已成为区域可持续发展模式制定的重要科学基础,通过实施有效的风险分析、评估和管理来降低灾害事件的风险,减少灾害造成的损失,已成为中外防灾、减灾的重点。

近年来,国际上在完善灾害监测、构建风险评估、应对体系方面取得了一些成果[1-3],中国也开展了干旱、洪涝、冷害等灾害的监测、风险(影响)评估方面的研究,主要包括气象灾害风险分析、风险评估、风险区划和影响评估,在干旱灾害的监测、评估指数、气候风险评估、影响评估方面也有较多成果[4-23],对气象灾害静动、态风险管理分类等有了初步的分析和探索[24]。而基于动态风险分析基础的气象灾害事件的危机反应方面的分析研究还较少见。由于短期气候预测技术水平的限制,跨年度的特大干旱提前数月预报出来几乎没有可能性。但云南省气象台在综合应用干旱实时监测、气候特征分析、基于动态风险分析预估等技术方法的基础上,在 2009 年 10 月底预估到了出现特大干旱的巨大风险,并于 11 月初向云南省政府等决策部门提供了较为准确、及时、针对性强的重大气象专报材料,引起决策层的高度重视,决策层提前制定了应急方案和措施来应对即将出现的大旱灾,当灾害来临时能够有条不紊地组织、安排、布置

资助课题:国家自然科学基金项目(41165004),中国气象局兰州干旱气象研究所干旱气象科学研究基金项目(IAM200906)。

抗灾救灾,减少灾害造成的损失和影响。本文通过对云南2009/2010年特大干旱灾害事件发生前的风险分析、预估、危机反应及应对过程的剖析,为气象灾害事件的有效防御提供参考。

1 云南2009/2010年特大干旱事件特征

2009年9月至2010年3月下旬,云南降水量和平均最高气温打破了有气象记录以来(1959年以来)最少和最高纪录(图1a、b),造成了严重的秋、冬、春连续干旱。这次干旱灾害事件具有以下特点:

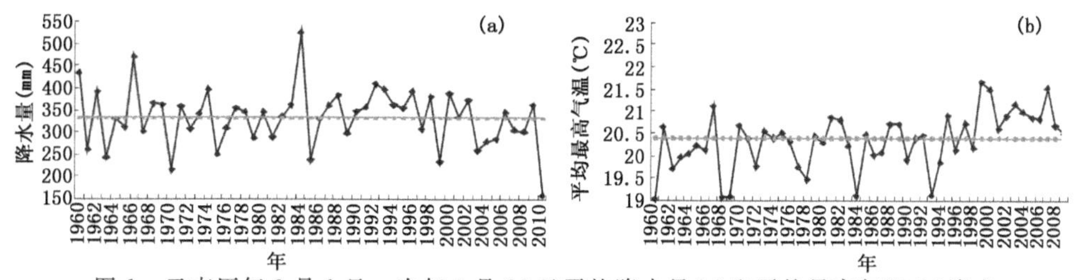

图1 云南历年9月1日—次年3月26日平均降水量(a)和平均最高气温(b)演变

干旱出现早:2009年9—10月,云南降水特少、降雨日数特少、气温特高,雨季结束特早,导致干旱特早出现。在长达2个月的时间内全省性的有效降水过程只在9月21日出现了1次,多数地区的雨季在9月下旬初结束,有的地区甚至8月就已结束,比多年平均偏早了1个半到2个月。历史上这个时期暴雨和大暴雨已较少出现,但多中、大雨过程或连续阴雨过程,是云南省库塘储水和秋季播种的关键时期:主汛期预留的空水库容需在这个时期补足,以备干季使用;湿润的土壤为秋季播种提供较好的土壤墒情,使农作物能够发芽生长。而2009年雨季的异常提前结束,导致库、塘不能储足水(有的水库储水量仅为计划量的60%),土壤墒情很差,严重影响秋播,到10月底云南省内大部分地区干旱已现(图2)。

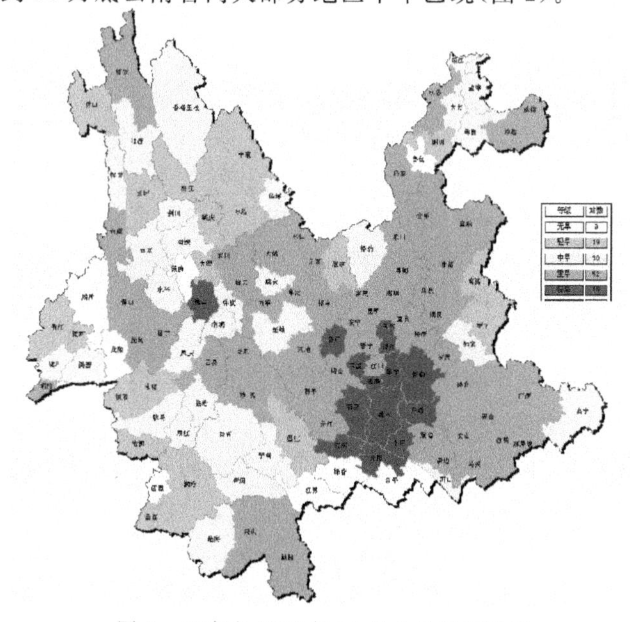

图2 云南省2009年11月2日旱情监测

干旱强度强、影响范围广:2009年9月开始的干旱影响到云南省除怒江北部外的几乎全部县(市),旱情最重时,重旱以上的站有118站,占全省总站数(125站)的94%,其中有111站达到特大干旱。

持续时间长:自2009年9月—2010年6月共10个月中,除4月降水是偏多外,有9个月降水均为偏少到特少,气温均为特高,且2009年10月到2010年2月4个月的降水偏少幅度非常大,各月降水量偏少在60%~75%。由于持续达10个月的少雨、高温、干燥天气,导致了秋、冬、春、初夏连续特大干旱。虽然2010年3月底和4月下旬出现了2次降雨过程,使干旱范围有所减小,旱情有所缓解,但重旱区旱情一直持续到6月。

2 基于动态风险分析的云南特大干旱灾害事件的识别和静态风险评估

2.1 气象灾害静、动态风险分析、评估和管理简介

气象灾害动态风险分析、评估和管理目前并没有成熟和系统的技术方法,我国也只有一些理论上的探讨。文献[24]在对中外近年来在灾害风险管理方面的研究成果进行对比分析、归纳、演绎和综合后,提出了气象灾害静、动态风险的分类定义、评估和管理。

静态风险管理:气象灾害静态风险管理研究的是灾害风险区划、再现期和因气候变化可能导致的灾害风险变化方面的问题,是灾害的气候概率、周期和气候变化趋势方面的课题,得到的结果或结论在一定时间内相对不变;主要采用较长系列历史资料(不论是历史观测资料或收集调查资料)来进行灾害的时空分布研究,得到的结果主要是各种重大气象灾害的风险区划(概率)图系,主要为国家和分区域(宏观的)灾害管理对策、经济建设、发展规划服务,因此,其研究成果有相对静态的特性。

动态风险管理:气象灾害动态风险管理的研究对象是气象灾害事件(如:2008年中国南方的低温雨雪冰冻灾害、2005年云南春夏连续特大干旱),从时间尺度来看侧重于天气过程,结果和结论只针对灾害事件个例,从风险识别、分析、评估、处置管理全过程处于实时动态变化过程中,具有动态变化特征;在灾害发生前需用各种方法和手段系统、连续地识别(监测)所面临的风险和风险发生潜在原因,确定该事件发生的概率以及事件可能带来的后果及可能产生的影响,与历史上出现过的同类灾害事件做定性、定量化的对比分析后评估风险的严重性,有助于决策者制定减灾策略时有针对性地选择最优技术政策,研究结果直接用于灾害事件的应对和处置,需要对灾害事件监测、预测、预评估方面的技术支撑;是基于基本监测资料快速收集、传递、处理和灾害性天气预测、预报、可能造成影响的预评估等基础上的动态分析、预估、管理过程。而重大灾害事件的危机处置则需基于灾害事件的动态风险分析和预估。

我们在2009/2010年云南跨年度特大干旱事件发生前做的动态风险分析和预估并不成熟和系统,但在应对本次特大干旱灾害事件中取得了较好的防灾、减灾作用。

2.2 干旱灾害的气象监测

由于干旱灾害是对云南省经济、社会影响最大的气象灾害,近年来云南气象工作者开展了干旱灾害的监测、预警及影响评估方面的研究,建立了多种干旱监测评估指数,干旱监测业务

平台已在日常业务工作中运行。2009 年 10 月下旬，干旱监测、预警及影响评估业务系统进行了以下实时监测：

a. 极端气候事件的监测

2009 年 1—10 月，云南省 125 个气象站 1 月的平均降水量打破历史最少纪录；平均最高气温打破历史最高纪录；雨季于 9 月 21 日前结束，比常年偏早了约 1 个半到 2 个月，破最早结束纪录。

b. 综合气象干旱指数监测

采用有效降水(有效降水日数是否异常短缺)和 Thornthwaite 指数建立的云南气象干旱综合监测评估指数[8]监测到全省 125 个监测站中除 9 个站无干旱外，其余地区干旱已现，特别是整个中东部和东南部地区已出现重旱，局部地区旱情已达到特旱。云南历年这个时段极少出现重旱以上等级的干旱。

3 静态风险分析

3.1 干、雨季分明的气候特征分析

云南具有干季(11 月至次年 4 月)、雨季(5—10 月)分明的气候特征，干季降水量仅占全年降水量的 15%左右(图 3a)，多数地区干季(半年)的降水量在 150 mm 左右(图 3b)，中北部一些地区在 100 mm 以下，整个干季以晴天少云天气为主，出现解除干旱、增加库塘储水的有效降水过程的可能性很小。因此，未来近半年的时间内，干旱将维持并发展。

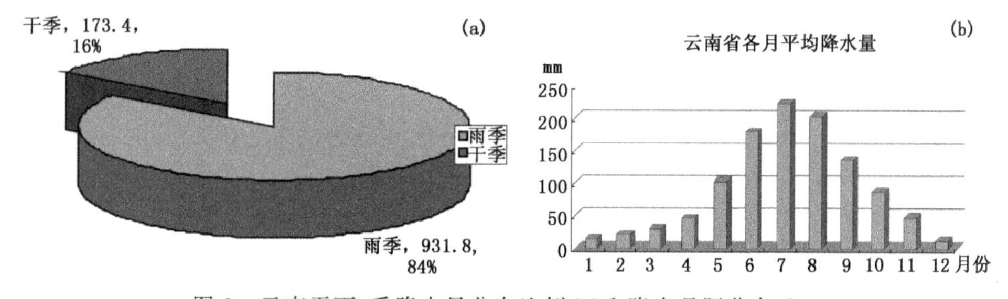

图 3 云南干雨、季降水量分布比例(a)和降水月际分布(b)

3.2 干旱静态气候风险分析

用综合气象干旱指数基于模糊信息分配和超越极限概率法对云南致灾因子风险的评估结果表明[5]：1—3 月干旱风险很大，大部分地区出现干旱的气候概率在 80%～90%，部分地区超过 90%；11—12 月风险次大，大部分地区的气候概率在 40%～60%，少数地区超过 90%；4—6 月上旬是干季向雨季的转换时期，当雨季明显迟来的年份，会出现严重的初夏干旱，对云南农业生产影响很大(图 4)。

由于每年的 11 月至次年的雨季开始前，云南出现干旱灾害的气候风险很大，而 2009 年秋季已出现的干旱与未来整个干季的季节性干旱期叠加，出现秋、冬、春连续干旱的可能性将很大。

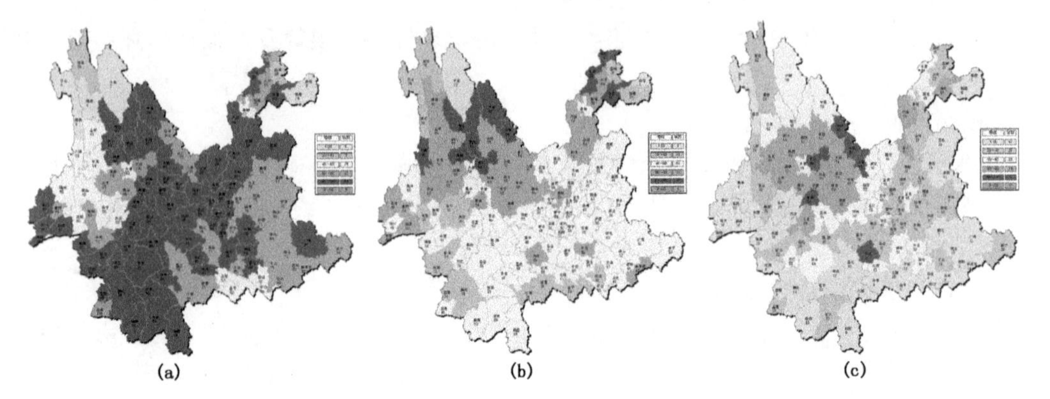

图4　云南各月干旱气候概率分布(a.1—3月,b.11—12月,c.1—6月)

4　动态风险分析预估

4.1　承灾体的脆弱性风险预评估

采用水利统计指标——有效灌溉面积百分率作为基本资料,用1－有效灌溉面积百分比作为干旱灾害承灾体脆弱性指数,从脆弱性风险评估图(图5)可见,云南干旱承灾体的脆弱性风险较大,除玉溪地区有效灌溉面积达到60%以外,云南省内大部分地区都在40%以下,因此云南大部分地区承受干旱灾害的脆弱性风险超过60%以上。

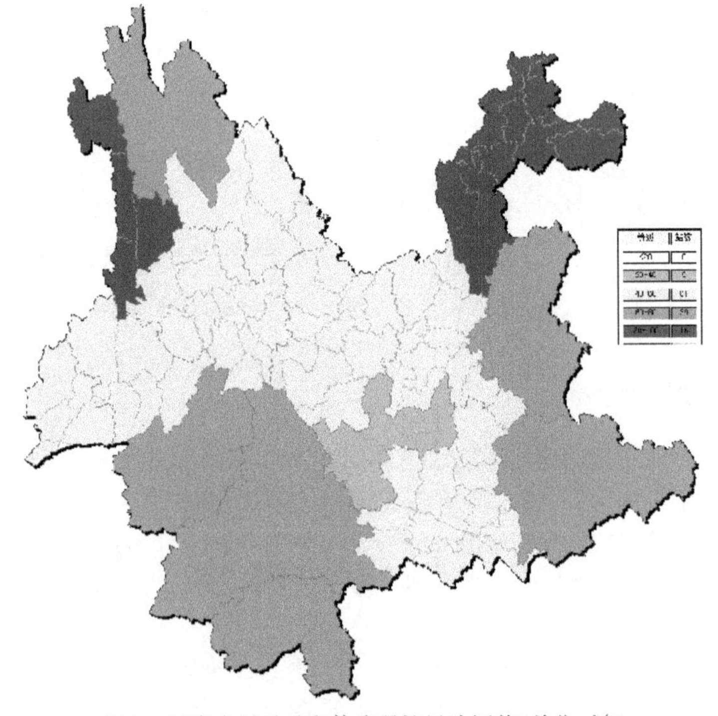

图5　云南省干旱承灾体脆弱性风险评估(单位:%)

而2009年前期降水量为特少,使得大部分库塘储水严重不足,部分水库储水量不到计划量的60%(据云南省水利厅统计),这将使有效灌溉面积更小,即使承受干旱灾害的能力更小、脆弱性风险加大。如果以1为最大风险值,则脆弱性风险(可能影响的承灾面积的百分比)为最大风险值减去无风险的部分,因此,脆弱性风险为:

1－40%(有效灌溉率)×60%(当年水库储水率)＝76%

即干旱可能影响全省耕地面积的76%。

4.2 影响时段动态风险预评估

我们通过解除干旱所需降水量将在何时达到预估干旱持续时段。干旱解除所需降水量(或过程)可以从以下3个方面来考虑:

(1)解除干旱所需降水量将随着干旱持续时间增长而增大的经验;

(2)水利部门以10 d降水量在10 mm以上算为干旱缓解的指标;

(3)云南省曾用过的雨季开始期指标:10 d内降水量在10 mm以上,其后10 d必须有一次降水量在10 mm以上的过程(降水不中断)。

从上述3个方面可见,干旱的解除在考虑降水量多少的同时,还需要考虑降水过程能否连续。我们依据这个思想自构了一个干旱解除时间降水量R'。以X_1和X_2分别代表任意两个连续10 d(共20 d)的累积降水量,如果$X_1>10$ mm、$X_2>10$ mm同时成立,则设第一个X_1达到日为t(干旱持续天数)。在常用的数学函数中,以e为底(自然对数的底)的指数函数$y=ae^{bx}$有一个性质:当$a>0$,且$b>0$时,y的值域为$(0,+\infty)$,即为非线性的单增函数,因此可以用以描述"随着干旱持续时间的加长,解除干旱的需水量将程非线性增大"的构想。指数中的两个常数a和b,可按干旱持续天数与解除干旱所需要降水量的关系数据来确定,最好是用土壤湿度指数(或湿土层的厚度)与干旱持续时间和降水量的定量关系来确定,但在2009年10月开始预估工作时这方面的研究并没有开展,因此我们采用表1所列的经验数据进行粗略的拟合分析:

表1 干旱持续天数与解除干旱所需要降水量对应表

干旱持续天数(d)	60	90	120	150	180
干旱解除时间降水量(mm)	30	40	50	65	80

由此两列数据求出$a=18.024$和$b=0.0082$,得到两个连续10 d的累积降水量(R')与干旱持续时间(t)的经验指数关系式为:

$$R' = 18.024e^{0.0082t} \tag{1}$$

其函数关系见图6。用式(1)初步预估2009/2010年干旱可能影响的时段:2009年9月21日云南大部分地区雨季已结束,雨季结束后外推10 d可算为干旱开始,如果干旱持续到5月上旬,则干旱将持续约200 d,据式(1)可算出$R'=92$ mm,即连续两个10 d内的累积降水量需在92 mm左右才能解除干旱,而云南5月上、中两旬的降水量达到这个值的年份不到20%;如果干旱持续到5月下旬(云南大部分地区的雨季平均开始旬),干旱将持续约232 d,由式(1)可得解除干旱所需要的降水量$R'=121$ mm,而5月下旬和6月上旬两旬的降水量达到这个值的年份不到一半。据此预估干旱将持续到5月下旬的风险很大。

4.3 干旱灾害动态风险综合预评估

综合实时旱情监测、气候特征分析、干旱静态气候风险分析、承灾体的脆弱性和影响时段

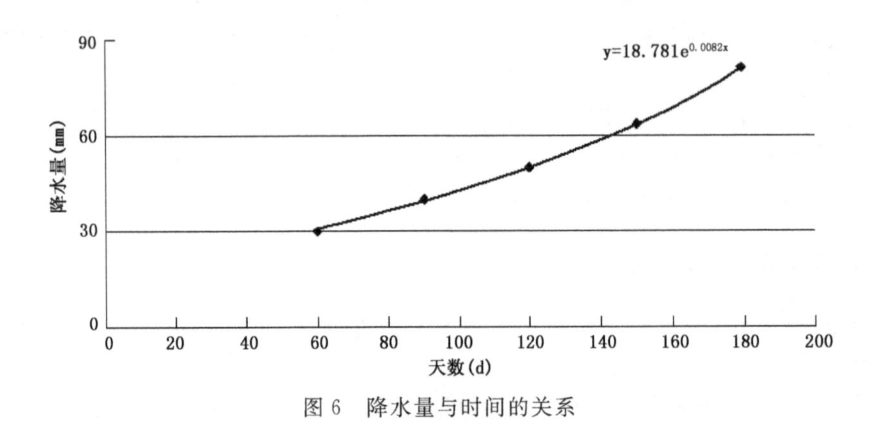

图6 降水量与时间的关系

的动态风险预评估，得出云南将有76%的区域受干旱影响、干旱的影响将持续到大部分地区雨季开始(次年5月下旬)的综合预估结论，即云南将面临着一次影响范围很大和秋、冬、春连续的巨大干旱风险。

5 对特大干旱灾害事件的危机处置

云南跨年度特大干旱事件的应急反应可粗分为：实时监测→致灾因子风险分析→承灾体风险分析→影响分析→危机处置5个过程(图7)，前3个过程前面已论述，下面论述危机处置和影响分析过程。

5.1 及时预警

基于上述干旱灾害动态风险分析、预估，云南省气象局于2009年11月2日向云南省政府、省委及防汛抗旱指挥部等决策部门发出了题为"云南今年天气气候异常，干旱和高森林火险时段将提前出现"的重大气象信息专报(2009年第8期)，对这个特大干旱灾害事件做出了及时的预警反应：前期(1—10月)降水特少、气温特高，均打破有气象纪录以来(近50年来)的历史最少和最高纪录；在干旱风险很小的季节已出现重旱；雨季已提前结束，而库塘储水严重不足；在未来长达半年的整个干季中，出现解除干旱、增加库塘储水的有效降雨过程的可能性很小；11月至次年3月是云南的气候性干旱季节，出现干旱的风险很大。因此，云南将出现一次严重的干旱灾害事件，这次事件将从秋季开始持续到次年雨季开始前。可能导致干旱和高森林火险天气时段提前、森林火险等级偏高；在明年雨季开始前，全省大部分地区的生活和工农业生产用水将出现紧张状况。建议：提前做好抗旱、森林和城市防火工作；提前抓好计划用水、节约用水工作。

5.2 决策部门事前应对

预警专报受到省级领导的高度重视。云南省分管农业的副省长2009年11月4日在专报上做了重要批示，要求"各级政府和水利、林业、农业等各行各业及早谋划、居安思危，采取超常措施，积极做好多种防范措施和预案，确保当前及今后一段时期城乡供水安全和工农业生产用水的正常需要，确保森林防火不发生严重的问题，提前防范高森林火险时刻的出现，确保大多数农作物的正常播种和防旱抗旱工作的有力推进"。云南省政府于2009年11月13日向各州

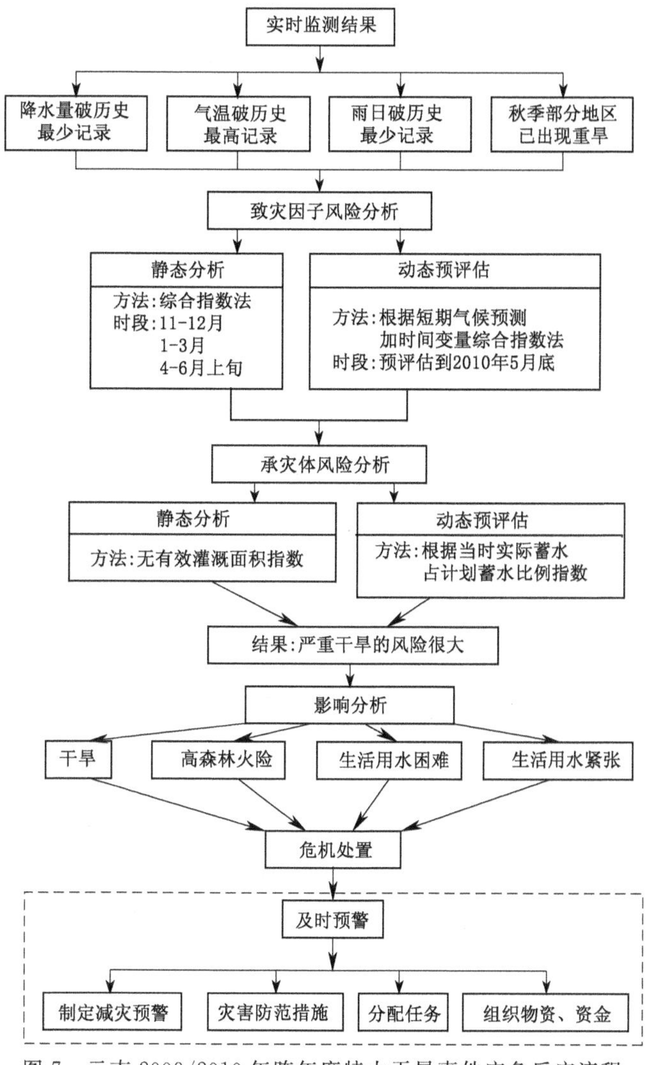

图7 云南2009/2010年跨年度特大干旱事件应急反应流程

市政府、省直各委办厅局发出《关于切实做好当前抗旱工作的紧急通知》,各相关部门开始了应对干旱灾害的工作,先后制定和采取了30项抗旱措施。

5.3 应对重点

缺水危机:由动态风险分析结果可见,这次干旱灾害事件最大的危机是缺水。在后来的整个干旱过程中,这个危机充分显现。由于重旱区的中小型水库几乎全部干涸,溪流、山泉来水中断,使农村和部分城镇人畜饮水困难十分突出。优先解决群众饮水问题,是干旱工作中最为迫切的任务。云南省通过重点抓好现有水源的统一管理和调配,严格执行人饮解困和供水安全保障方案,积极开辟新水源,加强拉水、送水、蓄水、找水、打井以及应急输水设施建设,确保了旱区群众饮水安全。并采取多种措施保障春季农业生产用水需求,基本保证了春播、春种、春灌用水要求。

森林火险危机:由于长时间的缺雨和高温烘烤,使森林火险等级特高,一有火源就会引起森林大火,并迅速蔓延。通过完善应对预案,严格落实责任制,在整个干旱影响期间加强火灾隐患排查,严密监测火情,避免发生重特大森林火灾和重大人员伤亡,防火减灾效果显著。

农业减产危机:持续干旱使云南省秋季播种的小春作物减产超过60%,并严重影响到春播、春种,并可能严重影响大春作物的产量。云南省采用调整结构,推广抗旱技术,根据水源情况适时补种、改种农作物,采取了小春损失大春补,粮食损失经济作物补,种植业损失养殖业补,农业损失非农业补的应对措施,努力减轻了干旱对农业的影响。

6 结论与讨论

(1)基于特大灾害事件动态风险分析的及时反应,对云南特大干旱灾害事件的应对、处置发挥了重要作用,为抗灾救灾赢得了宝贵的时间,有明显的防灾、减灾作用。

(2)基于特大灾害事件动态风险分析的危机点预估,对决策部门制定政策、措施、预案具有重要参考作用,起到了较好的决策支持作用。

云南省秦光荣省长说:“科学、准确、精细、及时、高效的预测预报及服务,为省委、省政府早研究、早布置、早开展抗旱救灾工作提供了科学决策依据。”

(3)云南基于特大灾害事件动态风险分析和预估得到的主要是定性结果,定量分析预估结果十分粗浅。建立分灾种的科学、客观、有效、定量化的动态风险分析及预估的防灾减灾决策支持系统是减轻气象灾害事件的影响和损失、提高防灾减灾能力的努力方向。

参考文献

[1] Peterson M. The limits of catastrophe aversion. *Risk Analysis*,2002,**22**(3):527-538.

[2] Weitzman M L. On modelling and interpreting the economics of catastrophic climate change. *Rev. of Economics Statistics*,2009,**91**(1):1-19.

[3] Kellenberg D K,Mobarak A M. Does rising income increase or decrease damage risk from natural disasters? *J. Urban Economics*,2008,**63**(3):788-802.

[4] 张继权,李宁. 主要气象灾害风险评价与管理的数量化方法及其应用. 北京:北京师范大学出版社,2007:37-57.

[5] 李宁,胡爱军,崔维佳等. 风险管理标准化述评. 灾害学,2009,**24**(2):110-115.

[6] 朱静,唐川. 城市山洪灾害风险管理体系探讨. 水土保持研究,2007,**14**(6):411-417.

[7] 胡爱军,李宁,吴吉东等. 基于经验似然比函数模型的降水型滑坡灾害概率风险分析与预测. 灾害学,2009,**24**(3):1-6.

[8] 彭贵芬,张一平,赵宁坤. 基于信息分配理论的云南干旱风险评估. 气象,2009,**35**(7):79-86

[9] 郭虎,熊亚军,扈海波. 北京市奥运期间气象灾害风险承受与控制能力分析. 气象,2008,**34**(2):77-82.

[10] 郑传新,米浦强,陈剑兵,等. 柳州市积涝过程模拟及灾害风险评估. 气象,2007,**33**(11):72-75.

[11] 高进. 综合自然灾害风险管理应用研究//北京:第26届中国气象学会年会气象灾害与社会和谐分会场,2009:336-341.

[12] Hiorokazu T. Major characteristics risk and its management strategies//Paper Collection of Social Technology Research. 2003,(1):141-148.

[13] 史培军,李宁,叶谦等. 全球环境变化与综合灾害风险防范研究. 地球科学进展,2009,**24**(4):428-434.

[14] 张继权,张会,冈田宪夫. 综合城市灾害风险管理:创新的途径和新世纪的挑战. 人文地理,2007,**95**(5):25-29.

[15] 殷杰，尹占娥，许世远等. 灾害风险理论与风险管理方法研究. 灾害学，2009，**24**(2)：7-11.

[16] 江治强. 我国自然灾害风险管理体系建设研究. 中国公共安全(学术版)，2008，**12**(1)：48-51.

[17] 彭贵芬，赵尔旭，周国莲. 云南春夏连旱气候变化趋势及致灾成因分析. 云南大学学报：自然科学版，2010，**32**(4)：443-448.

[18] Wilhite D A, Knutson M J, Cody L, et al. Planning for drought: Moving from crisis to risk management. *J Amer Water Resources Association*, 2000, **36**(4): 697-710.

[19] 陈晓楠. 农业干旱灾害风险管理理论与技术. 西安理工大学，2008.

[20] 景毅刚，杜继稳，张树誉. 陕西省干旱综合评价预警研究. 灾害学，2006，**21**(4)：46-49.

[21] 张俊香，黄崇福. 四川地震灾害致灾因子风险分析. 热带地理，2009，**29**(3)：280-284.

[22] 孙才志，张翔. 基于信息扩散技术的辽宁省农业旱灾风险评价. 农业系统科学与综合研究，2008，**24**(4)：507-510.

[23] 邓国，陈怀亮，周玉淑. 集合预报技术在暴雨灾害风险分析中的应用. 自然灾害学报，2006，**15**(1)：115-122.

[24] 彭贵芬. 气象灾害静、动态风险管理析探. 灾害学，2010，**25**(2)：134-139.

上海台风、大雾和高温灾害链的建立和分析

居丽丽　穆海振

(上海市气候中心,上海 200030)

摘　要:根据近百年来的气象灾害历史资料和上海气象灾害年鉴,对上海地区台风、大雾和高温灾害特征进行研究,针对气象灾害的“多米诺效应”及城市应对连锁自然灾害的防灾、减灾需求,构建了上海台风—暴雨—洪涝、台风—大风(龙卷风)、台风—风暴潮(巨浪)灾害链,以及大雾灾害链和高温灾害链,为提前预防和应对台风、大雾和高温及次生、衍生灾害提供科学依据。

关键词:气象灾害;次生;衍生;灾害链

引　言

随着全球气候变化及城市化进程的加剧,气象灾害对城市安全、社会经济可持续发展的影响和威胁日趋严重[1],气象灾害造成损失的绝对值越来越大,20 世纪 90 年代全球重大气象灾害造成的损失比 50 年代高出 10 倍[2]。同样的气候背景下,发生在城市的气象灾害损失要比郊区大很多[3]。据世界气象组织的数据统计,大城市自然灾害事件中有 90%左右是气象灾害或与气象灾害有关。由于灾害的因果性、同源性、重现性、偶排性、连发性等特点,气象灾害引发的生态、环境、社会、人文、经济等继发性灾害,更是对人类社会各方面造成难以估量的严重后果和巨大损失。因此,掌握气候变化规律,了解城市气象灾害的特点,研究应对大城市的气象灾害“多米诺效应”的良策,打造“灾害预警反应链” 显得尤为必要。

2006 年唐晓春等[4]对登陆广东的热带气旋灾害特征及其形成的灾害链进行了研究,并根据灾害链成因对其进行了分类分析;刘江龙等[5]对广东旱灾灾害链进行深入的分析和研究,并以此为依据提出一系列旱灾防御对策。因此,灾害链建立及特征分析已成为防灾、减灾研究的一个至关重要的内容。当发生气象灾害时,利用灾害预警反应链的指导和警示作用,有利于在灾害源头上迅速采取有效防范和控制措施,防止和减轻次生、衍生灾害的发生、发展,努力将气象灾害对人类的生命、财产等影响减少到最低程度。

1　气象灾害特点

上海地处中国东南沿海,位于长江三角洲的最东端,面海背陆、腹地开阔,地域范围虽然比较小,但天气气候多变,濒江临海的地形极易受自然灾害的侵袭,台风、暴雨、洪涝、大风、雷击、冰雹、大雾、寒潮、大雪、高温等各种气象灾害时有发生,具有灾种多、突发性强等特点。气象灾害统计表明,上海气象灾害年发生概率高达 0.98,其中台风、暴雨灾害的年概率分别为 0.58 和 0.66,大风灾害 0.66,雷击灾害 0.52,浓雾灾害 0.34,高温灾害 0.11[6]。此外,上海人口集

中、建筑密集、能源消耗量大，事关城市安全的高敏感行业、重要交通干线与输变电线沿线等区域的气象灾害暴露等级也随之增高。不仅如此，在上海这样的超大型城市，气象及其相关灾害更是显现出了“多米诺效应”，许多重大气象灾害可能衍生出自然灾害、安全事故、突发公共卫生事件等各类突发公共事件。如：雪灾之后就会引发交通事故，引发安全问题，各部门根据各自的情况采取单一灾害的应对措施已远远不能满足城市运转的需求。因此，在发生重大气象灾害时，能有一套贯穿于城市防灾体系的多个环节的“灾害预警反应链”，才能把上海气象及次生、衍生灾害带来的危险降到最低。

2 台风、高温和大雾气象灾害预警反应链的建立

针对气象灾害的“多米诺效应”及城市应对连锁自然灾害的防灾、减灾需求，本文以上海市气象局气象灾害预警信号为核心和出发点，参照《中国气象灾害大典·上海卷》及《2001—2005年上海气象灾害年鉴》中百年历史灾害事件等资料，建立并分析台风、高温、大雾等气象及次生、衍生灾害和引发的多种社会、经济等方面损失和破坏的灾害链，不仅有利于全面评估上海地区自然灾害风险，还对自然灾害应急预案编制、自然灾害的灾前备灾、灾中应急处置、灾后救助与恢复等各项减灾工作提供依据和科学支撑。

2.1 台风灾害链

据统计，影响上海的台风主要发生在25°N以南的西北太平洋上，仅约5%源于南海。1949—2005年，上海受台风影响共计162次，平均每年3次，最多年达8次。由于台风发展的特性，导致影响上海的台风具有发生频率高、影响范围广、受灾程度重等特点。本文对百年来历史台风事件进行统计分析后得出，台风灾害链是由台风本身携带的龙卷风、大风、暴雨、巨浪、风暴潮以及它们引发的一系列次生、衍生灾害共同构成的(见图1)。

由图1可见，台风灾害链主要由下列3类子灾害链构成：

2.1.1 台风—暴雨—洪涝灾害链

1949至2005年，影响上海的台风事件中，伴有暴雨的台风占38%[6]，平均每年1次，最多年4次。

由图1可以看出，台风引发的暴雨易导致下一级次生灾害——积水和洪涝灾害。其中积水包括房屋积水、马路积水和农田积水等，由此又易连锁引发漏电、建筑物受损、企业工厂停产、交通受阻、地铁泥水倒灌、人畜伤亡、粮田受淹受损；而洪涝灾害可能衍生引起交通瘫痪、人畜伤亡、建筑物倒塌、土质恶化、堤坝垮塌和溢洪及其诱发的海水倒灌和入侵次级灾害，继而导致农田、建筑物受淹受损、交通受阻甚至人畜伤亡。土质恶化又易导致植物受损及农作物减产；建筑倒塌更易连锁引发断电、触电事故、电讯中断和人畜伤亡。此外，洪涝还会引发山崩、滑坡、泥石流和山洪暴发(但这4种衍生灾害在上海地区不易发生)。如1963年9月12、13日，台风暴雨灾害较严重，全市被淹农田11.3万hm^2，秋熟作物、蔬菜损失严重；市区道路、仓库、工厂、学校和住宅积水严重，损失很大；灾害中还造成13人死亡。

2.1.2 台风—大风(龙卷风)灾害链

影响上海地区的台风常伴有大风，1949—2005年上海发生的台风灾害中，伴有10级以上

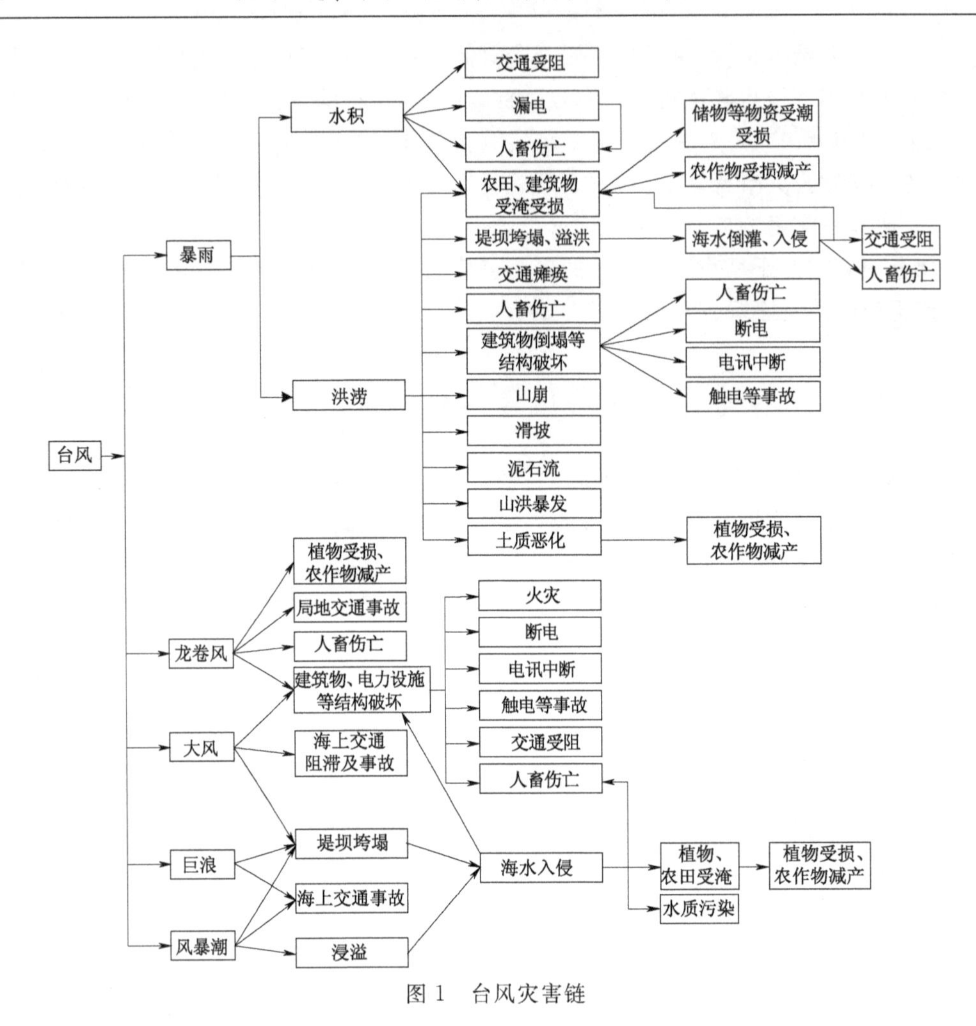

图 1 台风灾害链

大风的台风占总次数的 24%,平均每年 2 次,最多 6 次[2]。由图 1 台风灾害链所示,台风引发的大风及龙卷风灾害易导致局地交通事故,海上交通阻滞及事故,人畜伤亡,建筑物、大型公用装置、电力设施等结构破坏,堤坝垮塌以及植物农作物受损等。其中建筑物和电力设施等的结构破坏还有可能连锁造成火灾、电力供应中断、触电事故、电讯中断、交通受阻(如:电车关闭、行道树倒伏等引发的交通阻塞)、人畜伤亡等次生、衍生灾害。

2.1.3 台风—风暴潮(巨浪)灾害链

台风风暴潮是因台风大风和气压骤降引起的海面升高现象,或称台风增水。1949—1979 年,上海市及其沿海海面受台风影响而引起吴淞口有≥0.25 m 增水 67 次,占影响台风总次数的 60%,吴淞口台风增水有 3 次已超出 1 m[2]。图 1 台风灾害链揭示,台风引发的风暴潮和巨浪易导致沿海及港口发生增水,给近海船只和海洋养殖业造成巨大损失;若遇到台风风暴潮与天文大潮叠加,吴淞口等地区水位将剧烈增高,造成近岸海堤决口、浸溢、内涝加剧、近海船只沉毁等交通事故及海洋渔业以及生命财产受损等次生、衍生灾害,海堤决口或将连锁引发海水入侵,继而又导致植物农田受损、水质污染、人畜伤亡等次级灾害。台风—风暴潮(巨浪)灾害链对近海村庄及港口、沿海养殖和海上作业等都易造成严重灾情。

在以上 3 种灾害链继发或并发的过程中,承灾体脆弱性增加,灾情被累加放大,因此,深入研究分析台风灾害链，为提前预防和应对台风次生、衍生灾害提供了强有力的科学理论支撑。

2.2 大雾灾害链

影响上海的雾主要有辐射雾、平流雾、锋面雾、混合雾4种类型，从长江口向南至杭州湾北侧海岸带向西向东，年平均雾日明显增加，嘉定、市区、松江、金山一带，年均雾日40 d以上。海上向东平均雾日迅速增加，长江口佘山一带50 d以上[2]。

大雾灾害性天气对海陆空交通、供电、人体健康等方面都有严重的影响，大雾灾害链如图2所示。大雾天气容易引起海陆空交通阻滞及交通事故、污闪现象、锈蚀金属、农作物受损、空气污染等灾害。其中，海上交通阻滞又会引发人员滞留、踩踏等事故，从而引发人员伤亡；雾闪现象又极易造成断电发生；农作物受损进而又将造成农作物的减产；空气污染还有可能导致呼吸系统等疾病频发、细菌病毒等活性增强，并连带造成传染病的增多和扩散。如：2010年1月，上海发生连续5 d大雾，大雾不仅造成了常见的交通困难，还导致渡轮发生伤亡事故，供应上海使用的煤无法进入城市等现象，对人民的生命财产等方面都造成了一定的损失。

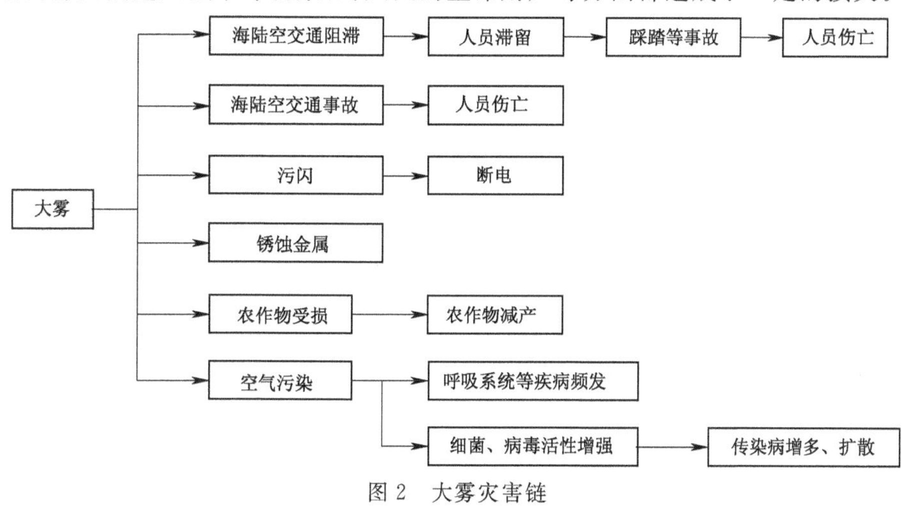

图2 大雾灾害链

2.3 高温灾害链

随着国民经济的发展和人民生活水平的提高，上海高温所带来的灾害越来越严重。在2001—2005年上海日最高气温≥37℃的酷暑日每年都出现，5 a平均达3.1 d[6]。上海这样的现代化特大城市，连续高温对人体健康、交通、用水用电、农作物生长等方面的影响将日益严重。具体高温灾害链如图3所示。

高温灾害性天气易引发干旱、家禽牲畜死亡、电力设施及机动车故障、农作物受损、供水压力、用电量剧增、人体中暑和时疫流行等次生、衍生灾害性事件。其中，干旱将进一步导致虫灾、地表失水、水质污染、供水困难、海潮上溯及咸潮入侵，而虫灾、地表失水、海潮上溯及咸潮入侵，加之高温直接引发的农作物受损等都易引发农作物减产次级灾害；水质污染又将进一步加剧供水困难，并有可能造成家禽、牲畜死亡；高温引起的电力设施故障又易导致火灾、断电，并易连锁造成家电设备瘫痪；供水压力还有可能造成地下管道爆裂；机动车故障也会导致发动机起火而引发火灾，并继而引起交通堵塞，甚至造成人员伤亡。如：1998年上海市气温异常偏

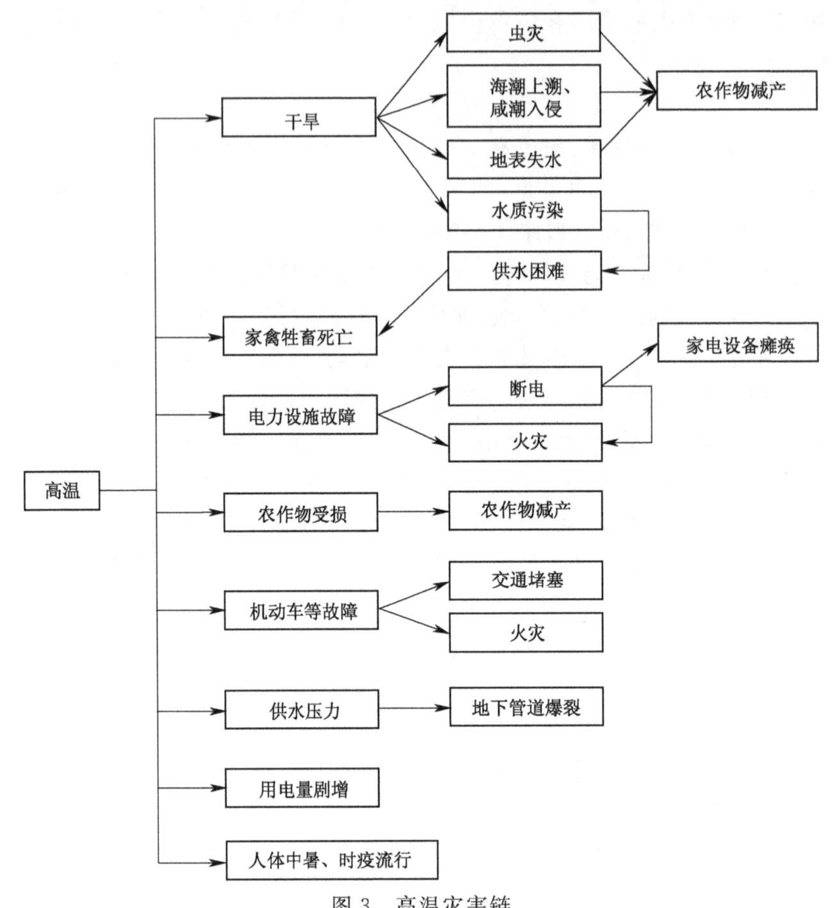

图 3　高温灾害链

高,年平均气温为 18.0℃,较常年高出 2.2℃,为本市 126 年以来最高的一年。连日高温使各行各业和人民生活受到严重影响。自来水、电力供应均超过历史纪录,城乡火警频繁,高架道路上抛锚车辆与上年同期相比上升 65%。8 月 10—16 日,市医疗救护中心累计出动急救车 3513 次,高峰时每天突破 500 次,创历史最高纪录。高温使 1.13 万 hm^2 农田蔬菜普遍减产,饲养场猪、鸡、鸭、奶牛等批量中暑死亡。

3　结论和展望

(1)基于自然灾害系统理论和上海的孕灾环境及脆弱的承灾体,本文构建了上海台风、高温和大雾灾害链模式。其中,上海台风灾害链由台风－暴雨－洪涝、台风－大风(龙卷风)、台风－风暴潮(巨浪)3 条灾害链共同组成并发灾害链。

(2)由上述 3 类气象灾害链模型我们可以看到,气象次生、衍生灾害链对人民生命、财产所造成的危害十分巨大。一个重大自然灾害发生后,继发另一个重大灾害,并呈现链式有序结构的大灾传承效应,前一个灾害可为后继重大灾害的发生提供关键信息,而后继灾害的巨大杀伤力有时可能超过前灾。

(3)从防重于治的角度来说,我们应对可能引发严重后果的继发性、连锁性次生及衍生灾害给予更多的关注，本文目前只建立了上海地区台风、高温及大雾灾害链模型，下一步将以灾害链为基础和科学依据，进一步探讨上海台风、高温和大雾等气象灾害的防御对策以及防灾、减灾动态管理，有效地提高对原生气象及其次生、衍生灾害的防御和处置能力，力争将气象灾害带来的危险降到最低。

参考文献

[1] 孟菲，康建成，李卫江等. 50 年来上海市台风灾害分析及预评估. 灾害学，2007，**22**(4)：71-76.

[2] 温克刚，徐一鸣. 中国气象灾害大典(上海卷). 北京：气象出版社，2006.

[3] 郑柞芳，张秀丽. 北京极端天气事件及其与区域气候变化的联系. 自然灾害学报，2007，**16**(3)：55-59.

[4] 唐晓春，梁梅青. 登陆广东的热带气旋及其产生的灾害链. 灾害学，2006，**21**(3)：47-53.

[5] 刘江龙，刘会平，潘安定等. 广东旱灾灾害链及防御对策研究. 广东农业科学，2005，**2**(2)：90-92.

[6] 汤绪，徐一鸣. 上海气象灾害年鉴(2001—2005). 北京：气象出版社，2010.

基于贝叶斯原理的降水预报偏差订正及水文试验

梁　莉[1]　赵琳娜[1,2]　齐　丹[2]　王成鑫[3,4]　包红军[1,2]

(1. 中国气象局公共气象服务中心,北京 100081; 2. 国家气象中心,北京 100081;
3. 中国科学院大气物理研究所,北京 100029; 4. 中国科学院研究生院,北京 100049)

摘　要:利用淮河流域加密站点 2008 年 6 月 1 日—8 月 31 日逐日降水资料和日最高、最低温度资料,以及对应的 T213 的 24、48 和 72 h 集合预报,采用贝叶斯模型平均方法,利用为期 30 d 的训练期数据对集合预报 15 个成员的定量降水预报进行了概率集成与偏差订正。然后,采用排序概率评分和平均绝对误差两种降水概率检验方法对贝叶斯模型平均的订正结果进行检验。最后,进一步将订正后的降水预报值分别输入 VIC 水文模型中进行水文概率预报。结果表明:从排序概率评分和平均绝对误差来看,对于 24 h 预报,BMA 模型相对于原始集合预报起到明显的偏差订正效果;对 48 和 72 h 预报的订正效果与 24 h 相当,说明经 BMA 订正后的降水预报精度比订正前有所提高;给出的有效区间预报(第 25 百分位至第 75 百分位区间的降水量)将实况降水量包含在内的可能性较大;经 BMA 订正的 24 h 降水集合预报,由 VIC 水文模型模拟得到的径流量变化趋势与实况较吻合。采用 BMA 方法以概率分布的形式描述预报不确定性,这对减少降水预报误差、提高预报准确率、做好洪水预报及防灾减灾工作有重要意义。

关键词:贝叶斯模型平均;偏差订正;VIC 水文模型

引　言

气象与水文向来关系密切,近 30 年来,随着气象学与水文学的快速发展,水文气象学作为气象学的分支以及水文学重要组成部分也得到迅猛发展。现代水文气象研究主要集中在面向流域的定量降水估测与预报技术、流域水文模型以及水文气象耦合预报技术三方面[1]。

气象上的集合数值预报技术近年来取得了重大进展[2],但由于数值模式和集合方法的缺陷,集合预报目前仍然存在不足之处。因此,在集合数值预报产品使用之前完善后处理算法,降低或者去除模式的误差十分必要。对于降水的集合预报后处理,尤其是概率预报的后处理方法大致有集合平均、集合离散度、面条图、概率烟羽图、各种聚类方法等。

相对于以上方法,贝叶斯方法不仅能提供最大的预报可能性,而且也是天气预报不确定性的现实描述。它主张利用所有能够获得的资料与信息,使预报用户(各行各业决策者)在决策中考虑预报的不确定性,从而对风险和后果作出估计和判断。贝叶斯方法在水文研究中常用来处理水文的不确定性,以概率分布形式定量地描述水文预报的不确定度,预报量的预报不是确定的值,而是概率分布,可以更好地完善已有的水文预报模型[3~5]。在气象研究中,马培迎[6]将天气分为有、无降水,分别求得其期望概率作为先验概率,在此基础上,引用贝叶斯原理

资助课题:公益性行业(气象)科研专项(GYHY201006037,GYHY200906007)。

对降水概率预报进行修正，以提高预报精度。随着集合预报的发展，贝叶斯原理也被运用到集合预报的研究中。Raftery 等[19]最初将贝叶斯模型平均(Bayesian Model Averaging,BMA)运用于温度和海平面气压等呈正态分布的物理量上，用来产生有预测效果的概率密度函数。陈朝平等[1]在贝叶斯概率决策理论的基础上，利用四川暴雨的气候概率对集合降水概率预报产品进行了修正，对四川暴雨预报准确率有所提高。

集合预报产品所提供的大量预报信息，需要通过产品释用来传递给用户。因此，对集合预报产品进行解释与应用是实现其实用价值的一个重要环节。另外，发展经验性方法来减小模式误差对预报的影响十分有必要，它能在现有模式的基础上改善预报结果，是一条提高预报能力的捷径。将贝叶斯原理应用到集合预报中，不但能达到偏差订正的目的，而且是能从海量的数值产品信息中提取更为有用的预报信息，具有先进性和广泛的应用前景。然而，先运用贝叶斯原理对气象资料进行偏差订正的气象后处理(水文前处理)，再进行水文概率预报的水文气象单向耦合研究在中国还不多见。

本文则是利用淮河流域范围内降水的历史实况和集合预报资料，采用 BMA 方法[9]对集合预报模式多个预报成员的降水进行概率集成并订正；然后以淮河流域上游的子流域——大坡岭至王家坝流域为例做水文试验，将经 BMA 订正后的降水量输入至水文模型中，得到水文概率预报，以获取更多的水文预报信息。这对于减少预报误差、提高预报准确率、做好洪水预报及防灾减灾工作具有重要意义。

1 资料和研究区域

本文使用的气象资料包括降水资料和日最高、最低气温资料。其中，降水资料又分为降水观测资料和降水集合预报资料。降水观测资料为淮河流域加密站点(图 1)2008 年 6 月 1 日—8 月 31 日的逐日资料；降水集合预报资料和日最高、最低气温资料采用的是对应观测资料时间的国家气象中心业务集合预报模式(简称为 CMA 模式)输出。CMA 模式是建立在全球 T213L31 模式基础上的全球集合预报系统，参与了国际计划 TIGGE 项目的比较试验，共有 15 个成员，分辨率为 0.5625°× 0.5625°。这里用到该模式的集合预报时效分别为 24、48 和 72 h。对于降水观测资料采用距离反比插值，对日最高、最低气温资料和降水集合预报资料采用双线性插值方法，将所有资料都插值成分辨率为 15 km×15 km 的格点数据，使集合降水预报、站点观测数据与水文模型的分辨率一致，共有 1220 个格点(图 2)。

本例选取淮河流域上游的子流域——淮河上游的大坡岭至王家坝流域做水文模拟实验，可分为大坡岭至息县子流域、息县至王家坝子流域(图 2)。流域的海拔高度一般在 200～500 m，流域面积约为 30630 km^2[10]。选取的水文资料为淮河上游息县和王家坝水文站的逐日流量资料，并选取 2008 年 7 月 23 日—8 月 3 日的降水过程进行水文试验。

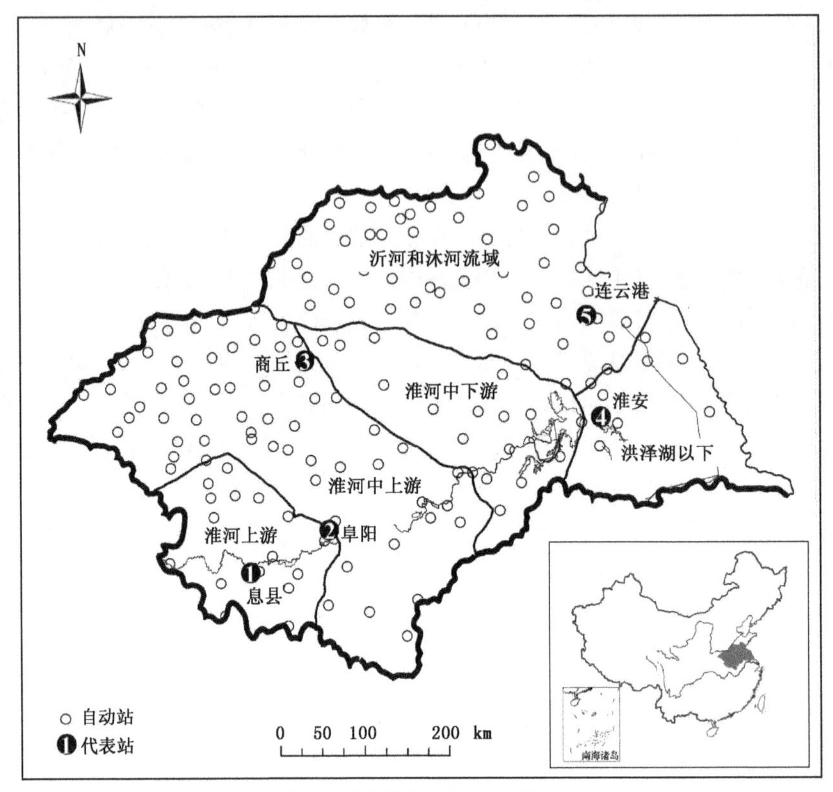

图 1 淮河流域位置与范围

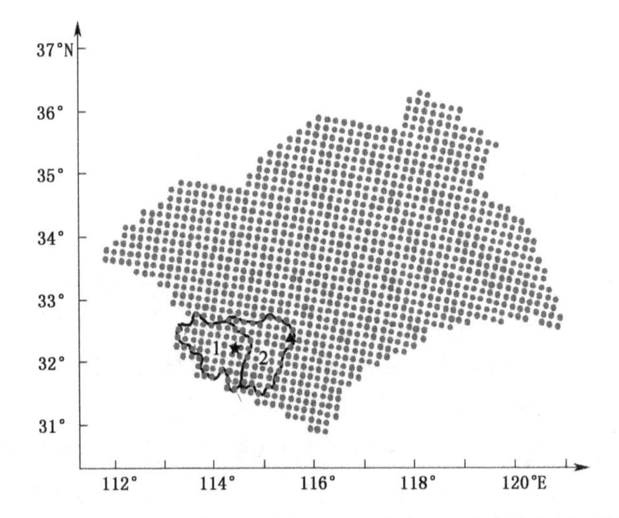

图 2 淮河上游大坡岭至息县(1)淮河上游息县至王家坝(2)子流域范围及插值格点示意图

(★和▲分别表示息县和王家坝)

2 方法和模型选取

2.1 集合降水预报的BMA模型

BMA是用于集合预报的后处理方法，可以产生有预测效果的概率密度函数(Probability Density Function, PDF)。这个具有预测性的PDF由建立在独立偏差校正预报上的多个PDF加权平均后得到，其中权重是产生预报的模型的后验概率，反映了某个预报在一个训练期内对预测的相对贡献能力[7]。在集合预报的BMA模型中，具有预测功能的PDF用$h_k(y|f_k)$表示，指当k成员的原始预报值f_k为集合预报中最佳预报时的条件概率密度函数，每个f_k都对应一个$h_k(y|f_k)$，则BMA的PDF为：

$$p(y \mid f_1, \cdots, f_k) = \sum_{k=1}^{K} \omega_k h_k(y \mid f_k) \tag{1}$$

其中ω_k为当k成员为最佳预报时的后验概率，ω_k是概率，所以是非负数，并且$\sum_{k=1}^{K} \omega_k = 1$由于降水不像温度、海平面气压等物理量是连续变量，而且呈偏态分布。因此，BMA的降水模型作为非连续变量模型分为以下两部分：

第一部分为降水概率(Probability of Precipitation, PoP)，它是以预报值f_k为变量的函数。这里采用Hamill等[13]提出的以预报值f_k的变形为预报变量的逻辑回归模型，原文中将f_k转换成$f_k^{1/4}$。后来有人研究认为在其他条件同等的情况下，预报量的变形要越接近原形f_k，效果才会更好，而$f_k^{1/3}$比$f_k^{1/4}$更接近f_k，于是采用$f_k^{1/3}$作为预测变量，并验证了效果。因此，本文采用的逻辑回归模型最终为

$$P(y=0 \mid f_k) \equiv \lg \frac{P(y=0 \mid f_k)}{P(y>0 \mid f_k)} = a_0 a_1 f_k^{1/3} + a_2 \delta_k \tag{2}$$

为了在$f_k=0$时也有较好的预测效果，添加指示量δ_k。当$f_k=0$时，$\delta_k=1$，其他情况$\delta_k=0$。$P(y>0|f_k)$是当f_k为最佳预报时，降水量>0时的概率。

第二部分为降水量>0时的概率密度函数。以往有很多研究[12-14]都表明，采用Gamma分布对偏态的降水量进行拟合是可行的，因此，采用Gamma分布的概率密度函数拟合降水量，即

$$g_k(y \mid f_k) = \frac{1}{\beta_k^{\alpha_k} \Gamma(\alpha_k)} y^{\alpha_k - 1} \exp(-y \mid \beta_k) y > 0 \tag{3}$$

为取得更好的拟合效果，$g_k(y|f_k)$中的y表示降水量的立方根[9]。其中分布的均值μ_k、方差σ_k^2与形状参数α_k、尺度参数β_k的关系为$\mu_k=\alpha_k\beta_k$，$\sigma_k^2=\alpha_k\beta_k^2$。另外，$\mu_k$、$\sigma_k^2$通过近似线性关系式$\mu_k=b_{0k}+b_{1k}f_k^{1/3}$，$\sigma_k^2=c_{0k}+c_{1k}f_k$求得，其中$f_k$为自变量。由于集合成员间的两个方差参数$c_{0k}$和$c_{1k}$相差不大，为了减小过度拟合的风险并减少待估参数，将所有集合成员的方差参数c_{0k}和c_{1k}分别设为一致，即$\sigma_k^2=c_0+c_1 f_k$。至此，集合预报成员f_k对应的$h_k(y|f_k)$可以表示为：

$$h_k(y \mid f_k) = P(y=0 \mid f_k) I[y=0] + P(y>0 \mid f_k) g_k(y \mid f_k) I[y>0] \tag{4}$$

式中，I为指示函数，当$y=0$时，$I[y=0]$为1，$I[y>0]$为0；当$y>0$时，$I[y>0]$为1，$I[y=0]$为0。

综上所述，按照式(1)将所有集合成员的 $h_k(y|f_k)$ 按照各自的后验概率累加起来，就可以得到集合降水预报的 BMA 模型的 PDF：

$$p(y \mid f_1,\cdots,f_k) = \sum_{k=1}^{K}\omega_k(P(y=0 \mid f_k)I[y=0] + P(y>0 \mid f_k)g_k(y \mid f_k)I[y>0]) \tag{5}$$

式中，$P(y=0|f_k)$ 和 $P(y>0|f_k)$ 的关系如式(2)，$g_k(y|f_k)$ 的具体表达式为式(3)。

2.2　BMA 参数估计

a_{0k}、a_{1k}、a_{2k} 由以 $f_k^{1/3}$ 与 δ_k 为预测变量，以有雨或无雨为因变量的逻辑回归方程(2)得到。b_{0k}、b_{1k} 由在有雨情况下，以 $f_k^{1/3}$ 为预测变量，以降水量的立方根 y 为因变量的线性方程 $\mu_k=b_{0k}+b_{1k}f_k^{1/3}$ 求得。

对 BMA 中的后验概率 $\omega_k(k=1,\cdots,K)$ 以及方差参数 c_0、c_1，则采用极大似然法求得。将降水量的似然函数(也称为抽样分布)定义为训练期降水量的概率 $p(y|f_1,\cdots,f_K)$。极大似然估计值是使似然函数最大的参数向量值。由于对似然函数的对数函数求最大值比起对其本身求最大值更简便，因此，在假设预报的时间和空间误差是独立的前提下，BMA 的对数—似然函数为：

$$l(\omega_1,\cdots,\omega_k;c_0;c_1) = \sum_{s,t}\lg p(y_{st} \mid f_{1st},\cdots,f_{Kst}) \tag{6}$$

式中，s、t 分别表示站点和时刻，$p(y_{st}|f_{1st},\cdots,f_{Kst})$ 为式(5)。在用极大似然法的处理过程中，采用一个简单的迭代算法计算后验密度——期望最大化算法(Expectation-Maximization，EM)，它的最大优点是简单和稳定[15, 16]。这里引进一个未观察到的隐含变量 z_{kst}，即假定可以观察到 z_{kst}，当 k 成员为 s 站点在时刻 t 时的最佳预报时 $z_{kst}=1$；其他则 $z_{kst}=0$。对于每一组 (s,t)，$\{z_{1st},\cdots,z_{kst}\}$ 中只有一个值为 1，其他为 0。

从参数的初值估计开始，重复进行两步运算直至收敛：第一步——求对数－似然函数的期望。由于 z_{kst} 是观察不到的，因此，EM 算法假设 z_{kst} 由上一轮的估计参数确定，即：

$$\hat{z}_{kst}^{(j+1)} = \frac{\omega_k^{(j)}p^{(j)}(y_{st} \mid f_{kst})}{\sum_{l=1}^{k}\omega_l^{(j)}p^{(j)}(y_{st} \mid f_{lst})} \tag{7}$$

$\hat{z}_{kst}^{(j+1)}$ 表示利用当前 ω_k 和 c_0、c_1 得到的 z_{kst} 的估计值，其中，j 表示 EM 算法的第 j 次迭代，$w_k^{(j)}$ 表示第 j 次迭代时 ω_k 的估计值，$p^{(j)}(y_{st}|y_{kst})$ 为式(5) $p(y_{st}|f_{kst})$ 第 j 次迭代的值，用到 $c_0^{(j)}$、$c_1^{(j)}$。第二步——将对数—似然函数最大化，用第一步中得到的 $\hat{z}_{kst}^{(j+1)}$ 对原先估计出来的参数进行再次估计，以获得新的参数值，即：

$$\omega_k^{(j+1)} = \frac{1}{n}\sum_{s,t}\hat{z}_{kst}^{(j+1)} \tag{8}$$

用 $\omega_k^{(j+1)}$ 更新 $\omega_k^{(j)}$，其中 n 为数据集的容量，也就是 (s,t) 的数量和。对于 c_0、c_1 的极大似然估计没有解析解，只能利用当前 ω_k 的估计值对式(6)进行数值优化而得到。

接着就是重复轮流进行这两步运算，通过多次的迭代，循环直至收敛条件满足为止，就可以使模型的参数逐渐逼近真实参数。EM 算法的缺点是只能收敛到对数—似然函数的局部极大值，只是起到局部最优[17]，算法高度依赖于初始值的选择，通常选择已收敛的第 t 天估计值作为第 $(t+1)$ 天的起始值，可以取得较好的收敛效果。

因此，将训练期定为一个滑动窗口，模型中的参数由每次滑动生成的新窗口估计得到。训练期天数的选择会对BMA模型的参数估计造成影响，从而也会影响到预报效果。训练期天数不能超过总的资料时间序列长度。对于训练期天数的选择，没有自动的方法，只有根据资料时间序列长度和实际问题的需求来权衡。一方面，由于天气类型和模型规范随时都在变化，训练期越短越能迅速适应这些变化，特别是多模型集合预报中模型间相对性能的变化。另一方面，训练期越长，则由估计得到的参数所确定的预报模型效果越好[9]。

由于淮河流域处于南亚季风和北半球大陆性气候的过渡区，降水的季节性变化十分明显，但本文研究的6—8月，淮河流域的降水均属于夏季降水，可以近似为同季节性降水。本文针对24、48和72 h集合预报的训练期经过多次试验，根据订正的效果，将训练期定为30 d。

2.3 降水概率预报的检验方法

本文采用下面两种常用的概率预报评分对订正效果进行检验。

排序概率评分CRPS(Continuous Ranked Probability Score)代表了观测和预报的累积分布函数(CDF)的差别，即 $CRPS = \sum_{m=1}^{K+1} (\hat{X}_m - X_m)^2 \sum_{m=1}^{K} (\hat{X}_m - X_m)^2$，其值越大，表示集合预报系统的预报能力越低。

平均绝对误差MAE是能反映预报误差的指标，即 $MAE = \frac{1}{n}\sum_{k=1}^{n}(\hat{x}_k - x_k)$，只有当所有预报与相应的观测相同时MAE才会为0，也就是理想的预报。MAE值越小，表示预报能力越高。

2.4 水文模型的选取

水文模型根据不同的标准有多种分类，根据模型结果和参数的物理完善性，常分为概念性模型和分布式物理模型。目前，国际上主要有新安江模型、SWAT模型、TOPMODEL模型等。VIC模型是一个基于空间分布网格化的分布式水文模型，最初由Wood[20]根据一层土壤变化的入渗能力提出，后有人在此基础上将其发展为两层土壤的VIC－2L模型，后来模型中又增加了一个10 cm左右的薄土层，变成三层土壤的VIC－3L模型。

由于VIC模型的输出是蒸散发、土壤含水量、径流深等，其中，径流深指单位时间内流经站点的总水量平铺到整个控制流域面积上的水流平均厚度。而这些网格实测数据是没有的，因此无法对这些量直接进行验证，但是流域出口断面的流量却是容易获取的[20]。VIC模型可进行水量平衡的计算，输出每个网格上的径流深和蒸发，再通过汇流模型将网格上的径流深转化成流域出口断面的流量过程，弥补了传统水文模型对热量过程描述的不足。

VIC模型及汇流模型的运行环境为UNIX工作站，整个运行过程受两个全局控制文件控制，该文件对模型的运行起到了引导及功能设定的作用。VIC全局控制文件确定VIC模型分辨率和时间步长、模拟起止时间、是否运行融雪模块和冻土模块、所有输入输出文件的路径等；汇流模型全局控制文件包括全局参数、全局选项、强迫文件、调试参数等。这里采用已率定好的淮河流域模型参数[10]，将VIC模型计算所得的径流深输入至15 km×15 km汇流模型，对息县、王家坝水文站进行汇流计算，最后基于这套参数模拟了代表站点在2008年7月23日—8月3日的径流过程。

综上,从降水集合预报的偏差订正至水文概率预报的流程如图3所示。其中,水文模式的构建流程主要包括陆面水文模型VIC及汇流模式两部分。

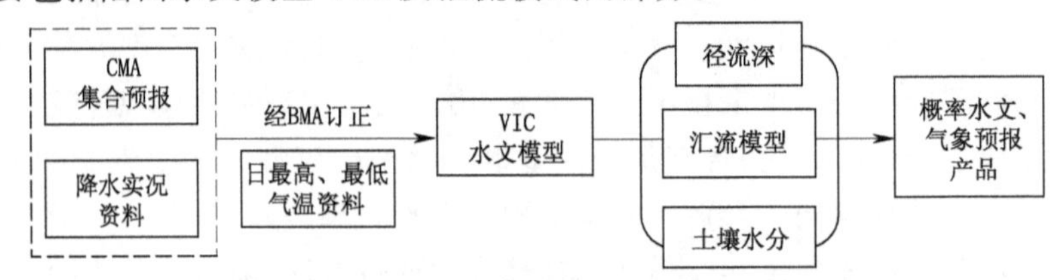

图3 基于贝叶斯模型平均的集合预报—水文概率预报流程

3 结果分析

3.1 BMA对降水预报的订正效果分析

3.1.1 BMA对淮河流域的降水预报订正效果分析

以24 h预报为例,图4是采用淮河流域7月22日前30 d的训练数据建立的当日BMA成员权重,根据式(5)就可以建立BMA预报的PDF。如图4所示,15个成员中只有6个成员的权重>0,并不是所有成员都占有一定的权重,而是根据各成员在训练期内的预报效果来确定。

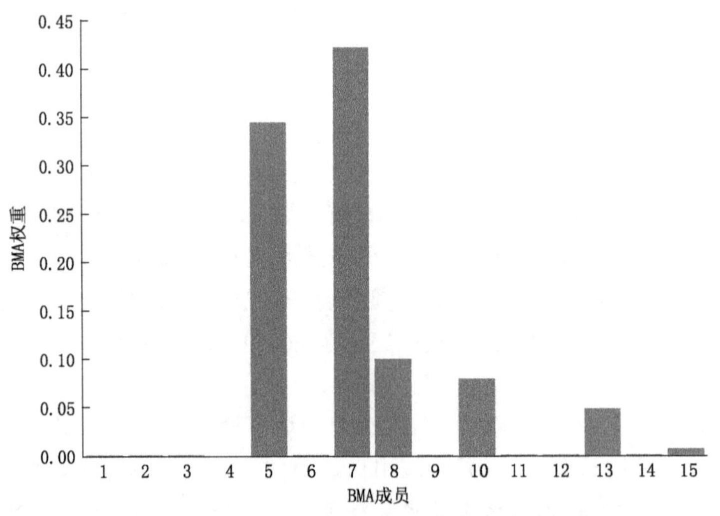

图4 2008年7月22日BMA各集合成员权重

下面以2008年7月21—30日的降水过程为例,根据BMA概率预报和原始集合预报(以CMA模式)的CRPS和MAE评分来对比其预报效果。CRPS、MAE评分均为淮河流域1220个站点评分的平均值。在MAE评分中,CMA模式预报的MAE用集合平均值与实况的平均绝对误差表示;BMA概率预报的MAE用中位数(第50百分位数)与实况的平均绝对误差来表示。

从表1可以看出,对于24 h预报,除了7月22、23和24日,BMA的CRPS或MAE评分比CMA模式预报高,没有起到订正效果外,其余几天BMA模型对于CMA模式预报的集成订正效果还是很明显的。随着预报时效的增长，BMA 对 48、72 h 预报的订正效果与对 24 h 的效果相当。综合 CRPS、MAE 的评分来看，48 h 预报中的 7 月 23、24 和 30 日以及 72 h 预报中只有 7 月 22、23、30 日没有起到严格意义上的订正作用。特别是 7 月 23 日，BMA 不但没有起到订正作用，而且无论是 CMA 模式还是 BMA 的 CRPS、MAE 评分都远远大于其他日期的评分。从实况来看，这一天淮河流域普遍都有降水发生，个别站点的降水量达到了暴雨量级，超过了 100 mm，CMA 模式集合成员对 7 月 23 日的降水量预报均也有所增加，但达不到实况的量级，误差较大。由此可见，BMA 虽然能对原始预报的有偏差订正效果，但改善的幅度在很大程度上还是要依赖于原始集合预报的预报精度。

表 1 24、48 和 72 h 原始集合预报(CMA 模式)与 BMA 概率预报的 CRPS、MAE 评分对比

预报日期	评分	24 h		48 h		72 h	
		CMA	BMA	CMA	BMA	CMA	BMA
7 月 21 日	CRPS	2.05	0.62	0.71	1.21	0.86	1.52
	MAE	2.52	0.43	0.88	0.70	1.02	1.16
7 月 22 日	CRPS	9.36	9.13	9.82	8.73	8.99	8.73
	MAE	10.84	10.02	11.02	10.96	10.74	10.71
7 月 23 日	CRPS	31.45	45.59	37.79	47.12	40.26	48.42
	MAE	38.62	56.36	45.28	56.64	49.28	57.47
7 月 24 日	CRPS	12.01	11.52	12.32	13.31	14.72	12.07
	MAE	14.80	14.55	14.97	14.84	18.34	17.05
7 月 25 日	CRPS	5.11	3.16	4.25	3.31	3.52	2.96
	MAE	6.81	3.41	5.31	3.71	4.58	3.39
7 月 26 日	CRPS	8.63	4.23	4.38	3.56	4.50	3.86
	MAE	10.78	4.96	5.38	4.28	5.74	4.70
7 月 27 日	CRPS	6.97	4.74	5.75	4.79	5.33	4.82
	MAE	8.91	5.96	7.25	6.32	6.65	6.42
7 月 28 日	CRPS	7.14	4.14	6.36	3.60	3.52	3.04
	MAE	9.53	4.66	8.63	3.93	4.89	3.31
7 月 29 日	CRPS	2.82	1.18	1.56	1.08	3.20	1.63
	MAE	3.64	0.86	2.17	0.49	4.62	0.85
7 月 30 日	CRPS	8.91	6.39	8.15	6.97	7.85	6.59
	MAE	11.22	8.85	8.78	8.64	8.94	8.35

3.1.2 BMA 对代表站的降水预报订正效果分析

以下采用盒须图来直观地显示 BMA 对代表站点的降水预报订正效果。盒须图是利用数据中 5 个统计量：最小值、第 25 百分位数、中位数(第 50 百分位数)、第 75 百分位数与最大值来描述数据信息的一种辅助图。盒子的下端表示第25百分位数,上端表示第75百分位数。

针对BMA概率预报所作的盒须图是取第95百分位数为最大值,第5百分位数为最小值;同时,对CMA模式预报的盒须图则是取15个集合成员中当天最大预报值为最大值,最小预报值为最小值,然后取第一四分位数,将15个成员集成一种概率预报,与BMA概率预报效果作对比。

好的集合预报应该把实测真值尽量包括在集合范围内。从息县站(图5)和王家坝站(图6)的BMA模型、CMA模式预报的盒须图来看,BMA模型对该站7月21—30日有效区间(第25百分位—第75百分位)降水预报基本已将实况降水量包含在内,息县站有8 d,王家坝站有7 d。而CMA集合预报(图5a、b)有效区间降水预报将实况降水量包含的情况相对较少,息县站有5 d,王家坝站仅有7月27日1 d。如果只看BMA中位数(第50百分位)降水预报,息县站中位数降水预报(图5a)除了在7月22—24日比实况明显偏低,其余天数偏差都不大;王家坝站中位数的降水预报效果要差一些,在7月22—24日、27—28、30日(图6a)都出现比实况严重偏低的情况。从图5a和6a也可以看出,BMA模型预报中位数预报比实况是明显偏小,对于<10 mm的降水预报与实况的偏差较小。

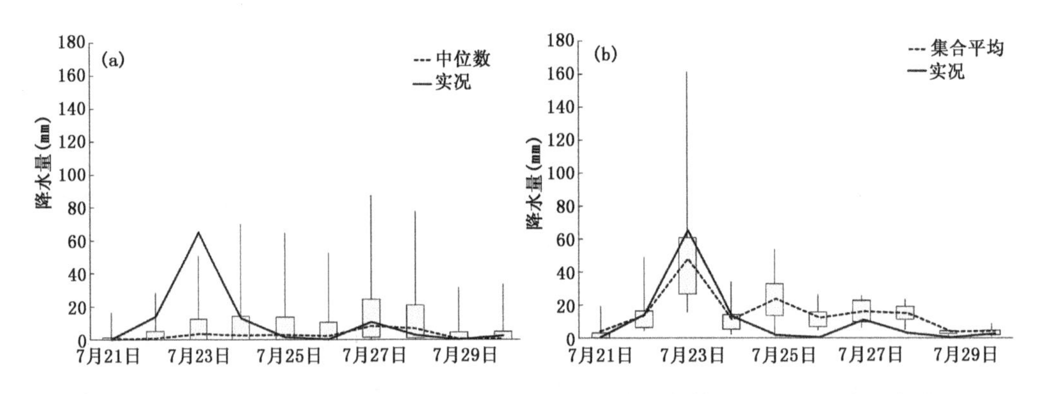

图5　息县站7月21—30日24 h的BMA模型预报(a)和CMA模式预报(b)盒须图与实况对比

与BMA中位数预报相比,集合平均作为确定性预报,虽然相对于单个成员预报,其预报值可能会更靠近真值。但是从图5b和图6b中集合平均与实况的对比可以看到,两者仍会存在较大偏差:有7 d比实况偏高,有3 d比实况偏小,其中在7月23日息县站两者相差21.6 mm,在王家坝站相差22.8 mm。它不能把降水的不确定性完备地表达出来,也就不能传达出更完善的预报信息。采用降水出现可能性大小的形式进行预报,即降水概率预报,比起传统的定量预报更符合天气变化的客观规律,更能揭示降水本身具有的随机性及不确定性。而作为概率预报,BMA模型给出的有效区间预报将实际观测降水量真值包含在内的可能性较大。从这方面来说,它比起确定性预报更能满足现代经济、生产决策的日益客观化、定量化、精细化的需要,能大幅提高天气预报的使用效益[22]。

从上面的讨论中可以看到,BMA集成模型的功能就是定量地、以概率分布的形式描述预报不确定度。从期望意义方面来说,在不对预报附加任何条件和假设的前提下,它还可提高预报精度和使用价值[3]。

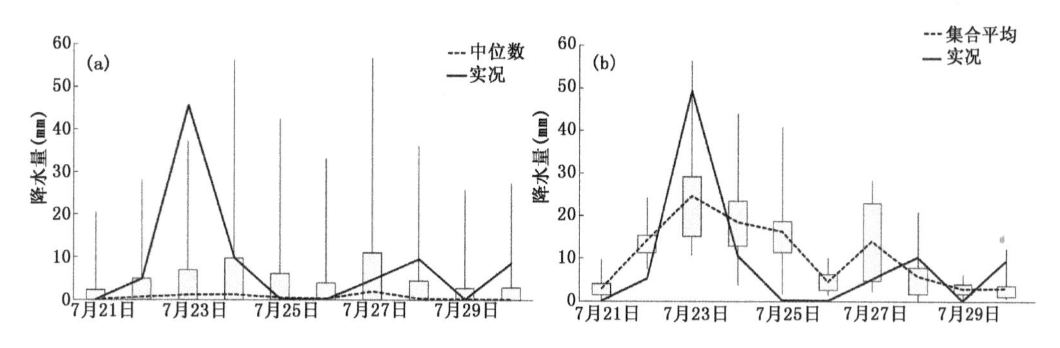

图 6　王家坝站 7 月 21—30 日 24 h 的 BMA 模型预报(a)和 CMA 模式预报(b)盒须图与实况对比

3.2　VIC 水文模型模拟结果

下面给出了淮河上游的息县、王家坝水文站 24、48 和 72 h 降水预报分别经 BMA 订正后，再基于 15 km×15 km 水文系统得到的 2008 年 7 月 23 日—8 月 3 日径流过程模拟结果(图 7)，洪水预见期分别为 24、48 和 72 h。在此之前该模式已经启动运行一个月，以便克服降水—土壤水分响应滞后的问题。

传统的确定性洪水预报指标包括确定性系数、洪峰相对误差、峰现时间等。这里将概率预报的有效区间(第 25 百分位至第 75 百分位)流量预报与实况流量结果进行比较。从图 7a 能明显看出，在息县站 24 h 降水预报的流量模拟结果中，BMA 的有效区间降水预报经 VIC 模拟得到的流量过程，包括了洪峰发生和退水的过程，在 7 月 24 日这一天准确地模拟出了峰现时间，但是有效区间的洪峰最大值比实况偏低。这主要因为预见期的降水预报不够准确而造成的。

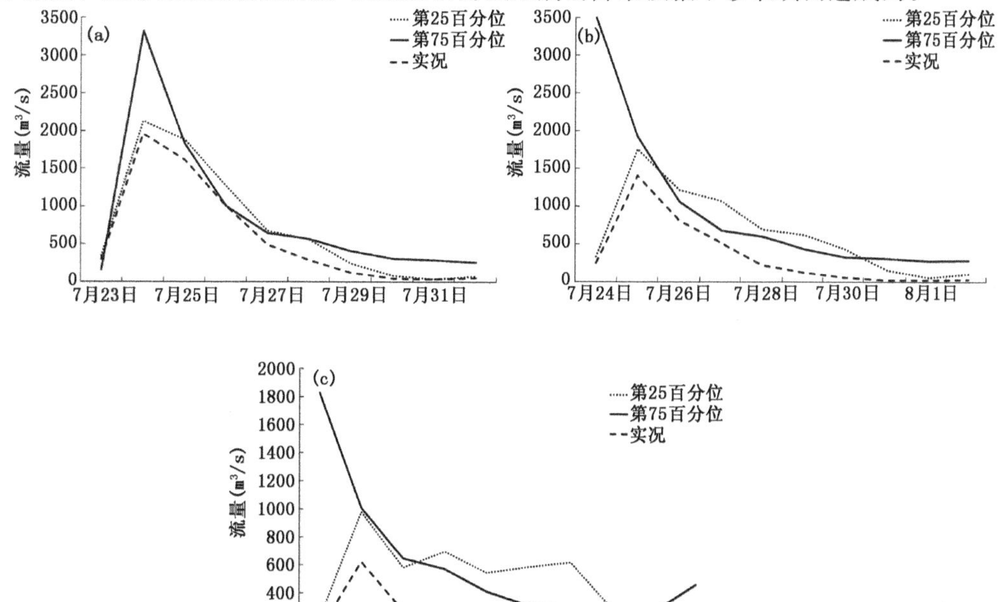

图 7　息县水文站 2008 年 7 月 23 日—8 月 3 日 BMA 24(a)、48(b)和 72 h(c)
降水预报的流量模拟与实况对比

在王家坝站 24 和 48 h 降水预报的流量模拟结果中(图 8a、b),预报峰现时间为 7 月 25 日,比实况提前了 1 d,由于降水资料时间分辨率不够,无法做到对峰现时差进行详细分析。在王家坝站 72 h 降水预报的流量模拟结果中(图 8c),无论是峰现时间还是峰值的模拟都与实况较一致;预报时效增加了,流量模拟效果反而比 24 和 48 h 更好。这说明虽然降水预报作为水文模型的输入会影响水文模拟的效果,但水文模型本身也具有不确定性,只有将降水输入及水文模型的不确定性进行综合考虑,才能更合理地估计洪水预报的不确定性。

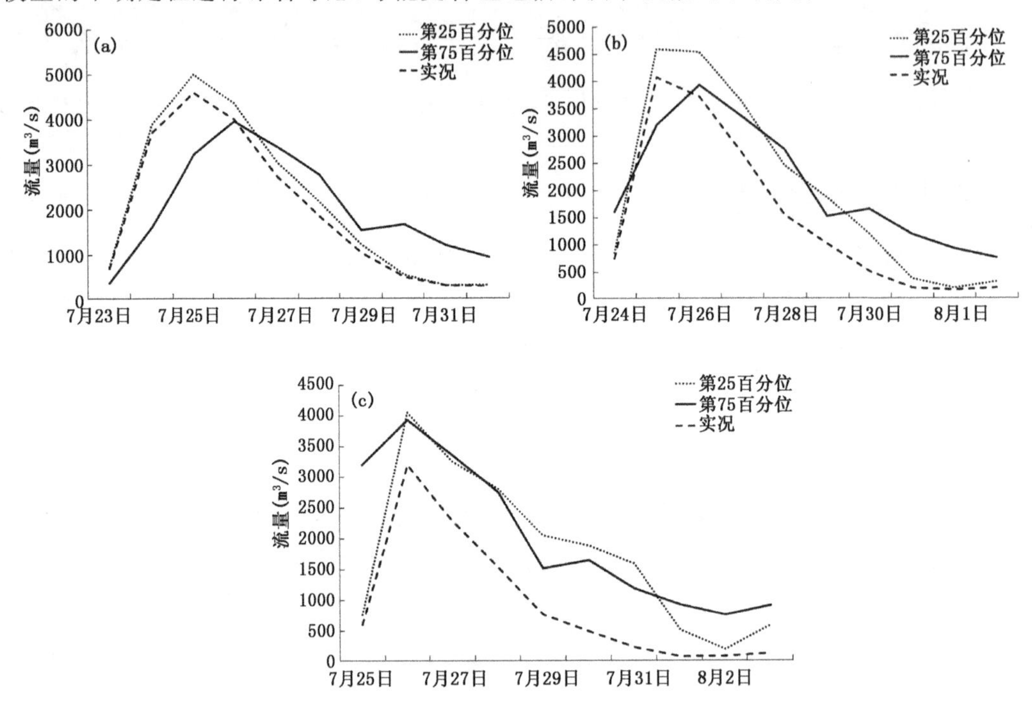

图 8 王家坝水文站 2008 年 7 月 23 日—8 月 3 日 BMA 24(a)、48(b)和 72 h(c)降水预报的流量模拟与实况对比图

从息县和王家坝两站来看,VIC 虽然对洪峰的预报值总体上比实况偏低,但经 BMA 模型订正后的集合预报,其有效区间降水量模拟得到的径流量趋势与实况较吻合。由于输入水文模型的是降水概率预报,已经含有不确定性成分,因此要用概率结果模拟得到理想的确定性径流量是很困难的。虽然对于峰值的模拟欠佳,而用概率预报模拟得到的径流量对把握径流量的变化趋势是比较有效的。

5 结论与讨论

(1)对于 24 h 预报,BMA 模型相对于 CMA 模型集合预报起到明显的偏差订正效果。随着预报时效的增长,对 48 和 72 h 预报,BMA 模型的订正效果与 24 h 相当。BMA 虽然对原始预报有偏差订正效果,但改善的幅度还是要依赖于原始集合预报的预报精度。

(2)BMA 模型给出的有效区间预报(第 25 百分位至第 75 百分位区间的降水量)将实际观测降水量真值包含在内的可能性较大,采用 BMA 方法以概率分布的形式描述预报不确定性,可提高预报精度,减少降水预报误差。

(3)经 BMA 模型订正的 24 h 集合预报,有效区间降水量模拟得到的径流量变化趋势与实况较吻合,对把握径流量的变化趋势是比较有效的。

概率预报是水文气象预报发展的趋势,贝叶斯原理突破了常规预报方法在信息利用和样本学习方面的局限性,成为概率预报研究中常用的方法和理论,但是对于贝叶斯方法的稳健性,还需要更全面的研究。另外,水文模型的应用包含输入、模型参数和结构等诸多的不确定性因素,本文仅对降水预报输入的不确定性进行了初步探讨,而且由于气象资料的时间和空间分辨率的局限性,对于水文预报结果的检验指标还做不到细致分析,需要收集精细化资料才能进行深入地探讨。

参考文献

[1] 陈朝平,冯汉中,陈静. 基于贝叶斯方法的四川暴雨集合概率预报产品释用. 气象,2012,**36**(5):32-39.

[2] 李泽椿,毕宝贵,朱彤等. 近 30 年中国天气预报业务进展. 气象,2004,**30**(12):4-10.

[3] 梁莉,赵琳娜,巩远发等. 淮河流域汛期 20d 内最大日降水量概率分布. 应用气象学报,2011,**22**(4):421-428.

[4] 林建,谢正辉,陈锋等. 2006 年汛期 VIC 水文模型模拟结果分析. 气象,2008,**34**(3):69-77.

[5] 马培迎. 应用贝叶斯原理修正降水概率预报. 气象科技,1999,**1**:45-48.

[6] 王善序. 贝叶斯概率水文预报简介. 水文,2001,**21**(5):33-34.

[7] 徐虹,朱爱华,张宏. 降水概率预报的评分和经济效益评估. 陕西气象. 1999,**1**:1-3.

[8] 张洪刚,郭生练. 贝叶斯概率洪水预报系统. 科学技术与工程,2004,**4**(2):74-75.

[9] 赵琳娜,包红军,田付友等. 水文气象研究进展. 气象,2012,**38**(2):147-154.

[10] 赵琳娜,吴昊,田付友等. 基于 TIGGE 资料的流域概率性降水预报评估. 气象,2010,**36**(7):133-142.

[11] Dempster A P, Laird N M, Rubin D B. Maximum likelihood from incomplete data via the EM algorithm. *J. Royal Statistical Society: Series B (Methodological)*, 1977, **39**(1):1-38.

[12] Wu C F Jeff. On the convergence properties of the EM algorithm. *Ann. Stat.*, 1983, **11**(1):95-103.

[13] Hamill J S Whitaker, Wei X. Ensemble re-forecasting Improving medium-range forecast skill using retrospective forecasts. *Mon. Wea. Rev.*, 2004, **132**:1434-1447.

[14] Hamill T M, Colucci S J. Evaluation of Eta-RSM ensemble probabilistic precipitation forecasts. *Mon. Wea. Rev.*, 1998, **126**:711-724.

[15] Mclean Sloughter J, Adrian E Raftery, Rilmann Gneiting, et al. Probabilistic quantitative precipitation forecasting using Bayesian Model Averaging. *Mon. Wea. Rev.*, 2007, **135**:3209-3220.

[16] Liang Li, Zhao Linna, Gong Yuanfa, et al. Probability distribution of summer daily precipitation in the Huaihe basin of China based on Gamma distribution. *Acta Meteor. Sinica*, 2012:**26**(1), 72-84.

[17] McLachlan G J, Krishna T. The EM Algorithm and Extensions. New York: Wiley, 1997.

[18] Krzysztofowicz R. Bayesian system for probabilistic river stage forecasting. *J. of Hydrolody*. 2002, **268**:16-40.

[19] Raftery A E, Gneiting T, Balabdaoui F, et al. Using Bayesian model averaging to calibrate forecast ensembles. *Mon. Wea. Rev.*, 2005, **133**:1155-1174.

[20] Wood E F, Lettenmaier D P, Zartarian V G. A land-surface hfdrology parameterization with subgrid variability for general circulation models. *J. Geophys Res*, 1992:**97**.

降水概率预报在淮河流域的水文预报试验

赵琳娜[1,2] 刘 莹[3] 包红军[1,2] 梁 莉[1,2] 董航宇[4]

(1. 中国气象局公共气象服务中心,北京 100081; 2. 国家气象中心,北京 100081;
3. 四川省气象台,成都 610072; 4. 成都信息工程学院,成都 610225)

摘 要:利用条件亚正态分布模型生成淮河流域3个子流域1～14 d的日面雨量集成预报,并将其运用于王家坝水文站的径流量集合预报,结果表明概率预报的第5百分位至第95百分位基本能将观测包含在内。集合预报中部分成员可以预报出洪峰的峰值和峰值出现的大致时间。条件亚正态分布模型生成的具有概率意义的降水预报在大坡岭至王家坝流域的洪水预报试验说明,相对于GFS单值降水预报,降水概率预报对洪水过程的预报来说,更能达到对未来的水文事件进行最大可能估计这个目的,并给出了一个广泛的结果区间,尽可能地综合了造成降水预报不确定性的因素。

关键词:气象学;条件亚正态分布;洪水预报;集合预报

引 言

降水是一种常见的天气现象,也是一种特别重要的天气现象,降水过量或不足都会造成严重的自然灾害,导致财产损失,甚至造成生命危险。水文过程在降水形成后影响着水资源分布以及灾害发生情况,水文预报的准确性对水资源利用以及防灾、减灾有着非常重要的作用。Krzysztofowicz[1]对水文预报的不确定来源进行分类,将水文预报的不确定来源分为:降水业务预报的不确定性、降水和其他气象强迫输入的不确定性、水文边界条件和初值条件估计的不确定性以及模型参数的不确定性等。这些不确定最终造成了水文预报的不确定,影响着水文预报效果的好坏。为了更好地进行风险决策,水文预报的用户越来越希望对水文预报的不确定性进行定量估计,而不仅仅是一个近似的估计。为了达到这一目的,预报机构开始采用集合预报技术来进行水文预报。降水作为水文模式最重要的输入驱动,其准确性制约着水文预报的准确程度。然而应用于水文预报的降水不确定性受到很多因子的影响,除了降水本身的不确定性,还有将降水运用到水文预报的过程中产生的不确定性(如空间和时间的不匹配问题)。因此,将降水的不确定性定量地表现出来,并应用于水文预报中,生成水文集合预报,分析由降水不确定性造成的水文不确定性,对水文预报有着非常积极的意义。

1 新安江模型简介

新安江模型是中国发展的一个降雨径流流域模型,由赵人俊等于新安江做入库流量预报

资助课题:中国气象局公共气象服务中心业务基金"流域洪涝临界面雨量阈值确定技术研究",公益性(气象)行业专项(GYHY200906007,GYHY201006037)。

工作中基于蓄满产流这一概念提出的概念性模型，其介于集总模型与分布式模型之间，可称为“准分布式模型”，新安江模型可用于洪水预报和水量平衡模拟，适用于湿润和半湿润地区[2,3]。考虑降水不均匀和下垫面条件的不同，新安江模型被设计为分散型结构，按泰森多边形法或天然流域划分法将流域分成多块单元流域，对每块单元流域做产流、汇流计算，得出单元流域的出口流量过程，再对单元流域出口的流量过程进行出口以下的河道汇流计算，得到该单元流域出口的流量过程，将每块单元流域的出流过程相加，求得流域出口的总出流过程[4]。随着近几十年来的不断完善，新安江模型以参数少、具有明确物理意义等优点，在史河流域[5]、乌裕尔河流域[6]、嫩江流域[7]以及淮河流域[8]都有很好的应用。新安江模型在中国各个流域的应用及改进，使得该模型成为非常具有中国特色的水文模型，本文使用三水源新安江模型进行径流量的模拟。

2 研究区域和资料

2.1 研究区域

本文选取的流域为淮河上游的大坡岭至王家坝流域，流域海拔在 200～500 m，面积约为 30630 km^2（图 1）。该流域是由淮河上游大坡岭至息县、淮河上游息县到王家坝和汝河—洪河上游组成。在三水源新安江模型中将 3 个子流域作为大坡岭至王家坝流域的 3 个子单元流域进行产流、汇流计算，得到各子单元流域的出口流量过程后，对子单元流域出口的流量过程进行出口以下的河道汇流计算，得到该子单元流域出口的流量过程，将 3 个子单元流域的出流过程相加，则得到大坡岭至王家坝流域出口的总出流过程。

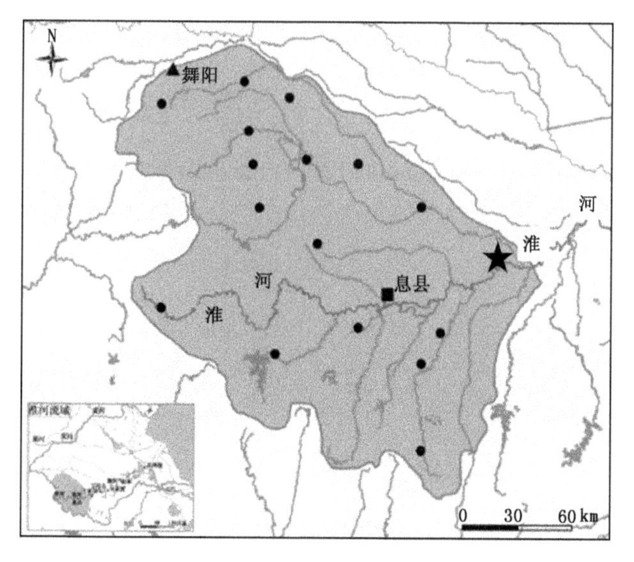

图 1　研究区域及流域内气象观测站示意图（★表示王家坝的位置）

2.2 降水概率预报的后处理

本文日面雨量集成预报资料使用 GFS 模式起报的 1～14 d 降水预报，采用 Schaake 等[9]

提出的条件亚正态分布模型得到。该方法利用单值预报的历史资料 x 与观测资料 y 建立一个单值预报和观测的二元联合分布函数 $H(x,y)$，进而得到在某单值预报 x 的条件下，实际观测 y 出现的条件分布函数 $H_{Y|X}(y|x)$。确定 $H_{Y|X}(y|x)$ 后，使用分层抽样法给定等距离的 n 个概率，获得对应的一组降水预报值的集合。

由于降水存在时空分布的不均匀，而统计模型多为点与点的统计关系，没有考虑到要素时空上的联系，因此，在气象资料进入水文模型前，使用美国国家气象局水文室 Schaake 发明的 Schaake 洗牌法[11]对集成成员进行重新排列。针对某一流域，首先选取 n 个历史观测资料 $\{x_1,x_2,x_3,\cdots,x_n\}$，每一个观测对应的序号为 $\{1,2,3,\cdots,n\}$；再通过条件亚正态分布获取 n 个集成成员，将集成成员按从小到大排列为 $\{y_1,y_2,y_3,\cdots,y_n\}$；把历史资料中最小值的序号作为集成成员中最小值的序号，依此类推；最后将集成成员按照序号从小到大排列。其他各个子流域在保证进行序号排列的历史资料时间一致的前提下，按照相同的方法得到重新排列的集成成员。子流域中相同序号的集合成员作为一组驱动数据驱动子流域的水文模型，计算各子流域出口的流量过程，再将各子流域的出流过程相加，计算得到总的出流过程。

3 概率水文预报结果分析

本文使用新安江模型对大坡岭至王家坝流域 1988 年 9 月 7—20 日和 1991 年 7 月 31 日—8 月 13 日的两次洪水过程进行预报，结果如图 2 和 3 所示。驱动水文模型的日面雨量预报分别为 1988 年 9 月 6 日和 1991 年 7 月 30 日 GFS 模式起报的 1～14 d 日面雨量预报。

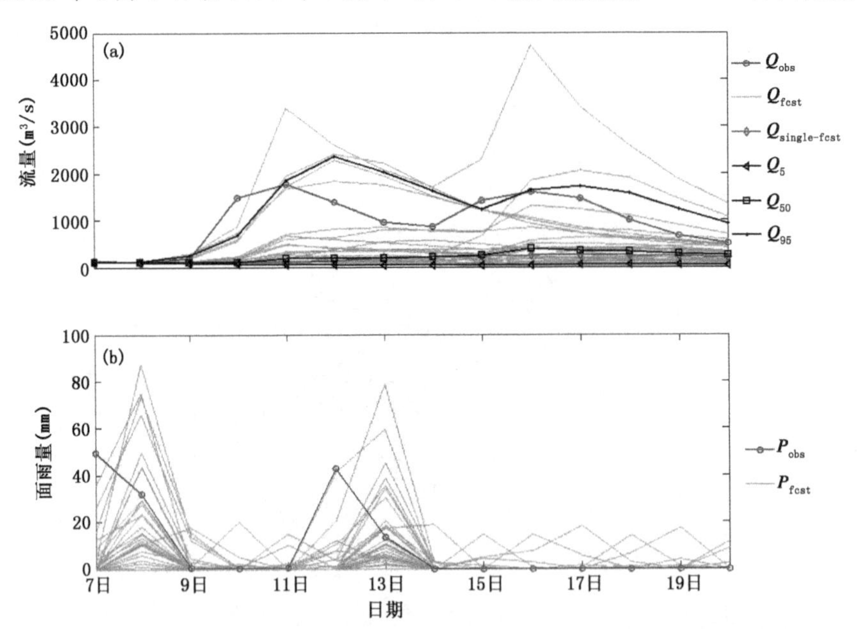

图 2 1988 年 9 月 7—20 日王家坝水文站径流量集合预报与径流量观测对比(a)以及流域面雨量集合预报与实际面雨量的对比(b)

图 2 和 3 中 $Q_{single-fcst}$ 为 GFS 模式预报的 1～14 d 预报驱动模型得到的流量预报，Q_{obs} 为观测流量。从图 2 和 3 中可以看出，GFS 的预报对于流量预报存在明显的不足，对于洪峰出现时间和相应时间达到的流量，GFS 的在两次洪水预报中都表现不佳，尤其是流量预报，出现明

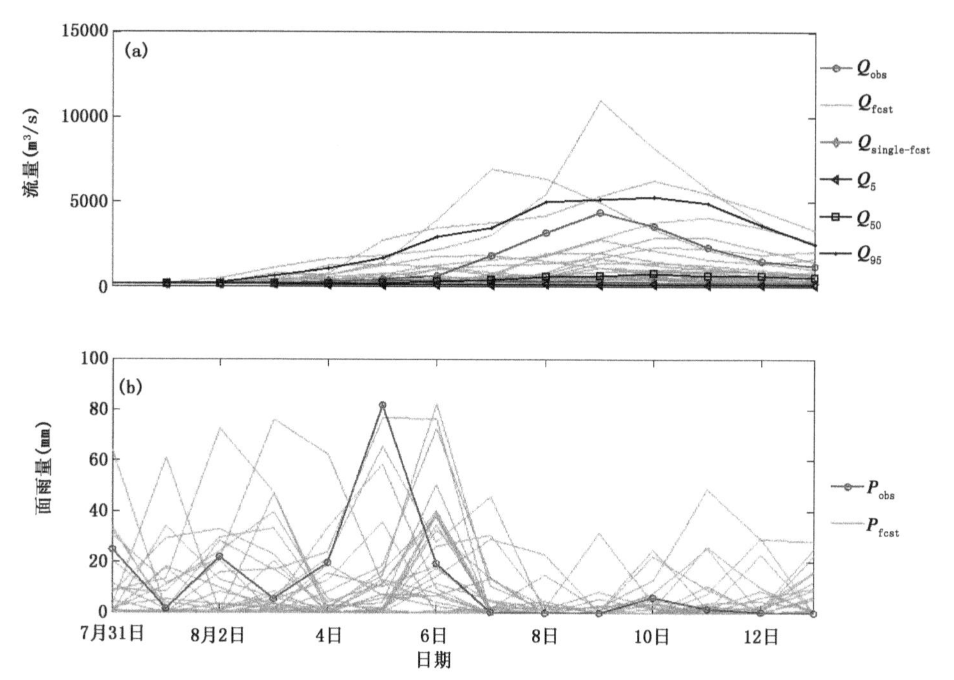

图 3 1991 年 7 月 31 日——8 月 13 日(与正文中时间段不一致)王家坝水文站径流量集合预报与径流量观测对比(a)以及流域面雨量集合预报与实际面雨量的对比(b)

显的低报。因此,GFS 的预报(看做单值预报)无法准确的预报出洪水发生时间及其量级。面雨量集成预报的第 5 百分位 Q_5 和中位数的预报能力和 GFS 的预报效果类似,对洪水发生时间及其量级的预报能力较弱,说明集合预报中至少有 50%的成员没有预报出这两次洪水过程。但从图 2a 中可以看到,在第 5 百分位 Q_5 和第 95 百分位 Q_{95} 之间大致包含了观测流量,尤其是第 95 百分位 Q_{95} 和 Q_{obs} 的预报在时间演变和流量大小上均有一定的相似度,但在洪峰出现的时间预报上出现了 1 d 左右的滞后偏差。对应图 2b 中面雨量集合预报与观测的对比图可以看出,在降水预报的第 1 天(9 月 7 日)和第 7 天(9 月 12 日)面雨量集合预报没有几个成员报出大的面雨量值,而在这两日的第 2 天却有小部分成员预报出大的面雨量,面雨量预报的延后使得流量预报在时间上也出现延后。图 3a 所示的洪水过程,观测流量完全被包含在 Q_5 和 Q_{95} 预报之间,第 95 百分位 Q_{95} 的预报在时间演变和流量大小上均有很好的表现。

从上述分析来看,使用 GFS 预报作为条件,利用条件亚正态模型生成的面雨量集成预报得到的径流量集合预报,即本文生成的面雨量预报基本能将观测包含在 Q_5 和 Q_{95} 内,它能将 GFS 集合平均预报的不确定性定量的表现在水文的不确定上,和单个的 GFS 预报相比,能够提供给用户更多的可能性来进行考虑。

表 1 为条件亚正态分布生成的集成预报对 12 次洪水过程的预报。针对 12 次洪水过程,使用 1～14 d 的日面雨量集成预报作为降水输入,其径流量的集成预报均以洪水预报起始时间的前一天作为起报时间。

洪峰相对误差接近 0 说明对洪峰的预报误差较小,洪峰的流量接近观测值。从表 1 中可以看出,第 5 百分位和中位数预报的洪峰相对误差均比较大;第 95 百分位的相对误差明显较小,第 95 百分位的最小洪峰相对误差为 0,最大的为 1.66,其中洪峰相对误差在 20%以下的预报有 5 次，占 12 次洪水过程预报的 42%，说明集成预报中存在能做出洪峰预报的成员。从峰现时间误差上看，第 5 百分位预报的峰现时间误差最大，峰现时间误差均>1 d；中位数 1 d 以内的预报有 6 次，占 50%；第 95 百分位预报的峰现时间误差中，峰现时间误差 1 d 以内的预报有 7 次，占 58%。从以上的分析可见，条件亚正态模型生成的集成预报中的部分成员能够捕捉到洪峰的峰值流量和峰值出现的时间。

表 1　集成预报对 12 次洪水过程的预报

洪水起始时间	洪峰相对误差			峰现时间误差		
	第 5 百分位	中位数	第 95 百分位	第 5 百分位	中位数	第 95 百分位
1985050108	−0.88	−0.52	1.66	7	−1	0
1985061708	−0.85	−0.76	0.88	−6	4	3
1988090708	−0.94	−0.78	0.33	−4	5	1
1989080308	−0.82	−0.81	−0.18	−8	−8	−3
1990071608	−0.95	−0.90	−0.49	−4	7	7
1991060908	−0.92	−0.90	−0.07	−7	0	1
1991073108	−0.97	−0.93	0.20	−9	1	1
1992042608	−0.91	−0.75	0.22	−12	0	0
1994060208	−0.87	−0.83	0.57	−6	3	−1
1998062808	−0.96	−0.92	0.39	−4	1	1
2000062008	−0.98	−0.86	−0.12	−11	1	−4
2003062508	−0.80	−0.80	0	−8	−8	4

4 小　结

本文使用新安江模型，利用条件亚正态模型生成的 1～14 d 日面雨量集成预报作为水文模型驱动数据，对大坡岭至王家坝流域进行径流量预报。通过对 1988 年 9 月 7—20 日和 1999 年 7 月 31 日—8 月 13 日的两次洪水过程的预报分析和 12 次洪水过程径流量集成预报的洪峰预报分析，得到以下主要结论：

(1)利用条件亚正态模型生成的 1～14 d 的日面雨量集成预报得到的径流量集合预报基本能将观测包含在第 5 百分位和第 95 百分位内。降水集成预报将降水的不确定性通过水文预报定量地表现在水文的不确定上，和 GFS 单个预报相比，能提供给决策者更多的可能性。

(2)1～14 d 的日面雨量集成预报对于洪峰预报和峰现时间的预报分析表明，集成预报中部分成员可以预报出洪峰的峰值和峰值出现的大致时间。

(3)1～14 d 的日面雨量集成预报，应用于水文预报中还有一定的预报能力。在水文预报提供降水不确定性的同时，对于延长流域水文预报的预见期有重要意义，为洪水预报和水资源调度提供更好的决策参考。

参考文献

[1] Krzysztofowicz R. Bayesian system for probabilistic river stage forecasting. *J. Hydrology*, 2002, **268**: 16-40.

[2] 陈隆勋. 亚洲季风机制研究新进展. 北京:气象出版社,1999:**308**.

[3] 赵坤,傅海燕,李薇等. 流域水文模型研究进展. 现代农业科技,2009,(23):267-270.

[4] 袁作新. 流域水文模型. 北京:水利电力出版社,1990:99-119.

[5] 许钦,任立良,杨邦等. BTOPMC模型与新安江模型在史河上游的应用比较研究. 水文,2008,**28**(2):23-25.

[6] 于安民,陈思宇,周绍飞. 新安江模型在乌裕尔河流域的应用. 东北水利水电,2008,**26**(286):35-37.

[7] 胡宇丰,安波,陆玉忠,等. 新安江模型在嫩江流域洪水预报中应用. 东北水利水电,2011,(8):41-45.

[8] Bao H J, Zhao L N, He Y, et al. Coupling ensemble weather predictions based on TIGGE database with Grid-Xinanjiang model for flood forecast. *Adv. Geosciences* 2011, (29): 61-67.

[9] Schaake J, Demargne J, Hartman R, et al. Precipitation and temperature ensemble forecasts from single-value forecasts. *Hydrology and Earth System Sciences Discussions*, 2007, **4** (2): 655-717.

不同下垫面大风过程风切变指数的研究

王丙兰　宋丽莉　柳艳香

(中国气象局公共气象服务中心,北京 100081)

摘　要:利用两个处于不同下垫面的测风塔的梯度风数据,对大风过程的风切变指数进行了研究。结果表明,风切变指数不是一个常数,而是随着风速和不同天气过程变化的。对于均匀平坦下垫面,风切变指数随着风速的增大而减小,复杂下垫面下,风切变指数较为平稳。湍流强度与风切变指数成正比关系,且越靠近地面,这种线性关系越明显。均匀平坦下垫面下,各个高度上湍流强度与风切变指数都成正比例关系,但是系数有所不同。复杂下垫面下,仅仅在 10 m 高度处存在这种线性关系,30、50 和 70 m 高度处湍流强度和风切变指数无明显关系。对于平均风速相差不大的飑线过程和持续大风过程,飑线过程的风切变指数一般大于持续大风过程。

关键词:大气物理学与大气环境;不同下垫面;风切变指数;大风

引　言

气象上将平均风力≥6 级(风速≥10.8 m/s)或者瞬时风力≥8 级(17.2 m/s)的风称之为大风。大风不仅是影响航空兵活动的重要天气因子之一,也是一种具有较大破坏性的天气。其中突发性大风,由于来势猛、强度强、破坏性更大。鉴于大风的危害性,近年来引起了研究者的关注。张秀芝等[1]使用北京铁路局管辖提速线路沿线 50 多个气象站的资料统计了大风的分布特征。马韫娟等[2]研究了中国客运专线高速列车安全运行大风预警系统。宋丽莉等[3]对广东沿海近地层大风进行研究,表明不同天气系统所致的大风阵性具有明显差异。李倩等[4]利用北京 325 m 铁塔的资料,分析了城市边界层中大风的阵风特性。

随着高层结构、建筑、桥梁、通讯、空间飞行和风能开发等的发展,风荷载、风机设计等问题已经成为设计师们考虑的焦点,大风条件下的风工程参数的研究成为一个非常重要的研究课题。对大风过程的风工程参数(风切变指数,湍流强度等)进行研究,可以为各种工程提供参考,对于提高防灾、减灾的能力是非常必要的。风切变指数是用来衡量风速随高度变化的一个指标。风切变指数在风电场风资源评估中有重要作用[5],可以根据风切变系数选取最佳的轮毂高度[6],如果风切变系数过大,将影响到叶片和机舱的使用寿命及运行安全。风切变指数还可以用来确定南海热带季风建立时间和强度[7]。本文利用两个处于不同下垫面的测风塔的梯度风数据,对大风过程的风切变指数、湍流强度等风工程参数进行研究,以便为风工程等相关标准提供参考。

1　数据来源

本文所用数据分别来源于 2 个风能测风塔,编号分别为 04008 和 14004。2 个塔高度均为

70 m，均在 10、30、50 和 70 m 有风速观测数据，在 10、50 和 70 m 有风向数据，2 个塔的地理位置见图 1。04008 号塔地处山西中条山，下垫面平坦均匀。14004 号塔地处江西鄱阳湖岸，塔的北面为广阔水域，下垫面较为均匀，东面和北面地形较为复杂，由塔附近的水域过渡到陆地。

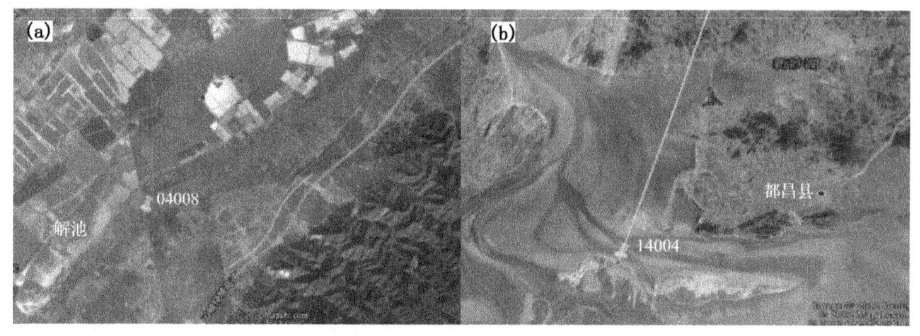

图 1 测风塔的地理位置：(a. 04008 号塔，b. 14004 号塔)

04008 号塔数据选取 2010 年 4 月 10—11 日的一次大风过程，此次大风过程的风速和风向见图 2。可见，4 月 10 日 20 时 30 分之前，风速稳定少变，风速不超过 5 m/s，20 时 30 时分，风速急剧增大为将近 15 m/s，此后一直到 4 月 11 日 00 时 30 分，风速一直维持在 15～20 m/s，大风过程持续了大约 4 h，随后，又出现飑线过程，大风过程仅持续 40 min。

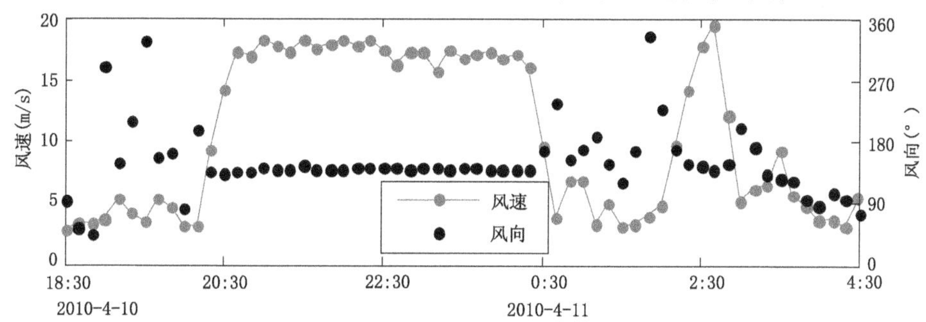

图 2 04008 号塔大风过程风速风向的时程变化

14004 号塔选取两段数据，一段是 2010 年 8 月 16 日的飑线过程，大风过程仅持续 30 min，10 min 风速最大达 18.7 m/s。另一段是 2010 年 12 月 24—25 日的持续大风过程，其中大风持续了约 37 h，10 min 风速最大达 18.8 m/s。两次大风过程前后风向均有剧烈变化，两次大风过程的风速风向时程变化见图 3。

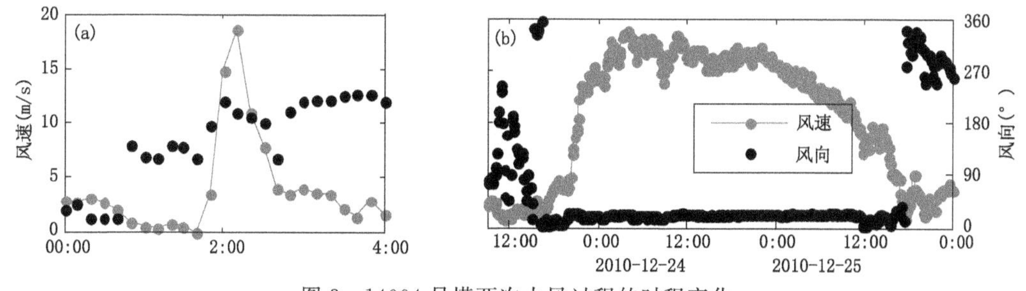

图 3 14004 号塔两次大风过程的时程变化

(a. 2010 年 8 月 16 日 00—04 时，b. 2010 年 12 月 24 日 11 时—26 日 00 时)

2　结果与分析

为了讨论大风条件下风切变指数与平均风速的关系，选取 10 m 高度处风速≥10.8 m/s 的数据进行分析。风切变指数用以下形式进行拟合：

$$\frac{u_1}{u_2}=\left(\frac{z_1}{z_2}\right)^{\alpha}$$

其中，u_1 和 u_2 分别为高度 z_1 和 z_2 处的平均风速。图 4a 和 b 分别是 04008 号塔和 14004 号塔 10 m 高度处风切变指数和风速的关系。对于 04008 号塔来说，对选取的大风样本进行拟合得到的风切变指数 α 都在 0.15～0.25，可以看到风切变指数随风速的增大有减小的趋势，对二者按照反比例函数形式进行拟合，可得如图 4a 所示关系式。对于 14004 号塔来说，下垫面比较复杂，选取的大风样本 10 m 高度处风向在 14°～28°(图 3b)，由 14004 号塔的地理位置(图 1b)可知，风向处于 14°～20°时，下垫面为广阔水域，风向处于 20°～28°时，下垫面为复杂下垫面，因此分为两个风向范围进行处理(图 4b)。可见，对于广阔水域，下垫面较为均匀，风切变指数在 0.10～0.17，且随风速增大而规律减小，同样用反比例函数来拟合，拟合结果见图 4b(上线)。对于复杂下垫面，风切变指数在 0.06～0.15，呈随风速的增大而线性增大的趋势，对其用正比例函数来拟合，拟合结果见图 4b(下线)。同时发现，30、50 和 70 m 高度处同样有类似关系，其拟合形式及系数见表 1。

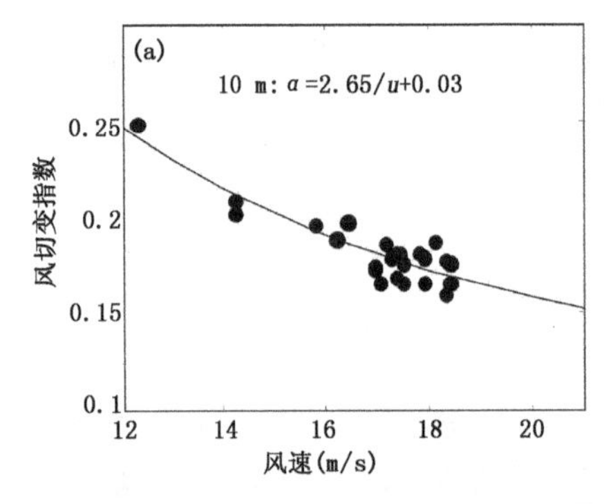

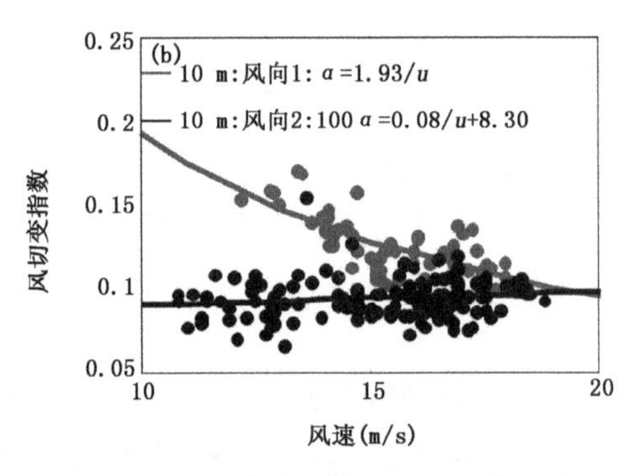

图 4　10 m 高度大风样本风切变指数与风速的关系(风向 1 是指风向范围为 14°～20°，风向 2 指风向范围为 20°～28°；a. 04008 号塔，b. 14004 号塔)

表 1　各个高度处风切变指数与风速的拟合形式与拟合系数

塔号	拟合形式	拟合系数							
		10 m		30 m		50 m		70 m	
		a	b	a	b	a	b	a	b
04008	$\alpha=a/u+b$	2.65	0.03	3.68	0.01	4.35	−0.02	5.00	−0.03
14004	风向 1：$\alpha=a/u+b$	1.93	0	1.98	0.02	1.91	0.02	2.01	0.02
	风向 2：$100\alpha=au+b$	0.08	8.30	0.12	7.38	0.12	7.25	0.12	7.24

图 5 是 10 m 高度处湍流强度与风切变指数的关系。可见，对于 04008 号塔和 14004 号塔

来说，湍流强度和风切变指数存在线性关系，拟合结果如图 5 所示。值得注意的是，对于 04008 号塔来说，10、30、50 和 70 m 高度处的湍流强度与风切变指数均存在这种线性关系，只是拟合系数有所不同(图略)。对于 14004 号塔来说，10 m 高度处，无论是广阔水域(风向 1)，还是复杂下垫面(风向 2)，湍流强度与风切变指数均存在线性关系，但是其他 3 个高度均无此关系，湍流强度与风切变指数并无明显规律。

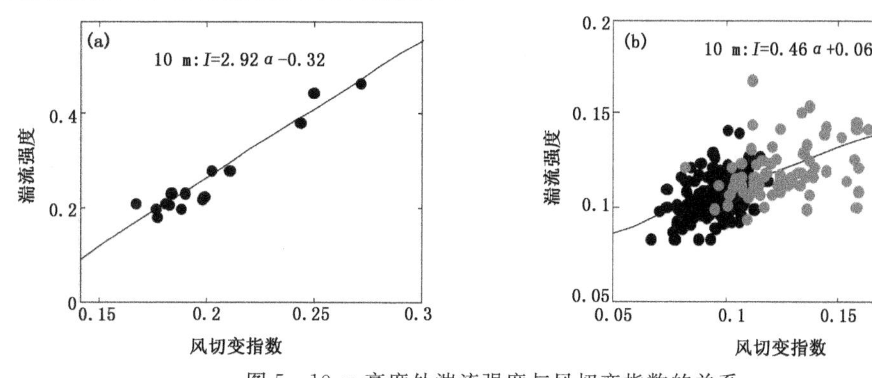

图 5　10 m 高度处湍流强度与风切变指数的关系
（红色散点表示风向 1，黑色散点表示风向 2；a. 04008 号塔，b. 14004 号塔）

为了对比持续大风过程与飑线过程的风切变指数，选取风速≥10.8 m/s 的样本，对其每个高度上的风速求平均值，得到各个高度的平均风速，各个过程的平均风廓线见图 6。对于 04008 号塔来说，持续大风过程各层平均风速均大于飑线过程，持续大风过程的拟合风切变指数为 0.1791，飑线过程的拟合风切变指数为 0.2031，飑线过程的风切变指数明显大于持续大风过程的。对于 14004 号塔来说，由于下垫面较为复杂，这里仍然分为风向 1 和风向 2 来处理。可见，持续大风过程风向 1 的平均风廓线与飑线过程的平均风廓线比较相似，二者拟合出来的风切变指数也比较接近，分别为 0.1240 和 0.1487，持续大风过程风向 2 的拟合风切变指数最小，为 0.0949。

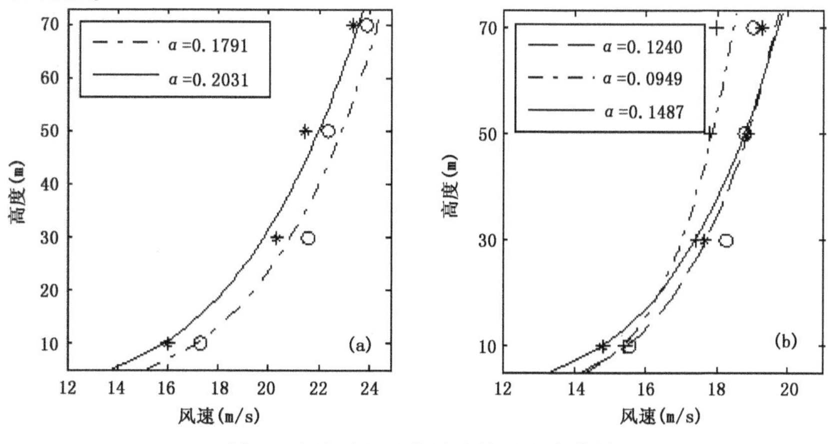

图 6　大风过程平均风廓线及拟合曲线
（a. 04008 号塔，其中 o 表示持续大风过程的平均风廓线，其拟合曲线用点画线表示，* 表示飑线过程的平均风廓线，其拟合曲线用黑色实线表示；b. 14004 号塔，其中 * 表示 8 月的飑线过程平均风廓线，其拟合曲线用黑色实线表示；o 表示 12 月持续大风过程风向 1 的平均风廓线，其拟合曲线用虚线表示，+ 表示 12 月持续大风过程风向 2 的平均风廓线，其拟合曲线用点画线表示）

3 结论与讨论

(1)对于确定地点来说,由于不存在绝对均匀的下垫面,风切变指数并不是一个常数,而是随风速变化的。从本文的结果来看,均匀平坦下垫面下,风切变指数与风速成反比关系,不同地点系数有所不同,对于同一地点来说,不同高度系数也不相同。对于复杂下垫面,风切变指数随风速变化得不明显。

(2)均匀平坦下垫面下,湍流强度与风切变指数呈线性关系,且越靠近地面,这种线性关系越明显。本文选取的04008号塔处于均匀平坦的下垫面,其在4个高度上均满足这种线性关系。14004号塔处于复杂下垫面,仅仅在10 m高度处满足这种关系。这可能是随着高度的增加,均匀平坦下垫面下,各个高度的湍流强度变化较为一致,因此,各个高度上都表现出与低层(10 m)相似的湍流强度与风切变指数的线性关系。复杂下垫面下,随着高度的增加,湍流强度受地面的影响越来越小,各个高度的湍流强度变化难以一致,导致随着高度的增加,湍流强度与风切变指数的线性关系越来越不明显。

(3)无论是平坦下垫面还是复杂下垫面,短时强对流过程(飑线)的风切变指数要大于持续大风过程。

风切变指数反映了下垫面的平坦均匀程度,风切变指数这种随风速和不同天气变化过程变化的本质可能有两个方面共同决定,一是取决于下垫面的起伏程度。风速越大,带来了更多的上游下垫面信息;二是整体天气形势,持续大风过程多由于天气系统影响,整层大气风速都大,风速随高度变化不明显,风切变指数较小。短时强对流过程大风过程持续时间短,一般只有几个小时,本文所选取的2个飑线过程更是只有30～40 min,在这种情况下,高层风速的突然增加传递到低层需要时间,因此,高、低层风速差异较大,反应到风廓线上就是风速随高度增大得快,从而风切变指数较大。

以上是仅仅选取两个测风塔的数据得出的结论,还需要通过多个测风塔的数据做进一步研究。

参考文献

[1] 张秀芝,秦悦虹,柳艳香等.北京铁路提速线路大风分析//中国气象学会.2008年全国风与大气环境学术会议论文集.北京:中国气象学会,2008:206-211.

[2] 马韫娟,马淑红,李振山等.我国客运专线高速列车安全运行大风预警系统研究.铁道工程学报,2009,**7**:43-47.

[3] 宋丽莉,毛慧琴,汤海燕等.广东沿海近地层大风特性的观测分析.热带气象学报,2004,**20**(6):731-736.

[4] 李倩,刘辉志,胡非等.大风天气下北京城市边界层阵风结构特征.中国科学院研究生院学报,2004,**21**(1):40-44.

[5] 杜燕军,冯长青.风切变指数在风电场风资源评估中的应用.电网与清洁能源,2010,**26**(5):62-66.

[6] 国际电工委员会.《风力发电机组——第一部分 安全要求》(IEC61400-1),1999.

[7] 但建茹,袁小红,贺海宴.利用风切变指数确定南海热带季风建立时间和强度.广东气象,1998,**3**:25-42.

基于水文集合模式的流域洪涝预报技术

包红军[1,2] 赵琳娜[1,2] 梁 莉[1,2]

(1. 中国气象局公共气象服务中心,北京 100081; 2. 国家气象中心,北京 100081)

摘 要:建立了基于水文集合预报模式的流域洪涝预报模型。将 ECMWF 的 TIGGE 集合预报与水文模型单向耦合,建立水文集合预报模式应用于流域洪涝预报。水文模型采用新安江模型。采用基于 BP 神经网络技术进行集合降水误差订正与集成。将建立的模型应用于淮河洪涝预报中,取得良好的效果。

关键词:洪涝预报;TIGGE;水文模型;BP 神经网络;淮河

引 言

暴雨洪涝灾害是中国影响范围最广、持续时间最长、造成损失最大的一类自然灾害,近年来呈现多发重发态势。中国气象局决定于 2012 年在全国开展中小河流洪涝、山洪和地质灾害风险等级预警服务试验业务。目前,气象部门开展流域洪涝预报的研究相对较少,多以经验、统计方法为主。基于气象-水文耦合预报模式的洪涝预报技术是其业务服务的基础与提高预报精度的最重要技术支撑。

降水是洪涝预报中最重要的信息之一[1-2]。为了提高洪涝预报精度与延长政府和公众对洪灾的应急响应时间,不仅需要应用气象自动站观测降水和雷达测雨资料[3],而且需要预见期内的降水预报。现行的降水预报方法主要依靠数值天气预报。随着数值天气预报水平逐渐提高,利用定量降水预报是延长流域洪水预报预见期的最有效途径之一。"单一"的确定性数值天气预报模型,由于初值误差、模式误差以及大气自身的混沌特性,其数值预报结果存在很大的不确定性。在洪水预报中,直接使用"单一"模式的预报结果,仅追求提高模式分辨率,期望以此改善对暴雨等强对流天气的预报能力,可能会将数值天气预报在洪灾防治领域的应用引入一个误区,导致洪水预报结果存在较大的偏差。近年来,集合数值天气预报技术的发展,为降水预报、洪涝预报及早期预警提供了新的思路[4]。将集合预报与水文模式进行耦合,建立水文集合预报模式已经成为国际上水文气象科学家研究的热点[4,5],中国这方面的研究相对较少,Bao 等[5]和包红军[6]等对水文集合预报模式进行了比较深入的研究。

本研究针对洪涝易发流域,基于 TIGGE 集合预报与在中国防汛与科研部门广泛应用的新安江模型进行耦合,构建水文集合预报模式;结合人工神经网络技术对 TIGGE 降水进行降水误差订正与集成,以淮河息县流域为例进行流域洪涝预报试验。

资助课题:中国气象局公共气象服务中心业务基金,公益性(气象)行业专项(GYHY200906007,GYHY201006037),国家自然科学基金项目(41105068)。

1 流域简介

淮河发源于河南省桐柏山,在江苏省境内三江营注入长江,干流全长约 1000 km。本文以息县流域为研究流域(图 1)。息县流域位于河南省南部,居淮河上游,流域面积 8826 km^2(扣除大型水库面积)。该流域处于北亚热带和暖温带的过渡地带,在气候上具有过渡特征。汛期降雨受季风影响,一般每年 4—5 月雨量开始逐渐增多,随着江淮流域进入梅雨天气,6 月上中旬汛期开始。多年平均年降水量 1145 mm,50%左右集中在汛期(6—9 月)。

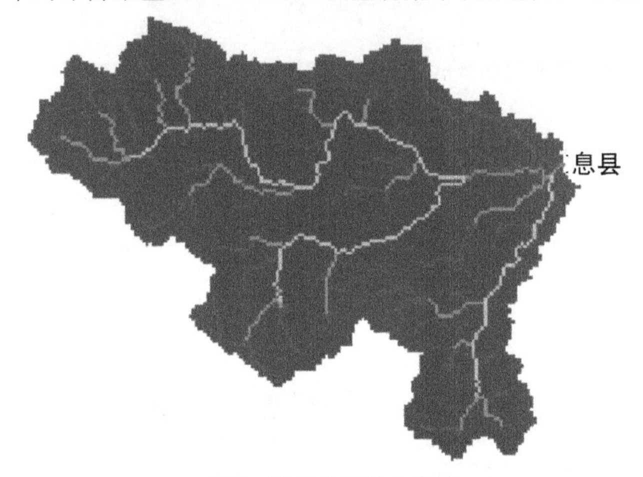

图 1 淮河息县以上流域

2 基于 TIGGE 的水文集合预报技术

集合预报系统从实质上讲又可称为概率预报系统,其最终目的是提供大气变量的完全概率预报。集合预报技术经历了不断地发展完善,从以前仅考虑初始场的不确定性发展为同时考虑模式的不确定性,进而发展到多模式和多分析集合预报技术。TIGGE 集合预报是世界气象组织"观测系统研究和预报实验"项目的重要组成部分,在全球范围组织各气象业务中心的集合预报开发与合作,并计划发展成为未来的"全球交互式预报系统"。世界上各个气象中心加入 TIGGE 基本均在 2007 年之后。本文构建一个基于 TIGGE 的水文集合预报模式,进行流域洪涝预报。TIGGE 资料选自欧洲中期天气预报中心(ECMWF)(见表 1)。

表 1 TIGGE 世界气象中心成员表

国家/地区	气象中心	中心缩写	中心代码	集合成员数	预报时效
欧洲中心	欧洲中尺度天气预报中心	ECWMF	ECMF	51	0～240 h

TIGGE 集合预报降水数据为分布式的栅格数据,使用的栅格数据分辨率各个中心不尽相同。中外研究表明,对于洪水预报中降水的时空分布而言,水文模型的空间分辨率并不是越小越好,而是与降水的时间和空间尺度大小有关[7-9]。分布式水文模型所要求的栅格降水空间

分辨率一般在 1 km×1 km[8]。将 TIGGE 降水应用于分布式水文模型首先必须进行尺度转换(降尺度),这一直是水文-气象耦合技术中的难点之一[6]。而对于概念性水文模型,如新安江模型,在洪水预报中其子流域大小一般为 200～800 km^2,将 TIGGE 降水基于流域按面积比例并尺度转换,这样可一定程度上减少雨量尺度转换导致的误差[10]。中国新安江模型被广泛应用于洪水预报中,并取得不错的应用效果。因此,本文选择新安江模型[11]进行流域降水径流预报,考虑到 TIGGE 降水数据的时间分辨率与流域汇流时间,预报的时间步长取为 6 h。流域水文模型是由 1980—2006 年的淮河流域历史水文资料率定,具体请参见文献[12,13]。

3 基于人工神经网络的多模式降水误差订正与集成技术

3.1 人工神经网络

人工神经网络的形式很多,根据本次研究问题的特点,选用 BP 网络作为人工神经网络建模的基本网络。BP(Back-propagation)神经网络属于前馈神经网络,是神经网络中一种反向传递并能修正误差的多层映射网络,通常采用输入层、输出层和隐含层三层结构,层与层之间的神经元采用全互联的模式,通过相应的网络权系数相互联系,每层内的神经元没有连接。当参数适当时,此网络能收敛到较小的均方差。

BP 算法是人工神经网络中最为重要的网络之一,也是迄今为止,应用最为广泛的网络算法,实践证明这种基于误差反传递算法的 BP 网络有很强的映射能力,可以解决许多实际问题。本次研究将附加动量法和自适应学习速率两种方法结合起来,就得到自适应学习率动量法,从而优化网络结构,加快算法收敛速率。更多关于 BP 算法的理论详细介绍可见文献[14]。

3.2 基于 BP 神经网络的多模式降水误差订正与集成技术

基于人工神经网络的优势,本研究将 TIGGE 降水作为网络的输入,实况降水作为网络的输出,进行神经网络建模,训练网络,最终形成集成降水。

虽然神经网络模型被认为是一种"黑箱"模型,但其建模是非常复杂的过程,包括:数据规范化处理、模型训练样本挑选、模型最优输入模式、网络拓扑结构选择、参数估计和模型检验。

(1)规范化方法的改进

数据前处理作为人工神经网络建模的一项重要的前期工作,包括训练样本的尺度、尺度的归一化转换(统一置换)以及奇异值的处理等。本次研究采用的 BP 模型以 S 形函数作为转换函数,该函数的值域为[0,1],因此,在训练时要将实际数据规范到 [0,1],通常采用标准的归一方法来实现,但是规范后的每个输出的教师值序列中至少有一个值为 0,一个值为 1,恰是 S 形函数的极小值和极大值,要求连接权足够大才能使网络的输出值与其匹配,从而需要相当多的训练次数来不断修正权值,导致训练速度缓慢。为避免这种现象,有学者建议将值域规范到[0.1,0.85]或者 [0.1,0.9],笔者通过自身实践,选用值域为[0.1,0.9],效果更好。

(2)BP 模型输入层模式的确定

输入模式的确定是一个神经网络模型成功的关键。输入模式分量过多,则网络模型结构会过于复杂,从而训练周期长、系统的鲁棒性下降,即对数据的噪声干扰敏感,容易形成过适应;分量过少,不足以捕捉复杂的非线性关系,使得模型过于简单。

(3)隐含层及其节点数

隐含层节点数太少时,局部极小就多,或者鲁棒性差,就不能识别以前没有看到过的样本,容错性差;但是隐含层节点数太多时除了使得学习时间过长,而且网络还会失去概括系统的突出特征的功能。目前隐含层节点数的选择目前还没有明确的结论,一般通过试错法或经验公式来确定。本文采用文献[14]的方法进行确定隐含层神经元个数。

4 应用检验

4.1 基于BP神经网络的多模式降水误差订正与集成模型的检验

BP网络初始学习速率定为0.05,学习速率增比为1.04,学习速率比降为0.7,动量因子为0.92。计算期望误差采用0.00005,采用2007年TIGGE—ECMWF汛期降水资料进行BP网络训练,应用2008年的TIGGE—ECMWF汛期降水资料进行检验。

从2008年的汛期降水检验结果来看,TIGGE—ECMWF降水的系统误差得到了一定程度的改善。以2008年7月20日的集合预报降水为例(如图2与图3b所示),特别是在大量级降水误差订正上精度改善明显。

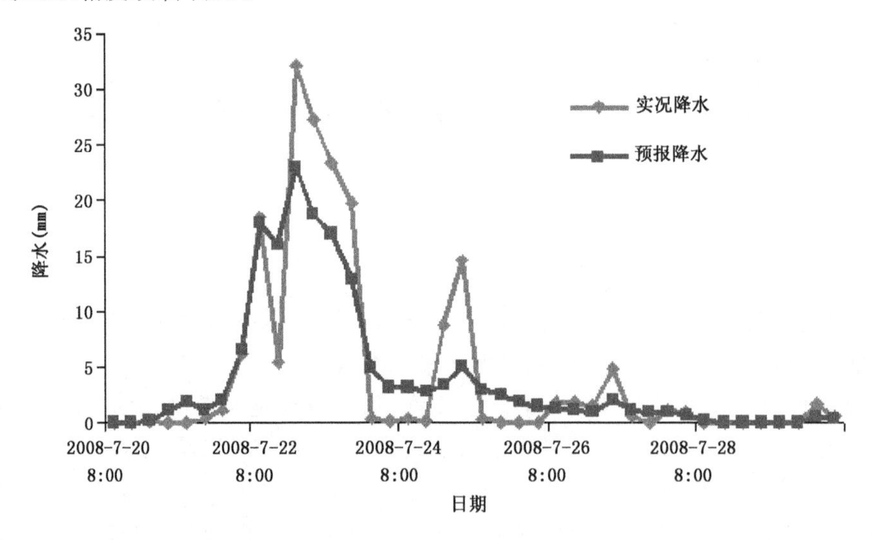

图2 2008年汛期7月20—28日基于ECMWF的集合预报降水的BP神经网络检验结果

4.2 基于水文集合模式的洪涝预报模型的检验

从图3可以看出,由TIGGE—ECMWF降水驱动的水文集合预报模式的预报流量,存在较为明显的系统整体偏小,特别是在洪水的峰值预报上。而经过误差订正与集成的降水驱动水文模型得到洪水过程的精度有大幅度的提高(图4)。峰值预报偏小,是由于集成的降水相对实况降水还是偏小。这主要是BP网络的训练样本相对较少,只有1 a的资料。随着样本的不断积累,集成降水的精度将会有一定程度的提高。

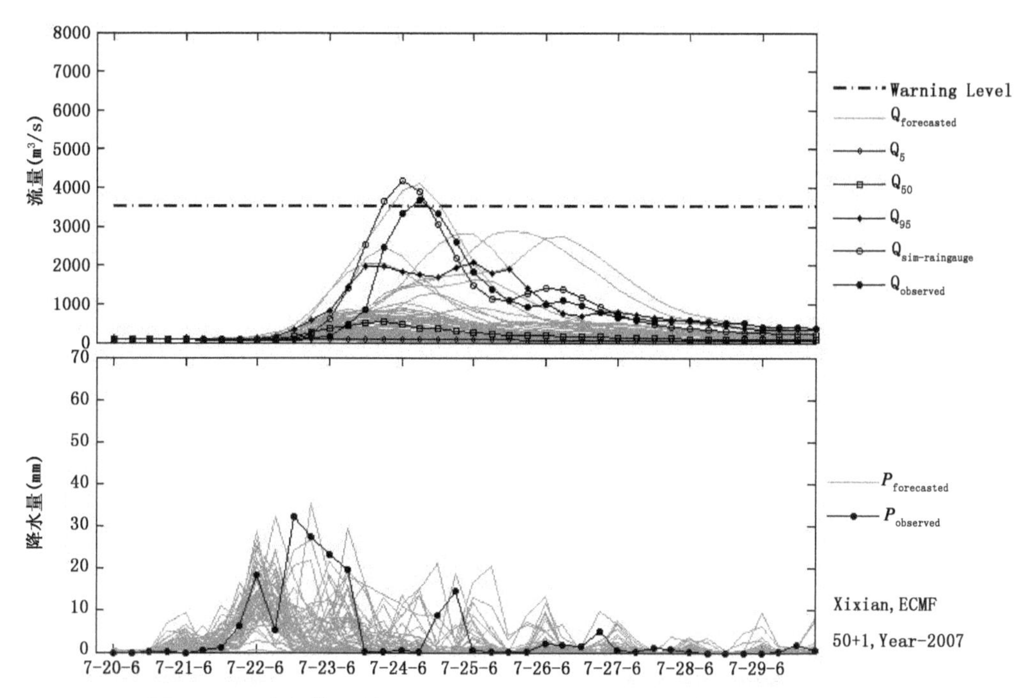

图 3　2008 年汛期 7 月 20—30 日基于 ECMWF 的水文集合模式预报结果

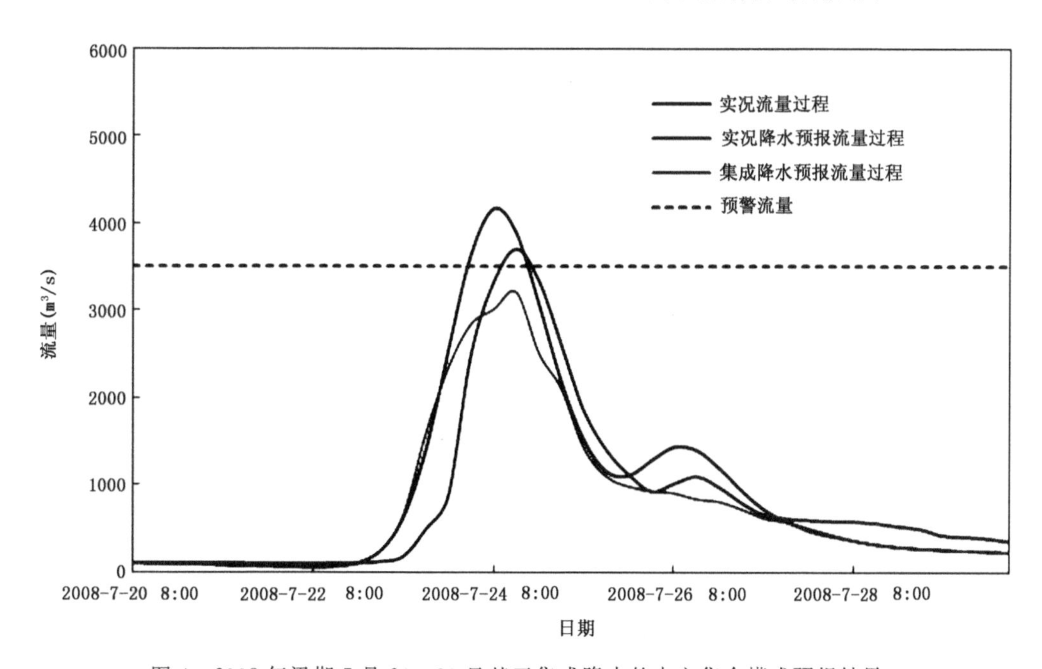

图 4　2008 年汛期 7 月 20—30 日基于集成降水的水文集合模式预报结果

5　结论与讨论

本文研究针对洪涝易发流域，基于 TIGGE 集合预报与在中国防汛与科研部门广泛应用的新安江模型进行耦合,构建水文集合预报模式;结合人工神经网络技术对 TIGGE 降水进行降水误差订正与集成,以淮河为例进行流域洪涝预报试验,取得不错的降水集成效果与洪涝预报效果,对同类研究有一定的借鉴意义。

参考文献

[1] Maidment D R. Hydrology Handbook. New York:McCraw-Hill,1993.

[2] Pappenberger F,Bartholmes J,Thielen J,et al. New dimensions in early flood warning across the globe using grand-ensemble weather predictions. *Geophys. Res. Lett*,2008,**35**:L10404,doi:10. 1029/2008GL033837.

[3] Roulin E,Vannitsem S. Skill of medium-range hydrological ensemble predictions. *J. Hydrometeor*. 2005,**6**(5):729-744.

[4] Cloke H L,Pappenberger F. Ensemble flood forecasting:A review. *J. Hydrology*,2009,**375**:613-626.

[5] Bao H J,Zhao L N,He Y,et al. Manful D. Coupling ensemble weather predictions based on TIGGE database with Grid-Xinanjiang model for flood forecast. *Adv. Geosciences*,2011,**29**:61-67,doi:10. 5194/adgeo-29－61－2011.

[6] 包红军,赵琳娜. 基于集合预报的淮河流域洪水预报研究. 水利学报,2012,**43**(2):216-224.

[7] Li Zhijia, et al. Coupling between weather radar rainfall data and a distributed hydrological model for real-time flood forecasting. *Hydrological Sci. J.*,2005,**49**(6):945-958.

[8] Abbott M B,Refsgaard J C. Distributed hydrological modelling. Dordrecht:Kluwer Academic Publishers,1996: 143-163.

[9] Bao H J,Wang L L,Li Z J,et al. Hydrological daily rainfall-runoff simulation with BTOPMC model and comparison with Xin'anjiang model. *Water Sci. Engineering*,2010,**3**(2):121-131.

[10] Bao Hongjun,Zhao Linna. Development and application of an atmospheric-hydrologichydraulic flood forecasting model driven by TIGGE ensemble forecasts. *Acta Meteor. Sinica*,2012,**26**(1):93-102.

[11] 赵人俊. 流域水文模拟. 北京:水利电力出版社,1984.

[12] 包红军等. 淮河鲁台子以上流域洪水预报模型研究. 水利学报,2007,**37**(增刊 1):440-448.

[13] 包红军等. 具有行蓄洪区的复杂水系实时洪水预报研究. 水力发电学报. 2009,**28**(4):5-12.

[14] 包红军等. 降雨径流模拟神经网络模型及应用. 西安建筑科技大学学报:自然科学版,2009,**41**(5):719-722.

基于 GIS 的高速铁路大风风险区划研究

王　志[1]　田　华[1]　冯　蕾[1]　潘新民[2]　赵鲁强[1]　陈　辉[1]

（1. 中国气象局公共气象服务中心，北京 100081；2. 新疆维吾尔自治区气象局，乌鲁木齐 830000）

摘　要：根据 2001—2010 年全中国 760 站极大风速资料，结合 360 个地级市的人口、经济等要素，采用 GIS 技术和自然灾害风险指数，构建高速铁路高影响天气风的风险评价模型，定量分析风的风险致灾因子危险性和承灾体脆弱性因子，计算得到地级市高铁大风的风险指数并绘制出风险区划图。结果表明，新疆中北部和东部沿海地区为极高区，这些地区为大风的多发区，是人口密度和经济密度较大的地区，所以风险最大。内蒙古西部和东北部、黑龙江西北部、浙江西部、江西、湖南东部、福建西部、广东北部、广西、贵州、重庆、云南南部、新疆南部、西藏西北部和东部地区由于大风发生次数少、人口密度低、经济欠发达，所以风险最小。

关键词：高速铁路；大风；风险区划

引　言

大风是影响铁路运输的主要气象灾害之一[1]，大风可使列车运行速度减慢，甚至使列车倾覆，还可对铁路的通讯、电力设施造成危害。中国兰新铁路风口地区，1961—1982 年大风吹翻列车 10 次之多，每年大风季节列车常不能正常运行[1]。2012 年 3 月 19 日新疆大风致新疆铁路运输受到影响，南疆铁路 9 趟旅客列车滞留，新兰铁路线上运行的 15 趟旅客列车在沿途车站停靠避风[2]。随着铁路运输的快速发展，行驶速度的全面提高，高速铁路逐渐成为现代交通出行的首选，在中国经济建设中发挥着越来越重要的作用。目前中国对大风的研究主要为时空分布特征的研究和对大风灾害灾度的分析研究[3~7]，部分学者开展了区域的大风灾害风险评估方面的研究。如张丽娟等[8]运用信息扩散理论对黑龙江省不同大风日数进行风险评估，实现了市(县)以下地域单元大风的概率风险区划。杨龙等[9]以新疆 2001—2003 年年发生的大风灾例为研究对象以 15 个地州市为研究单位，根据可操作性、可比性、可传递性原则选定的 3 种确定灾度指标的因子，采用综合评判的方法对各地大风灾害灾度进行计算和定量评价。

风险区划研究的目的在于清晰地把握灾害风险的空间格局和内在规律，有助于提高防灾、减灾应对能力。中外学者针对洪涝、雷电、农业干旱等灾害，基于 GIS 技术，采用加权综合评价、层次分析、自然灾害风险指数等方法从孕灾环境、致灾因子、承灾体和防灾减灾能力方面开展了大量的风险区划研究工作，取得了一定的成果[10~12]，但是针对交通运输承灾体的风险评估和区划方面的研究并不多。

资助课题：中国气象局公共气象服务中心业务服务专项基金项目(2011 第 008 号)，中国气象局气象关键技术集成与应用项目(CAMGJ2012M73)，公益性行业科研专项“交通运输高影响天气预警技术研究”(GYHY200906037－02)，“公共气象服务产品库技术研发”(GYHY201006040)。

本文在认识和了解高速铁路大风分布特征的基础上，借鉴中外自然灾害风险区划划分的相关研究成果，初步探讨高速铁路大风风险评估与区划的方法，旨在推动交通运输领域气象灾害风险评估工作的进一步开展，为交通部门防灾、减灾决策提供技术支持，为日后开展高速铁路预报、服务和评估等工作提供必要的理论基础和技术支持。

1 资料与方法

1.1 资料来源

采用的气象数据为2001—2010年全中国760站的日极大风速资料；基础地理信息数据采用全国1∶500000 GIS空间信息数据；人口和GDP数据分别来源于2010年各省自治区第六次人口普查数据公报和各省/市/地区的2010年国民经济和社会发展统计公报(http://www.stats.gov.cn/)。整理得出全国360个地级市(海南为直管行政区)人口和GDP值。

1.2 研究方法

1.2.1 归一化方法

研究过程中为了消除各指标的量纲差异，对每一个指标值(危险性指标以及承灾体脆弱性指标)采用如下方法进行归一化处理：

$$A_{I,J} = A_{i,j} / \sum_{i=1}^{n} A_{i,j} \tag{1}$$

式中，$A_{I,J}$为第j地级市(或站点)第i个指标的归一化值。$A_{i,j}$第j地级市(或站点)第i个指标值，$\sum_{i=1}^{n} A_{i,j}$是全部地级市(或站点)第i个指标值总和。

1.2.2 加权综合评价法

综合考虑各个因子对总体对象的影响程度，把各个具体指标的优劣综合起来，用一个量化指标加以集中表示整个评价对象的优劣，计算公式为

$$V_j = \sum_{i=1}^{n} W_i \cdot D_{i,j} \tag{2}$$

式中，V_j是评价因子的总值；W_i是指标i的权重；$D_{i,j}$是对于因子j的指标i的归一化值，n是评价指标个数。

1.2.3 灾害风险指数模型

自然灾害风险是指未来若干年内可能达到的灾害程度及其发生的可能性。一般而言，自然灾害风险是致灾因子(危险性)、承灾体(脆弱性)、孕灾环境(敏感性)相互作用的结果，防灾、减灾能力也是影响自然灾害风险度大小的因素之一，因此，在区域自然灾害风险形成过程中，危险性、易损性、脆弱性和防灾减灾能力是缺一不可的，是四者综合作用的结果。研究中假定各地高铁部门对大风天气的应对措施和防灾减灾能力等同，即防灾减灾能力相同，以孕灾环境(敏感性)、致灾体(危险度)和承灾体(脆弱性)为评价指标，采用灾害风险指数模型[13]计算公式如下：

$$I = (VH^{WH})(VS^{WS})(VR^{WR}) \tag{3}$$

式中，I 为灾害风险指数，用于表示某一灾害风险程度，其值越大，则这一灾害的风险程度越大；VH、VS、VR 表示由加权综合评价法计算得到的致灾因子危险性、承载体脆弱性和环境敏感性因子的指数值。

2 评价指标的选取与分析

2.1 孕灾环境敏感性

大风对高铁的影响，主要是对高铁列车直接的影响。风形成的原因主要是受地形和气象等因素影响，而这些因子的作用均能在大风发生的频率即致灾因子中体现，所以研究中考虑大风直接作用于高铁这个特定的个体，高铁的孕灾环境(敏感性)不予考虑。

2.2 致灾因子危险性

大风的危险性评估主要参考频率指标，即对高铁运行产生影响的不同强度的风(瞬时极大风速)年平均出现日数(频率)作为危险性评价指标。致灾因子危险性评价模型为

$$VH_j = \sum_{i=1}^{n}(h_i Q_i) \tag{4}$$

式中，VH_j 为第 j 个站点危险性；h_i 为第 i 种因素的危险性指数(以因子出现频率作为危险性指标)。Q_i 第 i 种因素的危险性权重；在研究过程中对各个因子参照中外高速铁路大风运行管制规则中规定的高铁运行安全限速程度[14-15]，采用车速归一化方法，获取危险性权重系数(表1)。车速归一化公式如下：

$$Q_i = \left(\frac{1}{\sum_{i=1}^{n}\frac{1}{m_i}}\right) / m_i \tag{5}$$

式中，m_i 为某种风速条件下，高铁限制车速。

表1 大风致灾因子权重表

风速强度(m/s)	15～20	20～25	25～30	30～35	>35
安全限速(km/h)	300	200	120	70	20
权重系数	0.04	0.06	0.1	0.18	0.62

图1为全中国760站不同强度瞬时大风年平均日数，从图上可以看出年平均极大风速在15 m/s以上的大风主要出现在新疆中北部、青藏高原东北部地区、内蒙古中部地区、辽东半岛、山东半岛以及东南和华南沿海等地区，年平均日数多在30 d以上。内陆地区的高山地区如陕西华山、安徽黄山等地，大风日数也较多。从大风风速强度的变化来看，随着风速强度的增加，大风出现的站点和频率都减小。整体来看，新疆东北部地区大风出现的强度最强，大风日数也最多。

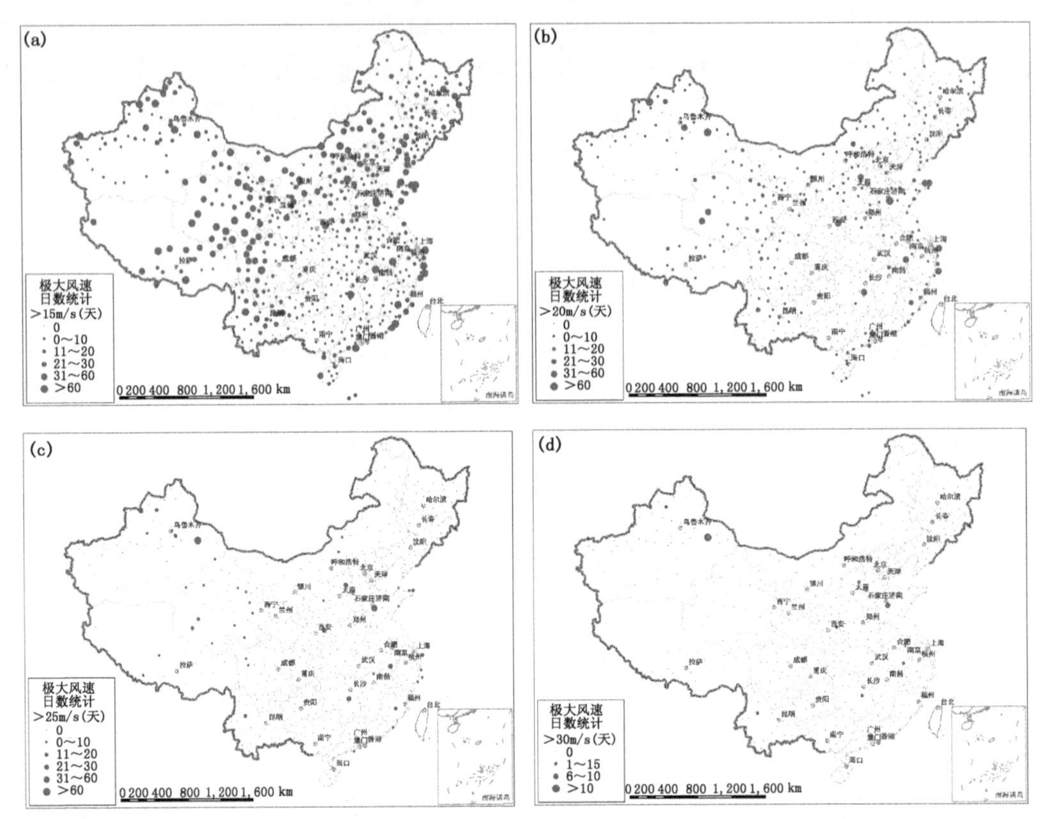

图 1　全国 760 站不同强度瞬时大风年平均日数
(a. >15 m/s, b. >20 m/s, c. >25 m/s, d. >30 m/s)

应用式(4),计算出每个站点的 VH_j,对 VH_j 进行标准化后,得出该站点的致灾因子危险性指数。利用 GIS 软件的空间分析功能,对致灾因子危险性指数进行插值得到栅格分布的指数分布,采用 GIS 软件的自然断点法进行分级,得出致灾因子危险性分布(图 2)。

从图 2 可以看出,高铁大风的危险性分布具有以下特点:大风的危险度极高区分布在中国新疆哈密以西和吐鲁番以东地区,这些地区由于受地形因素和频繁的冷空气影响瞬时风速大,大风日数多。较高和高危险区分布在新疆西部、内蒙古中西部、青藏高原中部、山东半岛以及东南沿海地区等地。此外,内陆的高山地区也是危险度较高或高区。总的来看,大风的风险度表现西北地区、高原地区以及东部沿海地区危险度高,内陆地区危险度小。

2.3　承灾体脆弱性

脆弱性表示某地区由于高铁受大风影响导致运行延误或停运而造成的伤害或损失程度。研究中选取人口密度、经济密度(GDP 的密度,即经济密度=地区生产总值 GDP/地区面积)为基本要素来评价高铁的承灾水平,人口多,经济水平越高的地区,高铁的脆弱性就越大。根据人口密度、经济密度计算每个地级市的人口密度指数和经济密度指数,并根据它们的分布情况划分等级。

$$VS_j = \sum_{i=1}^{n}(Q_i y_i) \tag{6}$$

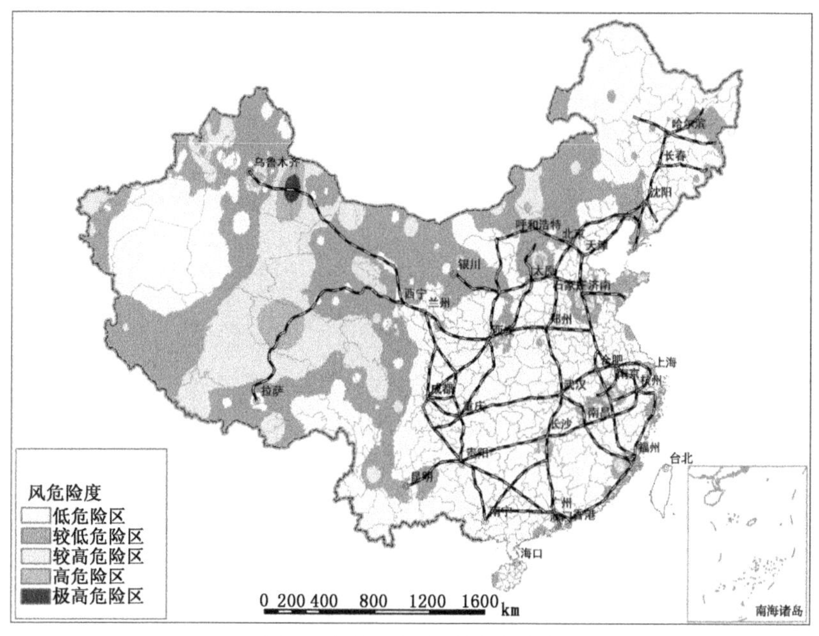

图 2 高铁大风的危险度分布

式中，VS_j 为第 j 个区市的脆弱性指数，Q_i 为第 i 类要素的权重；y_i 为第 i 类要素的归一化指数值。

根据人口、经济密度对高铁脆弱性的影响分别给予权重 0.5。将计算得到脆弱性指数进行等级划分得到脆弱性分布(图 3)。

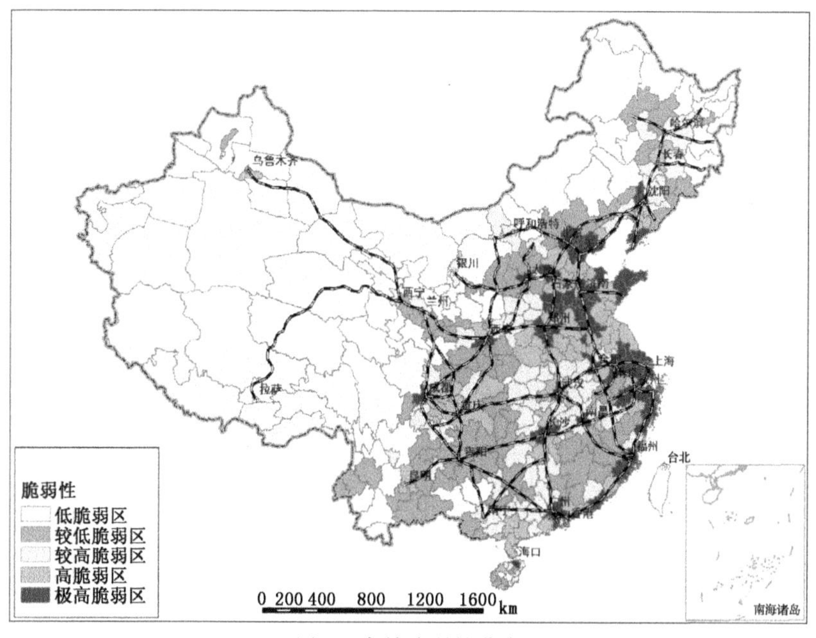

图 3 高铁脆弱性分布

从图 3 可以看出，极高和高脆弱区主要分布在东部沿海地区和平原地区。西北地区和青藏高原地区则为低脆弱区。高铁脆弱性分布具有东部高、西部低的特点。这是由于东部地区的人口密度和经济发展水平总体比西部地区高造成的。

3 大风风险区划与分析

根据风险指数模型式(3),计算了全中国360个地级市高铁大风的风险度。模型中致灾因子危险性(WH)、承灾体脆弱性(WS)2个因子根据专家打分法赋予权重0.7和0.3。应用GIS技术,绘制了全中国360个地级市高铁大风的风险区划图(图4)。

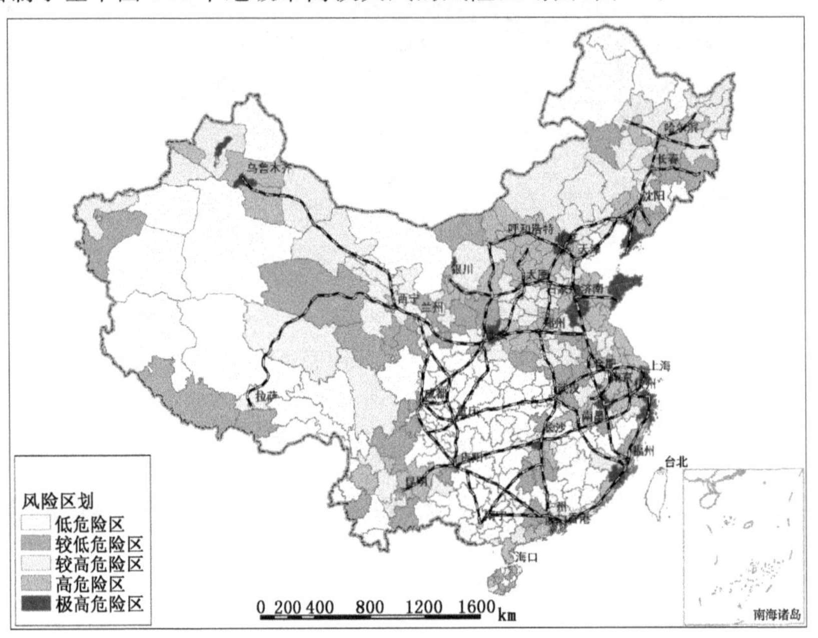

图4 高铁大风的风险区划分布

从高铁大风的风险区划分布看,风的极高、高风险区主要位于新疆中北部、黑龙江南部、吉林东北部、辽宁西南部、内蒙古中部、北京、河北、山西北部、陕西南部、河南西部、山东、江苏、安徽南部、上海、浙江北部和东部、福建东南部、广东南部、湖南中部、云南北部等地。其中,新疆中北部和东部沿海地区为极高区,这些地区为大风的多发区,也是人口密度和经济密度较大的地区,所以风险最大。内蒙古西部和东北部、黑龙江西北部、浙江西部、江西、湖南东部、福建西部、广东北部、广西、贵州、重庆、云南南部、新疆南部、西藏西北部和东部地区因大风发生次数少、人口密度低、经济欠发达,所以风险最小。

4 结论与讨论

本文将自然灾害风险指数评估方法与GIS空间分析相结合,在假定各地高铁部门对大风天气的应对措施和防灾、减灾能力等同的条件下,以孕灾环境(敏感性)、致灾体(危险度)和承灾体(脆弱性)为评价指标,依据各风险评价指标对高铁运营安全的影响作用,确定权重系数,建立风险指数评价模型,实现全中国地级市高速铁路大风风险区划。分析结果表明:

高铁大风灾害的风险度表现西北地区、高原地区以及东部沿海地区危险度高,内陆地区危险度小。极高和高脆弱区主要分布在人口稠密、经济发达的东部沿海地区和平原地区。新疆中北部和东部沿海地区为极高区，这些地区为大风的多发区，是人口密度和经济密度较大的地区，所以风险最大。而内蒙古西部和东北部、黑龙江西北部、浙江西部、江西、湖南东部、福建西部、广东北部、广西、贵州、重庆、云南南部、新疆南部、西藏西北部和东部地区由于大风发生次数少、人口密度低、经济欠发达，所以风险最小。

目前，高速铁路大风风险区划方法研究正处于探索阶段，由于数据资料的限制，加上评价因子指标的选取和权重系数确定的完整性和合理性问题，所得结论可能存在一定的局限性，在今后的研究中还要不断改进和完善。

参考文献

[1] 于俊伟，刘益兰. 气候与铁路交通. 广西气象，1999，**20**(2)：34-35.

[2] 闫文陆，张永恒. 大风致使新疆铁路运输受阻 9 趟旅客列车滞留. 中国新闻网，http://news.qtv.com.cn/system/2012/03/20/010112494.shtml.

[3] 吴春英，孙桂双，张昱等. 1986—2005 年抚顺大风特征分析及预测. 气象与环境学报，2008，**24**(5)：42-46.

[4] 徐风梅，焦建立，张艳玲等. 近 47 a 商丘大风气候特征. 气象与环境科学，2009，**32**：75-77.

[5] 李兰，周月华，陈波. 湖北省大风灾害及其风险度. 气象科技，2009，**37**(2)：205-208.

[6] 称丛兰，李青春，扈海波等. 北京地区奥运会间大风灾害的定量评估. 气象科技，2008，**36**(6)：806-810.

[7] 王秋香，李红军. 新疆近 20 a 风灾研究. 中国沙漠，2003，**23**(5)：546-548.

[8] 张丽娟，陈红，高玉宏等. 黑龙江省大风分布特征及风险区划研究. 地理科学进展，2011，**7**(30)：899-905.

[9] 杨龙，何清. 新疆近 3 年大风灾害灾度分析与区划. 灾害学，2005，**20**(4)：83-86.

[10] 罗培. 基于 GIS 的重庆市干旱灾害风险评估与区划. 中国农业气象，2007，**28**(1)：100-104.

[11] 金晨路，肖稳安，王学良. 湖北省雷电灾害易损性分析与区划. 暴雨灾害，2011，**30**(3)：272-27.

[12] 梅勇，唐运辉，况星. 基于 GIS 技术的重庆市暴雨洪涝灾害风险区划研究. 中国农学通报，2011，**27**(32)：287-293.

[13] Davidson R A，Lamber K B. Comparing the hurricane disaster risk of U. S. coastal counties. *Natural Hazards Rev.*，2001，(8)：132-142.

[14] 马淑红，马韫娟等. 京津城际 CRH 3 动车组大风天气条件下安全行车技术标准参数研究. 铁道技术监督，2009，(2)：7-12.

[15] 日本高速铁路防灾安全监控系统简介. http://news.chineserailways.com/Html/19/200702/20070212170002.html.

利用区域自动站资料对黔东南烤烟种植气候适宜性及精细区划归类分析

顾 欣[1,2] 田 楠[3] 付继刚[4] 王洪斌[5] 杨胜忠[1]

(1. 贵州省黔东南州气象局,凯里 556000;2. 贵州省山地气候与资源重点实验室,贵阳 550002;
3. 贵州省气象局,贵阳 550002;4. 贵州省黔东南州烟草局,凯里 556000;
5. 贵州省安顺市气象局,安顺 561000)

摘 要:利用 1971—2011 年黔东南 16 个气象站以及 2005—2011 年 224 个区域自动气象站实时资料,将原来的地县级资料细化到乡镇,对黔东南烤烟种植生产中的光、温、水等气候条件与中国主要烟区进行对比分析。结果表明:黔东南烤烟种植大田生长期(5—8 月)平均气温除南部的榕江、从江等略偏高外,其余地区气温条件对发展烤烟生产较为有利;降雨量充沛,特别是 8 月降雨量逐渐减少,有利烟叶品质的提高;日照时数相对较少,漫射光多,能促进芳香物质的形成;与中国优质烟区比较,黔东南烤烟种植大田期的气候条件与云南优质烟区有一定的差异,但相似于贵州遵义优质烟区,较河南、山东等优质烟区的日照时数偏少。采用主成分分析方法得出黔东南烤烟种植气候条件变化敏感区域,是烤烟种植不适宜区;利用两维图论聚类分析方法,得出黔东南乡镇烤烟种植气候条件区域为 10 类,为烤烟种植区划提供科学的参考依据。

关键词:黔东南烤烟;气候条件分析;区域划分及归类

引 言

由于近年地方政府发展现代农业、扎实推进新农村建设战略部署,明确指出烟叶产业是黔东南目前最好的订单农业,惠农最直接的农业产业,年年不断扩大面积种植计划。然而在全球气候逐渐变暖下,黔东南地区极端天气气候事件频繁发生,气候条件变化是制约种植烤烟生产的重要条件之一[1],在烤烟生产中,必须重视气候规律,认识大气候,调节小气候,合理开发利用当地气候资源,才能促进优质烤烟种植生产。黔东南地区优质烤烟是全中国三大“清香型”烤烟基地之一,其烟叶正反面差小、叶片厚薄适中、油分充足、清香风格突出等,每年生产烟叶销路紧俏。这是由于黔东南地区属于亚热带湿润气候,热量丰富、雨水丰沛、光照充足,但地形复杂,山地局地小气候差异较大。由于近年来全国大量布设了地面区域自动气象观测站,黔东南大气监测自动化系统建设进入了一个新的发展阶段。区域自动气象观测站获取资料准确度高、时间和空间分辨率高、并能获取空白区域的气象资料,使地面观测网对天气系统,特别是中小尺度天气系统和灾害性天气系统的监测能力大大加强。本文利用 1961—2011 年 16 个县(市)气象观测站以及全区 2005—2011 年 224 个区域自动气象站点的实时资料,对烤烟种植生产气候条件特征及区划归类进行分析,由原来的地(县)级细化到了乡镇上,使气候区域尺度更

资助课题:贵州省科学技术基金项目([2009]2043),贵州省气象科技开放研究基金(黔气科合 KF[2011]05 号)。

小，同时，对各个区域站点的气候特征进行归类分析，提高了区划成果的精度，以达到有计划地进行烤烟种植气候适宜区发展推广种植烤烟生产目的，为烟草行业部门和农技推广部门提供烟草布局调整和稳定烟草种植规模作出决策。

1 黔东南烤烟生态适宜的气候条件分析

1.1 热量条件分析

中外研究结果[2]表明，烤烟生长发育期最适宜的温度为24～28℃，日本烟草专家佐木提出烤烟生长发育期最适宜的温度为27～31℃；黑田昭等提出烤烟光合作用最适宜的温度为20～28℃。烟草在大田生长期最适宜温度为25～28℃，最低温度为10～13℃，最高温度为35℃。从黔东南地区“清香型”优质烤烟种植生产气候来看，除黄平、麻江、丹寨是5月上旬稳定通过18℃外，其余大部地区均为4月下旬；黔东南大部分地区大田平均气温均为5月最低，7月最高，8月又比7月相对低(表1)，符合优良烤烟形成对平均气温条件的前期低、中期较高、成熟期不太高的要求；成熟期的平均气温必须在20℃以上，除麻江、丹寨8月平均气温<24℃，从江、榕江8月平均气温在26～27℃外，其余地区均在24～25℃。能保证有足够的热量满足烤烟生长发育，有利于物质的积累和烟叶充分成熟。

为了更好地分析黔东南烤烟种植生产适宜气候条件，将黔东南地区的气候资料与中国主要优质烟区云南玉溪、贵州遵义、河南许昌、山东青州等进行比较，从表1中可看出，黔东南各地区的大田生长期平均气温5月为18.9～22.8℃，除剑河、锦屏、榕江、从江与玉溪、遵义、许昌、青州等优质烤烟区偏高1～2℃外，其余地区与之相接近；6月平均气温为21.7～25.7℃，比玉溪偏高1～5℃，与其他地区相接近；7月平均气温为23.4～27.5℃，比玉溪偏高1～5℃，与其他地区相接近；成熟期(8月)平均气温为23.3～27.1℃，比玉溪偏高3～7℃外，其余与之接近；大田生长期(5—8月)平均气温为21.9～25.8℃，总之，黔东南除南部榕江、从江气温略偏高外，大部分地区气温条件对发展烤烟生产较为有利。黔东南烤烟种植气温条件与云南玉溪优质烟区有一定的差异，但类似于贵州遵义、河南许昌、山东青州等优质烟区。

表1 黔东南16个站以及中国主要烟区5—8月各月平均气温(℃)

地区	纬度(°N)	海拔(m)	T(5月)	T(6月)	T(7月)	T(8月)	T(5—8月)
岑巩	27°11′	404.3	20.7	24.1	26.6	25.9	24.4
施秉	27°02′	547.3	20.8	24.1	26.2	25.6	24.2
镇远	27°03′	516.3	20.8	24.0	26.4	25.9	24.3
黄平	26°54′	835	19.3	22.6	24.8	24.1	22.7
凯里	26°36′	720.3	20.3	23.4	25.6	24.9	23.6
麻江	26°30′	983.8	18.9	21.7	23.7	23.3	22.0
丹寨	26°12′	963.2	18.9	21.7	23.4	23.3	21.9
三穗	26°58′	626.9	19.7	23.1	25.3	24.5	23.2
台江	26°41′	641.3	20.4	23.4	25.4	24.7	23.5

续表

地区	纬度(°N)	海拔(m)	T(5月)	T(6月)	T(7月)	T(8月)	T(5—8月)
剑河	26°43′	527.2	21.0	24.0	26.3	25.5	24.3
雷山	26°24′	839	19.7	22.6	24.6	23.7	22.7
黎平	26°14′	568.8	20.3	23.7	25.8	25.0	23.8
天柱	26°54′	401.4	20.8	24.3	26.6	25.8	24.4
锦屏	26°41′	343	21.1	24.5	26.7	26.1	24.6
榕江	25°58′	285.7	22.5	25.4	27.0	26.6	25.5
从江	25°45′	260.9	22.8	25.7	27.5	27.1	25.8
玉溪	24°21′	1636.8	20.6	20.8	20.9	20.3	20.7
遵义	27°42′	1576	19.6	22.5	25.3	24.5	23
许昌	34°01′	72.8	20.9	26	27.3	26.2	25.1
青州	34°25′	111	19.9	24.5	26.2	25.2	24

注：表中 T 为平均气温。

1.2　日较差条件分析

影响烤烟品质的一个因子是昼夜温差，烤烟大田生长期昼夜温差大，有利于烟草香气的形成、烟叶品质的提高[3]。从黔东南各站的大田生长期(6—8月)的各月平均日较差来看，8月日较差最大，6月相对最小；大田生长期平均日较差最小的是丹寨(6.5℃)，最大是镇远(9.5℃)；成熟期日较差最大的是镇远和锦屏(10.2℃)，最小的是丹寨(7.0℃)，昼夜温差也较大，非常适宜烤烟生长。

1.3　水分条件分析

中国农业科学院烟草研究所科研成果表明，烤烟大田生长期总耗水量为5010 m^3/hm^2，约相当于500 mm降水量[4]。经验和实践证明：大田生长期降水量确定为500～600 mm，成熟期降水量为100～130 mm作为生产优质烤烟的水分指标。从黔东南各站降雨量分布来看(表2)，黔东南的降雨量相对比较充沛，3—4月是烤烟育苗期，降雨量相对较多，大田期麻江、丹寨、凯里、雷山、榕江的降雨量超过700 mm，其余均达到生产优质烤烟的水分指标；5—6月是黔东南降雨量的集中期，降雨量在6月大部分地区超过200 mm，与贵州遵义优质烟区接近；8月降雨量逐渐减少，与中国4个优质烟区的降雨量接近，这有利于烟叶品质的提高。

表2　黔东南16个站以及中国主要烟区3—9月各月降雨量(mm)

地区	3月	4月	5月	6月	7月	8月	9月
岑巩	61.8	116.6	179.1	187.8	140.1	125.3	72.8
施秉	49.8	110.5	159.8	179.2	131.3	100.9	82.8
镇远	53.5	115.3	170.3	179.3	131.0	109.2	75.1

续表

地区	3月	4月	5月	6月	7月	8月	9月
黄平	56.3	112.1	178.5	195.0	141.8	118.3	85.3
凯里	55.9	124.9	190.6	211.9	177.5	130.6	79.7
麻江	60.6	121.2	198.3	240.4	211.2	134.5	101.9
丹寨	63.9	135.6	203.7	259.2	239.2	159.0	103.6
三穗	63.9	119.8	173.8	166.1	135.8	132.2	70.2
台江	53.8	114.8	172.4	180.9	142.9	137.4	82.5
剑河	57.2	129.6	186.9	202.6	165.5	136.7	72.4
雷山	57.1	130.1	208.6	245.8	193.4	147.0	81.1
黎平	89.9	140.9	191.3	210.0	151.5	127.3	74.3
天柱	78.6	136.6	195.6	200.5	158.9	126.8	77.9
锦屏	78.1	143.5	198.9	210.9	157.5	127.5	80.7
榕江	61.3	112.2	190.9	220.4	166.9	134.1	70.7
从江	64.5	116.0	188.6	211.1	164.8	127.9	75.7
玉溪	15.2	30.8	90.6	140.1	173.7	185.1	108.1
遵义	37.8	88.9	155.1	189.7	148.2	133.8	100.9
许昌	27.2	52.5	67.1	70.5	163.7	140.5	78.2
青州	19.1	34.6	46.6	88.7	190.2	136.3	67.9

1.4 光照条件分析

烟草是喜光作物，6—8月是烟叶光合作用最强的时期，也是形成烤烟产量和品质的关键时期。黔东南主要受滇黔静止锋影响，阴天居多，3—7月连续晴天超过5 d的机会不多，大部分为阴天或阴间多云，漫射光多，漫射光多使烤烟更有效地利用光能，加强光合作用，增加烤烟的物质积累，对烤烟的生长和品质十分有利。如表3所示，黔东南主要烟区的3—5月日照时数与其他优质烟区相比较少(50～100 h)，与贵州遵义优质烟区相近；大田生长期日照时数与云南优质烟区非常相近(392.7～494.7 h)，日照时数最少的是麻江(392.7 h)，最多是岑巩(494.7 h)，而4、5月有所增加，日照百分率一般在25%～46%，基本能满足优质烤烟对于光照的需要；而山东的青州、河南的许昌等优质烟区6—8月的日照时数在600～700 h，各月平均日照时数在200 h以上，再加上青州、许昌等优质烟区这段时间降雨量小，晴间多云天气多，光照过多过强，难以形成和煦的光照条件，对烤烟品质有一定的影响。

表 3 黔东南 16 个站以及中国主要烟区 3—9 月各月日照时数(h)

地区	3 月	4 月	5 月	6 月	7 月	8 月	9 月	6—8 月
岑巩	63.3	73.4	107.6	118.9	190.3	185.5	135.1	494.7
施秉	67.3	92.8	108.1	115.6	177.0	182.6	135.4	475.2
镇远	64.5	90.4	103.6	111.9	174.0	178.7	131.4	464.6
黄平	61.2	89.1	110.3	109.4	174.6	180.9	135.2	465.0
凯里	71.9	97.6	112.7	114.3	173.7	173.4	137.8	461.4
麻江	62.7	85.0	98.0	90.8	145.6	156.3	122.3	392.7
丹寨	69.7	91.3	109.6	102.1	152.3	174.4	143.8	428.8
三穗	63.6	91.6	109.7	121.2	192.2	180.9	131.6	494.3
台江	73.7	96.2	111.9	115.6	174.2	172.4	132.5	462.2
剑河	65.1	85.0	98.8	101.0	157.1	157.1	122.4	415.3
雷山	75.4	99.6	115.2	113.2	172.1	171.1	135.5	456.4
黎平	59.6	87.0	107.8	111.0	181.0	176.0	136.9	468.0
天柱	58.2	84.3	100.7	108.2	177.3	174.8	136.0	460.3
锦屏	55.5	79.9	96.5	104.3	168.9	173.3	134.5	446.5
榕江	68.4	91.8	111.5	114.3	165.7	176.3	142.1	456.3
从江	66.7	93.6	114.5	117.4	178.1	186.2	148.3	481.7
玉溪	244.4	235.9	217.6	149.3	137.2	148.6	133.4	435.1
遵义	64.3	96.8	98.4	110.5	186.2	188.4	121.1	485.1
许昌	163	184.1	214.3	226.2	202.8	206.1	167.4	635.1
青州	215.4	235.5	272.7	257.4	221.2	230.4	221.4	709.0

2 优质烤烟种植适宜气候特征区域划分及归类分析

2.1 烤烟种植适宜气候特征区区划分析

主成分分析是一种降维方法[5]，将几个综合因子来代表原来众多变量，使综合因子尽可能地反映原来变量的信息量，且彼此之间互不相关，从而达到简化目的。主成分变换是将原来众多具有一定相关性的 N 个指标，重新组合成一组新的相互无关的综合指标来代替原来的指标，这些新变量按照方差依次递减的顺序排列，通过数学上的处理就是将原来 N 个指标作线性组合，作为新的综合指标。

利用 1961—2011 年 16 个县(市)气象观测站以及 2005—2011 年 224 个区域自动站点的 5 月平均气温(T_5)、6 月平均气温(T_6)、7 月平均气温(T_7)、8 月平均气温(T_8)、5—8 月平均气温($T_{(5-8)}$)、5—8月平均总降雨量($R_{(5-8)}$)、8月降雨量(R_8)、5—8月日照时数($S_{(5-8)}$)、海拔高度(H)等气象观测实时资料进行主成分分析,结果由表4可见,前4个特征根累计贡献率已达95.789%,其第一主成分贡献率达62.415%,特征向量所凝聚的信息主要是5月、6月、7月、8月、5—8月的平均气温和海拔高度,且载荷因子相当,表明了气候指标对烤烟种植有着重要影响;第二主成分贡献率为18.835%,特征向量所凝聚的信息主要是8月降雨量、5—8月降雨量、5—8月日照时数等。经主成分变换后,消除指标间的相关性,同时得到各样本主成分因子得分。

表4 黔东南烟草种植气候指标的主要影响因子分析比较

	因子1	因子2	因子3	因子4	因子5	因子6	因子7	因子8	因子9
T_5	0.408	0.077	0.021	−0.037	0.206	0.682	−0.417	−0.318	0.211
T_6	0.415	0.043	−0.046	−0.029	−0.003	0.300	0.748	0.352	0.224
T_7	0.412	−0.020	−0.066	0.115	0.156	−0.522	0.218	−0.645	0.229
T_8	0.411	−0.026	−0.085	0.047	0.273	−0.381	−0.430	0.596	0.245
$T_{(5-8)}$	0.420	0.017	−0.046	0.028	0.164	−0.002	0.027	0.012	−0.890
$R_{(5-8)}$	−0.041	0.659	0.252	−0.660	0.210	−0.140	0.038	−0.013	0.000
R_8	−0.003	0.661	0.222	0.707	−0.112	0.002	−0.019	0.046	0.001
$S_{(5-8)}$	0.080	−0.343	0.930	0.041	0.082	−0.028	0.032	0.027	0.001
H	−0.372	−0.051	−0.077	0.213	0.877	0.089	0.176	0.009	0.001
特征值	5.617	1.695	0.881	0.428	0.249	0.081	0.038	0.010	0.000
百分率(%)	62.415	18.835	9.787	4.751	2.767	0.904	0.420	0.116	0.004
累计百分率(%)	62.415	81.251	91.037	95.789	98.555	99.460	99.880	99.996	100.000
	卡方值=4320.6879			df=36		p=0.0001			

从主成分分析因子得分情况来看,如图1a第一载荷向量的空间分布为0线大致呈南—北向,0线以北的大部分地区为负值区域,0线以南大部分地区为正值区域(即阴影区域),反映出南北区域反位相变化特点,或者说负值区域气温为偏冷,正值区域气温为偏暖,敏感区域位于载荷向量最大正值区是雷山—台江之间的雷公山山脉和负值最大区域位于南部区域;如图1b第二载荷向量的空间分布为负值区域主要位于北部、东部和南部部分地区,中部以南大部分地区载荷向量为正值区域(即阴影区域),或者说负值区域是降雨量为偏小,正值区域为偏大,敏感区域位于正值最大区域是中部、西南部及东南部。以上分析表明,黔东南地区烤烟种植气候条件指数存在区域性差异,敏感区域的烤烟种植气候条件指数容易发生异常变化,不适宜种植烤烟生产。

从黔东南烤烟种植区域的实际考察情况来看,中部以南的雷山、台江、榕江、从江、黎平、剑河等县(市)的大部分乡镇历来很少种植烤烟,其余地区为主要种植烤烟区域,这与分析出敏感区域是一致的。因此,避开敏感区域,有计划在气候条件适宜区重点发展优质烤烟,避免烤烟种植的盲目性。

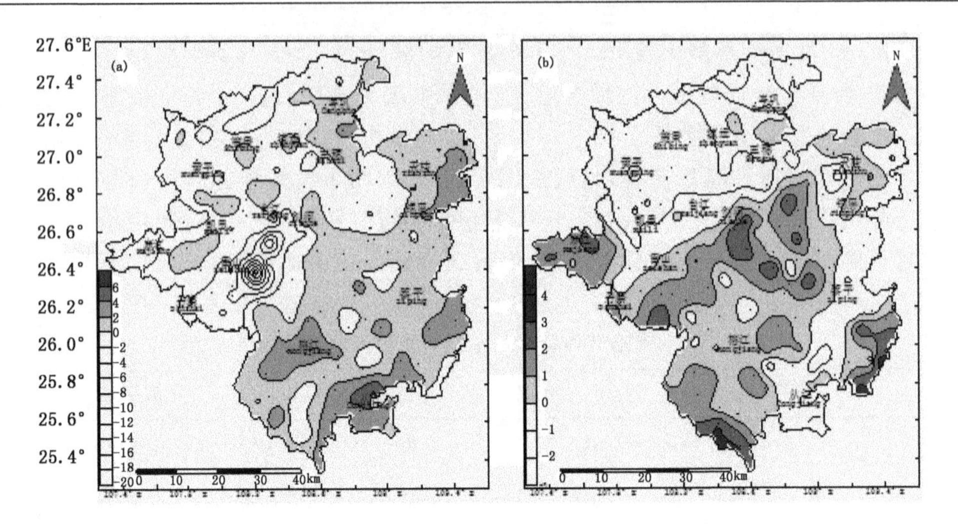

图 1 黔东南区域自动站的烟草种植气候条件指数第一载荷向量(a)和第二载荷向量(b)的空间分布

2.2 烤烟种植气候特征归类分析

采用二维图论聚类方法[6-8]，根据内部一致性或内在相似性的分区原则和依据图论的几何概率，在考虑空间邻接性的同时，又考虑各分区单元之间的内在相似性，分区采用加权连通图来表示，利用图论最小树法求得一个最小生成树，然后根据区内分异小，区间分异大原则，自动生成各分区单元相互关系的网络图。利用黔东南地区 16 个气象站和 225 个区域自动气象站烤烟种植气候条件 T_5、T_6、T_7、T_8、$T_{(5-8)}$、$R_{(5-8)}$、R_8、$S_{(5-8)}$、H 等气象观测实时资料以及各站点地理经纬度。二维图论聚类分析结果如图 2 所示，生成树的节点对应的区域自动气象站点，连线意义表明各个点之间的空间邻接性和内在相似性，空间邻接性表示地理位置信息，内在相似性表达了烤烟种植气候特征相似程度，最小生成树对应边的权数，用欧式距离表示各点之间的亲疏关系，权大则疏，权小则亲。因此，去掉图中权数大于某一定值的边(最大边)，留下权数不大于该值的边，并将各连通的边内的元素归为一类，选取定值适合归类的需要，其结果分为 10 类：1 类、2 类、3 类、10 类处在烤烟种植气候条件指数敏感区域，不宜种植烤烟，3～9 类处于烤烟气候条件适宜区域内，可以重点发展烤烟种植，避免了烤烟不适宜区盲目扩大种植。分类区域结果如下：

第一类：宰便－高麻—停洞—刚边—塘秀—下江—榕江—平江—八开—定威—塔石—斗里—光辉—加勉，两汪—计划—八开—定威—兴华，郎洞—榕江，东朗—加鸠—秀塘，高麻—停洞；

第二类：庆云—谷坪—雍里—小融—翠里—贯洞—独洞—双江—岩洞—地坪—九潮—顺化—德顺，崇义—水尾—尚重—孟彦—罗里，大稼—孟彦，加榜—地坪，雷洞—双江，陀苗—往洞—矛贡—小黄—独洞，丙梅—小融，西山—雍里，高增—贯洞；

第三类：平寨—德化—口江—永从—中潮—水口—龙额，永从—敖市—高屯—黎平，洪州—高屯；

第四类：彦洞—河口—启蒙—隆里—新化—敦寨—铜鼓—大同—茅坪—坌处—竹林—远口—江东—渡马—兰田—注溪—邦洞—天柱—高酿—石洞—南明—敏洞—南寨—南哨，固本—河口，肇兴—坝寨—启蒙，仲灵—隆里，平秋—平略—偶里—铜鼓，云照—大同，锦屏—茅坪，地湖—竹林，白市—远口—元田，社学—渡马—翁洞，八甲—款场—地坪—鱼塘村；

第五类：涌溪—镇远—岔河—蕉溪—江古—注溪—凯本—天马—羊桥—水尾—大有—岑巩—马溪—青溪—羊桥，思旸—坳田，天星—水尾，客楼—平庄，龙田—注溪；

第六类：都坪—尚寨—大地—马溪—牛大场——碗水—舞阳—浪洞—纸房，平溪、浪洞—柿花—野洞河，柿花—上塘；

第七类：雪洞—瓦寨—良上—台烈—报京—屯州—观么—南埃—南哨—太拥—栽麻—乐里—仁里—平永—三江—达地，寨蒿—平江，平阳—乐里，久仰—南哨，剑河—屯州—柳川，金堡—报京，滚马—台烈—三穗—长吉，桐林—瓦寨；

第八类：施洞—南哨—革一—苗陇—谷陇—翁平—湾水—岩洞—老山—大风—万潮—龙场—凯里—鸭塘，炉山—老山，重安江—岩洞—重兴，台盘—格冲—旁海—湾水，黄平—黄飘—谷陇，杨柳塘—苗陇，凯棠—革一，马号—双井—施洞—老屯；

第九类：麻江—贤昌—坝芒—谷洞—景阳—碧波—龙山—宣威—南皋—兴仁—羊甲—丹寨—雅灰，排调—杨武—长青，猫鼻—杨武，舟溪—南皋；

第十类：方召—水井—台江—排羊—西江—雷山—大塘—桃江—永乐，雷公山—高岩，排里—桃江，望丰—大塘，三棵树—西江—朗德，南宫—方祥—草山海，民族中学—台江。

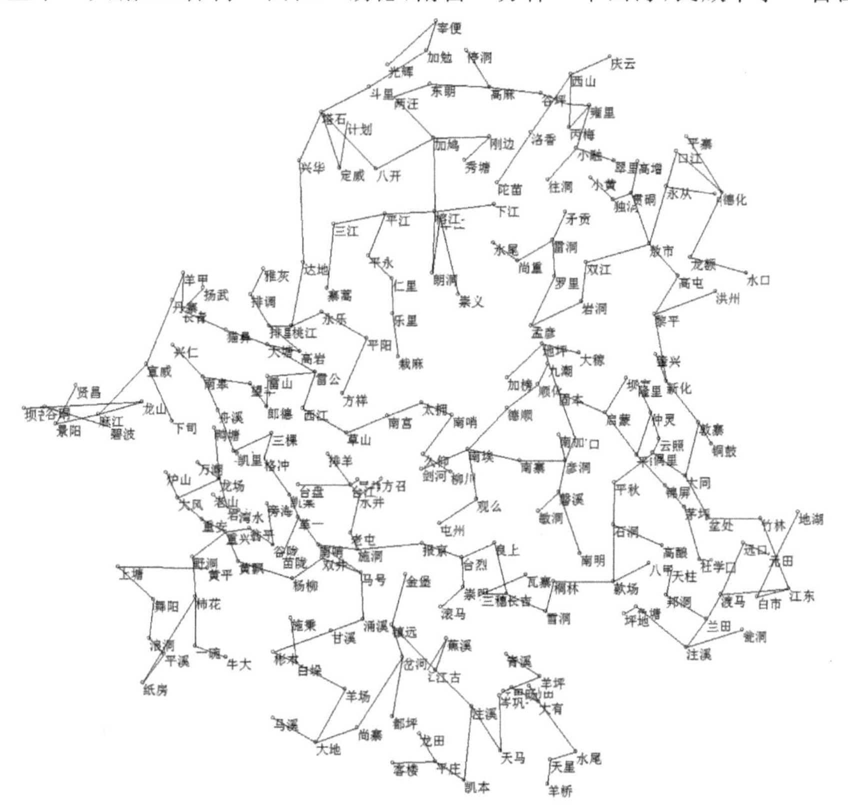

图 2　黔东南地区烤烟种植气候特征最小生成树

3 结　论

(1)黔东南大田生长期(5—8 月)平均气温除南部的榕江、从江等略偏高外,其余大部分地区气温条件对发展烤烟生产较为有利,且日平均气温处于烤烟生长的适宜范围,昼夜温差也较大,非常适宜烤烟生产;降雨量相对比较充沛,烤烟育苗期降雨量相对较多,达到生产优质烤烟的水分指标,而 8 月降雨量逐渐减少,有利烟叶品质的提高;由于黔东南阴天或阴间多云天较多,漫射光多,有利于促进芳香物质的形成,对烤烟的生长和品质的提高十分有利。

(2)黔东南地区烤烟大田生长期的气候条件与云南玉溪、贵州遵义、河南许昌、山东青州等优质烟区比较,黔东南地区烤烟种植大田期的光、温、水气候条件与云南优质烟区有一定的差异,但类似于贵州遵义优质烟区,较河南许昌、山东青州的日照时数少。总之,黔东南气候条件满足优质烤烟对光、热、水的需求,对发展清香型优质烤烟生产较为有利。

(3)随着黔东南地区新烟区不断发展,使用区域自动气象站实时资料分析使区域尺度更小,采用主成分分析方法得出了黔东南烤烟种植气候条件指数变化敏感区域,与实际种植烤烟区域一致;用二维图论聚类分析考虑了地理空间的连通性和气候特征的相似性,将烤烟种植气候区域特征分为 10 类,其归类更具有科学性和合理性。因此,充分合理利用当地气候资源,调整烤烟种植布局、适当集中,有计划地在 3—9 类区域重点发展烤烟种植,避免在各县烤烟不适宜区盲目扩大种植。

参考文献

[1] 王玉玺,栗珂,韦成才等. 陕南优质烤烟气候条件及区域划分的研究. 陕西气象,2001,(5):15-18.

[2] 唐达驹. 贵州烟草生产合理布局. 贵阳:贵州科技出版社,1995.

[3] 张家智. 云烟优质适产的气候条件分析. 中国农业气象,2000,**21**(2):17-21.

[4] 中国农业科学院烟草研究所. 烟草栽培技术. 北京:农业出版社,1980.

[5] 魏春阳,王信民,程森,等. 基于两维图论聚类分析的烤烟外观质量特征区域归类. 烟草农学,2009,(12):42-48.

[6] Tang Q Y, Feng M G. DPS data processing system: Experimental design, statistical analysis, and data mining. Beijing: Science Press, 2007.

[7] 谷晓岩,李凤英,张燕. 两维图论聚类法在农业区划中的应用—以山东省十七地市为例. 安徽农学通报,2009,**15**(3):62-64.

[8] 曹阳,卞科,陈春刚等. 基于两维图论聚类分析的中国储粮区域划分. 中国粮油学报,2005,**20**(4):122-124.

基于浏览量分析的中国兴农网发展建议

贺 楠 柳 晶 周蒙蒙 牛 璐 白静玉 卫晓莉 詹 璐

（中国气象局公共气象服务中心，北京 100081）

摘 要：通过分析缔元信互联网数据中心2012年以来中国兴农网各个频道页面浏览量以及独立用户数数据，了解网站访问变化动态及网民关注信息，得出了中国兴农网各频道浏览量排名，并分析出随着农忙时节的到来，农业气象相关新闻受关注度明显提升等结论。提出不同农事活动时期新闻侧重点应有所不同，加强网站气象服务特色，合并农业气象以及灾害防御频道，市场信息和兴农社区频道着重加强，下大力气加强合作等建议，为网站页面的微调以及推广提供依据。

关键词：中国兴农网；页面浏览量；独立用户数

引 言

中国高度重视农业农村信息化工作。自2004年起，连续7 a的中央“1号文件”都持续关注农业农村信息化[1~7]，强调加快农业信息化建设，积极推进农村信息化工作。从2000年开始，全国气象部门相继建设了省（区、市）农网31个，经过12 a的发展，目前已基本形成了由国家级、省（区、市）、地（市）、县乡和乡村信息站组成的五级气象为农服务网络体系。中国兴农网于2001年6月28日开始运行，是中国气象局主办的国家级气象为农服务综合性网站。

1 网站概述

中国兴农网服务宗旨是：关注农民生产、生活，推进农村气象灾害防御，致力于农业增效、农村发展、农民增收。有10个主要频道和3个合作频道。2010年11月，中国兴农网本着深化为农服务的宗旨，成功改版。改版后的中国兴农网（http://www.xn121.com/）在旧版特色栏目的基础上，增添了新的服务内容和服务功能。本文采用缔元信互联网数据中心半年的数据（数据时长：2012年1月1日—6月16日），对2012年以来中国兴农网网站流量情况进行分析。通过对中国兴农网网站浏览数据的分析，了解网站访问变化动态及网民关注信息，为新版中国兴农网网站内容页面的微调以及推广提供依据。

2 中国兴农网2012年1—6月流量统计

2.1 1—6月总页面浏览量统计

中国兴农网2012年1月1日—6月16日总页面浏览量（图1）为1069529（约107万）页，

日均浏览量为6291页;其中2月总页面浏览量最高,为231034(约23万)页,2月日均页面浏览量为7967页:次高峰为5月,总页面浏览量为219359(约22万)页,5月日均页面浏览量为7076页。

2.2　1—6月总独立用户统计

中国兴农网(2012年1月1日—6月16日)总独立用户数(图1)为425388(约43万)个,日均独立用户数为2502个;2月总独立用户数最高,为95853(约10万)个,2月日均独立用户数为3236个。次高峰为5月,总独立用户数为78714(约8万)个,5月日均独立用户数为2539个。

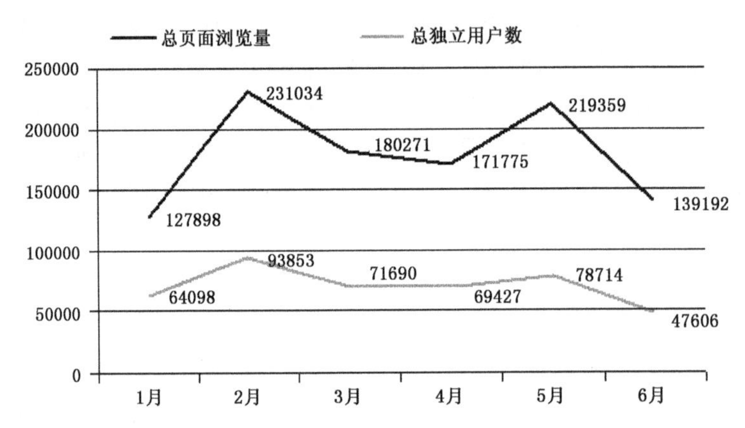

图1　中国兴农网2012年1月1日—6月16日总页面浏览量和总独立用户数趋势

2.3　分析结论

(1)总页面浏览量和总独立用户数发展趋势一致。

(2)兴农网日均浏览量6291页,最高峰为2月(日均7967页),次高峰为5月(日均7076页)。2月主要是合作频道(种子、农药、化肥)点击量较高,说明到农忙时节,农民开始准备农资物品。5月浏览量突增,最大贡献者是三夏专题。

(3)2、3、4、5、6月浏览量均高于1月,说明随着农忙的到来,中国兴农网受关注程度逐步升高。

3　5、6月网站基本数据分析

由于数据统计合作单位仅保存近两个月详细数据,所以本文重点分析5、6月数据。

(1)5、6月兴农网日均浏览量和日均独立用户数变化趋势基本一致,其中工作日点击量高于假期。

(2)5月点击量总体呈上升趋势(图2),尤其5月25日以后明显上升,5月29日达到最高值。5月26日三夏专题被作为头二资讯推到中国天气网,流量有所增加,但显著增加的是5月28和29日,此时该专题并未放在天气网显著位置。经查5月29日新闻点击量第一名为麦收区较强降水将延缓麦收进度,说明用户对农用天气关注度高。

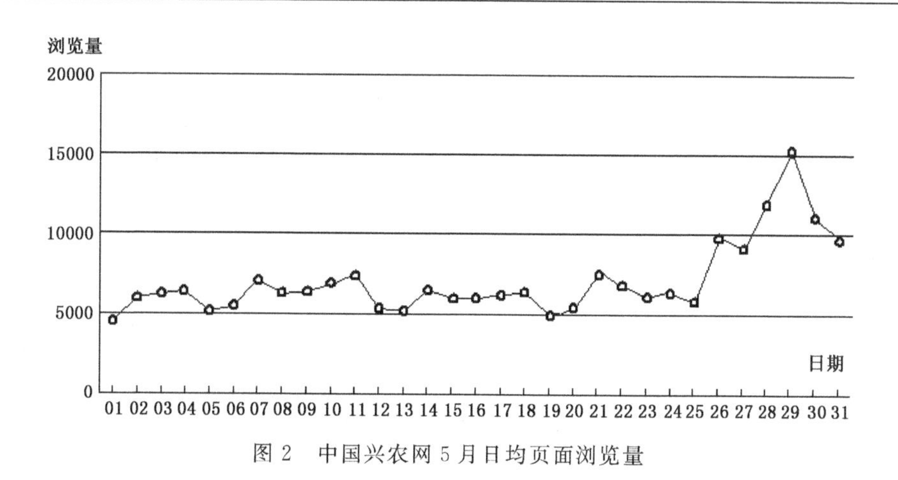

图 2 中国兴农网 5 月日均页面浏览量

(3)由于三夏专题的上线,6 月浏览量(图 3)较 5 月有明显上升,截至 16 日,最低浏览量为 5783 页。但是在上升中第二周(6 月 4 日—10 日)浏览量较第一周有减少,第二周经查明,新闻更新频率较低。中国兴农网 6 月 1 日页面总浏览量 10145 页,独立用户数 4240 个,浏览量较高;6 月 2 日页面总浏览量 8354 页,独立用户数 3732 个;6 月 3 日页面总浏览量 8952 页,独立用户数 3962 个。主要为三夏专题资讯带来的点击量。

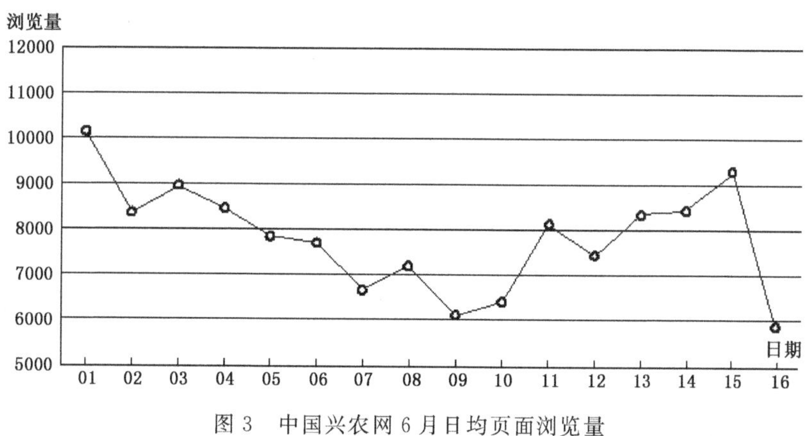

图 3 中国兴农网 6 月日均页面浏览量

4 频道分析

4.1 各个频道月总页面浏览量

由总页面浏览量分析来看:

(1)不同频道流量特性差异明显,除合作频道外,首页排名第一、市场信息排名第二、兴农社区第三、灾害防御倒数第一。

(2)农业气象频道总浏览量从 3 月开始,明显增加,说明随着农忙时节的到来,农业气象受关注度明显提升。

(3)天气视频受关注度排名第五,且浏览量比较稳定。

(4)市场信息 1—5 月的浏览量持续稳定,随时间变化特征不明显,且在各频道中排名第

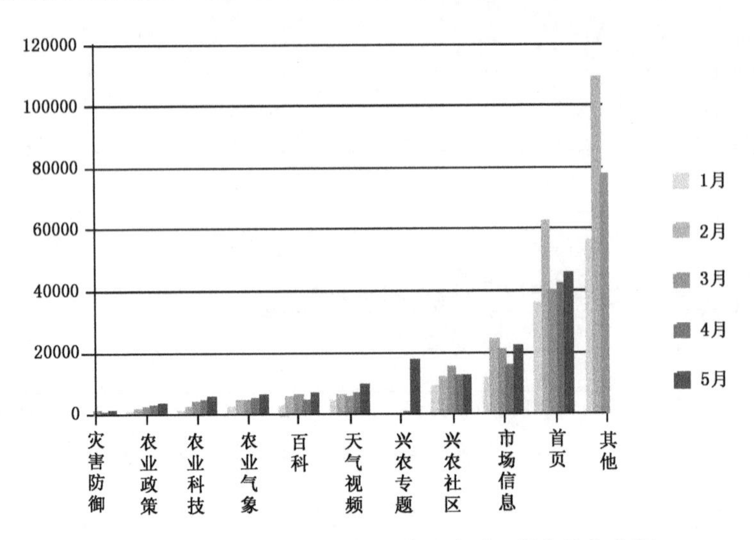

图4　中国兴农网1—5月各频道月总页面浏览量柱状图

三;若将合作频道去掉,排名为第二位,说明该频道关注度较高,且用户稳定。说明能帮助农民买卖的信息是受欢迎的信息。

(5)兴农专题带来的浏览量也不可忽视,5月29日上线的三夏专题,使得农网流量突增,由5月28日11941页浏览量增加到15219页,并在6月带来持续大于5000页的点击量。

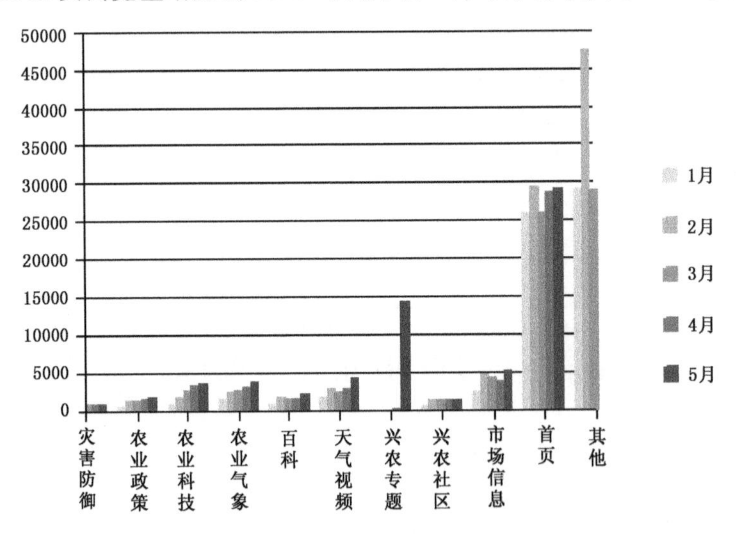

图5　中国兴农网1—5月各频道月总独立用户

4.2　各个频道月总独立用户数统计

由独立用户数分析来看:

(1)独立用户数与页面总浏览量成正比关系。

(2)2月“其他”频道独立用户数明显增长,其他为化肥、种子、农药3个合作频道,说明随着春耕的临近,用户会主动关注农资方面资讯。

(3)5月兴农专题独立用户数明显增加,5月三夏专题上线,说明网民关注频道与农事热点有很大相关性。

(4)除专题以及合作频道,中国兴农网其余频道独立用户数基本稳定。尤其是社区用户,说明兴农社区有着忠实用户群。

(5)月独立用户最大值(47374)与最小值(123)相差较大,中国兴农网有很大发展空间,并存在潜在用户群体。

(6)图4和图5对比分析,社区、市场信息能够留住用户,平均访问页数大于1,说明独立访问量会打开两个或两个以上的网页,而不是打开一个页面后就离开。根据PC—Meter1996年的调查[8],每个互联网用户平均阅读每一个网页所需要的时间大约1.4 min。通过计算每个频道用户在中国兴农网停留时间为2 min左右,说明用户体验中等偏上,黏合度较高,对文章比较有兴趣。

(7)6月用户平均停留时长明显大于5月,6份中国兴农网文章质量有很大提升,说明文章质量是网站的基本。

5 主要结论

5.1 农业网站总体浏览量偏低

据不完全统计,截至2011年6月底,中国有近4万个农业网站,只占互联网网站总数的2.2%左右[9]。据估算,全国农业网站日平均PV值为2500万次,独立用户数1280万,与中国互联网总体规模和农民数量相比,发展明显不足。

5.2 中国兴农网分析结论

(1) 中国兴农网日均浏览量6291页,最高峰为2月(日均7967页):次高峰为5月(日均7076页)。2月主要是化肥、种子、农药频道带来浏览量,农民开始为春耕做准备。5月浏览量突增,最大贡献者是三夏专题。说明农业网站与农事活动密切相关。

(2)总页面浏览量和总独立用户数趋势基本一致,工作日新闻浏览量大于假期新闻浏览量。

(3)除合作频道外,首页排名第一、市场信息排名第二、兴农社区第三、灾害防御倒数第一。

(4)农业气象频道从3月开始,明显增加,说明随着农忙时节的到来,农业气象受关注度明显提升。

(5)天气视频受关注度排名第五,且浏览量比较稳定。

(6)市场频道关注度较高,且用户稳定。

(7)关键农时农事大专题点击量高。

(8)网民对社区以及市场频道感兴趣,社区及市场频道有一定基础用户。

6 建　议

6.1 不同农事活动时期新闻侧重点应有所不同

从以上分析得出,农业网站与农事活动密切相关,在农忙和农闲时新闻侧重点应有所不同。例如农忙时多提供农资以及农技、天气方面资讯,农闲多提供偏休闲方面资讯,各有侧重,与广大农民网民密切贴合。

6.2 农网定位:加强气象服务特色(农业气象资讯和产品等)

农业气象频道随着农忙时节的到来,频道流量显著增加。同时每日的前三名流量排行中,农用天气预报产品始终名列前茅,也说明农网用户一个重要需求是了解农业气象方面的内容。关键农事农时专题受欢迎程度高。

6.3 合并农业气象和灾害防御频道

农业气象和灾害防御两个频道内容上有类似及重合的内容,造成资源的重复使用。同时灾害防御浏览量偏低,应该有所调整。如果两个频道合并,更有利于集中打造有农业气象特色的频道。

6.4 市场信息和兴农社区频道着重加强

市场频道受关注度较高,从1—5月的浏览量分析来看,用户访问量较为稳定,用户黏合度较高,占农网流量的10%以上,在各频道中排名第三。兴农社区类似。

6.5 下大力气加强合作

农网合作的种子、农药、化肥3个频道的浏览量在所有频道中排列靠前,为农网带来了约35%以上的流量。

参考文献

[1] 中共中央国务院关于促进农民增加收入若干政策的意见.2003年12月.
[2] 中共中央国务院关于进一步加强农村工作提高农业综合生产能力若干政策的意见.2004年12月.
[3] 中共中央国务院关于推进社会主义新农村建设的若干意见.2005年12月.
[4] 中共中央国务院关于积极发展现代农业扎实推进社会主义新农村建设的若干意见.2006年12月.
[5] 中共中央国务院关于切实加强农业基础建设进一步促进农业发展农民增收的若干意见.2007年12月.
[6] 中共中央国务院关于2009年促进农业稳定发展农民持续增收的意见.2008年12月.
[7] 中共中央国务院关于加大统筹城乡发展力度 进一步夯实农业农村发展基础的若干意见.2009年12月.
[8] 百度百科.互联网[EB OL]http://baike.baidu.com/view/6825.htm.
[9] 中国互联网络信息中心(CNNIC).中国互联网络发展状况统计报告,2011.

滑坡泥石流概率预报模型

张国平

（中国气象局公共气象服务中心，北京 100081）

摘　要：针对中国西北至东南的带状区域，将其划分为6个区划单元：黄土高原西部、秦岭山区、大巴山区、大别山区、罗霄山区和浙闽沿海。通过提取并分析滑坡泥石流灾害发生频次和雨量信息，发现对于任何一个区划单元，并不存在一个临界雨量，诱发地质灾害的有效降水处于一个比较大的区间，对于给定的有效降水，滑坡泥石流灾害只是存在一个发生的可能性，并不能说明一定发生或一定不发生。进一步研究了6个区划单元内有效雨量和滑坡泥石流灾害的概率关系。相关系数检验表明了本文计算的降水因子与滑坡泥石流灾害发生的频次之间服从高斯分布，可以利用密度函数曲线来定量计算有效降水为某一值情况下滑坡泥石流灾害发生的概率。研究还表明，从中国西北至东南方向，诱发滑坡泥石流灾害的雨量值增大，增大的幅度可以通过6个区划单元降水因子与滑坡泥石流灾害高斯分布的参数来定量描述。

关键词：滑坡泥石流；有效雨量；概率模型；易发程度评价；区划

引　言

现有的描述雨量和泥石流发生关系的模型多为确定性模型，认为在间接前期降雨、直接前期降雨和激发雨强得到满足的情况下才会发生泥石流，实际分析发现间接前期降雨、直接前期降雨和激发雨强远大于所设定的阈值时，区域内并没有大量发生泥石流[1~5]。这说明确定性模型有一定的缺陷，实际上模型的建立有许多不确定的因素存在，需要在确定性模型的基础上引入概率模型，将确定性模型分析的结果转化为概率进行表述。目前开展降水与滑坡泥石流可能性关系的模型主要有可拓模型和 Logistic 模型[6~11]。

可拓模型将降水与滑坡泥石流的关系定义为一种可能性的关系，但在没有考虑极端降水等因素下，模型输出的泥石流可能发生等级为最高等级的条件较易满足，利用此模型建立的关系进行泥石流预报时，对于大范围强降水事件，模式预报的最高等级区域（如5级）面积会偏大，而3、4级的区面积会偏小[6~9]。

对于 Logistic 模型，从目前的实际效果评判看，国家级预报业务中采用该方法时发现有大量的空报情况，2006年全年统计结果表明该方法的空报率达到了35%，大量区域研究的例子也揭示了相似的情况，这与该模型的适用条件有关，环境因子的作用、前期雨量衰减系数、极端降水分布等因素在该模型中考虑的不够深入[10,11]。

可拓模型和 Logistic 模型不是严格意义上的概率模型，只是描述了在特定环境背景和降水条件下发生滑坡泥石流的可能性的大小，需要利用概率论方法对其做进一步的校正，并给出

资助课题：国家自然科学基金（40971016）。

其分布的置信区间。

总的来看，用一个临界雨量来描述区域内一定会或一定不会发生滑坡泥石流灾害的做法缺少理论基础，而现有的描述降水与滑坡泥石流可能性关系的模型还不能算做概率模型，本文提取滑坡泥石流灾害发生频次和雨量信息，研究有效雨量和滑坡泥石流灾害的概率关系，以期为开展滑坡泥石流灾害的概率预报提供参考方法。

1 数据和方法

本文研究区域为中国西北地区东部至东南地区的带状区域(图 1)。共收集了区域内 7872 个滑坡泥石流灾害点，时段为 1954—2004 年，有灾害点经纬度坐标、灾害发生年、月和日信息，提取了灾害发生当日和前 15 日的逐日降水资料。

1.1 滑坡泥石流灾害区域划分方法

滑坡泥石流灾害区域划分的目的，是将大区域划分为若干个子区域，认为子区域内部地质、地理与气候环境背景是相似的，建立子区域内降水与泥石流关系时暂时不考虑环境背景条件的差异。滑坡泥石流灾害区域划分的基础是滑坡泥石流易发程度评价，其主要内容是建立因子集，本文考虑了高程、高差、坡度、岩石类型、断层密度、植被类型和汛期降水等 7 个因子，采用信息量方法来进行滑坡泥石流易发程度综合评价，其定义如下式[12,13]：

$$I = \sum_{i=1}^{n} w_i \cdot I_i \tag{1}$$

$$I_i = \sum_{j}^{m_i} \ln\left(\frac{N_{i,j}/N}{S_{i,j}/S}\right) \tag{2}$$

式中，I 为总信息量，I_i 为第 i 个因子的信息量，w_i 为第 i 个因子的权重系数，n 为因子数目，m_i 为第 i 个因子的分类数目，N 为区域内滑坡泥石流灾害点总数目，$N_{i,j}$ 为第 i 个因子的第 j 个分级上的滑坡泥石流灾害点数目，S 为研究区域栅格总数目(对应于区域总面积)，$S_{i,j}$ 为研究区域内第 i 个因子的第 j 个分级的栅格数目。

在滑坡泥石流易发程度综合评价的基础上，结合区域内地质条件、地貌类型、气候背景特征等可以将区域划分为若干个环境背景相异的区域[14]。

1.2 有效雨量计算方法

雨量因子选取是研究降水与滑坡泥石流灾害关系的重要前提，目前主要的因子有当日降水和有效降水这 2 个因子。根据相关研究，有效雨量的内插相对于当日雨量的内插要稳定一些，在相同的精度下有效雨量需要的站点密度可以更低一些，气象站点密度＞5％的情况下，泥石流灾害点前期有效雨量内插可以保持 60％以上的雨量(相对于站点密度为 100％)；而当日雨量却只能保持 30％以上的雨量。所以本文选取有效雨量因子作为降水因子，其计算方式如下：

$$P_A = \sum_{i=1}^{14} 0.8^i P_i \tag{3}$$

其中，P_A 为前期有效雨量，P_i 为泥石流灾害发生位置的前第 i 天的降水。

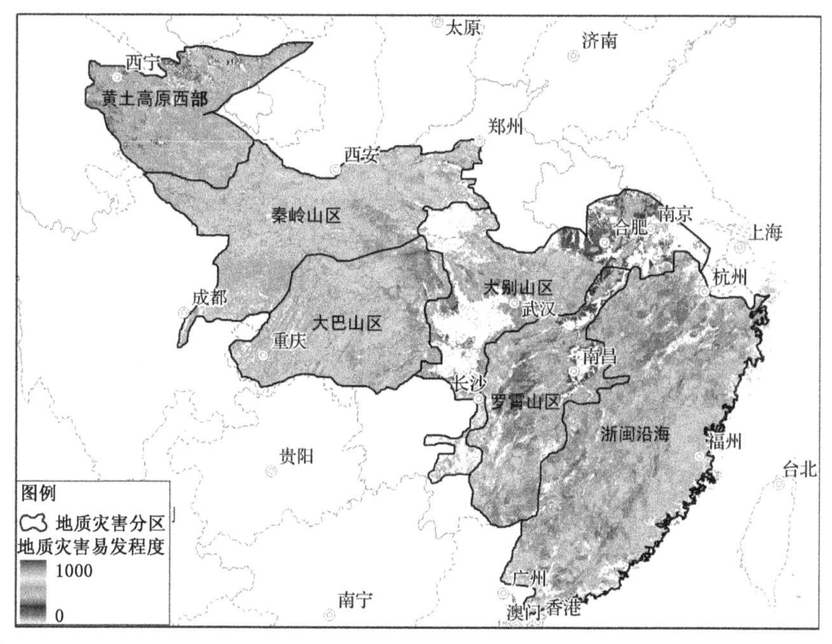

图 1　研究区域、地质灾害危险度及其分区

1.3　有效雨量的正态化处理方法

在分析降水与滑坡泥石流灾害的关系时，实际的降水因子值一般在 0～300 mm，对于持续性强降水或者是台风降水，计算的有效雨量值往往>300 mm，甚至达到 600～1000 mm，这容易导致有效雨量有很强的不连续性，需要对其进行连续性处理。同时考虑累积降水具有明显偏态分布特征，对降水因子进行正态化处理是目前较常用的方式。本文选择立方根的方式进行降水因子正态化：

$$P_X = \sqrt[3]{P_A} \tag{4}$$

式中，P_A 为有效雨量(mm)，P_X 为经正态化的降水因子。

1.4　有效降水与滑坡泥石流灾害的高斯关系估计方法

通过有效雨量计算并进行正态化后，得到了研究区域内 7872 个灾害点上的降水因子。针对图 1 中滑坡泥石流灾害的 6 个区划单元，对于某一个区划单元，假设其内有 m 个灾害点，m 个灾害点降水因子(P_x)值的范围为 0～$P_{x\max}$。本文利用直方图分类统计法，将 P_X 平分为 50 个区间，统计每个区间内降水因子为 P_X 时滑坡泥石流灾害发生的频次 Y(见图 2)。

从图 2 中的散点分布情况可以看出，6 个区划单元内滑坡泥石流灾害与降水因子明显服从高斯分布。对于散点图，以降水因子值 P_X 为自变量，以滑坡泥石流灾害发生的频次为 $f(P_X)$为应变量，统计样本的均值 μ 和方差 σ，以 $f(P_X)$作为降水因子为 P_X 时滑坡泥石流发生频率的估计值：

$$f(P_X) = \frac{1}{\sqrt{2\pi\sigma}} \mathrm{e}^{-\frac{P_X - \mu^2}{2\sigma^2}} \tag{5}$$

式中，μ 为 P_X 的均值，σ 为 P_X 的方差。

已知每个区划单元内降水因子为 P_X 时滑坡泥石流灾害发生的频次统计 Y，利用式(5)可以估计出降水因子为 P_X 时滑坡泥石流灾害发生的频率估计值 $f(P_X)$。图2中的曲线为估计的 $f(P_X)$分布。

对于降水因子为 P_X 时滑坡泥石流灾害发生的频次的实况统计值 Y 和估计值 $f(P_X)$，可以计算其相关系数，从而对估计的结果进行评价。表1显示了每个区划单元降水因子与滑坡泥石流高斯分布关系的相关系数。

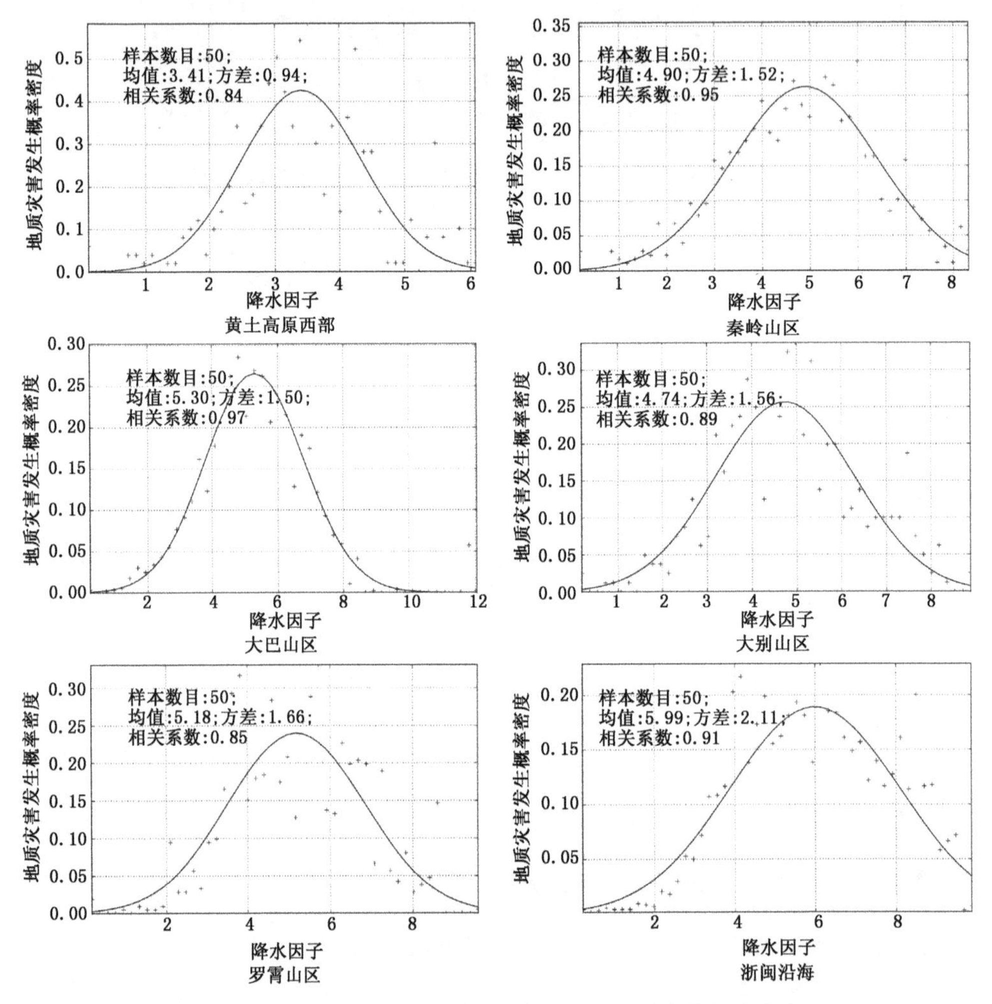

图2　6个区划单元内降水因子与滑坡泥石流灾害频次分布

2　结　果

2.1　滑坡泥石流区划分析

图1是滑坡泥石流灾害危险度评价的结果，整体上看，由西北至东南方向，滑坡泥石流灾害危险度逐渐增大。从地貌格局看，图1中的带状区域从西北到东南分别为黄土高原、山地地貌和低山丘陵地貌；从地质条件看，研究区域自西北向东南分属鄂尔多斯地块、秦岭褶皱带和

华南地块这 3 个新构造单元。综合地貌、地质和滑坡泥石流灾害危险度评价结果，可以将图 1 所示的带状分布区域划分为 6 个区划单元：黄土高原西部、秦岭山区、大巴山区、大别山区、罗霄山区和浙闽沿海。

从气候条件看，西北至东南方向，气候类型呈干旱—半干旱—半湿润—湿润带状分布，汛期降水由西北向东南增强，强降水频率增大。浙闽沿海主要受台风暴雨影响，该区属低山丘陵地带，坡度小、地质条件稳定、植被覆盖度好，对诱发滑坡泥石流灾害的雨量要求较高，但由于台风暴雨强度非常大，降水历时短，该区滑坡泥石流灾害发生较频繁。在汛期大别山区和罗霄山区主要受江淮梅雨过程影响，2 个区域降水历时长，降水强度大，加上梅雨影响区域大，易滋生群发性滑坡泥石流灾害；秦岭山区和大巴山区主要受西南涡系统影响，该区地形起伏巨大，山地局部地形影响下易发生局地暴雨，引发特大型滑坡泥石流灾害；黄土高原西部地区则由于土质疏松，地表植被覆盖度低，诱发滑坡泥石流灾害的降水量较低。

2.2 降水因子与滑坡泥石流灾害高斯分布关系分析

图 2 显示，对于所有 6 个区划单元，当有效降水处于某一个值时，滑坡泥石流灾害发生的频次最高，呈明显的对称单峰型分布。对于 6 个区域，统计每个区域的均值 μ 和方差 σ，利用式(5)估计不同降水因子下滑坡泥石流灾害发生的频率，绘制在图 2 上，图 2 显示利用式(5)估计的结果与通过滑坡泥石流灾害统计的结果有很好的一致性。对于所有 6 个区划单元，表 1 显示相关系数均≥0.84，其中秦岭山区、大巴山区和浙闽沿海的相关系数均在 0.90 以上。表 1 和图 2 的结果表明本文计算的降水因子与滑坡泥石流灾害发生的频次服从高斯分布。

表 1 降水因子与滑坡泥石流灾害高斯分布关系

区划单元	降水因子均值	有效降水值	降水因子方差	相关系数
黄土高原西部	3.41	39.65	0.94	0.84
秦岭山区	4.90	117.65	1.52	0.95
大巴山区	5.30	148.88	1.50	0.97
大别山区	4.74	89.55	1.56	0.89
罗霄山区	5.18	138.99	1.66	0.85
浙闽沿海	5.99	214.92	2.11	0.91

从图 2 中还可以看出，对于任何一个区域，并不存在一个临界雨量，诱发地质灾害的有效降水是处于一个比较大的区间。对于给定的有效降水，滑坡泥石流灾害只可能存在一个发生的可能性，并不能说明一定发生或一定不发生。当有效降水较低时，发生滑坡泥石流灾害的频率非常低，当有效降水处于某个值时(在本文中，该值为区域内所有灾害点有效降水的平均值)，发生滑坡泥石流灾害的频率非常大。

2.3 降水因子与滑坡泥石流高斯分布关系的空间差异

从表 1 还可以看出，除大巴山区和大别山区外，由西北至东南方向，降水因子与滑坡泥石流灾害高斯分布的均值呈增大趋势，这表明越向东南方向，诱发滑坡泥石流灾害的雨量值越大。同时，高斯分布的方差也是由南到北增大。

3 结 论

(1)由中国西北至东南方向,滑坡泥石流灾害危险度逐渐增大,综合地质、地貌和滑坡泥石流灾害危险度评价结果,可以将研究区域划分为6个区划单元:黄土高原西部、秦岭山区、大巴山区、大别山区、罗霄山区和浙闽沿海。

(2)相关系数检验表明了本文计算的降水因子与滑坡泥石流灾害发生的频次之间服从高斯分布,可以利用密度函数曲线来定量计算有效降水为某一值情况下滑坡泥石流灾害发生的频率。

(3)对于任何一个区域,并不存在一个临界雨量,诱发地质灾害的有效降水处于一个比较大的区间。对于给定的有效降水,滑坡泥石流灾害只是存在一个发生的可能性,并不能说明一定发生或一定不发生。

(4)由西北至东南方向,诱发滑坡泥石流灾害的雨量值增大,增大的幅度可以通过6个区域降水因子与滑坡泥石流灾害高斯分布的参数来定量描述。

参考文献

[1] 张国平,许凤雯,赵琳娜.中国降水型泥石流研究现状.气象,2010,**36**(1):94-99.

[2] 谭炳炎,段爱英.山区铁路沿线暴雨泥石流预报的研究.自然灾害学报,1995,**4**(2):43-52.

[3] 谭万沛,韩庆玉.四川省泥石流预报的区域临界雨量指标研究.灾害学,1992,**7**(2):37-42.

[4] 崔鹏,杨坤,陈杰.前期降雨对泥石流形成的贡献:以蒋家沟泥石流形成为例.中国水土保持科学,2003,**1**(1):11-15.

[5] 姚学祥,徐晶,薛建军等.基于降水量的全国地质灾害潜势预报模式.中国地质灾害与防治学报,2005,**16**(4):97-102.

[6] 韦方强,汤家法,钟敦伦等.区域和沟谷相结合的泥石流预报及其应用.山地学报,2004,**22**(3):321-325.

[7] 丛威青,潘懋,李铁锋等.降雨型泥石流临界雨量定量分析.岩石力学与工程学报,2006,**25**(增刊):2808-2812.

[8] 侯圣山,李昂,周平根.四川雅安市雨城区地质灾害预警系统研究.地学前缘,2007,**14**(6):160-165.

[9] 薛建军,徐晶,张芳华等.区域性地质灾害气象预报方法研究.气象,2005,**31**(10):24-27.

[10] 阮沈勇,刘希林,郭洁.四川泥石流灾害与降雨关系的初步探讨.自然灾害学报,2006,**15**(4):19-23.

[11] 徐晶,张国平,张芳华等.基于Logistic回归的区域地质灾害综合气象预警模型.气象,2007,**33**(12):3-8.

[12] 朱良峰,吴信才,殷坤龙等.基于信息量模型的中国滑坡灾害风险区划研究.地球科学与环境学报,2004,**26**(3):52-56.

[13] 韦方强,胡凯衡,Lopez J L等.泥石流危险性动量分区方法与应用.科学通报,2003,**48**(3):298-301.

[14] 柳源.中国地质灾害(以崩、滑、流为主)危险性分析与区划.中国地质灾害与防治学报,2003,**14**(1):95-99.

全国优秀涉农网站对比分析及几点思考

柳 晶 白静玉 卫晓莉 牛 璐 周蒙蒙 贺 楠 詹 璐

(中国气象局公共气象服务中心,北京 100081)

摘 要:目前全国农业网站将近3万家,中国兴农网作为国家级网站,如何在众多网站中独树一帜,创出品牌,是一个非常值得深入研讨的课题。本文基于11家优秀涉农网站,详细分析了支撑其发展的支撑产品及优势资源,并总结了这些涉农网站的共性特点,在此基础上,从用户定位、品牌栏目建设、网站频道改版、拓展服务领域等方面,对中国兴农网发展提出了一些建议。

关键词:涉农网站;中国兴农网;市场价格;天气风险

引 言

中国农业网站的建设起步于20世纪90年代初期。与其他网站一样,伴随着现代网络技术的不断进步和社会主义市场经济的推进,农业网站的发展总体上经历了逐步兴起、迅猛发展、整顿提高3个阶段。大体上,1998年以前的几年为发展的第1阶段,面向全国的农业性网站逐步建立;1998—2000年为第2阶段,农业网站迅猛发展,其中包括以政府为主体开设的信息服务类网站,以企业为主体开设的经营类网站,以民间资本为主体开设的旨在资本运作的网站等。2000年以后,全国农业网站的发展进入第3阶段,主要特点是网络经济泡沫破裂,一批建立不规范、发展急功近利的网站难以为继、宣告破产,而一批新的政府网站群和具有良好经营服务模式的商务网站开始出现,整个农业网站的发展回归理性、务实的发展思路,尤其是近两年来中国农业网站建设无论在量上还是在质上都有了很大的提高。据不完全统计,目前中国各种形式的农业网站已超过3万家,在数量上远远超过了一些发达国家,位列世界前5。农业网站已经成为中国农村信息化建设程度的一个重要标志,也是解决"三农"问题的重要网络平台。当前我国农业网站按盈利模式可分为公益性和营利性两类网站;按照网站主办单位属性划分大致可以分为4类:(1)政府部门建立的农业信息网站;(2)农业企业建立的信息发布网及电子商务平台;(3)农业科研部门和教育部门建立的信息网站;(4)新闻宣传部门等媒体组织建立的信息网站。其中,农业企业已经代替政府部门成为网站建设的主力军,占据了70%以上的比重,且所占比重仍持续呈现显著上升趋势。

由气象部门主办或承办的农网,在科技为农服务的大背景下,网络气象为农服务的需求日益增多,各地农网的社会效益逐步显现。随着服务的深入和知名度的提高,全国已有三成的农网取得了不同程度的经济效益,其主要盈利模式有:短信服务、代管代建网站、网站广告、网站销售等,其中网上销售比例最大,占经济效益的46%。安徽、河北、吉林、贵州四省,每年的短

资助课题:公益性行业(农业)科研专项(201203032)。

信服务纯收益在 600 万～800 万元；贵州、四川、安徽三省自 2000 年以来分别实现网上交易 3.84 亿元、12 亿元和 180 多亿元，在取得良好的社会效益的同时也获得了较为丰厚的经济效益。但从整体来讲，气象部门大部分农网发展不是很理想，尤其是国家级的中国兴农网。本文基于 11 家优秀涉农网站，详细分析了支撑其发展的支撑产品及优势资源，并总结了这些涉农网站的共性特点，在此基础上，对中国兴农网发展进行了一些思考。

1　优秀涉农网站对比分析

以中国运营较好的农业网站为调研对象，对调研网站的服务内容特色和优势资源进行整理和分析，为中国兴农网发展提供一些参考。具体分析的网站包括金农网群、中国化肥网、中国粮油信息网、中国养殖网、猪 e 网、中国禽病网、中国园林网、中国水产养殖网、中国农业信息网、神农网、金农网等 11 个网站(表 1)。

表 1　11 个涉农网站信息表

序号	网站名称	日 PV	排名	特色支撑产品	优势资源	支撑单位
1	金农网群 http://www.jinnong.cn/	137 万	14921	金农网群(金农、农药、化肥、种子、农机、粮油、畜牧、园艺、果树、水产)	1)用户资源优势 • 金农网注册用户超过 120 万 • 农业厂家接近 30 万家 • 农民等个人会员超过 90 万名 2)研发团队和技术力量强大 根据用户需求，可量身定做专业服务产品。	黑龙江金农信息技术有限公司
2	中国化肥网 http://www.fert.cn/	30 万	29480	1)市场报告(包括日报、周报、月报、年报) 2)每年出《农资通》会刊		金农网子站
3	中国粮油信息网 http://www.chinagrain.cn/	27 万	31895	1)价格行情、期货行情、统计数据和市场报告。 2)可根据用户需求，分析团队提供独立报告。 3)手机短信可定制所需信息服务。		金农网子站
4	中国养殖网 http://www.chinabreed.com/	41 万	10356	1)互动平台人气非常高，特别是网友报价专栏 2)独一无二的养殖工具客户端软件 包括饲料配方超级优化决策系统、饲料管家等	1)8 个养殖工具客户端软件 2)关于养殖业的网友报价系统	北京佑格科技发展有限公司
5	猪 e 网 http://www.zhue.com.cn/	30 万	24960	1)猪 e 论坛，人气不错 2)猪 e 手机报：猪 e 日报； 3)康大夫专家团 4)猪易商城	1)养猪行业的专业资讯与最新发展动态有机结合的养猪技术 2)专家团队力量雄厚	猪 e 网(北京)

续表

序号	网站名称	日 PV	排名	特色支撑产品	优势资源	支撑单位
6	中国禽病网 http://www.qinbing.cn/	25 万	26488	专家在线坐诊 网上门诊 禽病图谱	1)专家资源 2)较为完善的禽病技术服务站点 3)拥有鸡蛋、肉鸡、鸡苗、淘汰鸡、玉米、豆粕等 6 类价格信息采集的专有渠道	维康畜禽病防治研究所(山东)
7	中国园林网 http://www.yuanlin.com	16 万	31750	1)植物库科普简介与该植物的供应商无缝连接;将科普和销路一起结合。 2)中国苗木和景观石窟交易中心,用户非常活跃	1)完整的中国园林网络交易中心 2)较为完善的植物数据库	杭州元成文化传媒有限公司
8	中国水产养殖网 http://www.shuichan.cc/	12 万	83094	1)单一水产种类手机报(目前提供 10 种),300 元/年,1 期/日。 2)用户群体:65%的用户是水产养殖户、水产经纪人、水产产业链上下游企业、水产科技工作者。	1)针对单一水产的信息服务产品 2)电子商务平台较为完善(16 个种类交易区)	中国水产流通与加工协会
9	中国农业信息网 http://pfscnew.agri.gov.cn/	10 万	44895	1)各地批发市场的最新市场价格(包括最高、最低、中间价、交易量等)。 2)市场行情分析(包括上周平均价、本周平均价和涨跌率)趋势分析 3)供求一站通:	1)拥有全国农产品批发价格采集的专有通道(包括采集人员队伍、价格数据库)。 2)网站以市场价格为主线,建立频道和栏目,共有 9 个频道,与价格有关的频道有 7 个。	农业部
10	神农网 http://www.sn110.com/	8 万	33300	1)神农周报、月报、年报(包括大作作物、畜牧、化肥、乳品的周报分析,内容有市场快讯、行情、分析、生产与预测、政策与企业动态、价格变化) 2)神农价格走势:由神农网自己整理,21 个省的数据资料,以每周为单位整理。 3)供求信息 4)神农地图、神农社区	1)种类齐全的周报、月报、年报:基本是由自己的分析师撰写的,转载的很少。 2)畜牧、大宗作物、化肥等的价格走势:包括平均价格走势、历年价格对比等。 3)网站频道虽少(6 个),但都是精品频道。	湖北神农信息科技有限公司

续表

序号	网站名称	日 PV	排名	特色支撑产品	优势资源	支撑单位
11	金农网 http://www.agri.com.cn/	5 万	67000	1)强大数据库(18 万农业企业、1.7 万食品生产与加工企业、2 万乡镇领导、1.8 万农业经纪人、2461 农产品批发市场数据库、5200 农业专家数据库)。 2)分站合作模式(334 个市、2800 个县区、34675 乡镇分站)。 3)117 种特色农产品分布图。 4)农业及涉农企业大黄页。 5)农产品历史价格曲线对比。	1)服务对象：农业和食品企业，农民经纪人、种养经营大户、专业合作经济组织。 2)强大资源支撑：包括农产品批发市场数据、专家和企业资源。	金农信达(北京)科技有限公司

经调研分析，优秀涉农网站的特点分析如下：

1)11 个网站中，由公司运营的网站占 70%，政府及研究所主办的网站 2 个。

2)涉农网站的日浏览量普遍较低，网站排名在万名以后。日 PV 值虽然较低，但大部分网站的植入广告非常多，说明投放广告所带来的利润是明显的，可能与涉农网站的用户群体有关。网站如此受商家欢迎，是值得深入探讨的问题。

3)每个网站都有特有的资源优势和核心服务产品。如由农业部主办的农业信息网，该网站特有的信息资源是全国农产品价格数据库，其服务内容共包括 9 个频道，其中 7 个频道的服务内容是基于农产品价格数据来为用户提供服务，网站日浏览量为 10 万。

4)各网站的用户群体定位较为明确，并围绕用户群体有的放矢的开展服务。如金农网的服务对象为农业和食品企业，农民经纪人、种养经营大户、专业合作经济组织。

5)涉农网站正逐步从信息导向转向用户导向，这样的经营方向已成为未来涉农网站发展的主流方向。中国粮油信息网可根据用户需求，分析团队为其提供独立分析报告。

6)各类相关信息资源无缝连接，在各页面都可迅速看到其他页面相关的信息，如中国园林网，植物简介中附有供应商列表，将科普与销路有机结合。

7)大部分专业类的涉农网站更吸引用户。如中国猪 e 网(日 PV 约 30 万)，中国养殖网(日 PV 约 41 万)。

8)市场价格和供求信息极受用户欢迎。无论是综合类还是专业类网站，重点服务内容都涉及了价格行情及分析报告，部分网站是以价格信息服务内容而展开的，其浏览量在涉农网站中排名靠前(如神农网和中国农业信息网)。

9)专家在线服务。约有 1/2 的网站开设了专家在线坐诊栏目，颇受用户欢迎。如中国禽病网的专家在线坐诊在 2012 年 6 月 26 日的咨询问题共 36 个，从 03 时持续到 21 时都有用户提问。

10)部分网站建立了比较完善的会员系统，根据会员级别，为用户提供不同服务。中国化肥网将会员分为4个级别,分别是普通会员、商务会员、高级会员和明星会员。

2 中国兴农网内容建设的几点思考

2.1 明确定位中国兴农网用户群体

从前面调研来看,涉农网站的重点用户群体定位为农业和食品企业,农民经纪人、种养经营大户、专业合作经济组织等,主要是由于这些群体对信息的需求更加迫切,同时比普通农户更具购买网络终端设备的经济实力。中国兴农网是国家级网站,重点用户群体定位可参考这些网站的发展思路,明晰自己的用户群体,改"广播式"服务为特定对象的"重点"服务。针对每个重点用户群体,全面了解其需求,对气象为农服务信息进行个性化、精深化、便捷化的加工处理,增强服务产品的有效性和针对性,进而挖掘出对气象服务需求最迫切的客户资源,建立一对一的服务流程,促进形成自身的核心业务,确立适合自身发展的特色运营模式,达到与用户共赢的目的,确保网站可持续发展。

2.2 打造气象为农服务品牌栏目,以气象服务为主线,拓展涉农信息服务

优秀的涉农网站都有自己独有的特色产品作为支撑,如农业部农业信息网,该网站特有的信息资源是全国农产品价格数据库,其服务内容共包括9个频道,其中7个频道的服务内容是基于农产品价格数据来为用户提供服务。就中国兴农网而言,最大的资源优势是气象信息资源,需基于本身所具备的资源优势,研究支撑兴农网的核心内容:

增加例行全国农业气象条件分析以及对农业影响的深度分析报告(周报、月报等)。

研究基于天气因素的农产品价格趋势预测分析产品模型。

用户可对天气要素、农产品种类、影响农产品的天气指标进行自由设置。

打造拳头产品,如基于 WebGIS 的县域尺度气象为农综合性服务产品等,支撑中国兴农网以及各省级农网。

改进现有网站中的各个频道,特别是农业气象和灾害防御频道。

2.3 着力打造农业天气风险管理频道

近些年,如何管理和转嫁天气风险,在各行各业中已逐步开始尝试,特别是在农业领域。2008年4月18日,农业部国际合作司、世界粮食计划署和国际农发基金三方签署"农村脆弱地区天气指数农业保险国际合作项目",该合作项目结合试验区安徽省长丰县和怀远县的具体情况,研究设计出了水稻旱灾和内涝指数保险产品。北京、上海、安徽、浙江、陕西等地都相继开展了天气保险业务。2009年,中国天气网与大连商品交易所合作研发了基于温度的天气衍生品,并实现在线模拟交易。

目前,中国还没有一个专门的天气风险管理机构来为用户提供天气风险的咨询服务,中国兴农网作为全国气象为农服务的综合性信息服务平台,有基础也有能力牵头在农业天气风险服务发展中做出自己的特色。中国兴农网的服务内容主要是基于农作物的气象服务,畜牧业、水产养殖、设施农业等气象服务涉及较少,这也将是下一步网站发展需要加强的内容。

2.4 市场价格频道内容建设不容忽视

从中国兴农网浏览量分析来看,市场价格的PV值比较稳定,且在网站众多频道中排名第三,占总浏览量的25%～30%。从前面11家优秀涉农网站的分析中也可以看出,以市场价格信息作为核心服务内容的网站约占50%,这足以说明用户群体对市场价格信息的关注度是非常高的,而中国兴农网目前拥有较为丰富的市场价格信息资源,一是与农业部共享的全国近200个批发市场上千种农产品价格信息,二是气象部门自建的市场价格信息采集渠道(8个省)。基于市场价格信息资源,结合全方位的气象信息资源,可研发很多独具特色的服务产品,这可作为中国兴农网特色服务栏目研发方向之一。

参考文献

[1] 赵颖文,乐冬.中国农业信息网站发展面临的困境及对策分析.农学学报,2011,(4):54-57.
[2] 中国互联网络信息中心.2009年中国互联网络信息资源数量调查报告.
[3] 陈越洋.关于国外农业网站信息的研究.农业网络信息,2010,(9):148-151.
[4] 周义桃,周国民.我国农业网站发展现状与趋势.农业图书情报学刊,2005,(17):43-47.
[5] 郑铁,刘健.农业信息体系建设:现状、问题与对策.农业经济,2004,(10):12-13.
[6] 刘靖苏,许文娟,赵爱雪.我国农业信息化网络服务现状及其发展对策.农业经济,2006,(5):38-39.
[7] 杨博.农民信息需求现状及解决对策.现代农业科技,2006,(1):103-104.
[8] 杨晓蓉,贾善刚,赵英杰.我国农业信息网站建设的现状与评价.计算机与农业,2003,(9):18-19.

上海台风灾害风险评估与区划研究

史　军[1]　穆海振[1]　肖风劲[2]　徐家良[1]　董广涛[1]

(1. 上海市气候中心,上海 200030; 2. 国家气候中心,北京 100081)

摘　要:利用上海气象站观测资料和上海自然地理环境、社会经济资料,参考《台风灾害风险评估技术规范》,从致灾因子危险性、孕灾环境敏感性、承灾体脆弱性和防灾减灾能力 4 个方面开展了 100 m 网格尺度的上海台风灾害风险评估与区划。区划结果表明,上海东部的崇明、南汇、浦东、奉贤东部以及西部的青浦西南部多为台风灾害高或次高风险区,而在中心城区西部和南部、闵行西南部、松江东北部以及奉贤和金山一些地区多为台风灾害次低或低风险区。

关键词:台风灾害;风险评估;区划;上海

引　言

台风是一种生成于热带或副热带洋面上的破坏性很强的天气系统,常伴有狂风、暴雨和风暴潮[1,2]。中国是世界上少数几个受台风影响最严重的国家之一,台风灾害的影响范围主要集中在中国东南沿海地区及海域[2]。上海地处中国东部沿海,人口密集,经济发展水平高[3]。每年平均有 2～3 个台风对上海造成较大的影响[4],如 2005 年的麦莎台风袭击影响上海时,造成了 7 人死亡,受灾人数 94.6 万人,经济损失高达 13.58 亿元[5]。

当自然灾害与社会、经济和环境的脆弱性相结合,灾害风险也随之增加。中外研究表明,在所有可能避免和减轻自然灾害的措施中,最有效的方法是通过科学研究,并在此基础上进行风险分析和区划,将自然灾害管理提高到风险管理的水平。因此,加强上海灾害风险评估与区划,是上海灾害管理的重要部分,并能大大提高城市的防灾、减灾能力和减少灾害损失。

鉴于此,本文利用上海 11 个区县(包括中心城区)气象站气象观测资料和上海地理环境、社会经济资料[6],参照《台风灾害风险评估技术规范》[7],从致灾因子危险性、孕灾环境敏感性、承灾体脆弱性和防灾减灾能力 4 个方面开展上海台风灾害风险评估与区划。文中台风影响上海的标准为受台风天气系统影响,上海 11 个区县气象站中一个及以上的气象站出现下述 3 种气象记录中任一种时,即认为该台风影响上海[4]:极大风力≥8 级;10 min 平均最大风力≥6 级;过程雨量≥50 mm。

资助课题:国家自然科学基金(40901031)。

1　上海台风灾害风险区划研究

1.1　致灾因子危险性分析

台风灾害主要是由于风速大、降水偏多偏强引起的,因此,可用阵风≥8 级(风速≥17.2 m/s)出现次数、10 min 平均最大风速、过程雨量和过程日最大雨量的强度和频率来反映台风灾害的主要致灾因子。对于风力≥8 级的次数,统计 1961—2009 年历次台风影响上海地区时各区县气象站出现的平均大风次数;对 10 min 平均最大风速、过程雨量和过程日最大雨量这 3 个致灾因子,需先确定临界致灾风速及雨量。

$$X = x_i / \lambda_{\max} \tag{1}$$

式中,X 为归一化后指标值,x_i 为归一化前指标值,$\lambda_{\max}$是所选择指标的最大值。

统计历次台风影响时上海 11 个气象站的过程 10 min 平均最大风速、过程雨量、过程日最大雨量,分别将所有台站这 3 个因子的样本汇总排序,按照第 90 百分位数计算这 3 个序列的风速阈值和雨量阈值,作为上海地区的临界致灾风速及雨量,其中临界风速为 14.7 m/s,临界过程雨量为 112 mm,临界过程日雨量为 82 mm。统计各区县大于临界值的 10 min 平均风速、过程雨量、过程日最大雨量出现的总次数(表 1)。可以看出,台风影响时,上海地区风速大、暴雨强度大的地区主要分布在沿海一带。

表 1　上海市各区县致灾因子危险性分析指标

要素	闵行	宝山	嘉定	崇明	南汇	浦东	金山	青浦	松江	奉贤	城区
大风日数	0.9	1.1	0.8	1.2	1.2	1.2	1.0	0.8	1.1	1.1	0.7
10 min 风力	8	6	6	14	19	11	12	13	5	9	1
过程雨量	12	13	12	15	13	13	10	9	10	8	13
日雨量	11	12	14	16	11	12	11	9	11	10	12
危险性指数	71.3	79.8	71.5	97.2	88.6	85.6	72.3	61.8	71.4	67.9	65.0

注:前 4 项要素分别指大风≥8 级平均日数;10 min 风速、过程雨量、日雨量≥临界值的总次数。

将各区县的大风次数、大于临界值的 10 min 平均风速、过程雨量、过程日最大雨量出现的次数分别根据式(1)归一化后,取大风权重为 0.3,10 min 平均风速权重为 0.2,过程雨量权重为 0.3,过程日最大雨量权重为 0.2,采用加权综合评价法计算并根据式(1)归一化后得到各区县致灾因子的危险性指数。根据致灾因子危险性指数大小将上海市 11 个区县划分高危险区、次高危险区、中等危险区、次低危险区和低危险区(图 1a)。可以看出,崇明、宝山、浦东和南汇多为致灾因子中等及以上危险区,而嘉定、青浦、闵行、松江、金山以及中心城区西部、奉贤西部为致灾因子低或次低危险区。

1.2　孕灾环境敏感性分析

台风灾害孕灾环境主要考虑地形、水系、植被等因子对台风灾害的综合影响。根据上海 1∶50000基础地理信息数据,获得上海市 DEM 图和河流湖泊图。利用上海市 1∶50000 的

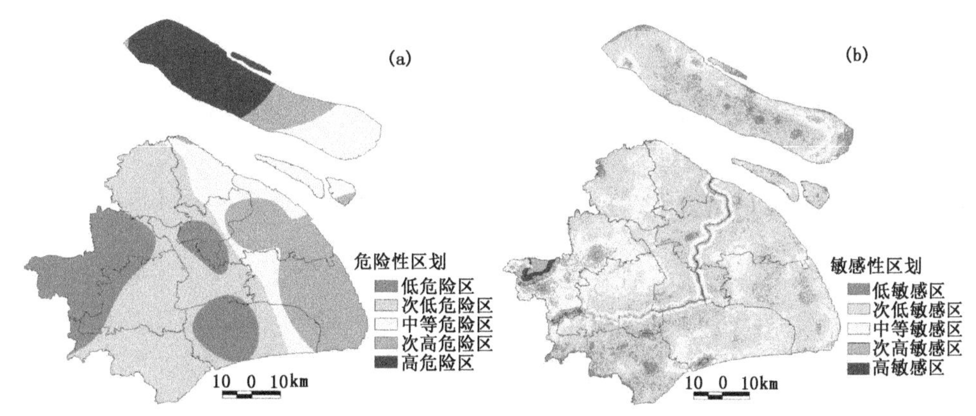

图1 上海市台风致灾因子危险性区划图(a)和孕灾环境敏感性区划图(b)

DEM计算高程标准差。上海平均地面高程为2.3 m,最高为96 m,根据《台风灾害风险评估技术规范》,取地形高程为一级(≤100 m),并根据计算的100×100 m高程标准差对地形因子赋值。上海平均每平方千米的河流长度达4.36 km^2,河网以西部和沿江沿海最为稠密。根据1∶50000上海市河流分布图在GIS中采用100 m×100 m的网格计算河网密度。

对上海淀山湖和黄浦江利用GIS的缓冲区功能分析水体远近对台风的影响。淀山湖水域面积为62 km^2,根据《台风灾害风险评估技术规范》,一级和二级缓冲区宽度分别取0.5和1.0 km。黄浦江河流也远较二级河流小,因此一级和二级缓冲区宽度也分别取0.5和1.0 km。对湖泊和河流一级和二级缓冲区分别赋值0.9和0.8,河流和湖泊本身赋值1.0,对非缓冲区都赋值0.5,获得湖泊和河流对台风洪水危险性的影响程度。将河网密度和缓冲区影响经归一化处理后,各取权重0.5,得到上海水系影响指数。

利用上海市2007年ETM+图像,提取上海市归一化植被指数(*NDVI*),将*NDVI*做按式(2)标准化处理后,获得上海市植被盖度。

$$LC = \frac{NDVI - NDVI_{\min}}{NDVI_{\max} - NDVI_{\min}} \tag{2}$$

式(2)中,LC表示植被盖度,$NDVI$表示栅格的植被指数,$NDVI_{\max}$表示区域内的最大植被指数,$NDVI_{\min}$表示区域内的最小植被指数。根据表2对不同植被覆盖度等级赋值,获得上海市不同等级植被覆盖度的台风影响度空间分布图。

表2 植被盖度的划分标准

等级	1	2	3	4	5
植被盖度	0～0.2	0.2～0.4	0.4～06	0.6～0.8	0.8～1.0
影响度	1	0.9	0.8	0.7	0.6

将地形、水系、植被覆盖度影响指数根据式(1)归一化后,取地形权重为0.3,水系权重为0.4,植被覆盖度权重为0.3,采用加权综合评价法计算并根据式(1)归一化后得到各区县孕灾环境敏感性指数。根据孕灾环境敏感性指数大小将上海市11个区县划分高敏感区、次高敏感区、中敏感区、次低敏感区和低敏感区(图1b)。可以看出,上海黄浦江沿岸和淀山湖周边多为孕灾环境次高和高敏感区,其他地区多为孕灾环境中等和次低敏感区。

1.3　承灾体脆弱性分析

台风灾害承灾体脆弱性主要考虑人口、GDP以及土地利用类型。利用来自于华东师范大学地理系的空间分辨率为5 m的2006年上海市土地利用图，对9大类、32中类土地利用类型利用专家经验打分方法，并取值0.5～1.0依次表示脆弱性增加，获得上海每类土地利用的脆弱性指数值。

上海中心城区有9个区，加上近郊和远郊共有19个区(县)。从《上海统计年鉴》获得2008年上海市各区县人口密度和地均GDP，其中地均GDP＝各区县GDP/区县面积。将人口密度、地均GDP和土地利用脆弱性指数根据式(1)归一化后，人口密度和地均GDP权重都取0.2，土地脆弱性指数权重取0.6，采用加权综合评价法计算并根据式(1)归一化后得到各地承灾体脆弱性指数。根据承灾体脆弱性指数大小将上海划分高脆弱区、次高脆弱区、中等脆弱区、次低脆弱区和低脆弱区(图2a)。可以看出，上海中心城区的虹口、黄浦、静安区和虹桥机场为承灾体次高和高脆弱区，中心城区的卢湾、徐汇区和浦东、闵行、嘉定一些地区为承灾体中等脆弱区，其他地区多为承灾体次低和低脆弱区。

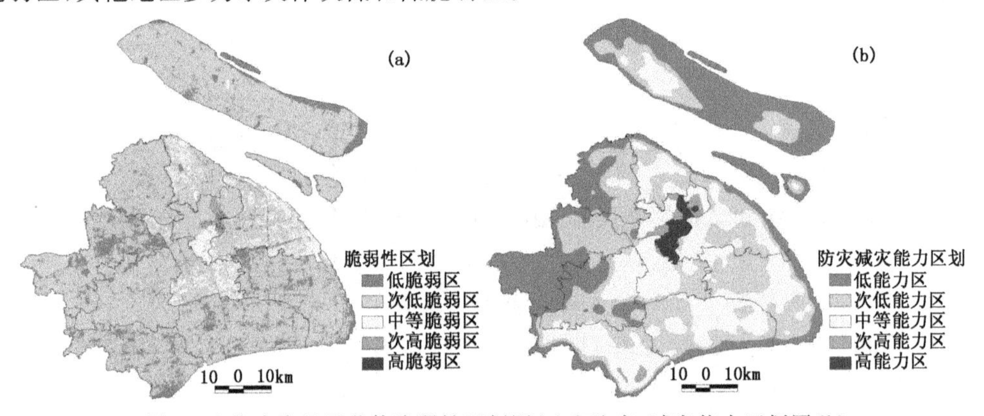

图2　上海市台风承载体脆弱性区划图(a)和防灾、减灾能力区划图(b)

1.4　防灾、减灾能力分析

防灾、灾能力为应对台风灾害所造成的损害而进行的工程和非工程措施。基于上海市道路分布图和《上海统计年鉴》2008年数据，包括地方财政支出、固定资产投资和医院床位数，开展上海防灾、灾能力评估。

首先，从上海市1∶50000基础地理信息数据中提取上海市道路分布，在GIS中采用100 m×100 m的网格获得上海市道路密度分布。然后，利用《上海统计年鉴》获得2008年上海市各区县地均固定资产投资额、地均财政支出和医院人均床位数，其中地均固定资产投资额＝各区县固定资产投资额/区县面积，地均财政支出＝各区县财政支出/区县面积，医院人均床位数＝各区县医院床位数/区县人口。

将道路密度、地均固定资产投资额、地均财政支出和平均床位数根据式(1)归一化后，道路密度取权重0.4，平均床位数取权重0.3，地均财政支出取权重0.2，地均固定资产投资额取权重0.1，采用加权综合评价法计算并根据式(1)归一化后得到各地防灾、减灾能力指数。根据防灾、减灾能力指数将上海划分为高防灾减灾能力区、次高防灾减灾能力区、中等防灾减灾能力区、次低防灾减灾能力、低防灾减灾能力区，并基于GIS绘制台风灾害防灾、减灾能力区划图(图2b)，可以看出，中心城区的徐汇、卢湾、黄埔和虹口区多为防灾、减灾高或次高能力区，而青浦、嘉定、松江西部和崇明大部分地区多为防灾、减灾低或次低能力区。

2 台风灾害风险评估及区划

台风灾害风险是致灾因子危险性、孕灾环境敏感性、承灾体脆弱性和防灾减灾能力4个因子综合作用的结果，考虑到各风险评价因子对风险的构成起作用可能不同，对致灾因子危险性、孕灾环境敏感性、承灾体脆弱性和防灾减灾能力分别赋予权重0.4、0.2、0.2和0.2，计算各地台风灾害风险指数。利用GIS中自然断点分级法将台风风险指数划分为高风险区、次高风险区、中等风险区、次低风险区、低风险区5个等级，并基于GIS绘制台风灾害风险区划图(图3a)，可以看出，在上海东部的崇明、南汇、浦东、奉贤东部以及西部的青浦西南部多为台风灾害高或次高风险区，而在中心城区西部和南部、闵行西南部、松江东北部以及奉贤和金山一些地区多为台风灾害次低或低风险区，黄浦江沿岸为台风灾害中到高风险区。图3b是上海市1000 m分辨率的台风灾害风险区划图，可以看出，在不同的区划尺度下，风险总体分布格局是一致的，上海东南部的南汇和浦东、东北部的崇明和西部的青浦西南部都处于台风次高或高风险地区，而上海中心城区南部为低风险地区。

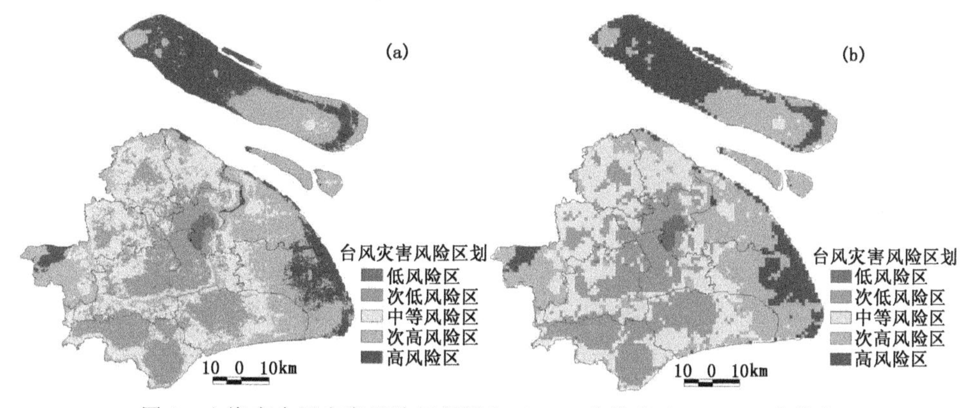

图3 上海市台风灾害风险区划图(a. 100 m分辨率，b. 1000 m分辨率)

参考文献

[1] 陈联寿，丁一汇. 西太平洋台风概论. 北京：科学出版社，1979：1-491.

[2] 张丽佳，刘敏，陆敏，等. 中国东南沿海地区台风危险性评价. 人民长江，2010，**41**(6)：81-91.

[3] Shi Jun, Cui Linli, Tian Zhan. Urbanization and its environmental impacts in Shanghai // Proceedings of the 2nd International Conference on Earth Observation for Global Changes (EOGC2009). Chengdu, Sichuan, China, 2009: 355-361.

[4] Shi Jun, Cui Linli. Characteristics of high impact weather and meteorological disaster in Shanghai. *China. Natural Hazards*, 2012, **60**: 951-969.

[5] 孟菲，康建成，李卫江等. 50年来上海市台风灾害分析及预评估. 灾害学，2007，**22**(4)：71-76.

[6] 上海市统计局. 上海统计年鉴2000—2010. 北京：中国统计出版社.

[7] 台风灾害风险评估与区划技术组. 台风灾害风险评估技术规范. 北京：国家气候中心，2010.

中国1961—2010年月平均温度的破纪录事件的时空分布

李 超[1] 杨霏云[2] 惠建忠[1] 唐千红[1] 兰海波[1] 李海胜[1]

(1. 中国气象局公共气象服务中心,北京 100081;2. 中国气象局干部培训学院,北京 100081)

摘 要:温度破纪录事件能从一个角度反映极端气候趋势,是近年来气候变化研究的热点。同时,温度破纪录事件影响公众的生活、健康、社会活动和经济行为,是受到公众、媒体最广泛关注的重要气象信息。文中比较了中国576个观测站1961—2010年的月平均温度的高值纪录和低值纪录的在频次和变化强度上的差异,分析其空间分布和月季特征。分析表明,在全球变暖背景下,近50年来全国高温热浪的频次增加,单次低温冷害的程度加剧,且有明显的季节和区域特征。高值纪录多发生于中国西北、华北、东北和青藏高原一带,多出现于冬季,低值纪录多发生于江南、华南、黄淮和江淮地区,多出现于夏季和初冬。虽然总体来说高值纪录频次占优,但是低值纪录的变化强度却更大。大多数情况下,纪录数据的频次和变幅的变化趋势并不一致,极端温度信息的公共服务应根据区域和季节有所侧重。

关键词:破纪录事件;极端事件;气候变化;公共服务

引 言

在最近的10余年,中国学者针对中国极端气温事件开展了许多分析研究[1~7]。大多关于极端值的分析,研究对象是大于第90或第95百分位的或小于第10或第5百分位的数值区间,而对最为极端事件,即破纪录事件的关注非常有限。将在一个时间序列中超过(或低于)先前所有数值的值定义为一个高值(或低值)纪录。温度破纪录事件反映极端气候趋势,是近年来气候变化研究的热点[8~11]。同时,温度破纪录事件影响公众的生活、健康、社会活动和经济行为,是受到公众、媒体最广泛关注的重要气象信息。

中国的相关研究侧重温度破纪录事件的预测。即在假定温度的概率密度分布函数的基础上,推导得到破纪录温度的期望值[12,13],利用蒙特卡罗模拟对推导结果进行验证[14,15],从而分析未来温度破纪录事件的发生强度、发生时间及极值概率等。

在全球气候变化的背景下,中国温度不都是呈现整体增暖的特征,有明显的季节性和地域性分布特点[16]。已有研究表明,中国气候变暖的趋势与近46年来逐日的温度破纪录事件的发生是一致的[17]。温度破纪录事件在不同季节和区域具有其特异性,需要进一步地分析和研究。另外,温度的高值纪录或低值纪录,对公共生活的影响不同,因而气象服务方向有差异。对同一地区,比较哪一种类型(高值纪录或低值纪录)的破纪录事件在频次或变化强度上占优及差异程度,一方面可以加深对极端气候变化趋势的理解,另一方面,为因地制宜地制定气象

资助课题:公益性行业(气象)科研专项(GYHY201006040,GYHY201106021)。

服务策略提供依据。

本文通过分析中国1961—2010年月平均温度的高值纪录和低值纪录的分布和演变，揭示温度破纪录事件类型的频次和变化强度的季节不均匀性和局地差异。

1 破纪录统计量

假定时间序列 X 的第 i 项为 x_i，如果

$$x_i > \max(x_1, x_2, \cdots, x_{i-1}) \tag{1}$$

则 x_i 是一个高值纪录。如果

$$x_i < \min(x_1, x_2, \cdots, x_{i-1}) \tag{2}$$

则 x_i 是一个低值纪录。序列的第一项既是高值纪录又是低值纪录。

如果时间序列来自于连续分布，且各项是相互独立的分布，则 x_i 是一条纪录的概率是 $1/i$。这一结论是基于独立分布的结果，适用于任何的连续概率分布。以下数据分析都是在此推论的基础上展开的。

2 资料和方法

资料来源于中国气象局月平均温度数据集。选取满足1961—2010年连续观测的站点，经检验有576个站点符合要求。

在理论上，高值纪录和低值纪录出现频次的期望值是相同的。两种纪录类型实际出现的频次的差异可以从某种角度反映极端气候的趋势。针对时间序列 i，分别定义变量 ρ 和变量 γ：

$$p_i \equiv \frac{\sum_{t=1}^{n} h_{i,t} - \sum_{t=1}^{n} l_{i,t}}{\min\left(\sum_{t=1}^{n} h_{i,t}, \sum_{t=1}^{n} l_{i,t}\right)} \tag{3}$$

其中，如果（序列 i）在第 t 年出现一条高值（低值）纪录，则 $h_{i,t}(l_{\mathrm{i},t})$ 是1，反之是0；n 是时间序列的长度。min 表示高值纪录的累积个数和低值纪录的累积个数相比较的小值。因此，ρ 是单一时间序列 i 中出现高值纪录的累积个数和低值纪录的累积个数的差值的相对值，反映了序列 i 中哪一种类型的纪录的频次占优及其程度。

$$\gamma_i \equiv \frac{\sum_{t=2}^{n} H_{i,t}}{M_1 - 1} - \frac{\sum_{t=2}^{n} L_{i,t}}{M_2 - 2} \tag{4}$$

$H_{i,t}(L_{i,t})$ 是当前高值（低值）纪录和前一条高值（低值）纪录的差值的绝对值；M_1 是（序列 i）高值纪录的累计个数；M_2 是（序列 i）低值纪录的累计个数。因此，γ 是高值纪录平均变化强度与低值纪录平均变化强度的差值，反映了序列 i 中哪一种类型的纪录的变化强度更大，及其程度。

3　结果与讨论

参考全国一级气象地理区划,从大类上以东西南北中5个方位定义5个不重叠的区域(表1)。

表1　南方地区、北方地区、西部地区、东部地区、中部地区的区域定义

南方地区	北方地区	西部地区	东部地区	中部地区
四川	黑龙江	青海	浙江	河南
重庆	吉林	西藏	江苏	安徽
贵州	辽宁	新疆	上海	湖北
云南	内蒙古	甘肃	山东	湖南
广西	北京	宁夏		江西
广东	河北	陕西		
海南	山西			
福建	天津			

注:观测数据集中未包含香港、澳门和台湾的数据,因此区域划分中未包括这3个地区。

3.1　频　次

冬季的1和2月,全国超过60%的站点高值纪录频次多;夏季,有过半的站点的低值纪录频次多;春季和秋季,$\rho>0$和$\rho<0$的站点数目差异不大;四季均约有1/5的站点,两种类型的纪录的频次相当。分析两种类型的纪录频次相比较的空间分布及频次差异的程度(图1、表2)可知,2月的高值纪录的频次超出($\rho>0$)最明显:$\langle\rho\rangle$($\langle\rangle$表示平均值)=1.0,即高值纪录的次数比低值纪录的次数多一倍。5个区域的$\langle\rho\rangle$都>0.8,在东部和中部地区,高值纪录的次数比低值纪录的次数多了一倍以上。3月,高值纪录的超出开始减弱,但南方地区、西部地区和中部地区,高值纪录的频次仍然比低值纪录的频次多约50%。高值纪录频次占优的趋势一直持续到5月。相反的趋势,即低值纪录频次超出($\rho<0$)的趋势主要在6、7和12月。7月,全国低值纪录的频次比高值纪录的频次多70%,尤其是东部和中部,低值纪录的频次多出约1.5倍。东部和中部地区的这一低值纪录频次超出的趋势一直持续到9月,并在12月扩展至南部沿海。

6月,江南地区、华南东部有85个站点是单一的低值纪录。12月,西北地区中部、西南地区北部、西藏地区东北部有12个站点是单一的高值纪录。云南省和西藏自治区交界处,在2、3、7、11和12月均是单一的高值纪录。由表2可见,东部、中部和北方地区,在上半年其高值纪录占优,在下半年其低值纪录占优。但是,东部和中部地区在下半年低值纪录频次超出的程度要比北方地区明显得多。西部地区除了4、6和7月,其余月份高值纪录占优,且程度明显。南方地区第一季度高值纪录明显,12月低值纪录明显,其余月份差异不显著。从各个月份来看,1—3月,各区域$\langle\rho\rangle>0$,6和7月,各区域$\langle\rho\rangle<0$。各区域(对所有月)的平均值显示,西部和北方地区高值纪录显著,而中部地区低值纪录略有超出。南方和东部地区高值纪录和低值纪录的频次相当。全国来看,高值纪录的频次高于低值纪录。

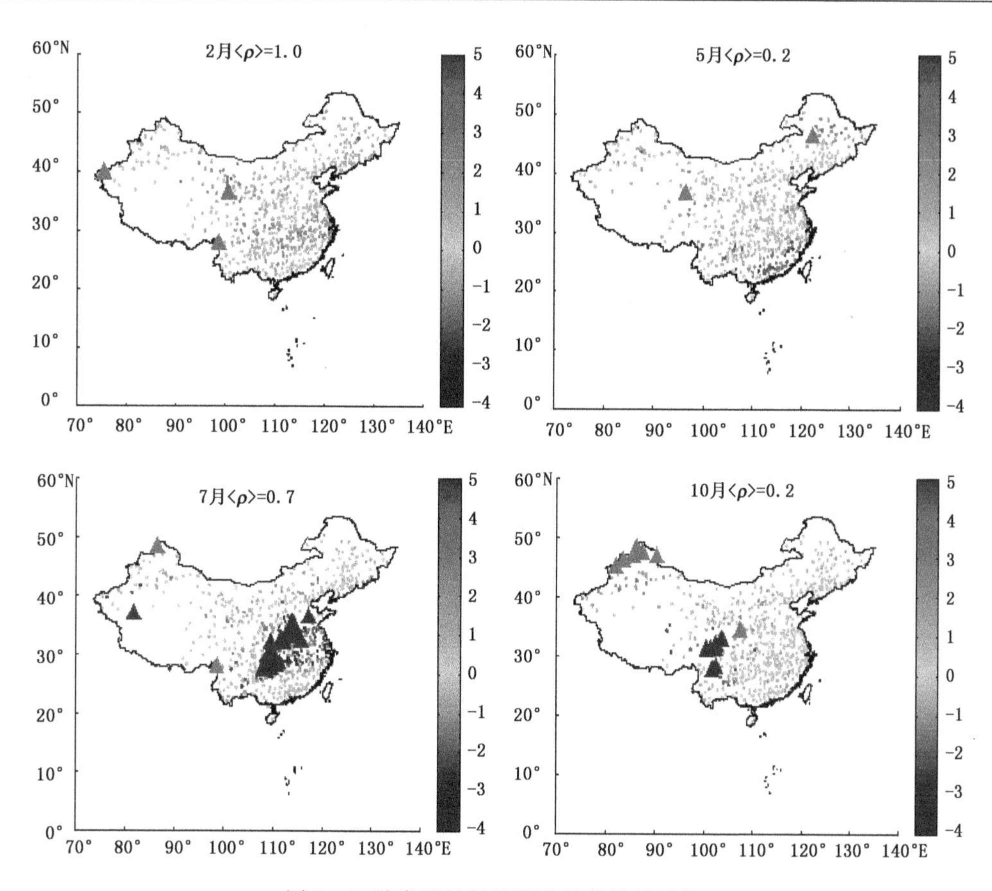

图1 两种类型的纪录频次差值的相对值 ρ

（红色点 $\rho>0$ 表示高值纪录次数多，蓝色点 $\rho<0$ 表示低值纪录次数多；红色三角表示该时间序列中只有高值纪录，蓝色三角表示该时间序列中只有低值纪录）

表2 5个区域的逐月⟨ρ⟩值和全国逐月⟨ρ⟩值及各区域（对所有月）的⟨ρ⟩值

（负值表示低值纪录的频数多于高值纪录的频数，N是该区域内的时间序列的个数）

月份	南方地区	北方地区	西部地区	东部地区	中部地区	所有地区
1	0.4	0.9	0.5	0.4	0.2	0.5
2	0.8	0.9	0.9	1.1	1.2	1.0
3	0.6	0.2	0.5	0.2	0.6	0.4
4	−0.4	0.1	−0.1	0.0	0.0	−0.1
5	−0.5	0.7	0.2	0.6	0.0	0.2
6	−0.1	0.1	−0.1	−0.2	−0.7	−0.2
7	−0.2	−0.1	−0.2	−1.4	−1.6	−0.7
8	0.3	0.1	0.3	−0.8	−0.6	−0.1
9	0.0	0.0	0.2	−0.3	−0.1	0.0
10	−0.1	−0.1	0.8	0.1	0.1	0.2
11	0.0	−0.4	0.6	−0.4	0.0	0.0
12	−0.8	0.0	0.4	−0.6	−0.8	−0.4
所有月	0.0	0.2	0.3	−0.1	−0.1	
N	146	144	127	52	107	576

3.2　变化强度

由图2和表3可知，除了5和9月，其他各月份均有超过45%的站点低值纪录变化强度更大，尤其是2和11月，这一比例超过80%。只在5、9和10月，$\gamma>0$ 的站点个数超过 $\gamma<0$ 的站点个数。换言之，除了春季的5月，秋季的9和10月，全国大部分站点的低值纪录的变化强度更大，即低温破纪录事件的温度降幅要超过高温破纪录事件的温度增幅。

2月全国平均低值纪录的变化强度最大，$\langle\gamma\rangle=1.3$，即低值纪录的变化强度比高值纪录的变化强度高1.3℃。5个区域 $\langle\gamma\rangle$ 都为负值，中部地区最显著，达到2.5℃。除5月以外，低值纪录变化强度大的情况(各地区 $\langle\gamma\rangle<0$)在上半年维持全国性的特征。下半年，11月低值纪录强度大，其他月份 $\langle\gamma\rangle>0$ 地区较多。12月和5月，南方地区高值纪录的强度比低值纪录的强度高0.9℃，是高值纪录的变化强度超出低值纪录的变化强度的最大值。比较四季高、低值纪录变化强度的差异，冬季是出现大数值 $\langle\gamma\rangle$ 最频繁的季节，秋季 $\langle\gamma\rangle$ 数值普遍较小。可见，全国的低值纪录变化强度大，尤其是冬季最普遍，换言之，冬季的低温事件的强度增强，单次低温冷害的危害程度大。

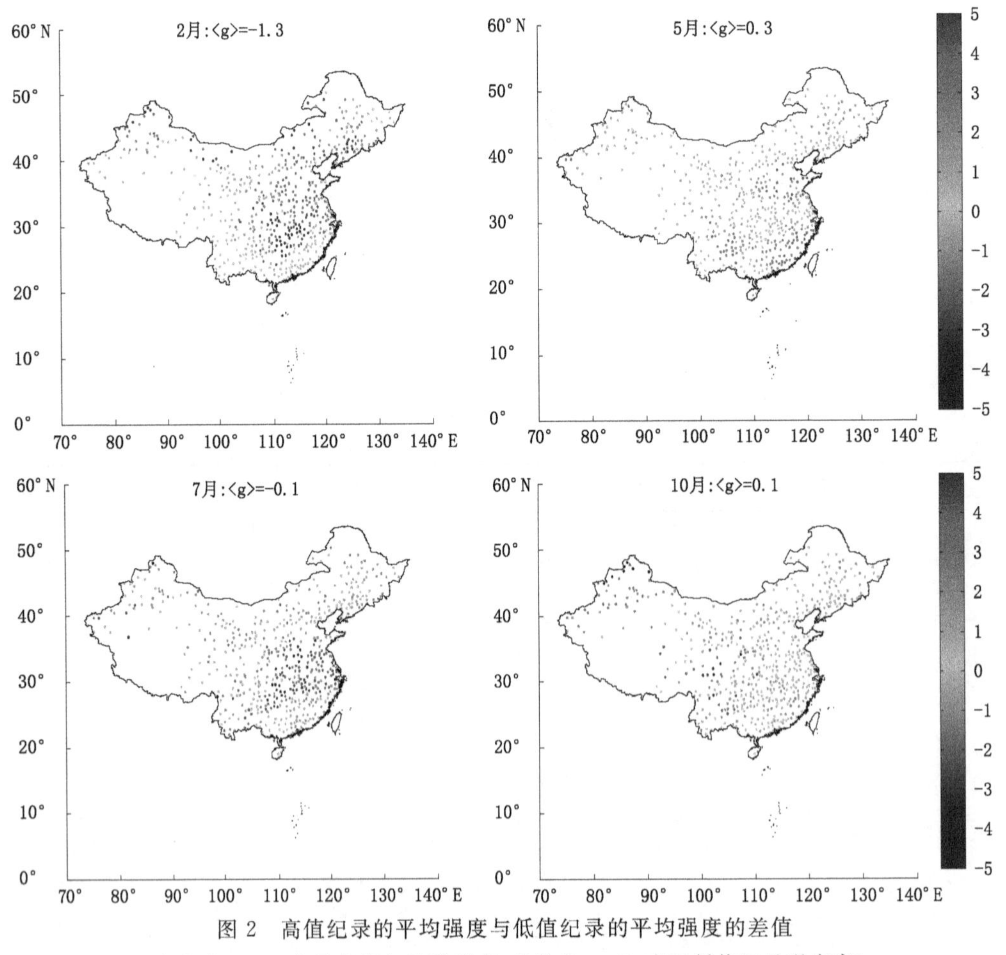

图2　高值纪录的平均强度与低值纪录的平均强度的差值

(红色点 $\gamma>0$，表示高值纪录强度高；蓝色点 $\gamma<0$，表示低值纪录强度高)

综合两种类型的纪录年发生频次、变化强度的分布特征，可见，春季，全国大部分地区频次和变化强度的趋势相反，即高值纪录次数多的地区，其变化强度弱，而低值纪录次数少的地区，其变化强度强；夏季，江南地区、华南东部，低值纪录频次和强度都占优，低温冷害的影响大，而华南南部、内蒙古地区高值纪录频次和强度都占优，其高温热浪的影响不容忽视；秋季，全国大部分地区频次和变化强度的趋势一致；冬季，全国范围内高值纪录频次增加，但其平均强度弱于低值纪录。

表3　5个区域的逐月⟨γ⟩值和全国逐月⟨γ⟩值及各区域(对所有月)的⟨γ⟩值
(负值表示低值纪录的平均强度大于高值纪录的平均强度)

月份	南方地区	北方地区	西部地区	东部地区	中部地区	所有地区
1	－0.5	－0.4	－0.5	－0.3	－0.3	－0.4
2	－0.4	－1.6	－0.9	－1.2	－2.5	－1.3
3	－0.4	－1.1	－0.1	－0.4	－0.5	－0.5
4	0.3	－0.4	－0.6	－0.3	－0.5	－0.3
5	0.9	0.1	0.1	0.0	0.2	0.3
6	－0.5	－0.1	0.0	－0.2	－0.7	－0.3
7	－0.1	－0.1	0.0	－0.1	－0.2	－0.1
8	－0.1	0.0	0.1	0.0	0.1	0.0
9	0.2	0.1	0.0	0.1	0.1	0.1
10	－0.2	0.4	0.1	0.0	0.0	0.1
11	－0.3	－1.3	－0.5	－0.9	－1.0	－0.8
12	0.9	－0.4	－0.5	0.1	0.4	0.1
所有月	0.0	－0.4	－0.2	－0.3	－0.4	

4　结　论

基于中国1961—2010年月平均温度资料，分析比较了其高值纪录和低值纪录的时空分布特征：

(1)纪录的频次季节不均匀性明显、局地差异大。高值纪录多发生于中国西北、华北、东北和青藏高原一带，多出现于冬季，低值纪录多发生于江南、华南、黄淮和江淮地区，多出现于夏季和初冬。

(2)低值纪录的变化强度大于高值纪录的变化强度。2月，低值纪录的变化强度比高值纪录的变化强度高1.3℃。除了5和9月，其他各月份全国均有超过45%的站点低值纪录变化强度大于高值纪录的变化强度，尤其是2和11月，这一比例超过80%以上。

(3)纪录出现频次的趋势和纪录强度的变化趋势不一致。大部分地区，春季的频次和强度的趋势相反，而在秋季两者却大抵一致。

综上所述，极端温度信息的公共服务应根据区域和季节有所侧重。例如，初冬，南方和东部地区极端低温事件显著，影响市政设施的建设和维护，应加强相应的决策服务。1和2月，全国普遍出现的极端高温事件可能会造成冬小麦越冬期不足形成减产，以及有相关流行病隐患，应关注相应的农业气象服务和健康气象服务。另外，针对频次和变幅的差异，要保障针对频次多的纪录的常态化服务，同时，要做好对频次虽低但温度变幅大的纪录的监控，做好气象服务应急预案。

致谢：感谢中国气象局公共气象服务中心李小泉老师在文章初稿的修改中提出的宝贵意见。

参考文献

[1] 严中伟，杨赤. 近几十年我国极端气候变化格局. 气候与环境研究，2000，**5**(3)：267-372.

[2] Qian W，Lin X. Regional trends in recent temperature and indices in China. *Clim. Res.*，2004，**27**(2)：119-134.

[3] 龚道溢，韩晖. 华北农牧交错带夏季极端气候的趋势分析. 地理学报，2004，**59**(2)：230-238.

[4] Zhang W，Wan S. Detection and attribution of abrupt climate changes in the last one hundred years. *Chinese Physics* B，2008，**17**(6)：2311-2316.

[5] 万仕全，王令，封国林等. 全球变暖对中国极端暖月事件的潜在影响. 物理学报，2009，**58**(7)：5083-5090.

[6] 钱忠华，侯威，杨萍等. 最概然温度背景下不同气候态中国夏冬季极端温度事件时空分布特征. 物理学报，2011，**60**(10)：109-204.

[7] 王晓娟，龚志强，任福民等. 1960—2009 年中国冬季区域性极端低温事件的时空特征. 气候变化研究进展，2012，**8**(1)：8-15.

[8] Benestad R E. Record-values，non-stationarity tests and extreme value distributions. *Global and Planetary Change*，2004，**44**：11-26.

[9] Redner S，Petersen M R. Role of global warming on the statistics of record-breaking temperatures. *Physical Rev. E*，2006，**74**(6)：61-114.

[10] Anderson A，Kostinski A. Reversible record breaking and variability：Temperature distributions across the globe. *J. App. Meteor. Climatology*，2010，**49**(8)：1681-1691.

[11] Anderson A，Kostinski A. Evolution and distribution of record-breaking high and low monthly mean temperatures. *J. App. Meteor. Climatology*，2011，**50**：1859-1871.

[12] 封国林，杨杰，万仕全等. 温度破纪录事件预测理论研究. 气象学报，2009，**67**(1)：61-74.

[13] 章大全，杨杰，王启光等. 中国近 50 年气候破纪录温度事件发生概率分析. 物理学报，2009，**58**(6)：4354-4361.

[14] 熊开国，杨杰，万仕全等. 气候变化中高温破纪录事件的蒙特卡罗模拟研究. 物理学报，2009，**58**(4)：2843-2851.

[15] 宗序平，李明辉，熊开国等. 全球变暖对高温破纪录事件规律性的影响. 物理学报，2010，**59**(11)：8272-8279.

[16] 李春晖，万齐林，林爱兰等. 1976 年大气环流突变前后中国四季降水量异常和温度的年代际变化及其影响因子. 气象学报，2010，**68**(4)：529-538.

[17] 熊开国，封国林，王启光等. 近 46 年来中国温度破纪录事件的时空分布特征分析. 物理学报，2009，**58**(11)：8107-8115.

气象媒体资源在公共气象服务中的应用

高　原

（北京华风气象影视集团，北京 100081）

摘　要：目前中国的气象影视机构已经积累了大量珍贵的媒体资料而且增长速度也在持续上升。这些媒体资料其历史、文化及经济效益也是气象影视行业重要的无形资源，它们的长久保存及再利用是公共气象服务工作的重要保障。文中针对华风集团自 2005 年进行媒体资源管理工作以来，对气象影视节目制播方式的影响及转变的实际情况做了总结分析。介绍了媒体资源的管理和应用对于公共气象服务发展的重要用途，并展望了它未来的应用前景。

关键词：公共气象服务；媒体资源管理；应用

引　言

传统的节目资料存储模式主要是采用模拟信号存储在磁带或者胶片上，这种方式存在占用空间大、要求存储环境条件高，使用不方便等弊端，随着时间的流逝造成很多资料不可使用、无法弥补。这种针对资料的管理方式和手段，使媒体资源的内容损失严重，无形中提高管理成本，再挖掘的空间也逐渐缩小。因此，面对广播电视行业飞速发展的今天，如何利用媒体资源管理系统来满足气象影视节目资料高质量长久保存、共享及资料内容的快速检索应用，是我们新时代气象影视资料管理工作的重中之重。

本文在简要介绍华风集团媒体资源管理系统产生背景的基础上，通过实例说明其在气象影视节目制作中的显著用途，此外，随着气象影视传媒类型的不断扩冲扩大，媒体资源管理系统以低成本高效能等特点将在气象影视节目制作领域中发挥出越来越重要的作用，真正为公共气象服务提供有力的资源保障。

1　气象媒体资源管理的产生

1.1　产生背景

随着广播电视行业的发展，节目量剧增，传统的以磁带为介质的节目保存、使用方式面临着许多问题：磁带寿命有限，以往保存在磁带上的大量有价值的视音频资料需要抢救；多种格式介质并存，经常要转换格式致使节目质量下降、效率低下，对素材、节目的利用及交换造成不利影响；网络技术的迅速发展，传统的磁带储存、传输方式已无法适应互动的视频点播等要求。华风集团作为中国气象局的直属企业，是为电视等传媒提供气象影视产品及公共气象服务的唯一对外窗口。从 1981 年开始制作天气预报节目至今已发展成为全球最大的独立制作气象节目的机构。华风集团生产制作的节目内容丰富:天气预报预警、重大天气气候事件和气象新闻、气象科普专题片及电视剧等。积累至今已经包含了大量的文字、图片、声音、图像等各种形式的信息资源,这些资源面临的巨大问题是如何管理及再利用,故建立了气象影视媒体资源管理系统。

1.2 气象媒体资源管理的构建

华风集团媒资部于2008年3月成立,是集团媒资源整合、数字化处理及媒资版权交易的归口管理部门,是展现华风集团资源管理手段和节目资源的重要窗口,为华风集团及中国气象局各直属单位提供专业的气象节目资源共享服务。自2005年建立华风集团气象影视资源管理系统以来,已经对41130条,约9755 h的节目进行了数字化加工处理。经过前期细致的筹备工作,在2011年下半年全力投入主题库的建设,为气象影视节目制作专题类及历史回顾类节目提供及时、准确的资料需求服务。同时在极端天气事件发生和汛期服务保障中,将历年台风的节目资料进行合理有效的整合及发布,为一线节目制作提供强有力的资源保障。目前已建成包括各级领导人精选资料、台风精选资料等7项35种类别1490条精选主题资料分类,可以全天24 h为用户提供在线资料产品浏览,相比传统的磁带借阅方式大大提高了集团资源的高效利用。

华风集团的媒体资源类型丰富,其中包括大量的素材资料、引进译制节目及华风自制栏目等。其中有优美的城市自然风光景象及气象景观素材;有致力于防灾减灾服务的气象科普片、科教文化类系列片、宣传片;也包括情节跌宕起伏的自制电视剧。

2 媒体资源管理在公共气象服务中的应用

2.1 资源的高效共享

图1为华风媒体资源管理概述图。我们现有的资料内容经过媒资整合、媒资运营并应用到节目制作中为公共气象服务提供资源保障。

华风媒体资源管理系统中资源的数据来源主要有以下几种:从综合节目制作网上收集的素材和成片;从其他气象单位或外出采访人员通过宽带网上传的素材和成片;媒资上载工作站上载的素材、成片及历史资料等;卫星收录工作站收录的素材。这些节目数据通过采集工作站将传统的磁带上的音视频资料进行数字化,通过音视频转码工作站也将其他来源的数据进行统一格式的转换,同步生成低码流格式文件,同时进行文件的迁移上载。编目系统通过对上载完成的资料进行标引和著录,完整的描述媒体资料内容,将音视频资料真正转化成能够再利用的媒体资源。通过审编对编目节目的技术、内容的审查过程,审查通过后的资料才可以被系统用户检索到。用户检索是媒体资源管理系统的使用入口,在整个媒资系统中占有重要的地位,只有简便、高效、稳定、可靠的存储和检索,才是实现媒体资源管理的价值所在,也是这一资源真正应用于公共气象服务的关键。

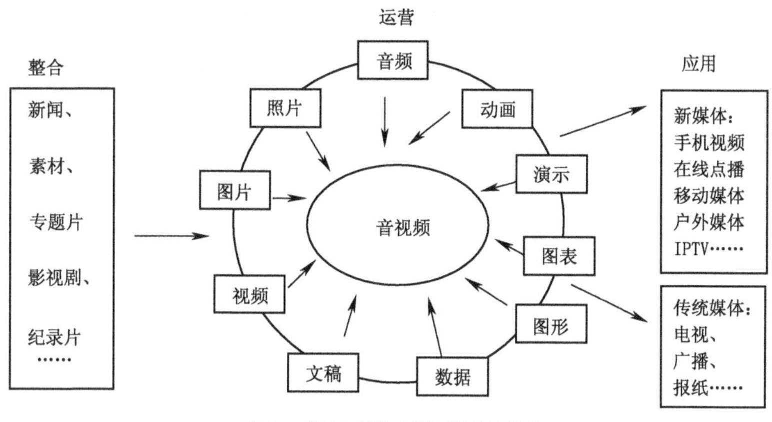

图1 华风媒体资源管理概述

2.2 媒资管理系统应用到公共气象节目制作中

在媒体资源管理系统中，"存储是核心、检索是关键"。例如，地方气象影视中心要制作一档关于灾害防御科普栏目，用户便可通过媒体资源管理系统进行检索查找。目前华风集团媒体资源管理系统检索界面参照了主流搜索引擎的搜索界面，使人一目了然，清晰明了(图2)。

图2 华风集团媒体资源管理系统检索页面

用户可根据检索结果在线浏览节目资料和查看编目信息，选定后，还可以提交下载使用(图3)。

华风集团媒体资源管理系统的投入使用极大地方便了节目制作。对各类气象影视资料、素材文字的检索，大大节省了搜索、查阅资料的时间，在资料真正应用于气象影视节目制作中实现了其价值的最大化。也为人们多渠道多领域了解气象科普知识，关注气象事业的发展提供最权威宝贵的内容资源。但在媒体资源管理工作不断深入发展至今，我们不难发现媒体资源应用于气象公共服务的提升，最重要的体现是资源服务的增值。

2.3 资源管理服务的多元增值

节目和素材等所有的资料，从广义上来讲，统称为素材，华风集团每天生产的新素材，数量巨大，内容丰富。整合各类的素材资源，形成素材库，并挖掘服务的多层次、多渠道的发展，针对不同的服务对象创建特色的服务主体，是实现资源保值增值，最大限度发挥资源价值的关键。相对于气象行业，也将是促进传媒公共气象服务发展的重要支撑。所以说媒体资源管理的目的不仅

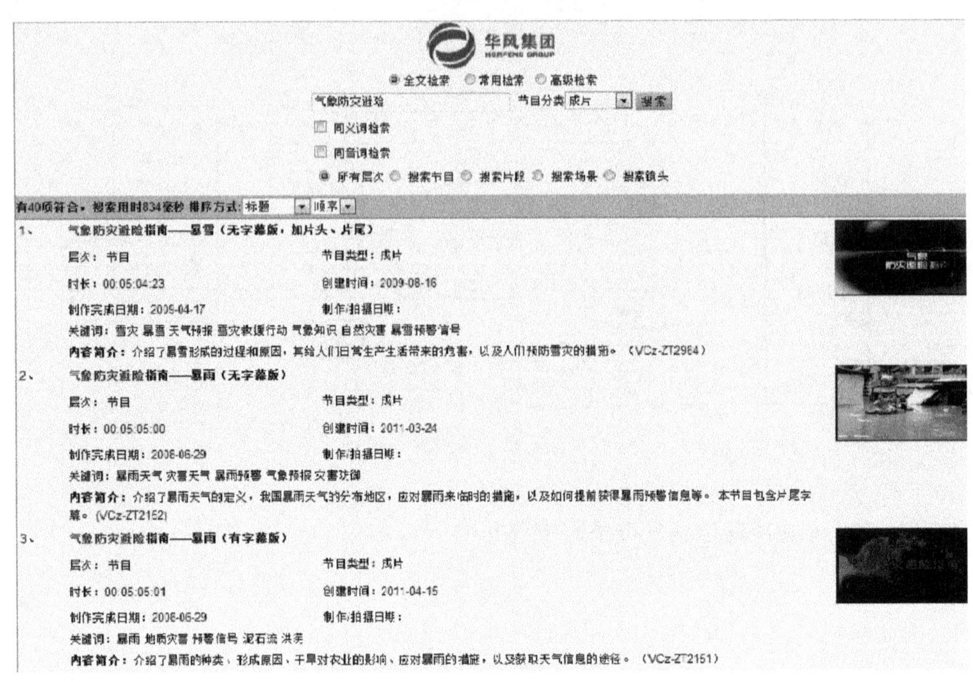

图 3 华风集团媒体资源管理系统检索页面

仅是保护资源更多的是开发和利用资源，因此，进行资源整合和产品的研发是为了给资料的应用开辟出全新途径，同时，针对产品提供专业的具有特色的服务不但能提升资料需求者对其重要性的认识，更能为资源再利用开发挖掘出更广阔的空间。根据不同时期、不同情况的用户需求产生不同的服务手段并整理出如下结构：将资源收集服务、内容管理服务、增值运营服务、资源交换服务相互结合，将其亲切地称之为气象媒体资源管理的 4S 服务方式(图 4)。

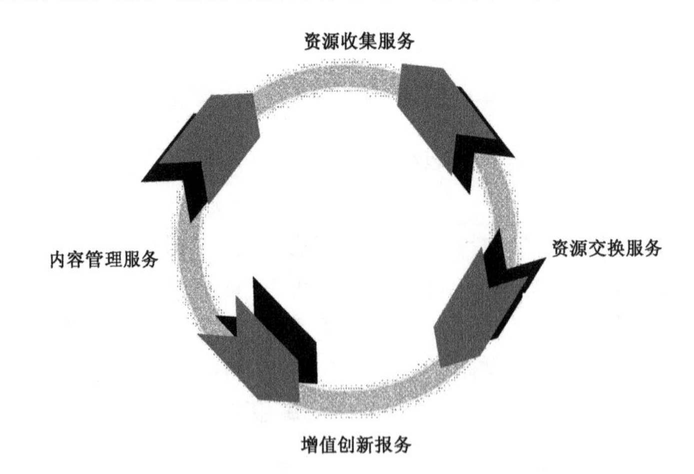

图 4 媒体资源管理的 4S 服务示意图

2.3.1 资源收集服务：首要找到核心的资源

就是最能系统完整地支撑气象影视业务的资源，如我们各时期的极端和重大天气气候事件，台风素材资料等，这些内容无法取代，更是气象影视节目或各行业制作相关节目内容时不可或缺的宝贵资源，而且它们大部分是拥有自主知识产品的核心资源，那么就要在资源收集整合中优先处理。

2.3.2 内容管理服务：从使用者出发

媒资数字化生产解决了音视频资料长期存储的问题，但资源的价值发现却只有通过高效的内容管理来实现，这才是媒资管理工作的重点所在，管理的本质不再是与己方便，更重要是与人方便，所以更应该考虑广大使用者需求，根据使用者的需求确立主体的服务内容。

2.3.3 增值创新服务：要学会用产品方式进行推广

数字化、全域化、网络化的媒体资源管理是中国未来电视产业的可持续发展的核心环节。在这样的大背景下要适应发展就是要以全新的角度和方式去进行，可以借鉴任何的方式达到增值的目的，包括以产品的方式去进行推广。

2.3.4 资源交换服务：建立关系客户群

资源的应用贯穿于整个媒体资源管理业务流程中，是开始也是结束，对外它是编目数据与用户之间的桥梁，对内为节目提供服务，紧急业务及资源需求调度的后备军，其在收集数据资料的同时，也拓展服务的内容，收集用户需求的同时，也扩大着用户的规模。

3 应用于公共气象服务的展望

3.1 抓住核心资源

我们拥有最具特色的资源产品即气象影视产品。它的开发和利用有助于推进公共气象服务宣传事业的发展，提升全国防灾减灾科普建设的能力，意义非常重大。

3.2 建立联盟合作

我们与各省、市气象影视中心建立合理稳定的业务合作关系，在为其提供媒资源品的同时也收集相关的产品，并通过完善的交易平台推送到其他媒资系统如环保行业、各大院校及政府企事业中去。

3.3 版权标准化确立

由于目前大部分资源限于气象行业内部流通分发，缺乏面向市场统一的产品价值标准，无形中限制了发展的空间，所以建立规范标准的业务体系显得尤为重要。

3.4 资源产品的应用开发

以资源用户的需求为导向，开发主题化定制服务。我们摒弃过去被动的执行角色转换为主动向需求用户推介未来可能会需要的资料，并根据近期即将发生的大事，热点新闻定制内容资源范围等，例如汛期，很多栏目组都会制作相应的台风暴雨洪涝的选题，那么制作出以台风为主题的精选资料目录。很多编导就可以从这里寻找素材，大大提高工作效率，避免“大海捞针”。

4　结束语

在这个信息高度流通的社会，素材作为一种媒体资源，有着庞大的需求量，加之在气象信息服务于公众这一领域，无论是通过何种途径进行，只有集约化运营的成本最低，为了拓展发展的空间也只有在专业的发布和交易平台进行，这一平台就是媒体资源管理系统。华风集团作为中国气象局气象影视机构拥有着气象信息发布的权威性，拥有着现代高科技的影视制作设备和人才队伍，这也是多媒体时代下参与市场竞争最具核心竞争力的标志。我们参考中央电视台音像资料馆、上海音像资料馆的实例来看，媒体资源管理系统的建立确是可以使大容量节目能高速地生产成为现实。今天，中国气象频道作为目前中国唯一一个气象专业的数字频道，针对其可持续的规范、高效、合理的信息整合，用以满足广大受众对气象信息逐步增长的需求，已经成为气象影视节目生存发展中所要解决的首要问题。因此，合理应用完善的气象影视媒体资源共享平台从而对打造气象信息的社会公信力及公共气象服务能力意义是深远的。

参考文献

[1]　崔屹平，赵彦华．媒体资源管理理论与实务．北京：中国国际广播出版社，2010.
[2]　张欢．气象影视媒体资源管理系统//韩建刚，杨玉真．气象影视技术论文集．北京：气象出版社，2008.
[3]　王建武．浅谈媒体资源管理的应用与发展//原博．广播电视信息资料论文集．北京：中国广播电视出版社，2010.

全国气温观测数据格点化方法研究与系统应用

唐千红　曹之玉　李　超　陈　宇　薛　冰

（中国气象局公共气象服务中心，北京 100081）

摘　要：基于最近邻域法和反向距离基本原理，运用空间卷积算法，将高斯滤波算子作为距离权重，对大陆地区逐时气温站点观测数据进行插值。在插值过程中考虑气温随高度变化的因素，并利用 ARCGIS 提取中国大陆范围内 0.25°×0.25°网格点 DEM 数据，以此数据作为插值的输入量之一。最后选取 2011 年 9 月 7 日 4 个时次（02 时、07 时、14 时、20 时）气温观测数据对插值效果进行了验证。结果表明，此种插值方法插值效果较好，插值误差较小，能够满足公众气象服务对数据精度和时空分辨率的要求。

关键词：空间卷积运算；气温垂直递减率；气象服务

引　言

中国现代公共气象服务系统建设目标之一是提高气象信息覆盖面，要求能够获取任何时间、任何空间尺度的地球环境信息。目前，离散点形式的全国气象观测资料已不能满足日益增长的公共气象服务需求，因为这些资料中绝大部分是基于定点持续观测积累的气象要素序列，由于站点分布不均等问题，在开展交通等公共气象服务时，无法满足时空尺度上精细化需要；另外，气候现象是兼具时空属性的大气物理过程，在研究中必须考虑区域尺度上气候要素的时空变化特征，许多气候变化的相关研究迫切需要高时空分辨率、空间栅格化的气象/气候要素数据[1,2]。因此，无论在提供公共气象服务时，还是在气候分析和研究中，开展观测站点数据格点化研究并提供精细化的应用服务十分必要。

通过气象数据插值可以获取非站点地区的气象资料（气温、相对湿度等），进而应用于气候变化研究和交通气象、农业气象及牧业气象（青草返青面积）服务等。广泛采用的空间内插方法有：逆距离权重法（IDW）、样条函数法（Spline）、克立格法（Kriging）、最优插值法、线性内插法（Linear interpolation）等[3~7]，另外，还有多种局地地形参数修正模型。中外多位学者对气象要素的空间内插法进行了大量试验，Collins 等[8]用 8 种插值方法在 2 个地区 3 个时间尺度内分别对最高温度和最低温度 2 种温度变量进行了估计，并对它们进行了比较和分析，认为在不同的时空尺度内，每个方法对不同温度变量估计的误差是不一样的。林忠辉等[9]利用 725 站 1951—1990 年整编资料中的旬平均温度和计算得来的 675 站月平均光合有效辐射日总量（PAR）为数据源选用多种方法进行探讨，生成了中国陆地区域 1°×1°的温度和 PAR 的空间分布栅格图。

然而，插值方法仍存在许多问题。首先，中外气象要素插值研究大多用于气候、季、月、旬、日平均要素，但公共气象服务需要及时地提供每个时次的气象要素和分布；其次，高度订正对于全国范围的插值极为重要，如果依然用传统的方法，势必产生比较大的误差；第三，网格点的插值取决于选取多大半径范围内的站点，然而中国东部站点比较密集，西部又比较稀疏，以什么为依据来确定半径是插值方法的问题之一。

本文基于中外的研究成果对比，参考了刘宇等[10]和 Thornton 等[11]的最近邻域法和反向距离基本原理，将高斯滤波算子作为距离权重的算法对站点气温观测数据进行插值，并对插值效果进行了验证。数据来源是中国气象局提供的大陆地区站点观测数据，同时利用 ARCGIS 软件将中国大陆范围内网格点和 DEM 数据叠加提取网格点高程数据，以上述数据为输入，利用上述算法生成全国不同时次 0.25°×0.25°气温格点值。此套数据不仅可以为气候变化研究提供高分辨率的数据，还可以应用到公共气象服务领域，为农业气象精细化服务、公路气象精细化服务(道路结冰信息)提供数据支撑。

1 数据和方法

1.1 气象数据

气象数据来源是中国大陆地区自动气象站测得的气温观测数据，共 2410 个站点。

1.2 格点高程数据获取

根据起始点经纬度(x_0，y_0)、网格间距(0.25°)及经纬向格点数得到各网格点经纬度。利用 ARCGIS 软件将各网格点经纬度与全国 1 ： 50000 DEM 高程数据叠加提取各网格点高程数据。

1.3 插值方法

插值算法将高斯滤波算子作为距离权重方程，对于每一个格点设定一个有效距离，当测值点与插值目标点的距离大于算子的有效距离时，其测值对目标点的权重为 0。每一个格点的权重方程为

$$W_{(r)} = \begin{cases} 0 & r > R_p \\ \exp\left[-\left(\dfrac{r}{R_p}\right)^2 \alpha\right] & r \leqslant R_p \end{cases} \tag{1}$$

其中，$W_{(r)}$为当测值点与目标点水平距离为 r 时测值点对目标点的权重；R_p 为有效距离；α 是一个与气象要素的距离相关性衰减率有关的参数，即高斯形态系数，α 越大表明该气象要素的距离相关性的衰减率越高。

在 Thornton 等的算法中，将 N 定义为计算一个目标点插值所需要的邻域内测值点数量的统计平均值，这就使得截断距离变为关于测值点分布密度的一个平滑函数，从而保证了插值结果的空间连续性。因此，R_p 的递归算法步骤如下：

设置 R_p 的初始值为 R_0；计算邻域(以目标点 p 为中心、半径为 R_p 的区域) 内测值点分布密度 D_p(即测站数量与邻域面积的比值)为

$$D_p = \frac{\sum_{i=1}^{n} \dfrac{W_i}{\overline{W}}}{\pi R_p^2} \tag{2}$$

式中，W_i 为测值点 I 对目标点 p 的插值权重，由方程(1)计算得出；n 为邻域内的测值点总数；W 为邻域内测值点权重的平均值，其计算公式为

$$\overline{W}=\frac{\int_0^R W_{(r)}\,\mathrm{d}r}{\pi R_p^2}=\left(\frac{1-\mathrm{e}^{-\alpha}}{\alpha}\right)-\mathrm{e}^{-\alpha} \tag{3}$$

重新计算 R_p，将其作为平均测值点数量 N 与测值点分布密度 D_p 的函数：

$$R_p=\sqrt{\frac{N^*}{D_p\pi}} \tag{4}$$

其中，对最后一次递归循环 $N^*=N$，之前的递归循环 $N=2\times N$。

通过式(4)计算的 R_p 代入步骤(ii)。算法在步骤(ii)与步骤(iv)之间循环一定的次数 M。经过 M 次循环计算得到的 R_p 作为插值目标点 p 的邻域截断距离，并且用于方程(1)中计算邻域内各测值点对目标点的插值权重。

经过上述计算，目标点气象要素 x 的插值结果 T_p 由以下公式计算：

$$T_p=\frac{\sum_{i=1}^{n}W_i[T_i+\beta\times(z_p-z_i)]}{\sum_{i=1}^{n}W_i} \tag{5}$$

其中，x_i 为测值点 i 的要素测值，W_i 为测值点 i 对目标点 p 的插值权重，n 为目标点 p 的 R_p 邻域内的测值点总数。

中国地形复杂，如何在复杂地形条件下利用有限的观测数据插值得到气温等气象要素的合理空间分布始终是一个难题。普遍认为，为了减小误差就必须把高程对气温等要素的影响作为一个重要的因素来考虑。取气温的垂直递减率 β 为其平均值－0.006 ℃/m，这一数值是通常观测到的环境温度垂直递减率，同时也是许多大气环流等数值模式所选取的温度垂直递减率。经过插值站点和观测站点的高程数据修正之后的气温空间插值计算公式最终为

$$T_p=\frac{\sum_{i=1}^{n}W_i[T_i+\beta\times(z_p-z_i)]}{\sum_{i=1}^{n}W_i} \tag{6}$$

其中，T_p、T_i 分别为目标点和测值点的气温；z_p、z_i 分别为目标点和测值点的高程。

以上插值过程见图 1。

1.4 格点数据反插目标点数据

选择离目标点最近的 4 个格点进行反插，经过目标点与参与插值的格点进行高程数据修正，得到反插目标点数据。

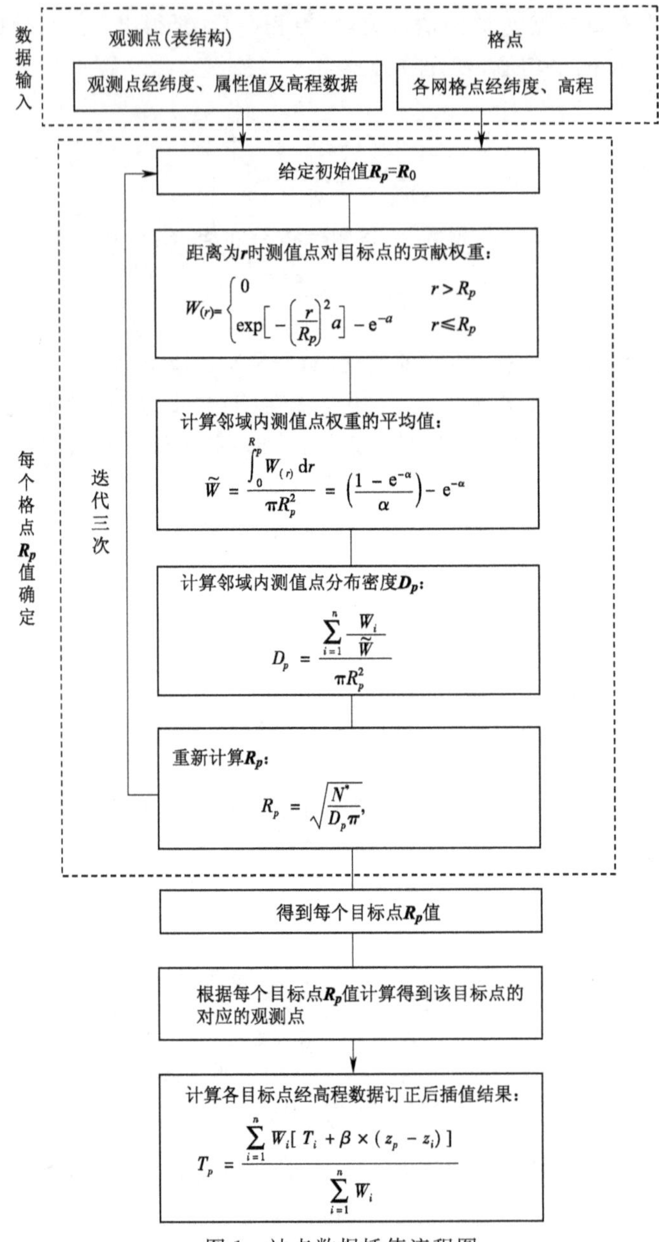

图 1　站点数据插值流程图

2　结果检验

本文选取(18.46°—53.46°N,73.62°—134.62°E)范围作为试验区域,格点空间分辨率为0.25°×0.25°,应用大陆地区边界进行切割,得到大陆地区格点数是15333个。选取2011年9月7日4个时次的全国站点气温观测数据,利用上述方法对全国大陆地区进行插值,选取离观测点最近的4个格点气温值反插至观测点,将反插得到的站点气温值与观测值进行对比及误差分析。

2.1 截断距离及每个格点所需插值点数

根据1.3节中插值方法，设置截断距离的初始值为500 km，经过3次迭代得到每个目标点的截断距离(R_p)，根据每个目标点 R_p 值进而计算得到该目标点的对应的观测点数。

由迭代看出，格点插值截断距离有着明显的区域性，由东部向西部整体上呈增大趋势，在西藏、青海、新疆交界处达到最大值；在东部地区截断距离为59～196 km，在内蒙古大部分地区、青海东部、四川西部、新疆西部地区截断距离处为196～339 km，在内蒙古西部、青海中部、新疆西部地区截断距离为339～488 km，截断距离的最大值出现在西藏北部以及和新疆、青海交界地区。这主要跟观测站点密度分布有关，由于中国东部地区人口、城市稠密，站点密度较大，在每个格点插值所需观测站点数一定的情况下，其所需邻域半径(截断距离)就相应的较小，相反在西部地区，观测站点较为稀疏，截断距离就相应变大。

由图2可见，插值所需观测站点数在11～15，16～20，21～25，26～54的格点数分别为651，6770，6210，1702，所占百分比分别为4.25%、44.15%、40.5、11.1%。可以看出，对格点进行插值时，所需观测站点数在16～25的格点所占比例为84.62%；这种分布既能满足插值精度的需要，也能满足插值效率的要求。

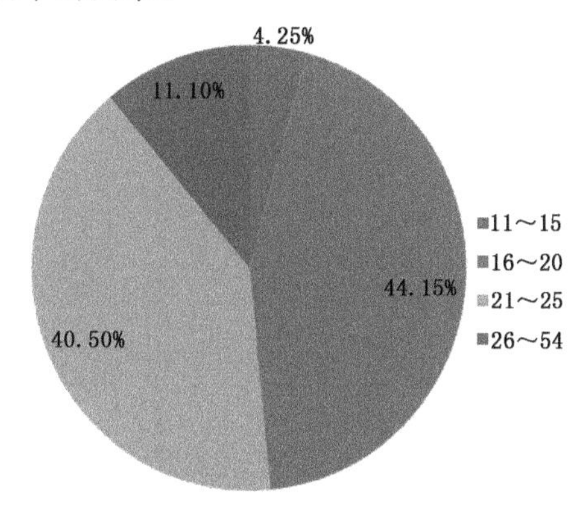

图2 插值所需观测站点数在不同范围的格点所占比例

2.2 插值结果检验

通常采用平均绝对误差(Mean Absolute Error，MAE)和插值平均误差平方的平方根(Root Mean Squared Interpolation Error，RMSIE)作为衡量插值方法的标准，值越接近0，则表示插值精度越高。

MAE可以评估估算值可能的误差范围，RMSIE可以反映估算灵敏度和极值效应，MAE和RMSIE的表达式分别如下：

$$MAE = \sum_{i=1}^{n} \mathrm{ABS}(Z_{S,i} - Z_{t,i})/n \tag{7}$$

$$RMSIE = \sqrt{\sum_{i=1}^{n} (Z_{S,i} - Z_{t,i})^2/n} \tag{8}$$

式(7)、(8)中：$Z_{S,i}$ 为第 i 个站点的实际观测值；$Z_{t,i}$ 为第 i 个站点的插值估算值；n 为用于参与验证的站点的数目；ABS表示绝对值。

MAE 和 RMSIE 可以反映插值方法的总体精度。每一个站点的插值精度可以用相对误差(插值估算值与实际观测值之差的绝对值占实际观测值的绝对值的百分比表示)来评估。由表 1 可以看出,利用基于反向距离加权方法进行插值,插值效果整体较好。

表 1　不同时次气温插值结果验证

时次	02 时	08 时	14 时	20 时
RMSIE	0.99	0.9	1.0	0.89
MAE	0.67	0.59	0.68	0.62

由表 2 看出,02 时、08 时、14 时、20 时 4 个时次,随着各时次气温插值相对误差的增大,站点所占比例呈快速减小趋势。

表 2　不同时次站点插值气温相对误差分布

时次	<5%	5%~10%	10%~20%	>20%
02 时	76.64%	13.07%	7.14%	3.15%
07 时	78.46%	12.24%	5.27%	4.02%
14 时	83.20%	11.20%	3.94%	1.66%
20 时	80.12%	14.23%	4.07%	1.58%

3　结论及讨论

3.1　业务应用

在算法选择和程序设计过程中,充分考虑了业务化运行对时效性、稳健性和可移植性的要求,使之达到了较好水平。

(1)时效性　业务化和结果的公众发布都需要程序在运行时间上可控。全国逐时的气温数据,更新频率较高,数据量较大。程序设计时充分考虑到时效问题,通过记录相关站点的存储位置,则进行插值时可以直接从存放位置取信息,免去了查找的过程,从而提高了程序执行的时效性,经实际运算,每时次全国运算时效达仅 1 min 左右。

(2)稳健性　业务化要求程序有稳健性。通过对数据库取得的数据进行质量检验,确保数据存放的相对位置不变,并同时梳理出缺测数据的信息,进行日志记录的同时在插值时规避这一站点。

3.2　讨　论

(1)在过去对气温等要素的插值,主要在日平均、月平均时间尺度上,而本项目是对小时时间尺度的插值。

(2)通过选取 2011 年 9 月 7 日 4 个时次气温观测数据进行插值效果验证,结果表明插值方法插值效果较好,能够满足公众气象服务对数据精度和时空分辨率的要求,下一步还需进行多种插值方法的对比。

（3）在考虑高程对气温影响时，取气温的垂直递减率 β 为其平均值 -0.006 ℃/m，由于中国南北地形、气候差异较大，插值时垂直递减率值应因具体地区而异，这有利于减小插值误差，也是下一步要进行工作。

（4）由于使用中国大陆区域边界对试验区域进行了切割，导致边界地区有些站点利用格点气温值反插值过程中，格点数少于 4 个，此时采用离该站点最近点进行插值，这种由于格点数减少导致插值精的改变还有待进一步验证。

参考文献

[1] 王英，曹明奎，陶波，等. 全球气候变化背景下中国降水量空间格局的变化特征. 地理研究，2006，**25**(6)：1031-1040.

[2] 于贵瑞，何洪林，刘新安等. 中国陆地生态年信息空间化技术研究 I：气象/气候信息的空间化技术途径. 自然资源学报，2004，**19**(4)：537-544.

[3] Ashraf M, Loftis J C, Hubbard K G. Application of geostatistics to evaluate partial weather station networks. *Agri Forest Meteor.*, 1997, **84**: 225-271.

[4] Gottschalk L, Batchvarova E, Gryning S E, et al. Scale aggregation—comparision of flux estimates from NOPEX. *Agri Forest Meteor*, 1999, 98-99: 103-119.

[5] Nalder I A, Wein R W. Spatial interpolation of climate normal: test of a new mthod in the Canadian boreal forest. *Agri Forest Meteor.*, 1998, **92**: 211-225.

[6] Price D T, McKenney D W, Nalder I A, et al. A comparison of two statistical methods for spatial interpolation of Canadian monthly mean climate data. *Agri. Forest. Meteor.*, 2000, **101**(2-3): 81-94.

[7] 李新，程国栋，卢玲. 空间插值方法比较. 地球科学进展，2000，**15**(3)：260-265.

[8] Collins F, Balstad P V. A comparison of spatial interpolation techniques in temperature estimation. Proceedings of the 3rd International Conference // Workshop on Integrating GIS and Environmental Modeling. Santa Barbara, January 21-26, 1996.

[9] 林忠辉，莫兴国，李宏轩等. 中国陆地区域气象要素的空间插值. 地理学报，2002，**57**(1)：47-56.

[10] 刘宇，陈泮勤，张稳等. 一种地面气温的空间插值方法及其误差分析. 大气科学，2006，**30**(1)：146-152.

[11] Thornton P E, Running S W, White M A. Generating surfaces of daily meteorological variables over large regions of complex terrain. *J Hydrology*, 1997, **190**: 214-251.

不同气象政务微博影响力的比对研究

尹炤寅[1] 刘 茜[2] 刘 燕[1] 邵俊年[2] 丁德平[1] 李 津[1] 孙雪婷[1]

(1. 北京市气象服务中心,北京 100089; 2. 中国气象局公共服务中心,北京 100081)

摘 要:该文以北京市气象局官方微博“气象北京”及《气象知识》杂志官方微博“气象知识”为研究对象,通过比对2012年3月1日—5月31日二者粉丝数、微博发布数、评论转发数等微博关键要素变化情况,分析不同类型气象政务微博影响力的差异及各要素的贡献。结果表明,粉丝数是决定气象政务微博影响力的重要指标之一,且高活跃度粉丝的作用更显著;及时性对提升气象政务微博影响力具有较大贡献,且视气象微博类型具有不同表现形式。

关键词:气象;微博;粉丝;影响力

引 言

微博,一种新兴的互联网络交流工具,其使用者可通过手机、电子邮件、网页等多种手段,将简短的信息(包括文字、图片、视频等)实时布告于网络,实现与其他用户沟通[1]。2006年,Twitter的诞生及走红推进了国内微博的发展;2009年起,新浪、搜狐、网易等门户网站的微博逐渐兴起;随后,伴随着人民网、新华网等媒体网站微博的相继推出,国内微博呈现出井喷式的发展[2]。截至2011年底,我国微博用户已超过3亿,注册账号达到7亿,每天发布微博约2亿条。同时,依赖于世界第一的网民数量,传播迅速、交互性强的微博特点在中国得到更为明显的体现[3]。为了更好地同民众进行交流,更方便快捷地发布政务信息,政务微博成为政府部门同民众沟通的绝佳平台,并得到长足发展。截至2011年11月初,通过新浪微博认证的各领域政府机构及官员微博已达19104家,其中政府机构微博10271家,个人官员微博8833,在地域上已完全覆盖全国[3]。借助覆盖面广、影响力高的优势,政务微博已成为一些职能部门协助工作的重要工具之一[4]。

国内气象部门亦关注到微博的特点及优势,并适时推出具有各自特色的气象政务微博。借助该平台,气象服务、科普等工作得以更好地展开[5,6],气象信息传输的效益问题也得到进一步关注[7]。但是,由于各个气象部门工作重点有所不同,依托于不同机构的气象微博,其影响力是否存在差异?对于不同类型的气象政务微博,是否存在广泛适用的提升影响力的方法?本文通过分析两个不同类型的气象政务微博粉丝数、微博发布数、评论转发数等微博关键要素的变化情况,对不同类型气象微博的影响力及成长点进行探讨。

1 资料来源

本文选取北京市气象局官方微博“气象北京”(http://weibo.com/u/2611704935)及中国

资助课题:北京市科技计划项目(Z111100056811022)。

气象局主管《气象知识》杂志官方微博“气象知识”(http://weibo.com/qixiangzhishi)为研究对象。其中,“气象北京”创建于2012年2月23日,2月27日试运行,3月1日正式运行,微博内容以北京地区实时气象资讯为主,包括每日早(7:00)、中(11:00)、晚(17:00)3次36 h北京地区天气预报,实时天气预警信息、突发天气信息等;“气象知识”创建于2011年5月9日,同日正式运行,微博内容以气象科普知识为主,包括气象预警、天气现象及灾害防御知识等。

由于“气象北京”及“气象知识”运行时间不同,本文为保证资料的可比性,选取2012年3月1日—5月31日为研究时段,收集该时期内上述两微博关键信息的逐日资料,包括粉丝数、微博发布数及每条微博的评论数、转发数。其中粉丝数、微博发布数为每周记录一次资料,每条微博的评论数、转发数为6月4日统计结果,数据均来自新浪微博。由于统计时间存在差异,有可能出现统计时微博的评论、转发数量略多于实时结果的现象,但是综合考虑微博受众更关注“新”消息的特点[8],该问题带来的影响并不显著。

2 结果分析

2.1 粉丝变化及贡献

图1为2012年3月1日—5月31日“气象北京”及“气象知识”粉丝数的变化情况。由图可知,“气象北京”粉丝数变化趋势可分为2段:3月1日—5月22日,粉丝数增幅较缓,倾向率为37.8/d;5月23日—5月31日,粉丝快速增加,倾向率为642.7/d,而“气象知识”的粉丝数在所取研究时段内基本呈线性增长,倾向率为9/d,拟合方程R^2均>0.9(表1)。

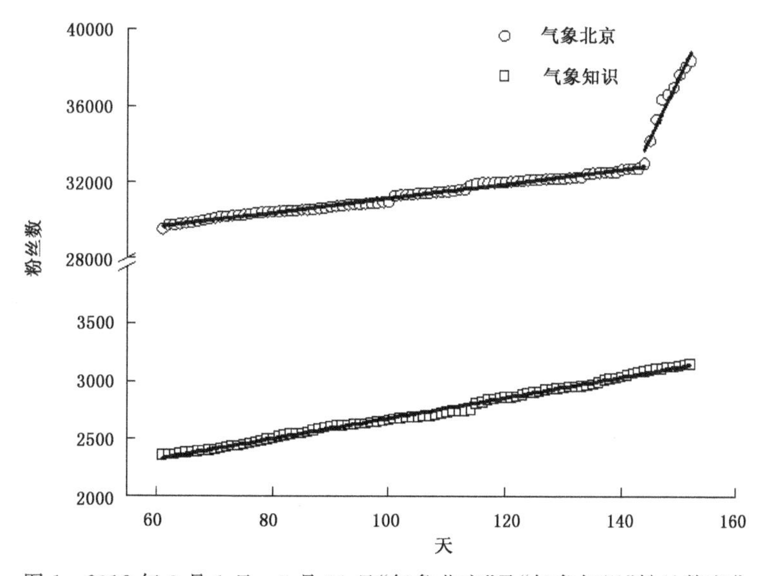

图1 2012年3月1日—5月31日“气象北京”及“气象知识”粉丝数变化

表 1　2012 年 3 月 1 日—5 月 31 日"气象北京"、"气象知识"微博粉丝数变化线性拟合结果

	时段	拟合方程	倾向率(/d)	方差 R^2
"气象北京"	3 月 1 日—5 月 22 日	$y=37.8x+29640$	37.8	0.99**
	5 月 23 日—5 月 31 日	$y=642.7x+33080$	642.7	0.94**
"气象知识"	3 月 1 日—5 月 1 日	$y=9x+2315.9$	9	0.99**

注：* * 指通过 $\alpha=0.01$ 的显著水平检验。

由于每日增加的粉丝数同原有粉丝总数联系紧密，而处于休眠状态的账户并不能提升微博的影响力[5]，因此，单纯统计粉丝数变化情况无法完整反映其对微博影响力的贡献。本文定义粉丝增量百分率以此衡量粉丝增长情况，其计算公式如下：

$$P=\frac{N_{i+1}-N_i}{N_i}\times 100\% i=1,2,3,\cdots$$

其中，P 即为粉丝增量百分率，N_i 为第 i 天的粉丝数。粉丝增量百分率表示某一天粉丝增加的人数占前一天总粉丝数的百分数。

以此计算 3 月 2 日—5 月 31 日的粉丝增量百分率如图 2 所示。由图可知，研究时段内，"气象北京"虽在个别时段粉丝增量百分率超过 1%，但类似 5 月 24 日—26 日长时段粉丝增量百分率接近或超过 3%的现象却从未出现。为进一步分析该现象产生的原因，本文同时给出了 3 月 2 日—5 月 22 日"气象北京"每日粉丝数增幅超过 90 的情况(表 2)。由表可知，除 3 月 2 日外，其他所有粉丝数增幅较大的时刻，均有较重要的气象信息发布，这与微博受众更青睐"爆炸性"消息的研究结果一致[9,10]，而 3 月 2 日处于微博运行初期，粉丝快速增长较为正常。

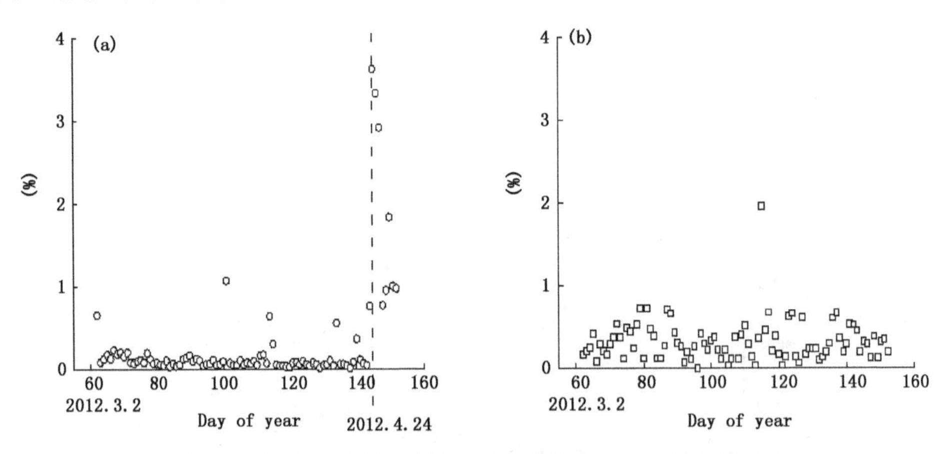

图 2　"气象北京"(a)及"气象知识"(b)每日粉丝增长百分率

表 2　"气象北京"2012 年 3 月 3 日—5 月 22 日粉丝数增幅最大日数重点天气资讯

日期	粉丝数增量	重点天气资讯
2012 年 4 月 10 日	332	首次发布雷电预警
2012 年 4 月 23 日	203	预报雷雨
2012 年 3 月 2 日	193	(无)

续表

日期	粉丝数增量	重点天气资讯
2012 年 5 月 13 日	181	雷电预警
2012 年 5 月 19 日	119	雷电预警、冰雹预警
2012 年 4 月 24 日	98	雨情信息

5 月 24—25 日期间，"气象北京"仅 25 日在发布雷电预警，但当日粉丝数增量百分率明显低于前一日，与微博用户青睐"爆炸性"消息的结论相悖。因此，必然存在其他原因导致 24 日以来粉丝数增幅加快。

5 月 14 日，新浪网发布《政务微博运营规范手册》，人民网次日对此进行宣传，提出"政务微博应'敢于面对围观谩骂'"(http://it.people.com.cn/GB/17889766.html)。5 月 22 日，新浪网对该消息进行转载，同时将该手册推荐给已经开通政务微博的政府部门和官员，并确为培训资料(http://news.sina.com.cn/c/2012—05—22/042824454773.shtml)。上述权威网站的介入使政务微博得到更多关注，这是"气象北京"在 5 月 24—26 日粉丝大幅增长的主要原因。另一方面，"气象北京"由于粉丝基数较大，故响应更敏感，粉丝增加更快，而粉丝基数较小的"气象知识"，受此影响较小。因此，粉丝基数较高的气象政务微博，对官方行为更为敏感。

此外，由图 2 可知，通常情况下，粉丝数增量变化对微博类型的依赖并不显著，两微博的粉丝增量百分率大多在 1%以下。由于"气象北京"粉丝基数较高，每日增加的粉丝虽多于"气象知识"，但粉丝增量百分率却相对较低，而"气象知识"由于微博内容更易于同粉丝交流，活跃粉丝数较多，故粉丝增量百分率相对较高。因此，粉丝数虽是衡量微博影响力的关键要素之一，但提升活跃粉丝所占比例更为重要。

为进一步分析粉丝数对微博影响力的贡献，本文计算了"气象北京"、"气象知识"逐日评论、转发数之和及平均每篇微博的评论、转发数之和，以此为评价微博的影响力的因子，结果如图 3 所示。

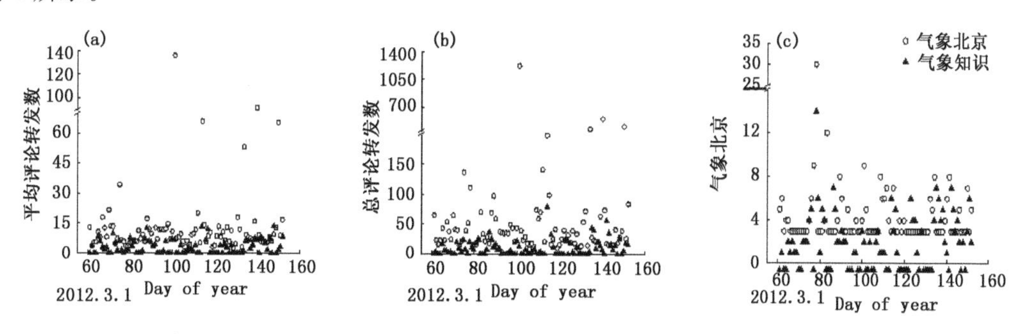

图 3　2012 年 3 月 1 日—5 月 31 日"气象北京"及"气象知识"逐日微博被评论及转发总数(a)、平均每篇微博被评论转发数(b)及二者每日微博发布数(c)

由图 3a 可知，由于"气象北京"粉丝数远大于"气象知识"，且每日发布微博数量大于"气象知识"(图 3c)，故每日被评论及转发的总数显著多于"气象知识"，且发布"爆炸性"天气资讯(如雷电预警、大风预警等)时，更多的粉丝数可以带来更大的影响力。但是，由于"气象北京"发布的微博内容、形式较为固定，受众较难获得新鲜感，平均每篇微博被评论转发的次数则同

"气象知识"几乎处于同一水平(图 3b),这也进一步证明"气象知识"活跃粉丝的比例高于"气象北京"。

此外,结合图 2a 及表 2 可知,气象微博包含重要天气资讯时,粉丝数、粉丝活跃度均有所增加,微博影响力相应提升较大,并进一步带来更多粉丝。该过程与正反馈机制相类似,提示气象政务微博工作者应重点把握重要天气过程,更好地提升微博影响力。

综上所述,粉丝数是气象政务微博影响力重要指标之一,并且粉丝基数高的气象政务微博,对重要资讯响应更敏感。但是,高活跃度粉丝的数量及比例对提升微博影响力的贡献更关键。

2.2　及时性的贡献

研究结果表明,及时性是微博有别于其他传统媒体的最主要特点之一[11,12],也是气象资讯的主要特色。因此,衡量气象微博受众对"新"消息的关注度,气象资讯及时性对影响力的贡献均是值得研究的问题。

"气象北京"每日固定时段发布 3 次短期天气预报,比对分析不同时段天气预报的影响力是研究上述问题较好的切入点。本文仍将每条微博的评论、转发数之和作为评价影响力的标准,并计算 2012 年 3 月 1—5 日"气象北京"早、中、晚 3 段预报评论、转发次数占总评论、转发数的百分比,以早预报为例,即:

$$P_{早} = \frac{N_{早}}{N_{早} + N_{中} + N_{晚}} * 100\%$$

其中,$P_{早}$ 为早间气象预报评论、转发数占 3 段气象预报的百分比,$N_{早}$ 为早间气象预报的评论转发数之和,下标早、中、晚分别表示 3 段预报。中、晚预报与早预报类似。最终结果如图 4 所示。

由图可知,在研究时段内,早预报的评论、转发数比例最高,晚预报次之,中午预报的影响力最低,但早、中午预报影响力增加,且中午预报增幅最快。晚预报则呈减少趋势,并且在研究时段末期,中午预报和晚预报的影响力已几乎相同。

图 4 可较好地反映及时性对微博影响力的贡献:由于天气状况对出行、穿衣等具有较大影响,每日外出前了解当天天气已成为普遍现象,这可以合理解释早预报影响力最高的原因。对晚预报,其仅在微博运行初期影响力较高,这是由于微博受众群可在晚间通过其他媒介获得气象资讯,并希望以此验证"气象北京"微博的可靠性。这在微博用户中较为普遍:因为仅通过微博内容,受众很难判断消息的真实性,并极易通过用户名来判断消息是否可靠,当有其他途径可进行确认时,用户便会验证其真实性[13]。经过一段时间的验证,用户确定了信息源的可靠性后,该举动便大幅下降。因此,当"气象北京"的可靠性被验证后,由于晚预报及时性低于早预报,故影响力低于早预报,且呈持续下降趋势。

另一方面,中午预报发布时,大多数用户在工作或是上学,获取信息相对不便,故中午预报初期的影响力较低。但伴随北京地区进入汛期,对流性天气的发生概率增加,且常发生在午后至傍晚,因此,进入汛期以来,中午预报对突发天气响应更及时,影响力增幅更快。

对"气象知识"而言,及时性对影响力同样影响显著:4 月 24 日,北京地区出现雷雨天气,"气象知识"同日发布户外防雷相关知识,及时的科普知识被大量评论转发,为研究期内影响力最高的微博。

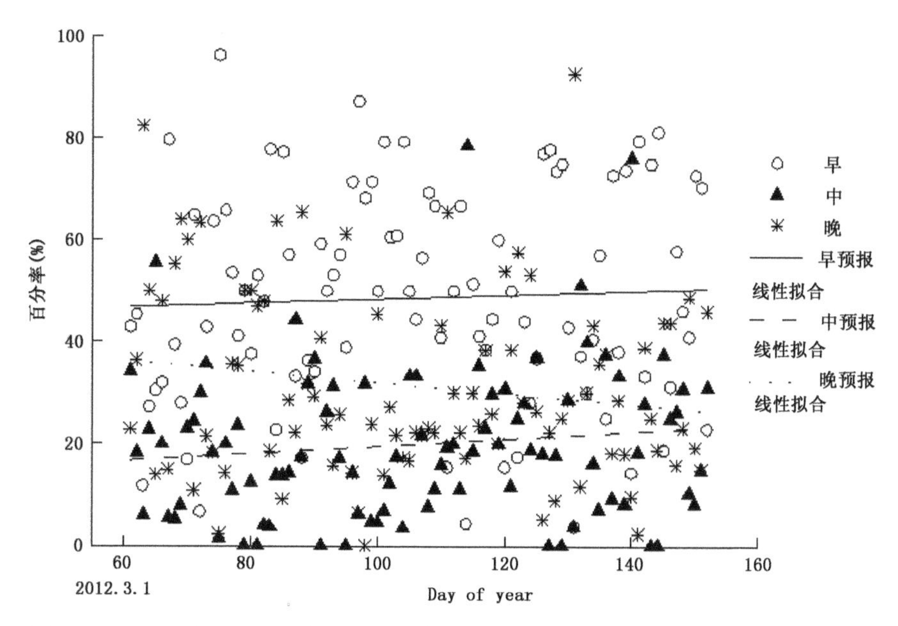

图 4 2012 年 3 月 1 日—5 月 31 日"气象北京"早中晚 3 段预报评论转发数所占比例

综上所述，由于"气象北京"定位于发布实时气象资讯，可以更充分体现气象信息及时性的优势，其粉丝数、影响力均大于定位于科普的"气象知识"，但由于"气象知识"的微博内容更易互动交流，其高活跃度粉丝的比例则大于"气象北京"，而活跃粉丝的数量和比例则是提升微博影响力的关键，因此结合实时天气特点发布科普知识，也可较好地提升影响力。

3 结 论

(1)粉丝数是决定气象政务微博影响力的重要指标之一，粉丝越多，微博对重要资讯的响应越敏感，同时高活跃度粉丝的数量和比例具有更显著的作用。

(2)及时性对气象微博影响力具有较大贡献，且视微博类型具有不同的表现形式。总体而言，以发布实时气象资讯为主的气象政务微博，粉丝数、影响力高于以科普为主的气象微博，但科普微博可结合实时气象信息发布相关科普知识。这是科普微博利用及时信息资讯提升影响力的可靠手段。

参考文献

[1] JavaA，Song X，Finin T，et al. Why we twitter：understanding micro-blogging usage and communities. Proceedings of the 9th WebKDD and 1st SNA-KDD 2007 workshop on Web mining and social network analysis，ACM：San Jose，California，2007：56-65.

[2] 谢耘耕. 徐颖. 微博的历史、现状与发展趋势. 现代传播(中国传媒大学学报)，2011，(4)：75-80.

[3] 人民网舆情监测室. 2011 新浪政务微博报告. http://magazine. sina. com. cn/weibo/zwwbbg20111211. pdf.

[4] 谢耘耕，刘锐，徐颖等. 2011 年中国政务微博报告. 新闻界，2012，(5)：47-54.

[5] 郭鹏，陈玥熤，李晓娜. 微博在气象服务中的应用探讨. 厦门：第 28 届中国气象学会年会，2011：184-189.

[6] 李娜，秦鹏，王佳. 气象科普新传媒：微博. 厦门：第 28 届中国气象学会年会，2011：81-84.

[7] 陈恒明,朱平,陈静等.广东天气微博传输气象信息服务的效益研究.安徽农业科学,2011(31):19478-19480.

[8] Yang J,Leskovec J. Patterns of temporal variation in online media// Proceedings of the 4th ACM international conference on Web search and data mining. ACM:Hong Kong,China,2011:177-186.

[9] Teevan J,Ramage D,Morris M R. Twitter Search:a comparison of micro-blog search and web search// Proceedings of the 4th ACM international conference on Web search and data mining. ACM:Hong Kong,China,2011:35-44.

[10] Wang F,Cui P,Sun G,et al. Guest editorial:Special issue on information retrieval for social media. *Information Retrieval*,2012,**15**(3):179-182.

[11] Zhao,W,Jiang J,Weng J,et al. Comparing Twitter and traditional media using topic models. Advances in *Information Retrieval*,2011,338-349.

[12] Efron M. Information search and retrieval in micro-blogs. *J. Ameri. Soc. Inform. Sci. Tec.*,2011.**62**(6):996-1008.

[13] Morris M R,Counts S,Roseway A,et al. Tweeting is believing? Understanding micro-blog credibility perceptions// Proceedings of the ACM 2012 conference on Computer Supported Cooperative Work. ACM:Seattle,Washington,USA,2012:441-450.

公众气象服务满意度测评量表的设计与检验——以东北地区为例

王丽娟　姚秀萍

（中国气象局公共气象服务中心，北京 100081）

摘　要：文章针对公众气象服务满意度评价问题，简述了公众气象满意度问题的提出、来源和内涵，综合考虑中外气象服务质量评价工作的研究成果和现代气象服务的业务现状，确立了公众气象服务满意度评价的3个一级指标和13个二级指标，设计了公众气象服务满意度测评量表。本文采用验证性因素分析的方法，对该量表的信度和效度进行实证检验，特别检验了结构效度的聚合效度和区分效度两个方面，结果表明，所设计的测评量表具有良好的信度和效度，可以有效解构气象服务满意度特征，对于挖掘分析公众不同层面的气象服务需求具有重要作用。

关键词：公众气象服务；满意度；测评量表；检验；验证性因子分析

引　言

公众气象服务是各级气象部门利用电视、网站、手机、报纸、广播、电子显示屏、电话、气象警报系统等媒体向社会公众发布气象预报、警报、预警信号等公益性气象服务产品及其过程[1,2]，是一种以服务形式存在的产品[2]。由于气象服务信息及产品呈现较强的价值属性，因而气象服务消费市场以及气象服务质量评价等问题日益凸显[3]。随着近几十年来新公共管理运动推动政府服务逐步向“顾客导向”的转变[4]，中国气象部门从20世纪90年代开始组织全国性的公众气象服务满意度评价工作[5]。该项评价工作通过外部用户感知来检验公众气象服务的成效，是衡量气象服务社会效益的重要组成部分，同时也有利于了解公众的需求结构，确定气象部门需要着力提高服务质量的领域。因此，如何科学地评价公众气象服务满意度，是关系到公共气象服务科学管理的一项重要内容，对提高气象工作实效具有重要的现实意义。

公众气象服务满意度包含公众气象服务用户和满意度两个概念。公众气象服务用户是气象部门提供的公众气象服务产品及其过程的直接体验者，与市场营销领域中的顾客相当。他们对公众气象服务或产品质量的评价最具有发言权。本文中的用户主要是指以个体方式享受公共服务的社会普通公众，如市民、村民等。

“满意”是一种人的主观感受[6]，属于心理学概念。满意度是分析人的心理感受或心理状态的一种标准尺度[7]。在将满意定义为一种心理反应的文献中，主要的观点有两类[3]。第一类，认为满意是一种认知状态，主要由Howard等[8]、Churchill等[9]、Engel等[10]、Ostrom等[11]学者提出[8~11]，他们指出满意是顾客根据其期望或者需要是否被满足而对产品或服务进行评价；第二类，认为满意是一种情绪反应，主要由Oliver等[12]、Tes等[13]、Kotler等[14]学者提出，他们指出满意是顾客的消费经历满足其需要而产生的一种喜悦的心理状态。

1997年，Oliver[15]提出了当前公认的顾客满意度概念。他指出，顾客满意度是指顾客需求得到满足后的一种心理反应，是顾客对产品和服务特征或其本身满足自己需求程度的一种判断。在顾客满意度基础上，本文认为公众气象服务满意度是个体公众对气象服务满足其需求程度的一种判断，也是公众对气象服务的质量感知。文中的公众气象服务满意度是一种累积性或总体满意度，需要对特定产品的不同构面满意度进行汇总，总体满意度是表述服务质量的主要函数[16~17]。

目前，公众气象服务满意度调查基本处于个例分析、实践探索为主的阶段，尚未形成统一的评价标准，因此，本文将在研究已有满意度评价工作的基础上，结合企业满意度管理和政府公共部门满意度管理的研究方法和模型，探索公众气象服务满意度的评价指标，重点在于满意度评价指标的构建、测评量表的设计，并采用验证性因子分析，对测评量表的信度和效度进行实证研究，特别对量表的结构效度进行聚合效度和区分效度的检验，期望对公众气象服务满意度评价指标和体系的研究与实践提供理论支持和参考。

1 公众气象服务满意度测评量表的设计

公众气象服务满意度是一个多维结构的概念。要有效测评气象服务满意度，前提是建立一套合理的评价指标。目前，中外学者主要是按照气象服务涉及领域和业务流程来设计公众气象服务满意度评价指标(表 1)，但是，由于各国气象部门组织和运行模式不同，尚未形成统一标准。较为公认的评价维度是气象服务信息内容和气象服务信息发布。除此之外，气象服务效果、服务人员能力、气象服务的社会美誉度、气象服务主动性以及用户需求程度等评价指标的使用则因研究目标而存在较大差异。根据公众气象服务满意度评价指标的探索实践和现在气象服务业务，考虑到气象知识科普宣传是中国公众气象服务的重要环节，本文确定了公众气象服务满意度评价的 3 个一级指标(即潜变量)，分别是气象服务信息内容、气象服务信息发布、气象知识科普宣传。

表 1 不同气象服务满意度的评价指标

作者	指标 1	指标 2	指标 3	指标 4	指标 5	指标 6
罗慧等[3]	天气预报预警准确率及应急服务	气象服务时效性及服务和宣传手段	气象服务产生的社会效益和美誉度	气象服务人员综合能力	重视和了解用户需求程度	用户未来意向
黄治勇等[18]	公众气象服务信息量	气象服务信息加工包装效果	公众气象服务信息相对受众面	公众使用效果		
王镇铭等 ①	信息针对性	信息准确性	信息时效	信息便易性		

① 王镇铭，石蓉蓉，张炎. 浅谈气象服务社会满意度评价指标的设计，2007 年中国气象学会年会。

续表

作者	指标 1	指标 2	指标 3	指标 4	指标 5	指标 6
美国 NOAA①	灾害性天气服务:预警准确性、及时性、可理解性	常规气候、水、天气服务:满足需求程度、可理解性	信息传送服务:产品满足需求程度、信息易得性、更新及时性	拓展服务和天气教育:获取预警防御措施方式、预警和防御措施的有用性		
加拿大[18]	预报准确率	对预(警)报采取的相应措施	公众和客户对预(警)报服务的满意度	对环境变化及其影响的认识	对服务的投诉	

本文以 2010 年中国气象局公众气象服务满意度评价指标为例[19],在公众气象服务满意度 3 个一级评价指标基础上,根据相关文献、气象服务业务流程以及气象服务体系,遵循科学性、系统性、关键性和重要性并重的原则,设计了相对应的二级评价指标(即测量变量)。在问卷设计过程中,结合个人访谈、专家研讨、问卷预测试的方式,来判断评价指标的适宜性,对问项中论述模糊、意义交叉的问题进行了识别和调整,最终确定 3 个一级评价指标与 13 个二级评价指标(表 2),构成调查问卷的主体内容。问卷中每个问题的测量标准均分为"满意""比较满意""一般""不满意""说不清"5 个等级,"满意"赋值 100 分,"比较满意"赋值 80 分,"一般"赋值 60 分,"不满意"赋值 0 分,"说不清"赋值为平均分。被访者可以根据自己的检验和感受,选择其中一项。

表 2 公众气象服务满意度评价指标

一级评价指标(即潜变量)	二级评价指标(即观测变量)	二级评价指标对应代码
气象服务信息内容	通俗性	D1
	实用性	D2
	准确性	D3
	表现形式	D4
	种类丰富性	D5
气象服务信息发布	及时性	D6
	渠道的多样性	D7
	获取的方便性	D8
气象知识宣传普及	宣传普及渠道	D9
	可读性	D10
	趣味性	D11
	气象常识普及面	D12
	及时获取气象灾害防御知识	D13

① 美国 NOAA 的气象服务评价指标来源于 NWS Overall Customer Satisfaction Survey 2010-FINAL。

2 公众气象服务满意度测评量表的正式检验

测评量表通过预测试以后，量表所包含的各级指标和题项均已确定。正式调查结束后，研究者需要根据正式调查的数据，进一步探究测评量表所包含的因素与所要研究的概念是否相同。本节将从测评量表的检验原理出发，采用验证性因子分析方法，检验公众气象服务满意度测评量表的信度和效度，特别是从聚合效度和区分效度两个方面对量表结构效度进行实证检验。

2.1 测评量表检验的基本原理

为了确保所研究的概念得到可靠和正确的测量，研究者通常采用检验测评量表信度和效度的方法进行(表 3)。信度是指测评量表题项测量的一致性与稳定性[20]，通常使用 Cronbach's α 系数或组合信度来检验内在信度。Cronbach's α 系数通过计算测评项目间的平均相关系数来判定问卷的内部一致性[21]，系数＞0.7 时表示信度可以接受[22]。但是，由于 Cronbach's α 系数是对测量信度的下限估计，会造成真实信度被低估，而且还存在要求潜在变量对各题项的影响相等等缺陷[23]，为此研究人员提出组合信度[24]。当组合信度＞0.7 时，表示信度可以被接受[25]。

效度是指测量指标的有效性，即问卷能够在多大程度上测量出研究者想要测量的主题[26]，通常使用内容效度和结构效度来检验。内容效度是指所设计的题项切合所要测量主题的程度。常用逻辑分析与专家判断的方法进行判断。

结构效度是指测量结果体现出来的某种结构与测值的对应程度，可以采用验证性因子分析的方法，从聚合效度和区分效度两个方面来检验。聚合效度是指测量相同潜在特质的题项会落在同一因素构面上，即题项之间具有高度相关。当潜变量的标准化因子荷载系数或者平均方差提取量(AVE)＞0.5 时，表示对潜变量的测量有足够的聚合效度[27]。区分效度是指构面所代表的潜在特质与其他构面所代表的潜在特质间低度相关或有显著的差异存在，当任一潜变量的平均方差提取量(AVE)大于该潜变量和其他各潜变量之间相关系数的平方时，表示区分效度可以接受[25]。

表 3 测评量表信度和效度的判定标准

检验内容	统计检验量	判定标准
信度	内在信度	Cronbach's α 系数＞0.7
		组合信度＞0.7
效度	内容效度	专家判断、逻辑分析
	结构效度(1)：聚合效度	标准化因子荷载系数＞0.5
		平均方差提取量(AVE)＞0.5
	结构效度(2)：区分效度	平均方差提取量大于该潜变量和其他各潜变量之间相关系数的平方

2.2 数据来源及研究样本

本文所用数据来源于2010年中国气象局联合国家统计局对全国公众气象服务满意度进行调查的结果，采用东北三省的入户调查数据，共计2250份调查样本。本文采用验证性因子分析方法，检验测评量表的信度与效度，数据分析使用AMOS7.0软件[26]。具体方法如下：首先根据设计的测评量表构建理论模型，然后通过绝对适配统计量和增值适配统计量判定设计的理论模型和实际数据的一致性程度(即模型适配度)。在模型适配度良好的基础上，计算信度和结构效度的检验值，得出检验结果。

2.3 测评量表的信度和效度检验

验证性因子分析的结果显示(表4)，测评量表建立的模型与实际数据的整体拟合效果比较理想：用于判断显著性的$P<0.001$，近似误差均方根(RMSEA)为$0.075<0.08$，拟合优度指数(GFI)为$0.944>0.9$，相对拟合指数(CFI)为$0.951>0.9$，虽然卡方值(χ^2)与自由度(df)的比值为13.57，>3，但这主要是由于样本数(2250)较大造成的，并不能由此否认模型的拟合效果不好[26]。可见，测评量表建立的测量模型没有"违反估计"，总体拟合效果较好。在模型适配度良好的基础上，我们考察调查问卷的组合信度与效度。

(1)信度检验：表4显示，气象服务信息内容、气象服务信息发布、气象知识宣传普及3个一级评价指标的Cronbach's α系数与组合信度皆超过0.8，表明测评量表具有良好的内在一致性。

(2)内容效度检验：本文采用逻辑分析方法检验测评量表的内容效度。2010年公众气象服务满意度测评量表设计过程中，中国气象局、国家统计局和相关领域专家多次对所选题项进行评判和审定，均表示量表符合测量的目的。因此，文中设计的测评量表具有较好的内容效度。

(3)结构效度检验：在聚合效度方面，气象服务信息内容、气象服务信息发布、气象知识宣传普及3个一级评价指标的标准因子荷载系数和平均方差提取量(AVE)均≥ 0.5，表明二级评价指标对一级评价指标的测试具有足够的聚合效度。在区分效度方面，比较每个一级指标的平均方差提取量和该指标与其他一级指标之间的相关系数平方，发现除气象服务信息内容的平均方差提取量为0.5，略小于该指标与气象服务信息发布、气象知识宣传普及两个指标之间的相关系数平方外(表4)，其他指标的AVE均大于彼此间相关系数的平方。符合区分效度的检验标准，可见一级指标彼此之间的区分效度是可以接受的。

以上分析表明，本文设计的公众气象服务满意度测评量表基本通过信度和效度检验，公众气象服务满意度的概念得到可靠和正确的测量。

表4 公众气象服务满意度调查问卷问项的验证性因子分析结果

一级评价指标	二级评价指标	指标标准化因子荷载	克龙巴赫系数	组合信度	平均方差提取量	AVE与相关系数平方的比较
气象服务信息内容	通俗性	0.71	0.83	0.83	0.5	略小于
	实用性	0.77				
	准确性	0.75				
	表现形式	0.66				
	种类丰富性	0.63				

续表

一级评价指标	二级评价指标	指标标准化因子荷载	克龙巴赫系数	组合信度	平均方差提取量	AVE与相关系数平方的比较
气象服务信息发布	发布及时性	0.77	0.81	0.81	0.59	大于
	发布渠道多样性	0.74				
	获取方便性	0.79				
气象知识宣传普及	宣传普及渠道	0.74	0.88	0.87	0.57	大于
	可读性	0.78				
	趣味性	0.77				
	气象知识普及面	0.74				
	及时获取气象灾害防御知识	0.74				
潜变量与其他变量相关系数的平方		气象服务信息内容与气象信息发布：0.56				
		气象服务信息内容与气象知识宣传普及：0.52				
		气象服务信息发布于气象知识宣传普及：0.53				
模型拟合指数	绝对适配度指数	χ^2/df =13.57；RMSEA=0.075；GFI=0.944&AGFI=0.915；				
	增值适配度指数	NFI=0.947；TLI=0.936；CFI=0.951；RFI=0.931；IFI=0.951				

3 结论与讨论

(1)公众气象服务满意度测评量表可由多级评价指标组成，本文建立的由3个一级指标和13个二级指标构成的满意度测评指标体系能够可靠、正确地测量公众气象服务满意度。

(2)验证性因子分析方法可以有效应用于公众气象服务满意度测评量表的信度和效度检验。以2010年东北地区公众气象服务满意度数据为例的分析表明，本文构建的公众气象服务满意度测评量表具有较好的信度和效度。公众气象服务满意度测评模型和实际调查数据的总体拟合效果较理想，而且可以有效测量公众气象服务满意度。

本文所做的公众气象服务满意度评价指标研究，对于决策、行业气象服务满意度评价研究具有参考价值，对于气象服务需求分析也提供了参考。但是文中仅以2010年东北地区公众气象服务满意度评价数据为例进行了信度和效度检验，未涉及其他个例。在今后的研究分析中，应增加个例验证，拓展思路，更广泛的收集提炼气象服务满意度的评价指标，使之更具有指导价值。同时，应进一步深入、系统地研究公众气象服务满意度的影响因素、满意度评价指标之间的相互关系以及不同特征用户群体气象服务满意度的差异等。

参考文献

[1] 中国气象局预测减灾司.关于进一步规范公众气象信息发布工作的通知.气预函〔2005〕105号.

[2] 许小峰等.现代气象服务.北京：气象出版社，2010.

[3] 罗慧,李良序.气象服务效益评估方法与应用.北京:气象出版社,2009.

[4] 尤建新,陈强,鲍悦华.顾客满意管理.北京:北京师范大学出版社,2010.

[5] 姚秀萍,吕明辉,范晓青等.我国气象服务效益评估业务的现状与展望.气象,2010,**36**(7):62-68.

[6] 中国标准化研究院,中国航天标准化研究院等.质量管理体系 基础和术语(GB/T 19000—2008).北京:中国标准出版社,2009.

[7] 何亮,李军.行政服务满意度测评研究综述.时代金融,2010,**420**(7):56-57.

[8] Howard J,Sheth J H. The theory of Buyer Behavior. New York: John Wiley and Sons,1969:97-125.

[9] Churchill G A,Surprenant C. An Investigation into the Determinants of Consumer Satisfaction. *J. Marketing Res.*,1982,**19**(4):491-504.

[10] Engel J F,Toger D B,Miniard P W. Consumer Behavior,Harcourt Broce Joranovich. College Publishers: The Dryden Press,1993.

[11] Ostrom A, Iacobucci D. Consumer Trade-offs and the Evaluation of Services. *Journal of Marketing*, 1995,**59**(1):17-28.

[12] Richard L,Oliver. A Cognitive Model of the Antecedents and Consequences of Satisfaction Decisions. *J. Marketing Res.*,1980,**17**(4):460-469.

[13] Tes D K, Wilton P C. Models of Consumer Satisfaction Formation: An Extension. *J. Marketing Res.*, 1988, **25**(2):204-212.

[14] Kotler P. Marketing Management: Analysis, Planning, Implementation and Control. New York: Prentice-Hall, 1997.

[15] Oliver Richard L. Satisfaction:a Behavioral Perspective on the Consumer. New York: McGraw-Hill, 1997:232-256.

[16] Parasuraman A, Zeithaml Valarie A, Berry Leonard L. Communication and Control Processes in Delivery of Service Quanlity. *J Marketing Res.*,1988, **52**(2):14-35.

[17] Joseph Cronin J. Jr., Steven A. Taylor. Measuring Service quanlity : A reexamination and extension. *J. Marketing Res.*,1992,**56**(3):14-15.

[18] 黄治勇,王丽,王仁乔等.公众气象服务质量评价方法研究.湖北气象,2002,(2):30-32.

[19] 中国气象局公共气象服务中心.全国公众气象服务评价(2010).2010.

[20] 张文彤,董伟.SPSS统计分析高级教程.北京:高等教育出版社,2009.

[21] Cronbach L J. Coefficient Alpha and the Internal Structure of Tests. *Psychometrika*, 1951, **16**(3): 297-334.

[22] Nunnally J C. Psychometric Theory,2nd ed. New York: McGraw-Hill,1978.

[23] 徐万里.统计方程模式在信度检验中的应用.统计与信息论坛,2008,**23**(7):9-13.

[24] Fornell,Claes, Larcker D F. Evaluating Structural Equation Models with Unobservable Variables and Measurement Error. *J. Marketing Res.*,1981,**18**(1):39-50.

[25] 王华,金勇进.统计数据质量与用户满意度:测评量表设计与实证研究.统计研究,2010,**27**(7):9-17.

[26] 吴明隆.结构方程模型—AMOS的操作与应用(第2版).重庆:重庆大学出版社,2010.

[27] Steenkamp J E M, van Trijp H C M. The Use of LISREL in Validating Marketing Constructs. *International J. Res. Marketing*,1991,**8**(4):283-299.

省级公众气象服务效益评价探索——以河北省为例

张晓美[1]　吕明辉[1]　姚秀萍[2]

(1. 中国气象局公共气象服务中心,北京 100081；2. 中国气象局气象干部培训学院,北京 100081)

摘　要:利用河北省气象局委托中国气象局公共气象服务中心开展 2011 年河北省公众气象服务满意度调查评价的机会,对省级公众气象服务效益评价工作的组织方式、调查方式、评价方法以及业务流程进行了初步的探索,形成了依托于国家级公众气象服务满意度调查深化开展省级公众气象服务满意度调查的组织方式,初步理顺了省级公众气象服务满意度调查的业务流程和评价方法,并对省级公众气象服务效益评价业务的发展提出了七点思考与建议。

关键词:省级;公众气象服务;满意度调查

引　言

2009 年,公众气象服务满意度评价开始作为一项国家级常规基本业务运行。2009—2010 年,中国气象局连续 2 a 联合国家统计局开展国家级公众气象服务效益评价,并联合发布调查结果,取得了很好的社会效益[1,2]。近年来,省级气象部门根据业务需求也开展了一些公众气象服务效益评价工作,但没有形成常规业务。探索建立省级公众气象服务效益评价业务对省级气象部门建立需求导向的气象服务业务意义重大。其评价结果不仅可以作为省级单位考评下属气象部门提供重要考评依据,还能揭示出公众满意度评价的地域分布、人群特征等差异,为地市级气象部门研发具有地方特色的公众气象服务产品提供参考依据。为此,借河北省气象局委托公共气象服务中心开展 2011 年河北省公众气象服务满意度调查评价之际,我们对省级气象服务效益评估工作的组织方式、调查方式、评价方法以及业务流程进行了初步的探索,为省级公众气象服务评价业务的建立积累实践经验。

1　河北省公众气象服务效益评价

1.1　技术路线

开展河北省公众气象服务满意度调查评价工作的技术路线主要分为 4 个阶段,分别是调查准备阶段、调查设计阶段、调查实施阶段、评价分析阶段,具体流程见图 1。

资助课题：2011 年度公益性行业(气象)科研专项(GYHY201106037),国家软科学项目(2011GXQ4B026);气象软科学项目[2012]第 033 号。

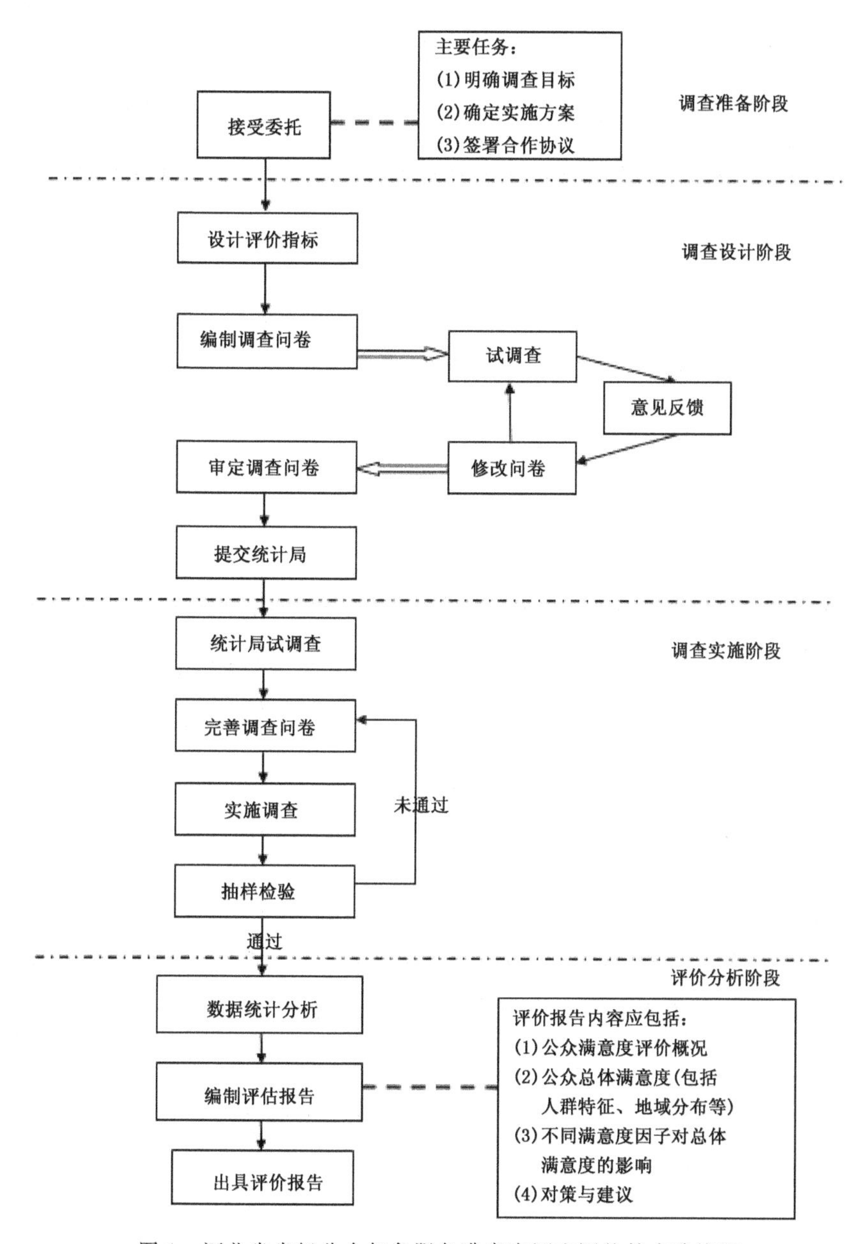

图 1　河北省省级公众气象服务满意度调查评价技术路线图

(1)调查准备阶段

准备阶段包括确定调查目标、调查方案和签订委托协议。

(2)调查设计阶段

调查设计阶段主要包括评价指标设计、调查问卷编制、气象局试调查、调查问卷审定和向统计局提交调查问卷 5 个步骤。

在设计评价指标时，除公众气象服务总体满意度为常态化指标外，其他指标设定可视具体情况而定。

(3)调查实施阶段

调查实施阶段也分为 3 个步骤,统计局试调查、调查实施和抽样检验。

统计局试调查与气象局试调查任务有所不同,统计局试调查是为发现和解决调查时询问语言、询问方式等方面存在的问题;气象局试调查是为发现和解决评价指标的合理性、有效性等方面的存在的问题。

(4)评价分析阶段

评价分析阶段分为数据分析和报告编制 2 个步骤。

在分析统计数据时,首先要对统计数据的信度和效度进行检验;其次,要根据所需的评价结果对数据进行处理和分析。

1.2 评价指标及调查方法

河北省公众气象服务效益评价主要以公众气象服务满意评价为主要内容,评价指标包括总体服务效果评价指标(即公众气象服务总体满意度)、准确性、及时性、便捷性和实用性,见表 1。

表 1 2011 年河北省公众气象服务满意度评价指标体系的构成

一级指标	二级指标	三级指标
公众气象服务满意度	总体服务效果评价指标	总体满意度
	气象服务信息发布评价指标	及时性
		便捷性
		准确性
		实用性
	气象服务信息内容质量评价指标	准确性的期望
	气象服务属性重要性的判断	气象服务的 4 个方面的重要性

公众气象服务满意度评价数据通过社会调查的方式获取。调查采取计算机辅助电话(CATI)调查的方式。2011 年 9 月 1—25 日,通过计算机辅助电话(CATI)调查的方式开展河北省公众气象服务满意度调查,共计 4400 个评价样本。通过调查,获取了总体满意度、准确性、及时性、便捷性和实用性的满意程度评价和重要性评价的基础数据。

1.3 主要调查结论

通过对调查结果进行数据分析和评价,得到以下主要结论:

(1)2011 年河北省公众气象服务满意度为 85.6 分,较 2010 年提高 3.9 分(图 2),比全国平均水平高 2.2 分。

(2)目前天气预报准确性是对气象服务总体满意度影响(满意度乘以重要性)最大的指标(图 3)。

(3)河北省 11 个地级市公众气象服务满意度的地域分布基本呈南北高中部低的特点(图 4)。

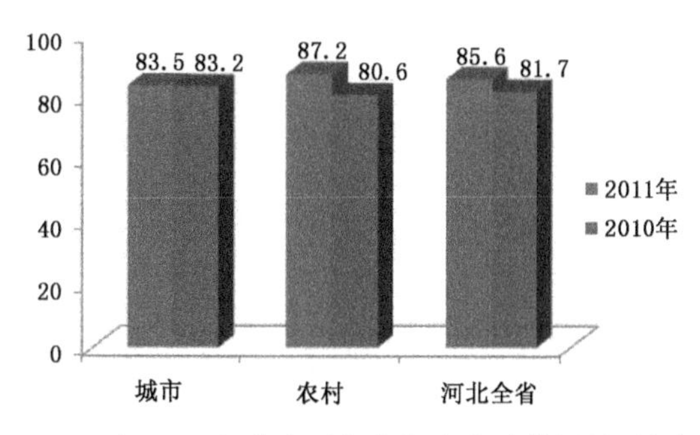

图 2　2011 和 2010 年公众对气象服务的总体评价(单位:分)

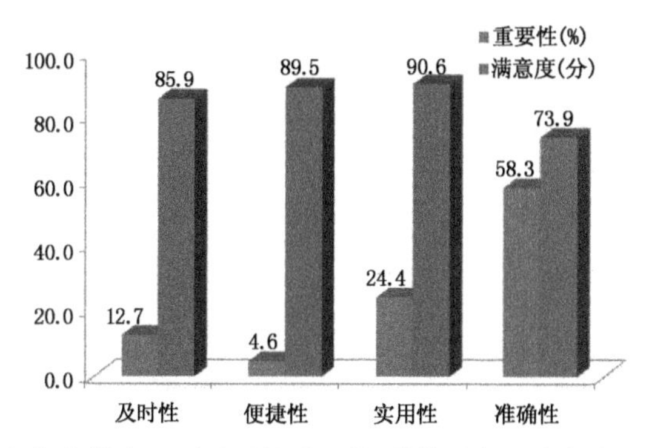

图 3　2011 年气象服务四项因子的重要性(单位:%)和满意度(单位:分)评价

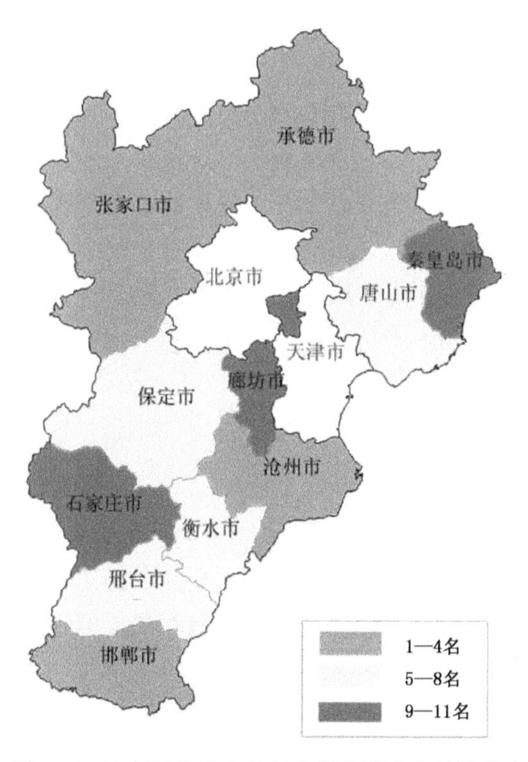

图 4　2011 年河北省公众气象服务满意度地域分布

2 思考与建议

2.1 提高天气预报准确率是气象部门的立业之本

2011年的河北省公众气象服务效益评价调查结果显示,公众对天气预报准确性最关注,58.3%的公众认为天气预报的准确性最重要,但对其满意度评价最低,其满意度仅为73.9分,明显低于公众对气象服务的总体评价。由此,可以看出“提高天气预报准确率”是公众对气象部门最基本也是最核心的需求。反过来,从气象部门的角度来说“提高天气预报准确率”也正是气象部门的核心价值所在和安身立命之本。为此,建议气象部门把“提高天气预报准确率”作为一项长期工程,继续加大对天气预报技术难题的投入,加强省、市、县三级预报人才的培养力度。通过气象部门坚持不懈的努力,不断提升省、市、县三级气象部门的预报能力。

2.2 应科学对待和使用评价结果

省级公众气象服务效益评估业务的开展,不仅可以作为省级单位考评下属气象部门提供重要考评依据,更重要的是为改进公众气象服务质量提供参考依据。各级气象部门不但要重视公众气象服务满意度得分,还要对公众气象服务满意度评价结果进行认真的分析研究,要慎重对待和合理使用评价结果,及时将评价结果反馈到业务中,对业务发展产生正面效益,才能真正实现效益评估的价值。

2.3 创新省级评价业务的组织方式

近几年,省级气象部门主要利用网络调查、现场发放问卷调查等方式开展公众气象服务满意度调查,回收的数据质量参差不齐,严重影响了评价结果的权威性。此次业务探索,采用了省级气象服务调查评价依托于国家级气象服务调查评价业务来开展的组织方式,调查数据来源于第三方调查单位——国家统计局。实践证明委托国家统计局在相同时间和相同技术规范下开展省级气象服务满意度调查不仅可以保证省级评价数据的权威性、有效性,还可以保证省级评价数据与国家级评价数据的一致性,将国家级评价数据纳入省级评价数据,成为省级评价数据的重要组成,避免了重复建设和资源浪费,为省级气象服务效益评价业务节约了运行经费,是一种可行的工作模式,为今后省级评价业务的开展提供了很好的思路。

2.4 建立上下一致的评价技术方法

国家级、省市级气象部门都多次开展过公众气象服务效益评价工作,但评估指标、工作方式、评价方法五花八门,极大地削弱了评价结果的可比性和延续性。出于对此问题的考虑,本次业务探索采用了相同的调查时间、调查方法、评价指标和评价方法,使得河北省各地市级气象服务满意度评价结果与河北省气象服务满意度评价结果具有一致性和可比性,从而更有效的查找出省级气象服务工作中的不足。为此,气象部门应尽快统一各级公众气象服务效益评价方法和业务规范,便于各级气象服务评价业务有效的开展。

2.5 强化国家级单位的业务指导作用

作为国家级单位公共气象服务中心应发挥国家级单位的优势资源，积极探索省级公众气象服务评价业务的组织方式，完善公众气象服务效益评估的业务规范和技术方法，加快公众气象服务满意度调查评价业务系统建设，为省级、市县级气象部门相关工作提供理论基础和技术支持，逐步提高公众气象服务满意度评价的业务化、规范化和系统化程度。

2.6 定期组织全国评价业务研讨会

目前，省级气象部门虽然对全国公众气象服务调查评价的结果十分重视，但是对评价业务的了解相对较少。为此建议，今后应定期组织召开全国范围的公众气象服务调查评价业务研讨会，向全国气象部门通报近年来公众气象服务满意度评价工作的成果，分享成功的经验和做法，提高公众气象服务调查评价业务技术含量，推动公众气象服务调查评价业务良性发展。

2.7 加强效益评价技术方法研究和交流

纵观当前公众气象服务效益评估现状，可以发现无论是理论研究，还是方法、技术研究，以及业务实践等诸多领域，仍存在很多不足和缺陷，因而必须加快相关领域的深入研究和科研成果的业务转化，加强中外地科研合作和交流，有计划地举办国际、国内学术研讨会，以科研促业务，最终带动全国各级气象服务满意度业务水平的持续发展。

参考文献

[1] 姚秀萍，吕明辉，范晓青等. 我国气象服务效益评估业务的现状与展望. 气象，2010，**36**(7)：62-68.
[2] 中国气象局，国家统计局. 全国公众气象服务评价(2010 年). 2010.

中国黄淮地区夏季50年降水特征分析

董航宇[1] 赵琳娜[2,3] 刘 莹[4] 巩远发[1]

(1. 成都信息工程学院,成都 610225; 2. 中国气象局公共气象服务中心,北京 100081;
3. 国家气象中心,北京 100081; 4. 四川省气象台,成都 610071)

摘 要:利用50 a黄淮地区的455个观测站6—8月每日20时至20时的日降水量观测资料,采用经验正交函数、旋转经验正交函数、差异性 t 检验和功率谱分析法,研究了中国黄淮地区(30°—40°N,110°—125°E)夏季降水的空间分布及其随时间变化特点。结果表明:黄淮地区夏季降水的4个主要空间分布型分别为南—北相反型、中部异常型、中—南相反型和东部异常型;中部异常型有一个2～3 a的振荡周期,东部异常型有一个4～6 a的振荡周期,其他均无显著的周期;9个降水变化敏感区分别为华北中北部、河套地区、河北中部、黄河西北岸、山东半岛、淮河上游流域、淮河中下游流域、长江上游流域和长江中下游流域;9个敏感区的差异主要表现在南北区域上,处于同一纬度带的区域差异不明显。

关键词:夏季降水;经验正交函数;旋转经验正交函数;功率谱;t 检验

引 言

黄淮地区地处温带季风气候带,夏季高温多雨,受极地海洋气团或变性热带海洋气团影响,盛行东和东南风,暖热多雨,雨热同季。包括华北中部、华北南部、黄淮、江淮、江汉地区,是中国经济和农业发展的主要地区,夏季降水直接关系到农业的产量从而牵动此区域的经济发展。黄淮地区包含了黄河、淮河以及长江的北岸,夏季降水可以直接影响三大河流的流量,出现暴雨时容易引起灾害,影响周围人民的生活甚至危及生命。例如:1991年淮河流域洪涝受灾耕地551.6万 hm^2,受灾5423万人,由于流域内经济日趋发达,该年直接经济损失达340亿元。1978年淮河流域干旱,年降水量为601 mm,与该地区多年平均降水量883 mm[1]相比,降水严重偏少,干旱造成的受灾面积约333.3万 hm^2。

对于中国夏季极端降水,很多学者对中国夏季降水以及中国东部夏季降水进行了研究,廖荃荪[2]将中国夏季降水分为3个雨型;严华生等[3]对中国降水场的时空分布进行研究,认为中国的降水空间分布的主要类型是南北分布;陈兴芳等[4]在年代际尺度上对雨带的空间分布特征进行了分析,得出南北旱涝形势常常相反的结论;宇如聪等[5]对中国东部气候年代际变化进行研究,认为在20世纪80年代之前,中国东部形成南旱北涝的现象,随后雨带发生移动,形成了南涝北旱的特征。

上述的研究区域大多集中在全国范围或是在110°E以东的中国东部地区,利用的资料大多是全国160个标准站2000年之前的观测资料。为了更有效地研究黄淮地区夏季降水的时空分布规律,本文运用比以往的研究测站更密集,年代更长,更新的降水量资料,对黄淮地区夏季降水的时空分布特征进行了较为细致的研究。

1 研究内容与方法

1.1 研究资料

本文采用中国黄淮地区(30°—40°N,110°—125°E)455个观测站,6—8月每日20时至20时(北京时,下同)的日降水量观测资料,资料长度为1961—2010年,共50 a。

1.2 研究方法

(1)黄淮地区夏季降水空间分布特征的分析方法

经验正交函数(EOF)分解技术是一种气候统计诊断中应用最为普遍的办法,即把原变量场分解为正交函数的线性组合,构成为数很少的互不相关典型模态,代替原始变量场,每个典型模态都含有尽量多的原始场的信息。吕军等[6]利用EOF方法分析了江苏省夏季降水的时空演变特征,本文也拟采用此方法研究黄淮流域夏季降水的空间分布。

由于降水量不像气温、海平面气压等气象要素那样服从正态分布,梁莉等[7]研究了淮河流域降水的随机性。为了消除地域不同和年际变化对资料的影响,在分析中国黄淮地区夏季降水空间分布特征之前,先将降水资料进行了标准化处理。随后本文运用正交函数分解法分析了中国黄淮地区夏季降水空间分布特征。为了克服经验正交函数的局限性,使旋转后的典型空间分布结构清晰,较好地反映不同地域的变化,同时反映出不同地域的相关分布状况,本文接着采用了旋转经验正交函数(REOF)对中国黄淮地区夏季降水进行分区。

同时为了检验REOF对中国黄淮地区夏季降水分区之间的差异性,用各区域中所有站点某年平均夏季降水量(6、7、8月总降水量)代表区域该年夏季降水,将每个区域的降水资料整理成一个时间长度为1961—2010年的夏季降水的时间序列,对9个区域所对应的时间序列做差异性t检验[8]。

(2)黄淮地区夏季降水空间分布周期的分析方法

功率谱是应用极为广泛的一种分析周期的方法,是以傅立叶变换为基础的频域分析方法,其意义为将时间序列的总能量分解到不同频率上的分量,根据不同频率波的方差贡献诊断出序列的主要周期,从而确定周期的主要频率,即序列隐含的显著周期。王秀荣等[9]利用功率谱分析了西北地区夏季降水的周期变化;闵晶晶[10]等利用功率谱分析了京津冀地区近30年冰雹发生的周期。本文对正交分解后的前4个模态的时间系数进行功率谱分析,以期发现中国黄淮地区夏季降水空间分布型的振荡周期。

以上分析方法的详细计算方法见文献[11],本文不再赘述。

2 黄淮地区夏季降水分布特征

2.1 黄淮地区夏季降水空间分布型特征

为了讨论中国中东部地区夏季降水的空间分布及其年际变化和年代际变化,将均匀分布在研究区域内,且近50年来无缺测值的455个观测站的日降水量资料进行EOF、REOF展开,得到前 10 个主分量旋转前后的方差及累计方差,见表 1。如表 1 所示,前 4 个模态所占的累计方差贡献率为 50.79%,而且这 4 个模态均通过了 North 等[12]提出的计算特征值误差范围的检验,也就是说,这 4 个模态包括了原始场较大部分信息,能够体现中国黄淮地区夏季降水主要的空间分布特征。以下就 EOF 展开的前 4 个模态进行中国黄淮地区夏季降水空间分布的讨论。

表 1　旋转前、后 10 个主成分对黄淮地区夏季降水总方差的贡献率(%)

	序号	1	2	3	4	5	6	7	8	9	10
旋转前	方差贡献率	18.98	15.15	10.28	6.37	4.77	3.58	3.38	2.75	2.53	1.98
	累积贡献率	18.98	34.13	44.41	50.79	55.56	59.14	62.52	65.26	67.80	69.78
旋转后	方差贡献率	7.62	7.35	7.27	7.08	7.05	6.96	6.82	6.71	6.57	6.36
	累积贡献率	7.62	14.97	22.24	29.32	36.37	43.33	50.14	56.86	63.42	69.78

第一载荷向量场所描述的形态占 18.98%,是研究区域夏季降水最主要的分布模态,由图 1a 可以看出,在研究区域范围内主要表现为南北反向变化的空间分布特征,在黄河流域、华北中部地区为正值,长江流域为负值,特征值 0 线沿淮河流域分布。这说明区域内南北夏季降水量是相反的,即华北中部降水多(少)的时候,黄河流域降水少(多)。我们称此分布型为南—北相反型。

再结合第一空间型所对应的时间序列图 1b 可知,时间系数的绝对值越大,则在该时期的分布型越典型。如图 1b 所示,在 20 世纪 80 年代以前时间系数大多为正值且绝对值偏大,而在 1979 年发生变化,此后时间系数负值增多,降水分布发生了年代际跃变。这与已有的研究相吻合[13],当时间系数为正值时,正好对应第Ⅰ类雨型[2](主要多雨带位于黄河流域及其以北,江淮流域大范围少雨),而时间系数为负值时,对应第Ⅲ类雨型[2](主要多雨带位于长江流域或江南,淮河以北大范围地区及东南沿海地区少雨)。选择绝对值大于 10 的年份来看,在 1963、1964、1966、1967、1971、1973、1976、1977、1978、1994、1995 年正位相较强,说明这些年份黄河流域降水偏多,而长江流域与其正相反降水极少,南旱北涝;而在 1965、1968、1980、1983、1986、1991、1997、1999、2002 年为负位相较强,说明上述年份黄河流域降水偏少,而长江流域降水偏多,即南涝北旱[14]。

第二载荷向量场所描述的形态占 15.15%,是研究区域夏季降水第二主要的分布模态,由图 2a 可以看出,大值区位于黄河与长江之间的淮河流域,在黄河以北以及长江以南出现了负值区域,这一分布形态和第Ⅱ类雨型(主要雨带位于黄河至长江之间,雨带中心一般在淮河流域一带,黄河以北及长江以南大部分地区少雨)相似,我们称此分布型为中部异常型。

结合第二空间型所对应的时间序列图 2b,选择绝对值>10 的年份来看,1963、1971、1982、1998、2000、2003、2005、2007 年为正位相较强,即这些年份淮河流域降水充沛,而黄河以北及长江以南降水较少;1966、1978、1985、1988、1992、1997 年为负位相较强,即在这些年份淮河流域降水极少,而黄河以北、长江以南地区降水较多。从总体趋势看,淮河流域降水增多[15]。

第三载荷向量场所描述的形态占 10.28%,虽不是研究区域夏季降水最主要的分布模态,但也反映了一定的分布形态。由图 3a 可以看出,负值的大值区位于淮河流域,而正值的大值区位于长江流域,这说明淮河流域夏季降水与长江流域降水呈反相关,在淮河流域夏季降水多

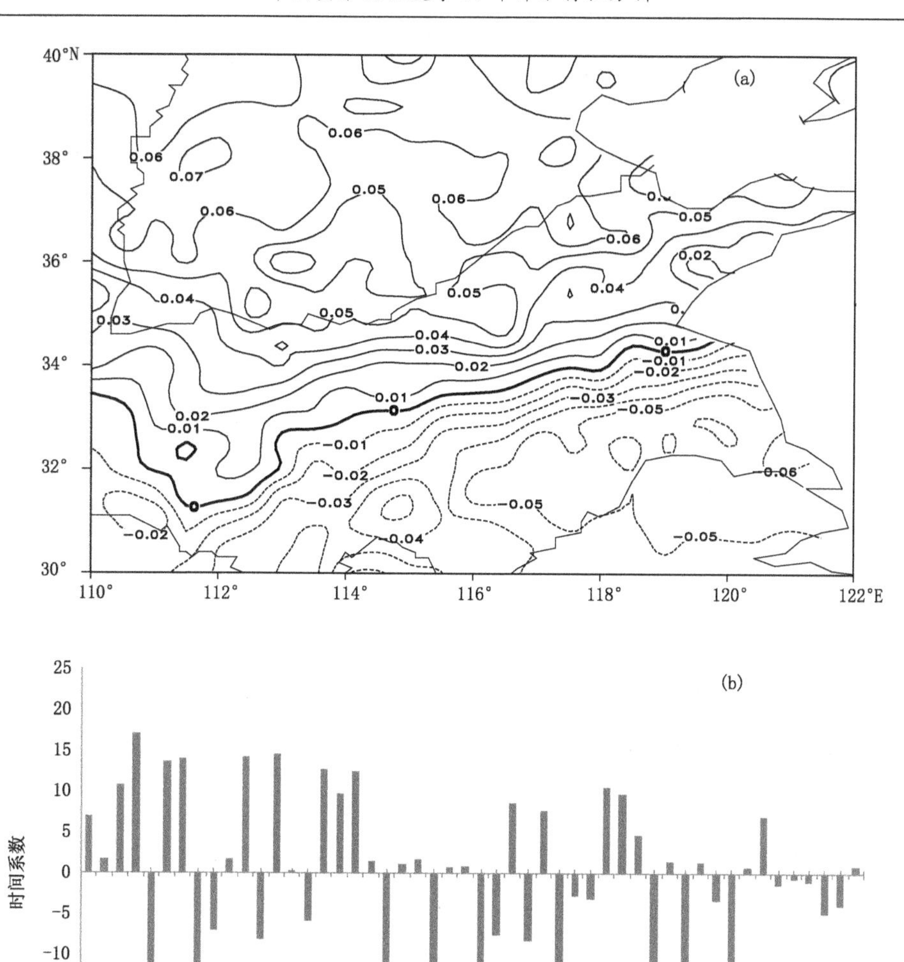

图1 中国黄淮地区夏季降水EOF第一特征向量的空间型(a)和时间序列(b)

的年份，长江流域夏季降水就会减少；相反，在淮河流域夏季降水少的年份，长江流域夏季降水就会增多，我们称此分布型为中—南相反型。

根据第三空间型所对应的时间序列图3b可以看出，振幅显然比前两个模态小，也说明了这种空间型不是主要的空间分布形态。选择绝对值>10的年份来看，1969、1996、1999年为正位相较强，这几年淮河流域夏季降水偏少，长江流域夏季降水偏多；1965、1972年为负位相较强，在这几年淮河流域夏季降水偏多，长江流域夏季降水偏少。从时间系数的变化同样可以看出淮河流域的降水有增加的趋势。

第四载荷向量场所描述的形态占6.37%，如图4a所示，降水分布呈现出径向分布，正值的大值区在山东半岛，而研究区域的西部内陆地区为负值区，这说明胶东半岛与其西部内陆地区的夏季降水呈相反的分布，在胶东半岛夏季降水较多的年份其对应的西部内陆地区降水较

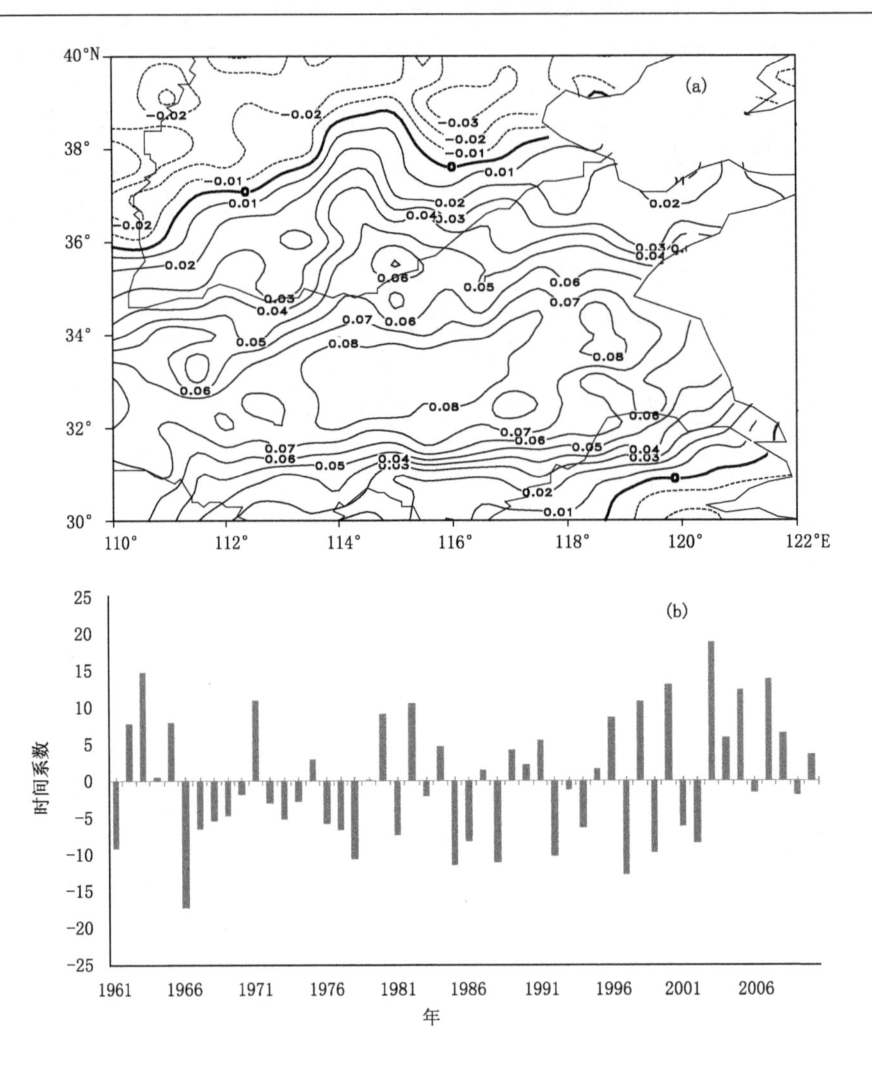

图 2　中国黄淮地区夏季降水 EOF 第二特征向量的空间型(a)和时间序列(b)

少;相反,胶东半岛夏季降水较少的年份,其对应的西部内陆地区降水较多,我们称此分布型为东部异常型。

对应第四模态的时间序列图 4b,它的振幅显然比前 3 个要小得多,按照时间系数绝对值>10 的年份来看,只有 1974 年这种分布型是显著的,即胶东半岛的夏季降水较多,区域西部内陆地区的降水偏少。如图 4b 还可以看出,20 世纪 60 年代前期、70 年代前期、90 年代中前期及 21 世纪初期山东半岛为较为显著的全区一致多雨,而在 60 年代后期及 80 年代为较为显著的全区一致少雨[16]。

2.2　黄淮地区夏季降水敏感区分析

通过以上 EOF 的展开分析可以看出,黄淮地区的夏季降水存在南北差异,主要特点为纬向分布,也有少数径向分布的情况,但是不能精细地描述不同地理区域的降水特征,因此,在 EOF 分析的基础上,再进一步做最大正交方差旋转,进行 REOF 展开,划分降水敏感区。

如图 5a 旋转后的第一模态高载荷区为正值,位于华北中部与华北北部交界处,最大值为

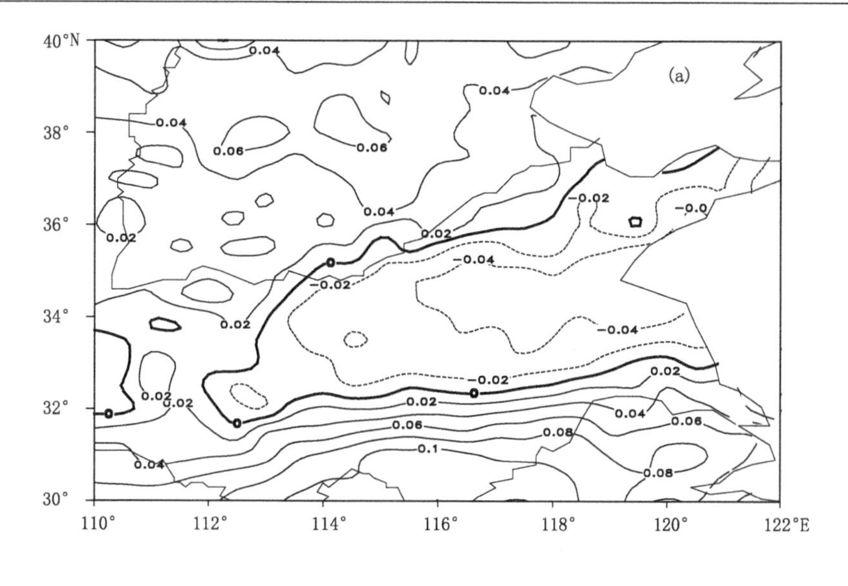

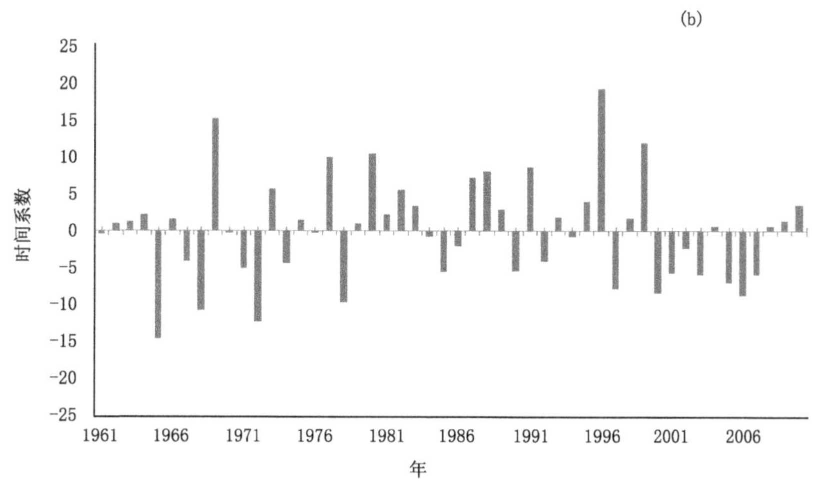

图3 中国黄淮地区夏季降水 EOF 第三特征向量的空间型(a)和时间序列(b)

0.861,出现在天津武清;如图5b旋转后的第二模态高载荷区为正值,位于黄河南北走向与东西走向的交汇处,最大值为0.862,出现在山西翼城;如图5c旋转后的第三模态高载荷区为正值,位于黄河下游的南岸,最大值为0.892,出现在江苏东山;如图5d旋转后的第四模态高载荷区为正值,位于山东半岛,最大值为0.842,出现在山东平度;如图5e旋转后的第五模态高载荷区为负值,位于淮河流域,最大值为-0.809,出现在安徽定远;如图5f旋转后的第六模态高载荷区为正值,位于河北中部,最大值为0.874,出现在河北邯郸;如图5g旋转后的第七模态高载荷区为负值,位于淮河上游,最大值为-0.833,出现在河南襄城;如图5h旋转后的第八模态高载荷区为正值,位于黄河东北西南走向的西北岸,最大值为0.787,出现在山东夏津;如图5i旋转后的第九模态高载荷区为负值,位于长江上游流域,最大值为-0.817,出现在湖北当阳。

由表1可以看出,旋转后载荷的贡献率比旋转之前分布均匀,这是因为旋转后各主成分的意义着重表现空间的相关性分布特征,高载荷只集中在某较小区域,而使其他大部分区域的载

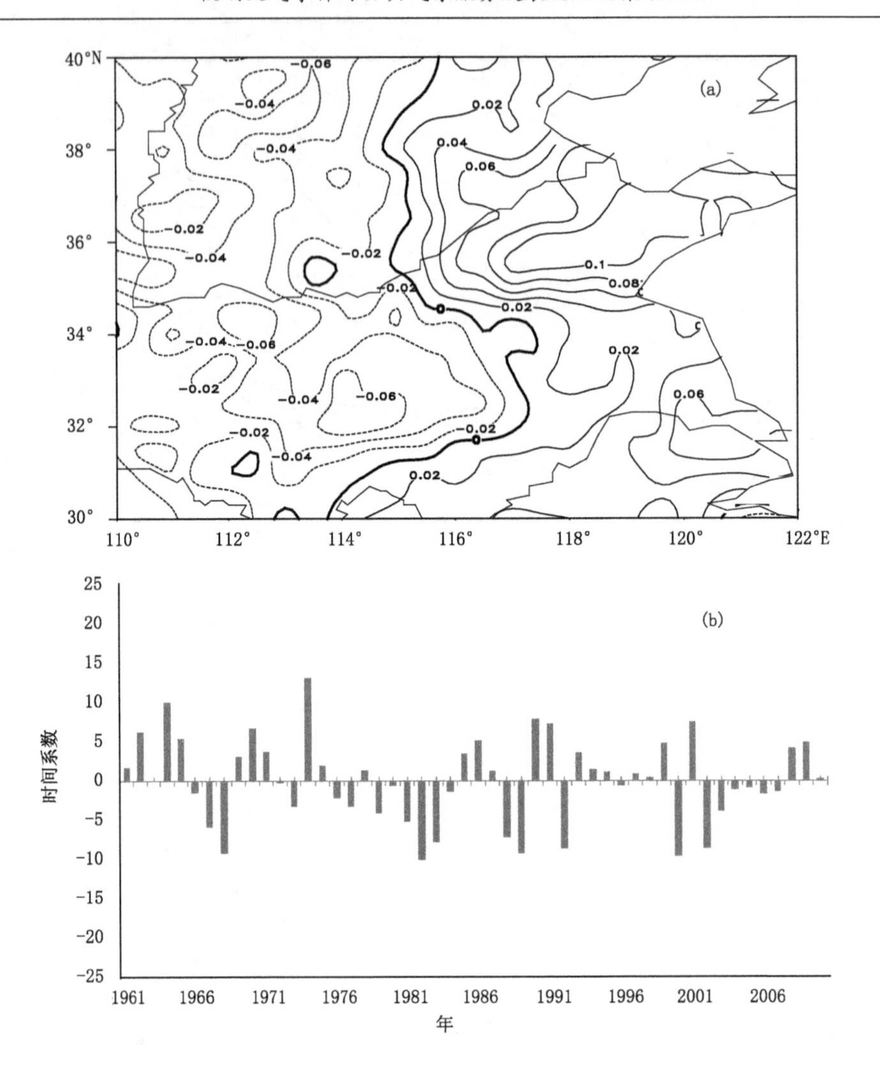

图 4　中国黄淮地区夏季降水 EOF 第四特征向量的空间型(a)和时间序列(b)

荷尽可能地接近[17]。旋转后的前 9 个模态累计方差已经超过 60%，分析得到 9 个向量场中高值区没有重叠的地方，而且基本上布满了全区，因此，将中国黄淮地区夏季降水划分为 9 个降水变化敏感区(图 5 阴影为旋转因子载荷绝对值>0.5 的载荷高值区)。

对 9 个区域 1961—2010 年夏季降水量进行统计检验，得到了黄淮地区夏季降水的 9 个变化敏感区之间的差异，各区域间的 t 值和显著性水平如表 2 所示。表 2 中的 A～I 分别对应图 5a—i 中的阴影区域，即黄淮地区夏季降水 REOF 分析中第一至第九特征向量的变化敏感区。由表 2 可以看出大多数区域之间都通过了 0.05 的显著性水平检验，只有区域 A 和 F、C 和 E、C 和 I、D 和 G、E 和 I、F 和 H 6 组没有通过 0.05 的显著性检验。这充分表明区域 A 和 F、C 和 E、C 和 I、D 和 G、E 和 I、F 和 H 6 组之间差异不大，其他各区域间均具有明显的差异性。由图 5 还可以看出，区域 A、F 和 H 都在 36°N 以北，区域 C、E 和 I 都在淮河流域，区域 D 和 G 同处于黄河流域南岸。总之，从 9 个敏感区域的差异显著性检验结果中可以看出，差异主要表现在南北区域上，处于同一纬度带的区域差异不明显。

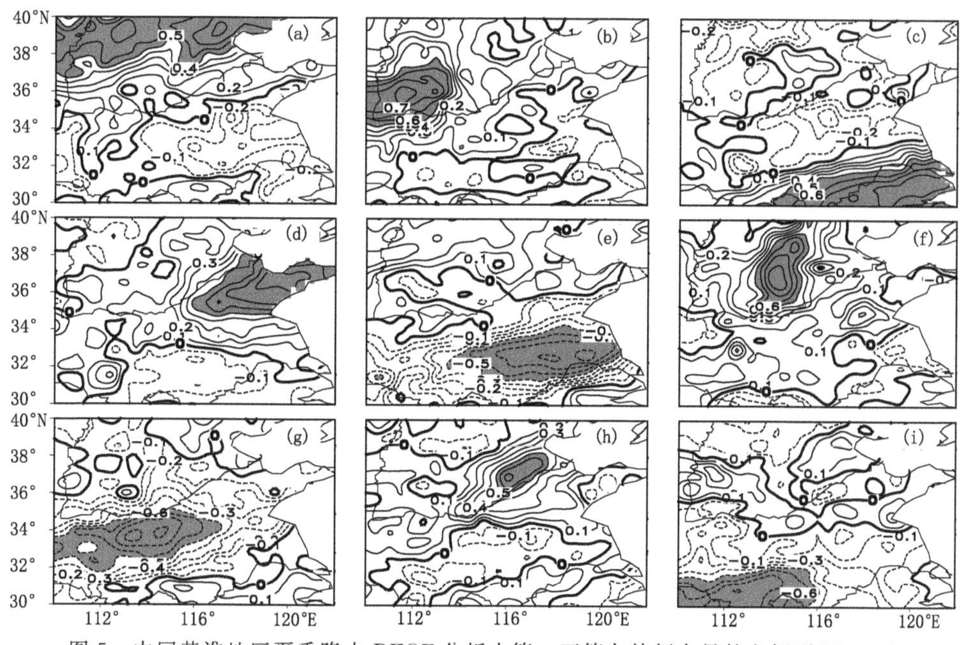

图5　中国黄淮地区夏季降水 REOF 分析中第一至第九特征向量的空间型(a)～(i)

表2　1961—2010年黄淮地区9个降水变化敏感区之间夏季降水量差异的 t 检验

区域	t 值	显著性水平	区域	t 值	显著性水平	区域	t 值	显著性水平	区域	t 值	显著性水平
A—B	4.492	0.000	B—D	−8.846	0.000	C—G	3.876	0.000	E—G	5.034	0.000
A—C	−6.198	0.000	B—E	−8.877	0.000	C—H	4.629	0.000	E—H	4.260	0.000
A—D	−5.176	0.000	B—F	−4.729	0.000	C—I	0.011	0.992	E—I	−0.673	0.504
A—E	−5.430	0.000	B—G	−7.457	0.000	D—E	−2.613	0.012	F—G	−3.127	0.003
A—F	−0.374	0.710	B—H	−6.132	0.000	D—F	4.641	0.000	F—H	−1.980	0.053
A—G	−2.875	0.006	B—I	−9.283	0.000	D—G	1.641	0.107	F—I	−6.262	0.000
A—H	−2.372	0.022	C—D	2.737	0.009	D—H	3.796	0.000	G—H	1.260	0.214
A—I	−6.414	0.000	C—E	0.606	0.547	D—I	−2.823	0.007	G—I	−4.504	0.000
B—C	−8.903	0.000	C—F	5.975	0.000	E—F	5.613	0.000	H—I	−4.774	0.000

3　黄淮地区降水空间分布的周期特征

对中国黄淮地区夏季降水 EOF 分析中前四个特征向量的时间序列做功率谱分析得出第二模态的时间序列有一个2～3 a的振荡周期(图6)，第四模态的时间序列有一个4～6 a的振荡周期(图6)，其他均无显著的周期，这与严华生[3]等指出的夏秋降水空间分布序列没有显著的年际变化吻合。

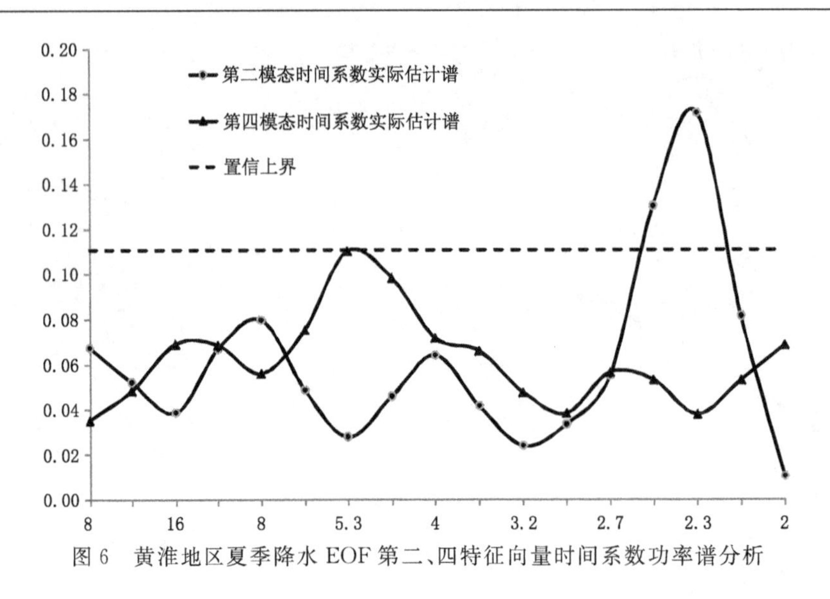

图6 黄淮地区夏季降水 EOF 第二、四特征向量时间系数功率谱分析

4 结论和讨论

利用中国黄淮地区 455 个测站逐日降水量,分析了黄淮地区 1961 年以来夏季降水的空间分布特征及其振荡周期,得到以下结论:

(1)通过对中国黄淮地区夏季降水进行 EOF 展开可以将其分为 4 个主要空间分布型分别是:南—北相反型、中部异常型、中—南相反型、东部异常型。其中以南—北相反型和中部异常型为主要分布型。

(2)通过对中国黄淮地区夏季降水进行 REOF 分析,可将此区域划分为 9 个降水变化敏感区,分别是:华北中北部、河套地区、河北中部、黄河西北岸、山东半岛、淮河上游流域、淮河中下游流域、长江上游流域、长江中下游流域。

(3)通过对 9 个敏感区域进行差异性 t 检验,结果表明:差异主要表现在南北区域上,处于同一纬度带的区域不存在明显的差异。

(4)通过功率谱分析得出黄淮地区夏季降水空间分布没有显著的振荡周期。

本文分析的第一、二模态的空间分布与前人研究的东部夏季降水分布型的划分基本相同,但是有些年比如 1998 年属于第Ⅲ型,并没有在图 1b 中体现出来。而第三、四模态是已有研究东部夏季降水时没有体现出来的降水分布型。本文得出黄淮地区夏季降水无显著振荡周期的结论,这与已有中国东部降水存在准 2 a 振荡周期[18]的研究结论有所不同。以上研究结果的不同,是由于本文原始资料选取的范围和观测资料的密度不同于前人,而且时间序列上也有差别。

参考文献

[1] 赵琳娜,杨晓丹,齐丹等. 2007 年汛期淮河流域致洪暴雨的雨情和水情特征分析. 气候与环境研究, 2007,**12**(6):728-737.

[2] 廖荃荪,陈桂英,陈国珍. 北半球西风带环流和我国夏季降水//长期天气预报文集. 北京:气象出版社, 1981:103-114.

[3] 严华生,严小冬.中国降水场的时空分布变化.云南大学学报:自然科学版,2004,**26**(1):38-43.

[4] 陈兴芳,孙林海.我国年、季降水的年代际变化分析.气象,2002,**28**(7):3-9.

[5] 宇如聪,周天军,李建等.中国东部气候年代际变化三维特征的研究进展.大气科学,2008,**32**(4):893-905.

[6] 吕军,张静,刘健等.江苏省夏季降水时空分布演变特征.气象,2006,**32**(6):48-52.

[7] 梁莉,赵琳娜,巩远发等.淮河流域汛期20d内最大日降水量概率分布.应用气象学报,2011,**22**(4):421-428.

[8] 王佳丽,张人禾,王迎春.北京降水特征及北京市观象台降水资料代表性.应用气象学报,2012,**23**(3):265-273.

[9] 王秀荣,徐祥德,庞昕.西北地区夏季降水异常的时空特征分析.气象科学,2002,**22**(4):402-409.

[10] 闵晶晶,曹晓钟,段宇辉等.近30年京津冀地区冰雹的气候特征和突变分析.气象,2012,**38**(2):189-196.

[11] 魏凤英.现代气候统计诊断与预测技术.北京:气象出版社,1999:77-82.

[12] North G R, Bell T L, Cahalan R F, et al. Sampling errors in the estimation of empirical orthogonal functions. *Mon. Wea. Rev*, 1982, **110**(7): 699-706.

[13] 邓伟涛,孙照渤,曾刚等.中国东部夏季降水型的年代际变化及其与北太平洋海温的关系.大气科学,2009,**33**(4):835-846.

[14] 孙林海,陈兴芳.南涝北旱的年代气候特点和形成条件.应用气象学报,2004,**14**(6):641-647.

[15] 王嘉涛,梁树献,徐慧.淮河流域2000—2009年水势分析.中国防汛抗旱,2011,**21**(1):21-24.

[16] 胡桂芳.山东夏季降水分布型及与全国雨型的关系.山东气象,2011,**31**(1):1-4.

[17] 周后福,陈晓红.基于EOF和REOF分析江淮梅雨量的时空分布.安徽师范大学学报:自然科学版,2006,**29**(1):79—82.

[18] 况雪源,丁裕国,施能.中国降水场QBO分布形态及其长期变率特征.热带气象学报,2002,**18**(4):359-367.

山西近50年初霜冻的时空分布及其突变特征

李　芬[1]　秦春英[1]　张建新[2]　闫永刚[2]

(1. 山西省气象影视中心,太原 030002;2. 山西省气象决策服务中心,太原 030006)

摘　要:基于山西62个测站1961—2010年的逐年初霜冻日及地面最低温度资料,应用经验正交函数分析(EOF)和M－K突变检测方法对山西初霜冻的时空分布及其突变特征进行分析,以期为提高对霜冻的预测、服务能力和有效利用农业气候资源提供参考。结果表明,(1)山西近50 a平均初霜冻日在空间上大致呈"5节阶梯"型分布,9月中旬—11月上旬,自北向南相继出现初霜冻,且东部早于西部;(2)山西出现正常初霜冻的概率为62%～82%,从北向南呈"大—小—大"分布;偏早初霜冻出现概率为6%～26%,从北到南呈"小—大—小"分布,中西部是出现偏早初霜冻概率最大的地区;特早初霜冻出现概率为4%～22%,出现概率最大的地区在西部及中东部地区;(3)山西初霜冻发生年份大都表现出一致的推后或提前,也存在纬向差异,但总体一致性是山西初霜冻变化的主导特征;(4)M－K突变检测表明,山西近50 a平均初霜冻日在1989年产生明显突变;对全部62个站点的检测表明,59个站点都存在突变,且主要发生在20世纪80—90年代;仅西北部3个站点没有检测出突变;从其区域分布看,北部南部突变偏早,中部偏晚。

关键词:初霜冻;时空分布;突变特征;山西

引　言

霜冻是一种较为常见的农业气象灾害,应用气象学将霜冻定义为在生长季节里因气温降到0℃或0℃以下而使植物受害的一种农业气象灾害;气候资源学将霜冻定义为在温暖时期,植物体的温度短时降到0℃以下,使处在生长状态的植株体内发生结冰而遭受伤害甚至死亡的现象;农业气象学上霜冻则主要指发生在冬春和秋冬之交,由于冷空气的入侵或辐射冷却,使土壤表面、植物表面以及近地面空气层的温度骤降到0℃以下,使植物原生质受到破坏,导致植株受害或者死亡的一种短时间低温灾害。

中外对霜冻的研究较多。Katrina等[1]以温度为指标,结合地形气候因素,研究了新西兰南部地区霜冻和霜冻风险的空间分布;Heino等[2]的研究表明,20世纪北欧的霜冻日数减少,Bonsal等[3]发现加拿大也有类似特征;Easterling[4]的研究结论是,美国霜冻日数的变化有明显的区域差异。中国也有不少学者[5~10]对各地霜冻的发生规律进行了研究,与国际上其他学者得出了类似的结论:各地霜冻变化的气候特征和变化存在显著的区域性,霜冻日数在近几十年来有明显减少的趋势,表现为初霜冻日推迟、终霜日提早的特点;还有学者[11,12]对霜冻的异常变化特征进行了研究,结论是霜冻异常明显存在地区差异。

山西是霜冻灾害的多发、频发、严重区[13~16],每年都有不同程度的发生,霜冻一直是制约

资助课题:中国气象局气象关键技术集成与应用项目(CMAGJ2011M10)。

山西农业生产发展的主要因素之一，但目前对山西霜冻的研究文献报道较少，且大都是对山西局部地区的研究[17-21]。本文分析山西初霜冻的时空分布和突变特征，以期为提高对霜冻的预测、服务能力和有效利用农业气候资源提供参考。

1 资料与方法

1.1 指标确定

参照《作物霜冻害等级》气象行业标准[22]和中国科学技术蓝皮书第5号《气候》[23]，初霜冻日定义为后半年首次出现地面最低温度（T_{min}）≤0℃的日期。

将比平均初霜冻日提早1～5 d定义为正常初霜冻，提早6～10 d定义为偏早初霜冻，提早≥11 d定义为特早初霜冻。初霜冻出现偏晚对农业生产影响较小，本研究不作讨论。

特早初霜冻的概率＝提早≥11 d的年数/50 a

偏早初霜冻的概率＝提早6～10 d的年数/50 a

正常初霜冻的概率＝(50－提早≥11 d的年数－提早6～10 d的年数)/50 a

参照文献[18]将下半年最低地温首次出现≤0℃、≤－2℃和≤－5℃分别定义为轻微、中度和重度初霜冻出现日期。

1.2 资　料

1.2.1 资料来源

选择山西省109个气象站1961—2010年的逐日地面最低温度资料，剔除时间序列不足50 a、多次迁移站址和有资料缺测的站点，最终得到62个站点资料，站点分布图略。距平值的参考气候期为世界气象组织（WMO）设定的1971—2000年。

1.2.2 资料整理

根据原始数据，分别按照每年初霜冻日，重建所选站点初霜冻日数据序列，本研究利用儒历日定义日期，即将1月1日定为1。如1959年10月8日为初霜冻日，则该年初霜冻日就以281计，并由此建立所选站点初霜冻日的数据序列。

1.3 分析方法

利用概率论[24]分析山西近50 a初霜冻发生的基本规律，采用经验正交函数（EOF）[25-26]分析其时空特征，用Mann－Kendall法[27]对其突变特征进行检测。

2 结果与分析

2.1 平均初霜冻日的空间分布

资料表明，1961—2010年山西平均初霜冻日最早出现在9月15日，最迟出现在11月6日。从9月中旬开始，北部高寒区地区开始出现初霜冻；9月中下旬北部以及西北部相继出现;10月上旬中部和东南部等地开始出现,在此后的1侯里,中东部的广大地区相继出现初霜冻;10月21—25日,南部的大部分地区出现初霜冻;初霜冻出现最晚的是垣曲县,平均出现日期是11月6日。

对62站近50 a平均初霜冻日进行统计,得到山西各地平均初霜冻日分布(图1)。可见,山西近50 a平均初霜冻日从南向北大致呈“5节阶梯”型分布,且北部早于南部、东部早于西部。这种分布一方面是因山西省地理地形西高东低,另一方面是冷空气路径原因,入侵山西的冷空气多为偏北方向,当冷空气抵达山西北部时,便通过大同盆地、忻州盆地、太原盆地长驱直入长治盆地,这是导致山西中东部以及东南部平均初霜冻日早于中西部和西南部的主要原因之一。

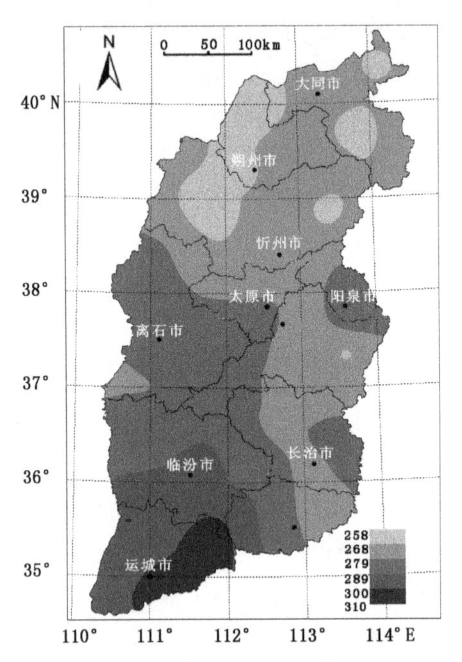

图1 山西近50 a平均初霜冻日(儒历日)的空间分布

2.2 各级初霜冻发生概率的空间分布

资料分析表明,1961—2010年山西出现正常初霜冻(图2a)的概率为62%~82%,其空间分布总体表现为从西北到东南逐渐增大的趋势,中西部是正常初霜冻概率分布最小的地区。山西正常初霜冻的概率从北到南呈“大—小—大”分布。

山西偏早初霜冻(图2b)出现概率在6%~26%,出现概率最大的地区主要集中在太原的中部、吕梁北部以及忻州大部分地区,出现概率为24%~26%。其分布与正常初霜冻的分布相反,从北到南大致呈“小—大—小”分布。

山西特早初霜冻(图2c)出现概率在4%~22%,出现概率最大的地区主要位于西部、中东部以及北中部地区,而忻州中部是特早初霜冻出现概率最小的地区,如河曲50 a仅出现过2次。

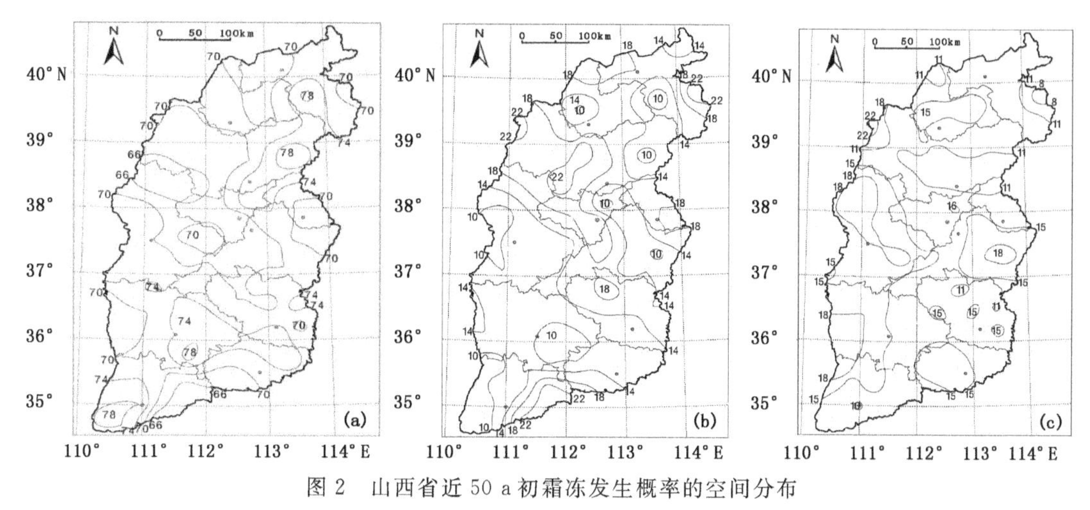

图2　山西省近50 a初霜冻发生概率的空间分布

(a. 正常初霜冻，b. 偏早初霜冻，c. 特早初霜冻)

2.3　初霜冻日的时空分布特征

对所选62个台站1961—2010年初霜日对应的值标准化后进行EOF分析，其载荷向量较好地反映了初霜日的空间异常特性。分解后的特征向量场见图3。

可以看出，第一模态(图3a)全省均为正值，表明初霜冻日在空间上具有高度的同步性，大部年份初霜冻日都表现出一致的推后或提前。高荷载区位于山西中部，中心值为0.15，这种一致特性占总体方差的37.9%。山西南北地域宽广、地形复杂，初霜冻一致的推后(提前)主要是受大的气候系统的影响。山西主要受西风系统和副热带高压(副高)的影响，造成了初霜日推后、提前趋于一致。结合对应的时间系数(图3d)可知，1974、1995和2004年代表初霜冻日一致提前的年份，1983和2006年等则代表初霜冻日一致推后的年份；从其对应的线性趋势看，在过去50 a，山西初霜日呈线性推后趋势，平均推后幅度为0.8 d/10 a($P<0.05$)；从多项式拟合线看，时间系数正负交错出现，具有明显的年际振荡特征，20世纪70年代提前趋势明显，21世纪以来推后趋势显著。

EOF第二模态反映了山西初霜冻异常的南—北反向分布特征(图3b)，高荷载区位于山西的南部，中心值为0.18，中部和北部为负值，这种南北差异特性占总体方差的9.5%。正值等值线纬向分布特征明显。该分布型可能是西风系统和副高作南北进退振荡引起，也可能是多种不同气候条件形成南—北走向的气候梯度作用的结果。从对应的时间系数(图3e)来看，1970和1981年代表了山西初霜冻南部提前北部推后，而1982和2001年则对应了山西初霜冻北部提前南部推后的空间型；从线性趋势看，该分布型，初霜冻总体也呈推后趋势；从多项式拟合线看，该分布型20世纪60年代初霜冻提前趋势明显，70年代后期到90年代前期推后明显。第三模态(图3c)，方差贡献为7.0%，从北到南为“正—负—正”。

由于山西南北跨度大，地形复杂，初霜冻的时空变化很大，所以EOF分解各模态的方差贡献率不高，收敛速度也较慢，它反映了山西初霜冻异常子区域特征明显的复杂性。表1是山西初霜冻EOF分析的前10个模态的方差贡献和累积方差贡献率。

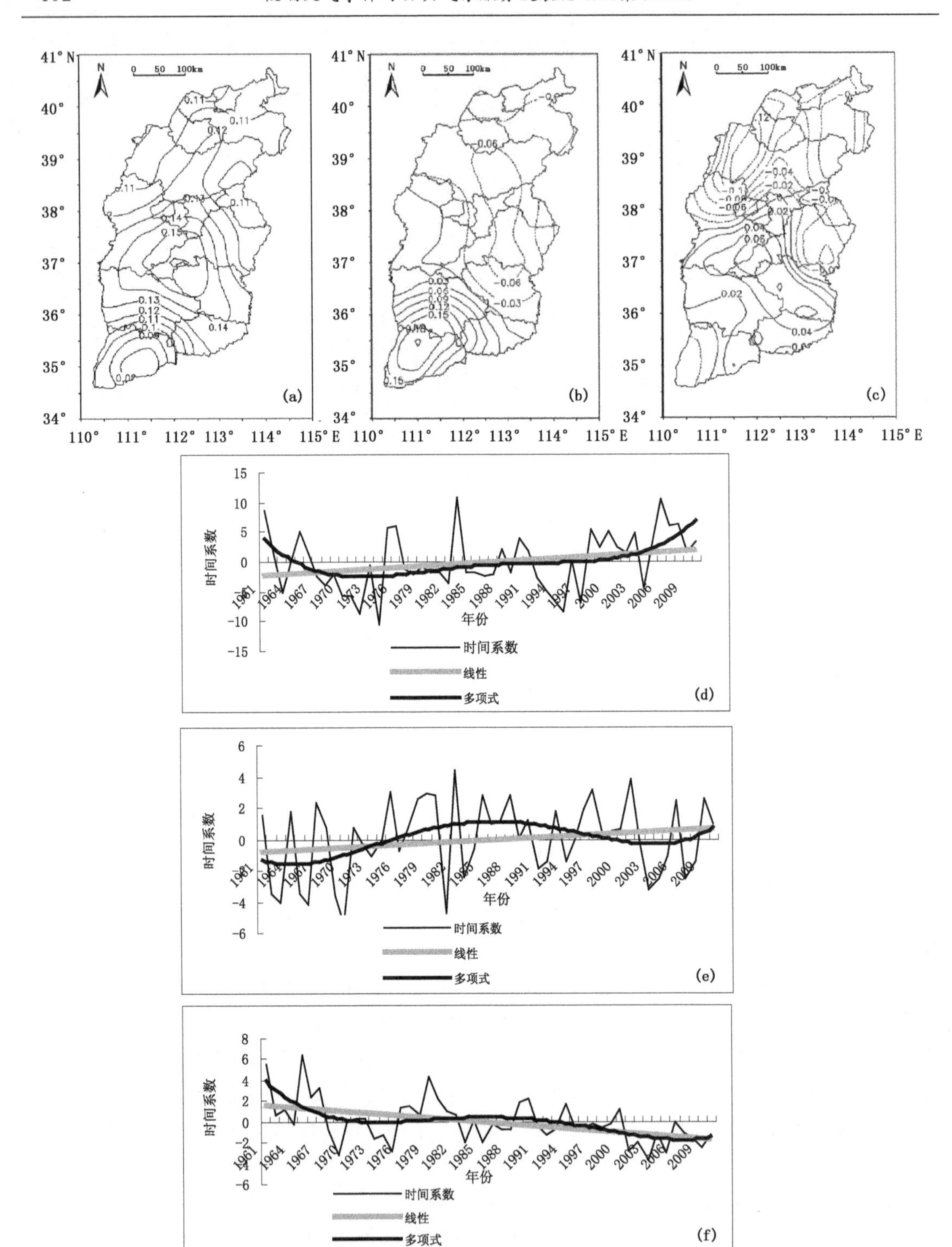

图 3 山西初霜冻序列的 EOF 分解特征向量及其时间系数

(a、d)第一模态及其时间系数,(b、e)第二模态及其时间系数,(c、f)第三模态及其时间系数

表1　山西初霜冻EOF前10个模态的方差贡献率及累积方差贡献率

模态序号	1	2	3	4	5	6	7	8	9	10
方差贡献	37.9	9.5	7.0	4.9	4.2	4.0	2.7	2.4	2.2	2.1
累积方差贡献	37.9	47.4	54.4	59.3	63.5	67.5	70.2	72.6	74.8	76.9

2.4　初霜冻的突变分析

2.4.1　平均初霜冻日的突变特征

M—K检验发现[28~30]（图4），山西近50 a平均初霜冻日在1989年发生了显著的气候突变，全省平均初霜冻日从相对偏早期跃变为相对偏晚期。

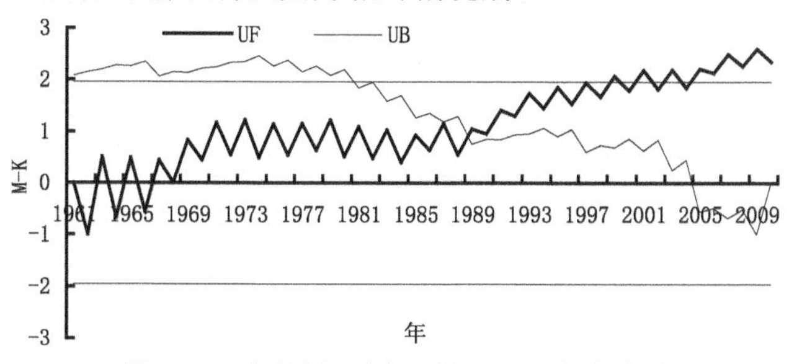

图4　山西平均初霜冻日的M—K突变检验

2.4.2　平均初霜冻日突变的空间分布

对所选62个测站50 a资料进行M—K突变检验表明，大多站点的初霜冻日都存在突变，突变时间主要集中在20世纪80年代和90年代（图5a）。突变在80年代的有38个站点，出现在90年代的有19个站点；突变时间最早的是五寨（1976年），最晚的是阳曲（1997年）；西北部有3个站点（河曲、平鲁和朔州）没有检验出突变。

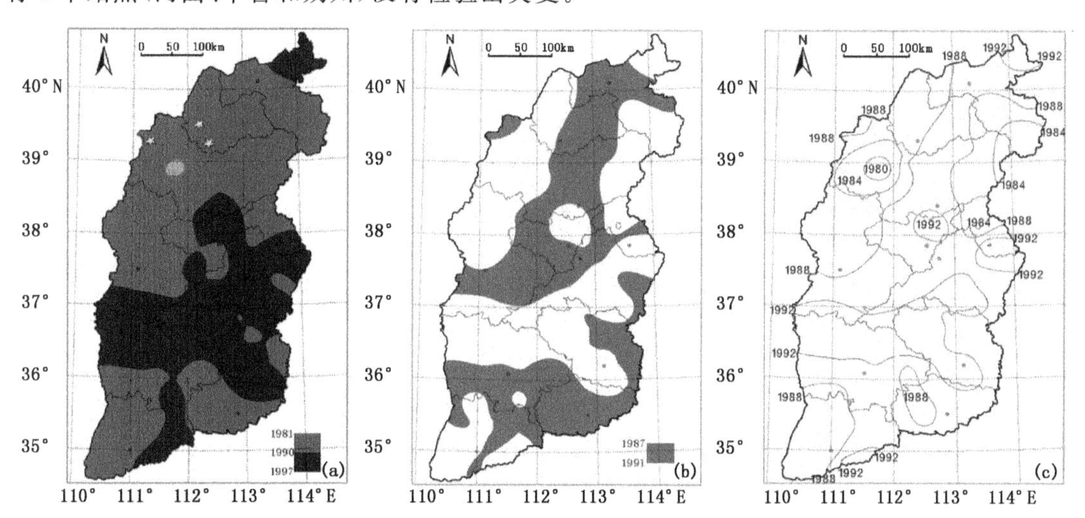

图5　山西不同站点平均初霜冻日突变年的空间分布

（a.突变在80和90年代的地区，b.突变在1987—1991年的区域，c.突变年份等值线分布；☆代表没有产生突变的3个站点）

由图5a看出，突变出现在80年代的区域主要位于南部的部分地区以及中北部广大地区，突变出现在90年代的区域主要位于中南部以及北部、南部的局部地区；全省共有19个站点的突变时间为1989年，与山西整体平均初霜冻日的突变时间一致，这些站点的分布南北跨度较大，本研究给出了突变时间在1987—1991年的区域(图5b)，该区域位于中北部从南到北的一条较长的区域以及南部的大部分地区，约占山西面积的一半；图5c表明，山西近50 a来大部分地区的初霜冻日发生突变的年份不尽相同，突变年份表现为北部南部偏早、中部偏晚的分布特征。

3 结论与讨论

3.1 结 论

(1)初霜冻日出现的早晚与地理因素、地形特点和冷空气路径密切相关，随着纬度逐渐偏北和海拔高度逐渐升高，初霜冻日逐渐提前。山西近50 a平均初霜冻日从南到北基本呈"5节阶梯"型分布，从9月中旬到11月上旬，自北向南相继出现初霜冻，且东部早于西部。

(2)山西正常初霜冻的出现概率为62%～82%，自北向南呈"大—小—大"分布；偏早初霜冻出现概率为6%～26%，与正常初霜冻的分布相反，自北向南呈"小—大—小"的分布，中西部是偏早初霜冻出现概率最大的区域；特早初霜冻出现概率为4%～22%，出现概率最大的区域主要位于西部和中东部。

(3)山西南北跨度大，地形复杂，导致山西不同强度初霜冻的空间变化很大，EOF分解各模态的方差贡献率不高，收敛速度也较慢，反映了山西初霜冻区域变化的复杂性。

3.2 讨 论

(1)为了更深层次地研究不同地形地理条件对山西局地初霜冻变化的影响，还应收集相关资料进行定量化研究。

(2)山西近50 a平均初霜冻日在1989年发生了显著突变，由相对偏早期跃变为相对偏晚期，这与文献[21]的结论(初霜冻日的突变点出现在2000年)差别较大，这可能是因为同一序列当取不同长度时，M－K突变检验的结果不同造成的。

参考文献

[1] Katrina R, Mandy B. Towards topoclimate maps of frost and frost risk for Southland, New Zealand. Proceedings 15th Annual Colloquium of the Spatial Information Research Centre, University of Otago. Dunedin, New Zealand. 2003: 1-10.

[2] Heino R, et al. Progress in the study of climate extremes in Northern and Central Europe . *Climatic Change*, 1999,**42** (1):151-181.

[3] Bonsal B R, Zhang X, Vincent L A, et al. Characteristics of daily and extreme temperature over Canada. *J. Climate*, 2001,**14** (5):1959-1976.

[4] Easterling D R. Recent changes in frost days and the frost free season in the United States. *Bull. Amer. Mete. Soc.*, 2002,**83** (9):1327-1332.

[5] 马柱国. 中国北方地区霜冻日的变化与区域增暖相互关系. 地理学报, 2003,**58**(增刊1):31-37.

[6] 杜军,向毓意.近40年拉萨霜期变化的气候特征分析.应用气象学报,1999,**10**(3):379-383.

[7] 李华,王华,游杰等.近45年霜冻指标变化对我国酿酒葡萄产区的影响.酿酒科技,2007,**13**(7):26-31.

[8] 李凤云,王玉山,吴泽新等.鲁西北霜冻日期变化特征及防御措施.兰州大学学报:自然科学版,2010,**46**(增刊1):126-128.

[9] 杜春英,李帅,郭建平等.东北三省玉米初霜冻时空分布特征及预报方法探讨.安徽农业科学,2010,**38**(1):237-240.

[10] 格桑卓玛.日喀则近40年霜冻的气候变化.西藏科技,2001,**16**(10):38-43.

[11] 陈乾金,张永山.华北异常初(终)霜冻气候特征的研究.自然灾害学报,1995,**4**(3).33-39.

[12] 陈乾金,夏洪星,张永山.我国江淮流域近40年异常初终霜冻的分析.应用气象学报,1995,**6**(1).50-56.

[13] 李艳丽,王迎春,孙忠富.山西霜冻灾害现状及其防御对策分析.中国农业资源与区划,2006,**27**(1):57-59.

[14] 王迎春,孙忠富,郭尚等.雁北地区不同品种玉米的抗霜冻能力比较.中国农业气象,2005,**26**(4):233-235.

[15] 冯玉香,何维勋.我国玉米霜冻害的时空分布.中国农业气象,2000,**21**(3):6-10.

[16] 王正旺,庞转棠,张瑞庭等.长治农业气候资源的变化特征分析.中国农业气象,2007,**28**(3):258-262.

[17] 张霞,钱锦霞,靳宁.山西北部初终霜冻日特征及其对农业的影响.中国农学通报,2009,**25**(22):348-351.

[18] 张霞,钱锦霞.气候变暖背景下太原市霜冻发生特征及其对农业的影响.中国农业气象,2010,**31**(1):111-114.

[19] 蔡霞,吴占华,梁桂花等.近53a山西朔州市农业气候资源变化特征分析.干旱气象,2011,**29**(1):88-93.

[20] 钱锦霞,武捷,班胜林.1951—2008年太原市霜冻发生特征分析.中国农学通报,2009,**25**(10):287-289.

[21] 钱锦霞,张霞,张建新等.近40年山西初终霜日的变化特征.地理学报,2010,**65**(7):801-808.

[22] 张养才.中国农业气象灾害概论.北京:气象出版社,1991:147-157.

[23] 国家科学技术委员会.中国科学技术蓝皮书第5号《气候》.北京:科学文献出版社,1990:25-26.

[24] 魏凤英.现代气候统计诊断与预测技术(第2版).北京:气象出版社,2007:105-142.

[25] 吴洪宝,吴蕾.气候变率诊断方法和预测方法.北京:气象出版社,2005:1-40.

[26] 黄嘉佑.气象统计分析与预报方法.北京:气象出版社,2000:130-160.

[27] 符淙斌,王强.气候突变的定义和检测方法.大气科学,1992,**16**(4):482-492.

[28] Mann H B. Non-parametric test against trend. *Econo-metrika*,1945,**13**(3):245-259.

[29] 符淙斌,王强.气候突变的定义和检测方法.大气科学,1992,**16**(4):482-493.

[30] 李栋梁,郭慧,王文等.青藏铁路沿线平均年气温变化趋势预测.高原气象,2003,**22**(5):431-439.

基于负载平衡调整的中国天气网访问性能优化

李雁鹏　兰海波

(中国气象局公共气象服务中心,北京 100081)

摘　要:作为中国气象局面向公众提供气象信息服务的核心门户,中国天气网部分业务在访问高峰时段往往会遭遇访问性能突然下降的问题。经过性能测试、配置调整、抓包分析、设备参数与性能比对和原理分析,发现性能问题的主要原因是受到TCP可用端口数限制造成客户端长时间排队等待。通过将域名解析到单一虚拟服务器改为解析到多个,将从使用单一源地址转换地址改为使用地址池、开启连接复用等调整,突破了可用端口数限制,解决了性能故障。

关键词:中国天气网;负载平衡性能;TCP端口数 ;SNAT地址池

1　背景介绍

中国天气网是中国气象局面向公众提供气象信息服务的核心门户,以专业的素质向公众和客户提供准确、迅捷、全方位的在线气象信息服务[1]。经过多年快速发展,访问量和公众影响逐步提高[2]。截至2012年9月,网站日最大流量超过2.04 Gbps,日页面总浏览量达2686万页,在国内服务类网站排名第一、全球气象类网站排名第二。

作为服务全国用户的气象门户网站,中国天气网采取南、北布局,两大主站位于北京、广州。目前规模为约300台服务器和各类设备。为了应对大量用户访问并保证访问性能,网站在南北方数据中心分布部署了多种负载平衡设备(图1)。整体上,通过全局流量管理器(GTM)动态解析域名请求,对多个数据中心进行应用和流量负载的全局调配。各数据中心内部,通过本地流量管理器(LTM)将业务访问负载平衡到多个物理服务器上[3,4]。

中国天气网一直注重访问性能和用户体验。但是,当汛期出现台风、暴雨等灾害,天气网面临业务访问高峰时,页面和图片等业务往往出现访问性能突然下降问题。2012年,双台风“苏拉”和“达维”肆虐时,中国天气网总流量持续增至2.04 Gbps,最大并发连接数约70万。同时,中国天气网首页的日平均响应时间由平时的约0.6 s增至2.5 s,日最大响应时间由平时的约5 s增至55 s,日可用率由平时的近100%降至87%。访问性能的严重下降对中国天气网正常访问造成了严重负面影响。

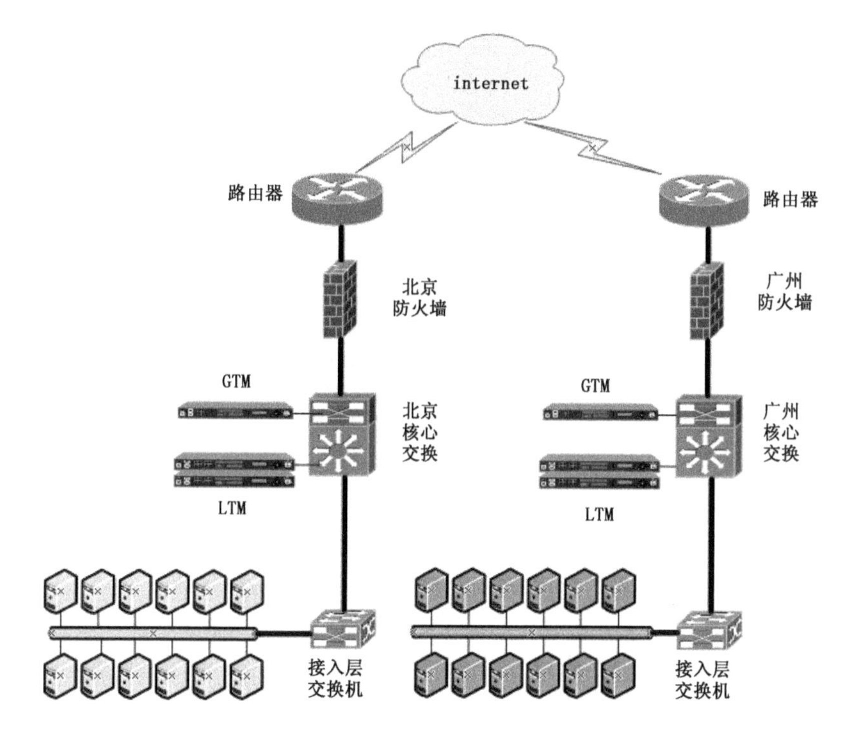

图1 中国天气网负载平衡部署示意图

2 原因分析

2.1 性能测试

采用 Fiddler Web Debugger 测试访问速度，结果见表1。用 Firefox 开发人员工具进一步获取各页面元素的访问时间线，发现主要是图片(i. weather. com. cn)、浏览(www. weather. com. cn)业务响应缓慢[5,6]。同时，利用浏览器测试发现，经过负载均衡后访问异常、响应差，而直接访问应用服务器(不经负载平衡)时访问正常、响应快。至此，初步将问题定位在负载平衡设备中的图片和浏览业务上。

表1 访问速度严重下降

响应时间	发送字节	接受字节
54.84 s	34.60 KB	587.28 KB

2.2 负载平衡配置调试

由于怀疑负载平衡存在参数等配置错误，对负载平衡业务进行了配置检查和调整，排除了配置错误。

2.3 抓包测试

经过在负载平衡设备和应用服务器进行网络抓包分析[5]，经负载平衡所需时间是 9 ms，而直接访问应用服务器时间是 4 ms。分析发现，实际浏览访问时间远超 9 ms 的部分主要为连接等待时间。

2.4 设备参数与性能比对

因怀疑受负载平衡设备硬件限制，对比了设备理论性能(表 2)和实际性能(表 3 和 4)。

表 2 负载平衡设备理论性能

设备参数	7 层/4 层吞吐量	最大并发连接数
BIG－IP 1600	1 G	4 M
BIG－IP 3600	2 G	8 M

表 3 负载平衡设备实际性能(按设备)

负载平衡设备	最大并发连接数
BIG－IP 3600－1	174.4 K
BIG－IP 1600－1	225.5 K
BIG－IP 3600－2	182.8 K
BIG－IP 3600－3	41 K
BIG－IP 3600－4	615.5 K

表 4 负载平衡设备实际性能(按业务)

数据中心	业务	最大并发连接数	吞吐量
北方站	浏览	179.9 K	386.21 M
	图片	60.4 K	181.63 M
	广告	176.8 K	105.85 M
	动画	41.4 K	130.79 M
南方站	浏览	54.6 K	223.99 M
	图片	94.6 K	209.71 M
	台风	124.4 K	520.42 M
	插件	262.5 K	136.32 M

经对比，排除了访问性能受到硬件参数限制，但发现部分设备和部分业务的最大并发连接数超过 TCP/IP 协议规定的单个 IP 地址的 TCP 最大端口数。

2.5 原理分析

根据设备性能统计和 TCP 协议，初步认为问题的主要原因是连接受到可用端口数限制，客户端排队等待时间过长造成了性能严重下降。具体为：

（1）客户端连接数受到虚拟服务器可用端口数的限制，造成排队等待。

中国天气网各主要业务均对应负载平衡设备中的某一虚拟服务器。客户访问此业务时，会向对应的虚拟服务器发起连接请求，连接后占用一个 TCP 端口。根据 TCP/IP 协议，TCP 端口是一个 16 位的二进制数，数量最多不超过 65536[7]。当访问请求数量超过可用端口数时，连接无法建立，客户端将排队等待获取其他连接释放的端口后，才能进行访问。访问量越大、排队越长、连接等待时间也越长。注意到北方站浏览业务最大连接数达到 17.99 万（表 4），大量客户端同时在约 6.5 万个端口上排队等待，造成访问速度严重下降。

（2）服务器端连接数受 SNAT 可用端口数限制，造成排队等待。

中国天气网负载平衡设备采取单臂部署和源地址转换（SNAT）的工作方式[8]（图 2）。客户端侧的连接建立后，负载平衡设备会对客户请求进行源地址转换，即将客户请求包的源地址替换为本设备地址，根据负载平衡算法选择具体物理服务器作为目的地址，向其发起 TCP 连接请求。因此，服务器侧连接同样受到端口数量限制，连接数不能超过 65536。表 3 中，多数设备的客户连接数已远超 6.5 万，最大甚至达到了 61.55 万。默认配置下服务器侧连接数与客户端侧连接数大致相等，因此服务器侧可用端口排队问题更加严峻。

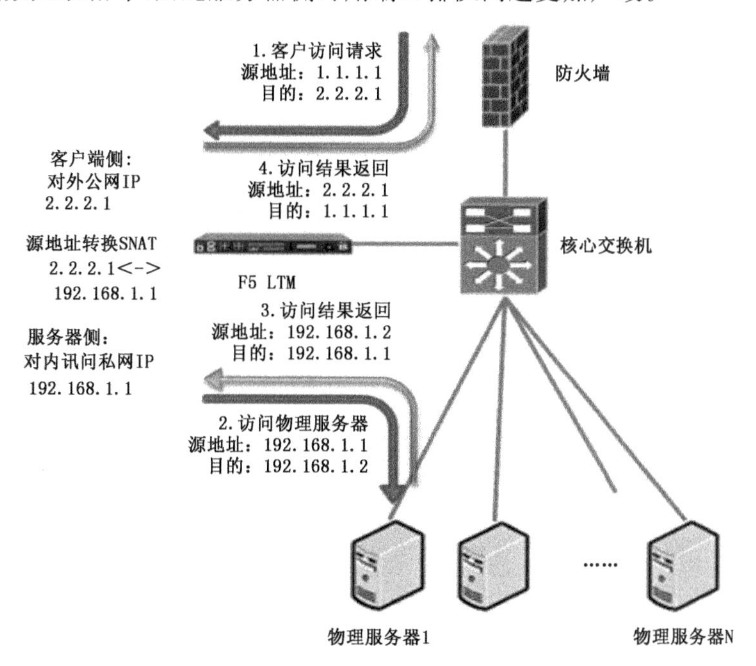

图 2　负载平衡和源地址转换原理图

3　解决方案

3.1　解决客户端连接数受到虚拟服务器可用端口数的限制

首先，按照式（1）计算各项业务所需虚拟服务器数量，计算结果见表 5。并根据表 6，添加虚拟服务器。

$$count(VirtualServer) = floor\left[\frac{1.5 \times \max(Connection_{gusinass})}{65536} + 0.5\right] \quad (1)$$

表 5 各业务需新增虚拟服务器的数量

数据中心	设备地址	业务	最大并发连接数	新增虚拟服务器数
北方站	BIG—IP 3600—1	图片	60.4K	+1
		傲游	25.5K	+1
		插件	44.2K	+1
		浏览	179.9K	+4
	BIG—IP 1600—1	动画	41.4K	+1
	BIG—IP 3600—2	广告	176.8K	+4
	BIG—IP 3600—3	图片	41.4K	+1
南方站	BIG—IP 3600—4	浏览	54.6K	+1
		插件	262.5K	+6
		广告	79.3K	+2
		图片	94.6K	+2
		台风	124.4k	+3

表 6 各业务新增虚拟服务器的配置

业务	虚拟服务器名	服务地址	设备地址
浏览	www1	5.35	BIG—IP 1600—1
	www2 *	5.205	BIG—IP 3600—1
	www3 *	5.201	
	www4 *	5.202	
	www5 *	5.209	
	www6	9.105	BIG—IP 3600—4
	www7 *	9.115	
图片	Image1	5.36	BIG—IP 3600—1
	Image 2 *	5.206	
	Image 3 *	5.208	
	Image 4	9.109	BIG—IP 3600—4
	Image 5 *	9.111	
	Image 6 *	9.112	
	Image 7 *	5.250	BIG—IP 3600—3

续表

业务	虚拟服务器名	服务地址	设备地址
插件	Plugin1	5.34	BIG－IP 3600－1
	Plugin2 *	5.124	BIG－IP 3600－4
	Plugin3	9.107	
	Plugin4 *	9.113	
	Plugin5 *	9.114	
	Plugin6 *	9.116	
	Plugin7 *	9.117	
	Plugin8 *	9.118	
	Plugin9 *	9.119	
广告	Advertisement1	4.41	BIG－IP 3600－2
	Advertisement2 *	4.44	
	Advertisement3 *	4.45	
	Advertisement4 *	4.46	
	Advertisement5 *	4.47	
	Advertisement6	9.110	
	Advertisement7 *	9.80	BIG－IP 3600－4
	Advertisement8 *	9.81	
台风	Typhoon1	9.106	BIG－IP 3600－4
	Typhoon3 *	9.82	
	Typhoon4 *	9.83	
	Typhoon5 *	9.84	
	Typhoon6	5.31	BIG－IP 3600－1
动画	Flash1 *	5.37	BIG－IP 1600－1
	Flash2	5.207	BIG－IP 3600－1
	Flash3	9.109	BIG－IP 3600－4
傲游	Maxthon1	5.203	BIG－IP 3600－1
	Maxthon2 *	5.204	

注:虚拟服务器名中带有星号 * 的为新增。

其次,修改全局流量管理器(GTM)配置,将最大并发连接数过大业务的域名解析平衡到多个数据中心的多个虚拟服务地址上。具体是,将 GTM 当前的单层模式改为双层模式,第一层为根据客户 IP 地址来源选择北京或广州数据中心，第二层用轮叫调度算法(Round Robin DNS)方式选择同一个数据中心内的可用虚拟服务地址[9]。从而将应用和业务流量分配到多个数据中心、多台负载平衡设备、多个虚拟服务服务上,以解决客户端侧排队问题。

3.2　解决服务器端连接数受 SNAT 可用端口数限制

首先,按照设备最大连接数,根据式(2)计算各个设备需要的 SNAT 地址数量,在每个负载平衡设备(LTM)上建立源地址转换池(SNAT POOL),参见表 7。修改各虚拟服务器配置,从使用单一 SNAT 地址改为使用 SNAT 池[10]。

$$count(IP_{SNAT}) = floor\left[\frac{1.5 \times \max(Connection_{Devics})}{65536} + 0.5\right] \tag{2}$$

表 7　各负载平衡设备建立源地址转换地址池

数据中心	BIG—IP	最大并发连接数	需 SNAT 地址数量	SNAT 地址池
北方站	BIG－IP 3600－1	174.4K	5	81, 90—93
	BIG－IP 1600－1	225.5K	6	87, 96—100
	BIG－IP 3600－2	182.8K	5	81, 90—93
	BIG－IP 3600－3	41K	2	84, 80
南方站	BIG－IP 3600－4	615.5K	15	102,86—99

其次,对于服务类型为标准的虚拟服务器,开启 OneConnection 功能[11]。开启后,负载平衡设备可以有效复用设备与应用服务器间的连接。一个 TCP 连接可以承载多个客户或同一客户的多个请求,从而减少服务器频繁打开和关闭 TCP 连接带来的损耗。

4　结　论

经过将域名解析至单一虚拟服务器改为解析至多个,将从使用单一 SNAT 地址改为使用 SNAT 池、开启连接复用等多项调整,突破了可用端口数限制,使同时服务的客户数增加了数倍。经测试,调整后访问高峰时段实测体验浏览和图片访问正常、响应快速,中国天气网首页平均响应时间为约 1 s,日可用性保持在 99%以上。可以认为,中国天气网业务高峰时段访问性能严重下降的主要原因是受到可用端口数限制造成客户端长时间排队等待,此问题经负载平衡的多项调整已经得到了解决。此问题的解决对于业务高峰时段,特别是台风、暴雨等灾害发生时段,确保公众快速获取天气实况、预报和灾害预警信息等具有重大意义。下一步,我们将继续关注中国天气网用户的访问速度和体验,努力提升全国不同地区和中小运营商用户的访问体验。

参考文献

[1]　段丽.公共气象服务平台—中国天气网.2011 年海峡两岸气象科学技术研讨会论文集,2011:68-71.

[2]　王静,孙健.公共气象服务的媒体传播途径及其评估.第 26 届中国气象学会年会公共气象服务论坛:以公共气象服务引领气象科普工作分会场,2009:23-26.

[3]　李建,郑伟才,王建森等.利用 F5－BIG－IP 设备实现浙江天气网负载均衡.计算机与网络,2012,**38**(8):69-72.

[4] Steve Souders. High Performance Web Sites: Essential Knowledge for Front-End Engineers. O'Reilly Media, 2007.

[5] Steve Souders. Even Faster Web Sites: Performance Best Practices for Web Developers, O'Reilly Media. 2009.

[6] 吕雪峰. 网络分析技术揭秘:原理、实践与 WinPcap 深入解析. 北京:机械工业出版社,2012.

[7] Andrew S. Tanenbaum, David J. Wetherall. Computer Networks(Fifth Edition). Prentice Hall, 2010.

[8] Kevin R Fall, Richard Stevens W. TCP/IP Illustrated, Volume 1: The Protocols, Second Edition. Addison-Wesley Professional, 2011.

[9] Manual: Configuration Guide for BIG-IP Global Traffic Manager. http://support. f5. com/kb/en-us/products/big-ip_gtm/manuals/product/gtm_config_guide_10_1. html.

[10] Manual: Configuration Guide for BIG-IP® Local Traffic Management. http://support. f5. com/kb/en-us/products/big-ip_ltm/manuals/product/ltm_configuration_guide_10_0_0. html.

[11] Tuning the OneConnect Feature on the BIG-IP Local Trafi c Manager. http://www. f5. com/pdf/deployment-guides/oneconnect-tuning-dg. pdf.

在极端天气事件中提高舆论引导能力

余晓芬[1]　周　毅[2]　徐　辉[1]

(1. 中国气象局公共气象服务中心,北京 100081; 2. 北京晨报社,北京 100124)

摘　要:在全球变暖的气候背景下,中国极端天气事件正呈现多发、频发、重发态势,给经济社会发展和人民生活带来了严重影响。社会舆论会对公众行为产生直接影响,加强对此类事件的舆论引导,是媒体的职责所在,也向政府部门提出了挑战,而有效地提高舆论引导的权威性、公信力和影响力,是防灾、减灾工作的重心。本文以北京"7·21"暴雨舆论场为研究范本,试图对传统媒体、新媒体和政府等各方在此次事件中的表现和舆论引导力进行分析,以期对今后的防灾、减灾宣传及应对以启示。

关键词:极端天气;舆论;舆论引导;议程设置;微博

引　言

2012 年 7 月 21 日,北京遭遇 61 年来最强暴雨,并引发房山等地区发生山洪和泥石流等灾害,造成 77 人遇难。灾害引起社会的极大关注,各种媒体大篇幅报道这一灾害事件,北京暴雨、房山现场、北京溺亡、北京暴雨预警等词汇一度成为百度新闻搜索居高不下的热搜词,北京暴雨事件迅速成为舆论热点。

在中国,舆论引导过程的参与者一共有三方:一是作为舆论引导总设计师、总策划者、总控制者的政府;二是作为舆论引导实际操作者的各个媒介组织;三是作为舆论引导的受施对象——传播媒介所面对的千千万万的受众[1]。在北京暴雨事件中,传统媒体、新媒体、官方民间各阶层均通过各种方式表达意见,引导舆论。

从曾经的"帝都看海"之调侃,到自发互助营救、北京精神之褒扬,再到对政府应急能力、城市排水系统之反思,舆论风向标不断转向,网上舆论与网下舆论、官方舆论与民间舆论之间不断碰撞、融合,汇聚成了一个整体的舆论场。

1　传统媒体议程设置效果显著

舆论是在特定的时间空间里,公众对于特定的社会公共事物公开表达的基本一致的意见或态度。引导舆论是新闻事业的重要社会功能之一,是指新闻媒介通过连续不断地对事实的报道和评论促成舆论形成,对广大受众施加影响和引导,使他们的思想观念和言论行动朝着有利于社会特定阶级和利益的方向发展,以实现新闻传播者的目的[2]。

在对北京暴雨的报道过程中,传统的新闻媒体通过设置媒介议程,即通过对有关信息的组织、选择、解释、加工和制作来影响和引导舆论,从而把社会注意力和社会关心引导到特定的方向。

1.1 新闻报道

对于这一灾害事件，传统媒体不惜版面或时段予以报道。

纵观整个报道过程，媒介议程随着事件发展也在不断变化，虽然报道速度不如网络媒体，但在公信力和舆论影响力上有着明显的优势。

在灾情发生后，传统媒体着重于展现救援、勇于牺牲、助人等内容的报道，正面报道框架和舆论导向非常明显。

7月22日，《北京日报》在全部4个版面中用了3个版面集中报道北京暴雨抢险救援工作，主题为"京城总动员"，7月23日，在全部20个版面中又用了一半版面持续关注暴雨灾情及救灾进展情况，主题为"最美北京人"，将重点转向市民互助的感人事迹。《市民爱心比最强暴雨还要强》《交警用身体为百姓蹚路》《北京，在这个晚上感动中国》……一个个充满爱心和温暖的标题，将社会主义主流价值观诠释得淋漓尽致。

《北京晚报》《新京报》《北京晨报》等北京都市报，也连续多日将大量版面留给北京暴雨事件，报道主题有"雨中情""伸出援手，便是晴天"等，均关注战雨中传递的正能量。

影响力更大的各中央媒体对北京市政府多部门的全力抢险救灾、群众的守望互助也纷纷予以报道，对在暴雨中演绎出的最令人动容的"北京精神"给予了高度的赞扬。

救灾过程中，除了继续报道感人救助事迹，把救助舆论推向高潮之外，媒体关注重点开始逐步转向死亡数字、灾民安置、如何避险理赔等后续问题，正面报道为主。

而当初步救灾工作基本结束时，媒介议程又发生转变，北京6家都市媒体纷纷以"反思""行动"作为主题词，步调统一地展开了对相关问题的调查报道：对河道违建被侵占的曝光、对城市排水系统的思考、对地质灾害隐患点的排查、对防灾科普知识如何避险的宣传…反思自8月上旬开始，陆续进行了半个多月，对于推动政府相关部门正视问题，加强城市建设起到了积极的舆论监督作用。

1.2 评　论

如果说新闻报道还是"藏舌头的艺术"，发表的是"隐形意见"或"无形意见"，那么评论则旗帜鲜明地传达着媒体的观点、立场和情感，舆论引导作用更加明显。

各媒体的评论首先将视角对准了北京普通市民在救灾过程中所表现出的互助精神，文章舆论导向鲜明。

7月23日，《中国青年报》发表评论《暴雨中见人心，北京精神在民间》，最早把雨中北京人表现出来的精神力量提高到北京精神的层面上来论述。

无独有偶，当日，新华时评《北京精神的力量》也直抒胸臆，认为"人们透过这场强降雨，看到了更强大的北京精神的力量"。时评《雨夜北京更多的是感动》文中点到，罕见的特大暴雨"暴露出城市基础设施建设和应急管理等方面的不足，但也让我们看到了广大普通市民身上蕴藏的忠于职守、乐于助人的巨大力量""那一幕幕感人至深的场景，终将化作一座城市的精神内核，彰显历久弥新的精神品格。"这两篇时评被中国媒体广泛采用，传播效果显著。

北京的多家都市报也纷纷发表评论文章，《北京晨报》7月23日刊发评论《北京人的精神暴雨中闪光》，24日刊发《暴雨见证了社会的成长》，25日刊发《现代公民当备防灾意识》。《新京报》更是充分利用评论的力量，7月22—28日，连续7 d在二版头条位置刊发社论，评点暴雨及启示。从《在60年最大暴雨中守望相助》《一场暴雨，检验公民社会的成色》，到《雨灾善后，依然要“上紧发条”》《学会自救，灾后急需的社会行动》《用更强的防灾能力铭记“7·21”》，报道的重点从讴歌互助精神转向灾难的善后工作和防汛机制的反思。

2　新媒体成为巨大的舆论集散地

以互联网和手机为代表的新媒体的快速发展，不断改变着社会舆论的生成与传播方式。

新媒体舆论与传统媒体主动把控传播内容、设置媒体议程来引导舆论有着明显的不同。新媒体舆论呈现出迥异于传统舆论的一些特征：舆论主体的匿名性与参与渠道的广泛性、传播空间的无界性与意见汇聚的实时性、议题生成的自发性与舆论发展的不确定性、价值观念的多元性与价值取向的批判性、意见表达的失范性与群体行为的极化性。这些特征，都对舆论产生了深刻而广泛的影响[3]。

2.1　网　站

在对北京“7·21”暴雨的报道中，新浪、腾讯等综合性网站积极引导舆论走向，灾害发生的第一时间制作专题，集纳大量灾情等相关信息，信息全面，更新及时。

腾讯专题《北京遭遇61年来最强暴雨》用图文、视频、动画等多种手段呈现了这场灾难，使受众能够及时、全方位、多角度地了解事态发展的最新状况。

专题专门设置了“寻找北京暴雨遇难者：每一个名字，都有生命的重量”、由网站编辑制作和微博网友补充完成的“北京积水点地图”“网上祭奠暴雨遇难者”等充满人性温暖与关怀的栏目，还在显要位置针对暴雨中的城市管理、雨中遇险自救、车辆涉水理赔等网民关注的热点话题特别推出独家策划，并就“自救避险技巧”进行详细解析，推出《壹基金分享呼应微博求救救援经历及危机自救技巧》《北京医疗急救培训导师谈灾害自救与避险》《＜汽车杂志＞总编辑谈雨中行车遇险自救》等独家访谈，该专题吸引了大量点击浏览，引发网民讨论和深思，共留下了超过20万条评论，成为民间舆论的重要场地。

针对此次极端天气过程，行业网站中国气象局的中国天气网也第一时间推出相关专题，充分发挥专业领域优势，进行雷达、雨量等实时滚动直播资讯产品发布，还采写了一批时效性强、深度权威的报道，其中，与科学网、新气象网邀请市政给排水、道桥、气象、水土环境、应急管理等多方面的专家，联合推出在线访谈《7.21北京暴雨之后》，就公众关心的问题进行交流；品牌栏目《天气视点》和《天气灾害大事件》也及时跟进，全面回顾暴雨过程，多角度解析暴雨带来的启示。

2.2　微　博

在突发公共事件中，网络新闻专题发挥了及时传递信息和有效舆论引导的重要作用。然而，其单向性仍很明显，微博传播渠道无论在速度上、互动性上，还是舆论的聚合引导上，显然都要更胜一筹。

这种新型媒介改变了传统的传播方式，在关注与被关注之间，在转发与被转发之中，产生了巨大的舆论力量和社会效应。

在北京暴雨事件中，官方、媒体和民间三大舆论场的声音，都高度汇集于微博舆论场之中，微博成为重要的舆论热地。可以说，转发本身就形成一种舆论，而名人、媒体、政府微博成为引领者。

大量草根微博在暴雨发生和救援过程中，传递雨情、路况，发布求救、救助信息，也监督着政府、传达着质疑。这些微博信息，为政府部门了解灾情提供了及时有效的渠道。据新浪微博统计，关于北京暴雨的讨论量超过880万条，不计其数的网友参与了爱心互助，扩散求助信息。

名人微博对于引领和放大网上的这些正能量起到重要作用，虽然发布的只是只言片语，但这些传递温暖、倡导善行的言论牵动和影响着着网民的情感、态度和行为。羽·泉组合歌手在微博中发起了"雨夜，带陌生人回家吧！"的倡议，微博迅速得到"@宁财神""@陆毅"等引领下的几万次的转发，得到网民一致叫好。

传统媒体也充分利用微博，大量发布和转发其采制的新闻信息，而其发布的这些信息又通过网友转发进一步扩散影响力，让传统媒体正向为主的报道议程由"网下"走到"网上"，其舆论引导能力在网上持续和放大。

不仅传统媒体，政府部门也提高了利用微博发声、引领舆论的意识和能力。"@北京发布"通宵发布暴雨动态。对网友发布的求援信息，"@北京消防"积极回应。7月21日19时14分，网友"@亘秦"发出"房山青龙湖少年军校基地上百小学生被困"的求助微博并被广泛转发，北京市消防局官方微博半小时便做出回应，称已经调派警力前去救援。此后，实时发布微博告知公众救援进展。

面对暴雨，"@气象北京"、"@中国气象网"、"@中国天气网"等气象部门的官方微博第一时间发布了暴雨、雷电和地质灾害预警，实现了预警信息的及时传播，并随时发布雨量信息、天气预报和相关灾情，为相关部门和网民第一时间了解天气提供了便利。但与北京市政府相关部门的微博相比，互动性和舆论影响力有所欠缺。

3　政府部门舆论引导力明显增强

在暴雨灾害发生后，北京市政府各级相关部门积极参与救援，引导舆论，通过多种媒介方式进行信息公开发布，在灾害发生初期获得了民众的认可。当网络质疑之声开始弥漫时，相关部门也进行了积极回应，总体表现良好，舆论正向度高，但某些部门的应对能力仍有待提高。

北京市相关政府部门对北京暴雨的舆情引导控制能力突出表现在：

一、设置议程，控制舆论

在中国，新闻事业是党的舆论宣传工具，是党和人民的喉舌，经历过"非典"等事件洗礼的北京市政府，应对突发公共事件的能力已经有了明显提高。一旦突发事件发生，政府相应部门将立即启动应急预案，设置政策议程，进而影响媒体议程，应对可能产生的政府形象危机。

笔者翻看了北京几家都市报后发现，各家报纸针对北京"7·21"暴雨的报道议题有着较高程度的一致性，如在早期，均集中报道北京市全力应对强降雨、确保城市各项功能有序运行的有力举措，报道一线工作人员疏导交通、排水、抢险的感人事迹以及基层党组织发挥的战斗堡垒作用和党员先锋模范作用，对网络上出现的拖车公司天价收费，京港澳高速泡车赔偿追责、高速路公司收费、死亡数字等的质疑声音，媒体并没有涉及。在突发事件发生后的初期，这类报道使得整个主流宣传都保持在正面、积极的方向。

二、利用微博，抢占先机

政府部门在暴雨事件中充分利用了微博的强大力量。今年兴起的政务微博集群化运作机制，给政府引导网上舆论带来了便利，使微博成为政府新闻发布的重要载体和网上办公的重要平台。暴雨发生及救灾过程中，“@北京消防”“@平安北京”“@交通北京”等市政府部门政务微博与16区县政务微博持续发布官方消息，为群众答疑释惑，微博之间也相互转发回应，形成合力。

有用百万粉丝的北京市新闻办发言人王惠在灾情发生后更是数日通宵工作，发布各类微博信息并与网民互动，将有关问题反映给相关部门领导，一些问题很快得到解决，使线上发布与线下执政、网上和网下两个舆论场得到有效结合。

三、积极回应，消除谣言

这种积极回应，表现在消防部门回应求助信息、救援迅速，也表现在房山区政府快速调查取证，并在微博第一时间公布真相，有效破除200位敬老院老人死于灾害的谣言，政府的危机应对和舆论引导能力有了大幅提升。

此外，面对网友对死亡数字的质疑，北京市政府新闻办主任向网友承诺绝不会有隐瞒。这种果断表态，有利于化解网友猜测。北京市防汛抗旱指挥部则及时更新死亡人数，并公布受害者名单，较好地平息了民众质疑。

四、敢于“揭短”，承认不足

面对网民认为雨夜车辆熄火停路边被贴罚单“不人性化”的质疑声，北京市常务副市长表示这种处罚是错误的，并责成市交管局快速采取措施，撤销罚单。此消息经“@北京发布”微博公布后，被转发数万次，受到好评，较好地挽回了民意。

救灾基本结束后，媒体公开反思此次自然灾害中政府部门存在的不足，反映出北京市政府不回避问题的开明态度。

当然，政府相关部门中也有表现堪忧、令网友颇有微词的。7月23日，北京市气象局副局长称，手机预警信息发送尚有技术障碍，暴雨预警短信难以做到全面覆盖。中国移动和中国联通“全网发送短信没有技术障碍”的回应一下使气象局陷入被动。

4 结 论

从雨情灾情的发布、求助信息的扩散，到感人救助事迹的传播，北京精神的宣扬，再到重建过程中对城市管理的反思，虽然一些负面事件也掀起了几丝舆论的微澜，但由于处置迅速，北京“7·21”暴雨灾害舆情总体平稳，没有出现整体性负面舆论导向，舆论引导比较成功。在危机面前，传统媒体、公众、网上意见领袖、政府各有关部门利用各种传播介质平台，均尽了最大的努力，促使事态往正向发展。

在突如其来的危机面前，在价值观日趋多元、社会共识塑造难度加大的背景下，此次对北京暴雨事件的舆论引导可以说是比较成功的，有几点值得今后借鉴：

一是事件早期和中期，在传统媒体引领下，舆论普遍关注战雨过程中传递的正能量，等到救灾基本结束，舆论重点才转为反思、建设性的批评，事实证明，这样的舆论引导是有效、成功的，对于在抢险救灾的关键时期凝聚人心和各方力量起到了积极作用。

二是微博在此次突发事件中承担了重要角色，其快速扩散的机制让它当仁不让地成为突发事件信息传播中的重要力量。不同于以往谩骂多于冷静、痛斥多于理性，北京“7·21”暴雨事件中的网络声音，虽然庞杂，但在传统媒体发布信息的影响、网上舆论领袖的引导及政府部门的积极回应等因素共同作用下，各种微博各司其职，有效沟通呼应，使网络舆情得到成功引导，对于救灾发挥了积极的建设性作用。

三是经过这次特大暴雨灾害的考验，北京市政府应对突发公共事件和舆论引导的能力又上了一个台阶。从传播学角度来看，在媒介如此发达的今天，无论发生什么重大社会事件，政府组织想捂住、盖住是不可能的。北京市政府部门比较睿智地选择了信息公开的做法，不仅对传统媒体议程加强了控制引导，而且积极学习利用新媒体公布权威信息并与网民互动，对一些敏感问题也不回避，而是积极回应解决使负面舆论迅速降温，这些好的做法都值得今后学习借鉴。

当然，面对来自公众的疑问、质疑，政府部门的回应还是显得不足，如何把握舆论脉搏、迅速回应公众疑问，对政府而言，是一种考验，也是一个逐步提高的过程。

参考文献

[1]　喻国明，杨晓燕. 目标设定的兼容与资源配置的优化——试论舆论引导的选择性操作. 青年记者，1997，(6):8-11.

[2]　何梓华. 新闻理论教程. 北京：高等教育出版社，1999:93.

[3]　北京大学新闻与传播学院课题组. 新媒体时代：舆论引导的机遇和挑战. 光明日报，2012 年 03 月 27 日第 15 版.

气象服务社会化模式下服务型人才的战略思考

范　静　郑　欧　裴顺强

(中国气象局公共气象服务中心,北京 100081)

摘　要:随着中国气象局强化公共气象服务对气象事业发展的引领作用,公共气象服务理念逐渐深入人心,并通过把气象服务社会化作为推动公共气象服务健康发展的重要途径,实现从部门气象向社会气象发展的重大转变。而中国各级气象部门气象服务队伍存在年龄结构和专业知识结构不合理,知识层次仍然偏低,人才出现断层等现象,队伍结构已逐渐适应不了气象服务事业发展的需求。本文跟随公共气象服务发展的脉络,理清人才现状与业务发展之间的矛盾,分析气象服务社会化模式下服务型人才队伍所需具备的特质,并对如何构建人才队伍从政策创新、机制保障、教育培养等方面提出思考。

关键词:公共气象服务;社会化;服务型人才

引　言

2008 年被称为公共气象服务年。这一年,中国气象局以奥运气象服务为契机,提出了加快公共气象服务业务建设和发展这一命题,成立了中国气象局公共气象服务中心;并在随后 3 年里,组建了省级气象服务中心,构建了公益服务为主、多种服务并存且均衡发展的服务体制,初步建立了制度健全、机制完善、运行高效的分类运行管理机制,形成了公益优先、门类齐全、发展均衡的服务体系,为实现服务业务现代化、服务队伍专业化、服务机构实体化、服务管理规范化奠定了坚实的基础。

科学发展观的核心是以人为本,中国气象局局长郑国光多次强调:“新时期气象事业的发展归根到底要靠人才。‘人才是科学发展的第一资源’,只有加强气象人才体系建设,才能切实推动气象事业更好更快发展。”他还指出,“加强高层次人才队伍建设是加快发展现代气象业务的迫切需要,是实现气象现代化目标的必然要求,也是提高气象服务能力的必然要求。”

服务型政府,是以提供公共产品、为大众服务为首要职责的政府,其基本理念是以人为本,这一理念决定了气象服务的基本功能。“预报完成等于服务完成,预报准确等于服务完美,把预报业务和服务业务相混淆,以单一预报服务等同于整体服务……”以往种种传统预报服务理念已发生变化,服务不是基础预报产品的简单传播,而是要将“服务”的理念植入服务产品内,渗透于服务行为中,贯穿于气象服务的整个过程。要做到这些,就需要把社会公众满意度作为衡量公共气象服务能力的重要指标,实现由被动服务向主动服务、粗放服务向精细服务、传统服务向现代服务、单项服务向综合服务的转变,而真正要实现这些,如何提高人才队伍素质构建服务型人才体系,已经成了亟待解决的问题。

1　公共气象服务的发展

中国对公共气象服务的概念界定并不多见。有学者将其分为广义与狭义两种。广义的公共气象服务是指由国家设立的气象专门科研机构及管理机构，从观测、收集、积累的气象信息中归纳研究，得出相应的气象成果，积极为国家与公众利益的需求提供服务。狭义的公共气象服务则指对特殊人群或单一个体提供的气象服务。国际上对于公共气象服务概念的界定更为广泛，在内涵及业务范围上有了较大的发展。世界气象组织公共气象服务计划（WMO PWSP）认为，公共气象服务包含为公众利益提供天气信息、预报和预警服务，并为政府部门在制定与天气相关的公共安全和福利决策中提供支撑。WMO强调“公共气象服务”的概念应当注重对社会有影响的过程和现象的信息。但是仅仅提供这方面的信息并不能满足当前各国政府的要求，他们越来越希望气象、水文、海洋和相关环境部门能够整合资源，为社会提供全面的预报和预警信息。

中国对于公共气象服务的认识是逐步发展的。20世纪中期，国家提出了“以服务为纲，以农业服务为重点”的工作方针。20世纪80年代，气象部门提出了“积极推进气象科学技术现代化，提高灾害性天气的监测预报能力，准确及时地为经济建设和国防建设服务，以农业服务为重点，不断提高服务的经济效益”的工作方针。20世纪90年代强化了该思路，提出把气象服务作为气象工作的出发点和归宿，坚持在公益服务与有偿服务中，把公益服务放在首位；在决策服务与公众服务中，把决策服务放在首位，以及坚持在为国民经济各行各业服务中，突出以农业服务为重点的“两首位一重点”气象服务理念。直到21世纪，气象部门才明确提出“公共气象、安全气象、资源气象”气象事业发展理念。在这一时期，公共气象服务作为专门术语才出现在大众面前并被广为接受，极端天气频发与气候变化的大背景在一定程度上促进了公共气象服务的发展。

中共中央、国务院和地方各级党委政府对气象工作高度重视，对气象工作提出了新的需求。“强化防灾减灾”和“加强应对气候变化能力建设”首次写入了中国共产党代表大会政治报告。2006年初《国务院关于加快气象事业发展的若干意见》（国发〔2006〕3号）提出要把公共气象服务系统纳入政府公共服务体系建设范畴，进一步强化气象公共服务职能，健全公共气象服务体系。2008年召开的第五次全国气象服务工作会议，进一步明确了公共气象服务发展的方向，阐述了新形势下公共气象服务的内涵和定位、属性、发展思路和目标，提出要建立健全公共气象服务的体制机制，全面推进公共气象服务体系建设。以此为标志，中国气象服务进入了一个新阶段。

2009年，中国气象局出台的《公共气象服务业务发展指导意见》给出了这样的定义：公共气象服务是指气象部门使用各种公共资源或公共权力，向政府决策部门、社会公众、生产部门提供气象信息和技术的过程。可以说，从气象服务到公共气象服务，是气象事业适应国家改革发展大趋势的战略选择，是中国气象事业发展在思想观念和发展方式上的重大而深刻的变革。中国气象局强化了公共气象服务对气象事业发展的引领作用，公共气象服务理念逐渐深入人心，并把气象服务社会化作为推动公共气象服务健康发展的重要途径，积极探索履行公共服务职能的有效途径，进而实现了从部门气象向社会气象发展的重大转变。

随着气象服务事业的发展，气象服务的人员队伍也逐渐建立和充实起来。从最初单一的为农服务的气象人员，到20世纪80年代气象部门出现了第一批利用资源为一些公司客户提供气象支持的科技服务人员；从20世纪90年代在中国气象局清晰服务分类理念下对将服务队伍因服务对象不同进行的人才队伍优化，到因服务规模扩大而适时组建的国家级公共气象服务机构，从事公共气象服务的各类人员也得以聚首。可以看出，气象服务的人才队伍建设方向是紧紧跟随业务发展的。现阶段，气象服务社会化理念的提出，将改变现有的只在内部开展气象科技服务和产业的固有模式，意图引入社会资源和社会力量进入气象服务的行业中，通过逐步探索培育气象服务市场、扶持社会组织，支持和引导其积极有效地参与到公共气象服务中来。因此，公共气象服务的发展及社会化发展趋势对相关从业人员提出了新的要求和挑战。

2 全国气象服务人才队伍现状及问题分析

气象服务是气象事业的立业之本，是气象工作的出发点和落脚点。气象服务的发展对防灾减灾、应对气候变化、经济社会发展和人民安全福祉意义重大。经过多年来气象服务发展的实践，中国已经逐步建立了涵盖了防灾减灾气象服务、决策气象服务、公众气象服务、专业专项气象服务等具有中国特色的气象服务体系，公共气象服务业务建设和内涵拓展均取得了显著成效，同时也建立了一支涵盖多个领域的气象服务人才队伍。

2.1 全国气象服务人才队伍现状

中国气象局应急减灾与公共服务司2010年组织开展了全国气象服务人才队伍现状调查，根据调查结果分析，中国气象服务人才队伍现状如下：

(1)人员编制。在全国气象服务人员中，在编人员约占78.4%；聘用(含返聘)人员约占21.6%。

(2)学历结构。在全国气象服务人员中，高中及以下学历人员约占5.7%；中专学历人员约占10.8%；大学专科学历约占25.6%；大学本科学历人员约占50.1%；硕士研究生学历约占7.1%；博士研究生学历约占0.7%。

(3)职称结构。在全国气象服务人员中，具有初级职称的人员约占33%；具有中级职称的人员约占37.3%；具有副研级职称的人员约占16.1%；具有正研级职称的人员约占0.8%；无职称人员约占12.8%。

(4)年龄结构。在全国气象服务人员中，30岁以下人员约占27.7%；30～45岁的人员约占42.6%；46～55岁的人员约占25.3%；55岁以上人员约占4.4%。

(5)专业背景。在全国气象服务人员中，具有大气科学类专业背景的人员约占44.3%；具有资源环境类专业背景的人员约占2.7%；具有地理地质类专业背景的人员约占1.4%；具有海洋类专业背景的人员约占0.9%；具有管理类专业背景的为人员约占5.1%；具有信息技术类专业背景的人员约占14.4%；具有传播类专业背景的人员约占3.5%；具有经济类专业背景的人员约占3.5%；具有其他类专业背景的人员约占24.2%。

(6)工作年限。在全国气象服务人员中，5 a以下工作年限的人员约占21.4%；具有5～15 a工作年限的人员约占28.2%；具有15 a以上工作年限的人员约占50.4%。

(7)岗位轮换。在全国气象服务人员中，一直在服务岗位的人员为约占50.5%；从预报岗位转来的人员约占11.7%；从观测岗位转来的人员约占12.2%；从其他岗位转来及其他形式的人员约占25.6%。

2.2 全国气象服务人才队伍问题

随着气象事业的发展，气象服务和管理工作要求越来越精细，而中国各级气象部门气象服务队伍存在年龄结构和专业知识结构不合理、知识层次偏低、人才出现断层现象，适应不了气象服务事业发展的需求，主要表现在：

(1)气象服务人员专职化程度低

全国气象部门从事气象服务业务的人员近两万人。平均来讲，国家级机构平均为155.00人，省级平均为166.32人，市级平均为29.87人，县级平均为0.21人。县级气象服务人员平均偏少可能与多数人把自己归为预报或观测人员有关。

同时，通过对决策、公众、专业、农业、人工影响天气和防雷进行单项调查(允许重复统计，即若某一个人既从事决策气象服务，也从事公众气象服务，则可重复统计)，可以发现，重复统计时从事气象服务人员，比不重复统计时人数多22.38%。

一方面气象业务分工越来越清晰化，另一方面现有的公共气象服务人员存在一岗多职的现象(以岗位服务方向不同作区分)，特别是基层人员气象服务人员与上级业务机构相比数量严重偏低。这说明，专职的公共气象服务人员数量不足已成趋势，人员配置一定程度上已经跟不上业务发展，如果不及时对人员结构进行调整，势必会阻碍到气象服务事业在基层的阔步发展。

(2)气象服务队伍整体素质不高，缺乏领军人才

全国气象服务人才队伍中，具有研究生学历的人员占7.1%，其中博士研究生占0.7%。对比预报预测、综合观测岗位的人员，气象服务队伍中研究生学历偏低。

具有正研级职称资格的人员占0.8%；副研级职称资格的人员占16.1%。对比来看，气象服务队伍中具有高级职称的人员比例远远低于预报队伍。无职称人员比例也高于观测岗。

此外，这些高学历、高职称的人员主要分布在国家级、省级，而气象服务一线缺乏高素质人才和领军人才。这种现实，一方面对高层次的服务人员提出了更高的要求，除了目前所肩负的架构业务体系的职责，未来更多的需要承担起能够向其他各层级服务人员进行交流和培训的责任；另一方面，在人才培养方面，多层面、覆盖广泛或者倾向基层一线业务人员等目的明确的培训没能纳入培训规划实施中，学习的脚步跟不上业务发展的脚步，就很难达到政策理解一致、改革方向一致的效果。这种局面，一定程度上已影响到自上而下进行的改革和新技术的推广。

(3)气象服务队伍老龄化和年轻化较明显

46岁以上人员占29.7%，30～45岁之间的人员占42.6%，30岁以下人员占27.7%。可以发现，46岁以上和30岁以下人员总数占到全部人员的57.4%，一方面，有经验的气象服务人员将逐步进入退休年龄，另一方面，年轻的气象服务人员还缺乏气象服务实际经验，将可能影响气象服务水平。

同时，通过学历和职称数据不难看出，高学历的占比与高职称的占比严重不符，也可说明高学历的多为工作年限较短的年轻人，缺少实际的工作经验，职称序列的人才梯度目前不甚合理。如果年轻人不能在有经验的高职称人员逐步进入退休年龄前快速成长起来，不合理的人才梯度也会影响到公共气象服务事业的持续快速发展。

(4)编制外聘用人员多

聘用(含返聘)人员3545人,占全国气象服务人员总数的21.6%。具体而言,国家级占74.19%,省级占22.63%,市级占17.32%,县级占13.53%。

由此可见,在国家级人员中,聘用人员占到了多半的人员比重,说明有很大比重的气象服务业务是由该类人员完成的。而事实上,在编制人员和聘用人员截然不同的薪资和管理模式等机制和体制下,特别是在国家级服务机构中,由于编外用工缺乏必要的政策保障,时常发生人才流失的情况。由于一定程度上聘用人员自身安全感差,也缺乏对事业的高认可度,聘用人员往往会突发离职,这样会出现业务交替的空缺,迫使不少业务频繁由"新人不熟练工"完成,人员本身经历和经验不能转换为实际的服务品质,进一步制约业务向精细化方向的发展。而且,由于缺乏必要政策保障而导致骨干人才流失,会造成一定的群体效应,使群体不稳定因素增大。

(5)队伍专业单一

所学专业为大气科学类的占44.3%,信息技术类占14.4%,而资源环境类、地理地质类和海洋类等其他地球科学类的仅占5%,管理和传播类的也只占8.6%。

作为不同于观测、预报等传统的气象基本业务,公共气象服务更需要多学科融合的人才构架,而目前的队伍专业与气象服务需要多学科融合的人才相去甚远。一个工作经验和气象传统专业知识丰富的服务人员,缺少了水文、海洋等其他自然学科知识,缺少全面把握政策的本领,就很难做大做强服务;而懂得信息技术和数据优化的服务人员,不懂得如何将气象服务产品细化加工、转换为多媒体传播等本领,也会阻碍公共气象服务事业现代化的推动。

3 构建气象服务社会化模式下服务型人才的思考和对策

气象服务是以满足人的需求为最终目的,它不是单纯的提供传统的天气预报,还需要关注气象对国民经济各行各业、公众生产生活的影响,其社会属性已经成为气象服务的基本属性。公共气象服务发展的实践表明,在气象为农服务、人工影响天气和防灾减灾等气象服务发展过程中,气象部门更易于有效融入政府,更易于体现政府行为,更易于强化社会管理职能,在公共服务中实施社会管理、在社会管理中体现公共服务。因此,近年来,中国气象局党组高度重视发展公共气象服务,并积极探索在发展公共气象服务中发挥社会管理的职能和作用,使气象工作更紧密地与经济社会的发展相结合,气象服务的效益和社会影响力显著提升。

公共气象服务的新发展对人才发展提出了新的任务与目标,为顺应这一发展,人才发展需要紧紧围绕"公共气象、安全气象、资源气象"的发展理念,通过有效开发和大力培养,采用灵活、开放的用人机制,优化人才成长环境,保证人才队伍的稳步增长和人员素质的显著提高。可以说,目前所需人才的内涵,是基于气象服务社会化这一新的结构转型,即以具备"知识复合、长于应用、彼此协作"为特质。而这些特质将有别于传统气象业务人才,如单纯的预报人才,同时也是对气象服务社会化模式下高素质服务人才队伍建设提出的新要求。

3.1 服务型人才的特质

(1)知识复合

社会对公共气象服务所涉及社会领域日益宽泛的要求,迫使公共气象服务人员不能只简单地用气象知识来提供服务，而必须做到学会整合气象与社会公众息息相关的各类资源如农业、水文、海洋、环境、公众传媒甚至旅游资讯、健康状况、经济发展等，以组成全方位的对外预报、预警信息。公共气象服务产品的多样化需求，决定了公共气象服务主体的多元化，决定了服务人员知识的多样化，使得服务型人才知识复合的特质成为一种必然。

目前，公共气象服务显然已经成为一个错综复杂的大系统。人才知识结构交叉与融合，可以提供多种直观有效的服务产品，极大地提高公共气象服务的成效和收益。如前所述，WMO PWSP 所认为的公共气象概念，要注重为政府部门在制定与天气有关的公共安全和福利决策中提供支撑。事实上，目前公共气象服务各级部门中所承担的国家突发公共事件预警信息发布系统建设等职责，就已证明了这点。基础气象学科与其他农业、水文等自然学科的交叉与融合，就可以很好地将气象条件与各种灾害或突发事件结合分析，为预警发布甚至是决策管理、危机管理提供服务；其与公众传媒、旅游、医学等知识的结合，则可以研发出更好的服务产品和科普产品，为大众服务；而通过统计、评价气象服务与社会经济发展之间的关系，更是有效地推动了公共气象服务事业的发展。

(2)长于应用

公共气象服务职能中很大一部分是要为各级各类组织和部门提供信息支持与服务。这种有针对性的需求，决定了公共气象服务对象的分众化，影响服务人员层次的多样化。如何使公共气象服务的语言既科学严谨(专业性)，又通俗易懂(通俗性)，是解决推动公共气象服务事业发展、扩大受众群体的一个主要问题。世界气象组织认为，公共气象服务不仅仅是把气象服务产品传递给用户，它需要一些营销专家，让他们去为客户和公众包装这些产品，满足他们的需求。

如何将社会关注的气象服务产品向社会有效转化，越来越关注服务人员将气象知识向某一服务领域扩张的本领，如对传媒形式有很好把控，同时兼备对新兴信息技术的深入研究。这样的人群将成为从“原生态”的专业气象信息向公众可以接受的公共气象服务信息转化中不可或缺的中间力量。他们一方面熟识各种传播媒体受众人群习惯接受的表达方式，另一方面也懂得如何将专业化的气象信息进行解释、包装，最终通过各类媒介形式很好地向受众群体传播，实现向社会提供有影响又便于接受的预报、预警信息过程。

(3)彼此协作

在现有公益性公共气象服务业务之外，气象科技服务是已有的较成熟的多元服务主体之一。除了气象部门外，社会上还有商业性气象服务公司、特殊行业气象组织等也是提供气象服务的重要组成部分。这部分组织利用自己除专业背景以外的经营优势，不受事业单位体制束缚，已经在中国呈现了较快发展的势头。仅仅依靠气象部门内部人员，即使具备了“知识复合、长于应用”的本领，也不能满足社会对气象服务的全方位需求。为了能够让公共气象服务更多角度地推向市场，做好与其他组织群体建立长期沟通机制，开展广泛的合作、指导也成为未来气象服务发展的大趋势。

随着全球范围内防灾减灾、应对气候变化的新形势对国家间彼此提供的公共气象服务影响越来越大，服务对象和服务行为的国际化也将成为公共气象服务的一个方向。这意味着，中国气象服务部门不仅仅停留在与国际上气象服务组织在技术和服务上的合作和交流，更高层次上是面向全球诸如国际合作、践行国际承诺等事务上的合作与认同。这些挑战迫使中国气象服务人才必须高度重视并具备国际间的彼此协作的本领。

3.2　构建服务型人才的对策

将服务型人才的特质归纳为“知识复合、长于应用、彼此协作”，是为了将目前的公共气象服务人才与其他气象基础业务人才相区分，强调它不同于单纯业务的预报、观测类人才，而更体现它最终目的——服务的特色。为此，需要对现有的气象服务人员管理体制进行改革和创新，建立灵活、开放式的用人机制，为服务型人才队伍的建设提供体制上的保障。

(1)逐步建立适宜服务型人才发展的政策

中国气象局在“十二五”发展规划中对气象人才提出的目标要求是，坚持“服务发展、人才优先、以用为本、创新机制、高端引领、整体开发”。这不单单是全国人才工作会议精神和《国家中长期人才发展规划纲要(2010－2020 年)》的指导方针，也是服务型气象人才发展的指导方针。

服务型人才的建设，需要以“学科带头人、业务科研骨干和高素质领导人才”为重点，坚持以用为本，发展高层次人才，充分利用内部和外部各项服务型人才资源，在已有人员中快速培养起一批能够直面各种行业需求的带头人，形成气象服务人才竞争的比较优势。

要建立人才资源合理配置、有序流动的机制，提倡既相对稳定又合理有序的人才流动方式，鼓励有丰富基层气象业务工作经验的人，特别是有多学科经历的人加入到公共气象服务的人才队伍中；同时也要积极引导预报观测人员自愿转岗到服务岗位，促进气象服务人才的合理分布。

(2) 强化人才队伍培养和交流

灵活、开放的用人机制，在人才培训和交流方面也应该得益彰显。可以一方面通过高端人才引进等多种形式进行人才补充；另一方面也应该建立健全转岗和培训机制，开展“创新人才推进计划”、“青年英才成长计划”、“知识能力更新计划”、“经营管理人才素质提升计划”等，鼓励和引导年轻的业务人员通过专项的外送学习、内部培训，尽快成长为业务技术骨干。同时，也要勇于“借助外脑”，将具备复合型业务知识、长于应用又乐于合作的人才请进服务团队中，扩充人才队伍规模、提高队伍素质。

另一方面，为了适应国际间的合作，服务型人才除了要强基础、练内功，不断完善现有的服务能力外，更需要研究和追赶国外气象服务组织的技术和服务。需要通过“走出去、请进来”的人才培养方式，有针对性地通过与国际上气象服务组织和优秀企业合作、交流学习，逐步提高人才的国际竞争力，缩小与国外气象服务组织的差距。

(3)建立科学的气象人才评价机制

公共气象服务业务不同于预报预测、综合观测，应该制定有区别的评聘制度和标准。

一方面，应该统筹推进气象服务专业技术职称评聘制度改革，对“气象服务与应用气象”的申报方向进行分类与细化。将各类服务方面不同的人员放在一起进行评审，不利于对人才进行甄别，也容易因为评委对某项领域应用和实践不够深入而误导人才发展方向。同时，应该建立更合理的气象服务人员考评、奖惩和晋级机制，科学评价气象服务人员的业绩和水平，如建立符合气象服务人员岗位特点的岗位名称和序列，推广服务首席、总师、关键岗等岗位管理模式，合理引导人员评价和晋升机制。

另一方面，也可以进行创新，结合服务业务本身的特点，侧重以服务效果和服务效益来考核和评价人才。结合不同服务主体的特色，兼顾人才投入评价的量化模式，如公益性的公共气象服务人才注重考量科技成果的研发、服务产品的转化能力如何，而增值性的公共气象服务则多考量人工占比(人工成本与收入比值)如何等，这也应该作为公共气象服务人才构建中的一种思考方式。

(4)创新人才激励机制

任何投入都应当与产出相一致，人才投入也不例外。在通过多种手段和形式打造高素质公共气象服务人才群体，营造事业使命感和主人翁精神的同时，坚持精神鼓励和物质奖励相结合的方针，应该突破现有禁锢，探索多种形式的多渠道经费投入机制、激励机制和经营反哺机制等。如对作出特殊贡献的服务人才，要给予特殊的回报，提高人才自我发展、自我完善、自我升华的积极性；用真正可以鼓励和支持人才发展的收入分配制度和绩效奖励办法，如"薪酬之外的全面福利计划"、"期权奖励"、"模拟股票奖励"等多种新形势，完善气象服务人才激励机制和收入分配办法，强化激励，科学管理，用以保障人才的持续稳定发展。

(5)改革编制外人员的管理方式

随着很多编制外人员已经成长为公共气象服务业务岗位上的骨干和能手，对这部分人员的管理应当成为人才队伍的关注重点。创新编外人员的管理，产生好的群体效果也可以成为激励人才、留住人才的有效手段。除了可以采取教育、培训等多种途径提高编外人员的综合素质，让他们在聘期内享受编内人员同等待遇，包括培训、职称评聘、考核、奖惩激励等外，也要在社会保险关系、人事档案的管理上下工夫；同时，发挥身份管理变岗位管理的创新思路，将他们纳入到岗位管理的大序列中。规范的员工关系管理，有利于进一步理顺法律关系、用工关系、管理关系的各项权益，创造一种和谐的文化氛围来留住人才。另外，也可尝试利用事业单位改革的契机，考虑如何有计划、分步骤的多渠道解决编制问题，使这部分人员真正融入气象服务的大家庭中，可以为公共气象服务事业共同营造机遇。

4　结　语

气象服务人才队伍的建设和培养与气象服务事业的发展方向是密不可分的。公共气象服务所赋予的内涵和所面临的历史机遇，使得服务型人才队伍的建设也面临着更多的创新和挑战。以"知识复合、长于应用、彼此协作"为特质的服务型人才在实践中的规划与培养，需要气象服务部门进行积极的探索。合作、交流、创新激励，这些不应该是孤立进行，是需要以气象服务的大发展为依托的。当然，气象服务社会化进程尚且不会一蹴而就，是一个在探索中不断适应的长期过程，在这一背景下，服务型人才体系的建设也将成为在不断变化中需要长期关注的重大课题。

参考文献

[1]　郑国光. 在全国第五次气象服务工作会议开幕式上的讲话. 2008 年 9 月 26 日.

[2]　矫梅燕. 坚持需求牵引、推进改革创新，努力开创公共气象服务工作的新局面. 2008，第五次全国气象服务工作会议报告.

[3]　矫梅燕. 探索公共气象服务发展的体制机制创新. 浙江气象，2009，(4)：5-8.

[4]　康西龙. 服务型政府本体价值的公共性. 合作经济与科技，2010，(2)：112-113.

[5]　焦冶. 构建法治下的公共气象服务体系. 学习与探索，2010，(2)：119-121.

[6] 何亮亮,蒋洁.国外气象服务的商业化趋势及其启示.商业时代,2010,(3):124-125.
[7] 周显信,卢愿清.公共气象服务人才培养与发展体系研究.阅江学刊,2012,**4**(2):58-62.
[8] 张芝和.复合型气象人才:减灾抗灾的急切呼唤.中国人才,2010,(19):25-26.
[9] 敬枫蓉,马力,周筠珺等.公共气象服务学科的知识体系与课程体系研究.时代教育,2012,(2):49-50.